中国植物病理学会
2023 年学术年会论文集

◎ 韩成贵　李向东　主编

Proceedings of the Annual Meeting of Chinese Society for Plant Pathology (2023)

U0306550

中国农业科学技术出版社

图书在版编目(CIP)数据

中国植物病理学会2023年学术年会论文集／韩成贵，李向东主编. --北京：中国农业科学技术出版社，2023.6

ISBN 978-7-5116-6308-5

Ⅰ.①中… Ⅱ.①韩…②李… Ⅲ.①植物病理学-学术会议-文集 Ⅳ.①S432.1-53

中国国家版本馆CIP数据核字(2023)第107697号

责任编辑 姚 欢
责任校对 王 彦
责任印制 姜义伟 王思文

出 版 者 中国农业科学技术出版社
北京市中关村南大街12号　　邮编：100081
电　　话 (010) 82106631 (编辑室)　　(010) 82109702 (发行部)
(010) 82109709 (读者服务部)
网　　址 https://castp.caas.cn
经 销 者 各地新华书店
印 刷 者 北京科信印刷有限公司
开　　本 210 mm×285 mm　1/16
印　　张 43.25
字　　数 900千字
版　　次 2023年6月第1版　2023年6月第1次印刷
定　　价 120.00元

版权所有·翻印必究

《中国植物病理学会 2023 年学术年会论文集》

编辑委员会

名誉主编： 彭友良

主　　编： 韩成贵　李向东

副 主 编：（按姓氏笔画排序）

马忠华　孙文献　杨　俊　赵　梅　原雪峰
燕继晔

编　　委：（按姓氏笔画排序）

于成明　王群青　张　妍　夏吉文　路冲冲

前　言

经中国植物病理学会第十二届理事会研究决定，“中国植物病理学会 2023 年学术年会”将于 2023 年 8 月 4—8 日在山东泰安召开。会议期间将分大会场、分会场及墙报形式交流我国植物病理学理论研究与实践的主要进展，以促进我国植物病理学科发展和科技创新。

会议通知发出后，全国各地植物病理学科技工作者投稿踊跃，为了便于交流，会议论文编辑组对收到的论文和摘要进行了编辑，并委托中国农业科学技术出版社出版。本论文集收录论文和摘要共 629 篇，其中真菌及真菌病害 278 篇、卵菌及卵菌病害 45 篇、病毒及病毒病害 89 篇、细菌及细菌病害 28 篇、线虫及线虫病害 17 篇、植物抗病性 89 篇、病害防治 83 篇。这些论文及摘要基本反映了近年来我国植物病理学科技工作者在植物病理学各个分支学科基础理论、应用基础研究与病害防治实践等方面取得的研究成果。由于论文和摘要数量多，编校工作量大，时间仓促，在编辑过程中，本着尊重作者意愿和文责自负的原则，对稿件内容一般未做改动，仅对格式体例和个别文字做了一些处理和修改，以保持作者的写作风貌。因此，本论文集中如果存在不妥之处，诚请读者和投稿作者谅解。另外，在本论文集发表的摘要不影响作者在其他学术刊物上发表全文。

本次学术年会的召开，得到了山东农业大学、山东省农业科学院、青岛农业大学、山东植物病理学会和中国农业大学等承办单位的鼎力支持。在大会筹办和论文集编辑出版期间，中国植物病理学会和上述单位的众多专家和工作人员，为本次大会的召开和论文集的出版付出了辛勤劳动。论文集编辑出版得到了中国农业科学技术出版社有关领导和责任编辑的支持。在此，我们表示衷心的感谢！

最后，谨以此论文集庆贺“中国植物病理学会 2023 年学术年会”，预祝大会圆满成功！

编　者

2023 年 6 月

目　录

第一部分　真　菌

第二部分　卵　菌

第三部分　病　毒

第四部分　细　菌

第五部分　线　虫

第六部分　抗病性

第七部分 病害防治

第一部分 真 菌

柑橘轮斑病症状、发病规律及47个柑橘品种的抗性测定

陈 泉[1,2]，张文晶[1,2]，何锦辉[3]，徐嵩琳[1,2]，郭建伟[4]
（1. 重庆三峡农业科学院，万州 404155；2. 重庆三峡学院生物与食品工程学院，
万州 400401；3. 重庆万州植物保护与果树技术推广站，万州 404020；
4. 中国科学院昆明植物研究所，山地未来研究中心，昆明 650201）

摘 要：近年来，柑橘轮斑病在我国引起多个柑橘品种发病，造成较重经济损失。为明确重庆柑橘轮斑病田间症状、发病规律，以及柑橘主栽品种对3个省份来源致病菌株的抗性差异。调查了重庆万州柑橘轮斑病田间症状变化和不同情况果园发病时间、发病率及病情指数，采用分离自陕西、湖北、重庆的3个菌株离体接种47个柑橘品种叶片，根据发病率和病斑平均直径评价不同柑橘品种的抗病性。结果显示：柑橘轮斑病侵染叶片、枝梢、果实、叶（果）柄、花萼等部位。病斑由内而外为灰白色、棕褐色和深褐色，中央产生"轮纹状"排列的黑色子实体，外缘油渍状，不同柑橘品种和不同生育期叶片病斑有差异；此病1—2月为发病高峰，高海拔区、果园郁闭、树势弱、种植感病品种的果园发病早（12月3日），病情指数均大于其他果园；11月至翌年1月，平均高温、平均低温和极端低温越低，发病越重，而2—4月，以上3个气候因子值越高，发病加重；12月至翌年4月，雨日、空气湿度和降水量值越大，发病越重；不同来源菌株对47个品种毒力差异显著（$P<0.05$），YLSDP80毒力最强，CGDS2毒力中等，WZSS1毒力相对较弱。24个柑橘品种表现为抗病，尤力克柠檬表现感病，其余22个品种对3个省份的菌株抗性表现不一。以上研究结果为柑橘轮斑病诊断和防控奠定了理论基础。

关键词：柑橘轮斑病；田间症状；发病规律；抗性测定

国家糖料体系开远综合站示范甘蔗新品种梢腐病病原分子鉴定

李银煳*，李　婕，张荣跃，王晓燕，单红丽，黄应昆**
（云南省农业科学院甘蔗研究所，云南省甘蔗遗传改良重点实验室，开远　661699）

摘　要：甘蔗梢腐病是由镰孢菌引起的一种世界性甘蔗重要病害。为明确开远综合试验站示范新品种上甘蔗梢腐病的病原种类及优势种，本研究使用检测 *Fusarium verticillioides* 和 *F. proliferarum* 的特异性引物对采自开远综合试验站的 15 份典型甘蔗梢腐病样品进行了 PCR 分子检测。结果表明，15 份样品中有 14 份样品检出 *F. verticillioides*+*F. proliferarum* 复合侵染，复合侵染率为 93.33%。测序结果显示，*F. verticillioides* 和 *F. proliferarum* 扩增产物序列分别与 *F. verticillioides*（GenBank 登录号：KU508286）和 *F. proliferarum*（GenBank 登录号：MZ447573）序列同源性高达 100%，系统发育分析分属于 *F. verticillioides* 组和 *F. proliferarum* 组。本研究结果表明，开远综合试验站示范甘蔗新品种梢腐病病原菌主要有 *F. verticillioides* 和 *F. proliferarum*，且复合侵染现象较普遍。

关键词：甘蔗梢腐病；病原菌；新品种；PCR 检测

---

* 第一作者：李银煳，研究实习员，主要从事甘蔗病害研究；E-mail：liyinhu93@163.com
** 通信作者：黄应昆，研究员，从事甘蔗病害防控研究；E-mail：huangyk64@163.com

引起云南甘蔗褐条病新记录种狗尾草平脐蠕孢*

李 婕**，张荣跃，王晓燕，李银煳，李文凤，单红丽，黄应昆***
（云南省农业科学院甘蔗研究所，云南省甘蔗遗传改良重点实验室，开远 661699）

摘 要：甘蔗褐条病是一种世界性真菌病害，在中国各蔗区普遍发生流行，已成为影响中国蔗糖产业的重要真菌病害之一。云南是中国第二大糖料基地，甘蔗褐条病病原仍不清楚，为明确其病原，本研究于2020—2021年从云南低纬高原不同蔗区采集22个甘蔗品种68份甘蔗褐条病样进行了病原菌的分离，共获得113株分离物，通过形态学鉴定，结合核糖体RNA基因的内转录间隔区（internal transcribed spacer，ITS）序列和甘油醛-3-磷酸脱氢酶基因（glyceraldehyde-3-phosphate dehydrogenase，*GAPDH*）序列对分离物进行了分子鉴定及系统发育分析。形态学鉴定结果表明，113株分离物为平脐蠕孢属真菌。同源性分析表明，分离株ITS序列和*GAPDH*序列与狗尾草平脐蠕孢（*Bipolaris setariae*）模式菌株CBS 141.31同源性分别达99.47%~100%和99.83%，与菌株CPC 28802和广西甘蔗上的菌株LC13488~LC13489等同源性均达100%，且基于ITS和*GAPDH*基因序列构建系统发育树，发现分离株与*B. setariae*处于同一分支，亲缘关系最近，结合形态学鉴定将该病原菌鉴定为*B. setariae*。致病性测定结果表明，*B. setariae*可引起甘蔗褐条病。本研究发现狗尾草平脐蠕孢为云南省甘蔗褐条病菌新记录种，且可侵染中国多个主栽或新品种，已成为威胁中国蔗糖产业的重要真菌病害，研究结果可为后续甘蔗褐条病抗病品种筛选及病害有效防控提供科学依据。

关键词：云南；甘蔗褐条病；狗尾草平脐蠕孢；分离鉴定；系统发育分析

---

* 基金项目：财政部和农业农村部国家现代农业产业技术体系专项（CARS-170303）；云岭产业技术领军人才培养项目“甘蔗有害生物防控”（2018LJRC56）；云南省现代农业产业技术体系建设专项

** 第一作者：李婕，助理研究员，主要从事甘蔗病害研究；E-mail：lijie0988@163.com

*** 通信作者：黄应昆，研究员，从事甘蔗病害防控研究；E-mail：huangyk64@163.com

低纬高原甘蔗褐条病病原菌分离鉴定*

王晓燕**，李　婕，张荣跃，李文凤，李银煳，单红丽，黄应昆***
（云南省农业科学院甘蔗研究所，云南省甘蔗遗传改良重点实验室，开远　661699）

摘　要：为明确近年低纬高原云南蔗区大面积暴发成灾的褐条病病原菌，利用形态学及分子生物学方法对采自不同蔗区不同品种的 58 份病样进行了病原菌分离鉴定。结果显示病原菌分生孢子拟纺锤形，黄褐色，具 3~9 个假隔膜，脐部略突出，基部平截；其 ITS 和 *GAPDH* 序列与 GenBank 中狗尾草平脐蠕孢（*Bipolari setariae*）的 ITS（GenBank 登录号：EF452444）和 *GAPDH*（GenBank 登录号：MF490833）序列同源性分别为 99.7%~100%和 100%。结合形态特征与 ITS 和 *GAPDH* 序列，将其鉴定为 *B. setariae*，为低纬高原云南甘蔗褐条病新纪录种。通过构建 ITS-*GAPDH* 双基因系统发育树，可以看出云南甘蔗 *B. setariae* 菌株聚为 2 个组，与 *B. yamadae*（GenBank 登录号：MK026427）和 *B. microconidia*（GenBank 登录号：MN215630）遗传关系近。研究结果为甘蔗褐条病的流行预测、抗病育种及精准防控提供了科学依据。

关键词：低纬高原；甘蔗褐条病；病原菌鉴定；狗尾草平脐蠕孢

---

* 基金项目：财政部和农业农村部国家现代农业产业技术体系专项（CARS-170303）；云岭产业技术领军人才培养项目“甘蔗有害生物防控”（2018LJRC56）；云南省现代农业产业技术体系建设专项

** 第一作者：王晓燕，副研究员，主要从事甘蔗病害研究；E-mail：xiaoyanwang402@ sina. com

*** 通信作者：黄应昆，研究员，从事甘蔗病害防控研究；E-mail：huangyk64@ 163. com

快速大量培养甘蔗褐条病与梢腐病病原菌产孢的方法*

单红丽**，李　婕，王晓燕，张荣跃，李银煳，李文凤，黄应昆***
（云南省农业科学院甘蔗研究所，云南省甘蔗遗传改良重点实验室，开远　661699）

摘　要：甘蔗褐条病和梢腐病是危害甘蔗叶部的灾害性真菌病害，如何快速获得足量的分生孢子成为当前甘蔗褐条病和梢腐病理论研究和实践工作中首要解决的问题及技术难点。针对现有培养技术的缺陷与不足，云南省农业科学院甘蔗研究所对甘蔗褐条病与梢腐病病原菌快速大量产孢的培养方法进行了研究，结果表明甘蔗褐条病菌接种于褐条病菌产孢培养基后，经去除菌丝处理后暗培养 7 d 可产生大量褐条病菌分生孢子；甘蔗梢腐病菌接种于梢腐病菌产孢培养基后振荡培养 3 d 可产生大量分生孢子。本方法培养基原料简单易得，成本低廉，步骤简单，操作方便，污染率低，与马铃薯葡萄糖琼脂培养基传统培养方法相比，培养周期显著缩短，每个视野分生孢子增加 6 倍以上，充分满足了甘蔗褐条病和梢腐病深入研究与防控的需求，为甘蔗褐条病和梢腐病病菌变异动态、致病力差异、筛选抗病品种及绿色高效杀菌剂等应用研究提供了基础条件及技术支撑。

关键词：甘蔗褐条病；甘蔗梢腐病；分生孢子；诱导产孢

---

* 基金项目：财政部和农业农村部国家现代农业产业技术体系专项（CARS-170303）；云岭产业技术领军人才培养项目“甘蔗有害生物防控”（2018LJRC56）；云南省现代农业产业技术体系建设专项

** 第一作者：单红丽，副研究员，主要从事甘蔗病害研究；E-mail：shhldlw@163.com
*** 通信作者：黄应昆，研究员，从事甘蔗病害防控研究；E-mail：huangyk64@163.com

绵马贯众素 ABBA 抑制尖孢镰孢菌生长机理的研究*

王文重[1**]，毛彦芝[1]，魏　琪[1]，董学志[1]，郭　梅[1]，胡林双[1]，闵凡祥[1]，常　缨[2***]

（1. 黑龙江省农业科学院经济作物研究所，哈尔滨　150086；
2. 东北农业大学生命学院，哈尔滨　150030）

摘　要：尖孢镰孢菌（*Fusarium oxysporum*）是一种世界范围广泛分布的病原真菌，具有寄主专化性，有较强的腐生或寄生能力，可导致寄主植物枯萎或收获后腐烂，从而导致农作物和园艺作物大面积减产。而且尖孢镰孢菌会在寄主体内积累大量的毒素，造成潜在的安全隐患。绵马贯众素 ABBA（Dryocrassin ABBA）是由药用植物粗茎鳞毛蕨（*Dryopteris crassirhizoma*）提取的一种间苯三酚类化合物，该物质具有抗疟、抗菌、抗病毒以及抗肿瘤等多种药理活性，但对植物病原菌尖孢镰孢菌抑菌的生长和抑制机理尚未见报道。本研究发现绵马贯众素 ABBA 可抑制菌丝生长和改变菌丝正常结构。检测菌体丙二醛含量以及抗氧化酶活性的变化，并通过转录组学和实时定量 PCR 的方法全方位揭示绵马贯众素 ABBA 抑菌的作用机理。所获得的主要研究结果如下。

（1）绵马贯众素 ABBA 处理后尖孢镰孢菌的菌落的生长受到抑制，菌落直径比对照有所缩小。通过扫描电镜观察菌丝的超微结构，结果显示绵马贯众素 ABBA 处理之后，菌丝形态产生明显变化，大量菌丝扭曲缠绕在一起，粗细不一致，菌丝变得较稀疏，出现断裂、干瘪和塌陷，限制了菌丝的生长。

（2）绵马贯众素 ABBA 处理对尖孢镰孢菌孢子细胞膜有一定的影响，结果显示，与对照相比，0.5 mg/mL、1.0 mg/mL 和 2.0 mg/mL 绵马贯众素 ABBA 处理后菌丝 MDA 含量有一定的变化。其中 0.5 mg/mL 处理后含量降低，1.0 mg/mL 和 2.0 mg/mL 处理后 MDA 含量分别提高了 1.64 倍和 1.96 倍。结果说明，1.0 mg/mL 和 2.0 mg/mL 绵马贯众素 ABBA 处理均引起菌丝发生膜脂过氧化反应，提高了菌丝 MDA 含量，导致细胞膜受损，并且具有剂量依赖性。

（3）绵马贯众素 ABBA 处理对尖孢镰孢菌胞内活性氧含量有影响，经 0.5 mg/mL、1.0 mg/mL 和 2.0 mg/mL 绵马贯众素 ABBA 处理后菌丝 CAT 活性相比对照组分别下降了 5.54%、59.9%和 70.0%。

（4）绵马贯众素 ABBA 处理后发现差异表达基因 1 244 个，其中上调基因数目为 594 个，下调基因数目为 650 个。KEGG 富集分析 Top20 显示：有 17 条 KEGG 显著富集通路与代谢相关，且主要与碳水化合物代谢相关。

（5）绵马贯众素 ABBA 处理使尖孢镰孢菌氨基酸代谢、碳水化合物代谢、能量代谢和脂质代谢相关差异表达基因下调表达，通过影响脂质代谢、氨基酸代谢和碳水化合物代谢来抑制孢子萌发。同时还发现，绵马贯众素 ABBA 处理后细胞壁降解酶受到负面影响，包括纤维素降解酶、果胶甲基酯酶、内聚半乳糖醛酸酶和角质酶发生下调表达。由此可推断其通过影响细胞壁降解酶相关基因表达，减弱尖孢镰孢菌的致病性。

（6）RT-qPCR 验证的 5 个基因在对照组和处理组的变化趋势与测序结果完全一致，表达量

* 基金项目：黑龙江省博士后科研启动金项目（LBH-Q21176）

** 第一作者：王文重，副研究员，从事马铃薯真菌病害研究；E-mail：wenwen0331@163.com

*** 通信作者：常缨，教授，从事植物资源学和植物分子生物学研究；E-mail：changying@neau.edu.cn

改变倍数与测序所得差异表达倍数基本吻合，说明测序数据较为准确可靠。

综上所述，绵马贯众素 ABBA 能够显著抑制尖孢镰孢菌的生长，减低能量代谢导致胞内活性氧的大量积累，引发膜脂过氧化反应，抑制抗氧化酶活性合成，导致氧化胁迫和细胞膜受损，引起菌体死亡。绵马贯众素 ABBA 对尖孢镰孢菌的抑菌机理与脂质代谢、氨基酸代谢和碳水化合物代谢，以及细胞壁降解酶和活性氧代谢密切相关。

关键词：尖孢镰孢菌；抑菌活性；抑菌机理；绵马贯众素 ABBA

广西厚皮甜瓜青霉果腐病病原分离与鉴定*

叶云峰[1**]，杜婵娟[2]，杨　迪[2]，洪日新[1]，黄金艳[1]，覃斯华[1]，
解华云[1]，李桂芬[1]，柳唐镜[1]，何　毅[1]，李天艳[1]，付　岗[2***]
（1. 广西壮族自治区农业科学院园艺研究所，南宁　530007；
2. 广西壮族自治区农业科学院植物保护研究所，南宁　530007）

摘　要：厚皮甜瓜在广西是一种重要的经济作物。自 2019 年起至 2022 年，在北海市和南宁市的厚皮甜瓜主产区连年出现一种严重未知病害。该病害主要危害果实，在结果期到果实膨大期发生严重。发病初期，在果实顶部花托部位出现水渍状病斑，随后病斑部位长出白色霉层，随着病情发展，病斑逐渐扩大，霉层增多并逐渐转为青灰色，果实部分或大部分腐烂，同时，果实从花托部位出现较严重的开裂，完全失去经济价值。该病害可侵染当地多个主栽品种，发病率为 5%~30%。取病健交界处组织进行培养，获得菌落形态都相同的真菌菌株 3 株，将这些菌株通过离体接种法接种到幼果花托部位，10 d 以后出现与田间相似的症状，并从发病部位分离获得相同的真菌菌株，从而将该真菌确定为病原菌。该病原菌在 PDA 培养基中生长缓慢，菌落小、密集，初期为白色，随着菌落的扩大，中心出现墨绿色粉状物。分生孢子梗帚状分支，通常双轮生；单个分生孢子梗呈现瓶状；分生孢子无色、单孢、椭圆形。菌落、分生孢子梗和分生孢子的形态与青霉属真菌的形态相似。对病原菌的总 DNA 进行提取，并对 rDNA-ITS 基因序列进行 PCR 扩增和测定，将获得的序列与 GenBank 数据库中的基因序列进行 BLAST 同源比对，发现病原菌的 rDNA-ITS 基因序列与草酸青霉 *Penicillium oxalicum* 同源性达 99.82%。结合形态学和分子生物学鉴定结果，将该病原菌鉴定为真菌界的草酸青霉。青霉属真菌感染甜瓜造成果实腐烂常见于采后贮藏期，但在生长期感染甜瓜果实的报道鲜见。国内仅见孙蕾等报道了吉林省梨树县保护地的薄皮甜瓜在生长期感染青霉果腐病，病原菌也鉴定为草酸青霉，而厚皮甜瓜在生长期感染青霉果腐病在国内为首次报道。

关键词：厚皮甜瓜；果腐病；病原鉴定；草酸青霉

---

* 基金项目：国家自然科学基金项目（32260677）；国家西甜瓜产业技术体系资助项目（CARS-25）；广西重点研发计划资助项目（桂科 AB21196045）；国家现代农业产业技术体系广西创新团队项目（nycytxgxcxtd-17-04）；广西农业科学院基本科研业务专项（桂农科 2021YT045，桂农科 2021YM05）

** 第一作者：叶云峰，研究员，主要从事西甜瓜病害研究；E-mail：yeyunfeng111@126.com

*** 通信作者：付岗，研究员，主要从事植物病害研究；E-mail：fug110@gxaas.net

Biocontrol Efficacy of Tomato Endophytes *Bacillus velezensis* FQ-G3 Against Postharvest *Botrytis cinerea*

FENG Baozhen, LI Peiqian, CHEN Dandan, DING Chunshuang
(*Department of Life Sciences, Yuncheng University, Yuncheng* 044000, *China*)

Abstract: Grey mold, caused by *Botrytis cinerea*, is a widespread and harmful disease of tomato. Biocontrol agents derived from endophytic bacteria is known to hold great potential for inhibition of phytopathogen. Endophytic strain *Bacillus velezensis* FQ-G3 exhibited excellently inhibition activity against *B. cinerea*. Inhibitory effects against *B. cinerea* were investigated both *in vitro* and *vivo*. The *in vitro* assays displayed that FQ-G3 could significantly inhibit mycelia growth with inhibition rate of 85.93%, and delay conidia germination of *B. cinerea*. Tomato fruit inoculated with *B. velezensis* FQ-G3 revealed lower grey mold during treatment. The antifungal activity was attributed to activation of defense-related enzymes, as evidenced by the higher levels of peroxidase, polyphenol oxidase, and phenylalanine ammonia lyase in tomatoes after inoculation. In addition, scanning electron microscope was applied to elucidate the interaction between endophytes and pathogen, and bacterial colonization and antibiosis appeared to be the underlying mechanisms that FQ-G3 could suppress growth of *B. cinerea*. *B. velezensis* FQ-G3 had wide broad-spectrum antagonistic activity against postharvest pathogens including grey mold. Collectively, our present results suggested that FQ-G3 may potentially be useful as a biocontrol agent in postharvest tomatoes.

Key words: postharvest; *Botrytis cinerea*; endophyte; antifungal activity; *Bacillus velezensis*

炭疽属真菌 GH12 蛋白找寻及生物信息学分析*

薄淑文**，韩长志***
（西南林业大学生物多样性保护学院，云南省森林灾害预警与控制重点实验室，昆明 650224）

摘　要：炭疽属（*Colletotrichum*）真菌是一类主要危害农林植物的病原真菌，广泛分布于热带、亚热带和温带地区，其寄主种类繁多，可以侵染各种农作物、花卉、林木等。碳水化合物活性酶（Carbohydrate-Active enzymes，CAZymes）参与降解寄主植物细胞壁，促进病原菌在寄主植物细胞中附着、侵入、定殖等过程。糖苷水解酶（Glycoside hydrolases，GH）作为碳水化合物活性酶（CAZymes）中的一类蛋白，在实现植物病原真菌侵染植物过程中发挥着非常重要的作用。糖苷水解酶（GH）家族具有诸多亚家族，糖苷水解酶 12（GH12）家族具有内切纤维素酶、木葡聚糖酶、β-1,3-1,4-葡聚糖酶活性，为典型的多功能糖苷水解酶家族。本研究通过 NCBI 数据库共获得 146 条炭疽属真菌 GH12 蛋白序列，采用 SienalP v6.0、PrtComp v9.0、TMHMM v2.0、Protscale、PHD 等在线分析程序对氨基酸序列的信号肽、亚细胞定位、跨膜结构域、疏水性、等电点等性质进行预测分析。结果显示，在 146 条 GH12 蛋白序列中，有 93 条在 N 端含有典型的信号肽序列；有 38 条分泌至胞外，剩余 108 条分别定位细胞膜外，细胞质膜、高尔基体、溶酶体、细胞核、线粒体中；有 123 条不含有跨膜结构域，剩余 23 条含有 1 个及以上的跨膜结构域；有 26 条预测为亲水性，120 条预测为疏水性；146 条均含有无规则卷曲、α 螺旋、β 折叠，部分含有 TM helix（跨膜螺旋）；且大部分属于酸性蛋白；大多数 GH12 蛋白序列的脂肪族氨基酸指数在 60~85 范围内，有 140 条不稳定系数小于 40，预测为稳定性蛋白，剩余 6 条预测为非稳定性蛋白；分析发现，有些 GH12 蛋白序列并不符合分泌蛋白的特征。对炭疽属 GH12 蛋白进行预测分析，以期为深入研究炭疽菌属真菌不同的寄主范围、致病机制以及 GH12 的互作机制打下坚实的理论基础。

关键词：炭疽属；GH12；生物信息学；糖苷水解酶

---

* 基金项目：云南省“兴滇英才支持计划”青年人才专项（YNWR-QNBJ-2020-188）；国家自然科学基金项目（31960314）；云南省研究生导师团队建设项目

** 第一作者：薄淑文，硕士研究生，研究方向为资源利用与植物保护；E-mail：bsw2558696348@163.com

*** 通信作者：韩长志，教授，研究方向为经济林木病害生物防治与真菌分子生物学；E-mail：hanchangzhi2010@163.com

希金斯疽菌中糖苷水解酶互作蛋白找寻及分析*

尹青晓**，韩长志***
（西南林业大学生物多样性保护学院，云南省森林灾害预警与控制重点实验室，昆明　650224）

摘　要：希金斯炭疽菌（*Colletotrichum higginsanum*）又称希金斯刺盘孢，属子囊菌门刺盘孢属真菌。该病菌主要危害小油菜、萝卜、大白菜、菜心、花椰菜、羽衣甘蓝等十字花科蔬菜，严重影响了农作物的生产，造成严重的经济损失。糖苷水解酶（GH）是病原菌侵染植物打破细胞壁屏障的一种重要酶类，对希金斯炭疽菌各类 GH 亚家族之间的蛋白互作进行分析，有利于加强对希金斯炭疽菌侵染植物过程中 GH 协同作用机制更深一步的了解，可为希金斯炭疽菌的防治提供理论依据。然而，尚未见有关希金斯炭疽菌中糖苷水解酶蛋白互作分析的相关研究报道。为了更好地解析希金斯炭疽菌中 GH 蛋白协同作用关系，本研究基于前期筛选的该菌中 75 个 GH 蛋白，通过 STRING、ProtComp v9.0 等在线分析程序对上述蛋白的互作关系及亚细胞定位进行分析，并采用 MEGA7.0 软件进行序列比对，构建系统进化树。结果显示，希金斯炭疽菌 75 个 GH 蛋白之间的互作主要表现为同一 GH 亚家族蛋白之间的互作，不同 GH 亚家族蛋白之间的互作，以及单独的蛋白不参与互作等三类互作情况。其中，GH3 与 GH7 蛋白之间的互作关系较为密切，但其亲缘关系较远；GH28 家族中的蛋白主要为同一家族内的蛋白互作关系，且蛋白的亲缘关系相近。H1VKY1 与 H1VPT7 蛋白属于不同 GH 亚家族，但其亚细胞定位于质膜，且都是单独的蛋白并不参与蛋白之间的互作，H1W0U5 蛋白则定位于细胞核，H1W3J7 与 H1V4B7 蛋白定位于内质网，均不参与蛋白互作，其他蛋白均分泌于胞外。该研究为深入解析希金斯炭疽菌 GH 蛋白之间的互作机制提供重要的参考，也对该菌的防治作用靶标找寻具有重要的意义。

关键词：希金斯炭疽菌；蛋白互作；亚细胞定位；遗传关系

---

* 基金项目：云南省“兴滇英才支持计划”青年人才专项（YNWR－QNBJ－2020－188）；国家自然科学基金项目（31960314）；云南省研究生导师团队建设项目

** 第一作者：尹青晓，硕士研究生，研究方向为资源利用与植物保护；E-mail：yin1105921907@163.com

*** 通信作者：韩长志，教授，研究方向为经济林木病害生物防治与真菌分子生物学；E-mail：hanchangzhi2010@163.com

基于转录组学分析不同抗性小麦品种与小麦条锈菌的互作研究*

吕 璇**，周聪颖，杨秭乾，王志芳，赵宝强，邓 杰，杨璐嘉，马占鸿***
（中国农业大学植物病理学系，农业农村部植物病理学重点开放实验室，北京 100193）

摘 要：小麦条锈病是一种由条形柄锈菌小麦专化型［*Puccinia striiformis* f. sp. *tritici*（*Pst*）］引起的真菌性病害，严重威胁着我国小麦产区的小麦生产以及粮食安全。其发生规律以及防控都得到了广泛研究，但小麦条锈菌与不同抗性的小麦品种之间的分子机理仍有许多疑问值得探索。本研究选取小麦条锈菌 CYR34 分别侵染高抗小麦品种和高感小麦 0 h、24 h、48 h、120 h 的对照组和试验组 24 个样本为研究对象，进行了 RNA-seq 分析。研究结果显示：小麦条锈菌侵染不同抗性小麦叶片的转录组测序深度每个样品均在 10 GB 以上，其中 94.09%~96.5% 的测序数据定位到小麦参考基因组上。通过对于 24 个样品基因差异表达水平进行综合分析，共得到 1 512 条差异表达基因。其中有 59 个基因是接种后感病品种中一直存在上调表达差异的基因。通过 GO 功能显著性富集分析发现接种叶片在不同时间段的生物过程区及细胞组分区有大量分布，其中接种 48h 的差异 DEGs 富集区主要是细胞组分区，以上调基因为主。KEGG 代谢通路分析，接种 24h（$P<0.05$）的丙酮酸代谢通路中，22 个差异表达基因被富集。接种 48h（$P<0.05$）的主要通路中有 265 个存在于次级代谢通路中，97 个基因富集于碳代谢，最显著差异通路是光合作用碳固定的通路；接种 120 h（$P<0.05$）主要包括 15 条通路，如内质网中蛋白质加工，碳代谢以及植物-病原物互作通路等。不同抗性小麦品种与小麦条锈菌互作是一个找寻小麦抵抗条锈菌侵染基因的良好机会，以上结果为进一步发掘与条锈病抗性，小麦感病性相关基因及生物学通路提供依据，对小麦育种工程具有重要意义。

关键词：小麦；小麦条锈病；转录组；互作

* 基金项目：国家重点研发计划（2021YFD1401000）
** 第一作者：吕璇，博士研究生，主要从事植物病害流行学研究；E-mail：478541783@qq.com
*** 通信作者：马占鸿，教授，主要从事植物病害流行和宏观植物病理学研究；E-mail：mazh@cau.edu.cn

禾谷炭疽菌中内吞相关蛋白找寻及特征解析*

张凯强**，韩长志***
（西南林业大学生物多样性保护学院，云南省森林灾害预警与控制重点实验室，昆明 650224）

摘 要：受体介导的内吞作用（receptor-mediated endocytosis）为诸多生物体内大多数细胞与环境相互作用的重要途径，通过内吞相关蛋白作用，实现对于特定生物大分子的摄取。此前研究人员对于模式真菌（酿酒酵母、构巢曲霉等）中的内吞作用相关蛋白展开了诸多研究工作，明确含有 NPFxD 基序以及 DPFxD 基序的蛋白，且上述基序蛋白通常参与内吞靶向信号过程。植物病原丝状真菌内吞过程与菌丝细胞的生长、分化以及发育等关系密切。禾谷炭疽菌［*Colletotrichum graminicola*（Cesati）Wilson］是一种半活体营养型植物病原丝状真菌，可以侵染玉米、小麦、高粱等禾本科植物而引起炭疽病，给世界各国农业生产造成巨大的经济损失。该病菌作为研究炭疽菌属真菌的重要模式生物，在开展其他植物病原炭疽菌研究方面具有重要的指导意义。目前学术界对于植物病原丝状真菌中致病基因的研究报道较多，对于生长发育过程中 DPFxD 基序蛋白的报道较为少见，且国内外学者对禾谷炭疽菌中存在具有 DPFxD 基序的蛋白情况尚未见学术报道，影响着以生长发育过程作为靶标蛋白的新型农药的开发利用工作。本研究基于构巢曲霉 DPFxD 蛋白序列，通过 Blastp 比对分析和关键词搜索，一是明确 *C. graminicola* 中存在 48 个 DPFxD 蛋白序列；二是通过在线分析软件 SMART、ProtComp v9.0 等，明确其保守结构域、信号肽、蛋白质二级结构、疏水性、遗传关系等情况；三是测定出有多条与 DPFxD 基序蛋白预测功能相同的蛋白质序列；四是通过遗传关系分析，明确禾谷炭疽菌 DPFxD 基序蛋白与炭疽菌属中的 *C. incanum*、*C. sublineola*、*C. tofieldiae* 等病菌有较高的同源性和较近的亲缘关系等。以上这些成果为深入研究其他炭疽菌属真菌 DPFxD 基序蛋白提供有益的参考价值。为进一步探究 DPFxD 蛋白功能奠定理论基础，也为其他炭疽菌内吞作用蛋白研究提供重要的理论指导。

关键词：内吞作用；禾谷炭疽菌；DPFxD；炭疽菌属；生物信息学

---

* 基金项目：云南省“兴滇英才支持计划”青年人才专项（YNWR-QNBJ-2020-188）；国家自然科学基金项目（31960314）；云南省研究生导师团队建设项目

** 第一作者：张凯强，硕士研究生，研究方向为资源利用与植物保护；E-mail：zhangkaiqiang0214@163.com

*** 通信作者：韩长志，教授，研究方向为经济林木病害生物防治与真菌分子生物学；E-mail：hanchangzhi2010@163.com

陕冀鲁豫四省小麦条锈菌群体遗传结构分析*

周聪颖**，吕　璇，孙秋玉，杨秭乾，王志芳，马占鸿***
（中国农业大学植物病理学系，农业农村部作物有害生物
监测与绿色防控重点实验室，北京　100193）

摘　要：由条形柄锈菌小麦专化型［*Puccinia striiformis* f. sp. *tritici*（*Pst*）］引起的小麦条锈病为小麦生产上常发性气传病害，曾在我国多次较大范围流行，造成严重的产量与经济损失，威胁粮食安全。我国关中和华北冬小麦区是我国冬小麦的主要种植区和小麦条锈菌的越冬区，明确这些地区间的 *Pst* 群体遗传结构与菌源关系，对小麦条锈病区域综合防控具有重要意义。本研究于 2022 年春季在陕西宝鸡、陕西西安、陕西汉中、河北邢台、河北邯郸、河南周口、河南开封、山东菏泽和山东烟台 9 个地区共采集菌系 342 个。利用 12 对 SSR 引物对所采集菌系进行 PCR 扩增，并进行 *Pst* 遗传多样性、分子方差（AMOVA）、遗传分化水平以及主坐标（PCoA）分析。结果显示：陕西宝鸡群体基因型多样性指数最高，Wiener 指数（H）为 3. 447；Stoddart and Taylor 指数（G）为 17. 34；Shannon 信息指数（I）为 0. 755；有效等位基因数（*Ne*）为 2. 103；AMOVA 分析结果表明不同地区的群体间变异占 18%，变异主要来自群体内部（82%）；河北邢台与河南周口群体遗传差异最大：遗传分化值 *Fst* 为 0. 308（$P=0.001$），*Nei* 氏遗传距离为 0. 520（$P=0.001$）；主坐标（PCoA）分析表明，河南、河北及山东群体较为集中，陕西群体则较分散，河南群体与陕西群体交叉重叠部分多，河北群体与山东群体交叉重叠部分多。以上证据表明，河北群体与山东各群体间遗传组成更为相似，与陕西群体遗传组成部分相似，与河南群体遗传组成最为不同。河北群体可能接收了来自山东方向的部分菌源，而河南群体则可能接收了来自陕西等西北方向的菌源。

关键词：小麦条锈菌；SSR；群体遗传学；植物病害流行学

* 基金项目：国家重点研发计划项目（2021YFD1401000）

** 第一作者：周聪颖，硕士研究生，主要从事植物病害流行学研究；E-mail：zhoucy@ cau. edu. cn
*** 通信作者：马占鸿，教授，主要从事植物病害流行和宏观植物病理学研究；E-mail：mazh@ cau. edu. cn

化学农药与多抗霉素复配防治葡萄灰霉病*

焦甜甜**，王 娇，刘晓宁，刘大群，李亚宁***
（河北农业大学植物保护学院，河北省农作物病虫害生物防治技术创新中心，
国家北方山区农业工程技术研究中心，保定 071001）

摘 要：为了探究化学农药与多抗霉素复配防治葡萄灰霉病的可行性，为葡萄灰霉病的可持续防治提供依据。本研究选择采集自河北省保定市的两株葡萄灰霉病菌 *Botrytis cinerea* S H259 和 *B. cinerea* N H261，采用室内毒力测定方法测定 11 种化学农药对葡萄灰霉病菌的毒力，将毒力最强的化学农药咯菌腈、啶菌噁唑与多抗霉素进行复配，其对葡萄灰霉病菌 H259 的 EC_{50}值分别为 0.07 μg/mL、0.09 μg/mL、4.64 μg/mL，对 H261 的 EC_{50}值分别为 0.09 μg/mL、0.11 μg/mL、2.20 μg/mL。结果表明：咯菌腈与多抗霉素混配，体积比 *V*（咯菌腈）：*V*（多抗霉素）= 5：5 时针对 H259 效果最好，毒性比率可达到 1.83；体积比 *V*（咯菌腈）：*V*（多抗霉素）= 4：6 时针对 H261 效果最好，毒性比率为 1.1。啶菌噁唑与多抗霉素混配，体积比 *V*（啶菌噁唑）：*V*（多抗霉素）= 5：5 时针对 H259 效果最好，毒性比率为 1.38；体积比 *V*（啶菌噁唑）：*V*（多抗霉素）= 4：6 时针对 H261 效果最好，毒性比率可达到 1.56。研究表明：咯菌腈、啶菌噁唑可与多抗霉素联用协同防治葡萄灰霉病，且混配剂中化学农药使用量只有单剂的 1/2 或 2/5，大幅降低了化学药剂的使用量。

关键词：葡萄灰霉病；咯菌腈；啶菌噁唑；多抗霉素；复配

* 基金项目：国家自然科学基金面上项目（32272605）
** 第一作者：焦甜甜，硕士研究生，研究方向为资源利用与植物保护；E-mail：1851382033@qq.com
*** 通信作者：李亚宁，教授，研究方向为植物病理学；E-mail：yaning22@163.com

药用植物博落回内生菌多样性及次生代谢产物研究

汪学军*，高智谋**
（安徽农业大学植物保护学院，合肥　230036）

内生菌普遍存在于植物组织中且丰富多样，可产生种类繁多的生物活性物质，为农业、医药等行业提供了丰富的资源。博落回（*Macleaya cordata*）是我国民间药用植物，关于其化学成分的研究有许多文献报道，但其内生菌相关研究较少，有关其内生菌的多样性及其活性代谢产物缺乏系统研究。鉴于此，本研究以博落回为研究对象，在对其不同组织的内生菌进行分离鉴定的基础上，进行博落回内生菌的多样性分析，并对其抑菌活性及其活性代谢产物进行了研究。主要研究结果如下：

（1）采用组织法分离博落回内生真菌并进行纯化和种类鉴定，分析博落回不同组织中内生真菌的分布。采用统计分析的方法，计算了博落回内生真菌不同部位（根、茎、叶）与其整体的香农指数和辛普森指数。共分离得到菌株 181 株，其中根、茎、叶中的内生真菌分别为 28 株，57 株和 96 株；并将内生真菌分为 25 个形态型，其中根 4 个、茎 3 个、叶 18 个。将这些菌株鉴定为 7 个目，其中 15 个鉴定到种水平，6 株鉴定到属水平。在所分离得到的菌株中，首次从博落回中分离得到的属有：*Cercophora*、*Clonostachys*、*Coniochaeta*、*Dokmaia*、*Epicoccum*、*Gibberella*、*Hypoxylon*、*Lecanicillium*、*Paraphoma*、*Subplenodomus*、*Tremateia* 和 *Xylaria*。根、茎、叶部位的辛普森指数分别是 0.75、0.667 和 0.926。综合博落回各部位来源的内生真菌的辛普森指数为 0.947，表明博落回内生真菌具有丰富的多样性。

（2）采用组织匀浆法并稀释匀浆液分离纯化博落回内生放线菌并进行了种类鉴定，分析博落回不同组织中内生放线菌的分布。采用统计分析的方法，计算了博落回内生放线菌不同部位（根、茎、叶）与其整体的香农指数和辛普森指数。共分离得到菌株 52 株，其中根、茎、叶中的内生放线菌分别为 26 株、16 株和 10 株；并将内生放线菌分为 27 个形态型，其中，根部有 12 个、茎 8 个、叶 7 个形态型。实验结果表明从博落回中分离得到的放线菌包括 2 个属，分别是链霉菌属（*Streptomyces*）与北里孢菌属（*Kitasatospora*），均为首次从博落回中分离得到的属，且优势属为链霉菌属。其根、茎、叶部位的辛普森指数分别是 0.889、0.844 和 0.857。综合博落回各部位来源的内生放线菌的辛普森指数为 0.936，表明博落回内生放线菌具有丰富的多样性。

（3）平板拮抗筛选试验表明，有 10 株内生真菌分别对大豆疫霉（*Phytophthora sojae*）、白色念珠球菌（*Candida albicans*）、金黄色葡萄球菌（*Staphylococcus aureus*）、大肠埃希氏杆菌（*Escherichia coli*）和紫色杆菌（*Chromobacterium violaceum*）5 种供试菌有抑制作用，其中，BLH34 菌株对金黄色葡萄球菌具有强的拮抗活性。有 19 株放线菌对 1 种或 1 种以上的供试菌具有一定程度的抑菌作用，占分离菌株的 70.37%，其中，有 8 株放线菌对 1 种或 1 种以上的供试菌有较强的抑制作用。

（4）从博落回内生真菌 BLH34 发酵产物中分离纯化出 11 个单体化合物，并对单体化合物进行了抗菌活性研究。对菌株 BLH34（*Penicillium turbatum*）发酵培养，利用 HPLC 等方法分离活

* 第一作者：汪学军，从事植物内生菌代谢研究；现为皖西学院教授
** 通信作者：高智谋；E-mail：gaozhimou@126.com

性次级代谢产物，共分离得到 11 个化合物，且该 11 个化合物均首次在不整青霉中分离得到。对单体化合物进行了体外抗菌活性研究，结果表明，化合物 1 对紫色杆菌与大肠埃希氏杆菌均有一定的抑制作用，其 MIC 值分别为 25 μg/mL 与 100 μg/mL，化合物 6 对金黄色葡萄球菌有一定的抑制作用，其 MIC 值为 25 μg/mL，化合物 9 对紫色杆菌的 MIC 值为 25 μg/mL。

（5）以 BLH34 菌株为研究对象，考察不同因素对青霉酸产量的影响，对菌株 BLH34 产青霉酸的发酵工艺进行了优化。结果表明，最优生产发酵培养基配方为：葡萄糖（10.15 g/L），黄豆饼粉（8.22 g/L）和玉米粉（7.44 g/L）。发酵优化培养后 BLH34 菌株产青霉酸产量为 4.32 g/L，是未优化前产量的 1.49 倍。

本研究结果丰富了博落回内生菌资源库，为植物内生菌多样性研究增添了研究基础，同时还为博落回内生菌的活性代谢产物用于生物医药等方面提供了数据支撑。然而，在抗菌活性研究方面，本研究仅分离鉴定了菌株 BLH34 的代谢产物，已分离得到青霉酸、二氢青霉酸、苔黑酚等 11 个单体化合物，经鉴定有 3 个化合物对病原菌具有抑制作用，有关该化合物的作用机理和体外毒理学试验尚需进一步研究；同时还应对其他具有抑菌活性菌株的代谢产物及其分离得到的化合物进行生物活性研究。

Isolation and Identification of Fungi Carried by Tobacco Plants in Luoyang Area and Their Inhibitory Effect on Tobacco Soil-borne Pathogenic Fungi*

LI Han[1**], LI Shujun[2], KANG Yebin[1***]

(1. *College of Horticulture and Plant Protection*, *Henan University of Science and Technology*, *Luoyang* 471023, *China*; 2. *Xuchang Tobacco Research Institute*, *Henan Academy of Agricultural Sciences*, *Xuchang* 461000, *China*)

Abstract: To identify the species of fungi carried by tobacco plants in the Luoyang area and to investigate the inhibitory effect of endophytic fungi on soil-borne pathogens of tobacco. The experiment was conducted in the tobacco fields of Luoning, Yiyang and Ruyang counties in Luoyang City. Healthy tobacco plants were selected by the five-point sampling method or random sampling method and brought back to the laboratory during the cluster, vigorous and mature stages. The taxonomic status of the isolates was determined based on a combination of morphological observation and ITS-rDNA sequence analysis. The inhibition of *Phytophthora nicotianae*, *Fusarium oxysporum*, *Pythium aphanidermatum* and *Rhizoctonia solani* by endophytic fungi was determined using a plate confrontation method. The results showed that a total of 52 fungi were isolated and purified, and the fungi carried by the tobacco strains were identified as *T. harzianum*, *T. virens*, *C. spicifer*, *A. niger*, *P. raperi*, *A. alternata* and *F. prolifertum*, of which *T. harzianum* and *T. virens*, *C. spicifer* and *A. niger* (Fei Zhouyang *et al.*, 2009) and *P. raperi* (Zhou Kaiyi *et al.*, 2015) are endophytic fungi. The percentages of inhibition of mycelial growth of *P. nicotianae*, *F. oxysporum*, *P. aphanidermatum* and *R. solani* by *T. harzianum* were 50. 23%, 52. 29%, 41. 37% and 52. 67%, and the percentages of inhibition of mycelial growth of *P. nicotianae*, *F. oxysporum*, *P. aphanidermatum* and *R. solani* by *T. virens* were 51. 72%, 53. 13%, 40. 53% and 44. 86%, The four soil-borne pathogenic fungi were not inhibited by *C. spicifer*, *Aniger* and *P. raperi*, *F. oxysporum* and *F. laminaris* have been reported in the literature as the causal agent of tobacco erysipelas (Shew H D, 1991); *F. prolifertum* mixed with *F. solani* and *F. oxysporum* causes Fusarium root rot of tobacco (Sang Weijun *et al.*, 1998).

Key words: Tobacco; Tobacco plant - borne fungi; Tobacco plant - endophytic fungi; Morphological observations; Molecular biology; Identification of soil-borne pathogenic fungi

---

* 基金项目：中国烟草总公司重大科技项目“基于生物防治的黄淮烟区烟草有害生物综合治理技术集成与模式构建” 110202101051 (LS-11)

** 第一作者：李涵，硕士研究生，研究方向为资源利用与植物保护；E-mail：lh1939954153@ outlook. com

*** 通信作者：康业斌，教授，主要从事植物免疫学与植物真菌病害及综合防治研究；E-mail：Kangyb999@ 163. com

奇异根串珠霉菌 ISSR-PCR 反应体系优化*

余凤玉**，杨德洁，宋薇薇，林兆威，于少帅，牛晓庆
［中国热带农业科学院椰子研究所，院士团队创新中心（槟榔黄化病综合防控），文昌　571339］

摘　要：奇异根串珠霉菌（*Ceratocystis paradoxa*）是棕榈科植物的重要病原菌，为明确其 ISSR-PCR 最佳反应体系，本文以奇异根串珠霉菌 Yt1-2 的 DNA 为模板，对模板 DNA 用量、引物浓度、Mg^{2+}浓度、dNTPs 浓度、Taq 酶等因素进行了优化试验，并进行梯度 PCR 试验确定最适退火温度和循环次数，建立了奇异根串珠霉菌的 ISSR-PCR 最优反应体系。在 25 μL 总反应体系中含 DNA 模板 20 ng，引物 1.2 μmol/L，Mg^{2+} 1.5 μmol/L，dNTPs 0.3 mmol/L 和 Taq 酶 0.5U。扩增程序为 94℃预变性 5 min，94℃变性 30 s，56℃退火 1 min，72℃延伸 1 min，共 40 个循环，最后 72℃延伸 8 min。从 100 条引物中，筛选出扩增条带清晰、多态性及稳定性较好的 20 条 ISSR 引物。

关键词：奇异根串珠霉菌；遗传多样性；ISSR-PCR

---

* 基金项目：2019 年海南省基础与应用基础研究计划（自然科学领域）高层次人才项目基金（2019RC339）；2020 年海南省基础与应用基础研究计划（省自然科学基金）青年基金项目（320QN355）

** 第一作者：余凤玉，副研究员，从事棕榈植物病害研究；E-mail：yufengyu17@163.com

油茶可可毛色二孢叶斑病菌的鉴定*

余凤玉**，刘小玉，贾效成，付登强
［中国热带农业科学院椰子研究所，院士团队创新中心（槟榔黄化病综合防控），文昌 571339］

摘　要：笔者在海南省文昌市的油茶园调查时发现油茶树上发生一种叶斑病，该病从一侧叶缘开始发病，病斑圆形，褐色或黑色，病斑稍有凹陷，最后病斑扩大汇集成不规则病斑，叶片枯死。选取具典型症状的叶片采用常规组织分离法分离病原菌并进行致病性测定，采用形态特征与分子生物学相结合的方法对其进行鉴定。病原菌分生孢子单孢，椭圆形，初期无色单孢，成熟后深褐色，具一横隔，厚壁。依据柯赫氏法则，把病原菌进行回接，获得与寄主在自然条件下发生的症状基本一致，其中菌株 20-1 致病力最强，通过单孢分离菌株再次确认与自然发病的菌株为同一个种。同时，通过 rDNA-ITS 序列分析及形态学鉴定，确定菌株 20-1 为可可毛色二孢（*Lasiodiplodia theobromae*）。

关键词：油茶；叶斑病；病原菌；鉴定；rDNA-ITS 序列

* 基金项目：中央财政林业科技推广示范资金项目（琼〔2020〕TG06，琼〔2020〕TG04）
** 第一作者：余凤玉，副研究员，从事棕榈植物病害研究；E-mail：yufengyu17@163.com

油茶小新壳梭孢叶斑病菌生物学特性研究*

余凤玉**，刘小玉，贾效成，付登强
［中国热带农业科学院椰子研究所，院士团队创新中心（槟榔黄化病综合防控），文昌　571339］

摘　要：对引起油茶叶斑病的小新壳梭孢菌（*Neofusicoccum parvum*）的生物学特性进行了研究。研究结果表明，该病原菌在 10~35℃的温度范围内均能生长，最适温度范围是 25~35℃；在 pH 值 5.0~11.0 范围内菌丝均能生长，pH 值 5.0~6.0 范围内最利于菌丝生长。连续光照有利于菌丝生长，PDA 培养基利于菌丝生长，燕麦片培养基适宜产孢。病原菌在供试碳氮源培养基中均能生长，其中蛋白胨和淀粉最适宜菌丝生长。

关键词：油茶；叶斑病；小新壳梭孢菌；生物学特性

---

* 基金项目：中央财政林业科技推广示范资金项目（琼〔2020〕TG06，琼〔2020〕TG04）
** 第一作者：余凤玉，副研究员，从事棕榈植物病害研究；E-mail：yufengyu17@163.com

Sensitivity Measurement of Tobacco Pathogens and Growth-Promotion Rhizosphere Microorganisms to 6 Fungicides*

HAN Ruihua**, JIANG Kai, KANG Yebin***

(*College of Horticulture and Plant Conservation*, *Henan University of Science and Technology*, *Luoyang* 471023, *China*)

Abstract: To identify the sensitivity of the main soil-borne pathogens of tobacco such as *Phytophthora nicotianae* and growth-promotion rhizosphere microorganisms (PGPR) such as *Trichoderma harzianum* to 6 fungicides, mycelium growth rate method or spore inhibition method and dilutionplate method were used to determine the inhibitory effect of dimethomorph on mycelium growth of *P. nicotianae*, *Pythium aphanidermatum*, *Rhizoctonia solani*, *Fusarium oxysporum*, *T. harzianum*, conidia differentiation of *Streptomyces roseoflavus*. The results showed that metalaxyl-propamocarb hydrochloride, metalaxyl, dimethomorph had ainhibitory effect on mycelium of *P. nicotianae*, and their EC_{50} valus were 0.120 6, 0.261 4 and 0.921 4 μg/mL; metalaxyl-propamocarb hydrochloride, metalaxyl, had a inhibitory effect on mycelium of *P. aphanidermatum*; and their EC_{50} valus were 2.192 9 and 7.130 7 μg/mL; Pyraclostrobin, azoxystrobin had a inhibitory effect on mycelium of *R. solani* and *F. oxysporum*, and their EC_{50} valus were 10.070 3, 43.929 6, 10.601 0 and 31.848 6 μg/mL; azoxystrobin had a inhibitory effect on mycelium of *S. roseoflavus*, and the EC_{50} valus was 2.311 5 μg/mL; Therefore, azoxystrobin and mefroxil should not be mixed with *S. roseatum*, pyraclostrobin should not be mixed with *T. harzianum*; metalaxylpropamocarb、dimethomorph、propamocarb could be mixed with the plant growth promoting microorganisms to promote tobacco plant growth and control soil-borne tobaccodiseases.

Key words: tobacco; pathogen; PGPR; fungicide; sensitivity

---

* 基金项目：中国烟草总公司重大科技项目［110202101051（LS-11）］

** 第一作者：韩瑞华，硕士研究生，资源利用与植物保护专业；E-mail：811574508@qq.com

*** 通信作者：康业斌，教授，主要从事植物免疫学研究；E-mail：kangyb999@163.com

A Nucleus-targeting Effector of Stripe Rust Disturbs the Plant Phase Separation to Manipulate Host Immunity

YAN Tong[1,2], WANG Jialiu[1,2], Soming Wansee[1,3], WANG Ning[1,2], WANG Jianfeng[1,2], TANG Chunlei[1,2], KANG Zhensheng[1,2], WANG Xiaojie[1,2 *]

(1. *State Key Laboratory of Crop Stress Biology for Arid Areas*, *Northwest A & F University*, *Yangling* 712100, *China*; 2. *College of Plant Protection*, *Northwest A & F University*, *Yangling* 712100, *China*; 3. *College of International Education*, *Northwest A & F University*, *Yangling* 712100, *China*)

Abstract: Phytopathogens produce a large number of host intracellular effectors to suppress host immune responses by targeting diverse cell organelles, such as nucleus. And nucleus are vital during the growth and immunity of plants. Here, we identified that Hasp170, an early-induced nucleus-targeting effector secreted from the wheat stripe rust pathogen, *Puccinia striiformis* f. sp. *tritici* (*Pst*), could suppress plant immunity. As a virulence factor of *Pst*, silencing of *Hasp*170 markedly reduced *Pst* growth and development. Hasp170 interacted with a novel wheat liquid-liquid phase-separated protein *TaMad*1. The intrinsically disordered region 1 (IDR1), which was required for driving phase separation of *TaMad*1, played a crucial role in *TaMad*1-mediated wheat resistance to *Pst*. Hasp170 could bind IDR1 domain to disturb the phase - separated bodies formation of *TaMad*1 in the nucleus and reduce the host immunity. Therefore, our data demonstrate that the nucleus-targeting effector Hasp170 suppresses host immunity by disturbing the liquid-liquid phase separation of *TaMad*1, thereby enhancing the pathogenicity of *Pst* to wheat.

Key words: *Puccinia striiformis* f. sp. *tritici* (*Pst*); nucleus; effector; liquid-liquid phase separation; plant immunity

* Corresponding author: WANG Xiaojie; E-mail: wangxiaojie@nwsuaf.edu.cn

禾谷镰孢菌内质网自噬受体 FgEpr1 的鉴定和功能分析

梁　彤，张若彤，陈　蕾，邹珅珅*，董汉松
（山东农业大学植物保护学院，泰安　271018）

摘　要：禾谷镰孢菌（*Fusarium graminearum*）引起的赤霉病及其产生的真菌毒素影响小麦的产量和品质。研究表明，其中的 DON 毒素在病菌内质网上生成，并受到内质网功能的调控。内质网处于合成与降解的动态平衡中，从而维持内质网的稳定。内质网自噬在内质网的降解过程中发挥重要的作用，但至今未鉴定到禾谷镰孢菌内质网自噬受体，因此也不清楚内质网自噬在病菌中的生理功能。本研究通过蛋白互作技术鉴定到一个与自噬蛋白 FgAtg8 互作的自噬受体 FgEpr1，该蛋白的缺失导致 DTT 诱导的内质网自噬缺陷，而不影响氮饥饿诱导的内质网自噬及其他类型选择性自噬或非选择性自噬，明确自噬受体 FgEpr1 调控 DTT 诱导的内质网自噬。同时研究初步结果显示，FgEpr1 的缺失导致病菌营养生长缓慢，DON 毒素合成下降，基本失去对寄主的侵染能力。通过构建 FgSec61-AIM 人工系链可以恢复因 FgEpr1 缺失所引致的内质网自噬，营养生长和致病力等生理功能缺陷。这些结果表明，FgEpr1 介导的内自噬网自噬通过调控内质网的降解，从而影响禾谷镰孢菌生长发育，DON 生物合成和致病性。

关键词：禾谷镰孢菌；内质网自噬；自噬受体；FgEpr1

* 通信作者：邹珅珅；E-mail：zouss@ sdau. edu. cn

叶锈菌效应蛋白 *Pt*NPRS 靶定小麦 *Ta*NPR1 蛋白的致病分子机制研究*

赵淑清**，李梦雨，任小鹏，王楚媛，孙鑫博，孙蔓莉，于秀梅，王逍冬***
（河北农业大学植物保护学院，华北作物改良与调控国家重点实验室，保定 071000）

摘 要：叶锈菌（*Puccinia triticina*）是严重危害全球小麦生产的重要病原真菌，具有发生范围广、频率高、危害严重等特点。研究小麦叶锈菌效应蛋白靶定植物抗病关键蛋白的致病分子机制，对于小麦抗病遗传改良具有重要指导意义。本课题组前期以小麦水杨酸受体蛋白 *Ta*NPR1 为诱饵进行酵母双杂交筛库，发现小麦锈菌效应蛋白 *Pt*NPRS 与 *Ta*NPR1 蛋白存在直接蛋白互作，而其致病分子机制仍亟待明确。本研究利用酵母双杂交和双分子荧光互补技术，明确了 *Pt*NPRS 与 *Ta*NPR1 蛋白的互作关键氨基酸位点和亚细胞位置。利用农杆菌介导的基因瞬时表达技术，明确了 *Pt*NPRS 的植物细胞核定位特征，并验证了其核定位序列。利用酵母分泌系统，验证了 *Pt*NPRS 信号肽的分泌功能。制备得到异源表达 *PtNPRS* 基因的小麦转基因材料 *PtNPRS-OE*，发现过表达 *PtNPRS* 的小麦转基因材料系统获得抗性（SAR）水平显著降低。进一步利用 RNA-seq 转录组测序，分析了 *PtNPRS* 基因对小麦抗病反应的转录抑制效应。成功制备得到了靶向沉默 *PtNPRS* 基因的小麦转基因材料 *PtNPRS-HIGS*，用于明确 *PtNPRS* 的致病功能。此外，发现 *Pt*NPRS 与小麦抗病负调控因子具有相似的 *Ta*NPR1 结合区域，推测 *Pt*NPRS 可能通过抑制 *Ta*NPR1 的磷酸化过程发挥致病功能。综上所述，本研究深入探究了小麦叶锈菌效应蛋白 *Pt*NPRS 靶定小麦 *Ta*NPR1 蛋白的致病分子机制。创制获得的一系列小麦转基因材料，未来有望作为创新性种质资源用于小麦抗锈病遗传改良。

关键词：水杨酸受体蛋白；系统获得抗性；转录抑制；HIGS；小麦转基因

---

* 基金项目：河北省杰出青年科学基金（C2022204010）；河北省自然科学基金面上项目（C2021204008）
** 第一作者：赵淑清，博士研究生，主要从事植物病理学研究；E-mail：1059037315@ qq. com
*** 通信作者：王逍冬，教授，主要从事分子植物病理学研究；E-mail：zhbwxd@ hebau. edu. cn

小麦抗纹枯病种质资源挖掘与遗传位点全基因组关联分析*

李梦雨[1,2**]，曾庆东[3**]，吴建辉[3]，孙蔓莉[1]，
赵淑清[1]，任小鹏[1]，王楚媛[1]，康振生[3]，韩德俊[3***]，陈时盛[2***]，王逍冬[1***]
（1. 河北农业大学植物保护学院，华北作物改良与调控国家重点实验室，保定 071000；
2. 北京大学现代农业研究院，潍坊 261000；
3. 西北农林科技大学，作物抗逆与高效生产全国重点实验室，杨凌 712100）

摘　要：普通小麦（*Triticum aestivum*）是全球最重要的粮食作物之一，栽培面积广阔，几乎遍及世界各温带小麦种植地区。由于气候变暖、施氮量增加、秸秆还田，以及耕作制度改变等原因，由禾谷丝核菌（*Rhizoctonia cerealis*）引起的小麦纹枯病，在我国北方麦区普遍发生、危害严重，导致产量严重降低和籽粒品质严重下降。为了筛选出抗小麦纹枯病的优质种质资源、挖掘和利用抗病遗传位点，本研究结合课题组前期搜集的 1 300 余份全球普通小麦种质资源，开展抗纹枯病表型鉴定，发现仅有济麦 19 号、PADUS、郑麦 1860 等约 14%的小麦材料表现出中等以上抗性水平。进一步利用上述小麦材料已有 660K SNP 芯片数据进行全基因组关联分析，发现在普通小麦 2AL、4AS、4DL、6AL、7AS 等染色体存在多个抗纹枯病紧密关联 SNPs，其中在 6AL 染色体上关联获得一个主效抗纹枯病 QTL 位点 *Qrc. hebau-6AL*，跨越 0. 6 Mb 的基因组物理区域。计划进一步结合关联获得的 SNP 位点开发 KASP 分子标记，利用遗传分离群体进行抗病基因精细定位。结合小麦转基因和基因编辑技术，对 *Qrc. hebau-6AL* 区段内的候选抗病基因进行功能探索。综上所述，本研究评估了全球普通小麦种质资源的抗纹枯病抗性水平，挖掘得到一批新的抗病遗传位点，为小麦抗纹枯病基因克隆和遗传改良提供了重要基础。

关键词：小麦；纹枯病；抗病种质；全基因组关联分析；QTL

---

* 基金项目：河北省杰出青年科学基金（C2022204010）；河北省自然科学基金面上项目（C2021204008）

** 第一作者：李梦雨，博士研究生，研究方向为植物病理学；E-mail：alimengyuuuu@ 163. com
曾庆东，副教授，研究方向为植物免疫；E-mail：zengqd@ nwafu. edu. cn

*** 通信作者：韩德俊，教授，主要从事抗病遗传学研究；E-mail：handj@ nwsuaf. edu. cn
陈时盛，研究员，主要从事抗病遗传学研究；E-mail：shisheng. chen@ pku-iaas. edu. cn
王逍冬，教授，主要从事植物病理学研究；E-mail：zhbwxd@ hebau. edu. cn

小麦抗叶锈病遗传位点全基因组关联分析*

任小鹏[1**]，曾庆东[2**]，吴建辉[2]，赵淑清[1]，李梦雨[1,3]，王楚媛[1]，
袁　梦[1]，任　壮[1]，于秀梅[1]，康振生[2]，陈时盛[3***]，韩德俊[2***]，王逍冬[1***]
（1. 河北农业大学植物保护学院，华北作物改良与调控国家重点实验室，保定　071000；
2. 西北农林科技大学，作物抗逆与高效生产全国重点实验室，杨凌　712100；
3. 北京大学现代农业研究院，潍坊　262415）

摘　要：普通小麦（*Triticum aestivum*）是全球范围内重要的粮食作物，其抗病稳产对世界粮食安全和农业发展具有重要意义。由叶锈菌（*Puccinia triticina*）引起的小麦叶锈病，在全世界小麦种植区广泛发生。随着全球气候变暖和叶锈菌的毒性变异，小麦叶锈病危害呈现加重趋势。培育抗病品种，依旧是减轻叶锈病危害最为经济环保的手段。因此，不断挖掘抗叶锈病种质资源并开展遗传学研究具有重要意义。本研究对 1 353 份全球小麦种质资源进行了苗期和成株期叶锈病抗性鉴定，发现仅有约 8%的种质资源在苗期对小麦叶锈菌高毒力生理小种 PHTT 表现较高抗性，约 5%的种质资源在成株期不同环境下对叶锈菌表现较高抗性。进一步结合上述材料已有 660K 高密度 SNP 芯片数据，进行全基因组关联分析（GWAS）。苗期抗性方面，GWAS 共获得 62 个高置信度连锁 SNP 位点，集中分布在 2AS、2BS 和 2DS 染色体，关联物理区段内含有多个 NBS-LRR 蛋白编码基因。成株期抗性方面，不同环境 GWAS 分别获得 40 个和 61 个高置信度连锁 SNP 位点，集中分布在 2AS、2BS、2DS、4AL 染色体，关联物理区段内含有各类植物防御反应相关基因。本研究计划进一步结合遗传学分析、组学测序和小麦转基因技术，对候选抗病基因进行功能验证。综上所述，本研究挖掘获得了一批小麦抗叶锈病优异种质资源和抗病遗传位点，为后续抗叶锈病基因克隆与小麦抗病遗传改良奠定了重要基础。

关键词：小麦；叶锈病；抗病种质；全基因组关联分析；遗传位点

---

* 基金项目：河北省杰出青年科学基金（C2022204010）；河北省自然科学基金面上项目（C2021204008）
** 第一作者：任小鹏，硕士研究生，研究方向为植物病理学；E-mail：renxiaopeng2022@ 163. com
曾庆东，副教授，研究方向为植物免疫；E-mail：zengqd@ nwafu. edu. cn
*** 通信作者：陈时盛，研究员，主要从事抗病遗传学研究；E-mail：shisheng. chen@ pku-iaas. edu. cn
韩德俊，教授，主要从事抗病遗传学研究；E-mail：handj@ nwsuaf. edu. cn
王逍冬，教授，主要从事植物病理学研究；E-mail：zhbwxd@ hebau. edu. cn

稻曲病菌效应蛋白 SCRE9 的功能研究

于思文，郑馨航，李晓爱，张劭琦，赵　丹，李大勇，孙文献
（吉林农业大学植物保护学院，吉林省作物病虫害绿色防控重点实验室，长春　130118）

摘　要：由稻曲病菌［*Ustilaginoidea virens*（Cooke）Takah］引起的稻曲病已成为水稻上最重要的病害之一。为促进侵染，稻曲病菌分泌了大量效应蛋白攻击水稻免疫系统并在水稻-稻曲病菌相互作用中发挥着重要作用，但目前对真菌效应蛋白发挥功能的分子机制的了解仍然十分有限。本研究鉴定了稻曲病菌效应蛋白 SCRE9，发现其信号肽能引导蛋白分泌。通过 SMART 结构域分析表明，SCRE9 具有 ZAD（zinc finger-associated domain）结构域，ZAD 参与了二聚体的形成，蛋白质折叠和组装。亚细胞定位发现 SCRE9 位于细胞质和细胞核中。此外，*scre*9 基因缺失导致了稻曲病菌对水稻的致病力显著降低，表明该基因编码的效应蛋白对稻曲病菌致病性是必需的。在水稻中异源表达 SCRE9 能够抑制 PAMP 诱导的病程相关基因表达以及氧爆发，并且增加了转基因水稻对白叶枯病和稻曲病的易感性。通过 IP-MS、酵母双杂交以及免疫共沉淀实验筛选并证实了 SCRE9 与水稻转录辅因子 SIP1 互作。通过 RNA-seq 分析，推测 SCRE9 对水稻穗部激素合成具有调控作用。研究结果为揭示 SCRE9 抑制水稻基础免疫的分子机制提供了新思路。

关键词：稻曲病菌；效应蛋白；转录辅因子

A Sugarcane Smut Fungus Effector Hijacks Plant VSR-mediated Vacuolar Trafficking to Evade Host Immune Detection*

LING Hui[1,2**], FU Xueqin[1**], HUANG Ning[2],
ZHONG Zaofa[1], CUI Haitao[1***], QUE Youxiong[1***]
(1. *Key Laboratory of Sugarcane Biology and Genetic Breeding, Ministry of Agriculture; Key Laboratory of Ministry of Education for Genetics, Breeding and Multiple Utilization of Crops; Plant Immunity Center; Fujian Agriculture and Forestry University, Fuzhou* 350002, *China*; 2. *Key Laboratory for Conservation and Utilization of subtropical Bio-Resources, Education Department of Guangxi Zhuang Autonomous Region; College of Agriculture, Yulin Normal University, Yulin* 537000, *China*)

Abstract: The smut fungus *Sporisorium scitamineum* causes a prevalent disease in sugarcane worldwide. However, the mechanisms by which the smut fungus effectors facilitate infection and/or evade detection by host immune system remain largely unknown. Here, we show that sugarcane vacuolar sorting receptor gene (*ScVSR*1) has a strong negative correlation with several putative *S. scitamineum* effector genes in the gene co-expression network. Ectopic overexpression of *ScVSR*1 in *Arabidopsis* leads to reduced resistance to a fungal pathogen, causing powdery mildew, indicating the negative role of ScVSR1 in defense. Importantly, among the co-expressed *S. scitamineum* effectors, SsPE15 physically interacts with ScVSR1. We found that SsPE15 is a secreted protein and is sorted into the prevacuolar compartment (PVC) by interacting with ScVSR1 in plant cells. Besides, the deletion of *SsPE*15 in *S. scitamineum* enhances fungal pathogenicity, suggesting that SsPE15 might be detected by the host immune system and subsequently activates defense responses. Moreover, the fusion of the $SsPE15^{CT}$ domain containing the VSR sorting signal to bacterial effector AvrRpt2 could greatly affect AvrRpt2-triggered programmed cell death in *Arabidopsis*, in a manner partially dependent on *VSR*1 and *VSR*2. We thus propose that the fungal effector SsPE15 hijacks the intimal transport system for evading immune detection.

Key words: sugarcane; *Sporisorium scitamineum*; effector; PVC; MVB; VSR1

---

* Funding: National Key R&D Program of China (2022YFD2301100); National Natural Science Foundation of China (31901592, 32160435, 31970281); Natural Science Foundation of Fujian Province for Distinguished Young Scholars (2015J06006); Natural Science Foundation of Fujian Province (2018J01609); Natural Science Foundation of Guangxi Province (2021GXNSFBA1960146); Sugar Crop Research System of China (CARS-17)

** First authors: LING Hui, associate professor, research interests in plant and pathogen interaction mechanism; E-mail: linghuich@163.com

FU Xueqin, Ph. D student, research interests in crop resistance biology; E-mail: fuxq23@126.com.

*** Corresponding authors: CUI Haitao, professor, mainly engaged in research on the molecular mechanism and signal transduction of plant immune system regulation; E-mail: cui@fafu.edu.cn

QUE Youxiong, professor, mainly engaged in the analysis of sugarcane and pathogen interaction mechanism and research on sugarcane molecular breeding technology; E-mail: queyouxiong@126.com

Sugarcane *ShNPR*2 Gene and Its Promoter Positively Respond to Pathogen Infection and Exogenous Hormone Stresses*

ZANG Shoujian[1**], HUANG Tingchen[1], WU Guran[1], WANG Dongjiao[1], QIN Liqian[1], LIANG Yanlan[1], LIN Peixia[1], SU Yachun[1,2***], QUE Youxiong[1,2***]

(1. *Key Laboratory of Sugarcane Biology and Genetic Breeding, Ministry of Agriculture and Rural Affairs, College of Agriculture, Fujian Agriculture and Forestry University, Fuzhou* 350002, *China*; 2. *Key Laboratory of Genetics, Breeding and Multiple Utilization of Crops, Ministry of Education, College of Agriculture, Fujian Agriculture and Forestry University, Fuzhou* 350002, *China*)

Abstract: Nonexpressor of pathogenesis-related genes 1 (*NPR*1), as a key regulatory factor in the plant salicylic acid (SA) signal transduction pathway, plays a core regulatory role in plant systemic disease resistance. In the present study, a total of 18 *SsNPR* and 35 *SoNPR* genes were identified from sugarcane wild species *Saccharum spontaneum* and tropical species *S. officinarum*, respectively. Phylogenetic analysis demonstrated that NPR proteins could be clustered into three branches. Collinearity analysis revealed a close homology between *NPR* genes in *S. spontaneum* and *S. officinarum*. Transcriptome data analysis indicated that *SsNPR* genes were tissue-specifically expressed and differentially expressed in different genotypes of sugarcane interacting with smut fungus. A differentially expressed gene, *ShNPR*2, was then cloned from the sugarcane cultivar ROC22. ShNPR2 was found to be a nuclear protein without transcriptional self-activation activity, constitutively expressed in different tissues of ROC22, and response to the stresses of methyl jasmonate (MeJA), abscisic acid (ABA), and SA. It is worth noting that transient overexpression of the *ShNPR*2 gene in *Nicotiana benthamiana* showed a higher sensitivity to the infection of *Ralstonia solanacearum* and *Fusarium solani* var. *coeruleum*, and this regulatory effect was closely related to the expression changes of genes related to hypersensitive reaction (HR), SA, and ethylene (ET) synthesis pathways. In addition, the promoter of the *ShNPR*2 gene, *pro-ShNPR*2, was isolated from ROC22 and found to have transcriptional activity. Furthermore, the activity of *pro-ShNPR*2 was upregulated by exogenous treatments with MeJA, ABA, and SA. The present study provided a theoretical and practical basis for comprehensively understanding the sequence characteristics, expression status, and disease resistance function of sugarcane *NPR* genes.

Key words: sugarcane; *NPR* gene; promoter; expression characteristics; disease resistance function

---

* Funding: National Key Research and Development Program of China (2022YFD2301100, 2019YFD1000503); Fujian Agriculture and Forestry University Science and Technology Innovation Special Fund Project (KFb22116XA); Agriculture Research System of China (CARS-17)

** First author: ZANG Shoujian, master student, research interests in crop resistance biology; E-mail: zangshoujian2020@163.com.

*** Corresponding authors: SU Yachun, associate professor, mainly engaged in research on sugarcane adversity biology and genetic breeding; E-mail: syc2009mail@163.com

QUE Youxiong, professor, mainly engaged in the analysis of sugarcane and pathogen interaction mechanism and research on sugarcane molecular breeding technology; E-mail: queyouxiong@126.com

甘蔗连作障碍土壤根际关键微生物的分析与鉴定*

曹 月[1**]，吴故燃[1]，尤垂淮[2]，吴期滨[1]，阙友雄[1]，张 华[1***]
（1. 福建农林大学国家甘蔗工程技术研究中心，农业农村部福建甘蔗生物学与遗传育种重点实验室，福州 350002；2. 福建农林大学生命科学学院，福州 350002）

摘 要：甘蔗宿根连作障碍的发生在甘蔗主产区愈发明显，但其成因尚未明确。为探究根际土壤微生物与宿根连作障碍的相关性，本研究以柳城 05136 和 ROC22 两种不同宿根性甘蔗为材料，分别进行宿根 0 年、1 年、2 年种植，并对根际土壤进行高通量测序及关键微生物的分离、筛选及鉴定。结果表明：甘蔗根际的真菌群体较细菌群体丰富 40%，拟青霉属（*Purpureocillium* spp.）和翅孢壳属（*Emericellopsis* spp.）在弱宿根性甘蔗根际的含量显著高于强宿根性甘蔗，与连作障碍严重性的重要指标产量成正相关，微皮伞属（*Marasmiellus* spp.）和刺球菌属（*Chaetosphaeria* spp.）在弱宿根性甘蔗根际的含量显著低于强宿根性甘蔗，与连作障碍严重性的重要指标产量呈负相关关系。通过平板稀释法进行分离微生物，以功能鉴定筛选综合特性最佳的有益菌株 NC29，对其进行菌落形态观察、生理生化试验及 16S rDNA 扩增，鉴定其为 *Bacillus* spp.。综上所述，本研究挖掘了宿根甘蔗-根际微生物互作过程中发挥关键作用的微生物，明确了强弱宿根性甘蔗微生物间的差异，为甘蔗连作障碍的研究及缓解提供参考。

关键词：甘蔗；宿根连作；根际微生物；芽孢杆菌

* 基金项目：财政部和农业农村部国家现代农业产业技术体系资助项目（CARS-17）

** 第一作者：曹月，硕士研究生，研究方向为作物抗性生物学；E-mail：caoyue36066@163.com

*** 通信作者：张华，研究员，研究方向为甘蔗生产全程机械化及配套农艺技术；E-mail：zhanghua4553@sina.com

黑穗病对甘蔗根际微生态的影响及其拮抗细菌的筛选*

张　靖[1**]，曹　月[1]，刘俊鸿[1]，杨靖涛[1]，阙友雄[1]，尤垂淮[2***]，罗　俊[1***]
（1. 福建农林大学国家甘蔗工程技术研究中心，农业农村部福建甘蔗生物学与遗传育种重点实验室，福州　350002；2. 福建农林大学生命科学学院，福州　350002）

摘　要：黑穗病是甘蔗生产上最主要的真菌病害之一，能造成蔗茎产量严重损失、糖分降低和品质变劣。目前，响应甘蔗黑穗病菌（*Sporisorium scitamineum*）胁迫的根际土壤微生态变化的研究鲜见报道。本研究利用高通量测序对新植和宿根一年种植的健康蔗株和发病蔗株的根际土壤微生物群落结构和功能多样性进行比较，并利用稀释平板法等分离、筛选和验证拮抗黑穗病菌的细菌。结果显示，健康蔗株与发病蔗株的 β-多样性具有显著差异，蔗株发病后显著富集了功能菌属 *Pedomicrobium*、*Alkaliphilus* 和有害菌属 *Candida*、*Thanatephorus*。其中，*Sproisorium* 是富集于宿根季发病蔗株中最显著的关键致病真菌菌属。基于微生物功能预测，发现与病害胁迫密切相关的精氨酸和脯氨酸代谢通路在发病后积极响应。此外，本研究共分离到 18 株拮抗细菌，综合防效最佳的为洋葱伯克霍尔德氏菌（*Burkholderia cepacia*）RH33，其不仅对甘蔗黑穗病菌、叶枯病菌和白条病菌有抑制作用，还能促进苗期甘蔗的生长。总的来说，黑穗病对甘蔗根际微生物群落结构有影响，进一步研究可培养微生物的生防功能，有助于提供甘蔗黑穗病高效防治的方法。

关键词：甘蔗黑穗病；根际微生态；高通量测序；拮抗细菌；生物防治

---

* 基金项目：国家重点研发计划项目（2022YFD2301105-01）；福建省自然科学基金项目（2021J01137）；福建农林大学科技创新专项基金项目（CXZX2020081A）

** 第一作者：张靖，硕士研究生，研究方向为作物抗性生物学；E-mail：zhashoveljing@163.com

*** 通信作者：尤垂淮，实验师，主要从事植物连作障碍形成机理及消减措施研究；E-mail：you123chui@163.com
罗俊，副研究员，主要从事甘蔗逆境生物学与遗传育种研究；E-mail：sisluojun@126.com

甘蔗黑穗病菌效应子 *SsCMU*1 的克隆与表达分析*

梁艳兰[1**]，姚坤存[1]，覃丽谦[1]，王东姣[1]，阙友雄[1]，凌 辉[2]，罗 俊[1***]，黄 宁[2***]
（1. 福建农林大学国家甘蔗工程技术研究中心，农业农村部福建甘蔗生物学与遗传育种重点实验室，福州 350002；2. 玉林师范学院农学院，玉林 537000）

摘 要：分支酸变位酶（chorismate mutase1，CM）是一种能将植物水杨酸合成代谢中间产物分支酸转变为预苯酸从而影响水杨酸（salicylic acid，SA）合成的酶。在玉米黑粉菌［*Ustilago maydis*（DC）Corola］中，*Cmu*1 作为致病因子，通过降低寄主 SA 合成而增强病原真菌致病性。本研究以甘蔗黑穗病菌（*Sporisorium scitamineum*）侵染甘蔗幼芽 14 d 后的 cDNA 作为模板，通过 RT-PCR 克隆获得 *SsCmu*1 基因序列，其编码 302 个氨基酸。根据生物信息学分析结果推测，SsCmu1 可能为酸性稳定亲水性蛋白。亚细胞定位和转录自激活试验显示，SsCmu1 为膜蛋白且无毒性无转录自激活活性。基于甘蔗-黑穗病菌表达谱芯片结果分析表明，*SsCmu*1 基因在甘蔗易感黑穗病品种 YC71-374 和抗黑穗病品种 NCo376 中均上调表达，但在黑穗病菌侵染 3 d 后，*SsCmu*1 在 YC71-374 中的表达增加量显著高于 NCo376。研究结果为深入探究 *SsCmu*1 基因对甘蔗黑穗病菌致病性的影响以及深入解析其侵染机制奠定了基础。

关键词：甘蔗；黑穗病菌；效应子；SsCmu1；基因表达

---

* 基金项目：中央引导地方科技发展专项（2022L3086）；国家自然科学基金委项目（31901592，32160435）；财政部和农业农村部国家现代农业产业技术体系资助项目（CARS－17）；广西壮族自治区科学技术厅自然科学基金项目（2021GXNSFBA196046）

** 第一作者：梁艳兰，硕士研究生，研究方向为作物抗性生物学；E-mail：lyl0210mail@163.com

*** 通信作者：罗俊，副研究员，主要从事甘蔗逆境生物学与遗传育种研究；E-mail：sisluojun@126.com

黄宁，副研究员，主要从事甘蔗-真菌互作研究；E-mail：hning2012@126.com

谷子抗谷瘟候选基因克隆与分析*

李志勇[1**]，刘婷婷[2]，刘　佳[1]，马继芳[1]，白　辉[1***]，董志平[1***]
（1. 河北省农林科学院谷子研究所，石家庄　050035；2. 河北农业大学，保定　071000）

摘　要：谷瘟病（*Magnaporthe oryzae*）是由稻梨孢菌引起的一种谷子暴发流行性真菌病害，全生育期均可发病，特别是后期的穗瘟对产量影响较大，严重发生可导致绝产。近年来由于生产中缺乏抗病品种，单一品种大面积种植，谷瘟病已经成为影响我国谷子生产的重要病害之一。谷瘟病在全国谷子产区普遍发生，在河北、河南、山东、内蒙古、陕西和黑龙江等部分地区发生严重，已严重影响当地谷子的种植，而抗病品种的推广和应用是最经济有效的防控谷瘟病方法。本研究利用基于二代高通量测序技术的 BSA 分析法，定位谷子染色体上与谷瘟抗性有关的目标区域，对克隆紫秆白中抗病基因及开发分子标记加速谷子抗谷瘟分子育种具有重要意义。以抗病紫秆白为母本，感病冀谷 19 为父本，构建了 F2 遗传群体。利用 BSA 联合高通量测序分析，以谷瘟抗、感病两个亲本材料及抗、感各 30 个 F2 单株为实验材料，构建两个亲本和抗感池的 DNA 文库进行重测序，通过 SNP-index 分析，把谷瘟病抗性基因初步定位在第 3 号染色体候选区域，通过候选区域内的 SV 分子标记筛选进一步缩小定位区间。通过生物信息学分析在区间中共有 16 个基因，发现一个基因注释为“Probable disease resistance protein”，编码蛋白质包含 NB-ARC 和 LRR 结构域，基因开放阅读框全长 2 637 bp，编码 878 个氨基酸，预测分子量为 98 186.13，理论等电点为 6.23。利用 SMART 进行基因结构分析发现，该基因 793～1 293 bp 区域包含 NB-ARC 保守结构域，2 071～2 460 bp 区域包含 LRR 保守结构域。该蛋白质二级结构的最大元件是 α 螺旋，最小元件为 β-转角。经在线 Plantcare 软件分析，基因启动子区含有脱落酸响应元件、MYB 结合元件，茉莉酸甲酯（MeJA）应答元件。经 BLASTX 比对分析，该基因与糜子（RLN27500.1）的氨基酸序列同源性最高，为 93.96%。与高粱（KAG0521469.1）、玉米（PWZ57391.1）和水稻（ABA99732.1）的氨基酸序列同源性分别为 87.58%、87.25% 和 78.09%。表达分析发现该基因在谷子整个生育期均表达，随着谷子生长基因表达量增加，在上部叶片、茎秆和穗部表达量更高。对抗病候选基因在谷子接种后不同时间点的叶片中的表达情况进行了 qPCR 分析，在谷子响应谷瘟菌胁迫反应的 24 h 内，候选抗病基因在抗病反应接菌的 8～24 h 上调表达，而感病反应过程以及接水对照中除 24 h 表达量较高之外其余时间点均无显著变化，推测该候选基因受谷瘟病菌诱导表达。该研究为进一步研究谷子抗谷瘟分子机理奠定了基础。

关键词：谷子；谷瘟病；抗病基因

* 基金项目：河北省自然科学基金（C2021301062）；河北省农林科学院基本科研业务费试点经费（HBNKY-BGZ-02）

** 第一作者：李志勇，研究员，主要从事谷子病害研究；E-mail：lizhiyongds@126.com
*** 通信作者：白辉，研究员，主要从事谷子病害研究；E-mail：baihui_mbb@126.com
董志平，研究员，主要从事谷子病害研究；E-mail：dzping001@163.com

The Glycoside Hydrolase (*eglB*) Gene Contributes to *Penicillium expansum* Pathogenicity During Postharvest Pear Infection

XU Meiqiu[1], YA Huiyuan[1], LI Jingyu[1], ZHANG Xiaoyun[3], ZHAO Lina[3], WANG Duoduo[2], ZHANG Hongyin[3]

(1. *College of Food and Drug*, *Luoyang Normal University*, *Luoyang* 471934, *China*;
2. *College of Life Sciences*, *Zhejiang Normal University*, *Jinhua* 321004, *China*;
3. *School of Food and Biological Engineering*, *Jiangsu University*, *Zhenjiang* 212013, *China*)

Abstract: The blue mold caused by *Penicillium expansum* is the main cause of postharvest loss of pears. Strategies for disease control greatly depend on understanding the mechanisms of pathogen-fruit interaction. Our previous research found that the glycoside hydrolase family genes in pear showed a significant up-regulated expression trend with prolongation of pathogen infection, A member from glycoside hydrolase gene family *Beta-glucosidase* 1*b* (*eglB*) had the highest up-regulated fold change. Glycoside hydrolases are enzymes with roles including the degradation of plant cell wall polymers including cellulose and hemicellulose. The gene *eglB* shows high homology with glycoside hydrolase superfamily in *P. expansum*. Functional analysis of *eglB* was performed by gene knockout and complementation. Results showed that deletion of *eglB* had no effect on colony morphology and microscopic morphology of *P. expansum*. However, loss of function of *eglB* resulted in a reduction in the production of fungal hyphae, thus inhibiting sporulation of *P. expansum*. Moreover, the deletion of *eglB* (Δ*eglB*) reduced the pathogenicity of *P. expansum* in pears. The complementation of *eglB* (Δ*eglB*-C) restored the growth, conidia production, and virulence of Δ*eglB* mutant strain to the level of wild-type *P. expansum*. These findings indicate that *eglB* contributes to growth and pathogenicity in *P. expansum*.

Key words: *Penicillium expansum*; pear; *eglB*; growth; pathogenicity

Effects of Environmental Factors on Mycelial Growth and Conidial Germination of *Botrytis cinerea* Causing Quinoa Gray Mold*

TIAN Miao**, CHEN Yalei, PENG Yufei, YIN Hui***, ZHAO Xiaojun***
(*College of Plant Protection*, *Shanxi Agricultural University*, *Taiyuan* 030031, *China*)

Abstract: Quinoa gray mold is a new disease occurred in China. The disease usually occurred in grain-filling stage, mainly infected the central axis, secondary axes and panicle of quinoa. In the field, the diseased panicle axes showed irregular necrotic spots, the panicle was usually prone to fold down at later stage, and causing quinoa grain shrunken, unfilling, and mouldy. Our recent survey found that the incidence of quinoa gray mold was estimated to be approximately 20%, and over 60% in severe area. For identifying the pathogen of quinoa gray mold, the typical samples of quinoa gray mold were collected from Yuanping and Wutai Counties of Shanxi Province. Pathogenicity tests showed the isolates could infect the quinoa. After inoculation 2 days, the panicle and axes became diseased and showed typical symptoms in 6 days, which matched the symptoms in field. Based on morphological characteristics, sequence analysis of *G3PDH*, *HSP*60 and *RPB*2 and pathogenicity tests, the isolates were identified as *Botrytis cinerea*. In present study, the isolates produced sclerotia on oatmeal agar, potato dextrose agar, and Czapek yeast autolysate agar media, but produced conidia on malt extract agar medium. Besides, the effects of environmental factors on its mycelial growth and conidial germination had been studied. The optimal temperature for mycelia growth was 15-25℃, and the average growth rate was 14. 2-16. 5 mm/d. When the temperature was lower than 10℃ or higher than 30℃, the growth rate decreased significantly or even stopped growing. The suitable water activity for mycelia growth was higher than 0. 94, while the optimal water activity for conidial germination was higher than 0. 96. The optimal pH for mycelia growth and conidial germination was 5-6. When the pH was less than 4 or more than 8, the mycelia growth rate and conidial germination rate decreased significantly.

Key words: quinoa; gray mold; pathogenicity; mycelial growth; conidial germination

---

* Funding: Key Research and Development Program of Shanxi Province (2022ZDYF117); Fundamental Research Program of Shanxi Province (20210302123419); Earmarked Fund for Modern Agro-industry Technology Research System (2023CYJSTX03-32); Integration and Demonstration of Comprehensive Prevention and Control Technology of Multi-grain Diseases, Pests and Grasses (TYGC23-03)

** First author: TIAN Miao; E-mail: tmwenqi0929@163.com

*** Corresponding authors: YIN Hui; E-mail: yinhui0806@163.com
ZHAO Xiaojun; E-mail: zhaoxiaojun0218@163.com

Identification and Biological Characteristics of the Pathogen Causing *Alternaria* Leaf Spot on Quinoa*

PENG Yufei**, TIAN Miao, CHEN Yalei, YIN Hui***, ZHAO Xiaojun***
(*College of Plant Protection*, *Shanxi Agricultural University*, *Taiyuan* 030031, *China*)

Abstract: *Chenopodium quinoa* is a dicotyledonous annual species belonging to the family Amaranthaceae, the occurrence of quinoa leaf spot diseases having restricted the development of the quinoa production in China. In order to clarify the types of pathogens causing the *Alternaria* leaf spot on quinoa, specimens with typical symptoms on quinoa leaves were collected from the cultivation areas of quinoa in Shanxi Province, China. In this study, representative isolates LGB-b and LGB-h were selected, and through pathogenicity test, morphological observation, and sequence analysis of *Alt a* 1, *endoPG*, and OPA10-2, the pathogen of quinoa leaf spot disease was identified as *Alternaria alternata*. Conidiophores of *A. alternata* were straight or curved, brown to puce, either branched or unbranched, septate, with one or several apical conidiogenous loci, and (9.8-109.4) μm× (2.6-5.5) μm in size. Conidia were oval, obclavate, and long ellipsoid, grey brown to brown, slightly constricted near some septa, usually with 1 to 5 transverse septa and 0 to 2 longitudinal septa, simple or branched chains, and (10.4-40.4) μm× (5.3-12.8) μm in size. *A. alternata* is one of the most devastating pathogens, we found that isolates LGB-b and LGB-h could infect *C. quinoa*, *C. album*, and *C. formosanum* at 10-30℃. Besides, the influence of pH, temperature, and water activity (a_w) on the growth of representative isolates was studied. The results showed that isolates LGB-b and LGB-h grew best under weak acid condition (pH 6). The conidia of isolate LGB-b prefer a weak acid environment (pH 6), while the conidia of isolate LGB-h had a higher germination rate in a weak alkaline environment (pH 7-8). Isolate LGB-b grew faster at high temperature (25℃), but the isolate LGB-h grew fast at relatively cool temperature (20℃). Water activity is of great significance for the growth and survival of fungi. Conidia of the isolate LGB-b had a higher germination rate in a lower free-water environment (water activity ≤0.94), indicating it had a wider range of adaptability. This study systematically identified the pathogen of quinoa *Alternaria* leaf spot disease and studied its pathogenic and biological characteristics, hoping providing a basis for the diagnosis and prevention of the disease.

Key words: *Alternaria alternata*; water activity; conidial germination; morphology; quinoa

---

* Funding: Key Research and Development Program of Shanxi Province (2022ZDYF117); Fundamental Research Program of Shanxi Province (20210302123419); Earmarked Fund for Modern Agro-industry Technology Research System (2023CYJSTX03-32); Integration and Demonstration of Comprehensive Prevention and Control Technology of Multi-grain Diseases, Pests and Grasses (TYGC23-03)

** First author: PENG Yufei; E-mail: 1833304615@qq.com
*** Corresponding authors: YIN Hui; E-mail: yinhui0806@163.com
ZHAO Xiaojun; E-mail: zhaoxiaojun0218@163.com

拟轮枝镰孢 ALDH 基因家族鉴定及功能研究

任志国[1,2*]，孙蔓莉[1,2]，刘　宁[1,2]，曹志艳[1,2**]，董金皋[1,2***]
（1. 河北农业大学植物保护学院，保定　071000；2. 华北作物改良与调控国家重点实验室，
河北省植物生理与分子病理学重点实验室，保定　071000）

摘　要：拟轮枝镰孢（*Fusarium verticillioides*）是引起玉米（*Zea mays*）穗腐病、根腐病、茎腐病等多种玉米病害的主要致病菌，但来源于不同地区和年份的病原菌间存在较大差异。随着全球变暖加剧，温度在病原-寄主互作中起着越来越重要的作用。醛脱氢酶（ALDHs）是一大类 NAD（P）$^+$依赖性催化酶，它催化活性醛物质氧化成相应的羧酸，正常生理条件下醛类物质在生物体内的含量很低，但当受到逆境胁迫后，醛类物质会在生物体内积累并产生毒害作用。本研究通过分析 20℃ 和 30℃ 下拟轮枝镰孢侵染玉米 4 h、12 h、72 h 的醛脱氢酶基因家族 RNA-Sequence 数据库，筛选得到响应温度调控及侵染时上调表达的 ALDH 家族基因；利用 qRT-PCR 技术验证了拟轮枝镰孢在 20℃、30℃条件下侵染玉米 4 h、9 h、12 h、24 h 及 48 h 醛脱氢酶家族基因的相对表达量。结果显示，拟轮枝镰孢基因组中存在 16 个醛脱氢酶基因，且醛脱氢酶基因家族个体间相对保守，其中 *FVEG*_13243、*FVEG*_04396、*FVEG*_07427、*FVEG*_12574、*FVEG*_10971、*FVEG*_00151、*FVEG*_01702 等 7 个基因在 20℃表达量显著升高，在 30℃时 *FVEG*_11973、*FVEG*_10377、*FVEG*_07248、*FVEG*_15458、*FVEG*_06352 和 *FVEG*_00585 等 6 个基因表达量显著上调。*FVEG*_13243 在 4 h、9 h、12 h、24 h 及 48 h 相对表达量显著升高，且在醛脱氢酶家族不同侵染时间中 *FVEG*_13243 上调表达量最高。*FVEG*_13243 基因缺失突变体的分生孢子产生能力、生长速度和致病力在 20℃、25℃和 30℃都有所减弱，对乙醇的敏感性升高，其中在 20℃最为显著；此外，*ΔFVEG*_13243 在 20℃下丙二醛（MDA）含量与野生型相比显著升高。以上结果说明，*FVEG*_13243 上调表达缓解在逆境胁迫条件下内源性醛类物质的毒害，以提高拟轮枝镰孢在逆境条件下的耐受能力。拟轮枝镰孢中醛脱氢酶基因家族在温度调控拟轮枝镰孢生长发育和病原-寄主互作中起着重要的作用，研究结果丰富了镰孢菌在不同温度下生长发育差异及致病性的研究，为进一步解析玉米镰孢菌病害的发生机制提供了参考。

关键词：拟轮枝镰孢；醛脱氢酶；温度；基因家族；基因功能

* 第一作者：任志国，硕士研究生；E-mail：rzhiguo@126.com
** 通信作者：曹志艳；E-mail：caozhiyan@hebau.edu.cn
董金皋；E-mail：dongjingao@126.com

湘中地区山药炭疽病病原菌的分离鉴定及其室内毒力测定*

郭开发[1,2**]，金晨钟[1,2***]，段秋媛[1]，胡　彪[1]，廖　凯[1]，朱雄梅[1,2]，朱赞江[1,2***]
（1. 湖南人文科技学院农作物有害生物绿色防控重点实验室，娄底　417000；
2. 娄底市农业科学研究所，娄底　417000）

摘　要：山药（*Dioscorea opposita* Thunb.）为薯蓣科（Dioscoreaceae）薯蓣属（*Dioscorea*）植物。山药产业是湖南双峰县的特色农业产业之一，2022 年 6 月笔者在湖南双峰县青树坪镇山药种植基地调研发现，山药叶部出现大量斑点，发病初为不规则形的褐色小点，周围伴有明显的黄色晕圈，病斑扩大后中间凹陷颜色呈浅灰褐色，边缘呈黑褐色，病健分界明显。田间采集病害样品，通过组织分离与纯化，获得 9 株分离株，菌株在 PDA 培养基上生长迅速，菌落褐绿色毛毡状，并形成几圈散落的橙红色孢子堆。显微观察显示，分生孢子无色、圆桶形、两端钝圆、光滑、单胞、内有油滴状颗粒物，大小为（14.4～19.7）μm×（4.6～5.9）μm。提取病原菌 DNA 进行分子生物学鉴定，经过 rDNA-ITS、EF-1α 序列分析并测序，显示基因序列与刺盘孢属的胶孢炭疽菌（*Colletotrichum gloeosporioides*）的同源性为 99%。在基于 ITS 基因序列构建的系统发育树中，病原菌与胶孢炭疽菌（*C. gloeosporioides*）聚为一枝。通过病原菌的致病性测定，结合形态学观察和分子生物学鉴定结果，最终确定胶孢炭疽菌（*C. gloeosporioides*）为湖南双峰县青树坪镇山药种植基地山药炭疽病的病原。通过进一步试验，发现 5%已唑醇悬浮剂、10%苯醚甲环唑水分散粒剂、32.5%苯甲嘧菌酯悬浮剂 3 种化学药剂对山药炭疽病病原菌均具有较好的抑菌效果，山药炭疽病病菌对药剂 32.5%苯甲嘧菌酯悬浮剂最为敏感，其 EC_{50} 值为 0.020 4 mg/L。

关键词：山药；炭疽病；胶孢炭疽菌；鉴定；致病力测定；室内毒力测定

* 基金项目：湖南省教育厅重点项目（22A0609）；娄底市科技局 2021 年度科技重大专项“地方特色种质资源保护利用研究”（娄财教指〔2022〕1 号）

** 第一作者：郭开发，副教授，研究方向是菌物病害学
*** 通信作者：金晨钟，研究员；E-mail：532479626@qq.com
朱赞江，副研究员，研究方向为植保技术推广

药用红树林植物老鼠簕叶枯病的分子机制研究

姚光山*

（闽江学院地理与海洋学院，福州　350108）

摘　要：滨海湿地红树林植物老鼠簕（*Acanthus ilicifolius* Linn.）具有多重重要的药理活性，包括保肝护肝、治疗肝细胞纤维化、抗氧化、抗肿瘤等作用，作为我国传统中药被长期用于治疗肝炎、肝脾肿大、黄疸等疾病。并且，作为红树林成员之一，其通过光合作用生产的蓝碳是增加碳汇的重要途径之一，对我国的碳中和、碳达峰具有重要意义。然而，由于人类活动和全球气候变化等因素的影响，全世界范围内的红树林正面临着面积减少，红树林植物遭受到了病虫害等各种威胁。在人工扩繁的过程中，老鼠簕容易发生叶枯病，明显影响了红树林生态系统的修复及中药材的可持续生产。通过病原菌分离及侵染实验，研究首次明确了导致老鼠簕叶枯病的真菌为 *Cladosporium cladosporioides*。为阐明其致病机理，笔者通过基因组学、蛋白组学和代谢组学，揭示其导致老鼠簕叶枯病的机制，为疾病防控提供了理论基础。

关键词：红树林植物；老鼠簕；叶枯病；制病机制

* 第一作者：姚光山；E-mail：2616@mju.edu.cn

人工设计水稻免疫受体 RGA5 识别多个 AVR-Pik 突变体

吴雪丰，张 鑫，彭友良，刘俊峰
（中国农业大学植物保护学院植物病理学系，北京 100193）

摘 要：水稻稻瘟病是由稻瘟菌引起的一种真菌性病害，种植广谱抗病品种是抗稻瘟病经济有效的方法；水稻含有一类成对的 NLR 免疫受体，可通过其重金属结合结构域（Heavymetal-associated domain，HMA）特异性识别稻瘟菌的 MAX 效应蛋白；在 *Pik* 与 *AVR-Pik* 的长期协同进化过程中，产生一系列 *AVR-Pik* 突变体，然而现有的 *Pik* 只能特异性识别一个或几个 *AVR-Pik*，含有 *AVR-PikB* 及 *AVR-PikC* 的稻瘟菌广泛存在于我国东北地区，而目前还没有发现能够识别 *AVR-PikC* 以及所有 *AVR-Pik* 突变体的受体，因此通过人工设计改造 RGA5 免疫受体使其识别 *AVR-PikC* 等一系列突变体，以此拓宽水稻的抗性谱。本研究基于前期 RGA5-HMA 结构域成功改造的体系，参考 RGA5-HMA 以及 Pik-HMA/AVR-Pik 复合物的结构，设计出能够识别多个 *AVR-Pik* 突变体基因的 RGA5-HMA7 突变体，通过体内和体外互作验证其与 *AVR-Pik* 一系列突变体基因的互作关系。利用氢氘交换质谱明确 RGA5-HMA7 与 *AVR-PikC* 的关键互作区域。通过水稻原生质体试验验证 RGA5^{HMA7}识别 *AVR-PikC* 等一系列突变体基因并激活 RGA4 介导的细胞坏死反应，进一步利用含不同 *AVR-Pik* 突变体的稻瘟菌接种 *RGA4/RGA5*^{HMA7} 转基因水稻验证 RGA5^{HMA7} 能够在水稻体内特异性识别 *AVR-PikC* 等并激活下游的免疫反应，以上研究将为培育广谱抗病的水稻品种提供新的抗性资源。

关键词：水稻稻瘟病；HMA7；AVR-Pik；广谱抗性

稻曲病菌效应蛋白 Uvhrip1 表达纯化及晶体生长

常永琪，张　鑫，刘俊峰
（中国农业大学植物保护学院植物病理系，北京　100193）

摘　要：稻曲病菌（*Ustilaginoidea virens*）是最严重危害水稻的真菌病害之一，严重危害水稻的安全生产。稻曲病菌分泌的效应蛋白 Uvhrip1（hypersensitive response-inducing protein），保守存在于病原真菌中，定位于水稻原生质体细胞核与细胞质，通过与水稻 OsHGW 互作调控水稻抽穗期和粒重信号通路，进而发挥毒性功能。本研究拟通过晶体学方法解析 Uvhrip1 的晶体结构，首先将目的片段构建到原核表达载体中，并转化 BL21（DE3）表达菌株，通过蛋白变复性方法得到可溶性蛋白，经亲和层析和分子筛层析纯化，获得稳定均一的蛋白样品。利用气相扩散法大规模对 Uvhrip1 进行晶体生长条件筛选，最终获得初始的蛋白晶体，经晶体生长条件优化后，可得到用于衍射的晶体并获得 2.8 Å 的衍射数据，目前正在通过分子置换的方法进行结构解析。以上研究基础将为探明 Uvhrip1 如何发挥功能提供重要的结构基础。

关键词：稻曲病菌；Uvhrip1；变复性；晶体结构

Structure-aided Identification of an Inhibitor Targets Mps1 for the Management of Plant Pathogenic Fungi

KONG Zhiwei, ZHANG Xi, ZHOU Feng, TANG Liu, CHEN Yitong, LI Saijie, ZHANG Xiaokang, YANG Jun, PENG Youliang, WANG Dongli*, LIU Junfeng*

(*College of Plant Protection*, *China Agricultural University*, *Beijing* 100193, *China*)

Abstract: The blast disease caused by *Magnaporthe oryzae* threatens rice production worldwide, and chemical control is one of the main methods of its management. The high mutation rate of the *M. oryzae* genome results in drug resistance, which calls for novel fungicide targets. Fungal proteins function during the infection progress might be potential candidates, and Mps1 (*M. oryzae* mitogen-activated protein kinase 1) is such a protein that plays a critical role in appressorium penetration of plant cell wall. Here, we report the structure-aided identification of a small molecule inhibitor for Mps1. High-throughput screening was performed with Mps1 against a DNA-encoded compound library, and one compound named A378-0 of best performance was selected for further verification. A378-0 exhibits higher binding affinity than kinase co-substrate and can inhibit Mps1 enzyme activity. Co-crystallization of A378-0 with Mps1 revealed that A378-0 binds to the catalytic pocket of Mps1, while the three ring-type substructures of A378-0 constitute a triangle that squeezes into the pocket. *In planta* assays showed that A378-0 could inhibit both appressorium penetration and invasive growth but not appressorium development of *M. oryzae*, which is consistent with the biological function of Mps1. Furthermore, A378-0 exhibits binding and activity-inhibition ability to Mpk1, the Mps1 ortholog of the soil-borne fungal pathogen *Fusarium oxysporum*. Collectively, these results show that Mps1 as well as its orthologs can be used as a fungicide target, and A378-0 might be used as a hit compound for development of broad-spectrum fungicide.

Key words: crystal structure; *Magnaporthe oryzae*; MAP kinase; MoMps1; inhibitor; rice blast

* Corresponding authors: WANG Dongli; E-mail: wdl@cau. edu. cn
LIU Junfeng; E-mail: jliu@cau. edu. cn

稻瘟菌效应因子 MoNIS1 蛋白的重组表达、纯化与晶体生长

韩 蕊，王冬立，刘俊峰
（中国农业大学植物保护学院植物病理学系，北京 100193）

摘 要：水稻是我国主要粮食作物，由稻瘟病菌引起的水稻稻瘟病严重影响了水稻的安全生产。目前已报道 MoNIS1 对稻瘟菌的致病力至关重要，其作用于水稻中参与调控 PTI 反应的受体激酶 OsBAK1，进而干扰植物免疫反应的发生。本研究试图通过结构生物学的手段解析稻瘟病菌效应因子 MoNIS1 的晶体结构，为阐述其作用机理提供结构基础。笔者成功构建了 MoNIS1 和 OsBAK1 全长的表达载体，尝试不同表达载体分别热激到不同的表达菌株中，通过原核表达体系、亲和层析和凝胶过滤层析等技术，获得了纯度和状态较好的 MoNIS1 和 OsBAK1 蛋白样品，并且利用 ITC 等互作方法分析 MoNIS1 与 OsBAK1 的互作模式。目前作者正在利用气相扩散法对纯化好的蛋白样品进行大量晶体生长条件的筛选，以期获得分辨率高的 MoNIS1 蛋白晶体，同时正在制备 MoNIS1 和 OsBAK1 复合物，为解释病原物与寄主互作机理奠定基础。

关键词：稻瘟病菌；MoNIS1；OsBAK1；蛋白纯化；晶体生长

稻瘟菌 MoTps1 抑制剂筛选与鉴定

陈怡彤[1*]，蒋志洋[2]，孔志伟[1]，唐 柳[1]，高文强[1]，张晓康[1]，
李赛杰[1]，段红霞[2]，王冬立[1**]，刘俊峰[1**]
（1. 中国农业大学植物保护学院，北京 100193；2. 中国农业大学理学院，北京 100193）

摘 要：由稻瘟病菌（*Magnaporthe oryzae*）引起的水稻稻瘟病严重制约了水稻的生产。化学防治是防治稻瘟病的主要方式。由于病原菌抗药性的频繁出现，使得研发新型杀菌剂迫在眉睫，因此针对稻瘟菌中重要靶标蛋白的研究具有重要意义。海藻糖是一种在哺乳动物中不存在的非还原性二糖，具有重要的生物学作用。海藻糖合成过程中，海藻糖-6-磷酸合成酶（Tps1/OtsA）催化底物 UDPG 及 G6P 合成 T6P，在生物抵抗外界环境胁迫中具有重要作用，因此该酶被认为是设计农药防治病害的潜在靶标。

本研究以 MoTps1 三元复合物结构为模板，通过虚拟筛选得到可能与之结合的化合物#4。表面等离子共振，体外酶活以及 LC-MS 等实验结果表明，#4 与 MoTps1 存在较强的结合，且#4 可有效抑制 MoTps1 的酶活。本研究辅以体外实验检测#4 的生物活性，#4 可抑制稻瘟菌孢子的萌发；平皿抑菌实验结果表明在#4 的作用下，稻瘟菌菌落生长速率明显减缓；离体接种大麦、水稻叶片实验结果显示#4 可抑制稻瘟菌发病。综上，化合物#4 可通过结合 MoTps1 进而抑制稻瘟病的发生，为后续开发环境友好型高效杀菌剂奠定基础。

关键词：稻瘟菌；海藻糖-6-磷酸合成酶；抑制剂；生物活性

---

* 第一作者：陈怡彤，博士研究生，主要从事绿色杀菌剂开发研究；E-mail：ytchen951220@163.com
** 通信作者：王冬立，副教授，主要从事分子植物病理学研究；E-mail：wdl@cau.edu.cn
刘俊峰，教授，主要从事分子植物病理学研究；E-mail：jliu@cau.edu.cn

水稻转录因子 BSR-D1 的表达纯化与晶体生长

冀丽凤，张　鑫，王冬立，刘俊峰
（中国农业大学植物保护学院植物病理学系，北京　100193）

摘　要：由稻瘟菌引起的稻瘟病是水稻最严重的病害之一。非小种专化性抗性比小种专化性抗性更能有效地控制作物病害，因为它具有广谱性和持久性。水稻地谷中存在一种赋予稻瘟病非种族特异性抗性的 C_2H_2 型转录因子的天然等位基因 *bsr-d1*。该等位基因通过与抑制性 MYB 转录因子结合，导致 *bsr-d1* 基因表达量下降，抑制过氧化物酶表达，从而细胞内大量积累过氧化氢，因此增强水稻的抗病性。

本研究通过原核表达系统、亲和层析和凝胶过滤层析等技术，获得了纯度较好的可溶性蛋白。目前作者已经通过坐滴气象扩散法对 BSR-D1 单体蛋白进行了大量晶体生长条件的筛选，以期获得蛋白晶体。另外，作者正在通过 EMSA 方法验证找出与 BSR-D1 有较强结合力的启动子区域，以期获得蛋白与核酸的复合物晶体结构。

关键词：转录因子；BSR-D1；启动子；EMSA；蛋白纯化；晶体生长

玉米黑粉菌效应因子及其对应玉米互作蛋白的表达纯化和晶体生长

姜 洁，张 鑫，刘俊峰
（中国农业大学植物保护学院植物病理学系，北京 100193）

摘 要：玉米黑粉菌引起的玉米黑粉病是一种世界性的玉米病害，严重影响玉米品质和产量。已有研究报道玉米黑粉菌分泌的效应因子 *Pit*2 和 *Rip*1 分别作用于寄主抗病相关蛋白 CP2 和 Zmlox3，进而抑制植物的免疫反应。本研究拟通过结构生物学手段解析其各自复合物的晶体结构，分析其互作模式以改造效应蛋白的作用靶点，进而避免效应蛋白的攻击，为指导培育抗病品种提供重要的思路。本研究首先构建了 *Pit*2 和 *Rip*1 及其对应互作蛋白 $CP2^{123-341}$ 和 Zmlox3 的原核、真核及昆虫细胞表达载体，通过筛选表达菌株以及优化诱导温度等表达条件以获得高效表达目的蛋白的转化子，利用亲和层析和凝胶过滤层析等方法进一步纯化并得到稳定均一的蛋白样品。目前已制备了带有融合标签的重组蛋白 SUMO－Pit2 和 His－Rip1 以及 His－CP2 和 His－Zmlox3，获得了 Zmlox3 的蛋白晶体，并收到了 2.6Å 的衍射数据，下一步将制备稳定的复合物蛋白样品，并进行晶体生长条件的筛选，以期获得复合物蛋白晶体结构。

关键词：玉米黑粉菌；效应蛋白；互作蛋白；蛋白纯化；晶体生长

玉米大斑病菌效应因子 *StSp2* 的功能分析与在寄主中互作靶标的筛选*

李正正[1**]，孙明轩[1]，刘玉卫[1,2]，巩校东[1,2]，谷守芹[1,2***]
（1. 河北农业大学生命科学学院，保定 071001；
2. 河北省农业微生物生物信息利用技术创新中心，保定 071001）

摘　要：玉米大斑病（Corn northern leaf blight）是一种能引起玉米叶片枯萎的真菌性病害，该病害发病频繁，遍及世界各玉米产区，严重时可造成玉米减产 50%以上，甚至绝收。引起玉米大斑病的病原真菌为玉米大斑病菌（*Setosphaeria turcica*），该病菌在侵染致病过程中通过分泌效应因子干扰寄主的免疫反应，但其分子机制尚鲜见报道。

本课题组前期在玉米大斑病菌侵染玉米（0 h、24 h、72 h）的 RNA-Seq 数据库中筛选得到一个具有效应因子特征的蛋白 StSp2。本研究筛选得到了 2 株该基因超表达和 2 株 RNAi 突变体。通过对突变体和野生型菌株进行比较，发现该基因不影响病菌菌落的生长及菌丝的发育，但是病菌致病所必需的。

本研究以 pSUC2 为骨架，构建了 *StSp*2 基因的信号肽“诱捕”载体，将其转入缺陷型酵母菌株 YTK12 后，发现该蛋白的信号肽恢复了 pSUC2 缺失的分泌能力，能将蔗糖酶分泌到胞外，从而使棉籽糖分解为单糖用于酵母生长，并且可以在加入 TTC 溶液后能使无色的蔗糖溶液变成砖红色，表明 StSp2 信号肽具有分泌能力，属于分泌蛋白。另外，利用烟草瞬时表达系统，以 pGR107 为骨架，构建了瞬时表达载体，发现该蛋白可以抑制由 INF1 和 Bax 引起的烟草细胞凋亡，表明 *StSp*2 具有效应因子的功能。

以 *StSp*2 为“诱饵”从玉米叶片 cDNA 文库中筛选到了 1 个靶标蛋白 ZmCcp4。通过酵母双杂交试验和双分子荧光互补试验明确了 ZmCcp4 是 StSp2 的互作靶标，并发现 StSp2 与 ZmCcp4 的 Pept_C1 结构域的 1~118 位氨基酸处互作。基于此，本研究不仅在玉米大斑病菌中鉴定了一个新型效应因子 *StSp*2 并得到了其在寄主中的互作蛋白，也将为揭示调控病菌致病性及寄主抗病性的分子机制奠定基础。

关键词：效应蛋白；玉米大斑病菌；信号肽；互作蛋白

---

* 基金项目：国家自然科学基金项目（31671983）；中央引导地方科技发展资金项目（216Z2902G）

** 第一作者：李正正，主要从事玉米大斑病菌与寄主互作研究；E-mail：1060235140@ qq. com

*** 通信作者：谷守芹，教授，博士生导师，主要从事病原真菌与寄主互作研究；E-mail：gushouqin@ 126. com

水稻成对免疫受体 Pia-1/Pia-2 发挥功能的结构基础

秦艺玲，王艳春，张 鑫，彭友良，刘俊峰
（中国农业大学植物保护学院植物病理学系，北京 100193）

摘 要：由稻瘟菌引发的稻瘟病是水稻的主要病害，种植抗病品种是控制作物病害有效且经济、环保的手段。植物 NLR（Nucleotide-binding domain，Leucine-rich repeat containing Receptors）作为一类非常重要的胞内免疫受体决定了植物的抗病性，它通过直接或者间接的方式识别病原菌分泌的效应蛋白并激活抗病反应。目前已发现 NLR 以单一或成对的方式发挥功能，其中一系列单一的 NLR 蛋白识别病原菌效应蛋白的结构机制已陆续被解析，但是成对的 NLR 免疫受体复合物的发挥功能的分子机制还尚不清楚。本研究以水稻 Pia-1/2 成对免疫受体复合物为研究对象，利用真核表达体系（酵母、昆虫、烟草）共表达 Pia-1/2 及其对应的效应蛋白 AVR-Pia，通过蛋白亲和层析、凝胶过滤层析、离子交换层析等方法进行蛋白纯化，初步获得 Pia-1 的可溶性蛋白。目前正在优化纯化体系，以获得均一、纯度较高的蛋白质样品，通过冷冻电镜三维重构技术，尝试解析 NLR 免疫受体复合物静息态和激活态下的三维结构，以揭示成对的 NLRs 免疫受体复合物中两个 NLR 蛋白如何相互作用并配合完成识别效应蛋白后激活免疫反应的机制，为指导水稻免疫受体的人工设计奠定重要的结构基础。

关键词：水稻；NLR；效应蛋白；三维结构

设计水稻新型免疫受体识别稻瘟菌非 MAX 类效应蛋白 AVR-Pita

朱彤彤，张　鑫，刘俊峰
（中国农业大学植物保护学院植物病理系，北京　100193）

摘　要：由稻瘟病菌（*Magnaporthe oryzae*）引起的稻瘟病是全球最严重的植物真菌病害之一，种植抗病品种是防治稻瘟病的有效策略之一。水稻存在一类成对的免疫受体 RGA4/RGA5，RGA5 的重金属相关结构域（heavy metal-associated domain，HMA）决定了识别稻瘟菌效应蛋白的特异性，激活 RGA4 引起的下游免疫反应。稻瘟菌效应蛋白 AVR-Pita 含有典型锌金属蛋白酶结构域，属于非 MAX 类效应蛋白，田间常发生变异来逃脱 Pi-ta 的识别，导致抗性丧失。本研究基于前期成功改造 RGA5-HMA 结构域识别 MAX 类效应蛋白的体系，从已构建的水稻候选 HMA 结构域文库筛选与 AVR-Pita 相互作用的 HMA 结构域，基于结构将候选 HMA 结构域整合到 RGA5 中，利用水稻原生质体技术进行体内功能性验证，成功筛选并改造出免疫受体 $RGA5^{HMA120}$，转基因材料证明 $RGA5^{HMA120}$ 可识别非 MAX 类效应蛋白 AVR-Pita 并激活免疫反应。本研究创制了一种 NLR 免疫受体改造体系，该体系可以针对多种病原物产生特异性抗性，对培育广谱抗病水稻品种具有重要的指导意义。

关键词：稻瘟病；效应蛋白；酵母双杂交；受体改造

暹罗炭疽菌草酸脱羧酶编码基因 *CsOxdC3* 功能分析*

鲁婧文**，刘　宇，吕燕云，张　宇，刘文波，林春花***，缪卫国***
（海南大学植物保护学院，热带农林生物灾害绿色防控教育部重点实验室，海口　570228）

摘　要：HOG MAPK（High-Osmolarity Glycerol Mitogen-Activated Protein Kinase）信号途径在渗透压胁迫、病原生长发育、致病性和对杀菌剂的敏感性等方面都起重要作用。课题组前期通过暹罗炭疽菌（*C. siamense*）HOG MAPK 途径关键成员 CsPBS2 为诱饵蛋白，用酵母双杂技术筛选获得候选互作蛋白 CsOxdC3。该蛋白编码基因含有 3 个内含子，编码 464 个氨基酸，含有 2 个 Cupin_1 的结构域，为 Cupin 蛋白超家族中的基因。利用 pull down、CO-IP 技术证实了 CsPbs2 与 CsOxdC3 的互作关系。并且构建获得基因缺失突变体 Δ*CsOxdC3* 和回补菌株 Δ*CsOxdC3*/*CsOxdC3*。突变体表型分析显示，与野生型相比，*CsOxdC3* 基因缺失对暹罗炭疽菌菌落形态无影响，但菌落直径变小；其分生孢子的长度较野生型菌株减小 23.52%，产孢量减少且影响分生孢子萌发速率；Δ*CsOxdC3* 提高了对 NaCl 和刚果红的敏感性，提高了对吡咯类药剂及戊唑醇的敏感性，以及降低了致病力，但不影响对山梨醇的胁迫反应。该研究结果表明，*CsOxdC3* 基因参与了炭疽菌形态建成、细胞壁完整性、对盐胁迫、吡咯类药剂、戊唑醇敏感性调控和致病功能，但不响应渗透胁迫反应。

关键词：橡胶树；暹罗炭疽菌；转录因子；互作蛋白

---

* 基金项目：国家自然科学基金（32160613）；海南省自然科学基金（320RC477）；现代农业产业技术体系建设专项资金（CARS-33-BC1）

** 第一作者：鲁婧文，硕士研究生；E-mail：lujingwenlook@163.com

*** 通信作者：林春花，教授；E-mail：lin3286320@126.com

缪卫国，教授；E-mail：weiguomiao1105@126.com

暹罗炭疽菌 *CsSCS7* 基因功能分析*

郗奕滔**，龙熙平，严靖婷，宋 苗，林春花***，缪卫国***
（海南大学植物保护学院，热带农林生物灾害绿色防控教育部重点实验室，海口 570228）

摘 要：HOG MAPK（High-Osmolarity Glycerol Mitogen-Activated Protein Kinase）信号途径在渗透压胁迫、病原菌生长发育、致病性和对杀菌剂的敏感性等方面都起重要作用。课题组前期通过暹罗炭疽菌（*C. siamense*）HOG MAPK 途径关键成员 CsPBS2 为诱饵蛋白，用酵母双杂技术筛选获得互作蛋白 CsSCS7。本研究分析该蛋白编码基因，其编码 404 个氨基酸，含有一个 Cyt b5 结构域，一个低复杂度区域，一个跨膜区域，一个羟化酶结构域。聚类分析显示其与酵母中脂肪酸羟化酶 SCS7 有 50%的相似性。研究构建了基因敲除突变体 Δ*CsSCS7* 及其回补转化子 Δ*CsSCS7*/*CsSCS7*。对突变体、野生型及回补转化子进行表型测定，研究发现，*CsSCS7* 基因缺失突变体在 PDA、CM、MM 和 V8 四种培养基上菌落直径显著减少，仅为野生型的 6.88%～18.15%；基因缺失突变体 Δ*CsSCS7* 分生孢子也较野生型小，分生孢子萌发时间也有所延后，孢子萌发率降低。致病性测定显示，Δ*CsSCS7* 致病能力显著下降。本研究揭示了 CsSCS7 基因为炭疽菌菌丝生长，可能具有作为丝状真菌防控靶标的潜力。为探索 CsSCS7 作为防治靶标的可行性，笔者利用喷雾诱导基因沉默（spray induced gene silencing，SIGS）技术，合成靶向 *CsSCS7* 的 dsRNA。研究发现，CsSCS7-dsRNA 能够在一定时间范围内影响菌落生长及分生孢子的萌发，抑制 *CsSCS7* 的基因表达。本研究为进一步理解炭疽菌的生长发育、抗药性调控和致病机理提供基础，为寻找或挖掘炭疽菌防治新靶标提供科学依据。

关键词：橡胶树；暹罗炭疽菌；*CsSCS7* 基因；基因功能分析

* 基金项目：国家自然科学基金（32160613）；海南省自然科学基金（320RC477）；现代农业产业技术体系建设专项资金（CARS-33-BC1）

** 第一作者：郗奕滔，硕士研究生；E-mail：xi10007@126.com

*** 通信作者：林春花，教授；E-mail：lin3286320@126.com
缪卫国，教授；E-mail：weiguomiao1105@126.com

GGA 蛋白家族 FgGga1 对禾谷镰孢菌子囊孢子释放和致病性的调控作用研究

孙逢将，邹珅珅，张丽媛，董汉松，陈 蕾*
（山东农业大学植物保护学院，泰安 271018）

摘 要：赤霉病（Fusarium head blight，FHB）是由禾谷镰孢菌（*Fusarium graminearum*）引起的一种真菌病害，严重危害小麦的产量和品质。囊泡运输是真核生物细胞中保守的基础物质运输过程，研究表明该过程影响禾谷镰孢菌的营养生长、DON 毒素合成和致病性等多种生理表型，但不同细胞器间的囊泡运输对应调控哪种生理表型并不清楚。GGA 家族蛋白是真核生物中网格蛋白囊泡的适配器，专一性调控 TGN 相关囊泡运输途径。本研究发现禾谷镰孢菌只有一种 GGA 蛋白 FgGga1，定位于反式高尔基体和内涵体，参与内涵体至反式高尔基、反式高尔基至质膜和内涵体至液泡的囊泡运输。FgGga1 的缺失造成病菌营养生长、DON 生物合成、子囊孢子释放和致病性缺陷。通过对 FgGga1 结构域的功能分析，发现三条途径中的任一运输缺陷均会导致病菌营养生长变慢和致病力下降；而只有内涵体至液泡运输受阻导致子囊孢子无法释放。进一步发现 FgGga1 通过 $GAT^{167-248}$ 和 hinge 功能域与子囊孢子释放的关键蛋白 Ca^{2+} ATP 酶 FgNeo1 互作，通过内涵体至液泡间的囊泡运输调控 FgNeo1 的正常定位。这些结果表明，FgGga1 介导的囊泡运输是禾谷镰孢菌生长发育和致病性所必需的，FgGga1 介导的内涵体至液泡的囊泡运输影响禾谷镰孢菌子囊孢子释放。

关键词：禾谷镰孢菌；囊泡运输；致病性；子囊孢子释放；FgGga1

* 通信作者：陈蕾；E-mail：chenlei@ sdau. edu. cn

Survey of Prothioconazole Sensitivity in *Fusarium pseudograminearum* Isolates from Henan Province in China and Characterization of Resistant Laboratory Mutants*

ZHOU Feng[1,2**], HAN Aohui[1,2], JIAO Yan[1,2], MAN Yibo[1,2], YANG Tingting[1,2], CAO Yifan[1,2], LIU Runqiang[1***], LI Chengwei[2***]

(1. *Henan Engineering Research Center of Green Pesticide Creation and Pesticide Residue Monitoring by Intelligent Sensor*, *Henan Institute of Science and Technology*, *Xinxiang* 453003, *China*; 2. *Henan Engineering Research Center of Crop Genome Editing*, *Henan Institute of Science and Technology*, *Xinxiang* 453003, *China*)

Abstract: *Fusarium* crown rot (FCR) is one of the most significant diseases limiting crop production in the Huanghuai wheat-growing region of China. Prothioconazole, a triazole sterol 14α-demethylation inhibitor (DMI) fungicide developed by Bayer Crop Protection Company, is known to exhibit high activity against the causal agent *Fusarium pseudograminearum*, but further research is required before it can be registered for the control of FCR in China. The current study found that the baseline sensitivity of 67 field isolates of *F. pseudograminearum* collected between 2019 and 2021 ranged between 0. 016-2. 974 μg/mL, with an average EC_{50} value of (1. 191±0. 720) μg/mL. Although none of the field isolates exhibited signs of resistance, three highly resistant mutants were produced by repeated exposure to prothioconazole under laboratory conditions. All of the mutants were found to exhibit significantly reduced growth rates on potato dextrose agar (PDA), as well as reduced levels of sporulation, which indicated that there was a fitness cost associated with the resistance. However, inoculation of wounded wheat coleoptiles revealed that the pathogenicity of the resistant mutants was little affected or actually increased. Molecular analysis of the genes corresponding to the prothioconazole target protein, FpCYP51 (*FpCYP51A*, *FpCYP51B*, and *FpCYP51C*), indicated that the predicted amino acid sequences of the resistant mutants contained three conserved substitutions (M63I, A205S, and I246V) that were present in the predicted FpCYP51C sequence of all three mutants, as well as several non-conserved substations in their FpCYP51A and FpCYP51B sequences. Expression analysis revealed that the presence of prothioconazole (0. 1 μg/mL) generally resulted in reduced expression of the three FpCYP51 genes, but that the three mutants exhibited more complex patterns of expression that differed in comparison to their parental isolates.

Key words: *Fusarium pseudograminearum*; prothioconazole; fungicide resistance; resistance mechanism; cross-resistance

---

* Funding: The special fund project for central guiding Henan province local development (20221343034); the national natural science foundation of China (32001860)

** First author: ZHOU Feng; E-mail: zfhist@163. com

*** Corresponding authors: LIU Runqiang; E-mail: liurunqiang1983@126. com

LI Chengwei; E-mail: lcw@haut. edu. cn

禾谷镰孢菌 *FgATG8* 相互作用基因的筛选*

崔叶贤[1,3]，许思超[1,2]，陈泽源[1,2]，周焕焕[1,2]，
宋普文[1,3]，李东霄[1,3]，胡海燕[1,3**]，周　锋[1,2**]
（1. 河南省粮食作物基因组编辑工程技术研究中心，新乡　453003；2. 河南科技学院资源与环境学院，新乡　453003；3. 河南科技学院生命科技学院，新乡　453003）

摘　要：自噬与植物病原真菌早期侵染阶段的附着胞发育、菌丝体形成及侵染等过程密切相关，并在丝状真菌营养生长、产孢、孢子萌发、侵染结构形成及致病性等方面起着非常重要的作用。植物病原真菌的自噬过程和酵母类似，ATG8 作为自噬的核心蛋白，在调控自噬小体的形成以及对降解底物的选择方面发挥重要作用。已有研究表明，Δ*FgATG8* 禾谷镰孢菌对寄主的致病力降低，但关于互作网络解析方面报道较少。本研究首先从禾谷镰孢菌野生型菌株（PH-1）的 cDNA 中克隆出了 *FgATG8*，并构建了 *pGBKT7_FgATG8* 载体，通过分别筛选小麦及禾谷镰孢菌酵母双杂交文库得到了小麦候选互作基因 3 个和禾谷镰孢菌候选互作基因 9 个。通过构建候选互作基因的 pGADT7 质粒，并将其与 *pGBKT7_FgATG8* 开展酵母双杂试验，初步确定了与 *FgATG8* 互作的小麦基因 1 个和禾谷镰孢菌基因 4 个。这为进一步开展禾谷镰孢菌 *FgATG8* 的互作网络分析及其在丝状真菌中的相互作用研究提供了研究材料。

关键词：细胞自噬；禾谷镰孢菌；*FgATG8*；互作基因筛选；酵母双杂交

---

* 基金项目：河南省高等学校重点科研项目（22A210017）
** 通信作者：胡海燕；E-mail：haiyanhuhhy@ 126. com
周锋；E-mail：zfhist@ 163. com

凸脐蠕孢菌玉米专化型和高粱专化型差异效应蛋白基因的表达分析*

马周杰**，何世道，黄宇飞，庞欣宇，王禹博，姚　远，高增贵***
（沈阳农业大学植物保护学院，沈阳　110866）

摘　要：玉米、高粱等禾本科作物大斑病是由凸脐蠕孢菌（*Setosphaeria turcica*）侵染引起的真菌叶部病害，经常造成严重的经济损失。玉米专化型（*Setosphaeria turcica* f. sp. *zeae*）和高粱专化型（*S. turcica* f. sp. *sorghi*）表现出明显的寄主专化性，二者具有密切的进化关系。目前，对凸脐蠕孢菌专化型的致病专化机理尚不明确。本研究通过对高粱专化型进行全基因组测序，结合已公布的玉米专化型基因组数据，利用 SignalP－5.0 Server、TMHMM Server v2.0、TargetP－2.0 Server 以及 EffectorP 2.0 等软件进行序列分析。结果显示，玉米专化型和高粱专化型中分别存在 137 个和 160 个效应蛋白基因，进一步分析显示，在玉米专化型特有的 24 个效应蛋白基因中有 8 个为功能注释基因，包含糖苷水解酶家族基因 A1078、A2464、A3531、A6616、A8125，碳水化合物酯酶家族基因 A2199、A3017 以及碳水化合物结合模块家族基因 A0353；而在高粱专化型特有的 47 个效应蛋白基因中仅有 6 个为功能注释基因，分别为裂解多糖单加氧酶基因 *A*01301，糖苷水解酶家族基因 *A*03194、*A*06951 以及碳水化合物酯酶家族基因 *A*07496、*A*07946、*A*08959。利用荧光定量 PCR 分析了这 14 个效应蛋白基因与其寄主互作过程中的表达情况，发现除玉米专化型中 A1078 以及高粱专化型 A07496 出现负调控外，其余基因均在病原菌侵染寄主过程中随病程的延长而大幅度上调表达，推测其在专化性侵染寄主时起到关键性作用。以上研究结果为凸脐蠕孢菌致病分化机制提供了重要的理论依据，为防治大斑病和抗病品种的遗传育种提供了有效的参考。

关键词：凸脐蠕孢菌；基因组；效应蛋白；荧光定量 PCR

---

* 基金项目：国家重点研发项目（2018YFD0300307，2017YFD0300704，2016YFD0300704）

** 第一作者：马周杰，博士研究生，主要从事玉米病害研究
*** 通信作者：高增贵，研究员，博士生导师；E-mail：gaozenggui@syau.edu.cn

拟轮枝镰孢菌转录因子 *FvCrz1B* 功能研究*

陈金风**，黄宇飞，刘小迪，汪 敏，任雪莲，沈明侠，高增贵***
（沈阳农业大学植物保护学院，沈阳 110866）

摘 要：玉米穗腐病是玉米高发病害之一，严重影响玉米收获产量，而轮枝镰孢菌（*Fusarium verticillioides*）是玉米穗腐病的重要致病菌。对拟轮枝镰孢菌基因功能进行研究，能为控制玉米穗腐病提供有效帮助，而 Crz1 对真菌的生长、代谢调控和产毒等方面都有一定的调控能力。Crz1 在酿酒酵母和植物病原真菌中已有广泛研究，但在轮枝镰孢菌中的功能尚未明确。所以在轮枝镰孢菌中找到 Crz1 的同源基因，研究它的功能对轮枝镰孢菌的致病机制是具有很大意义的。本研究找出 Crz1 同源基因 *FvCrz1B*，获得突变体 Δ*FvCrz1B*，观察真菌的生长速率、菌丝的生长、细胞稳态等，发现 Δ*FvCrz1B* 生长速率、菌丝长度低于 WT。突变体 Δ*FvCrz1B* 能产生分生孢子，对 Ca^{2+}、Mg^{2+}、Mn^{2+} 和 Li^{+} 等金属阳离子有一定敏感性，在玉米上接种，致病力小于 WT。Δ*FvCrz1B* 对伏马毒素产量有一定抑制作用。

关键词：拟轮枝镰孢菌；基因功能研究；致病力

---

* 基金项目：国家重点研发项目（2018YFD0300307，2017YFD0300704）
** 第一作者：陈金风，硕士研究生，主要从事玉米病害研究
*** 通信作者：高增贵，研究员，博士生导师；E-mail：gaozenggui@ syau. edu. cn

外源酚酸处理对甜瓜枯萎病发生及化感作用研究

任雪莲，刘小迪，沈明侠，滕　傲，邵佳林，黄宇飞，高增贵
（沈阳农业大学植物保护学院，沈阳　110866）

摘　要：甜瓜枯萎病是甜瓜种植中的主要病害之一，近年来，随着甜瓜种植逐渐设施化，导致甜瓜枯萎病发生日益严重。该病害会造成甜瓜植株萎蔫至整株枯死，严重影响甜瓜的质量甚至绝产。土壤中的酚酸物质积累会影响甜瓜的生长发育并导致甜瓜枯萎病的加重。本研究通过采用外源添加阿魏酸、苯甲酸、龙胆酸、没食子酸和邻苯二甲酸 5 种酚酸物质对甜瓜枯萎病病原菌、种子萌发、植株生长的化感作用，以及甜瓜枯萎病的发生情况进行调查。结果表明：阿魏酸、苯甲酸在 500 μg/mL 对菌丝表现出较强的促进作用。阿魏酸、苯甲酸、没食子酸在 300 μg/mL、500 μg/mL 处理浓度下能够显著促进尖孢镰孢菌的孢子萌发。酚酸物质对甜瓜种子萌发和幼苗生长具有低浓度促进、高浓度抑制的化感效应。盆栽结果显示，阿魏酸、苯甲酸对尖孢镰孢菌具有协同作用，在 100 μg/mL、300 μg/mL 和 500 μg/mL 处理浓度下可显著提高甜瓜枯萎病病情指数。

关键词：甜瓜枯萎病；酚酸物质；化感作用

草酸青霉菌转录因子 *PeSlt2* 功能研究*

邵佳林**，陈金风，黄宇飞，高增贵***
（沈阳农业大学植物保护学院，沈阳　110866）

摘　要：玉米穗腐病是由镰孢菌属（*Fusarium* spp.）、木霉属（*Trichoderma* spp.）、青霉属（*Penicillium* spp.）、曲霉属（*Aspergillus* spp.）等引起的玉米高发病害之一，极其影响玉米收获产量。草酸青霉菌（*P. oxalicum*）是引起玉米穗腐病的重要病原菌。本研究在草酸青霉菌中找出 *Slt*2 基因的同源基因 *PeSlt*2，通过同源重组方法对此基因进行敲除，获得缺失 *PeSlt*2 基因的突变菌株。以野生型菌株作为对照，对 *PeSlt*2 基因功能进行解析。通过观察真菌的生长速率、菌丝的形态等，发现 *PeSlt*2 基因参与调控草酸青霉菌的营养生长，突变体生长速率明显下降，菌丝形态较弯曲、浓密，分支减少。与野生型相比，突变体产孢能力明显下降。进行侵染试验发现突变体在寄主上的致病力显著下降。由此表明 *PeSlt*2 基因参与调控草酸青霉菌的营养生长、产孢能力和致病力等多方面的功能调控。

关键词：玉米穗腐病；草酸青霉菌；致病性；*Slt*2 基因

---

* 基金项目：国家重点研发项目（2018YFD0300307，2017YFD0300704）
** 第一作者：邵佳林，硕士研究生，主要从事玉米病害研究
*** 通信作者：高增贵，研究员，博士生导师；E-mail：gaozenggui@ syau. edu. cn

寡聚糖对尖孢镰孢菌菌丝生长抑制研究*

沈明侠**，孙艳秋，刘小迪，任雪莲，汪　敏，李芊汇，高增贵***
（沈阳农业大学植物保护学院，沈阳　110866）

摘　要：甜瓜连作极易产生甜瓜枯萎病，已成为当前甜瓜生产的限制因素。甜瓜枯萎病是由尖孢镰孢菌甜瓜专化型（*Fusarium oxysporum* f. sp. *melonis*）引起的。本研究通过壳寡糖、低聚木糖、低聚甘露糖、低聚果糖这几种寡聚糖对尖孢镰孢菌甜瓜专化型菌丝生长的抑制效果，得出抑制尖孢镰孢菌的最佳浓度。结果表明：壳寡糖的最佳抑制浓度是 100 mg/L，抑制率为 6.99%；低聚木糖的最佳抑制浓度是 50 mg/L，抑制率为 12.95%；低聚甘露糖的最佳抑制浓度是 50 mg/L，抑制率为 18.01%；低聚果糖对尖孢镰孢菌专化型的菌丝生长没有抑制效果。

关键词：甜瓜枯萎病；尖孢镰孢菌；寡聚糖

* 基金项目：公益性行业（农业）科研专项项目（201503110）
** 第一作者：沈明侠，硕士研究生，主要从事甜瓜病害研究
*** 通信作者：高增贵，研究员，博士生导师；E-mail：gaozenggui@ syau. edu. cn

小豆 GN05 的抗锈病基因初步定位*

张明媛，冷　森，柯希望，殷丽华，徐晓丹，左豫虎**
（黑龙江八一农垦大学，国家杂粮工程技术研究中心，
黑龙江省作物-有害生物互作生物学及生态防控重点实验室，大庆　163319）

摘　要：小豆（*Vigna angularis*）是我国重要的杂粮作物，因其耐瘠薄、耐旱和土壤固氮等特性，在农业种植业结构调整中占据重要地位。然而，由豇豆单胞锈菌（*Uromyces vignae*）引起的小豆锈病在我国各小豆种植区普遍发生，该病发生严重时会导致叶片提前脱落，植株早衰，甚至绝产。培育和利用抗病品种，是防治小豆锈病最为经济有效的措施。因此，挖掘小豆抗锈病基因，解析小豆抗锈病的分子机理，是当前小豆中亟须解决的关键问题。本研究以小豆品系“GN05”为抗病亲本，以“宝清红”为感病亲本，两者杂交构建 GN05/宝清红 F_1代，F_1自交获得 GN05/宝清红 F_2 代。对抗感亲本、GN05/宝清红 F_1及 GN05/宝清红 F_2 接种锈菌进行鉴定，发现 GN05 表现为抗病，宝清红表现为感病，5 株 GN05/宝清红 F_1感病，84 株 GN05/宝清红 F_2 中，28 株抗病，56 株感病，经卡方检验，符合 1 : 3（$\chi^2=3.11$）的分离比例，表明小豆 GN05 的抗病性可能由隐性单基因控制。从 GN05/宝清红 F_2 中选取抗病和感病植株分别构建抗感池，对抗病亲本“GN05”和感病亲本“宝清红”，以及构建的抗病 DNA 池和感病 DNA 池进行基因组重测序，将重测序结果和参考基因组进行比对后，比较分析抗病和感病池的 SNPs 差异，发现小豆 1 号染色体存在一个 SNP 聚集峰，初步将“GN05”的抗锈病基因定位在 1 号染色体 21～41 Mb 的范围内。

关键词：小豆；基因定位；SNP；基因组测序

---

* 基金项目：黑龙江省“杂粮生产与加工”优势特色学科建设项目；大庆市科学技术局指导项目（zd-2020-45）；黑龙江八一农垦大学校内培育资助计划（2031011068）

** 通信作者：左豫虎，教授，主要从事植物病理学方向的研究；E-mail：zuoyhu@163.com

婺源县油菜菌核病田间病情调查

汪志翔，王嘉豪，代佳依，杨予熙，吴波明
（中国农业大学植物保护学院植物病理学系，北京 100193）

摘 要：油菜作为一种经济作物，是江西省婺源县的主要旅游景观植物，种植面积大，具重要经济意义。由核盘菌［*Sclerotinia sclerotiorum*（Lib.）de Bary］所引起的油菜菌核病是当地一种重要病害。每年的 3—4 月，当地温暖多雨的气候条件有利于油菜菌核病发生，常年造成巨大的经济损失。为更好了解油菜菌核病的流行情况，探索婺源地区油菜菌核病的发病规律，需要设计有效综合防治方案。2021 年和 2023 年 3—4 月，在全县范围内调查了 102 块油菜田，其中稻油轮作田块 53 块，旱油轮作或连作田块 49 块。调查内容主要包括菌核病发病率、每平方米内子囊盘数量、土壤内菌核量。调查方法采用五点取样法，即每个田块选取 5 个 1 m×1 m 的正方形小块，分别选取 20 株调查发病率以及区块内子囊盘数，并每个小块采集土样 400～450 mL（2021 年为 100 mL）土壤，采集深度为 0～10 cm。采集的土壤晾干后，先用 10 目筛掉大部分细小土质，后过 20 目筛用水冲洗，找出土中的菌核。调查结果显示，2021 年油菜菌核病平均发病率为 20. 13%，每 400 mL 土壤菌核平均数为 1. 31 个，每平方米田块的平均子囊盘数为 3. 63 个；2023 年油菜菌核病平均发病率为 13. 7%，每 1 000 mL 土壤中菌核量平均为 1. 21 个，每平方米田块的平均子囊盘数为 0. 55 个。在 0. 05 的置信水平下，稻油轮作发病率和每平方米子囊盘数、土壤中菌核数量显著低于旱油轮作以及连作/休耕。

关键词：油菜菌核病；核盘菌；子囊盘

生防假单胞菌 FD6 中粗提物对灰霉病菌抑制作用*

杨晶龙**，温德宇，吴　涛，张清霞***
（扬州大学植物保护学院，扬州　225009）

摘　要：前期研究发现，防御假单胞菌 FD6 在不同的碳源平板上抑菌能力有差异，其中 PA 培养基上菌株 FD6 抑菌效果最强，因此后续对 PA 培养基中产生的次生代谢产物进行深入研究。PA 中分离得到的抗菌粗提物抑菌谱广，对桃枝枯病菌、小麦赤霉病菌和番茄灰霉病菌拮抗能力较强。选用乙酸乙酯可以萃取更多的活性物质。粗提物处理番茄灰霉病菌后可导致菌丝体膨大、原生质体皱缩，粗提物浓度在 1.5 mg/mL 时灰霉菌孢子萌发率仅为 30%，显著低于对照处理，当用 2 mg/mL 的粗提物处理时能完全抑制灰霉病菌分生孢子的萌发。为深入研究抗菌粗提物的理化性质和对灰霉病菌的抑菌机制，进一步检测了灰霉病菌分生孢子细胞膜的完整性。结果显示，粗提物可以破坏灰霉病菌的细胞质膜，浓度为 1 mg/mL 及 2 mg/mL 的粗提物可导致孢子悬浮液电导率显著升高，且处理后的分生孢子均有核酸与蛋白渗出。抗菌粗提物稳定性强，对高温、强酸和强碱有耐受力，且抑菌活性不受蛋白酶 K 和胰蛋白酶影响。综上所述，防御假单胞菌 FD6 产生的抗菌粗提物抑菌谱广，抑菌活性强，今后将进一步优化培养条件提高生防细菌的次级代谢产物的产量，为改善生防细菌的防病效果提供参考价值。

关键词：生防假单胞菌；抗菌粗提物；番茄灰霉病菌；作用机制

* 基金项目：国家自然科学基金（32072471）
** 第一作者：杨晶龙，硕士研究生，从事植物病害生物防治研究；E-mail：21033770@ qq. com
*** 通信作者：张清霞，教授，从事植物病害生物防治研究；E-mail：zqx817@ 126. com

甘肃省小麦条锈病发生面积预测*

户雪敏[1**]，李　辉[2]，伏松平[3]，陆可心[1]，李宇翔[1]，胡小平[1***]

（1. 西北农林科技大学植物保护学院，农业农村部黄土高原作物有害生物综合治理重点实验室，杨凌　712100；2. 甘肃省植保植检站，兰州　730020；3. 甘肃省天水市植保植检站，天水　741020）

摘　要：甘肃是我国小麦条锈菌重要的周年循环发生区之一，是重要的菌源基地。准确预测甘肃省小麦条锈病的发生面积，对甘肃及我国小麦条锈病的科学防控具有重要的意义。本研究利用 2001—2021 年甘肃省小麦条锈病秋苗发生面积、温度、相对湿度、降水量和日照时数等，通过 Pearson 相关性分析筛选到了影响甘肃小麦条锈病流行的 4 个关键因子，即小麦条锈病秋苗发生面积、上年 8 月最低气温、1 月平均相对湿度和 3 月日照时数，并采用全子集回归和 BP 神经网络算法对甘肃小麦条锈病发生面积进行预测。结果表明，全子集回归模型 1 和模型 2 对 2020—2021 年甘肃小麦条锈病发生面积预测准确度分别为 94.63%和 88.81%，BP 神经网络模型 1 和模型 2 的预测准确度分别为 98.25%和 94.03%。由上可知，BP 神经网络模型 1 是最佳预测模型，其预测 2022 年甘肃省小麦条锈病发生面积为 10.03 万 hm^2。

关键词：小麦条锈病；发生面积；全子集回归；BP 神经网络算法

---

* 基金项目：国家重点研发计划（2021YFD1401000）；国家自然科学基金（31772102）

** 第一作者：户雪敏，博士研究生，研究方向为作物病害监测预警；E-mail：1138339272@ qq. com

*** 通信作者：胡小平，教授，博士生导师，研究方向为植物病害流行学；E-mail：xphu@ nwsuaf. edu. cn

Diversity of Fungal Endophytes in American Ginseng Seeds

ZHANG Jiguang[1], HU Hongyan[1], LI Shuaihui[1], SHANG Wenjing[1*],
JIANG Jinlong[2], XU Xiangming[3], LIU Deming[4], HU Xiaoping[1]

(1. *State Key Laboratory of Crop Stress Biology for Arid Areas and College of Plant Protection, Northwest A&F University, Yangling* 712100, *China*; 2. *Shaanxi Key Laboratory of Bio-resources, School of Bioscience and Engineering, Shaanxi University of Technology, Hanzhong* 723001, *China*; 3. *Pest & Pathogen Ecology, NIAB East Malling, West Malling, Kent, ME*19 6*BJ, UK*; 4. *Liuba County Jiashisen Chinese Medicine Development Co. Ld., Hanzhong* 724100, *China*)

Abstract: Seeds play a critical role in the production of American ginseng. Seeds are also one of the most important media for the long - distant dissemination and the crucial way for pathogen survival. Figuring out the pathogens carried by seeds is the basis for effective management of seed-borne diseases. In this paper, we tested the fungi carried by the seeds of American ginseng from main production areas of China using incubation and highly throughput sequencing methods. The seed-carried rates of fungi in Liuba, Fusong, Rongcheng, and Wendeng were 100%, 93.8%, 75.2%, and 45.7%, respectively. Sixty-seven fungal species, which belonged to twenty-eight genera, were isolated from the seeds. Eleven pathogens were identified from the seed samples. Among the pathogens, *Fusarium* spp., were found in all of the seed samples. The relative abundance of *Fusarium* spp. in the kernel was higher than that in the shell. Alpha index showed that the fungal diversity between seed shell and kernel differed significantly. Non-metric multidimensional scaling analysis revealed that the samples from different provinces and between seed shell and kernel were distinctly separated. The inhibition rates of four fungicides to seed-carried fungi of American ginseng were 71.83% for tebuconazole SC, 46.67% for azoxystrobin SC, 46.08% for fludioxonil WP, and 11.11% for phenamacril SC. Fludioxonil, a conventional seed treatment agent, showed a low inhibitory effect on seed-carried fungi of American ginseng.

Key words: American ginseng; seed - carried pathogens; high throughput sequencing; fludioxonil; diversity index

* Corresponding author: SHANG Wenjing; E-mail: shangwj@ nwsuaf. edu. cn

黄瓜棒孢叶斑病菌磷酸乙醇胺转移酶基因 *CcGpi7* 的功能研究*

侯梦圆**，李　迪，马庆周，徐　超***，张　猛***
（河南农业大学植物保护学院植物病理学系，郑州　450046）

摘　要：近年来，由多主棒孢（*Corynespora cassiicola*）侵染引起的黄瓜棒孢叶斑病危害日趋严重，已成为制约我国黄瓜产业发展的重要因素。糖基磷脂酰肌醇（Glycosylphosphatidylinositol，GPI）锚定化是真核生物中普遍存在的一种膜蛋白翻译后修饰方式，与动植物病原真菌的环境适应性及致病力密切相关。本研究首先在黄瓜棒孢叶斑病菌中鉴定到酿酒酵母磷酸乙醇胺转移酶 Gpi7（参与 GPI 锚的合成）的同源基因 *CcGpi7*，该基因全长 3 186 bp，编码了包含 931 个氨基酸残基的蛋白，利用 SMART 预测其含有 Phosphodiest 结构域和 PIGO_PIGG 跨膜区。通过 RT-PCR 和 qPCR 分析发现，*CcGpi7* 在多主棒孢的腐生阶段及接种黄瓜后的不同时间点均有较高水平的表达，尤其在侵染阶段的表达量更是显著上调，表明该基因在多主棒孢与寄主黄瓜互作过程中发挥重要作用。随后，笔者基于同源重组的原理对 *CcGpi7* 基因进行敲除和回补，结果显示 *CcGpi7* 缺失突变体 Δ*CcGpi7* 的生长速率显著下降，菌丝细胞长度明显缩短，对盐胁迫的耐受性显著提高，但对高渗胁迫和氧化胁迫的耐受性明显降低，细胞壁的完整性被破坏，产孢量显著下降。接种测定结果显示 Δ*CcGpi7* 在黄瓜叶片上的致病力明显减弱，接种 12 h 后观察发现其附着胞的形成率和侵染菌丝的萌发率均显著降低。为进一步探究 Δ*CcGpi7* 表型改变的原因，本研究还对其进行了转录组测序和分析，结果显示 Δ*CcGpi7* 中共有 4 371 个基因发生了显著性差异表达，其中上调表达的基因（1 728 个）显著富集到的 GO Terms 主要涉及催化活性、氧化还原酶活性、小分子代谢等分子功能和生物学过程，下调表达的基因（2 643 个）主要富集在与核糖体合成、盐跨膜转运、渗透胁迫等相关的 GO Terms；上调表达的基因显著性富集的 KEGG 通路中有超过一半与氨基酸代谢相关，而下调表达的基因则只在核糖体生物合成途径中显著性富集。综上所述，*CcGpi7* 基因是黄瓜多主棒孢营养生长、分生孢子形成、附着胞发育、致病以及逆境适应的关键调控因子，至于其具体的分子作用机制还有待进一步研究。

关键词：黄瓜多主棒孢；GPI 锚；*Gpi7*；致病力；转录组

---

*　基金项目：河南省作物病害监测预警与绿色防控创新团队（30601833）
**　第一作者：侯梦圆，硕士研究生，研究方向为分子植物病理学
***　通信作者：徐超，副教授，硕士生导师，研究方向为植物病原真菌基因组学
张猛，教授，博士生导师，研究方向为真菌分类与分子系统学

The LRR-RLK Protein TaSERK1 Positively Regulates High-temperature Seedling Plant Resistance to *Puccinia striiformis* f. sp. *tritici* by Interacting with TaDJA7

SHI Yifeng[1], BAO Xiyue[1], SONG Xiaopan[1], LIU Yuyang[1],
LI Yuxiang[1], CHEN Xianming[2], HU Xiaoping[1]

(1. *State Key Laboratory of Crop Stress Biology for Arid Areas*, *College of Plant Protection*, *Northwest A&F University*, *Yangling* 712100, *China*; 2. *Agricultural Research Service*, *United States Department of Agriculture and Department of Plant Pathology*, *Washington State University*, *Pullman*, *WA* 99164, *USA*)

Abstract: Somatic embryogenesis receptor kinases (SERKs) belong to the leucine rich repeat-receptor like kinase (LRR-RLK) subfamily, and many LRR-RLKs have been proven to play a key role in plant immune signal transmission. However, the functions of SERKs in resistance to stripe rust caused by *Puccinia striiformis* f. sp. *tritici* remains unknown. Here, we identified a gene, *TaSERK*1, from Xiaoyan 6 (XY6), a wheat cultivar possessing high-temperature seedling-plant (HTSP) resistance to the fungal pathogen *P. striiformis* f. sp. *tritici* and expresses its resistance at seedling stage. The expression level of *TaSERK*1 was up-regulated upon *P. striiformis* f. sp. *tritici* inoculation under relatively high temperatures. The transcriptional level of *TaSERK*1 was significantly increased under exogenous salicylic acid (SA) and brassinosteroids (BR) treatments. Barley stripe mosaic virus (BSMV) -induced gene silencing assay indicated that *TaSERK*1 positively regulated the HTSP resistance to stripe rust. The transient expression of *TaSERK*1 in tobacco leaves confirmed its subcellular localization on plasma membrane. Furthermore, TaSERK1 interacted with and phosphorylated the chaperone protein TaDJA7, which belongs to the heat shock protein 40 (Hsp40) subfamily. Silencing *TaDJA*7 compromised the HTSP resistance to stripe rust. The results indicated that when the membrane immune receptor TaSERK1 perceives the *P. striiformis* f. sp. *tritici* infection under relatively high temperatures, it transmits the signal to TaDJA7 to activate HTSP resistance to the pathogen.

Key words: gene regulation; *Puccinia striiformis* f. sp. *tritici*; resistance; stripe rust; wheat

丹参根腐病病原菌的分离鉴定及真菌病毒的克隆*

宋露洋[1**]，王梦姣[1]，张园园[1]，秦艳红[2]，杨 瑾[2]，龚 晴[1]，王腾飞[1]，
关政哲[1]，仲荣荣[1]，张慧豪[1]，孙培萌[1]，赵 莹[1]，文才艺[1]，王 飞[2***]
（1. 河南农业大学植物保护学院，郑州 450046；
2. 河南省农业科学研究院植物保护研究所，郑州 450002）

摘 要：丹参以其干燥根和根茎入药，具有活血调经、镇静安神、消肿止痛等功效，广泛应用于心脑血管疾病的治疗。但随着人工种植面积的扩大，丹参根腐病等病害严重发生，制约了丹参的规模化和标准化生产。为明确丹参根腐病病原菌的种类以及其所携带真菌病毒的多样性，本研究对采集自河南省登封市、汝阳县和汝州市 3 个地区的 60 余份丹参病株进行病原菌分离，获得的分离株有 224 株通过形态学观察和基于 ITS 基因序列鉴定进行了鉴定。结果显示丹参根腐病的病原物主要为镰孢菌属（*Fusarium* spp.）真菌，其中尖孢镰孢菌（*F. oxysporum*）占比 22.32%，层出镰孢菌（*F. proliferatum*）占比 10.71%，藤仓镰孢菌（*F. fujikuroi*）占比 7.14%，腐皮镰孢菌（*F. solani*）占比 0.89%；同时，通过纤维素吸附法对分离株进行了 dsRNA 的提取，对其携带真菌病毒情况进行了分析，结果在层出镰孢菌分离株 RYJJ-20 和 RZJJ-28-1 中筛选到携带核酸电泳图带型一致的 dsRNA 条带，利用随机克隆对条带进行了序列克隆和序列分析，结果显示该病毒与 *F. oxysporum* f. sp. *dianthi mycovirus* 1 同源性最高，相似度达 99%，因此推断该病毒属于 *Chrysoviridae* 科 *Betachrysovirus* 属，这是在层出镰孢菌中 *Betachrysovirus* 病毒的首次发现。本研究对丹参根腐病病原菌进行了分离鉴定，并对其所携带真菌病毒进行初步分析，为进一步探究丹参根腐病的防治提供了基础。

关键词：丹参根腐病；真菌病毒；镰孢菌

---

* 基金项目：河南省农业科学院新兴学科（2022XK07）；河南省自然科学基金（232300420013）

** 第一作者：宋露洋，讲师；E-mail：lysong@ henau. edu. cn
*** 通信作者：王飞，副研究员；E-mail：yunfeiren@ 163. com

基于转录组学的真菌病毒 FoOuLV1 与尖孢镰孢菌互作分析*

张园园**，关政哲，王梦姣，张园园，李雪云，赵 莹，文才艺***，宋露洋***
（河南农业大学植物保护学院，郑州 450046）

摘 要：真菌病毒是一类侵染丝状真菌、酵母或卵菌等并且可以在其中复制的病毒。大多数真菌病毒的侵染不会引起症状，但是部分真菌病毒可降低植物病原真菌的致病力，即低毒力或者弱毒现象。实验室前期获得一株携带尖孢镰孢菌欧尔密病毒（FoOuLV1）且致病力减弱的苦瓜枯萎病菌菌株 HuN8。通过转录组测序和分析携带病毒的 SD-V 菌株和不携带病毒的野生型菌株 SD-1 的差异表达基因（*DEGs*），并对 DEGs 进行基因本体（GO）、京都基因与基因组百科全书（KEGG）功能富集分析。结果表明：病毒 FoOuLV1 侵染后，苦瓜枯萎病菌中 2 500 个相关功能基因表现出差异性表达（$|\log2^{foldchange}| \geq 1$，$p.\ adjust<0.05$），其中，1 422 个基因的表达量显著下调，1 078 个基因的表达量显著上调；DEGs 的 GO 注释结果显示了 37（$p.\ adjust \leq 0.05$）个最显著的 GO：其中 10 个富集程度高的 GO term 与过敏反应（过氧化物酶反应和活性）、细胞壁成分（葡聚糖代谢和多糖代谢）以及跨膜转运过程相关；KEGG 富集分析结果显示，DEGs 参与的 KEGG 代谢通路中最显著的仅有 4 个，分别为淀粉和蔗糖代谢、甘氨酸，丝氨酸和苏氨酸代谢、类固醇生物合成和戊糖和葡萄糖醛酸相互转化。本研究分析了在携带病毒 FoOuLV1 前后苦瓜枯萎病菌的差异表达基因，为研究 FoOuLV1 的弱毒机制提供了理论依据，同时为发掘真菌病毒影响寄主真菌相关的致病性与寄主真菌关联基因表达的相关性奠定基础。

关键词：苦瓜枯萎病菌；真菌病毒；转录组；差异表达基因；富集分析

---

* 基金项目：国家自然科学基金青年基金（31901934）；河南省自然科学基金（232300420013）
** 第一作者：张园园，硕士研究生；E-mail：eryazhang5@163.com
*** 通信作者：文才艺，教授；E-mail：wencaiyi@henau.edu.cn
宋露洋，讲师；E-mail：lysong@henau.edu.cn

重寄生菌KF-M对小麦茎基腐病的生防作用研究*

仲荣荣**，关政哲，王梦姣，张园园，李雪云，张慧豪，
孙培萌，宋露洋，文才艺***，赵 莹***
（河南农业大学植物保护学院，郑州 450046）

摘 要：小麦茎基腐病主要是由假禾谷镰孢菌（*Fusarium pseudograminearum*）和禾谷镰孢菌（*F. graminearum*）等多种病原菌复合侵染引起的一种世界性土传病害，严重影响小麦生产。利用真菌的重寄生现象从而控制真菌病害是一种重要且有效的方法，也是如今备受关注和研究的热点领域。因此，利用重寄生菌对小麦茎基腐病、小麦赤霉病进行防治是一种新的思路和途径。本研究从河南省开封市的一株小麦茎秆上分离到一株寄生在假禾谷镰孢菌上的重寄生真菌KF-M，经分离纯化、形态学以及分子生物学鉴定，将该菌鉴定为黑孢壳属（*Melanospora* spp.）真菌；并通过对峙培养和混合培养等试验结果证明了黑孢壳菌KF-M菌株可以分别寄生假禾谷镰孢菌和禾谷镰孢菌的菌丝，对其菌丝进行缠绕，并明显抑制其菌丝的生长；通过小麦离体和盆栽试验证实重寄生菌KF-M对假禾谷镰孢菌和禾谷镰孢菌引起的小麦茎基腐病具有明显的防治效果；此外，重寄生菌KF-M寄生后还可以降低假禾谷镰孢菌和禾谷镰孢菌中DON毒素的积累。本研究结果为小麦茎基腐病的生防防治和小麦的绿色安全生产提供新的思路和资源。

关键词：重寄生菌；小麦茎基腐病；DON毒素；生物防治

---

* 基金项目：国家自然科学基金青年基金（31901934）；河南省自然科学基金（232300420013）
** 第一作者：仲荣荣，硕士研究生；E-mail：zhongrongrong2021@126.com
*** 通信作者：文才艺，教授；E-mail：wencaiyi@henau.edu.cn
赵莹，副教授；E-mail：zhaoying@henau.edu.cn

15 种杀菌剂对牡丹黑斑病菌室内生物活性测定*

乔广行[1**]，刘娟娟[1,2]，游崇娟[2]，秦文韬[1]，赵　娟[1]，谭晓倩[1,3]
（1. 北京市农林科学院植物保护研究所，北京　100097；
2. 北京林业大学林学院，北京　100091，3. 长江大学生命科学学院，荆州　434025）

摘　要：牡丹有“花中之王”的称号，在中国具有悠久的栽培历史。牡丹可作为观赏植物栽培，其品种多、花色丰富、花型多变，观赏价值高，根部可入药称为丹皮，油用牡丹的种子可以榨油，具有保健作用。近年来随着北京地区园林绿化中牡丹的种植面积不断扩大，牡丹的黑斑病成为危害最严重的叶部病害，黑斑病的蔓延使得牡丹植株长势衰弱，严重影响公园景观与牡丹园区种苗繁殖，大大降低了观赏价值与经济价值，已成为牡丹种植中亟须解决的关键问题之一，为了解决生产上防治牡丹黑斑病药剂较少，因此需要进行化学杀菌剂室内生物活性测定。牡丹黑斑病的病原菌室内试验通过多基因分子鉴定为交链格孢（*Alternaria alternata*），室内完成柯赫氏法则验证。本研究中通过菌丝生长抑制法与孢子萌发抑制法测定 15 种不同作用机制的化学杀菌剂对牡丹黑斑病菌室内生物活性测定，测定结果表明氯氟醚菌唑对交链格孢菌丝生长的抑制效果最好，EC_{50} 为 0.157 5 μg/mL；氟唑菌酰胺对交链格孢孢子萌发的抑制最佳，EC_{50} 为 0.003 0 μg/mL。综合两种方法测定结果：三氟吡啶胺、氟唑菌酰胺、氟唑菌酰羟胺和氟啶胺 4 种药剂对交链格孢菌丝生长和孢子萌发抑制作用较好，上述 4 种菌丝生长抑制 EC_{50} 分别为三氟吡啶胺 0.269 7 μg/mL < 氟唑菌酰羟胺 0.331 2 μg/mL < 氟啶胺 0.580 5 μg/mL < 氟唑菌酰胺 0.729 5μg/mL；孢子萌发抑制 EC_{50} 分别为氟唑菌酰胺 0.003 0 μg/mL < 氟唑菌酰羟胺 0.012 1 μg/mL < 三氟吡啶胺 0.041 2 μg/mL < 氟啶胺 0.425 6 μg/mL。通过室内化学药剂的生物活性测定为牡丹黑斑病田间防治以及病害的流行暴发控制提供理论依据，为病害防治中药剂轮换使用提供技术支撑，其田间的防治效果有待于进一步验证。

关键词：牡丹；交链格孢；生物活性；杀菌剂

---

* 基金项目：北京市农林科学院创新能力建设专项（KJCX201910）

** 第一作者：乔广行，助理研究员，主要从事植物病害诊断与综合治理研究；E-mail：qghang@ 126. com

苹果树腐烂病菌 RNA 依赖的 RNA 聚合酶基因的生物学功能研究

梁家豪，王　凯，李光耀，冯　浩，黄丽丽
（西北农林科技大学植物保护学院，旱区作物逆境生物学国家重点实验室，杨凌　712100）

摘　要：苹果树腐烂病是由苹果黑腐皮壳（*Valsa mali*）侵染引起的重大枝干病害，严重影响苹果产业的健康持续发展，系统解析病菌致病机理对开发病害防控新策略具有重要指导意义。RNA-dependent RNA polymerases（RdRPs）是 RNA interference 机制负责沉默信号放大的核心组件。然而，*V. mali* 是否存在 RdRPs 及其生物学功能目前尚不明晰。基于全基因组信息，分离获得了 4 个 *RdRP* 基因（*VmRdRP*1-4）。实时荧光定量分析显示 *VmRdRP*1-4 在病菌侵染早期阶段均显著上调表达。通过基因缺失结合表型分析发现，Δ*VmRdRP*2 和 Δ*VmRdRP*3 的营养生长和致病力显著降低，同时 Δ*VmRdRP*1-4 对 Na^+ 和 K^+ 胁迫的敏感性和产孢能力也明显降低。重要的是，同源关系较近的 *VmRdRP*1 和 *VmRdRP*2 双基因缺失突变体表现出了更大程度的致病力降低。对 Δ*VmRdRP*2、Δ*VmRdRP*3 和野生型菌株的 sRNAs 测序分析发现，*VmRdRP*3 的缺失增加了 sRNAs 丰度，而 *VmRdRP*2 的缺失降低了 sRNAs 丰度。进一步分析发现，*VmRdRP* 的缺失不影响内源 milRNAs 的产生，但对 siRNAs 的生成有重要作用。基于差异 siRNAs 分析，分别选择受 *VmRdRP*2 和 *VmRdRP*3 调控的 *VmR*2-siR1 和 *VmR*3-siR5 进行功能研究，发现 *VmR*2-siR1 和 *VmR*3-siR5 在病原菌侵染阶段显著上调表达，将其沉默后病菌的致病力均显著下降。

综上，*VmRdRPs* 在营养生长、侵染致病、逆境胁迫响应以及繁殖体产生等方面具有重要生物学功能，特别是 *VmRdRP*1 与 *VmRdRP*2 可能对病菌侵染致病发挥更重要的功能，且 *VmRdRPs* 不同成员间可能存在功能冗余。进而揭示了 *VmRdRPs* 可以调控病菌内源 siRNAs 的产生影响病菌致病力的机理，为全面揭示 *V. mali* 致病机理奠定了重要基础。

关键词：苹果树腐烂病菌；RNAi；RdRP；siRNAs

Genetic Structure of *Erysiphe quercicola* from Rubber Tree in China*

CAO Xueren[1**], HAN Qiaohui[2], XIAO Ying[3], HE Junjun[4], CHUAN Xiangxian[5], JIANG Guizi[6]

(1. *Environment and Plant Protection Institute*, *Chinese Academy of Tropical Agricultural Sciences*, *Haikou* 571101, *China*; 2. *Guizhou University*, *Guiyang* 550025, *China*; 3. *College of Plant Science and Technology*, *Huazhong Agriculture University*, *Wuhan* 430070, *China*; 4. *Zhanjiang Experiment Station*, *Chinese Academy of Tropical Agricultural Sciences*, *Zhanjiang* 524031, *China*; 5. *Dehong Tropical Agriculture Research Institute of Yunnan*, *Ruili* 678600, *China*; 6. *Yunnan Institute of Tropical Crops*, *Jinghong* 666100, *China*)

Abstract: Rubber tree powdery mildew, caused by *Erysiphe quercicola*, is a serious threat to rubber plantations worldwide especially in subtropical environments including all rubber tree growing regions in China. However, the population structure of the pathogen is uncertain. In this study, 16 polymorphic microsatellite markers were used to genotype powdery mildew samples from the main rubber tree growing regions including Yunnan (YN), Hainan (HN), western Guangdong (WG) and eastern Guangdong (EG). YN had higher genotypic diversity (Simpson's indices), genotypic evenness, Nei's gene diversity, allelic richness and private allelic richness than the other regions. Cluster analysis, DAPC analyses, pairwise divergence and shared MLGs analyses all showed that the YN differed significantly from the other regions. Analysis of molecular variance indicated that the variability among regions accounted for 22.37% of the total variability. Genetic differentiation was significantly positively correlated (R_{xy} = 0.772, P = 0.001) with geographic distance. The results suggested that although significant genetic differentiation of *E. quercicola* occurred between YN and the other regions, pathogen populations from the other three regions lacked genetic differentiation.

Key words: *Erysiphe quercicola*; rubber tree powdery mildew; genetic structure

* Funding: National Natural Science Foundation of China (31972212, 31701731)

** First author: CAO Xueren

黄酮类物质在杨树抵御炭疽病中的作用

张林萱，孟繁丽，任　玥，包杭斌，田呈明
（北京林业大学林学院，省部共建森林培育与保护教育部重点实验室，北京　100083）

摘　要：杨树是人工防护林和用材林的重要树种，在世界范围内广泛种植，但由胶孢炭疽菌（*Colletotrichum gloeosporioides*）引起的杨树炭疽病在叶部病害中危害最为严重和广泛。不同的杨树对杨树炭疽病表现出不同的抗性：其中欧美杨表现为抗病性的，毛白杨表现为感病性，而北京杨表现出中等抗性。为了研究杨树炭疽病抗性差异的原因，对以上三种杨树组培苗进行了代谢组学和转录组学分析。通过 HPLC-MS/MS 分析发现，三种杨树次生代谢物质的类型和含量存在差异，特别是黄酮类化合物。不同种杨树的抗病性与其黄酮类化合物的种类和浓度成正相关。转录组学分析表明，感染胶孢炭疽菌后，大部分黄酮类生物合成基因的转录水平在欧美杨中最高，其次是北京杨，而在毛白杨中最低；这些结果得到了 qRT-PCR 验证。随后，本研究选择了包括黄酮类物质在内的七种重要的次生代谢物质（水杨酸、熊果苷、苯甲酸、水杨酸、绿原酸、阿魏酸和柚皮素）进行进一步分析。结果表明，它们均有不同程度的抑菌作用，且不同物质的最佳抑菌浓度不同。这些发现为今后研究杨树的抗真菌机制奠定基础，并为杨树炭疽病的防治提供理论依据。

关键词：杨树；黄酮类物质；炭疽病

杨树叶际芽孢杆菌对杨树炭疽病的影响

葛 威，张林萱，孟繁丽，田呈明
（北京林业大学林学院，省部共建森林培育与保护教育部重点实验室，北京 100083）

摘 要：由胶孢炭疽菌（*Colletotrichum gloeosporioides*）引起的杨树炭疽病是杨树上的重要病害，每年都会造成严重的经济和生态损失。接种试验表明，不同种杨树对杨树炭疽病表现出不同程度的抗性：其中欧美杨为抗病性，毛白杨为感病性，北京杨为中等抗性。在对3种杨树感病前后叶际细菌高通量测序发现：所有杨树种类中较多的属是芽孢杆菌属、邻单胞菌属、假单胞菌属、根瘤菌属、链球菌属和志贺氏菌属等。其中芽孢杆菌属在3种杨树感染胶孢炭疽菌后，在欧美杨中占比减小，毛白杨中占比增大，北京杨中占比几乎不变，因此推测其在杨树与胶孢炭疽菌互作中发挥作用。在对芽孢杆菌属可培养细菌进一步分离纯化培养后，以*C. gloeosporioide*为靶标菌，通过平板对峙法进行拮抗实验，筛选到多株对胶孢炭疽菌有抑制作用的芽孢杆菌，证明芽孢杆菌属细菌在杨树抗炭疽病的过程中发挥一定作用。综上，本研究为芽孢杆菌在杨树炭疽病生物防治工作中的应用提供了理论依据和微生物资源。

关键词：杨树；炭疽病；芽孢杆菌

基于切片和激光共聚焦扫描显微镜的苹果树腐烂病菌侵染过程的三维重构

田润泽，黄丽丽

（西北农林科技大学植物保护学院，旱区作物逆境生物学国家重点实验室，杨凌　712100）

摘　要：由子囊菌苹果黑腐皮壳（*Valsa mali*）引起的苹果树腐烂病在我国分布广泛，危害严重。构建病原菌侵染寄主的立体模型，在微观层面解析其侵染过程，对揭示腐烂病菌致病机理具有重要意义。基于超薄切片-激光共聚焦扫描显微镜联合法（Microtomy-CLSM）将特异性染色的病菌-寄主互作组织包埋在胶囊中，经过切片、CLSM 成像，获取了清晰锐利的病原真菌 *V. mali* 与寄主互作的 3D 模型。模型显示，红色荧光的病原真菌致密分布并覆盖在具有绿色自发荧光的苹果枝条纤维表面上，完整的寄主细胞与菌丝缠结在一起，枝条纤维保持完整。在苹果叶片上扩展的 *V. mali* 与叶片表皮毛交织，通过入侵寄主的孔口在叶片内部如海绵组织疏松的细胞间隙定殖拓展，并逐步破坏叶片的固有结构。该建模技术精细化地揭示了 *V. mali* 的侵染路径，为后续构建其他真菌-植物互作模型提供了技术依据。

关键词：苹果树腐烂病菌；3D 模型；激光共聚焦扫描显微镜；超薄切片；侵染过程

苹果树腐烂病菌致病代谢产物对羟基苯丙酸乙酯、对羟基肉桂酸乙酯的鉴定及活性研究

唐 霖，张志超，田润泽，朱亮亮，田向荣，黄丽丽
（西北农林科技大学植物保护学院，旱区作物逆境生物学国家重点实验室，杨凌 712100）

摘 要：由苹果黑腐皮壳菌（*Valsa mali*）引起的苹果树腐烂病严重危害苹果产业的健康发展。植物真菌毒素是由病原真菌产生的对植物具有毒害作用的化合物，能够引起农林重大植物病害的发生。为了进一步探究 *V. mali* 在侵染过程产生的代谢产物及其致病活性，本研究采用乙酸乙酯萃取、大孔树脂富集等方法，结合毒性测试、^{1}H-NMR 特征谱学导向追踪等技术手段，从 *V. mali* 的树皮煎汁发酵培养物中新鉴定到两种次级代谢产物，分别为对羟基苯丙酸乙酯与对羟基肉桂酸乙酯。离体叶片接种实验表明这两种次级代谢产物对苹果叶片具有显著的毒害作用。细胞组织学观察发现，经对羟基苯丙酸乙酯、对羟基肉桂酸乙酯处理后的苹果组培叶片细胞出现原生质收缩、细胞器损伤和质壁分离等现象，最终原生质膜破裂后细胞死亡。综上所述，新鉴定到两种苹果树腐烂病菌致病代谢产物，通过破坏植物细胞膜与细胞器对寄主产生毒害作用，丰富了 *V. mali* 致病代谢产物的种类，从毒素水平阐释了 *V. mali* 的致病机理，也为毒性化合物生物合成途径等后续研究提供了参考依据。

关键词：苹果树腐烂病菌；毒素；毒素鉴定；毒素活性

VmPacC 介导的苹果树腐烂病菌调控寄主酸化的蛋白质组学分析

王英豪，刘海龙，祝 山，孟阳光，李建宇，张斐然，徐亮胜，黄丽丽
（西北农林科技大学植物保护学院，旱区作物逆境生物学国家重点实验室，杨凌 712100）

摘 要：由子囊真菌苹果黑腐皮壳（*Valsa mali*）引起的苹果树腐烂病是苹果最严重的病害之一，造成严重的经济损失。*V. mali* 在侵染过程中可以酸化寄主组织，使环境 pH 值从 6.0 降低到 3.5，从而能够成功定殖。前期研究表明，pH 信号转录调控因子 VmPacC 是 *V. mali* 酸化环境必需的关键致病基因。本研究采用串联质谱标签（TMT）结合基于 LC-MS/MS 的定量蛋白质组学分析了 VmPacC 介导的 *V. mali* 对环境 pH 的调控机制，并鉴定了大量参与响应环境 pH 的差异富集蛋白（DAP）。我们鉴定出 222 个 VmPacC 缺失条件下的特异性 DAPs，921 个不同 pH 条件下的特异性 DAPs。GO 功能注释及 KEGG 通路富集分析表明，这些 DAPs 主要参与碳代谢、TCA 循环、糖酵解/糖异生、谷胱甘肽代谢、核糖体和磷酸戊糖等相关途径。通过蛋白质-蛋白质相互作用（PPI）网络分析发现，假想蛋白 VmUn106 位于互作网络中心，并与其他差异富集蛋白高度相关。最后，我们构建了一个 *V. mali* 酸化寄主成功定殖的分子调控网络。以上研究结果揭示了 VmPacC 通过调控糖酵解/糖异生途径和 TCA 循环等能量代谢途径参与 *V. mali* 对环境 pH 调节的机制。

关键词：*Valsa mali*；TMT；PacC；蛋白质组学；差异富集蛋白

Molecular Insights into High-Temperature Seedling Plant Resistance Against *Puccinia striiformis* f. sp. *tritici* in Xiaoyan 6 Wheat Cultivar

LI Yuxiang[1], HU Xiaoping[1], SHANG Hongsheng[1], CHEN Xianming[2]
(1. *State Key Laboratory of Crop Stress Biology for Arid Areas and College of Plant Protection, Northwest A&F University, Yangling* 712100, *China*; 2. *Agricultural Research Service, United States Department of Agriculture and Department of Plant Pathology, Washington State University, Pullman, WA* 99164-6430, *USA*)

Abstract: Wheat stripe rust, caused by the *Puccinia striiformis* f. sp. *tritici* (*Pst*), is a widespread disease that poses a significant threat to wheat production. Xiaoyan 6, a wheat cultivar conferring high-temperature seedling plant (HTSP) resistance, which is non-race-specific and durable, has maintained consistently resistant to *Pst* for more than 40 years in China, making it the promising candidate for elucidating the genetic basis of the resistance. In our study, we conducted transcriptome sequencing on the *Pst*-infected Xiaoyan 6 seedlings under different temperature conditions and identified 1395 differentially expressed genes (DEGs). Among these DEGs, receptor-like kinase (RLK) genes, *TaXa*21, *TaCRK*10, *TaSERK*1 and *TaRIPK*, were identified to serve as the sensors for *Pst* infection and high temperature, which activate a series of defense responses through phosphorylation. In additional to the RLKs, transcriptional factors *TaWRKY*70, *TaWRKY*62 and *TaWRKY*45 were involved in defense responses, which might receive the signal from phosphorylated RLKs to regulate the expression of related resistance genes. The resistance genes *TaRPS*2 and *TaRPM*1 were also found to positively associated with HTSP resistance, as evidenced by accumulation of reactive oxygen species and number of necrotic cells when exposing to *Pst* under high temperature. The insights gained from these results could advance our understanding of the HTSP mechanism, and potentially assist in enhancing and utilizing the resistance.

Key words: high-temperature resistance; receptor-like kinase; stripe rust; transcriptional factor; wheat

Genomic Analysis, Trajectory Tracking, and Field Investigation Reveal Origins and Long-distance Migration Routes of Wheat Stripe Rust in China

HU Xiaoping[1], LI Yuxiang[1], WANG Baotong[1], ZHAN Jiasui[2], XU Xiangming[3], CHEN Xianming[4], KANG Zhensheng[1]

(1. *State Key Laboratory of Crop Stress Biology for Arid Areas and College of Plant Protection*, *Northwest A&F University*, *Taicheng Road* 3, *Yangling* 712100, *China*; 2. *Department of Forest Mycology and Plant Pathology*, *Swedish University of Agricultural Sciences*, *Uppsala* 75007, *Sweden*; 3. *Pest & Pathogen Ecology*, *NIAB EMR*, *East Malling*, *West Malling*, *Kent ME*19 6*BJ*, *UK*; 4. *Agricultural Research Service*, *United States Department of Agriculture and Department of Plant Pathology*, *Washington State University*, *Pullman*, *WA* 99164-6430, *USA*)

Abstract: Understanding the origins and migration routes of phytopathogen inoculum is essential in predicting disease development and formulating control strategies. *Puccinia striiformis* f. sp. *tritici* (*Pst*), the causal agent of wheat stripe rust, is an airborne fungal pathogen threatening wheat production by long-distance migration. Due to large variation in geographic features, climatic conditions, and wheat production systems, inter-regional *Pst* dispersal routes in China remain largely unknown. In the present research, we sequenced 154 *Pst* isolates sampled from all the major wheat-growing regions in China to study the *Pst* population structure. Western Qinling Mountains, Himalayan region, and Guizhou Plateau were found to be centers of *Pst* origin in China. Combined with trajectory tracking and field disease surveys, long-distance *Pst* migration routes from individual origins were proposed. The present findings will improve current understanding of *Pst* origin and migration in China and emphasize the need for managing stripe rust at the national scale.

Key words: *Puccinia striiformis* f. sp. *tritici*; stripe rust; disease epidemics; population genetics; genome sequencing

2017—2022年河南省小麦茎基腐病菌种群结构分析*

石瑞杰[1**]，刘露露[1**]，韩自行[1]，张姣姣[1]，王俊美[1]，刘　伟[2]，
李丽娟[1]，冯超红[1]，李亚红[1]，徐　飞[1,2***]，宋玉立[1]，周益林[2]
（1. 河南省农业科学院植物保护研究所，农业农村部华北南部作物有害生物综合治理重点实验室，郑州　450002；2. 中国农业科学院植物保护研究所，植物病虫害生物学国家重点实验室，北京　100193）

摘　要：近年来小麦茎基腐病在我国黄淮麦区发生日益严重，已成为生产上的重大问题。河南省是我国小麦的重要主产区，为明确河南省小麦茎基腐病菌种群组成情况，2017—2022年对河南省18个市237个田块采集的2 527个小麦茎基腐病菌进行形态学和分子生物学鉴定。结果表明：河南省小麦茎基腐病菌优势种群为假禾谷镰孢菌 *Fusarium pseudograminearum*（87%），年度变化在80%~91%之间。次要种群为锐顶镰孢菌 *F. acuminatum*（4.0%）、中华镰孢菌 *F. sinense*（3.0%）、禾谷镰孢菌 *F. graminarum*（2.4%）、亚洲镰孢菌 *F. asiaticum*（1.3%）、木贼镰孢菌 *F. equseti*（0.6%）、层出镰孢菌 *F. proliferatum*（0.3%）、三线镰孢菌 *F. tricinctum*（0.3%）、燕麦镰孢菌 *F. avenacum*（0.3%）、黄色镰孢菌 *F. culmorum*（0.2%）、尖孢镰孢菌 *F. oxysporum*（0.2%）、*F. commune*（0.1%）、*F. brachyqibbosun*（0.1%）、*F. reticulatum*（0.1%）和茄病镰孢菌 *F. solani*（0.1%）。

关键词：小麦茎基腐病；种群组成；假禾谷镰孢菌

---

* 基金项目：河南省中央引导地方科技发展资金项目（Z20221343041）；院基础性科研工作项目（2023JC19）；河南省重大科技专项项目（221100110100）；河南省小麦产业技术体系（HARS-22-01-G6）

** 第一作者：石瑞杰，助理研究员，主要从事小麦病害研究；E-mail：13513710929@163.com
刘露露，助理研究员，主要从事小麦病原物鉴定工作；E-mail：liululua2016@163.com
*** 通信作者：徐飞，副研究员，主要从事小麦病害研究；E-mail：xufei198409@163.com

RNA-seq Reveal Interaction Transcripts between Wheat and Powdery Mildew*

WANG Junmei**, LI Yahong, FENG Chaohong,
LIU Lulu, HAN Zihang, XU Fei***, SONG Yuli

(*Institute of Plant Protection Research, Henan Academy of Agricultural Sciences; Henan Key Laboratory for Control of Crop Diseases and Insect Pests, IPM Key Laboratory in Southern Part of North China for Ministry of Agriculture, Zhengzhou* 450002, *China*)

Absract: Wheat powdery mildew caused by *Blumeria graminis* f. sp. *tritici* (*Bgt*), is one of the most disease affecting wheat product. Untill now, more studies were focused on the resistance to pathogen, interaction molecular mechanisms underlying fungal attack are not yet fully understood. Using RNA-Seq technique, conidia of *Bgt* and wheat with 0 hour after inoculation, respectively, as contrast, the transcripts of wheat (susceptible cultivar Jingfeng 1 code and *Pm*16 carrying cultivar) and *Bgt* at 0, 6, 12, 24, 48 hours post-inoculation were obtained. 114342 up-regulated expression transcripts in wheat were classified into 47 biological function and 740 up-regulated expression transcripts in *Bgt* were classified into 21 biological function. Co-expressed analysis showed that 25 up-regulated transcripts mainly constructed by genes which response to *Bgt* such as WIR1A, glutathione S-transferase 1, glutathione transferase etc in resistance wheat, and 20 up-regulated transcripts mainly containing photosynthesis related genes: ribulose bisphosphate carboxylase/oxygenase activase A, chloroplastic, ribulose-15-bisphosphate carboxylaseoxygenase large subunit, Chlorophyll a-b binding protein 1B-20 chloroplastic, plastocyanin precursor etc in susceptible wheat; 11 transcripts up-regulated in *Bgt* mainly including cell wall protein, carbohydrate-active Enzymes, NADH electron transfer reactions and transcription factor etc. Furthermore, all NBS and PHI in wheat, all effectors and Avra-like in *Bgt* genes were screened. The result will lay the foundation for reveal the interaction mechanisms between wheat and *Bgt*.

Key words: wheat powdery mildew; RNA-seq; resistance genes; pathogenicity genes; interaction molecular mechanisms

---

* 基金项目：河南省小麦产业技术体系（HARS-22-01-G6）

** 第一作者：王俊美，副研究员，主要从事小麦病害研究；E-mail：935669594@qq.com

*** 通信作者：徐飞，副研究员，主要从事小麦病害研究；E-mail：xufei198409@163.com

河南省小麦白粉菌的群体毒性结构和后备小麦品种的抗性评价*

李亚红**，王俊美**，冯超红，韩自行，
李丽娟，张姣姣，刘露露，石瑞杰，万鑫茹，徐　飞***，宋玉立
（河南省农业科学院植物保护研究所，农业农村部华北南部作物有害生物综合治理重点实验室，郑州　450002）

摘　要：利用 42 个鉴别寄主对河南省小麦产区 2021 年 140 个、2022 年 86 个小麦白粉病菌单孢分离物进行苗期毒性频率分析。结果表明，2022 年比 2021 年病菌群体的毒性频率总体呈下降趋势，其中对基因 *Pm*1、*Pm*17、*Pm*19、*Pm*23、*Pm*33 的毒性频率下降幅度为 20%～35%。两年度病菌群体对 *Pm3a*、*Pm3b*、*Pm3c*、*Pm3d*、*Pm3e*、*Pm3f*、*Pm4a*、*Pm4b*、*Pm5a*、*Pm*6、*Pm*7、*Pm*8、*Pm*12、*Pm*20、*Pm*30、*Pm*4+8、*Pm4b*+*Mli*、*Pm*5+6 等抗性基因或组合毒性频率均高于 70%，说明这些抗性基因在河南省已经丧失抗性，不适合在抗病育种中使用；对 *Pm*24、*Pm*34、*Pm*57、*Pm*2+6、*Pm*2+*Ta*、*Pm*2+*Mld* 等基因或组合的毒性频率在 20%～50%之间，相应的抗病基因在育种实践中仍可加以利用；对 *Pm*2、*Pm*16、*Pm*18、*Pm*21、*Pm*25、*Pm*26、*Pm*35、*mlXBD* 等抗性基因或组合的毒性频率小于 15%，这些抗病基因在河南省均保持优良抗性，可重点加以利用。

通过在河南省原阳、新乡、内黄、洛阳、漯河、西华、唐河、商丘、信阳等 9 地设立异地病圃，用自然发病结合人工接种的方法，对 2021 年 725 份、2022 年 861 份河南省后备小麦品种的小麦白粉病进行田间成株期综合抗病性进行鉴定。结果显示，2021 年 725 份品种中抗性表现为中抗 1 份，中感 136 份，高感 588 份，其中中感和高感品种占比达 99. 9%；2021 年 861 份品种中高抗 3 份，中抗 124 份，中感 582 份，高感 152 份，其中中感和高感品种占比达 85. 3%。两年抗性鉴定结果表明河南省后备小麦品种对白粉病抗性水平表现多为中感和高感，小麦品种的抗白粉病育种工作需要加强。

关键词：小麦白粉菌；毒性频率；抗性评价

---

* 基金项目：河南省小麦产业技术体系（HARS-22-01-G6）；河南省农业科学院自主创新项目（2022ZC40）；河南省农业科学院基础性科研工作项目（2023JC19）

** 第一作者：李亚红，助理研究员，主要从事小麦病害研究；E-mail：573605385@ qq. com
王俊美，副研究员，主要从事小麦病害研究；E-mail：935669594@ qq. com

*** 通信作者：徐飞，副研究员，主要从事小麦病害研究；E-mail：xufei198409@ 163. com

河南省小麦茎基腐病菌对多菌灵和戊唑醇的敏感性*

刘　言**，孔令霖，丁彩颖，刘梓瑞，任思雨，
张莲朋，杜漪帆，范蓉思媛，刘圣明，徐建强***
（河南科技大学园艺与植物保护学院，洛阳　471003）

摘　要：小麦茎基腐病主要由假禾谷镰孢引起。罹病后的麦穗枯死，使小麦产量降低；病菌产生的毒素积累在近地面茎节处，给由小麦秸秆做成的动物饲料带来污染。近十几年来，随着秸秆还田年份增加、化肥滥用导致土壤盐渍化加重以及品种抗性差等，小麦茎基腐病对河南省小麦的高产、稳产构成愈发严重的威胁。化学药剂包衣或拌种处理是防治小麦茎基腐病等土传病害的关键。多菌灵和戊唑醇均是小麦种子处理时的常用药剂，但已使用多年，当前河南省小麦茎基腐病菌对多菌灵和戊唑醇的敏感性尚未见报道。为了明确河南省小麦茎基腐病菌对两种药剂的敏感性，以指导生产中的合理用药，本文采用区分剂量法测定了 2021 年、2022 年两年河南省 1 491 株假禾谷镰孢对多菌灵和戊唑醇的敏感性。结果显示：多菌灵的抗药性频率在 10%以下，抗药性倍数在 120 以内；戊唑醇的抗药性频率在 40%左右，抗药性倍数低于 10；多菌灵和戊唑醇不同抗性水平的菌株在对渗透压的敏感性、菌丝生长速率、致病力及 DON 毒素产量 4 个方面无显著差异，但产孢量随着抗性水平上升而降低。本文结果为杀菌剂的合理应用及小麦茎基腐病的综合防控提供了参考。

关键词：小麦茎基腐病；多菌灵；戊唑醇；药剂敏感性

---

* 基金项目：河南省重大科技专项（201300111600）；河南省大学生创新创业训练计划重点项目（202210464066）
** 第一作者：刘言，硕士研究生，主要从事杀菌剂毒理与抗药性研究；E-mail：1250688075@ qq. com
*** 通信作者：徐建强，教授，研究方向为植物病害综合治理；E-mail：xujqhust@ 126. com

BdmilR6 对梨轮纹病菌生长发育及致病力的调控功能解析*

朱浩东，何　颖，王雪倩，王天好，洪　霓，王国平，王利平**
（华中农业大学植物科学技术学院，湖北省作物病害监测与安全控制重点实验室，武汉　430070）

摘　要：梨轮纹病是由葡萄座腔菌（*Botryosphaeria dothidea*）引起的一种重要的梨树枝干病害，发病严重时可导致树体死亡，严重制约我国梨产业的健康发展。获得安全有效的病害防治措施是解决产业问题的迫切需求。miRNA 在抗病防御中具有重要调控作用，真菌中 miRNA-like RNA（milRNA）开始被挖掘和鉴定，其生物学功能和作用机理知之甚少，尚不清楚。通过调控梨轮纹病菌 miRNA 发挥作用有利于探讨利用小 RNA 生物农药开发防治梨轮纹病害的可能性。本研究采用高通量 sRNA 测序及 Stem-loop RT-qPCR，明确了对比体外 PDA 培养 LW-P，梨中分离 *B. dothidea* LW-P 菌丝中 miRNA-like RNA6（*BdmilR6*）表达量下降。农杆菌介导烟草瞬时转化法验证了 *BdmilR6* 与预测靶基因蛋白酪氨酸磷酸酶（*BdPTP*）mRNA 存在切割关系。超表达 *BdmilR6* 使梨轮纹菌 LW-P 生长速率减慢，菌丝细胞长度缩短，不能产孢，致病力减弱，揭示了 BdmilR6 参与梨轮纹菌的生长发育及致病过程。采用正反遗传学方法获得了 *BdmilR6* 和 *BdPTP* 表达转化子，结合分子生物和生物化学方法，对比 LW-P 菌株，明确了 *BdmilR6* 过表达转化子中 *Hog*1 磷酸化水平升高，甘油积累量增加，黑色素合成增多，响应渗透、氧化等逆境胁迫抵抗能力增强。同时，盐胁迫处理分析发现 *BdmilR6* 沉默突变体和 *BdPTP* 过表达菌株中 Hog1 磷酸化水平变化不明显，对照菌株 LW-P Hog1 磷酸化水平先升高至未处理时的 4 倍，随后逐渐回落至正常水平，揭示了 *BdPTP* 过表达对 *Hog*1 磷酸化产生明显的抑制作用，*BdPTP* 负调控 HOG pathway。取得结果明确了 *BdmilR6*-*BdPTP* 模块调控 *BdHog*1 磷酸化水平，影响 HOG pathway 相关基因如 *BdSsk*2、*BdPbs*2、*BdHsp*12、*BdGPD*1、*BdTHR*1 等转录水平的表达，进而调控轮纹病菌生长发育、致病性、应激反应等方面，为梨轮纹病菌致病机制及其小 RNA 农药开发用于防治轮纹病害提供了重要的分子信息和基因资源。

关键词：梨轮纹病；葡萄座腔菌；milRNA（miRNA-like RNA）；酪氨酸磷酸酶；HOG pathway

* 基金项目：国家自然科学基金（31972321）；国家梨产业技术体系（CARS-28）

** 通信作者：王利平，副教授，硕士生导师，研究方向为果树病理学，主要从事梨树体病害研究；E-mail：wlp09@mail.hzau.edu.cn

小豆 *VaWRKY70* 基因克隆和表达模式分析*

姚砚文，丁　欣，王慧鑫，柯希望，左豫虎**
（黑龙江八一农垦大学，国家杂粮工程技术研究中心，黑龙江省作物-有害生物
互作生物学及生态防控重点实验室，大庆　163319）

摘　要：小豆（*Vigna angularis*）是我国重要的杂粮作物，因其生育期短、耐瘠薄等特性，在我国杂粮生产中占据重要地位。然而，由豇豆单胞锈菌（*Uromyces vignae*）引起的小豆锈病在我国各小豆种植区内普遍发生，严重影响了小豆的产量和品质。因此，挖掘小豆抗锈病基因，解析小豆抗锈病的分子机理，是当前亟待解决的关键问题。WRKY 转录因子是植物抗病反应相关转录调控因子中最大的基因家族之一，广泛参与了植物的抗病过程，调控植物抗病反应及其信号转导途径的建立。课题组前期转录组数据分析发现 *VaWRKY*70 在接种锈菌后 48 h 表达水平显著上调，为深入探索 *VaWRKY*70 在抗病中的功能，本研究以抗病小豆品种“QH1”的 cDNA 和 gDNA 为模板对 *VaWRKY*70（XP_017420991. 1）进行克隆，并采用 qRT-PCR 技术分析了其在抗、感不同品种中应答锈菌侵染的表达模式。结果表明，该基因全长 1 997 bp，含有 2 个内含子，编码区全长 858 bp，编码 285 个氨基酸。qRT-PCR 分析表明，与不接种对照比，*VaWRKY*70 在抗病品种 QH1 中于接种处理 120 h 后表达量显著高于对照，并持续保持较高水平；在感病品种 BQH 中，*VaWRKY*70 表达量除接种后 24 h 显著高于对照外，其余阶段均与对照无显著差异，且总体表达水平显著低于 QH1。说明 *VaWRKY*70 基因的高水平应答在小豆抗锈菌侵染的过程中发挥重要的调控作用。该研究结果为深入探究 *VaWRKY*70 基因功能奠定了基础。

关键词：小豆；豇豆单胞锈菌；WRKY 转录因子；表达分析

---

* 基金项目：黑龙江省自然科学基金（YQ2020C034）；黑龙江八一农垦大学科研启动计划（XYB2014-14）

** 通信作者：左豫虎，教授，主要从事植物真菌病害和植物病原菌与寄主互作研究；E-mail：zuoyhu@ 163. com

小豆 NAC 转录因子鉴定及其应答锈菌侵染的表达分析*

刘胜森，柯希望，丁　欣，姚砚文，左豫虎**

（黑龙江八一农垦大学，国家杂粮工程技术研究中心，

黑龙江省作物-有害生物互作生物学及生态防控重点实验室，大庆　163319）

摘　要：小豆（*Vigna angularis*）是我国传统的杂粮作物，因其生育期短、耐瘠薄、营养丰富等特性，是插茬、换茬、产投比较高的作物，且随着我国种植结构的调整，小豆种植面积呈逐年上升趋势。然而，由豇豆单胞锈菌（*Uromyces vignae*）引起的小豆锈病在我国各小豆种植区内普遍发生，该病严重时，可导致小豆叶片枯死提前落叶，严重影响小豆的产量和品质。探明小豆资源抗锈性，分离小豆抗锈病基因，是培育和合理利用抗性品种防治小豆锈病的关键。课题组前期对抗病品种 QH1 接种锈菌后的转录组分析发现，小豆中多个 NAC（NAM / ATAF / CUC）转录因子家族的成员在接种锈菌后显著差异表达，推测该家族成员可能在小豆抗锈病中发挥重要的调控作用。NAC 转录因子是植物中特有的转录因子家族，在植物生长发育、低温和干旱等非生物胁迫中发挥重要作用，但有关 NAC 在小豆抗病中的功能至今仍不明确。为深入探索小豆 NAC 转录因子在抗病中的作用，本研究采用生物信息学方法，从小豆基因组数据库中共筛选出 101 条 NAC 转录因子编码基因（*VaNACs*），染色体定位分析发现，89 个 *VaNACs* 成员不均等分布于 11 条染色体上，且大多位于染色体的两端。基因结构分析发现，*VaNACs* 家族成员除 *VaNAC099* 没有内含子，其余序列均具 1～5 个内含子，*VaNACs* 编码蛋白序列高度保守，均只含一个 NAM 结构域。系统发育分析表明，101 个 *VaNACs* 成员可分为 16 个亚家族。进一步应用转录数据分析了 *VaNACs* 家族成员应答锈菌侵染的表达模式，结果发现，12 个成员的表达水平显著受病菌侵染的影响，表明 *VaNACs* 可能在小豆抗锈病中发挥重要的调控作用。

关键词：小豆；转录组；NAC 转录因子

---

* 基金项目：黑龙江省自然科学基金（YQ2020C034）；国家自然科学基金（32102173）

** 通信作者：左豫虎，教授，主要从事植物真菌病害和植物病原菌与寄主互作研究；E-mail：zuoyhu@163.com

基于比较基因组分析对柑橘轮斑菌温度耐受性及其毒力进化机制的研究*

肖牧野[1]，刘赛斐[1]，陈　力[2]，任杰群[3]，乔兴华[2]，杨宇衡[1**]
（1. 西南大学植物保护学院，重庆　400715；
2. 重庆万州植保与果树站，重庆　404020；3. 重庆三峡农业科学院，重庆　404155）

摘　要：柑橘轮斑病（citrus target spot）作为一种新发的低温柑橘真菌病害，于我国陕西省城固县首次被发现，近年来在重庆万州区集中暴发，造成严重经济损失。本研究通过比较基因组分析，以揭示该病原菌在传播过程中对温度的耐受性和毒力进化机制。首先设置温度梯度比较两种来源菌株的生长速率，并比较其致病力差异。其次采用二代+三代的测序模式，基于所获得的测序数据进行测序数据质控，基因组评估，基因组组装与预测，基因注释，及生物信息学分析。最后根据基因组信息比较温度耐受性和毒力差异机制。研究结果显示，较 SXCG 来源菌株，CQWZ 来源菌株在 10℃、20℃、30℃条件下生长更快，温度耐受性及致病力更强。通过基因组测序明确 CQWZ 基因组大小为 44 004 669 bp，SXCG 基因组大小为 45 377 339 bp，基因组共线性分析发现，该菌在进化过程中某些基因的位置发生改变。通过 KEGG 和 GO 基因注释结果显示两种病原菌的基因数量在多种途径存在差异。并且两种来源菌株的热激蛋白的数量和序列均有差异。通过对两种病原菌的致病系统进行生物信息学分析发现 CQWZ 菌株的分泌蛋白、效应因子、糖苷水解酶、水杨酸羟化酶等与致病相关基因的数量均高于 SXCG 菌株。antiSMASH 结果显示 Betaenone、Fumonisin 等代谢产物合成基因簇存在明显差异。通过对温度耐受性及毒力差异的联合分析发现 MAPK 途径、丙酮酸代谢、萜类骨架合成和鞘氨醇代谢是造成温度耐受性及毒力差异的潜在途径。全球温度变化改变了病原体的进化和寄主与病原体的相互作用，促进了新的病原体菌株的出现，从而进一步增加了暴发的风险，该病原菌的比较基因组分析可为耐热和毒力进化研究提供理论依据及有助于调整不同地区柑橘轮斑病的防控策略。

关键词：柑橘轮斑病；比较基因组；温度耐受性；毒力

---

* 基金项目：国家重点研发计划（2022YFD1901402）；柑橘轮斑病发生流行规律研究与综合防控技术攻关项目（F2020282）

** 通信作者：杨宇衡，主要从事植物真菌病害相关研究；E-mail：yyh023@ swu. edu. cn

小豆 *VaPLATZ* 基因克隆及功能分析*

丁 欣，姚砚文，刘胜森，柯希望，左豫虎**
（黑龙江八一农垦大学，国家杂粮工程技术研究中心，
黑龙江省作物-有害生物互作生物学及生态防控重点实验室，大庆 163319）

摘 要：小豆（*Vigna angularis*）属菜豆族（Phaseoleae）豇豆属（*Vigna*）的一个栽培种，是我国传统的杂粮作物。小豆含有丰富的膳食纤维，铁，钙，以及磷等多种矿质元素，且脂肪含量较低，是东南亚地区人们常用的重要膳食原料。然而，由豇豆单胞锈菌（*Uromyces vignae*）引起的小豆锈病，严重危害小豆的产量和品质。合理应用抗病基因及抗性品种是防治病害最为经济有效的措施。课题组前期应用 RNA-seq 技术分析了抗病品种应答锈菌侵染的基因表达情况，发现小豆中一个 PLATZ 超家族成员 *VaPLATZ*（plant AT-rich sequence and zinc-binding protein）转录因子编码基因在接种锈菌后显著上调，推测该基因在小豆抗锈病中发挥重要作用。PLATZ 是一种新型的锌指转录因子，最早在豌豆（*Pisum sativum*）中被分离得到，该转录因子可以和基因启动子区富含 A/T 的序列非特异性结合抑制基因的转录，从而调控植物对生物和非生物胁迫的适应性。为深入研究 *VaPLATZ* 在调控小豆抗锈病中的分子机制，本研究以小豆基因组 DNA 和 cDNA 为模板克隆了 *VaPLATZ* 基因，基因结构分析表明，该基因全长 1 274 bp，包含 3 个内含子，编码区全长 675 bp，编码 224 个氨基酸，蛋白分子量为 22.75 kDa。蛋白保守结构分析发现，该基因编码的蛋白包含一个 Bbox 类锌指结构域和一个 PLATZ 保守结构域。同时，在克隆获得 *VaPLATZ* 基因全长的基础上，采用同源重组技术，以 pBIN-GFP 载体为骨架，构建了 *VaPLATZ* 基因的植物表达载体 pBIN-GFP-VaPLATZ，采用渗透注射法将 *VaPLATZ* 在烟草中瞬时表达，观察其亚细胞定位，结果发现该基因所编码的蛋白定位在细胞核中，本试验为后续研究 *VaPLATZ* 在植物抗病中的功能奠定基础。

关键词：小豆；PLATZ；基因克隆；表达载体

---

* 基金项目：黑龙江省应用技术研究与开发计划（GA19B104）；国家自然科学基金（32102173）

** 通信作者：左豫虎，教授，主要从事植物真菌病害和植物病原菌与寄主互作研究；E-mail：zuoyhu@163.com

The Role of ZmLecRK-G2 Involved in Resistance to Southern Corn Rust*

LIU Saifei, MA Zihui, TIAN Binnian, FANG Anfei,
WANG Jing, YU Yang, BI Chaowei, YANG Yuheng**
(*College of Plant Protection*, *Southwest University*, *Chongqing* 400715, *China*)

Abstract: Maize is a staple crop in China and is crucial for the country's food security. However, the maize is susceptible to various diseases, especially for southern corn rust caused by the fungus *Puccinia polysora* Underw. The membrane proteomics and transcriptomics approach were used to identify the upregulation of *Zm*00001*eb*025540 expression induced by *P. polysora*. The domain structure of *Zm*00001*eb*025540 was analyzed using bioinformatics tools. Based on the domain type and the position on the chromosome, *Zm*00001*eb*025540 was named as *ZmLecRK-G2*, encoding a G-type lectin receptor kinase. The MST experiments indicated that its extracellular domain could recognize the small molecule β-glucan of fungi. Transient expression of full-length and truncated genes in *Nicotiana benthamiana* enhanced resistance to *Sclerotinia sclerotiorum*, with a crucial role played by the kinase domain. Importantly, the fungal biomass of *zmlecrk-g2* mutant was significantly increased over the wild-type B73, with no necrosis phenotype observed. ZmLecRK-G2 protein can potentially perceive small molecule β-glucan of fungi, activate defense response, and serve as an effective source of resistance for modern variety breeding. The elucidation of its mechanism of action can aid in exploring broad-spectrum disease-resistant genes in maize. Overall, this study highlights the importance of understanding the molecular mechanisms of plant-microbe interactions to develop sustainable maize protection strategies.

Key words: Maize; southern corn rust; Lectin receptor kinase; disease-resistant genes

---

* 基金项目：重庆市技术创新与应用发展重点项目（CSTB2022TIAD-LUX0004）

** 通信作者：杨宇衡，主要从事植物真菌病害相关研究；E-mail：yyh023@swu.edu.cn

异硫氰酸酯对玉米小斑病菌的抑菌机制研究*

贾宛桐**，于汇琳，范津毓，张继月，潘洪玉，张祥辉***
（吉林大学植物科学学院，长春 130062）

摘　要：玉米小斑病（Southern corn leaf blight，SCLB）是世界玉米主产区最主要的叶部病害之一，对玉米的产量和品质影响极大。异硫氰酸酯（ITCs）是十字花科植物产生的一种有毒的次生代谢产物，对多种能够侵染十字花科植物的病原菌有强烈抑制活性，但是对于不能侵染十字花科植物的病原菌的抑制活性还未见报道。高渗透甘油促分裂原活化蛋白激酶（HOG-MAPK）途径是细胞感受外界高渗胁迫环境，进行信号转导，调控下游转录因子和靶基因表达的重要信号途径，其不仅参与到植物病原真菌对非生物逆境胁迫的响应，也参与多种生物逆境胁迫应答过程。组氨酸激酶（histidine kinase，HKs）作为信号受体蛋白，其在 HOG-MAPK 途径上游起作用。笔者研究表明，ITCs 对玉米小斑病菌的营养生长、分生孢子萌发和致病性有明显抑制作用，并可抑制病菌黑色素合成酶和细胞壁降解酶的表达，而氧化还原平衡相关蛋白 ChTrx2 和 ChNox1 的缺失突变体表现对 ITCs 更为敏感。通过转录组学和蛋白组学联合分析，笔者发现 A-ITC 处理后的玉米小斑病菌中多个 HKs 以及 HOG-MAPK 途径核心激酶 Ssk2、Pbs2 和 Hog1 显著上调表达，可能是 ITCs 的作用靶标。通过构建以上基因的缺失突变体，明确敲除 *ChSSK*2、*ChPBS*2 和 *ChHOG*1 后都会对 ITCs 的敏感性增加，同时该通路在氧化胁迫、高渗胁迫中都发挥着关键作用，并且突变体对玉米的致病力都明显下降。笔者也发现组氨酸激酶编码 *ChNIK*1 基因的缺失后对 A-ITC、戊唑醇和嘧菌酯等更为敏感，并且不同的组氨酸激酶都参与病菌适应多种胁迫和生长发育过程。这些结果表明 HOG-MAPK 途径以及其上游的组氨酸激酶在玉米小斑病菌响应 ITCs 胁迫和发育致病中有重要作用，能为新型杀菌剂靶标的开发提供理论依据和技术支撑。

关键词：HOG-MAPK 途径；组氨酸激酶；异硫氰酸酯；敏感性；玉米小斑病菌

---

* 基金项目：吉林省科技厅国际科技合作项目“玉米小斑病菌分选蛋白 ChAtg20 和 ChAtg24 在自噬、生长发育和致病力中的作用机制研究”（20210402035GH）

** 第一作者：贾宛桐，硕士研究生，研究方向为植物保护；E-mail：jiawt21@mails.jlu.edu.cn

*** 通信作者：张祥辉，教授，研究方向为植物病原真菌；E-mail：zhangxianghui@jlu.edu.cn

Cross-Talk and Multiple Control of Target of Rapamycin (TOR) in *Sclerotinia sclerotiorum*[*]

JIAO Wenli[**], DING Weichen, YAN Jinheng, Jeffrey A. Rollins, LIU Jinliang, ZHANG Yanhua, ZHANG Xianghui, PAN Hongyu[***]

(*College of Plant Sciences*, *Jilin University*, *Changchun* 130062, *China*)

Abstract: *Sclerotinia sclerotiorum* is a necrotrophic phytopathogenic fungus that cross-talks with its hosts for control of cell-death pathways for colonization. Target of rapamycin (TOR) is a central regulator that controls cell growth, intracellular metabolism, and stress responses in a variety of eukaryotes, but little is known about TOR signaling in *S. sclerotiorum*. In this study, we identified a conserved TOR signaling pathway and characterized SsTOR a critical component of this pathway. Hyphal growth of *S. sclerotiorum* was retarded by silencing SsTOR, moreover, sclerotia and compound appressoria formation were severely disrupted. Notably, pathogenicity assays of strains shows that the virulence of the SsTOR-silenced strains were dramatically decreased. SsTOR was determined to participates in cell wall integrity (CWI) by regulating the phosphorylation level of SsSmk3, a core MAP kinase in the CWI pathway. Importantly, the inactivation of SsTOR induced autophagy. Taken together, our results suggested that SsTOR is a global regulator controlling cell growth, stress responses, cell wall integrity, autophagy and virulence of *S. sclerotiorum*.

Key words: *Sclerotinia sclerotiorum*; autophagy; SsTOR; sclerotia formation; pathogenicity

---

* 基金项目：Inter - Governmental International Cooperation Special Project of National Key R&D Program of China (2019YFE0114200); National Natural Science Foundation of China (32272484, 31972978)

** 第一作者：焦文莉，博士研究生，研究方向为植物学；E-mail：wenli_jiao@126.com

*** 通信作者：潘洪玉，教授，研究方向为植物病原真菌；E-mail：panhongyu@jlu.edu.cn

The APSES Transcription Factor SsStuA Regulation of Sclerotia Formation and Pathogenicity in *Sclerotinia sclerotiorum* *

LI Maoxiang**, LEI Tianyi, LI Zhuoyang, ZHANG Xun,
YAN Jinheng, JIAO Wenli, PAN Hongyu, ZHANG Yanhua***
(*College of Plant Sciences*, *Jilin University*, *Changchun* 130062, *China*)

Abstract: *Sclerotinia sclerotiorum*, a notorious necrotrophic phytopathogen, is world-famous for polymorphism. Therein, sclerotia is a crucial development phase which contributes to life cycle and pathogenicity. APSES (Asm1p, Phd1p, Sok2p, Efg1p, and StuAp) family transcription factors have been identified from different fungi that regulating sporulation, cell differentiation, hyphal growth, secondary metabolism and virulence. However, little is known about the roles of APSES family in *S. sclerotiorum*. In this study, we investigated the function of SsStuA, a transcription factor of the APSES family, the Phd1p, Sok2p and StuA orthologue in *S. sclerotiorum*. The absence of SsStuA affected hyphae growth in PDA and CM medium, and the absence of SsStuA did not produce sclerotia in PDA. The results indicated that SsStuA could contribute to the formation of sclerotium. The pathogenicity analysis showed that the virulence of Δ*SsStuA* decreased significantly, but the formation of compound appressorium increased, indicating that the virulence of Δ*SsStuA* decreased probably because of its high sensitivity to hydrogen peroxide. Deletion of *SsStuA* impaired the vegetative growth on PDA and CM medium. *SsStuA* is involved in stress response, especially glucose. Notably, *SsStuA* contributes to sclerotia formation, Δ*SsStuA* could not form sclerotia. Pathogenicity analysis showed that the virulence was significantly decreased of Δ*SsStuA*, however, it was independent of the development of compound appressorium probably due to the highly susceptibility to hydrogen peroxide. Taken together, these results indicate that SsStuA as a core transcription factor gene that has vital functions in the glucose utilization, sclerotia formation and the full virulence of *S. sclerotiorum*.

Key words: *Sclerotinia sclerotiorum*; SsStuA; APSES transcription factor; Sclerotia; Pathogenicity

---

* 基金项目：Inter - Governmental International Cooperation Special Project of National Key R&D Program of China (2019YFE0114200)

** 第一作者：黎茂香，硕士研究生，研究方向为植物病理学；E-mail：maoxiang21@ mails. jlu. edu. cn
*** 通信作者：张艳华，教授，研究方向为植物病原真菌分子生物学；E-mail：yh_zhang@ jlu. edu. cn

核盘菌谷胱甘肽过氧化物酶 SsGPX1 的功能研究*

汪　蕊**，肖坤钦，刘　玲，潘洪玉***

（吉林大学植物科学学院，长春　130062）

摘　要：维持活性氧（ROS）的稳态对病原菌的生长发育和致病性至关重要。过多的 ROS 可导致 DNA 损伤、脂质过氧化、蛋白质失活，最终导致细胞死亡。为了避免或克服 ROS 造成的损害，病原体形成了复杂的 ROS 解毒系统，包括超氧化物歧化酶、过氧化氢酶和谷胱甘肽过氧化物酶（GPXs）等，以消除过量的 ROS。其中 GPXs 是真核生物中一类用于缓解脂质过氧化和铁死亡的还原酶，但其在植物病原真菌中的具体作用还知之甚少。核盘菌［*Sclerotinia sclerotiorum*（Lib.）de Bary］是一种寄主范围广泛的死体营养型植物病原真菌，其致病过程不可避免地遭受氧化胁迫。这里笔者在核盘菌基因组中鉴定到唯一的一个 GPX-SsGPX，它包含一个 GPX 结构域，且与稻瘟菌中解毒 ROS 的毒力因子 MoHYR1 同源。通过基因敲除与回补的功能学研究发现，在核盘菌中敲除 *Ssgpx* 后，尽管突变体的菌丝生长速率、菌落形态和菌核的产生水平与野生型相比没有显著差异，但敲除突变体对多种氧化胁迫剂（如 H_2O_2 和甲萘醌）均表现出显著敏感。此外敲除突变体对高浓度的铁离子显著敏感。更重要的是，当接种在拟南芥和大豆叶片上时，敲除突变体的病斑面积显著变小，尤其是在较抗性的叶片上。综上研究结果表明，SsGPX 对核盘菌抵御氧化和高铁胁迫以及致病上起着重要作用。

关键词：核盘菌；GPX；氧化胁迫；致病性

---

* 基金项目：Inter - Governmental International Cooperation Special Project of National Key R&D Program of China（2019YFE0114200）

** 第一作者：汪蕊，硕士研究生，研究方向为植物保护

*** 通信作者：潘洪玉，教授，研究方向为植物病原真菌；E-mail：panhongyu@ jlu. edu. cn

The Snf5-Hsf1 Transcription Module Synergistically Regulates ROS Homeostasis, Sclerotium Formation and Pathogenicity in *Sclerotinia sclerotiorum* *

XIAO Kunqin**, HE Ruonan, HE Xiaoyue, LIU Ling, LIU Jinliang, PAN Hongyu***

(*College of Plant Sciences*, *Jilin University*, *Changchun* 130062, *China*)

Abstract: The chromatin remodeling complex SWI/SNF, as a bridge connecting extracellular signal and transcription response, regulates gene expression spatially and temporally by changing the structure of nucleosome. However, the functional description of SWI/SNF complex in phytopathogenic fungi is limited. Here, we identify that SsSnf5, a subunit of SWI/SNF complex, positively regulates the expression of melanin synthesis genes and sclerotium formation in *Sclerotinia sclerotiorum*, a notorious worldwide phytopathogenic fungus. In addition, SsSnf5 is vital for reactive oxygen species (ROS) homeostasis under high temperature stress and oxidative stress. When *SsSnf5* is deleted, the induced expression of heat shock protein (*hsp*) genes and antioxidant enzyme genes is impaired under stress, which leads to excessive accumulation of ROS and hypersensitivity to stress. Furthermore, SsSnf5 interacts with heat shock transcription factor 1 (SsHsf1) to synergistically bind at the promoters of *hsp* genes and antioxidant enzyme genes in response to stress. Similarly, SsHsf1 also positively regulates the expression of *hsp* genes and antioxidant enzyme genes to maintain the homeostasis under stress. More importantly, SsSnf5-SsHsf1 module also gives *S. sclerotiorum* resistance to plant ROS stress by activating the expression of *hsp* genes and antioxidant enzyme genes. Finally, SsSnf5-SsHsf1 module is also necessary for the formation of infection cushion, pathogenesis and tolerance to various stresses in *S. sclerotiorum*. Together, our data demonstrate that SsSnf5-SsHsf1 module synergistically regulates ROS homeostasis, stress response, sclerotium formation and pathogenicity in *S. sclerotiorum*.

Key words: Snf5-Hsf1 module; Heat shock protein; Antioxidant enzyme; Sclerotia; Pathogenicity; ROS homeostasis; Stress response

* 基金项目：Inter - Governmental International Cooperation Special Project of National Key R&D Program of China (2019YFE0114200)

** 第一作者：肖坤钦，博士研究生，研究方向为植物保护；E-mail：xiaokq18@mails.jlu.edu.cn

*** 通信作者：潘洪玉，教授，研究方向为植物病原真菌；E-mail：panhongyu@jlu.edu.cn

Sclerotinia sclerotiorum Chorismate Mutase SsCm1 Promotes Infection by Stabilizing Chloroplast RNA Editing Factor MORFs, a Negative Regulator of Photosynthetic Inhibition and Chloroplast Immunity*

YANG Feng**, XIAO Kunqin **, CUI Wenjing, GUO Jinxin,
LI Anmo, WANG Fengting, PAN Hongyu***, LIU Jinliang***
(*College of Plant Sciences*, *Jilin University*, *Changchun* 130062, *China*)

Abstract: *Sclerotinia sclerotiorum* (Lib.) de Bary is a notorious pathogenic fungus with a wide host range and secretes virulence factor to manipulate host immunity and promote infection. However, little is known about the roles of these proteins. Here, we identified a chorismate mutase (SsCm1) that promoted the infection of *S. sclerotiorum* after transient expression of *Nicotiana benthamiana*. And stable heterologous expression of SsCm1 can inhibit the basal immunity and necrotrophic fungus resistance of *Arabidopsis thaliana*. In addition, genetic studies confirmed that SsCm1 is a secreted virulence factor of *S. sclerotiorum* which is highly up-regulated in the early stage of infection. Subsequently, the interacting proteins plastocyanin multi-organelle RNA editing factor GmMORF6 was identified by screening soybean yeast two-hybrid library, and its interactions in vivo was confirmed by BiFC, Split-LUC and Co-IP. SsCm1 is located in cytoplasm and nucleus, and relocates to chloroplasts by interacting with GmMORF6. Co-IP and Split-LUC demonstrated that SsCm1 conservatively targeted Chloroplast RNA editing factor MORF2s of *A. thaliana* and *N. benthamiana*. And MORF2s negatively regulates plant basal immunity, photosynthetic inhibition, MPK3/MPK6 activated cell death, chloroplast immunity, and resistance to necrotrophic fungus. Furthermore, MORF2s is down-regulated at both transcription level and protein level in response to pathogens and PAMPs. And the degradation of MORF2s is mediated by ubiquitination and depends on BAK1 and CAS, two important immune signal transduction factors. More importantly, SsCm1 stabilized MORF2s and significantly inhibited the degradation of MORFs mediated by *S. sclerotiorum* culture filtrate SCFE. Finally, we demonstrated that SsCm1 inhibited ROS accumulation and photosynthetic inhibition in chloroplasts.

Key words: *Sclerotinia sclerotiorum*; SsCm1; MORF2s; Ubiquitination; Chloroplast immunity

* 基金项目：Inter - Governmental International Cooperation Special Project of National Key R&D Program of China (2019YFE0114200); National Natural Science Foundation of China (32172505); Natural Science Foundation of Jilin Province (20230101156JC); the Key Research and Development Program of Jilin Province (20210202131NC)

** 第一作者：杨凤，博士研究生，研究方向为植物保护；E-mail：1432782257@ qq. com
肖坤钦，博士研究生，研究方向为植物保护；E-mail：xiaokq18@ mails. jlu. edu. cn
*** 通信作者：潘洪玉，教授，研究方向为植物病原真菌；E-mail：panhongyu@ jlu. edu. cn
刘金亮，教授，研究方向为植物与微生物互作；E-mail：jlliu@ jlu. edu. c

The Autophagy Genes *ChATG4* and *ChATG8* are Required for Reproductive Development, Virulence, and Septin Assembly in *Cochliobolus heterostrophus*[*]

YU Huilin[**], JIA Wantong, JIAO Wenli, XIAO Kunqin,
ZHANG Xianghui, PAN Hongyu[***]
(*College of Plant Sciences*, *Jilin University*, *Changchun* 130062, *China*)

Abstract: Autophagy is a highly conserved degrading process and is crucial for cell growth and development in eukaryotes, especially when they face starvation and stressful conditions. To evaluate the functions of Atg4 and Atg8 in mycelial growth, asexual and sexual development, and virulence in *Cochliobolus heterostrophus*, Δ*Chatg*4 and Δ*Chatg*8 mutants were generated by gene replacement. Strains deleted for *ChATG*4 and *ChATG*8 genes showed significant changes in vegetative growth and in development of conidia and ascospores compared with the wild-type strain. The autophagy process was blocked and the virulence was reduced dramatically in Δ*Chatg*4 and Δ*Chatg*8 mutants. In addition, deletion of *ChATG*4 and *ChATG*8 disordered Cdc10 subcellular localization and formation of septin rings. The direct physical interaction between ChAtg4 and ChAtg8 was detected by Yeast-two-hybrid, and ChAtg4-GFP was dispersed throughout the cytoplasm, although GFP-ChAtg8 appeared as punctate structures. All phenotypes were restored in complemented strains. Taken together, these findings indicated that *ChATG*4 and *ChATG*8 were crucial for autophagy to regulate 23 fungal growth, development, virulence, and localization of septin in *C. heterostrophus*.

Key words: *Cochliobolus heterostrophus*; Autophagy; Reproductive development; Virulence; Septin

---

* 基金项目：国家自然科学基金（32272484）；国家重点研发计划政府间国际合作专项项目（2019YFE0114200）
** 第一作者：于汇琳，博士研究生；E-mail：yuhl21@ mails. jlu. edu. cn
*** 通信作者：潘洪玉，教授，博士生导师，研究方向为植物病原真菌学；E-mail：panhongyu@ jlu. edu. cn

SsFoxE2 Transcription Factor Regulating Autophagy to Activate Apothecium Development in *Sclerotinia sclerotiorum*[*]

ZHU Genglin[**], ZUO Qi, LIU Jinliang,
ZHANG Yanhua, ZHANG Xianghui, PAN Hongyu[***]
(*College of Plant Sciences*, *Jilin University*, *Changchun* 130062, *China*)

Abstract: *Sclerotinia sclerotiorum* is a kind of necrotrophic plant pathogenic fungus with homothallism and broad-spectrum host range. In the lifecycle, apothecium development and ascospore formation directly affects the occurrence and prevalenceof sclerotinia stem rot (SSR) in Glycine max. Previously, we reported that the Forkhead-box transcription factor SsFoxE2 positively regulates the growth and development of apothecia in *S. sclerotiorum*, and is required for sexual reproduction. Nevertheless, the regulating mechanism remains largely unclear. By Electrophoretic mobility shift assay, SsFoxE2 was found to directly bind to the promoters of autophagy-related genes *Ssatg*5 and *Ssatg*12, and SsFoxE2 deletion reduced the expression of a series of autophagy genes. Meanwhile, The direct physical interaction between SsFoxE2 and SsSnf1 (Sucrose non-fermenting protein kinase), SsTctp1 (Translationally controlled tumor protein) was detected by Yeast-two-hybrid, Bimolecular fluorescent complementation and Immunoprecipitation. Surprisingly, SsSnf1 phosphorylation enhances SsFoxE2 transcriptional activity, and SsTctp1 interacts with phosphorylated SsFoxE2 to enhance the stability of SsFoxE2. In addition, SsSnf1, SsFoxE2 and SsTctp1 act as positive regulators of autophagy. Paraffin sections of experimental sclerotia showed that mutants sclerotia could not form ascogonia, with a further expanded rind layer simultaneously. Taken together, these findings indicated that SsFoxE2-mediated autophagy transcription is required for ascogonia formation in apothecial development.

Key words: *Sclerotinia sclerotiorum*; Autophagy; Apothecium development; Transcriptional regulation; Protein interaction

---

* 基金项目：国家自然科学基金（32272484，31972978）；国家重点研发计划政府间国际合作专项（2019YFE0114200）
** 第一作者：朱耿林，博士研究生，研究方向为植物学；E-mail：zhugl16@ mails. jlu. edu. cn
*** 通信作者：潘洪玉，教授，研究方向为植物病原真菌；E-mail：panhongyu@ jlu. edu. cn

PdGpaA 通过调节细胞壁重组、能量代谢和 CDWEs 的产生来控制指状青霉的生长和毒力*

杜玉杰**，朱金帆，张　婉，陈　晓，杨　凡，田中欢***，龙超安***

（华中农业大学果蔬园艺作物种质创新与利用全国重点实验室，园艺植物生物学教育部重点实验室，国家柑橘保鲜技术研发专业中心，武汉　430070）

摘　要：由指状青霉（*Penicillium digitatum*）侵染引起的柑橘绿霉病是导致柑橘采后腐烂的重要病害之一。Gα 蛋白是 G 蛋白的重要组成部分，在丝状真菌的信号转导中必不可少。本研究鉴定并克隆了指状青霉 Gα 基因 *PdGpaA*，并检测了其在指状青霉生长中的功能以及对柑橘果实的致病性。结果表明，*PdGpaA* 基因的缺失显著加速了指状青霉早期孢子的萌发，抑制了晚期菌丝的生长和分生孢子的形成。Δ*PdGpaA* 突变体在十二烷基硫酸钠（SDS）和氟化钙（CFW）中生长较快，而对刚果红（CR）、咪鲜胺、KCl 以及 H_2O_2 更敏感，并且该突变体的细胞壁发生了重组，隔膜数量有所增加。*PdGpaA* 基因的缺失还诱导了 ROS 含量的增加，细胞中的线粒体发生损伤，从而阻碍 TCA 循环和能量代谢。Δ*PdGpaA* 突变体对柑橘果实的致病性显著降低，病斑直径减少了 90.62%，果实中的果胶酶和纤维素酶基因表达量也显著下降。综上所述，本研究解析了 *PdGpaA* 基因在指状青霉中的功能，为新型抗绿霉病药物的开发提供了理论依据。

关键词：Gα 蛋白；细胞壁完整性；ROS；致病性；杀菌剂敏感性；CDWEs

---

* 基金项目：国家自然科学基金（32202130，32172255）；MOF 和 MARA 中国农业研究体系

** 第一作者：杜玉杰，博士研究生，主要从事指状青霉致病机制研究；E-mail：952497918@ qq. com

*** 通信作者：田中欢，博士后，主要从事柑橘采后贮藏与保鲜研究；E-mail：zhtian@ mail. hzau. edu. cn

龙超安，教授，主要从事园艺产品采后生物学与技术研究；E-mail：postharvest@ mail. hzau. edu. cn

尖孢镰孢菌 NuA3 组蛋白乙酰转移酶复合体功能研究

陈　莹[*]，李二峰[**]
（天津农学院植物病理学实验室，天津　300392）

摘　要：尖孢镰孢菌粘团转化型（*Fusarium oxysporum* f. sp. *conglutinans*，FOC）是引起甘蓝枯萎病的病原菌。组蛋白是染色质中一种主要的小分子蛋白，其在进化过程中十分的保守和重要，主要受组蛋白乙酰转移酶复合体（Histone Acetyltransferase，HAT）和组蛋白去乙酰转移酶（Histone Deacetylase，HDAC）共同调控。NuA3（Nucleosome Acetyltransferase of histone H3）组蛋白乙酰转移酶复合体由 Sas3、Eaf6、Taf14、Nto1 和 Yng1 五个亚基组成。为了确定各亚基在 FOC 生长发育和致病性中的作用，本研究通过同源重组技术分别对 *Sas*3、*Eaf*6、*Taf*14、*Nto*1 基因进行敲除并获得 Δ*Sas*3、Δ*Eaf*6、Δ*Taf*14、Δ*Nto*1 敲除突变体，*Yng*1 敲除突变体暂未获得。

通过分析突变体和野生型菌株之间的表型差异，明确 NuA3 组蛋白乙酰转移酶复合体各亚基在其功能发挥中的作用。结果显示：Sas3 和 Taf14 对于尖孢镰孢菌的无性繁殖和气生菌丝的生长发育至关重要，Eaf6 不参与对尖孢镰孢菌无性繁殖过程和气生菌丝的生长；敲除 *Sas*3 和 *Eaf*6 对尖孢镰孢菌分生孢子的萌发没有影响，但敲除 *Taf*14 后会提高分生孢子的萌发率；敲除 *Sas*3 后产孢量降低，而 Eaf6 和 Taf14 不参与对分生孢子的调控；敲除 *Sas*3、*Eaf*6、*Taf*14 后尖孢镰孢菌对于 STC 的敏感性增强；在氧化应激测定中，敲除 *Sas*3 和 *Taf*14 后尖孢镰孢菌对于 H_2O_2 的敏感性增强，敲除 *Eaf*6 不影响其对 H_2O_2 的敏感性；在致病力测定中，敲除 *Sas*3 后致病力大幅下降，敲除 *Taf*14 在接种初期会加重甘蓝枯萎病情的发展，而敲除 *Eaf*6 对于尖孢镰孢菌的致病力没有影响。本研究结果为进一步研究 NuA3 组蛋白乙酰转移酶复合体各亚基在组蛋白乙酰化时如何发挥作用奠定基础。

关键词：甘蓝枯萎病；基因敲除；NuA3 组蛋白乙酰转移酶复合体

---

* 第一作者：陈莹，硕士研究生，主要从事植物病害防治方面研究；E-mail：chenying7410@163. com
** 通信作者：李二峰，讲师，主要从事病原菌致病机理及病害生物防治研究工作；E-mail：lef143@162. com

2021—2022 年中国甜菜主产区甜菜尾孢菌对两种杀菌剂敏感性分析*

郑家瑞**，龙国章，郭宏芳，王 楠，付莉迪，张宗英，韩成贵，王 颖***
（中国农业大学植物病理学系，农业农村部作物有害生物监测与绿色防控重点实验室，北京 100193）

摘 要：甜菜（*Beta vulgaris* L.）是我国第二大糖料作物，由甜菜尾孢菌（*Cercospora beticola*）引起的甜菜褐斑病是甜菜生产过程中最具破坏性的叶部病害。甜菜生产过程中化学防治是防治甜菜褐斑病的有效手段。由于可用药剂种类少、防治需求大加之药剂的不合理使用，导致 *C. beticola* 的抗药性风险加大。

本研究对 2021—2022 年分离自我国内蒙古、新疆和黑龙江的 *C. beticola* 进行了主推药剂苯醚甲环唑和吡唑醚菌酯的敏感性测定。2021—2022 年总共测定了 320 株 *C. beticola* 对苯醚甲环唑的敏感性，其 EC_{50}的分布为：0.013~461.03 μg/mL，EC_{50}最小值菌株来自赤峰地区，最大值菌株来自于兴安盟地区。不同地区 *C. beticola* 的抗药性表现出明显差异，兴安盟、伊犁、哈尔滨、齐齐哈尔、赤峰、集宁、白城、松原和呼和浩特地区对苯醚甲环唑的抗性菌株占比分别为：25.77%、33.33%、7.69%、15.38%、14.54%、4.55%、23.81%、14.29%和 14.29%；两年总共测定了 192 株 *C. beticola* 对吡唑醚菌酯的敏感性，其 EC_{50}的分布为：0.004~193.69 μg/mL，EC_{50}最大值与最小值菌株均来自伊犁地区。伊犁、哈尔滨、兴安盟、集宁和赤峰地区对吡唑醚菌酯的抗性菌株占比分别为：38.89%、33.33%、28.07%、20.00%和 6.25%，在白城、松原与呼和浩特地区未检测到吡唑醚菌酯抗性菌株。本研究初步明确了 2021—2022 年我国不同地区 *C. beticola* 对两种杀菌剂的敏感性，部分解释一些地区褐斑病防控效果不理想的原因，为我国甜菜褐斑病为褐斑病科学防控提供技术支撑。

关键词：甜菜褐斑病；甜菜尾孢菌；苯醚甲环唑；吡唑醚菌酯；敏感性

* 基金项目：现代农业产业技术体系建设项目糖料-甜菜病害防控（CARS-170304）
** 第一作者：郑家瑞，专业硕士研究生，主要从事植物病害绿色防控；E-mail：jrzheng2022@163.com
*** 通信作者：王颖，副教授，主要从事植物病毒学及甜菜病害综合防控研究；E-mail：yingwang@cau.edu.cn

禾谷镰孢菌囊泡运输相关蛋白 FgRgp1 与 FgRic1 的功能研究

王梦如*，李　平，胡金呈，马东方**

（长江大学农学院，荆州　434000）

摘　要：囊泡运输是真核生物细胞内物质运输的一种常见机制，Ric1-Rgp1 复合体在其中发挥重要作用。然而，在禾谷镰孢菌中该蛋白复合体的生物学功能尚未研究。因此，本研究通过生物信息学分析，在禾谷镰孢菌中鉴定出 Rgp1 和 Ric1 蛋白并命名为 FgRgp1 与 FgRic1；通过同源重组的方法分别获得两个基因的缺失突变体；通过对野生型、突变体和回补转化子的生长发育、内吞作用观察、DON 含量分析和致病力等实验测定禾谷镰孢菌 ΔFgRgp1 和 ΔFgRic1 的功能。结果表明，与野生型和回补转化子相比 ΔFgRgp1 和 ΔFgRic1 菌丝生长速度显著减慢，产孢周期延长，产孢量显著减少，胞吞作用延缓，液泡融合受阻，DON 毒素产量下降和致病力显著减弱。综上所述，FgRgp1 与 FgRic1 可能作为关键组分调控禾谷镰孢菌的囊泡运输和胞吞作用，进而影响其生长发育、致病力和 DON 毒素的产生。

关键词：禾谷镰孢菌；生长发育；囊泡运输；FgRgp1；FgRic1；致病性

---

* 第一作者：王梦如，硕士研究生，主要从事植物病原真菌学研究；E-mail：2021720804@ yangtzeu. edu. cn

** 通信作者：马东方，教授，研究方向为植物与病原菌互作研究；E-mail：madf@ yangtzeu. edu. cn

禾谷镰孢菌侵染下小麦 lincRNA 的鉴定与功能解析

李 雪*，詹 闯，王周兴宇，胡金呈，马东方**
（长江大学农学院，荆州 434000）

摘 要：近些年，越来越多的研究表明基因间长链非编码 RNA（lincRNA）在植物的抗病过程中发挥作用。本研究以小麦为材料，通过禾谷镰孢菌（*Fusarium graminearum*）PH-1 侵染到小麦穗部后 0 h、24 h、48 h 和 72 h 这 4 个时间点的转录组数据挖掘抗病反应相关的 lncRNA。研究了小麦穗部 lincRNAs 及其靶基因对 *F. graminearum* 的抗性响应，并对其调控机制进行初步分析。主要研究结果如下。

（1）根据 lncRNA 在基因组中与蛋白编码基因的相对位置，其中基因间 lncRNA（lincRNA）占比最大。筛选出 1 238 个候选 lincRNAs，发现它们在染色体上的分布比较均匀。小麦中 lincRNAs 比蛋白质编码基因短且含有较少的外显子。

（2）选取了 5 个差异显著的 lincRNA 作为候选，进一步研究 lincRNAs 在小麦穗部对赤霉病抗性。根据顺式调控预测的结果，构建了 11 个 lincRNAs 与其 30 个靶基因的互作网络图。

（3）通过实时荧光定量 PCR 对高表达的差异表达基因进行检测，结果发现 2 对 lincRNAs 与其靶基因的表达量变化趋势一致，初步判断它们参与了小麦的抗病调节活动。

关键词：小麦；禾谷镰孢菌；基因间长链非编码 RNA；靶基因

* 第一作者：李雪，硕士研究生，研究方向为植物病原真菌学；E-mail：15227750769@ 163. com
** 通信作者：马东方，教授，研究方向为植物与病原菌互作研究；E-mail：madf@ yangtzeu. edu. cn

基于多组学分析的希金斯炭疽菌中自噬蛋白 ChAtg8 调控 DHN 黑色素合成的作用机制*

段灵涛**，王 莉，祝一鸣，陈炜伦，周而勋***
（华南农业大学植物保护学院植物病理学系，广东省微生物信号与作物病害重点实验室，广州 510642）

摘 要：由希金斯炭疽菌（*Colletotrichum higginsianum*）引起的植物炭疽病严重制约着世界范围内众多单子叶与双子叶作物的生产，尤其是在我国华南地区，其所导致的菜心炭疽病对菜心的产量和品质具有严重的危害，很大程度上制约了菜心产业的发展。因此，研究希金斯炭疽菌的致病机制，有助于探究有效的防控措施来更好地防控炭疽病的发生与流行。本实验室在关于希金斯炭疽菌自噬相关蛋白 ChAtg8 的先前研究中发现，自噬基因 *ChAtg*8 的缺失会导致菌落黑化能力的丧失，但目前在丝状真菌中还未有关于自噬蛋白 Atg8 影响黑色素合成的报道。因此，本研究通过转录组与蛋白组技术分析了自噬基因 *ChAtg*8 的缺失对黑色素合成的影响。综合转录组与蛋白组的分析结果显示，*ChAtg*8 基因的缺失严重影响了希金斯炭疽菌的碳代谢、脂肪酸代谢与丙酮酸代谢等过程，从而使 *Chatg*8Δ 菌株中作为 DHN 黑色素合成底物的乙酰 CoA 的含量显著下降，但是通过外源添加醋酸钠和柠檬酸钠等乙酰 CoA 前体补充 *Chatg*8Δ 菌株中乙酰 CoA 的水平后，*Chatg*8Δ 仍不能恢复黑化；然后在转录组和蛋白组的进一步分析中发现，*ChAtg*8 基因的缺失使 DHN 黑色素合成通路上的相关酶表达量显著下调，而在对 DHN 黑色素合成通路中聚酮合成酶基因 *ChPKS* 的研究中发现，*ChPKS* 基因的缺失同样会使菌落丧失黑化能力，黑色素含量相较于野生型显著降低，并且 *Chpks*Δ 菌株的附着胞也不能黑化，致病力丧失，这些表型与 *Chatg*8Δ 菌株相一致，而在重新回补了 *ChPKS* 基因后，突变体的表型与致病力恢复到了野生型菌株的水平。综上所述，希金斯炭疽菌中 *ChAtg*8 基因的缺失首先通过影响胞内多种代谢过程来抑制乙酰 CoA 的含量，使 DHN 黑色素的合成缺乏足够的底物，另外还通过影响 DHN 黑色素合成酶的表达来调控 DHN 黑色素的合成过程。本研究通过多组学初步明确了希金斯炭疽菌中自噬蛋白 ChAtg8 调控 DHN 黑色素合成的作用机制，从而为破译希金斯炭疽菌的致病机制提供了研究基础。

关键词：希金斯炭疽菌；自噬蛋白；ChAtg8；DHN 黑色素；多组学分析

* 基金项目：广东省自然科学基金项目（2021A1515011166）
** 第一作者：段灵涛，博士研究生，研究方向为分子植物病理学；E-mail：2244148389@ qq. com
*** 通信作者：周而勋，教授，博士生导师，研究方向为分子植物病理学；E-mail：exzhou@ scau. edu. cn

Extreme Diversity of Mycoviruses Present in Single Strains of *Rhizoctonia cerealis*, the Pathogen of Wheat Sharp Eyespot

LI Wei*, SUN Haiyan, CAO Shulin, ZHANG Aixiang, ZHANG Haotian, SHU Yan, CHEN Huaigu**

(*Institute of Plant Protection*, *Jiangsu Academy of Agricultural Sciences*, *Nanjing* 210014, *China*)

Abstract: *Rhizoctonia cerealis* is the pathogen of wheat sharp eyespot, which occurs throughout temperate wheat growing regions of the world. In this project, the genomes of viruses from four strains of *R. cerealis* were analyzed based on Illumina high-throughput RNA-Seq data. After filtering out reads that mapped to the fungal genome, viral genomes were assembled. In total, 131 virus-like sequences containing complete ORFs, belonging to 117 viruses, were obtained. Based on phylogenetic analysis, some of them were identified as novel members of the families *Curvulaviridae*, *Endornaviridae*, *Hypoviridae*, *Mitoviridae*, *Mymonaviridae* and *Phenuiviridae*, while others were unclassified viruses. Some of these viruses from *R. cerealis* were sufficiently different from the viruses already reported. We propose the establishment of a new family, *Rhizoctobunyaviridae*, and two new genera, *Rhizoctobunyavirus* and *Iotahypovirus*. We further clarified the distribution and co-infection of these viruses in the four *R. cerealis* strains. Surprisingly, 39 viral genomes of up to 12 genera were found in strain R1084. Strain R0942, containing the fewest viruses, also contained 21 viral genomes belonging to 10 genera. Based on the RNA-Seq data, we estimated the accumulation level of some viruses in host cells and found that the mitoviruses in *R. cerealis* generally have very high accumulation. In conclusion, in the culturable phytopathogenic fungus *R. cerealis*, we discovered a considerable diversity of mycoviruses and reported a series of novel viruses. This study expands our understanding of the mycoviral diversity in *R. cerealis*, and provides a rich resource for the further use of mycoviruses to control wheat sharp eyespot.

Key words: *Rhizoctonia cerealis*; Wheat sharp eyespot; Mycovirus; Diversity

* First author: LI Wei; E-mail: lw0501@jaas. ac. cn

** Corresponding author: CHEN Huaigu; E-mail: huaigu@jaas. ac. cn

Zn（Ⅱ）2Cys6 Family Transcription Factor Fp487 Modulate the Growth, Development and Pathogenicity of *Fusarium Pseudograminearum*

YANG Xiaoyue[1,2], CAO Shulin[1], SUN Haiyan[1],
LI Yan[3], CHEN Huaigu[1*], LI Wei[1*]
(1. *Institute of Plant Protection*, *Jiangsu Academy of Agricultural Sciences*, *Nanjing* 210014, *China*;
2. *Hubei Collaborative Innovation Centre for Grain Industry*,
Yangtze University, *Jingzhou* 434025, *China*)

Abstract: In recent years, Fusarium crown rot (FCR) caused by *Fusarium pseudograminearum* has become an important disease threatening wheat production in the Huang-Huai-Hai wheat region of China. However, the understanding of the pathogenic mechanism of *F. pseudograminearum* is limited. Transcriptional regulatory proteins of the Zn (Ⅱ) 2Cys6 family are a classic group of fungal transcription factors that have been widely studied for their role in regulating fungal development, drug resistance, and pathogenicity, as well as in the secondary metabolism process. In this study, a knockout mutant of the Zn (Ⅱ) 2Cys6 family transcription factor *Fp*487 in *F. pseudograminearum* was constructed using the PEG-mediated protoplast transformation system. The colony growth rate of the knockout mutant was significantly reduced, and the number of conidia produced in CMC liquid was decreased. Additionally, the pathogenicity of the mutant on the base of wheat stem was significantly reduced. These results indicate that *Fp*487 plays an important role in the growth, asexual development and pathogenicity of *F. pseudograminearum*. Transcriptome GO analysis found that, compared with the wild type, the differentially expressed genes in the knockout mutant mainly concentrated in the translation and structure constituent of ribosome. KEGG analysis found that among the up-regulated 350 differentially expressed genes, the translation-related genes accounted for 22.86%, and the amino acid and carbohydrate metabolism-related genes accounted for 32.29%. KOG database analysis found that genes related to translation, protein synthesis, and ribosome structure were the most up-regulated (152), followed by genes related to amino acid transport and metabolism (60) in the all up-regulated genes (902). The analysis indicates that *Fp*487 significantly affects protein synthesis and amino acid transport metabolism. Therefore, we speculate that the *Fp*487 gene may affect the growth rate, conidial sporulation, and pathogenicity of fungi by inhibiting the expression of genes involved in translation and ribosome constituent. This study has elucidated the function of the transcription factor *Fp*487 and provided insight into its molecular mechanism in regulating the pathogenicity of *F. pseudograminearum*. This provides a theoretical basis for further exploring the target of transcription factors and the mechanism of regulating the pathogenesis process of pathogens.

Key words: Fursarium crown rot; *Fusarium pseudograminearum*; Zn (Ⅱ) 2Cys6 transcription factor; Pathogenicity

---

* Corresponding authors: CHEN Huaigu; E-mail: huaigu@jaas.ac.cn
LI Wei; E-mail: lw0501@jaas.ac.cn

河南省月季枝枯病病原鉴定及种群组成分析

高文凯*，曹家源，谢雨絮，张　猛，郭雅双**
（河南农业大学植物保护学院，郑州　450046）

摘　要：月季（*Rosa chinensis*）是中国十大名花之一，具有重要的经济价值和观赏价值。随着河南省月季品种的增加和栽培面积不断扩大，月季枝枯病也愈发严重，极大地影响月季的观赏价值。因此，为明确河南省月季枝枯病的病原菌种类及其发生规律，本研究对河南省主要地市的月季进行了枝枯病发生危害调查，在自然环境下月季枝枯病存在两种主要症状，一种集中在枝梢及剪口处，造成枝梢枯死，另一种在枝干上形成梭形或不规则形黑色坏死斑。针对这两种主要症状采集病样并进行病原菌分离鉴定，目前已获得 30 株间座壳属（*Diaporthe*）真菌，分离率为 25.21%，25 株葡萄座腔菌属（*Botryosphaeria*）真菌，分离率为 21.01%，13 株新拟盘多毛孢属（*Neopestalotiopsis*）真菌，分离率为 11.76%。病原菌种类与症状类型存在密切相关。分别对其进行形态学特征观察和多基因序列分析（间座壳属：ITS-TEF-CAL-HIS-TUB，葡萄座腔菌属 TUB-TEF-ITS，新拟盘多毛孢属 TUB-TEF-ITS），结果显示，间座壳属共鉴定到 5 个种，包括 *D. caryae*、*D. eres*、*D. sackstonii*、*D. sojae* 和 *Diaporthe* sp.，其中分离出的 *D. eres* 菌株最多（22 株）；葡萄座腔菌属共鉴定到 2 个种，包括 *B. sinensis* 和 *B. dothidea*，新拟盘多毛孢属共鉴定到 2 个种，为 *N. longiappendiculata* 和 *N. australis*。对间座壳属和新拟盘多毛孢属代表菌株的致病力测定结果表明，所有菌株均可致病，间座壳属真菌的致病力显著高于新拟盘多毛孢属真菌。

关键词：月季枝枯病；病原鉴定；间座壳属真菌；葡萄座腔菌属真菌；新拟盘多毛孢属真菌；致病力测定

* 第一作者：高文凯，硕士研究生，研究方向为真菌病害及真菌系统分类；E-mail：13592620713@163.com
** 通信作者：郭雅双，讲师，主要从事真菌病害及真菌系统分类学研究；E-mail：guoyashuang@henau.edu.cn

Diaporthe actinidiicola: A Novel Species Causing Branch Canker or Dieback of Fruit Trees in Henan Province, China*

CAO Jiayuan[1**], GAO Wenkai[1], YAO Meng[1], XIE Shunpei[1],
YIN Xinming[1], XU Chao[1], WU Haiyan[2], ZHANG Meng[1***], GUO Yashuang[1***]
(1. *College of Plant Protection*, *Henan Agricultural University*, *Zhengzhou* 450002, *China*;
2. *Analytical Instrument Center*, *Henan Agricultural University*, *Zhengzhou* 450002, *China*)

Abstract: Pear (*Pyrus*), walnut (*Juglans*) and kiwifruit (*Actinidia*) are important cash crops in China. Recently, symptoms of branch canker or dieback have been frequently observed in many orchards in Henan Province and result in high losses in fruit production. Symptomatic branches were collected for etiological isolation from three hosts during 2020 and 2021. In this study, seven isolates were collected from branches of three hosts and identified as one novel species, based on morphological characteristics and phylogenetic analyses of the concatenated internal transcribed spacer of the ribosomal DNA (ITS), translation elongation factor 1-α (*TEF*), ß-tubulin (*TUB*), histone (*HIS*) and calmodulin (*CAL*). We proposed the name *Diaporthe actinidiicola* and completed Koch's postulates to confirm pathogenicity. Host range evaluation suggested that *D. actinidiicola* could infect all inoculated fruit trees pear, kiwifruit, walnut, apple (*Malus*) and peach (*Prunus*) and the isolates from different hosts were most virulent on the original host. This study characterises a novel *Diaporthe* species from three different hosts in China and contributes useful data for practicable disease management.

Key words: *Diaporthe*; Diagnosis; Fruit tree; Pathogenicity; New taxa

---

* Funding: The project was supported by the open fund of State Key Laboratory for Bi-ology of Plant Diseases and Insect Pests (SKLOF202103)

** First author: CAO Jiayuan, master, major in plant pathology; E-mail: jiayuan_cao@ 126. com
*** Corresponding authors: ZHANG Meng; E-mail: zm2006@ 126. com
GUO Yashuang; E-mail: guoyashuang@ henau. edu. cn

Molecular Diagnosis and Detection Methods for *Plasmodiophora brassicae**

LIANG Yue**, GUAN Gege, XING Manzhu, YANG Xinyu, SUN Lin
(*Collage of Plant Protection, Shenyang Agricultural University, Shenyang* 110866, *China*)

Abstract: *Plasmodiophora brassicae* is an obligate protist which can survive in soil for a long time. This biotrophic pathogen causes clubroot to significantly impact crop productivity and quality in cruciferous production. Molecular detection of pathogenic agents has been applicable for plant diseases. According to the smaller size of resting spores, the difficulty of morphological observation, and the time-consuming bioassay, the molecular detection of *P. brassicae* is necessary for clubroot diagnosis and risk assessment. In current, we developed three methods, including PCR assay, loop-mediated isothermal DNA amplification (LAMP), and quantitative PCR (qPCR), for detecting *P. brassicae* in soils, seeds and root tissues. Specifically, PCR amplification was easy-to-use with the sensitivity of 1 pg/μL template DNA, 1×10^3 spores/g soil, and 1×10^5 spores/g seeds. The LAMP assay was field-portable with the accuracy of 10 resting spores in the soil and 1 fg of plasmid DNA. The qPCR analysis was quantitative with the limit of 10 resting spores/mL, 1×10^2 spores/g soil and 1×10^3 spores/g roots or seeds. These methods have achieved to develop a multiplex detection system and can be used for early diagnosis, real-time detection, and population analysis from laboratory to field. Such work will facilitate the epidemic surveillance and sustainable management of clubroot.

Key words: Clubroot; *Plasmodiophora brassicae*; Molecular detection; Management

* 基金项目：辽宁省"兴辽英才计划"项目（XLYC1807242）；辽宁省高等学校基础研究计划（LJKMZ20221046）；沈阳农业大学引进人才科研启动费项目（20153040）

** 第一作者兼通信作者：梁月，教授，博士生导师，研究方向为真菌学与植物病理学；E-mail：yliang@syau.edu.cn

Function Analysis of a Hypothetical Protein Ssp1 in *Sclerotinia sclerotiorum* and *Botrytis cinerea* *

YANG Liuliu**, TIAN Jiamei, SUN Huiying, WANG Zehao, LIANG Yue***

(*Collage of Plant Protection*, *Shenyang Agricultural University*, *Shenyang* 110866, *China*)

Abstract: The necrotrophic fungi *Sclerotinia sclerotiorum* and *Botrytis cinerea* have broad host range and lead to significantly economic losses due to cause destructive diseases such as white mold and gray mold. These two pathogens share the close phylogenetic relationships, biological, and pathogenicity characteristics. In the life cycle and disease cycle of both pathogens, the secreted proteins are the crucial parts of fungal growth and pathogenicity. In this study, a specific secreted protein was identified in *S. sclerotiorum* and *B. cinerea*, named as SsSsp1 and BcSsp1, respectively. Transcriptional analysis showed that *SsSsp*1 was highly expressed in matured sclerotia, while *BcSsp*1 was abundantly expressed in mycelia than in sclerotia and conidia. During the pathogenic process, the expression levels of *SsSsp*1 and *BcSsp*1 were both significantly upregulated at the later infection stage. Subsequently, the knockout mutants *Ssssp*1 and *Bcssp*1 were generated by the homologous recombination coupled with the PEG-mediated transformation. Phenotypic analysis indicated that the deficiency of *SsSsp*1 and *BcSsp*1 impaired mycelial growth, hyphal morphology, sclerotial development, and stress tolerance. Moreover, the *Ssp*1 absence caused the reduction of oxalic acid production, appressorium formation and virulence. This study contributes to a better understanding of the biological and pathogenic characteristics of *S. sclerotiorum* and *B. cinerea* and provides new insights into the development of novel fungicide targets in the future.

Key words: Necrotrophic fungi; Secreted protein; Development; Pathogenicity

---

* 基金项目：辽宁省“兴辽英才计划”项目（XLYC1807242）；辽宁省高校基础研究项目（LSNJC201914）；沈阳农业大学引进人才科研启动费项目（20153040）

** 第一作者：杨柳柳，博士研究生，研究方向为分子植物病理学；E-mail：yl13889186691@163.com

*** 通信作者：梁月，教授，博士生导师，研究方向为真菌学与植物病理学；E-mail：yliang@syau.edu.cn

禾谷镰孢菌 G 蛋白偶联受体介导的有性发育时期分子识别及信号传导*

丁明玉[1**]，曹淑琳[2]，徐代英[1]，夏阿亮[1]，王泽一[3]，王婉珊[1]，段凯莉[1]，吴晨雨[1]，王秦虎[1]，梁　洁[1]，王迪文[3]，刘慧泉[1]，许金荣[3]，江　聪[1***]

（1. 西北农林科技大学植物保护学院，旱区作物逆境生物学国家重点实验室，杨凌　712100；
2. 江苏省农业科学院植物保护研究所，南京　210014；
3. 普渡大学植物与植物病理系，西拉法叶　47907，美国）

摘　要：有性生殖有助于增加遗传变异和清除有害突变。禾谷镰孢菌作为小麦赤霉病的致病菌，其有性发育所产生的子囊孢子是病害发生的初侵染源。在模式真菌酵母中，有性发生依赖于信息素受体对信息素的识别。然而在禾谷镰孢菌中，信息素受体并非有性生殖所必需。是否有其他受体控制了禾谷镰孢菌等丝状真菌的有性发育过程，尚不清楚。本研究中，我们对禾谷镰孢菌有性时期特异表达的 GPCR 基因进行了系统功能分析，发现其中一个基因（命名为 *GIA*1）对减数分裂和子囊发育至关重要。*gia*1 缺失突变体的子囊丝钩形成和核分裂正常，但却无法进入减数分裂状态，子囊孢子形成也完全被阻断。进一步发现，Gia1 受体在感知信号后，依次激活 G 蛋白 Gpa1 和 Gpmk1（MAPK）级联途径以实现胞内的信号传递。*GIA*1 特异分布于粪壳菌纲真菌中，且在肉座菌目中存在一个旁系同源基因 *GIP*1。与 *GIA*1 作用于子囊发育不同，*GIP*1 为子囊壳形成所必需，且 *GIA*1 和 *GIP*1 在表达模式、下游通路以及配体识别等方面均存在显著差异。对 Gia1 和 Gip1 进行区段置换，发现受体的碳末端和第三个胞内环参与信号传导，而氮末端和第三个胞外环则决定了配体的结合。我们利用改造后的配体筛选系统，确定了 Gia1 的配体是富集于子囊壳内部的未知功能蛋白。综上所述，我们在丝状真菌中率先发现了一个阶段特异性的非信息素识别途径，通过保守的 MAPK 信号通路专一调控减数分裂和子囊发育。研究不仅拓展了对真菌有性发育和信号识别的认识，同时也为小麦赤霉病的菌源控制提供了新思路。

关键词：小麦赤霉病；有性发育；受体识别；信号传导

---

* 基金项目：国家自然科学基金面上项目（32172378）；陕西省杰出青年基金项目（2022JC-14）

** 第一作者：丁明玉，博士研究生，专业方向为植物病理学；E-mail：17863858911@163.com

*** 通信作者：江聪，博士，教授，主要从事小麦赤霉病成灾机制研究；E-mail：cjiang@nwafu.edu.cn

香蕉枯萎病菌效应子 FoEXL 的基因功能研究*

聂燕芳[1,3]，马香旭[2,3]，李华平[2,3]，李云锋[2,3]**
（1. 华南农业大学材料与能源学院，广州 510642；2. 华南农业大学植物保护学院，广州 510642；3. 华南农业大学广东省微生物信号与作物病害重点实验室，广州 510642）

摘 要：香蕉枯萎病是我国香蕉生产上最重要的病害，其主要病原为尖孢镰孢菌古巴专化型 4 号小种（*Fusarium oxysporum* f. sp. *cubense* race 4，Foc4）。本文在前期已建立 Foc4 分泌蛋白质数据库基础上，对候选效应子 Expansin-like EG45 domain-containing protein（命名为 FoEXL）功能进行了研究。FoEXL 含有 N-端信号肽、亚细胞定位于胞外、不含跨膜结构域、不含 GPI-锚定位点，为经典分泌蛋白，在镰孢菌属（*Fusarium*）中高度保守。EffectorP 3.0 分析发现 FoEXL 符合效应子标准。RT-qPCR 分析表明，*FoEXL* 在香蕉组织提取物诱导条件下表达水平显著增加。农杆菌介导的烟草瞬时表达结果表明，FoEXL 能抑制由 BAX 引起的烟草叶片坏死反应以及活性氧积累。采用同源重组策略，获得了敲除突变体 Δ*FoEXL* 和基因回补突变体 Δ*FoEXL*-com。*FoEXL* 基因的敲除不影响 Foc4 分生孢子和菌丝形态，不影响其生长速率，也不影响其对渗透压、细胞壁及氧化胁迫的敏感性，但可显著降低 Foc4 的毒力，且致病相关基因表达显著降低；而 Δ*FoEXL* 致病性恢复到 Foc4 野生型水平。在 Δ*FoEXL* 侵染早期，巴西蕉中活性氧积累增加，真菌生物量显著下降，推测 Δ*FoEXL* 对巴西蕉侵袭能力降低，及互作后巴西蕉防卫反应的增强，是导致其致病力降低的原因。

关键词：香蕉枯萎病菌 4 号小种；效应子；FoEXL；基因敲除；致病力

---

* 基金项目：国家香蕉产业技术体系建设专项（CARS-31）；广东省基础与应用基础研究基金（2022A1515140114）；国家自然科学基金（31600663）；广东省现代农业产业共性关键技术研发创新团队建设项目（2022KJ134）
** 通信作者：李云锋；E-mail：yunfengli@ scau. edu. cn

分泌蛋白 FoUPE4 参与调控香蕉枯萎病菌的致病性*

聂燕芳[1,3]，梅成开[2,3]，李华平[2,3]，李云锋[2,3**]

（1. 华南农业大学材料与能源学院，广州　510642；2. 华南农业大学植物保护学院，广州　510642；3. 华南农业大学广东省微生物信号与作物病害重点实验室，广州　510642）

摘　要：由尖孢镰孢菌古巴专化型（*Fusarium oxysporum* f. sp. *cubense*，Foc）引起的香蕉枯萎病是香蕉上最重要的病害之一，其中以 4 号小种（Foc4）危害最为严重。在前期已建立 Foc4 分泌蛋白质数据库基础上，本文对其中的一个未表征蛋白 Uncharacterized protein（命名为 FoUPE4）功能进行了研究。FoUPE4 不含有 N-端信号肽，SecretomeP 2.0 预测其 NN-score≥0.5，属于非经典分泌蛋白，在植物病原真菌中高度保守。EffectorP 3.0 预测其为候选效应子。qRT-PCR 分析表明，*FoUPE*4 表达水平在 Foc4 侵染香蕉早期显著上调。采用同源重组策略，获得了敲除突变体 Δ*FoUPE*4 和基因回补突变体 Δ*FoUPE*4-com。与野生型菌株相比，Δ*FoUPE*4 在菌落形态、生长速率、分生孢子形态、对胁迫因子的敏感性等方面均无显著变化，但产孢量显著减少，产孢相关基因表达显著下降。同时，Δ*FoUPE*4 致病性显著下降，致病相关基因表达量显著下调；而 Δ*FoUPE*4-com 致病性恢复到 Foc4 野生型水平。在 Δ*FoUPE*4 侵染早期，巴西蕉根活性氧积累增强、水杨酸和茉莉酸信号途径等相关基因表达量显著上调；说明 *FoUPE*4 敲除影响了 Foc4 对巴西蕉的定殖能力，并导致巴西蕉防御相关基因表达上调，进而影响了 Foc4 的致病力。

关键词：香蕉枯萎病；效应子；FoUPE4；基因敲除；致病力

---

* 基金项目：国家香蕉产业技术体系建设专项（CARS-31）；广东省基础与应用基础研究基金（2022A1515140114）；国家自然科学基金（31600663）；广东省现代农业产业共性关键技术研发创新团队建设项目（2022KJ134）

** 通信作者：李云锋；E-mail：yunfengli@ scau. edu. cn

香蕉枯萎病菌效应子 FoCDCP 的基因功能研究*

聂燕芳[1,3]，赵亚鸽[2,3]，李华平[2,3]，李云锋[2,3]**

（1. 华南农业大学材料与能源学院，广州 510642；2. 华南农业大学植物保护学院，广州 510642；3. 华南农业大学广东省微生物信号与作物病害重点实验室，广州 510642）

摘　要：由尖孢镰孢菌古巴专化型 4 号小种（*Fusarium oxysporum* f. sp. *cubense* race 4，Foc4）引起的香蕉枯萎病是我国香蕉生产上最重要的病害之一。在前期已建立 Foc4 分泌蛋白质数据库基础上，本文对其中的一个候选效应子 Coiled-coil domain-containing protein（命名为 FoCDCP）功能进行了研究。FoCDCP 蛋白不含 N-端信号肽，SecretomeP 2.0 预测的 NN-score 为 0.96，属于非经典分泌蛋白，在镰孢菌中高度保守。EffectorP 3.0 预测其符合效应蛋白标准。qRT-PCR 分析表明，*FoCDCP* 表达水平在 Foc4 侵染香蕉早期显著上调。采用同源重组策略，获得了敲除突变体 Δ*FoCDCP* 和基因回补突变体 Δ*FoCDCP*-com。与野生型菌株相比，Δ*FoCDCP* 在菌落形态、生长速率、分生孢子形态等方面均无显著变化，对 SDS 胁迫敏感。*FoCDCP* 基因敲除导致 Foc4 致病性显著降低；而 Δ*FoCDCP*-com 致病性恢复到 Foc4 野生型水平。在 Δ*FoCDCP* 侵染早期，巴西蕉根尖组织中活性氧大量积累，真菌生物量显著降低，巴西蕉防卫相关基因表达量显著上调；说明 *FoCDCP* 敲除影响了 Foc4 对巴西蕉的定殖能力，并导致巴西蕉防御相关基因表达上调，进而影响了 Foc4 的致病力。

关键词：香蕉枯萎病菌 4 号小种；FoCDCP；基因敲除；基因回补；致病力

* 基金项目：国家香蕉产业技术体系建设专项（CARS-31）；广东省基础与应用基础研究基金（2022A1515140114）；国家自然科学基金（31600663）；广东省现代农业产业共性关键技术研发创新团队建设项目（2022KJ134）

** 通信作者：李云锋；E-mail：yunfengli@ scau. edu. cn

稻瘟菌候选效应子 MoUPE5 的基因功能研究*

李冠军[1,2]，聂燕芳[2,3]，李华平[1,2]，李云锋[1,2**]

（1. 华南农业大学植物保护学院，广州　510642；2. 华南农业大学广东省微生物信号与作物病害重点实验室，广州　510642；3. 华南农业大学材料与能源学院，广州　510642）

摘　要：效应子在稻瘟菌（*Magnaporthe oryzae*）与水稻的互作过程中发挥着重要作用。在前期工作中，本研究室通过分泌蛋白质组学技术鉴定了一个 Uncharacterized protein（命名为 MoUPE5），不含已知结构域，EffectorP 预测为候选效应子。MoUPE5 含有 N-端信号肽、亚细胞定位于胞外、不含跨膜结构域、不含 GPI-锚定位点，为经典分泌蛋白。qRT-PCR 分析表明，*MoUPE5* 的表达水平在稻瘟菌侵染水稻早期显著上调，能抑制由 BAX 引起的烟草坏死反应和 H_2O_2 积累。RT-qPCR 分析表明，*MoUPE5* 在稻瘟菌侵染水稻早期显著上调，能抑制由 BAX 引起的烟草细胞坏死和活性氧的积累。Western blot 分析发现其可分泌在稻瘟菌培养液中。*MoUPE5* 基因的敲除对稻瘟菌菌落生长、产孢量、菌丝形态、分生孢子萌发和附着胞形成没有影响，但对细胞壁抑制剂敏感性增强，细胞壁完整性相关基因表达显著下调。同时，*MoUPE5* 基因敲除导致稻瘟菌致病性显著降低；侵染水稻后，水稻叶片内活性氧积累和真菌生物量显著降低，防卫相关基因表达显著上调；说明 *MoUPE5* 可能在细胞壁完整性、毒力以及与水稻互作后的防卫反应等方面发挥重要作用。

关键词：稻瘟菌；效应子；MoUPE5；基因敲除；致病力分析

* 基金项目：广东省自然科学基金（2021A1515010643）；广州市科技计划项目（202206010027）；国家自然科学基金（31671968）；广东省现代农业产业共性关键技术研发创新团队建设项目（2022KJ134）

** 通信作者：李云锋；E-mail：yunfengli@ scau. edu. cn

杨树腐烂病菌（*Cytospora chrysosperma*）萜烯型次生代谢基因簇骨架基因 *CcPtc*1 的功能研究

杨宇辰，田呈明，熊典广
（北京林业大学省部共建森林培育与保护教育部重点实验室，北京 100083）

摘 要：杨树腐烂病的病原菌金黄壳囊孢（*Cytospora chrysosperma*）是典型的寄主主导型弱寄生菌，可侵染我国多种经济树种，从分子生物学方面解析该病原菌的侵入机制具有重要意义。由植物病原真菌产生的次生代谢产物（secondary metabolites，SMB）往往在侵染过程中发挥重要作用，其中，萜烯环化酶（terpene cyclases，TC）是合成次生代谢产物的关键成分之一。

在金黄壳囊孢中，笔者鉴定到一个整簇受 *CcPmk*1 和 *CcSlt*2 的次生代谢基因簇——萜烯型基因簇：*GME*3317_*g*-*GME*3324_*g*（骨架基因 *CcPtc*1）。本研究首先调查了 *CcPtc*1 在金黄壳囊孢菌丝生长发育方面的功能。结果表明 *CcPtc*1 参与了真菌丝生长和产孢的过程，Δ*CcPtc*1 的菌丝生长速率和显著低于野生型，并且在每个平板上形成的分生孢子器数目显著少于野生型。同时，笔者还发现 *CcPtc*1 显著影响金黄壳囊孢的致病性及毒性次生代谢物的产生。致病性实验结果表明，*CcPtc*1 的缺失导致金黄壳囊孢的致病力下降约 70%，次生代谢产物的毒性下降约 50%。为了探究 *CcPtc*1 如何影响金黄壳囊孢的生长发育和致病性，笔者对 Δ*CcPtc*1 突变体和野生型菌株进行了非靶向代谢组学分析。组学分析结果显示，敲除 *CcPtc*1 后 193 个代谢物的含量发生了显著变化，其中 90 个代谢物显著下调，103 个代谢物显著上调。进一步功能分析发现，Δ*CcPtc*1 中 4 个对真菌毒力有重要意义的关键代谢通路被富集，其中包括泛酸和辅酶 A（CoA）的生物合成通路。此外，笔者还检测到一系列萜类化合物的含量发生了显著改变，其中芳姜黄酮［（+）-ar-turmerone］、长叶薄荷酮（pulegone）、菊酸乙酯（ethyl chrysanthemumate）和京尼平（genipin）的含量显著下调，而 4-异丙基苯甲醛（cuminaldehyde）和脱落酸［（±）-abscisic acid］的含量显著上调。代谢组学结果表明，*CcPtc*1 会通过影响下游代谢物的含量来调控金黄壳囊孢的生长发育和致病性。

综上所述，笔者的研究表明，*CcPtc*1 作为一个与毒力有关的次级代谢因子，在金黄壳囊孢的侵染过程中发挥着非常重要的功能，本研究同时也为探究金黄壳囊孢的分子致病机制提供了新的思路。

关键词：金黄壳囊孢；次生代谢物；萜烯环化酶；致病性；代谢组学

CfWEE1激酶调控果生炭疽菌的分生孢子形态建成和致病力*

李朝辉**，赵延存，孙伟波，贾艺凡，刘凤权***
（江苏省农业科学院植物保护研究所，南京　210014）

摘　要：由果生炭疽菌引起的梨炭疽病是制约我国梨产量和品质的重要病害。分生孢子在植物病原真菌的病害循环中发挥关键作用，但丝状真菌中分生孢子形态建成相关的分子机制研究仍存在很多不足。前期工作发现，果生炭疽菌 CfWEE1 激酶的缺失导致产孢过程中细胞核分裂和微管分布异常，产生的分生孢子呈短小水滴状或存在不规则缢缩，且致病力显著减弱，而 CfWEE1 的过表达则导致分生孢子体积增大，表明 CfWEE1 在分生孢子的形态建成及致病过程中具有重要作用。为了解析相关的分子机制，笔者开展了蛋白质亲和纯化与质谱分析实验，鉴定并注释到了一系列 CfWEE1 的候选互作因子，其中包含 WEE1 激酶在酵母中已知的互作底物 CDC28，以及在细胞骨架重排中有重要调控作用的磷酸酶 PP2A 的元件、Rho 家族蛋白、Myosin 蛋白、Septin GTPase 家族蛋白等。这些蛋白很可能与 WEE1 直接互作或形成功能复合体来协同调控分生孢子的形态发育及致病力。本研究将进一步运用 CO-IP、BiFc、磷酸化定量蛋白质组学、Time-lapse 等技术来研究 CfWEE1 及其互作因子在分生孢子发育和侵染阶段的时空表达、分子功能及调控途径，以期全面解析 CfWEE1 参与分生孢子形态建成及致病的机制。研究结果将有助于揭示新的分生孢子发育调控机制，为通过干扰分生孢子发育实现梨炭疽病及其他植物真菌病害的防控提供理论依据。

关键词：刺盘孢；孢子发育；致病性；无性繁殖；激酶

---

* 基金项目：国家自然科学基金（31901837）；国家梨产业技术体系（CARS-28）；中国博士后科学基金（2020M671389）
** 第一作者：李朝辉，副研究员，主要从事果树病害病原生物学及防控技术研究；E-mail：chaohuili@ yeah. net
*** 通信作者：刘凤权，研究员，研究方向为植物病理学；E-mail：fqliu20011@ sina. com

利用 SMART 技术构建麦根腐平脐蠕孢 cDNA 文库*

李长水[1**]，武海燕[2]，赵炳森[1]，谢顺培[1]，耿月华[1]，马庆周[1***]，张　猛[1***]
（1. 河南农业大学植物保护学院，郑州　450002；2. 河南农业大学测试中心，郑州　450002）

摘　要：麦根腐平脐蠕孢（*Bipolaris sorokiniana*）引起小麦叶斑病、根腐病、茎基腐病和黑点病，严重威胁小麦的产量和品质，目前尚未见到关于 *B. sorokiniana* cDNA 文库的报道。本研究通过利用 SMART（Switching mechanism at 5′ end of the RNA transcript）技术合成 cDNA，采用 DSN（duplex-specific nuclease）均一化技术处理，并去除 ds cDNA 小片段，然后将均一化与小片段去除干净的 cDNA 与 pGADT7 进行同源重组并转化大肠杆菌。首次构建了 *B. sorokiniana* 分生孢子和菌丝体的混合 cDNA 文库。文库鉴定结果表明，通过此方法构建的 cDNA 文库得到库容为 4.8×10^7 CFU/mL，文库插入片段重组率达 100%且大小在 1 000 bp 左右。以上结果表明我们构建的 *B. sorokiniana* cDNA 文库遗传信息完整、质量高，可用于后续酵母单杂和双杂交技术分析 DNA 与蛋白及蛋白与蛋白的相互作用，筛选调控 *B. sorokiniana* 生长发育、产孢和致病性的关键基因，并为基因功能研究提供基础。

关键词：麦根腐平脐蠕孢；小麦叶斑病；小麦根腐病；SMART 技术；cDNA 文库

---

* 基金项目：河南省高校科技创新团队支持计划（18IRTSTHN021）

** 第一作者：李长水

*** 通信作者：马庆周；张猛

Two Protein Isoforms of NC2β Homolog FpNcb2 have Diverse Localizations and Mediate Virulence of *Fusarium pseudograminearum* *

PENG Mengya[1], DONG Zaifang[1], ZHAO Peiyi[1], ZHANG Shiyu[1], CHEN Linlin[1,2]**

(1. *College of Plant Protection*, *Henan Agricultural University*, *Zhengzhou* 450000, *China*;
2. *National Key Laboratory of Wheat and Maize Crop Science*, *Zhengzhou* 450000, *China*)

Abstract: Negative cofactor 2 is a conserved heterodimeric regulator of transcription among eukaryotic organisms, which has been identified as key regulator of drug resistance in model fungi. However, its role in plant pathogens is still unclear. In this study, we identified an NC2β orthologue of *Fusarium pseudograminearum*, and FpNcb2 also has a significant regulatory function on drug resistance. Moreover, we found that FpNcb2 undergo alternative splicing which create two mRNAs that code for proteins with distinct N-terminus. Both isoforms of FpNcb2 contain a highly conserved CCAAT binding domain in the C-terminal, but the nuclear accumulation of FpNcb2 is required the expression of two spliced mRNA of *FpNcb*2 in hypha, conidiophoresamd conidia. However, the nuclear localization of $\text{FpNcb2}^{\text{IsoA}}$ in germlings is an exception. Expression of each spliced mRNA of *FpNcb*2 could complement the defects of Δ*fpncb*2 mutant in growth, conidiation and response to various abiotic stress and fungicides, but only the $\text{FpNcb2}^{\text{Iso A}}$ could complement the full virulence of Δ*fpncb*2 mutant. ChIP and qRT-PCR analysis revealed that FpNcb2 acts as a repressor for the expression of antifungal drug resistance-related genes and a chitinase encoding gene. Therefore, these results not only enhance our understanding of multiple functions of FpNcb2 in development, virulence and stress response of *F. pseudograminearum* but also provide the first insight into the alternative splicing of NC2β orthologue in fungi.

* Funding: 国家自然科学基金河南省联合基金项目（U2004140）
** Corresponding author: CHEN Linlin; E-mail: llchensky@ 163. com

A Secreted Phosphodiesterase Protein FpGDE1 is Involved in *Fusarium pseudograminearum* Virulence

ZHANG Shiyu[1], FAN Zhuo[1], LI Honglian[1,2], CHEN Linlin[1,2*]

(1. *College of Plant Protection*, *Henan Agricultural University*, *Zhengzhou* 450000, *China*;
2. *National Key Laboratory of Wheat and Maize Crop Science*, *Zhengzhou* 450000, *China*)

Abstract: Fusarium crown rot (FCR) caused by *Fusarium pseudograminearum* is a global disease with a great economic impact on the wheat production. Especially in China, the incidence of FCR has significantly increased in recent years, and become one of the main disease of wheat in the main winter wheat producing regions. In this study, we found a phosphodiesterase protein FpGDE1 from the *F. pseudograminearum* transcriptome and secretory proteome. FpGED1 possesses an N-terminal signal peptide and can be secreted from *F. pseudograminearum*. FpGED1 was identified to localize to the membrane in *F. pseudograminearum*. Deletion of the *FpGDE*1 gene reduced fungal virulence but had no obvious effect on mycelial growth and conidial production. FpGED1 fused with GFP at its C-terminus in *Nicotiana benthamiana* leaves using *Agrobacterium tumefaciens*-mediated transient expression. FpGDE1 is localized in both the cytoplasm and membrane in plant cells, and the expression of FpGDE1 significantly enhanced plant susceptibility to *Phytophthora capsici*. Therefore, our results suggest that FpGDE1 can contribute to the virulence of *F. pseudograminearum* and can also induce plant defence responses.

* Corresponding author: CHEN Linlin; E-mail: llchensky@ 163. com

新疆塔城小麦茎基腐病田土壤中生防芽孢杆菌的筛选及生防潜力

张梦宁，朱文亭，陈琳琳，李洪连
（河南农业大学植物保护学院，小麦玉米作物学国家重点实验室，郑州　450002）

摘　要：由假禾谷镰孢引起的小麦茎基腐病是一种土传病害，在我国小麦主产区发生危害严重，威胁我国粮食生产安全。小麦主产区长期秸秆还田的耕作方式以及生产上缺乏对假禾谷镰孢高抗的小麦品种，导致该病害防治困难。筛选对假禾谷镰孢具有抑制活性的生防芽孢杆菌可为小麦茎基腐病的绿色防控提供材料。本研究，采用梯度稀释法及抑菌圈法从采自塔城小麦茎基腐病田土壤中分离筛选到4株对假禾谷镰孢拮抗的细菌。通过形态鉴定、生理生化和16S rDNA序列分析鉴定到4株细菌均为芽孢杆菌，其中TC-1为皮尔瑞俄类芽孢杆菌（*Paenibacillus peoriae*），TC-2为短小芽孢杆菌（*Bacillus pumilus*），TC-3为解蛋白芽孢杆菌（*Bacillus proteolyticus*），TC-4为贝莱斯芽孢杆菌（*Bacillus velezensis*）。室内小麦盆栽实验结果发现，与接种假禾谷镰孢野生型的对照相比，TC-1、TC-2和TC-3处理的小麦，再接种假禾谷镰孢后，小麦茎基腐病的发生明显减轻，防治效果分别为40%、39.62%、34.91%，而TC-3对小麦茎基腐病的防治效果不明显。此外，抑菌圈法分析发现TC-1、TC-2、TC-3和TC-4对小麦纹枯病菌、小麦根腐病菌、玉米大斑病菌和玉米小斑病菌也具有明显的抑制作用。通过本研究笔者筛选到对小麦茎基腐病具有明显防效的生防芽孢杆菌，以期为小麦茎基腐病的防治提供理论基础和实践指导。

关键词：小麦茎基腐病；梯度稀释法；抑菌圈法；生防芽孢杆菌；筛选

Unravel Biological Mechanism under Decreasing Disease Severity of Sunflower Verticillium Wilt via Delaying Sowing Date

YANG Jianfeng[1], ZHANG Jian[1], LI Tie[1], ZHANG Wenbing[1], ZHAO Jun[1 *]

(*College of Horticulture and Plant Protection*, *Inner Mongolia Agricultural University*, *Hohhot* 010010, *China*)

Abstract: Verticillium Wilt (VW) caused by *Verticillium dahliae* Kleb. is a serious disease in sunflower production in China. Integrated control of VW is rather difficult due to *V. dahliae* is a soilbrone pathogen. However, we found delaying the sowing date can reduce the occurrence of diseases based on data obtained from several locations in different years. However, the biological mechanism under this agronomy technique is still elusive.

The preliminary data indicated that the number ofmicorosclerotia detected by both Q-PCR and NP-10 selection medium decreased with delaying sowing date. Meanwhile, the total amount of biomass of *V. dahliae* colonized inside the sunflower roots reduced correspondingly. The results of high-throughput sequencing of soil samples collected from different sowing date indicated that the abundance of bacteria genus, such as *Pseudomonas*, *Azoarcus*, *Bacillus*, *ects*, in the rhizosphere soil samples increased after delaying sowing date, predicting that the shift of the composition of microbial diversity at different sowing dates do affect the colonization ability of *V. dahliae* in the rhizosphere of sunflower. Also, the physical and chemical properties of soil at different sowing dates were also detected with Handheld soil rapid testing platform (JXBS-3001-SCPT-SC Ver 1.0) the most significant differences were observed in soil temperature and humidity. Therefore, more experiments need to be performed to unravel the effectivess of the variatation of soil temprature in different sowing date on changing of the microorganism population in rhizosphere soil and also on sunflower resistance aganist infection of *V. dahliae*.

Key words: Verticillium Wilt; delaying sowing date; reduced disease severity

* Corresponding author: ZHAO Jun; E-mail: zhaojun@imau.edu.cn

Rhizoctonia solani 效应因子激活 SWEET 糖转运蛋白截取寄主糖分的机制研究*

杨 硕[1**]，付钰汶[1**]，张 阳[1**]，苑德鹏[1]，
李 帅[1]，Vikranth Kumar[2]，梅 琼[1]，玄元虎[1***]
（1. 沈阳农业大学植物保护学院，沈阳 110866；
（2. 美国密苏里大学哥伦比亚分校植物科学系，MO 65211，美国）

摘 要： 由 *Rhizoctonia solani*（*R. solani*）引起的纹枯病（ShB）是水稻三大病害之一，严重时减产高达 50%。病原菌侵入寄主的主要目的之一是截取营养成分，如糖类，但 *R. solani* 获取寄主糖的机制尚不清楚。*R. solani* 离体培养实验结果证实，可溶性糖含量显著促进 *R. solani* 菌丝生长。SWEET 糖转运蛋白已报道在寄主与病原互作中起至关重要的作用，而且接种 *R. solani* 显著诱导部分 *SWEET* 表达，尤其是 *SWEET2a*。利用 *SWEET2a* 启动子和预测的 200 个 *R. solani* 分泌蛋白进行了酵母单杂交实验，鉴定出 *SWEET2a* 激活子（*Activator of SWEET2a*，*AOS2*），AOS2-GFP 定位于细胞核，且 AOS2 在酵母中有分泌活性。利用喷雾诱导的基因沉默（SIGS）技术沉默 *AOS2* 抑制 *R. solani* 诱导的 *SWEET2a* 表达，提高水稻纹枯病抗性。这些结果表明 *R. solani* 通过 AOS2 激活 *SWEET2a* 提高水稻感病性。酵母双杂交试验和双分子荧光互补试验（BiFC）结果表明，AOS2 与水稻 WRKY53 和 Grassy Tiller 1（GT1）互作，形成 AOS2-WRKY53-GT1 转录复合物；此复合物激活 *SWEET2a* 和 *SWEET3a* 转录。*R. solani* 接种前后可溶性糖含量测定结果表明，*gt1*、*wrky53*、*sweet2a* 和 *sweet3a* 突变体积累的可溶性糖较野生型对照少，而 *GT1 OX* 和 *WRKY53 OX* 过表达植株积累的可溶性糖量较野生型对照多。遗传学实验结果表明，GT1、WRKY53、SWEET2a 和 SWEET3a 负调控水稻对 ShB 的抗性。

综上所述，*R. solani* 分泌的 AOS2 与水稻中 WRKY53 和 GT1 相互作用形成转录复合物，激活 *SWEET* 将糖外排到质外体。通过此 *R. solani* 获取更多糖，提高 *R. solani* 致病力。本研究有助于更好地理解 *R. solani* 侵入并引起寄主发病的过程，并为水稻生产安全提供了病害防控的新思路。

关键词： *Rhizoctonia solani*；分泌蛋白；WRKY53；GT1；SWEET 糖转运蛋白；糖类

致 谢： 感谢 Chang deok Han 教授提供的 *GT1 RNAi* 和 *GT1-OX* 突变种子。本摘要全文已经在 Journal of advanced research，2022，doi：10.1016/j.jare.2022.10.001 在线发表。

---

* 基金项目：辽宁省自然科学基金（2020-YQ-05）；国家自然科学基金（32072406）
** 第一作者：杨硕，博士研究生，主要从事纹枯菌与水稻互作机制研究工作
付钰汶，硕士研究生，主要从事水稻抗病机制研究工作
张阳，硕士研究生，主要从事病原菌与寄主互作机制研究工作
*** 通信作者：玄元虎，教授，主要从事水稻抗病机制研究工作

镰状镰孢菌引起广东大豆新根腐病的首次报道*

黄智星[1**]，李　月[1]，丁洁欣[1]，林海蔚[1]，程艳波[2]，年　海[2]，周而勋[1***]
（1. 华南农业大学植物保护学院，广东省微生物信号与作物病害防控重点实验室，广州　510642；2. 华南农业大学农学院，广州　510642）

摘　要：2020 年 9 月，在广东省华南农业大学增城教学科研基地（广州增城宁西）种植的“桂夏 2 号”大豆品种上发现一种根部病害，罹病植株叶片上初期出现圆形或不规则形的黄色斑点，斑点逐渐扩大或愈合形成萎黄斑，叶肉焦黄坏死，仅有叶脉保持一点绿色组织，部分叶片卷曲皱缩，后期从叶柄上脱落；枝条发育不全，结荚少、豆粒小；茎基部和根部变褐腐烂，病斑可沿茎向上扩展 10～20 cm，纵剖病株茎部，观察到髓部明显变为棕色。采用组织分离法分离到一株真菌，该真菌菌落白色，菌落边缘较不整齐，气生菌丝旺盛，显微观察到小型分生孢子无色、单胞、长椭圆形或卵形，具有 0～1 隔膜，大小为（8.52～11.94）μm×（3.19～5.11）μm，大型分生孢子无色，镰刀状，具有 3～4 隔膜，大小为（25.17～33.55）μm×（4.34～6.14）μm；利用引物对 ITS1/ITS4、EF1Ha/EF2Tb 和 RPB2-5F2 /RPB2-7cR，对该真菌的 *rDNA-ITS*、*TEF-1α* 和 *RPB2* 基因进行 PCR 扩增。测序结果 Blast 表明，该菌与镰状镰孢菌（*Fusarium falciforme*）同源性在 99%以上，基于多基因联合系统发育分析，构建 *ITS-TEF1α-RPB2* 多基因系统发育树，结果表明，该真菌与镰状镰孢菌（*F. falciforme*）聚为一枝；用针刺伤 3 周龄的“桂夏 2 号”大豆幼苗根部和茎基部交界处，再用分生孢子悬浮液浸泡幼苗根部 30 min，然后移栽到无菌土壤基质中，以清水为对照。接种 4 周后，接菌植株均发病，茎基部和根部变褐腐烂，与田间发病症状相似，对照无发病。再次分离得到镰状镰孢菌（*F. falciforme*）。镰状镰孢菌（*F. falciforme*）属于腐皮镰孢菌复合种［*Fusarium solani* species complex（FSSC）］中的一员，该病原菌寄主范围非常广泛，但在大豆上尚未见到报道。本研究首次发现大豆是镰状镰孢菌（*F. falciforme*）的新寄主。因此，这是在中国广东省首次报道镰状镰孢菌（*F. falciforme*）危害大豆，引起根腐病。

关键词：大豆；根腐病；镰状镰孢菌；新病害

* 基金项目：广东省重点领域研发计划项目（2020B020220008）
** 第一作者：黄智星，硕士研究生，研究方向为植物病理学；E-mail：1245139122@qq.com
*** 通信作者：周而勋，教授，博士生导师，研究方向为植物病理学；E-mail：exzhou@scau.edu.cn

Roflamycoin Produced by *Streptomyces alfalfae* is Involved in the Antagonistic Interaction with *Fusarium pseudograminearum*

CHEN Jing, JIA Ruimin, HU Lifang, CAO Shang, WANG Yang*
(*College of Plant Protection*, *Northwest A&F University*, *Yangling* 712100, *China*)

Abstract: *Fusarium pseudograminearum* is a destructive fungal pathogen that threatens the production and quality of wheat and barley worldwide. Controlling this toxin-producing pathogen is a significant challenge. *Streptomyces* spp. produce secondary metabolites with various structures and biological activities that provide possible management strategies for plant diseases. Herein, we evaluated the antifungal activity of roflamycoin, a secondary metabolite of *Streptomyces alfalfa* XN-04, against *F. pseudograminearum*. In this study, roflamycoin showed strong activity against *F. pseudograminearum*, and its 50% effective concentration was determined to be 2.60 μg/mL. Moreover, the conidial germination and conidiation of *F. pseudograminearum* were completely inhibited when 1.0 and 2.0 μg/mL of roflamycoin were applied, respectively. Analyses using scanning and transmission electron microscopy revealed that roflamycoin caused morphological changes in the plasma membranes and cell walls of *F. pseudograminearum* hyphae and conidia. Fluorescence microscopy combined with different dyes showed that roflamycoin induced the accumulation of reactive oxygen species, altered mitochondrial membrane potential, and caused cell death in *F. pseudograminearum* cells. Further analysis demonstrated that roflamycoin destroyed the membrane of hyphae, resulting in exosmosis of cell contents and inhibited the biosynthesis of ergosterol. Biological control experiments demonstrated that roflamycoin exerted good control of *F. pseudograminearum* on wheat seedlings and wheat heads. Taken together, these findings reveal the mechanisms of the antifungal action of roflamycoin.

Key words: roflamycoin; *Fusarium pseudograminearum*; antifungal activity; cell membrane damage

* Corresponding author: WANG Yang; E-mail: wangyang2006@nwafu.edu.cn

β-葡聚糖酶家族基因抗水稻纹枯病机制研究*

周天革**，玄元虎***
（沈阳农业大学植物保护学院，沈阳　110866）

摘　要：由立枯丝核菌（*Rhizoctonia solani*）引起的水稻纹枯病（Rice sheath blight, ShB）是威胁水稻（*Oryza sativa*）生产的最严重病害之一。然而，水稻对纹枯病的防御机制在很大程度上仍然是未知的。在本研究中，笔者在水稻中发现多个 β-葡聚糖酶（OsBGL）家族基因的表达水平受纹枯病的诱导。通过对 *OsBGLs* 突变体和过表达水稻接种纹枯病菌发现，与野生型植物相比，过表达 *OsBGL2*、*OsBGL8* 和 *AtBGL4* 的水稻更加抗纹枯病，而 *osbgl2*、*osbgl3* 和 *osblg6* 突变体对纹枯病更敏感，证明了 *OsBGLs* 在水稻抗纹枯病过程中起正调控作用。此外，笔者在烟草叶片中的亚细胞定位观察发现 OsBGL2 与典型的胞间连丝定位蛋白 AtPDCB1 共定位，证明了 OsBGL2 定位在胞间连丝。此外，在烟草中过表达 OsBGL2 和 AtPDCB1 限制了绿色荧光蛋白（GFP）在烟草叶片的移动，降低了胞间连丝的通透性。由于 OsBGLs 含有能够与胼胝质结合的 X8 结构域，并定位在胞间连丝降低其通透性。笔者对 *OsBGLs* 水稻突变体和过表达中的胼胝质积累水平进行检测，在接种纹枯病菌和造成机械损伤后，突变体中胼胝质积累水平明显低于野生型，而过表达植株与野生型植物相比胼胝质积累量明显增加。综上所述，*OsBGLs* 能够响应立枯丝核菌的侵染，调节胼胝质在胞间连丝的沉积，降低胞间连丝的通透性，抑制纹枯病菌在水稻中的侵染，从而增强水稻对纹枯病的抗性。本研究阐述了 *OsBGLs* 抗水稻纹枯病的机制，体现了 BGL 家族基因在水稻纹枯病防治和抗病育种上的价值。

关键词：水稻纹枯病；胞间连丝；胼胝质

* 基金项目：国家自然科学基金（31330063）
** 第一作者：周天革，博士研究生，主要从事水稻抗纹枯病机制研究
*** 通信作者：玄元虎，教授，主要从事水稻抗病机制研究

水稻凝集素类受体蛋白激酶 SIT 抗病机理研究

刘 杰*，张候小，江韦霖，穆会琦，陈东钦**
（中国农业大学植物保护学院，北京 100193）

摘 要：水稻是我国四大主粮之一，在其生长周期中会遭受各类病原微生物的侵染，深入了解类受体蛋白激酶抗病相关分子机制，将有助于合理防治病害。其中，凝集素类受体蛋白激酶家族蛋白是一类跨膜蛋白家族，在抵御病原菌侵害过程中具有重要作用。本研究采用 CRISPR/Cas9 对水稻野生型株系 ZH11 中 3 个 *SIT* 基因进行单独敲除，经过 PCR 验证，成功获得纯合突变体植株。离体接种稻瘟菌和水稻纹枯病菌后，与野生型 ZH11 比较，*sit* 突变体病斑扩展显著增大。对该基因在侵染前后的表达模式分析发现，接种侵染稻瘟菌和纹枯病菌后 12~16 h，*SIT* 基因表达量明显下降。以上实验结果表明，*SIT* 基因抵御稻瘟病菌侵染水稻的过程中发挥重要功能。此外，在萤火素酶互补实验、体外蛋白 pull-down、体内 Co-IP 实验中研究和稻瘟病菌效应因子 CFEM 蛋白的互作。在此研究基础上，将进一步对 *SIT* 基因的抗病功能进行探究，有助于对水稻凝集素类受体激酶 SIT 免疫分子机理研究的理解。

关键词：水稻；凝集素类受体蛋白激酶；瘟病菌；效应因子 CFEM

* 第一作者：刘杰，硕士研究生，研究方向为植物与病原真菌互作；E-mail：15770692055@163.com
** 通信作者：陈东钦，教授，主要从事植物天然免疫学研究；E-mail：chendq@cau.edu.cn

小麦 G 蛋白偶联受体 TaGPCR1 抗赤霉病菌的功能解析

和志华*，李雯潇，郝风声，陈东钦**
（中国农业大学植物保护学院，北京 100193）

摘　要：小麦（*Triticum aestivum* L.）是全球最重要的粮食作物之一，但其产量受到多种生物和非生物因素的胁迫。其中，小麦赤霉病是一种严重的病害，已经对全球小麦产业造成了巨大的损失。G 蛋白偶联受体（G protein-coupled receptor，GPCR）作为一类重要的膜受体，在植物的生长发育和抗病过程中发挥着重要的作用。我们首先利用生物信息学方法预测小麦 GPCRs，并通过萤光素酶互补（Luc）实验验证其能与 G 蛋白 TaGPA1 相互作用，初步明确 TaGPCR1 作为假定的小麦 GPCR。TaGPCR1 能够抑制 BAX 和 XEG1 在烟草上产生的细胞死亡，并且用 chitin 和效应因子 FGSG_02685 处理后抑制了活性氧爆发，说明 TaGPCR1 参与了小麦赤霉病的 PTI 免疫通路。随后，我们利用病毒诱导的基因沉默（VIGS）技术构建了 TaGPCR1 沉默小麦品种，进一步通过病理学分析评估其对小麦赤霉病的抗性。综上，TaGPCR1 作为一个重要的信号转导分子，可能在小麦抵御病原菌侵染中发挥着关键作用，并为深入理解植物受体介导的信号传递机制提供了新思路。

关键词：小麦；G 蛋白偶联受体；赤霉病；VIGS；信号转导

---

* 第一作者：和志华，博士研究生，研究方向为小麦抗赤霉病；E-mail：18039171761@163.com
** 通信作者：陈东钦，教授，主要从事植物天然免疫学研究；E-mail：chendq@cau.edu.cn

水稻 Osa-miR169y 靶向核盘菌 *SsRPL*19 干扰菌生长及致病

令狐焱霞*，高 杨，胡雨欣，梅家琴**
（西南大学农学与生物科技学院，重庆 400715）

摘 要： 由核盘真菌（*Sclerotinia sclerotiorum*）引起的菌核病严重影响油菜（*Brassica napus*）的产量与品质。由于抗源缺乏，油菜抗菌核病育种陷入瓶颈，利用非寄主抗性是改良油菜的新思路。水稻是核盘菌非寄主植物之一，而在植物-病原菌互作过程中，sRNAs 具有潜在双向、跨物种转移的特性。为了调查水稻 miRNAs 与核盘菌的相互作用，我们对水稻与油菜进行了接种核盘菌前、后的小 RNA 测序（sRNA-Seq）及转录组测序（RNA-Seq），联合分析后鉴定到水稻特异的 Osa-miR169y 受核盘菌诱导上调表达，qRT-PCR 验证发现 Osa-miR169y 仅在水稻中表达，而在甘蓝型油菜、拟南芥等十字花科植物中不存在。在拟南芥、烟草、油菜等寄主植物上体外涂抹 Osa-miR169y 的合成物后接种病原菌，菌斑面积减小 35%~42%。拟南芥过表达以及烟草中瞬时表达 Osa-miR169y，菌斑面积减小均超过 50%，表明 Osa-miR169y 可有效提高寄主的菌核病抗性。预测发现 Osa-miR169y 靶向核盘菌 *SsRPL*19 基因（60S ribosomal protein L19），双萤光素酶报告系统证实 Osa-miR169y 与 *SsRPL*19 基因存在靶向关系。在核盘菌中过表达 Osa-miR169y 与敲除 *SsRPL*19 后，转化子菌丝生长速度减慢，菌核干重下降，数量增多，致病性显著降低；而菌中过表达 *SsRPL*19 后，转化子各表型与上述两种转化子相反。对核盘菌的 *SsRPL*19 过表达和敲除菌株进行转录组及蛋白组测序，差异基因/蛋白主要富集到糖基化与氧化还原、糖类代谢等过程，表明 *SsRPL*19 可能对核盘菌的物质及能量代谢均产生较大的影响。综合上述结果推测，Osa-miR169y 通过靶向沉默 *SsRPL*19 表达，干扰核盘菌的物质及能量代谢，使其生长受抑，对宿主的致病力下降。基于上述结果，本研究构建了 *SsRPL*19 的 RNAi 载体（在烟草中瞬时表达，菌斑面积减小 50%），以及 Osa-miR169y 的表达载体，目前正在开展两种载体在油菜中的遗传转化工作。本研究为揭示水稻的非寄主抗性机制奠定了基础，有效拓宽了核盘菌抗源范围，对油菜菌核病抗性改良有重要理论和实践意义。

关键词： 菌核病；非寄主抗性；水稻 miRNA；Osa-miR69y；抗性改良

---

* 第一作者：令狐焱霞，硕士研究生，研究方向为核盘菌致病分子机理

** 通信作者：梅家琴，教授，研究方向为油菜抗病育种

调控巴西橡胶树棒孢霉落叶病菌 *Cas5* 基因表达的特异性转录因子的筛选与鉴定*

胡国豪**，张荣意，刘　铜，侯巨梅***
（海南大学植物保护学院，热带农林生物灾害绿色防控教育部重点实验室，海口　570228）

摘　要：由多主棒孢（*Corynespora cassiicola*）引起的橡胶树棒孢霉落叶病，是橡胶树上最具破坏性的叶部病害，对天然橡胶产生了极大的危害。*Cas*5 毒素蛋白是该病原菌的重要致病因子之一，目前对于该病原菌的致病机理主要集中于毒素蛋白的鉴定、表达和检测等方面，对于 *Cas*5 基因表达的调控机理目前尚不清楚。因此，筛选和鉴定调控 *Cas*5 基因表达的特异性转录因子有助于剖析该病原菌的致病机理。特异性转录因子是指在生物特异的组织或细胞受到某些刺激后开始表达并与启动子结合从而调控特定基因的表达的一类转录因子，前期研究了 *Cas*5 基因在病菌不同生长阶段、与寄主互作不同时期以及在活性氧、ABA 和 SA 等诱导下的表达特征，通过基因组分析获取了 *Cas*5 基因上游启动子 2 600 bp 的序列，预测了启动子序列上的顺式作用元件和转录因子，并进一步采用酵母单杂交和 EMS 技术，筛选出了候选特异性转录因子，目前将对候选特异性转录因子进行进一步功能验证。

关键词：橡胶树棒孢霉落叶病菌；*Cas*5；调控机理；特异性转录因子

---

* 基金项目：橡胶树棒孢霉落叶病菌 Cas5 基因的上游特异性转录因子鉴定及其调控研究（C140102）
** 第一作者：胡国豪，硕士研究生，主要从事分子植物病理学研究；E-mail：462894837@ qq. com
*** 通信作者：侯巨梅，副研究员，主要从事植物病理学与生物防治研究；E-mail：amyliutong@ 163. com

河南省核桃炭疽病病原鉴定*

王树和**，谷玉锌，高超凡，李 磊，张悦薇，
李 果，李 鑫，胡乐乐，王盛豪，康业斌，刘圣明
（河南科技大学园艺与植物保护学院，洛阳 471000）

摘 要：核桃（*Juglans regia* L.）是胡桃科核桃属多年生落叶果树，因其具有重要的营养、保健、观赏和生态等价值，在国内外被广泛种植。由炭疽菌（*Colletotrichum* spp.）引起的核桃炭疽病是目前核桃生产中的主要病害之一，该病害可致核桃果实坏疽，叶片焦枯，同时还危害嫩梢，严重发生时给果农带来巨大的经济损失。为明确河南省核桃炭疽病病原的种类，本研究对河南省不同核桃产区的核桃园进行炭疽病调查并采集病样，通过组织分离法和单孢分离法分离培养菌株，基于形态学特征和多基因（*GAPDH*、*TUB*2 和 ApMat）系统发育分析对病原菌进行种类鉴定。研究结果显示，从核桃病叶和病果上共分离获得 125 株炭疽菌，其中的 117 株属于 *C. gloesporioides* 复合种中的 *C. aenigma*、*C. fructicola*、*C. gloeosporioides* s. str. 和 *C. siamense*，其余 8 个菌株属于 *C. acutatum* 复合种中的 *C. fioriniae*。*C. fructicola* 是分离物中的优势种，占总分离菌株的 42%，其次是 *C. gloeosporioides* s. str.（41 个菌株，33%）、*C. siamense*（23 个菌株，18%）、*C. fioriniae*（8 个菌株，6%）和 *C. aenigma*（1 个菌株，1%）。致病性测试结果表明，*C. aenigma*、*C. fioriniae*、*C. fructicola*、*C. gloeosporioides* s. str. 和 *C. siamense* 接种核桃果实后均能发病。本研究明确了河南地区核桃炭疽病病原菌的种类及优势种群，为核桃炭疽病的进一步深入研究奠定了理论基础。

关键词：核桃；炭疽菌；病原鉴定；多基因；系统发育

* 基金项目：河南省高等学校重点科研项目（21A210003）；河南省重大科技专项（221100110100）
** 第一作者：王树和，副教授，主要从事植物病害流行和真菌学研究；E-mail：wangshuhe@haust.edu.cn

贺兰山东麓葡萄白粉病病原鉴定及潜育期田间宏观定量分析*

何　雪**，王雯雯，顾沛雯***
（宁夏大学农学院，银川　750021）

摘　要：葡萄白粉病是贺兰山东麓葡萄园普遍发生且危害严重的病害，严重制约着葡萄的高产和稳产。本研究以贺兰山东麓葡萄白粉病菌为研究对象，在明确贺兰山东麓地区葡萄白粉病菌基因型的基础上；建立实时荧光定量 PCR（Real-time Quantitative Polymerase Chain Reaction，real-time PCR）检测体系，分析葡萄白粉病菌潜育期的分子病情指数（molecular-detected disease index，MDI）和田间病情指数（disease index，DI）的相关性，并建立预测模型；进而利用 Arc GIS 技术对潜育期菌量和田间实际病情进行可视化模拟，以期为贺兰山东麓葡萄白粉病早期预警和防治提供理论依据。

研究结果如下：①在贺兰山东麓 7 个不同葡萄种植区采集葡萄白粉病感病叶片样品，经单斑分离后获得 15 个菌株，利用 CAPS 与 SSCP 分析，摸清了宁夏地区葡萄白粉病菌均为 B 基因型，并且拥有 2 个不同的亚类型。②利用葡萄 F-g-6/R-g-6 引物和葡萄白粉病菌 F-P450-Un/R-Un 引物分别建立 real-time PCR 检测体系，在 real-time PCR 技术下对葡萄叶片 DNA 和葡萄白粉病菌 DNA 经梯度稀释准确定量测定的最低检测量分别为 1.0×10^{-2} ng/μL 和 1.0×10^{-5} ng/μL，分别是常规 PCR 的 100 倍和 1 000 倍。建立葡萄叶片 DNA 和葡萄白粉病菌 DNA 的标准曲线，分别为 $y1=26.62-3.18x$（$R^2=0.996\ 37$）和 $y2=17.44-3.03x$（$R^2=0.995\ 64$），标准曲线循环阈值与模板浓度呈良好的线性关系；利用建立的 real-time PCR 检测方法对 30 个田间样品进行检测，共检测到 22 个样品中含有葡萄白粉病菌，其 MDI 与 DI 存在极显著正相关，相关系数为 0.916。③对贺兰山东麓地区 3 个不同生态区的 3 块葡萄园样地进行采样调查，并分析 3 块样地的分子病情指数（MDI）与田间调查的病情指数（DI）的相关性，结果表明：3 块样地的 MDI 和 DI 存在极显著的相关性，3 个样地的 MDI 值均与采样 18 d 后的 DI 值拟合性较高（$R_1^2=0.943$，$R_2^2=0.956$，$R_3^2=0.966$）。利用 Arc GIS 从空间角度模拟葡萄白粉病潜育期菌量和田间实际发生量，发现 3 块样地的潜育期菌量和田间发生量均显示出不同的空间结构，半变异函数为指数模型、高斯模型和球型模型，田间种群的空间格局均为聚集分布。利用 MDI 值和 DI 值构建预测模型［$y=3.521x+0.684$（$R^2=0.810$）］进行 18 d 后田间 DI 的预测，样地的预测 DI 与实际 DI 基本一致，符合率为 96.6%。说明利用 MDI 可以有效地预测葡萄白粉病田间流行的程度和发生趋势，并通过 Arc GIS 技术实现可视化。

关键词：贺兰山东麓；葡萄白粉病菌；分子病情指数；田间病情指数；预测

---

* 基金项目：国家重点研发项目（2019YFD1002502）子课题-3“酿酒葡萄病虫害早期多元预警与防控技术研究与示范”；宁夏回族自治区重点研发项目（2019BBF02013）“宁夏酿酒葡萄病虫害绿色防控关键技术创新与示范”

** 第一作者：何雪，硕士研究生，研究方向为资源利用与植物保护；E-mail：1711828460@ qq. com

*** 通信作者：顾沛雯，教授，主要从事植物病理学与生物防治研究；E-mail：gupeiwen2019@ nxu. edu. cn

宁夏贺兰山东麓葡萄灰霉病菌类群分析*

李晓庆**，闫思远，顾沛雯***
（宁夏大学农学院，银川　750021）

摘　要：为明确宁夏贺兰山东麓酿酒葡萄灰霉病菌的类群，笔者从宁夏贺兰山东麓6个葡萄酒庄采集30份葡萄灰霉病果实样本，对葡萄灰霉病原菌进行分离和纯化，通过形态学分析、致病性测定和分子生物学方法对其进行类群划分。结果表明，分离纯化得到13株葡萄灰霉病菌株，依据培养性状、产孢量、微菌核和致病性将其划分为8大类群，依据 *G3PDH*、*Bc*729、*Bchch* 和 *Rpb*2 基因对8株代表性菌株进行分子鉴定，表明均为灰葡萄孢 *Botrytis cinerea*，但基因碱基序列略有差异，与形态学类群划分结果基本一致。本研究综合调查了贺兰山东麓酿酒葡萄灰霉病菌的类群，为贺兰山东麓酿酒葡萄产区葡萄灰霉病的有效防治提供理论依据。

关键词：贺兰山东麓；灰葡萄孢；形态学；致病性测定；分子鉴定

---

* 基金项目：酿酒国家重点研发专项“酿酒葡萄病虫害早期多元预警与防控技术研究与示范”（2019YFD1002502-3）
** 第一作者：李晓庆，硕士研究生，研究方向为资源利用与植物保护；E-mail：805164389@qq.com
*** 通信作者：顾沛雯，教授，主要从事植物病理学与生物防治方面的研究；E-mail：gupeiwen2019@nxu.edu.cn

苦豆子内生真菌群落的生态演替与其药用成分积累的关系*

鞠明岫**，王若彤，顾沛雯***
（宁夏大学农学院，银川 750021）

摘　要：苦豆子（*Sophora alopecuroides*）是一种重要的中草药植物，喹诺里西啶类生物碱是苦豆子的主要药用活性成分，已广泛用于治疗肿瘤、痢疾和肠炎等。前期研究发现苦豆子内生真菌能够促进宿主药用活性成分的累积，关于苦豆子药用活性成分积累与内生真菌生态演替的关系尚不明确。本研究以不同生育期（成株期、开花期、结荚期和完熟期）的苦豆子和成熟期不同组织器官（根、茎、叶和种子）为材料，采用高效液相色谱-质谱联用（LC-MS）和基于内转录间隔区（ITS）的高通量测序技术，解析苦豆子内生真菌多样性和群落特征。基于共现网络分析（Co-occurrence network analysis）和 Spearman 相关分析，探讨了苦豆子内生真菌核心菌群与其宿主药用活性成分的相关性。结果表明：苦豆子内生真菌群落特征和药用活性成分的积累随宿主生育期和器官的不同而发生变化，在关键时期（完熟期）生物碱含量最高，为 111.899 mg/g。用成员法（Membership）和网络连接法（network connection）判定的不同生育期苦豆子内生核心菌群共 15 个，成熟期不同器官苦豆子内生核心菌群共 16 个。Spearman 相关性分析表明：苦豆子成熟期的子囊菌门未鉴定属（unclassified Ascomycota）、曲霉属（*Aspergillus*）、链格孢属（*Alternaria*）与苦豆子活性成分呈显著正相关（$|r|>0.06$，$P<0.05$）。不同生育期和器官苦豆子内生真菌群落多样性和组成存在差异，成熟期苦豆子内生真菌群落组成与其药用活性成分积累密切相关。本研究发现了影响苦豆子药用活性成分含量的关键内生真菌资源，对苦豆子药用活性成分产量的提升及功能内生真菌的开发和应用奠定了基础。

关键词：苦豆子；核心菌群；喹诺里西啶类生物碱；共现网络分析；LC-MS

* 基金项目：酿酒国家重点研发专项"酿酒葡萄病虫害早期多元预警与防控技术研究与示范"（2019YFD1002502-3）
** 第一作者：鞠明岫，博士研究生，研究方向为草地有害生物控制；E-mail：jmxlqy@163.com
*** 通信作者：顾沛雯，教授，主要从事植物病理学与生物防治方面的研究；E-mail：gupeiwen2019@nxu.edu.cn

贺兰山东麓酿酒葡萄根系和根际土壤 AMF 多样性及其与土壤因子相关性研究*

刘冠兰**，李　玲，顾沛雯***
（宁夏大学农学院，银川　750021）

摘　要：宁夏贺兰山东麓酿酒葡萄产区为酿酒葡萄生长的最佳生态区之一；由于长期清耕栽培，导致土壤贫瘠、微生物多样性下降，从而造成植株生长不良等问题。丛枝菌根真菌（Arbuscular mycorrhizal fungi，AMF）能促进植物生长，提高寄主植物抗逆能力，优化植物质量。因此，本研究采集贺兰山东麓不同品种［赤霞珠（CXZ）、美乐（ML）和霞多丽（XDL）］、不同生态区和不同时期的酿酒葡萄根系样品和根际土壤样品，利用 Illumina MiSeq 高通量测序技术全面分析葡萄根际 AMF 群落组成与多样性，研究不同生态区葡萄根系 AMF 定殖状况及其与土壤因子的相关性，探讨 AMF 定殖对土壤养分转化和利用的影响；通过葡萄园生草和清耕比较，研究葡萄园行内生草对 AMF 的富集效应。

主要研究结果如下：①3 个葡萄品种均能与 AMF 建立共生关系，且定殖率在不同品种间存在显著差异；其中球囊霉属（Glomus）相对丰度最高（99.21%）；在种水平上各品种标志性 AMF 存在差异，CXZ 为 Glomus-MO-G17-VTX00114、unclassified_g_Glomus_f_Glomeraceae，ML 是 Glomus-perpusillum-VTX00287，XDL 为 Glomus-sp-VTX00304、Glomus-viscosum-VTX00063。②不同时期和样地酿酒葡萄根际土壤检测到的球囊霉属（*Glomus*）为优势菌属；其中 7 月和 LL 样地酿酒葡萄根际土壤 AMF 物种较其他样品更为丰富；且相关性分析表明过氧化氢酶对 AMF 多样性影响最大。③AMF 能定殖于葡萄根系，且定殖率和孢子密度具有明显的空间异质性。其中 ZH 样地 AMF 定殖率（70.04%）和孢子密度最高（252 个/50 g），HD 样地定殖率（6.28%）和 XXW 样地孢子密度（63 个/50 g）最低。且定殖率与速效磷、pH、过氧化氢酶活性呈极显著正相关（$P<0.05$），孢子密度与有机质、碱解氮、碱性磷酸酶等成极显著正相关（$P<0.05$）。④相较于清耕栽培，ZH 样地行内生高羊茅 AMF 定殖率和孢子密度分别提高 15.36%和 40.06%，XG 样地行内生马齿苋 AMF 定殖率和孢子密度分别提高 28.66%和 135.56%，且高羊茅对 AMF 孢子的富集程度显著高于马齿苋（$P<0.05$）；生草模式下土壤养分含量显著提高说明人工生草下更有利于有益微生物与葡萄根系建立共生关系，促进土壤养分的转化，以利于葡萄根系的吸收。

综上可知，在葡萄园栽培中实施生草管理制度，有助于提高 AMF 的生长和发育，富集 AMF 孢子，在一定程度上增加土壤养分，改善果树根际土壤微生态；为葡萄园筛选优良草种提高酿酒葡萄根际 AMF 富集效应提供了新思路，同时为葡萄根际 AMF 孢子产业化应用提供了理论基础。

关键词：贺兰山东麓；酿酒葡萄根系；AMF；多样性；定殖状况；土壤因子；生草制

---

* 基金项目：国家重点研发项目（2019YFD1002502）子课题-3“酿酒葡萄病虫害早期多元预警与防控技术研究与示范”；宁夏回族自治区重点研发项目（2019BBF02013）“宁夏酿酒葡萄病虫害绿色防控关键技术创新与示范”

** 第一作者：刘冠兰，博士研究生，研究方向为草地有害生物控制；E-mail：981599289@qq.com

*** 通信作者：顾沛雯，教授，主要从事植物病理学与生物防治方面的研究；E-mail：gupeiwen2019@nxu.edu.cn

苦豆子内生真菌产喹诺里西啶生物碱的研究*

王文凯**，金　婧，顾沛雯***
（宁夏大学农学院，银川　750021）

摘　要：植物内生真菌可以产生与宿主植物相同或相近的活性成分，由内生真菌合成的喹诺里西啶生物碱具有良好的生物活性，但其内生真菌产喹诺里西啶生物碱的产量较低，合成机制尚不明确。本研究在建立苦豆子喹诺里西啶生物碱检测体系的基础上，以分离纯化的苦豆子内生真菌为材料，筛选产喹诺里西啶生物碱的内生真菌菌株，并进行鉴定；利用单因素及响应面分析不同因素对苦豆子内生真菌合成生物碱的影响，优化产碱条件；运用紫外诱变及亚硝基胍化学诱变的方法，诱变选育高产生物碱的突变菌株。

研究结果如下：①建立了苦豆子喹诺里西啶生物碱提取及检测方法。确定了在超声时间 60 min 下，以甲醇作为提取溶剂，加入纤维素酶为最佳提取苦豆子喹诺里西啶生物碱的方法。检测方法薄层色谱法（TLC）采用以乙酸乙酯：乙醇：浓氨水（5：1：0.5）为最佳展开剂，显色剂为改良碘化铋钾，样品点样量为 5 μL 进行定性检测。高效液相色谱法（HPLC）流动相为 0.01 mol 磷酸缓冲液-甲醇（55：45），紫外检测波长 216 nm，流速为 1.0 mL/min，对样品进行定性定量检测。②采用生物碱沉淀法、TLC 和 HPLC 方法，从 20 株苦豆子内生真菌中，筛选获得 1 株产槐定碱的苦豆子内生真菌菌株 DSD201，经过形态和分子鉴定，该菌株为细极链格孢（*Alternaria alternata*）。③对苦豆子产碱内生真菌 DSD201 的产碱条件进行优化，结果表明：DSD201 菌株在 PDB 培养基上培养 5 d 时菌丝生长最好，菌丝干重 0.971 g，响应面分析得出培养基中添加前体物质 L-哌啶酸浓度为 $10\times10^{-3.85}$mol/L、L-赖氨酸浓度为 $10\times10^{-2.03}$mol/L 和 α-酮戊二酸浓度为 $10\times10^{-4.31}$mol/L 时，DSD201 菌株产槐定碱产量达到最大。④以 DSD201 菌株为材料，通过紫外辐照诱变和化学诱变的方法，筛选出 1 株产碱量显著增加的菌株 D2，与野生型菌株相比产碱量增加了 35.59%。筛选出 1 株产碱量显著降低的菌株 E2，与野生型菌株相比产碱量降低了 47.88%。

综上表明，苦豆子中存在能产生槐定碱的真菌，并鉴定为 *Alternaria alternata*。L-哌可酸、L-赖氨酸、α-酮戊二酸均对 *Alternaria alternata* 槐定碱的合成产生显著影响，但对槐定碱合成的影响与各物质在培养基中的浓度密切相关。通过物理及化学诱变方法，成功筛选出产槐定碱变化较原始菌株差异较大的 2 株突变菌株。本研究在一定程度上为苦豆子内生真菌产生物碱机制研究和野生苦豆子内生真菌资源的开发利用提供了理论依据。

关键词：苦豆子；内生真菌；细极链格孢；产碱条件；诱变

* 基金项目：国家研发计划子课题“酿酒葡萄病虫害早期多元化预警与防控技术研究与示范”（2019YFD100250）
** 第一作者：王文凯，硕士研究生，研究方向为生物防治与菌物次生代谢；E-mail：2430507742@ qq. com
*** 通信作者：顾沛雯，教授，主要从事植物病理学与生物防治方面的研究；E-mail：gupeiwen2019@ nxu. edu. cn

SsNep2 调控核盘菌对小麦益生及其作用机制研究*

陈子杨[1,2**]，郝 萌[1,2]，方安菲[1,2]，王 静[1,2]，
杨宇衡[1,2]，毕朝位[1,2]，余 洋[1,2]，田斌年[1,2***]
（1. 长江上游农业生物安全与绿色生产教育部重点实验室，西南大学，重庆 400715；
2. 西南大学植物保护学院，重庆 400715）

摘 要：核盘菌（*Sclerotinia sclerotiorum*）是一种世界性分布的典型死体营养型的植物病原真菌，其寄主范围广泛且可引起多种作物菌核病，在我国油菜和大豆产区造成严重的经济损失。然而，近期研究显示核盘菌可以在禾本科小麦中内生生长，不仅可以促进小麦的生长、增加产量，而且还能够增强小麦对赤霉病等多种真菌病害的抗病能力。本研究发现 *SsNep2* 在核盘菌定殖小麦根部过程中被显著诱导表达。SsNep2 蛋白共有 245 个氨基酸，具有一个 NPP1 的诱导坏死结构域和 22 个氨基酸长的信号肽。前期研究表明 *SsNep2* 参与调控核盘菌对油菜等双子叶寄主植物的致病过程，但是其作用机制目前尚不清楚。为探究其是否参与调控核盘菌对小麦的内生和益生过程，本研究通过 PEG 介导的原生质体转化获得 *SsNep2* 敲除突变体，*SsNep2* 敲除菌株对小麦的定殖能力和促生能力与野生型菌株相比明显降低，而互补转化子对小麦的定殖能力和促生能力得到了恢复，说明该基因参与调控核盘菌对小麦的定殖和益生作用。为深入研究 *SsNep2* 调控核盘菌对小麦内生和益生作用机制，本研究后续将通过酵母双杂技术筛选小麦中 SsNep2 的互作靶标，利用基因编辑等技术研究 *SsNep2* 参与调控核盘菌对小麦益生作用机理。研究结果将有助于核盘菌作为益生菌在禾本科小麦中内生的机制解析，增强对核盘菌的认知。

关键词：核盘菌；小麦；*SsNep2*；益生作用；菌植互作

---

* 基金项目：国家自然科学基金（32102278）

** 第一作者：陈子杨，硕士研究生，主要从事生物防治相关研究；E-mail：ziyangchen1998@126.com

*** 通信作者：田斌年，副研究员，主要从事生物防治相关研究；E-mail：binniantian@swu.edu.cn

二甲基三硫醚对芒果胶孢炭疽菌的抑制作用及机理研究*

唐利华**，郭堂勋，黄穗萍，陈小林，李其利***
（广西农业科学院植物保护研究所，广西作物病虫害生物学重点实验室，
农业农村部华南果蔬绿色防控重点实验室，南宁　530007）

摘　要：芒果胶孢炭疽菌是芒果炭疽病的主要病原菌之一，在芒果采前形成潜伏侵染，在采后贮藏和运输过程中造成巨大的经济损失。前期在球孢链霉菌 JK-1 菌株中发现了二甲基三硫醚，该物质也是一些微生物或植物产生的主要挥发性化合物之一，在以往的研究中已显示出其对某些植物病原菌的抗真菌活性，但其对胶孢炭疽菌的作用及其作用机制尚不清楚。二甲基三硫醚对我国 13 个芒果炭疽菌种的 66 个代表菌株的 EC_{50} 为 0~20 μL/L，对芒果采后炭疽病的最佳处理为 80 μL/L 处理 6 h，防效达到 66%，且在果肉和果皮中未检测到该物质残留。体外熏蒸试验表明二甲基三硫醚可导致分生孢子的存活率降低和菌丝形态异常，破坏细胞膜的完整性及细胞壁、质膜、高尔基体、线粒体等亚细胞结构的完整性。侵染过程不同处理结果表明，二甲基三硫醚可有效抑制分生孢子萌发和附着孢形成，破坏细胞质使细胞空泡化，并在附着胞侵染植物前导致附着孢变形。为更好地了解其抑菌活性的分子机制，采用 RNA-seq 分析了二甲基三硫醚作用下胶孢炭疽菌的基因表达谱，发现二甲基三硫醚抑制 β-1,3-D-葡聚糖、几丁质、麦角甾醇生物合成相关基因和膜蛋白相关基因的表达，其中麦角甾醇生物合成通路基因 *Cgerg*6 和 *Cgerg*11 下调表达显著。两个基因的敲除转化子 Δ*Cgerg*6 和 Δ*Cgerg* 11 对二甲基三硫醚的 EC_{50} 分别是野生型菌株的 3 倍和 1.9 倍，药剂敏感性显著降低，当基因原位回补后，转化子恢复野生型菌株表型，表明二甲基三硫醚与两个基因存在密切的作用关系。本研究首次证实了二甲基三硫醚对芒果胶孢炭疽菌的抑制作用及初步研究了二甲基三硫醚的抑菌分子机制，可为二甲基三硫醚应用于植物病害防控奠定理论基础。

关键词：二甲基三硫醚；芒果胶孢炭疽菌；基因表达；药剂敏感性；抑菌分子机制

---

* 基金项目：国家自然科学基金（31860482）；广西作物病虫害生物学重点实验室自主研究课题（20-065-30-ST-04）

** 第一作者：唐利华，副研究员，主要从事果树病害与生物防治研究；E-mail：654123597@ qq. com

*** 通信作者：李其利，研究员，主要从事果树病害与生物防治研究；E-mail：65615384@ qq. com

Identification and Characterization of Type 2 Glycosyltransferase from *Fusarium oxysporum* f. sp. *cubense* Tropical Race 4

LI Shan, ZHANG Yuhui, WANG Hezhen, CHEN Hongxin*

(*School of Agriculture, Shenzhen Campus of SunYat-sen University, Shenzhen* 518107, *China*)

Abstract: *Fusariumoxysporum* f. sp. *cubense* (*Foc*), which causes Fusarium wilt of bananas, is considered one of the most destructive fungal pathogens of global banana production. The ability of *Foc* to extend filamentous hyphae across solid surfaces is essential during infection and closely related to its pathogenicity. Hyphal extension is regulated by degradation and regeneration of the terminal cell wall, and the biosynthesis of oligosaccharides, disaccharides, and polysaccharides involved in cell wall synthesis requires various glycosyltransferases (GTs). It has been reported there is a generally widespread, but discontinuous, distribution of type 2 glycosyltransferase (GT2) orthologues in fungi. In this study, we identified and characterized an ortholog of the type 2 glycosyltransferase gene, *FocGT*2, in *Foc* tropical race 4 (TR4). Targeted gene deletion mutants of *FocGT*2 (ΔFocGT2) were severely impaired in vegetative growth, conidiation, and pathogenicity. Fluorescence microscopy on ΔFocGT2 showed that the distance between two septa of vegetative hyphae appeared shorter. Despite this, no significant affection was observed on stress tolerance and hyphal hydrophobicity in ΔFocGT2. The comparative transcriptome analysis revealed genes involved in various metabolism pathways and cell wall integrity were differentially regulated in ΔFocGT2. Taken together, our results suggest that FocGT2 is likely to function in the synthesis of a cell wall polysaccharide that contributes to the pathogenicity of *Foc* TR4 by promoting hyphal growth and infection-related morphogenesis.

Key words: *Fusarium oxysporum* f. sp. *cubense*; pathogenicity; type 2 glycosyltransferase gene

* Corresponding author: CHEN Hongxin; E-mail: chenhongx@mail.sysu.edu.cn

FgPEX1 调控禾谷镰孢菌过氧化物酶体数量变化的机制研究*

陶奕霖**，徐　浩，刘春杰，张　莉***，于金凤***
（山东农业大学植保学院植物病理系，泰安　271018）

摘　要：禾谷镰孢菌（*Fusarium graminearum*）引起的小麦赤霉病是极具毁灭性且防治困难的真菌病害，在全球范围内广泛流行，严重影响小麦的产量和品质。过氧化物酶体（peroxisome）是一类普遍存在于真核生物细胞中的多功能异质性细胞器，参与细胞的脂肪酸β-氧化等多种代谢过程，其数量是影响病原真菌稳态和致病过程的重要因素。FgPEX1 是过氧化物酶体合成过程中的重要蛋白，利用反向遗传学方法研究 FgPEX1 蛋白在禾谷镰孢菌中的功能，发现 FgPEX1 除参与调控菌株的生长发育、无性繁殖、致病力、活性氧积累和脂肪酸利用之外，FgPEX1 编码基因缺失导致禾谷镰孢菌过氧化物酶体数量显著降低。进一步探究 FgPEX1 调控过氧化物酶体数量变化的机制发现，FgPEX1 编码基因缺失所引发的氧化物酶体自噬水平升高是过氧化物酶体数量降低的主要原因。除此之外，FgPEX1 能够影响过氧化物酶体合成途径，FgPEX1 编码基因缺失导致过氧化物酶体裂殖合成途径受阻，但从头合成途径有所增强。研究结果旨在深入了解禾谷镰孢菌致病机制，为防治小麦赤霉病药物研发奠定理论基础。

关键词：禾谷镰孢菌；过氧化物酶体；FgPEX1；过氧化物酶体自噬

---

* 基金项目：山东省小麦产业技术体系病虫害防控与质量安全岗位（SDAIT-01-09）
** 第一作者：陶奕霖，硕士研究生，研究方向为真菌与真菌病害；E-mail：wangyilike@ 163. com
*** 通信作者：张莉，讲师，主要研究方向为真菌与真菌病害；E-mail：zli@ sdau. edu. cn
于金凤，教授，主要研究方向为真菌与真菌病害；E-mail：jfyu@ sdau. edu. cn

新疆伊犁小麦条锈菌的分子群体遗传结构分析

曾明昊[1,2]，吕振豪[1,2]，郑明远[1,2]，黄倩楠[3]，吴　伟[4]，刘　琦[1,2]，陈　晶[1,2]

［1. 新疆农业大学农学院，农林有害生物监测与安全防控重点实验室，乌鲁木齐　830052；
2. 农业农村部西北荒漠绿洲农林外来入侵生物防控重点实验室（部省共建），乌鲁木齐　830052；
3. 伊犁州农业科学研究所，伊犁　835000；4 新源县农业技术推广站，伊犁　835800］

摘　要：为明确新疆伊犁地区小麦条锈菌的分子群体遗传结构，利用16对小麦条锈菌SSR引物对2021年新疆伊犁地区新源县、察布查尔县、伊宁县、巩留县4县320份小麦条锈菌标样进行了群体遗传学分析。结果表明，新疆伊犁地区条锈菌群体遗传多样性水平较高，伊犁地区小麦条锈菌群体Shannon信息指数为0.837，有效等位基因数为2.197，观察杂合度和期望杂合度分别为0.412、0.450，其中新源县小麦条锈菌群体遗传多样性水平最高。AMOVA分析结果显示，伊犁地区各群体间变异仅占12%，群体内遗传变异占88%，不同群体间存在菌源交流，其中察县与新源群体菌源交流最为频繁（N_m=4.717）。

关键词：新疆伊犁；小麦条锈菌；SSR；群体遗传结构

尖孢镰孢菌氨甲酰磷酸转移酶 CPS1 功能研究

尉　婧*，李二峰**
（天津农学院，天津农学院植物病理学实验室，天津　300392）

摘　要：尖孢镰孢菌（*Fusarium oxysporum*）是一种世界范围内的土传病原真菌，能引起植物的枯萎病和根腐病。精氨酸是生物体内最重要的氨基酸之一，影响生物的生化和生理功能。氨甲酰磷酸的合成标志着嘧啶和精氨酸生物合成的开始。笔者通过同源重组和 PEG 介导原生质体转化的方式敲除了尖孢镰孢菌中编码氨甲酰磷酸合成酶的基因 *CPS*1，发现 ΔCPS1 生长速率相较于野生型降低了 41.71%，产孢量相较于野生降低了 21.04%，对 SDS（细胞膜胁迫）的敏感性明显降低；孢子萌发率以及对 H_2O_2、山梨醇、NaCl、CR 的敏感性和野生型没有显著差异。除此之外，设置了 0 mmol/L、0.25 mmol/L、0.5 mmol/L、1 mmol/L 的精氨酸浓度梯度，发现随着精氨酸浓度的提高，ΔCPS1 在基本培养基上产生的气生菌丝逐渐增多，浓度增加至 1 mmol/L 时，恢复至野生型菌株的气生菌丝生长水平。利用活体接种法测定野生型和 ΔCPS1 菌株的致病力强弱，结果显示：ΔCPS1 的致病力明显低于野生型菌株。表明氨甲酰磷酸合成酶 CPS1 在尖孢镰孢菌中通过调控精氨酸的合成来影响致病力的发挥。

关键词：枯萎病；尖孢镰孢菌；基因敲除；氨甲酰磷酸合成酶

* 第一作者：尉婧，硕士研究生，研究方向为植物病理学；E-mail：2841424233@ qq. com
** 通信作者，李二峰，讲师，主要从事植物病理学研究；E-mail：lef143@ 126. com

尖孢镰孢菌高效敲除体系的构建

卢丽韩*，尉　婧，李二峰**
（天津农学院，天津农学院植物病理学实验室，天津　300392）

摘　要：尖孢镰孢菌（*Fusarium oxysporum*）是一种世界范围内的土传病原真菌，引起植物的枯萎病和根腐病，严重影响作物的产量和品质。本研究建立了一种基于尖孢镰孢菌非同源末端连接通路损伤和单磷酸乌氨酸脱羧酶基因（*ura*3）的高效遗传敲除系统，在无抗性标记的前提下实现对目的基因的无痕敲除，显著提高同源重组效率。本论文通过同源重组和 PEG 介导原生质体转化的方法，成功敲除了尖孢镰孢菌乳清酸单磷酸脱羧酶编码基因 *ura*3，从而构建了尿嘧啶营养缺陷菌株。以尿嘧啶营养缺陷作为筛选标记，敲除了非同源末端连接通路相关基因 *lig*4 和 *ku*70。并选用编码 S-腺苷-L 高半胱氨酸水解酶编码基因（*Sah*1）验证了 Δku70 和 Δlig4 对敲除效率的影响。结果显示：在均挑取 48 个候选转化子进行验证时，野生型菌株的敲除效率为 2.08%，Δku70 的敲除效率为 83.33%，Δlig4 的敲除效率为 84.52%，后二者均显著高于野生型菌株。说明 Δlig4 和 Δku70 均是更高效的尖孢镰孢菌遗传操作工具菌株。

关键词：尖孢镰孢菌；高效；敲除体系

* 第一作者：卢丽韩，硕士研究生，研究方向为植物病理学；E-mail：2377661763@ qq. com
** 通信作者，李二峰，讲师，主要从事植物病理学研究；E-mail：lef143@ 126. com

希金斯炭疽菌黑色素合成相关基因 *ChTHR*1 的功能分析*

王　莉**，段灵涛，祝一鸣，陈炜伦，周而勋***
（华南农业大学植物保护学院植物病理学系，广东省微生物信号与作物病害重点实验室，广州　510642）

摘　要：希金斯炭疽菌（*Colletotrichum higginsianum*）是一种重要的世界性植物病原真菌，其寄主范围非常广泛，不仅危害诸多十字花科蔬菜，如广东菜心、白菜、萝卜和甘蓝等，还可以侵染模式植物拟南芥。在我国华南地区高温高湿的环境下，希金斯炭疽菌会引起严重的十字花科蔬菜炭疽病，造成重大的经济损失。黑色素在真菌生长发育及侵染过程中发挥不可忽视的作用，并且对真菌适应环境、抵御紫外线和氧化胁迫等具有重要功能。本研究通过与 NCBI 数据库中烟曲霉（*Aspergillus fumigatus*）*ARP*2 基因（GeneID：3513287）进行 BLAST 比对，获得希金斯炭疽菌中同源的黑色素合成相关基因 *ChTHR*1 的全长序列。该基因全长 925 bp，含有 2 个外显子和 1 个内含子，最终编码 287 个氨基酸。随后，采用基因敲除及回补技术获得 *ChTHR*1 基因的缺失突变体 *Chthr*1Δ 和回补菌株 *Chthr*1Δ*C*，并对他们的表型和致病力进行了分析。结果显示：*ChTHR*1 基因缺失突变体菌丝生物量、抗紫外线能力、黑色素产量、产孢量、附着胞形成率均低于野生型菌株。*ChTHR*1 基因回补后，回补菌株能够使 *Chthr*1Δ 的表型恢复到与野生型相似的水平。更重要的是，*Chthr*1Δ 对拟南芥和菜心的致病力显著低于野生型，而回补 *ChTHR*1 基因后，致病力恢复到与野生型相似水平。综上，*ChTHR*1 基因是影响希金斯炭疽菌抗逆、生长发育及致病性的关键基因。本研究有助于破译希金斯炭疽菌在十字花科作物上的致病机制从而为十字花科炭疽病的防治提供理论依据。

关键词：希金斯炭疽菌；黑色素；黑色素合成基因；基因功能分析

---

* 基金项目：广东省自然科学基金项目（2021A1515011166）
** 第一作者：王莉，硕士研究生，研究方向为植物病理学；E-mail：2511714214@ qq. com
*** 通信作者：周而勋，教授，博士生导师，研究方向为植物病理学；E-mail：exzhou@ scau. edu. cn

香菇多糖拌种对小麦茎基腐病的防治效果及对土壤真菌群落的影响*

杨　秀，张中霄，袁亚臻，王开运，王红艳**
（山东农业大学植物保护学院，泰安　271018）

摘　要：香菇多糖（Lentinan，简称 LNT）是从香菇培养副产品菌糠中提取出的一种新型的天然功能性多糖，目前在防治植物病害方面已经有较多的报道。近年来，小麦茎基腐病发生严重，假禾谷镰孢（*Fusarium pseudograminearum*）是黄淮地区小麦茎基腐病的优势病原，严重威胁小麦的产量和品质。本研究通过温室试验和田间试验评价了 LNT 和杀菌剂已唑醇拌种对小麦茎基腐病的田间防效，并且探讨了拌种处理对小麦根际土壤酶活和真菌群落多样性的影响。LNT 和已唑醇联用对小麦茎基腐病有较好防治效果，并减少了杀菌剂的用量。4 g/100 kg LNT 和 0.5 g/100 kg 已唑醇联用对小麦茎基腐病防效为 77.1%，与 1 g/100 kg 已唑醇处理 81.4%的防效相当。温室试验结果表明，LNT 处理的土壤酶活性最高，LNT 和已唑醇联用处理的土壤酶活高于已唑醇单独处理。对小麦根际土壤进行高通量测序分析发现，不同拌种处理改变了小麦根际土壤真菌群落的结构，其中 LNT 和已唑醇联用处理对土壤真菌数量和多样性影响较大。LNT 和已唑醇联用处理显著降低了土壤中丝核菌属、枝孢属、镰孢菌属、平脐蠕孢属等真菌的相对丰度，减轻了土传病害的发病率。本研究可为小麦茎基腐病的绿色防控提供科学依据。

关键词：小麦茎基腐病；香菇多糖；拌种；防治效果；土壤真菌群落

---

* 基金项目：国家自然科学基金（32102259）

** 通信作者：王红艳，副教授，研究方向为植物病害绿色防控

小麦叶锈菌效应蛋白 Pt_20 小麦中互作靶标的筛选与初步验证*

孟麟硕**，武文月，宋艺卓，王海燕***
（河北农业大学植物保护学院，河北省农作物病虫害生物防治技术创新中心，保定 071000）

摘　要：由小麦叶锈菌（*Puccinia triticina*，*Pt*）引起的小麦叶锈病在世界麦区普遍发生，严重时可造成 50%以上的产量损失，探究小麦抗叶锈菌致病机理具有十分重要的意义。本课题组基于叶锈菌接种抗病品种和感病品种转录组测序数据，筛选到 1 个效应蛋白 Pt_20，利用实时荧光定量技术（Quantitative Real-time PCR，qPCR）明确该基因在叶锈菌侵染后 96 h 达到表达高峰，与叶锈菌侵染相关；借助农杆菌介导的瞬时表达系统在烟草中异源表达 Pt_20，结果显示该基因能够抑制由 BAX 引起的细胞坏死，初步明确 Pt_20 具有毒性功能。本研究以 Pt_20 为诱饵蛋白，利用酵母双杂交（Yeast two-hybrid，Y2H）技术在叶锈菌-小麦互作酵母文库中筛选到 11 个小麦中的候选靶标。其中二酰甘油激酶（diacylglycerol kinase，DGK）出现次数最多，故对其进行进一步研究。通过 qPCR 检测小麦二酰甘油激酶 *TaDGK* 在叶锈菌侵染小麦过程中的表达模式，结果表明，*TaDGK* 在叶锈菌侵染后 72 h 达到表达高峰，在感病植株中的表达量显著高于在抗病植株中的表达量，表明 *TaDGK* 在小麦抗叶锈病防御反应中起负调控作用；利用 Y2H 初步明确 Pt_20 与 TaDGK 互作；后续将利用共定位（Co-localization）和免疫共沉淀（Co-immunoprecipitation，Co-IP）进一步验证二者之间的互作，利用病毒诱导的基因沉默（Virus-Induced Gene Silencing，VIGS）技术验证 TaDGK 在小麦-叶锈菌互作过程中的功能，对揭示效应蛋白 Pt_20 破坏小麦抗叶锈病机制具有重要意义。

关键词：小麦叶锈菌；qPCR；BAX；酵母双杂交

---

* 基金项目：国家自然科学基金资助项目（31501623）；河北省自然科学基金资助项目（C2020204028）
** 第一作者：孟麟硕，硕士研究生，主要从事分子植物病理学研究；E-mail：626734898@ qq. com
*** 通信作者：王海燕，教授，主要从事分子植物病理学研究；E-mail：ndwanghaiyan@ 163. com

小麦叶锈菌效应蛋白 Pt_69 的特征分析*

申松松**，崔钟池，刘园霞，冯　燕，王海燕***
（河北农业大学植物保护学院，河北省农作物病虫害生物防治技术创新中心，保定　071000）

摘　要：叶锈菌（*Puccinia triticina*）引起的小麦叶锈病严重威胁着我国小麦的生产安全。小麦叶锈菌在侵染小麦过程中分泌一种促进叶锈菌侵染的蛋白，称为效应蛋白（effectors）。本研究前期基于转录组测序，获得一个在叶锈菌侵染前期高表达且符合效应蛋白特征的基因 *Pt*_69。本研究利用实时荧光定量 PCR 技术（Quantitative Real-time PCR，qPCR）检测 *Pt*_69 在叶锈菌侵染不同时期的表达趋势，结果显示 *Pt*_69 在叶锈菌侵染小麦后 24 h 达到表达高峰，明显受小麦叶锈菌诱导表达；通过构建表达载体结合 BAX 坏死抑制试验，发现 Pt_69 可以抑制由 BAX 引起的坏死，初步明确 Pt_69 具有毒性功能；利用亚细胞定位技术在烟草中异源表达 Pt_69，明确其定位在烟草细胞的核、质、膜；利用原核诱导技术获取 Pt_69 纯蛋白，证明了 Pt_69 纯蛋白在体外对叶锈菌夏孢子的萌发与生长没有促进作用。上述研究结果表明，候选效应蛋白 Pt_69 可以抑制寄主植物的免疫防御反应，在叶锈菌与小麦互作过程中发挥毒性功能，本研究为叶锈菌效应蛋白 Pt_69 毒性功能机制研究奠定了基础。

关键词：小麦叶锈菌；效应蛋白；实时荧光定量 PCR；BAX；亚细胞定位；原核诱导

---

* 基金项目：国家自然科学基金项目（31501623）；河北省自然科学基金项目（C2020204028）

** 第一作者：申松松，硕士研究生，主要从事分子植物病理学研究

*** 通信作者：王海燕，教授，主要从事分子植物病理学研究；E-mail：ndwanghaiyan@163.com

组蛋白 H3 乙酰化位点调控假禾谷镰孢菌的生长、产孢及对小麦的致病性*

江　航**，张　博，马立国，祁　凯，张悦丽，马国苹，李长松，齐军山***
（山东省农业科学院植物保护研究所，山东省植物病毒学重点实验室，济南　250100）

摘　要：小麦茎基腐病广泛发生于干旱和半干旱小麦种植区，在小麦整个生育期均可发生。近年来，由于秸秆还田、气候变暖，以及缺乏抗病品种等因素，由假禾谷镰孢菌（*Fusarium pseudograminearum*）等镰孢菌引起的小麦茎基腐病（Fusarium crown rot）快速蔓延，呈暴发趋势，已成为我国黄淮海地区小麦生产上最严重的病害之一，严重威胁我国粮食安全。在植物病原真菌生长发育和侵染寄主植物过程中，组蛋白乙酰化起着重要作用，可以影响染色质的结构、功能及基因的转录。但是，组蛋白 H3 乙酰化位点在植物病原真菌中的功能目前尚不明确。本研究针对假禾谷镰孢菌中组蛋白 H3 乙酰化位点，开展乙酰化位点的功能研究，我们分别将组蛋白 H3 乙酰化位点 K9、K14、K18、K23 和 K27 突变为精氨酰 R（模拟未乙酰化状态），并得到相应突变体。对突变体的生物学表型进行观察，发现 $FpH3^{K9R}$、$FpH3^{K14R}$、$FpH3^{K18R}$、$FpH3^{K23R}$ 和 $FpH3^{K27R}$ 突变体在营养生长和分生孢子的产生方面都存在缺陷，其中，$FpH3^{K27R}$ 突变体不能产生气生菌丝，$FpH3^{K14R}$ 产生极少量的分生孢子。致病力测定实验表明，$FpH3^{K9R}$、$FpH3^{K14R}$、$FpH3^{K18R}$ 和 $FpH3^{K27R}$ 突变体对小麦苗期茎基部的致病力显著降低。以上研究结果表明，组蛋白 H3 乙酰化在小麦茎基腐病病原假禾谷镰孢菌营养生长、产孢和侵染小麦过程中发挥着重要的功能。

关键词：小麦茎基腐病；假禾谷镰孢菌；组蛋白 H3 乙酰化；致病性

---

* 基金项目：山东省小麦产业技术体系（SDAIT-01-10）；山东省农业科学院农业科技创新工程（CXGC2023D01）
** 第一作者：江航，助理研究员，主要从事粮食作物病害研究；E-mail：jhfor724@163.com
*** 通信作者：齐军山，研究员，主要从事作物病害研究；E-mail：qi999@163.com

黄萎病菌致病机理解析

秦　君，李海源，刘　涛，李　驰，胡小平
（西北农林科技大学植物保护学院，旱区作物逆境生物学国家重点实验室，杨凌　712100）

摘　要：黄萎病是威胁棉花、马铃薯、茄子和向日葵等农作物的重要土传病害，严重影响其产量和品质。黄萎病菌以微菌核的形式在土壤中长期存活，导致对黄萎病的防治愈加困难。本课题组围绕黄萎病菌的致病机理及其与寄主互作机制展开长期探索与攻关。通过对落叶型与非落叶型黄萎病菌的基因组测序，筛选到多个调控寄主落叶的重要效应蛋白，揭示其调控寄主激素水平及免疫防卫基因表达，进而诱导寄主植物落叶的分子机制。课题组也鉴定到多个参与寄主免疫的效应蛋白，其中 *VdCE*11 靶向棉花寄主免疫负调因子 GhAP1 蛋白，通过促进其活性与蛋白水平而调控寄主免疫，揭示了黄萎病菌效应蛋白调控寄主免疫的独特作用机制。另外，通过转录组测序分析，筛选到大量参与微菌核休眠/萌发的关键基因，并先后揭示调控微菌核形成与萌发的致病相关基因 *VdCf*2 和 *VdPTC*3 的功能及其作用机制，明确 γ-氨基丁酸在微菌核萌发过程中发挥至关重要的功能，对微菌核发育的调控有望为黄萎病防治提供新思路与新靶标。

关键词：黄萎病；微菌核；效应蛋白；致病机理

稻瘟菌 MoSnf5 调控病菌的致病力和生长发育*

徐小文**，赵　蕊**，徐小舟，唐　柳，石　伟，陈　灯，
彭军波，Vijai Bhadauria，赵文生，杨　俊***，彭友良
（中国农业大学植物保护学院，北京　100193）

摘　要：Snf5（sucrose nonfermenting）是 SWI/SNF 蛋白复合物的核心组分，在模式真核生物中调控多种细胞过程，但在植物病原真菌中的生物学功能尚未明确。在本研究中，笔者报道了稻瘟菌 MoSnf5 在侵染寄主植物和病菌生长发育中的生物学功能。病理学表型分析结果表明，基因 *MoSNF*5 的敲除体在营养菌丝生长、分生孢子形成、对寄主植物的致病力和半乳糖利用等方面均表现明显的缺陷。结构域缺失互补结果表明，其 N 端、中部的 Snf5 结构域和 C 端均是 MoSnf5 行使正常功能所必需的。免疫共沉淀和酵母双杂交分析结果表明，MoSnf5 与转录起始因子 MoTaf14 等 4 个核定位蛋白物理互作。有意思的是，基因 *MoTAF*14 的敲除体在病菌致病力和生长发育方面表现出与基因 *MoSNF*5 敲除体相类似的病理学表型。此外，细胞自噬蛋白 MoAtg8 的表达和亚定位分析结果表明，基因 *MoSNF*5 和 *MoTAF*14 的敲除体在细胞自噬过程中均表现出明显缺陷。综上所述，稻瘟菌 MoSnf5 可通过半乳糖的利用和细胞自噬等细胞过程来调控病菌致病力和生长发育。

关键词：稻瘟菌；致病机理；SWI/SNF 蛋白复合体；细胞自噬；半乳糖代谢

---

* 基金项目：国家水稻产业技术体系（CARS-01-44）；国家自然科学基金（32070142）

** 第一作者：徐小文，博士研究生，主要开展植物病原真菌基因功能研究；E-mail：xuxiaowen222@126.com
赵蕊，博士研究生，主要开展稻瘟菌基因功能研究；E-mail：zhry@cau.edu.cn
*** 通信作者：杨俊，教授，主要从事植物真菌病害绿色防控研究；E-mail：yangj@cau.edu.cn

稻瘟菌富含丝氨酸/精氨酸蛋白 1 利用独特的分子机制调控前体 mRNA 中内含子的可变剪切*

石　伟**，杨　俊**，陈　灯**，阴长发**，张慧霞，徐小舟，潘　潇，王瑞金，费利旺，李梦菲，戚琳璐，Vijai Bhadauria，刘俊峰，彭友良***
（中国农业大学植物保护学院，北京　100193）

摘　要：富含丝氨酸/精氨酸 SR（serine/arginine-rich）蛋白是一类 RNA 结合蛋白，其 N 端含 RNA 识别结构域（RRM），C 端富含不同长度的 RS 二肽重复序列。SR 蛋白作为剪切因子在动物和植物中有较为深入的研究，但它们在丝状真菌前体 mRNA 中内含子剪切方面的作用机制还有待解析。植物病原真菌稻瘟菌中含有两个 SR 蛋白，分别为 MoSrp1 和 MoSrp2。在本研究中，我们解析了 MoSrp1 通过影响前体 mRNA 中内含子的可变剪切来调控稻瘟菌致病的分子机制。基因 *MoSRP*1 的缺失导致稻瘟菌的菌丝生长、孢子发育、产孢能力以及致病力显著下降，还导致数千个异常的内含子可变剪切事件发生。RNA 免疫共沉淀及二代测序分析、RNA-EMSA 等实验结果表明，GUAG 是 MoSrp1 的结合基序，并存在于 94%以上的异常剪切的内含子和其近端的外显子中，这暗示 MoSrp1 具有增强和抑制内含子可变剪切的双重功能。进一步通过增强致病基因 *MoATF*1 和抑制致病基因 *MoMTP*1 中含 GUAG 的内含子剪切实验验证了上述推测。有意思的是，我们发现 MoSrp1 含有一个保守的 Sumo 化修饰位点。突变实验结果表明，该 Sumo 化位点对 MoSrp1 的细胞核定位和增强 MoSrp1 对 GUAG 基序的结合能力是必需的。我们还发现 MoSrp1 通过其 N 末端的 RRM 结构域与剪切因子 MoGrp1、外显子连接复合物组分 MoRnps1 和 MoThoc1 物理互作，且该结构域是稻瘟菌正常生长发育和致病所必需的；但 MoSrp1 的 C 端富含 RD/E 的结构域仅对病菌的致病力和环境应激反应重要。此外，进化分析和同源基因互补结果表明，仅有来源于子囊菌亚门的 Srp1 同源基因才能完全恢复 Δ*Mosrp*1 的病理表型缺陷。综上所述，本研究结果表明真菌中保守的 SR 蛋白 Srp1 以一种独特的分子机制调控前体 mRNA 中内含子的可变剪切。

关键词：稻瘟菌；致病力；内含子可变剪切；RNA 结合蛋白

---

* 基金项目：国家自然科学基金（32070142）；国家水稻产业技术体系（CARS-01-44）

** 第一作者：石伟，主要开展植物病原真菌基因功能研究；E-mail：sw@ cau. edu. cn
杨俊，教授，主要从事植物真菌病害绿色防控研究；E-mail：yangj@ cau. edu. cn
陈灯，主要开展稻瘟菌基因功能研究；E-mail：chend2014@ cau. edu. cn
阴长发，主要开展稻瘟菌防控研究；E-mail：yinchangfa@ cau. edu. cn

*** 通信作者：彭友良，教授，主要从事稻瘟病绿色防控的基础理论和技术研究；E-mail：pengyl@ cau. edu. cn

The FsBmh1-interacting GPI-anchored Cell Wall Protein FsEcm33 is a Negative Regulator of Virulence in *Fusarium sacchari*[*]

CHEN Yuejia[1**], ZHAO Lixian[2,3], ZOU Chengwu[2,3***], CHEN Baoshan[2,3***]

(1. *College of Life Science and Technology*, *Guangxi University*, *Nanning* 530004, *China*; 2. *State Key Laboratory for Conservation and Utilization of Subtropical Agro-bioresources*, *Nanning* 530004, *China*; 3. *Guangxi Key laboratory of Sugarcane Biology*, *Nanning* 530004, *China*)

Abstract: *Fusarium sacchari* is one of the most important sugarcane pathogens that causes Pokkah boeng disease in China. Two 14-3-3 proteins, FsBmh1 and FsBmh2 in *F. sacchari* were identified and they were used as baits to fish the interacting proteins by yeast two-hybridization against the cDNA library of *F. sacchari*. A protein that encodes GPI-anchored cell wall protein, designated as FsEcm33 was found to specifically interact with FsBmh1. Deletion of *FsEcm*33 did not alter the morphology but increased the sensitivity of the fungus to Congo red, a cell wall-damaging agent. Deletion of FsEcm33 significantly enhanced the virulence and over-expression of FsEcm33 reduced virulence of the fungus. Since deletion of FsBmh1 also resulted in reduced virulence, it may likely that FsBmh1 suppresses the activity of FsEcm33 to maintain the virulence in *F. sacchari*.

Key words: *Fusarium sacchari*; 14-3-3 proteins; FsEcm33; Sporulation; Virulence

* 基金项目：国家自然科学基金（31960519）

** 第一作者：陈悦佳，博士研究生；E-mail：18172258103@163.com

*** 通信作者：邹承武，博士；E-mail：zouchengwu@gexu.edu.cn

陈保善，教授；E-mail：chenyaoj@gexu.edu.cn

稻粒黑粉病菌小分泌蛋白 ThSCSP_5 的克隆及功能初探

梁　娟[1,2]，舒新月[1,2]，蒋钰琪[1,2]，向　婷[1,2]，王爱军[1]
（1. 河南农业大学植物保护学院，郑州　450002；
2. 四川农业大学农学院，成都　611130）

摘　要：水稻稻粒黑粉病（Rice kernel smut）是由担子菌纲腥黑粉菌属狼尾草腥黑粉菌（*Tilletia horrida*）引起的土传真菌病害，主要危害水稻（*Oryza sativa* L.）不育系花器官。本文基于前期对稻粒黑粉病菌基因组测序及其侵染转录组分析，对小分泌蛋白 ThSCSP_5 进行了克隆，通过分子生物学实验手段和生物信息学对其进行分析。结果表明，ThSCSP_5 蛋白编码 108 个氨基酸，无跨膜结构域，不存在保守结构域，N 端具有信号肽序列，并且酵母蔗糖实验表明 ThSCSP_5 具有分泌功能；以阈值 *P*-value>0.8 共筛选到 7 个磷酸化位点；NCBI 序列比对证实 ThSCSP_5 为稻粒黑粉病菌特有的基因且在侵染感病水稻不育系 9311A 的过程中被诱导上调表达。通过烟草瞬时表达实验，发现小分泌蛋白 ThSCSP_5 能够激发其活性氧（ROS）爆发以及胼胝质的积累。利用 SPOMA 和 SWISS-MODEL 在线软件对 ThSCSP_5 蛋白的二级和三级结构进行预测，为进一步阐明 ThSCSP_5 在稻粒黑粉病菌与寄主互作过程中所发挥的作用奠定了重要基础。

关键词：水稻；稻粒黑粉病菌；小分泌蛋白；信号肽；免疫反应

有性生殖特异的 A-to-I mRNA 编辑现象在真菌中的起源与进化*

杜雁飞**，冯婵婧，曹心雨，邢晓幸，王秦虎，江 聪，刘慧泉***
（西北农林科技大学植物保护学院，杨凌 712100）

摘 要：A-to-I mRNA 编辑现象先前只在动物中有报道，2016 年实验室首次在真菌中发现了 A-to-I mRNA 编辑现象，并证明该现象特异发生在有性生殖阶段。动物中的 A-to-I mRNA 编辑由 ADAR 家族酶催化产生，ADAR 是动物中特有的酶，其他类群生物中并不存在。实验室研究证明 FgTad2-FgTad3-Ame1 三元复合体是禾谷镰孢中负责 A-to-I mRNA 编辑的催化系统，其中 FgTad2 和 FgTad3 的直系同源蛋白在真核生物中保守存在，FgTad3 的 C-端与 FgTad2 互作形成异源二聚体，负责 tRNA 反密码子环 A34 位编辑。Ame1 特异在有性生殖阶段被诱导表达，通过与 FgTad3 的 N-端互作使 FgTad2-FgTad3 具有编辑 mRNA 底物的能力。Ame1 的直系同源蛋白广泛分布于真菌中，但在子囊菌门盘菌亚门（Pezizomycotina）的无囊盖真子囊菌（Leotiomyceta）祖先上发生了复制，粪壳菌纲（Sordariomycetes）真菌中存在 2 个拷贝，其中一个拷贝为 Ame1。Ame1 在粪壳菌纲中的进化速率相比锤舌菌纲（Leotiomycetes）明显加快。将锤舌菌纲核盘菌的 Ame1 同源基因转入禾谷镰孢中并不能替代 Ame1 的功能，表明粪壳菌纲中的 Ame1 特异进化出了激活 mRNA 编辑的能力。通过定点突变鉴定出了 Ame1 上若干个与 mRNA 编辑有关的位点。虽然 A-to-I mRNA 编辑也在盘菌纲（Pezizomycetes）个别物种中有发现，但其普遍分布在粪壳菌纲真菌中。本研究表明，粪壳菌纲和盘菌纲中的 A-to-I mRNA 编辑现象可能是独立起源的。

关键词：禾谷镰孢；A-to-I mRNA 编辑；有性生殖；进化；AME1

* 基金项目：国家优秀青年科学基金（31622045）
** 第一作者：杜雁飞，博士研究生，植物病理学；E-mail：duyanfeinwafu@ 163. com
*** 通信作者：刘慧泉，教授，主要从小麦赤霉病研究；E-mail：liuhuiquan@ nwafu. edu. cn

2,4-D 通过干扰 MAPK 信号通路抑制禾谷镰孢的生长和致病*

段凯莉[1**]，沈启芳[1]，王 瑜[1]，施雨桐[1]，杨晨飞[1]，许金荣[2***]，张 雪[1***]
（1. 西北农林科技大学植物保护学院，杨凌 712100；
2. 普渡大学植物与植物病理学系，西拉斐特 IN 47907，美国）

摘 要：植物激素在植物抗病过程中发挥着重要作用，然而其对病原菌直接拮抗作用的研究却鲜有报道。本研究通过平板抑制试验，发现生长素类似物 2,4-D 可显著抑制禾谷镰孢的菌落生长。深入研究显示，2,4-D 也抑制禾谷镰孢分生孢子的形成、萌发以及芽管的伸长。此外，2,4-D 还会抑制禾谷镰孢侵染结构的形成、侵染菌丝的扩展以及 DON 毒素的生物合成，并引起胞内 ROS 的大量积累，最终造成病菌致病力的显著下降。利用代谢组学和转录组学联合分析发现，2,4-D 处理可导致胞内甘油和阿拉伯糖醇等化合物的显著积累以及相关合成基因的上调表达，而在 *Fghog*1 突变体中添加 2,4-D 却无法诱导甘油和阿拉伯糖醇的积累，暗示 2,4-D 可能通过高渗透甘油（HOG）途径发挥作用。随后，我们进一步通过 Western-blot 实验明确了 2,4-D 处理会显著增加 FgHog1 的磷酸化水平。有趣的是，2,4-D 还会显著降低 Fus3/Kss1 信号通路中 Gpmk1 的磷酸化水平，而对细胞壁完整性信号通路中 Mgv1 的磷酸化水平无影响。因此，生长素类似物 2,4-D 对于禾谷镰孢菌落生长和致病力的抑制作用，可能是通过激活 FgHog1 信号通路并抑制 Gpmk1 信号通路来实现的，然而其确切的分子机制仍需进一步探索。本研究对于研发兼具杀菌与生长调节、诱抗、除草等功能的多效农用药剂以及制定小麦赤霉病防控新策略都具有重要的指导意义。

关键词：禾谷镰孢；2,4-D；FgHog1 信号通路；Gpmk1 信号通路

* 基金项目：自然科学基金项目（3210170916）；陕西省科学技术厅项目（2023-JC-QN-0177）
** 第一作者：段凯莉，博士研究生，主要从事植物与真菌互作；E-mail：duankaili@ nwafu. edu. cn
*** 通信作者：许金荣，教授，主要从事真菌基因功能研究；E-mail：jinrong@ purdue. edu
张雪，助理研究员，主要从事真菌基因功能研究；E-mail：zxue2018@ 163. com

禾谷镰孢 A-to-I mRNA 编辑催化系统的鉴定*

冯婵婧[1**]，辛凯芸[1]，邹婧雯[1]，杜雁飞[1]，王秦虎[1]，江　聪[1]，许金荣[2]，刘慧泉[1***]
（1. 西北农林科技大学植物保护学院，杨凌　712100；
2. 美国普渡大学植物与植物病理系，西拉法叶　IN 47906，美国）

摘　要：禾谷镰孢是引起小麦赤霉病的主要病原菌，其有性生殖产生的子囊孢子是赤霉病的初侵染源。研究人员前期在禾谷镰孢等真菌中发现了 A-to-I mRNA 编辑现象，并证明该现象特异发生在有性生殖时期，对子囊孢子产生至关重要。本研究通过系统性研究证实 FgTad2-FgTad3-Ame1 三元复合体是真菌中负责 A-to-I mRNA 编辑的催化系统，其中 FgTad2 是催化亚基，FgTad3 和 Ame1 是调控亚基，FgTad3 的 C-端与 FgTad2 互作形成催化中心，N-端与 Ame1 互作负责 RNA 底物识别。Ame1 特异在有性生殖阶段被诱导表达，是 A-to-I mRNA 编辑的激活因子。在没有 Ame1 情况下，FgTad2-FgTad3 异源二聚体只催化 tRNA 的 A-to-I 编辑。Ame1 与 FgTad3 互作后促使 FgTad2-FgTad3 能够催化 mRNA 上 A-to-I 编辑。有意思的是，FgTad2 和 FgTad3 的表达均受到可变转录起始调控，二者在所有时期表达一种长转录本，但在有性生殖阶段通过内部启动子表达一种短转录本。FgTad3 的两种转录本 5′-UTR 长度不同，但表达同样的蛋白。FgTad2 的两种转录本 ORF 区长度不同，长转录本表达的蛋白 N-端出现 112 个氨基酸延伸。FgTad2 短转录本表达的蛋白与 FgTad3 互作更强，表明可变转录起始调控 A-to-I mRNA 编辑活性。综上所述。本研究明确了禾谷镰孢中 A-to-I mRNA 编辑的催化系统，为基于真菌 RNA 编辑系统的基因编辑工具的开发奠定了基础，也为防控以有性孢子为初侵染源的真菌病害提供了良好靶标。

关键词：禾谷镰孢；A-to-I mRNA 编辑；有性生殖；TAD；AME1

---

* 基金项目：国家优秀青年科学基金（31622045）
** 第一作者：冯婵婧，博士后，研究方向为植物病理学；E-mail：fcj413@163.com
*** 通信作者：刘慧泉，教授，主要从事小麦赤霉病研究；E-mail：liuhuiquan@nwafu.edu.cn

真菌中存在一种依赖 RID 的新基因组防御机制*

侯孟德**，倪亚甲，尹锦蓉，王秦虎，江　聪，刘慧泉***
（西北农林科技大学植物保护学院，杨凌　712100）

摘　要：丝状子囊真菌中主要存在 3 种基因组防御机制用于限制转座子扩增：第一种是发生在无性阶段由多拷贝串联重复引起的 RNA 沉默（quelling），第二种是发生在有性阶段由同源染色体 DNA 不配对导致的减数分裂 RNA 沉默（MSUD），第三种是发生在有性阶段由重复序列诱导的点突变（RIP）。小麦赤霉病的优势致病菌禾谷镰孢（*Fusarium graminearum*）基因组中的转座子含量异常低（0.1%），先前的研究认为主要是 RIP 机制造成的，但禾谷镰孢中的 RIP 活性相比其他真菌并不高，且其是同宗配合真菌，自然情况下，MSUD 仅发生在异宗配合真菌中。在研究禾谷镰孢有性生殖过程中，发现了一种新的有性阶段特异的 RNA 沉默机制（RIDS），两个拷贝的串联重复即可诱导沉默发生，且沉默效率几乎为 100%，远大于两种已知的 RNA 沉默机制。研究发现串联重复上产生一类 24 nt 的 siRNA，其产生依赖 FgQde1（RdRp）。令人意外的是，负责 RIP 机制的 *FgRID*1 敲除突变体中，此类 siRNA 几乎完全丧失，沉默也几乎不再发生。进一步研究发现，FgRid1 促进 FgQde1 在串联重复片段上富集，并诱导 siRNA 产生。有意思的是，FgRid1 的编码区具有提前终止密码子 TAG，在有性阶段经过 A-to-I RNA 编辑后才能编码完整的功能蛋白。因此，新发现的 RIDS 很可能作为禾谷镰孢中抑制转座子扩增的重要基因组防御机制发挥作用，且 RIP 和 RIDS 两种基因组防御机制均受到 A-to-I RNA 编辑调控。

关键词：禾谷镰孢；有性生殖；基因组防御；RNA 沉默；RIP；A-to-I RNA 编辑

---

* 基金项目：国家自然科学基金面上项目（32170200）
** 第一作者：侯孟德，博士研究生，研究方向为植物病理学；E-mail：houmengde@nwafu.edu.cn
*** 通信作者：刘慧泉，教授，主要从事小麦赤霉病研究；E-mail：liuhuiquan@nwafu.edu.cn

禾谷镰孢生活史不同阶段细胞形态建成中 cyclin 的特异性调控功能*

黄俊锜[1**]，张承康[2]，许金荣[2]，刘慧泉[1***]
（1. 西北农林科技大学植物保护学院，杨凌 712100；
2. 美国普渡大学植物与植物病理系，西拉法叶 IN 47906，美国）

摘 要：在许多模式二态酵母和兼性寄生病原真菌中发现细胞周期对真菌各时期发育相关的形态建成十分重要，但在丝状真菌中报道有限。禾谷镰孢（*Fusarium graminearum*）是造成小麦赤霉病的主要病原真菌。这种子囊菌从营养生长向侵染生长或有性发育转变的同时细胞的形态和结构也不断变化，但转变的调控机制尚不清楚。此前报道细胞周期蛋白（cyclin）依赖性激酶 Cdc2A 参与禾谷镰孢不同发育阶段的形态建成。Cdc2-cyclin 是细胞周期的关键调节因子，禾谷镰孢具有 3 个 Cdc2-cyclin，分别是 FgCln1、FgCln2 与 FgCln3。本研究发现，FgCln1 对于侵染菌丝的发育十分重要，*Fgcln*1 突变体侵染分枝显著减少，侵染菌丝扩展受阻。FgCln1 对产囊菌丝发育不是必需的。FgCln2 是唯一可以单独驱动有丝分裂的必需 Cdc2-cyclin，不适时表达的 FgCln2 影响减数分裂。FgCln3 不影响无性生长，但其对产囊菌丝发育十分重要。Cdc2-cyclin 之间的序列差异和启动子区域决定了其时期特异性调控功能。3 个 cyclin 的蛋白编码区域互换菌株均存在严重发育缺陷。启动子互换实验发现 *FgCLN*1 的启动子对侵染发育重要，对有性发育不重要；FgCln2 启动子的表达时期十分重要但表达量不重要；*FgCLN*3 的启动子替换不影响其功能发挥。Cyclin 的数量与分布在不同物种变化较大，但在丝状真菌中相对保守。本研究系统地鉴定了 Cdc2-cyclin 在禾谷镰孢中对菌丝形态建成的阶段特异性调控作用，研究结果对其他丝状真菌具有重要参考意义。

关键词：细胞周期；形态建成；禾谷镰孢；cyclin；阶段特异性

---

* 基金项目：国家自然科学基金面上项目（31571953）

** 第一作者：黄俊锜，博士研究生，研究方向为植物病理学；E-mail：hjqninet@163.com
*** 通信作者：刘慧泉，教授，主要从事小麦赤霉病研究；E-mail：liuhuiquan@nwafu.edu.cn

球炭疽菌（*Colletotrichum coccodes*）果胶酶候选效应蛋白的预测及分析*

金梦军**，杨成德***，王一丹，马 婷，蔡锋锋

（甘肃省农作物病虫害生物防治工程实验室，甘肃农业大学植物保护学院，兰州 730070）

摘 要：马铃薯炭疽病是马铃薯生产上毁灭性病害之一，可危害马铃薯的块茎、根、茎和叶片，目前在国内外多个马铃薯种植区均有发生；其病原菌为球炭疽菌（*Colletotrichum coccodes*），可侵染13科35种植物并引起炭疽病。细胞壁降解酶是球炭疽菌致病过程中的毒力因子之一，具有浸解寄主植物细胞壁，促进病原菌侵入、定殖和扩展的作用。

本研究采用生物信息学分析手段，基于球炭疽菌全基因组和转录组测序信息，以N端含信号肽、无跨膜结构、亚细胞定位于胞外、无GPI锚点定位、蛋白编码的氨基酸长度≤400、半胱氨酸残基≥4、且数据库注释具有果胶酶活性等特征为依据，对球炭疽菌的果胶酶候选效应蛋白进行预测。在全基因组中，共有1 931个基因编码的蛋白被成功注释于CAZymes数据库中，其中包含14个与果胶酶注释相关的候选效应蛋白，分别为7个果胶酸裂解酶、4个聚半乳糖醛酸酶、2个果胶酯酶和1个α-L阿拉伯呋喃糖苷酶。在转录组数据中，分别有661个、311个、415个、359个、377个、302个和558个上调表达的差异基因在球炭疽菌与马铃薯互作的3 h、6 h、12 h、24 h、48 h、72 h和96 h于CAZymes数据库中注释成功，通过在线预测，得到32个具有碳水化合物酶活性的候选效应蛋白，其中5个具有果胶酶活性，分别为4个果胶酸裂解酶和1个果胶酯酶，均可定位于本氏烟的细胞膜，且其均可抑制BAX诱导的细胞程序性死亡（PCD），其中，1个果胶酯酶和1个果胶酸裂解酶还可抑制激发子INF1诱导的PCD反应。转录组和全基因组预测的果胶酯酶候选效应蛋白序列完全一致，初步确定果胶酯酶是球炭疽菌的候选效应蛋白，为进一步明确球炭疽菌酶学致病机制奠定了基础。

关键词：球炭疽菌；全基因组；转录组；候选效应蛋白；生物信息学

---

* 基金项目：国家现代农业产业技术体系（CARS-09-P10）；2021年度甘肃省优秀研究生“创新之星”项目（2021CXZX-380）

** 第一作者：金梦军，博士研究生，研究方向为作物病害及其综合治理；E-mail：1678541254@qq.com

*** 通信作者：杨成德，博士生导师，主要从事蔬菜、马铃薯病害及其生物防治研究；E-mail：yangcd@gsau.edu.cn

FgRim15 激酶调控禾谷镰孢菌致病性的分子机制探究

孙代辕*，郭雨纤，崔芳岭，王光辉**
（西北农林科技大学植物保护学院，杨凌 712100）

摘 要：蛋白激酶是一类大的蛋白家族，可将 ATP 中的磷酸基团转移至底物蛋白的丝氨酸、苏氨酸或酪氨酸残基上，从而对底物蛋白进行磷酸化修饰。在真核生物中，蛋白磷酸化修饰参与了信号转导、细胞代谢、基因转录、细胞分裂、细胞骨架重排以及环境应答等多个生命过程。在植物病原真菌中，蛋白激酶也扮演着重要的角色，参与了病菌的营养生长、无性/有性生殖、胁迫应答以及植物侵染等过程。禾谷镰孢菌中共鉴定到 116 个蛋白激酶，其中 96 个蛋白激酶基因被成功敲除。Rim15 是 AGC 激酶 NDR（nuclear Dbf2-related kinases）家族成员，其激酶结构域包含一个保守的 N 端 PAS（Per-Arnt-Sim）结构域。本研究发现，*FgRIM*15 基因的缺失对禾谷镰孢菌的营养生长无显著影响，却会导致病菌致病能力的完全丧失以及 DON 毒素产量的显著下降。酵母双杂交实验表明，FgRim15 与胁迫应答转录因子 FgMsn2 存在互作关系。*FgRIM*15 基因的缺失，会导致 FgMsn2 在细胞核内的定位减弱。而 *FgMSN*2 基因的缺失也会导致禾谷镰孢菌致病力的丧失以及 DON 毒素产量的降低，且 *FgRIM*15 和 *FgMSN*2 基因的缺失均会造成 DON 毒素产毒小体形成的延迟。因而，笔者推测 FgRim15 可能通过胁迫应答转录因子 FgMsn2 调控一系列下游基因的表达，进而参与了禾谷镰孢菌的侵染过程。

关键词：禾谷镰孢；蛋白激酶；Rim15；致病性

---

* 第一作者：孙代辕，博士研究生，研究方向为植物病理学；E-mail：sdybhmx1117@163.com
** 通信作者：王光辉，助理研究员，主要从事小麦赤霉病研究

新疆伊犁小麦根部病害病原菌分离鉴定

孙婷婷[1,2]，林　敏[1,2]，黄倩楠[3]，刘　琦[1,2]，陈　晶[1,2]
［1. 新疆农业大学农学院，农林有害生物监测与安全防控重点实验室，乌鲁木齐　830052；
2. 农业农村部西北荒漠绿洲农林外来入侵生物防控重点实验室
（部省共建），乌鲁木齐　830052；3. 伊犁州农业科学研究所，伊犁　835000］

摘　要：新疆伊犁小麦根部病害危害严重，相关种类与病原未见详细报道。本研究在2021年伊犁各市县的17个麦区采集疑似病株127份，经过组织分离培养、形态学特征鉴定、致病性测定、ITS1和ITS4同源性比较等方法综合鉴定伊犁小麦根部真菌病害主要类型与致病菌。结果表明，共分离真菌241株，其中镰孢菌（*Fusarium*）135株、离蠕孢（*Bipolaris*）37株、链格孢（*Alternaria*）57株，以及其他菌株12株。经致病性测定及分子生物学鉴定共筛选出18株致病菌株，经测序及系统发育比较分析后，镰孢菌属致病菌分离频率最高，为38.9%，离蠕孢属次之，为27.8%，链格孢属为22.2%，其他11.1%。研究结果为新疆小麦病害绿色安全防控提供理论依据。

关键词：新疆伊犁；小麦根部病害；真菌；病原鉴定

希金斯炭疽菌 C6 类转录因子 Ch174 参与调控附着胞的形态建成[*]

祝一鸣[**]，王　莉，陈炜伦，段灵涛，周而勋[***]
（华南农业大学植物保护学院植物病理学系，
广东省微生物信号与作物病害重点实验室，广州　510642）

摘　要：希金斯炭疽菌（*Colletotrichum higginsianum*）引起的炭疽病是十字花科植物上最常见且严重发生的病害之一，也是制约十字花科蔬菜产量和品质的重要因素。由于希金斯炭疽菌具有容易培养和易于遗传转化等特点，且其全基因组序列已经公布，因而该菌已成为研究植物病原真菌与寄主植物相互作用的理想真菌。本实验室此前筛选了希金斯炭疽菌自噬相关蛋白 ChAtg8 的互作蛋白，并基于 UIM 基序捕获了 ChAtg8 的互作蛋白 Ch174。Ch174 注释为 C6 转录因子家族，编码 611 个氨基酸，相对分子量 68.64 kDa，等电点 7.16，不稳定系数 56.60，为不稳定蛋白，总平均亲水性-0.220，是亲水性蛋白，亚细胞定位预测为细胞质和细胞核。而后通过 Y2H 和 GST pull-down 实验进一步证明了 ChAtg8 与 Ch174 互作。C6 转录因子 Ch174 含有两个保守结构域，N 端含有一个 C6 Zinc 双核簇 DNA 结合结构域，其特异性较高，不含有跨膜结构域及信号肽。通过对 *Ch*174 基因的敲除发现，*Ch*174Δ 菌株生长速率较 WT 慢，黑色素含量更低，更重要的是 *Ch*174Δ 菌株几乎丧失了致病力。通过进一步的观察发现，Ch174 参与附着胞的形态建成，敲除 *Ch*174 基因后，突变体菌株产生的附着胞不能正常产生侵入钉，取而代之的是从附着胞继续产生一根菌丝使附着胞无法正常穿透植物表皮细胞，致病力丧失。综上，我们基于 UIM 基序的筛选和验证，发现了一个与自噬蛋白 ChAtg8 互作的 C6 转录因子 Ch174。该转录因子可以调控希金斯炭疽菌附着胞正常产生侵入钉，进而影响致病力。以上研究结果大大地拓宽了我们对于自噬的认知，也为希金斯炭疽菌的防控提供了理论依据。

关键词：希金斯炭疽菌；转录因子；附着胞；自噬

---

* 基金项目：广东省自然科学基金项目（2021A1515011166）
** 第一作者：祝一鸣，博士，研究方向为分子植物病理学；E-mail：zhu_yiming1992@163.com
*** 通信作者：周而勋，教授，博士生导师，研究方向为分子植物病理学；E-mail：exzhou@scau.edu.cn

香蕉枯萎病菌致病基因的挖掘与功能解析*

高　辉[1**]，蒋尚伯[2]，杨　迪[2]，杜婵娟[2]，
张　晋[2]，潘连富[2]，崔海涛[1***]，付　岗[2***]
（1. 福建农林大学，福州　353001；2. 广西农业科学院植物保护研究所，
农业农村部华南果蔬绿色防控重点实验室，广西作物病虫害生物学重点实验室，南宁　530007）

摘　要：香蕉枯萎病是由尖孢镰孢菌古巴专化型（*Fusarium oxysporum* f. sp. cubense，Foc）引起的毁灭性土传病害，目前生产上仍缺乏针对该病的有效防治药剂和理想抗病品种。该病病原菌致病力强，变异丰富，其致病机制尚未解明。鉴于此，本研究针对 299 株 Foc 菌株采用全基因组重测序方法，运用全基因组关联分析，深入挖掘其致病基因。根据生理小种、营养亲和群等特性将测得的致病力表型数据进行分组，分别依据数量性状与质量性状，使用 Gemma 软件基于混合线性模型进行全基因组关联分析。共计关联到 151 个相关 SNP，通过比对参考基因组，最终确定 46 个候选致病基因。采用 PCR 技术克隆了 FocScp、FocChp、FocGf12 三个基因的全长序列，生物信息学分析表明：FocScp 在基因组全长为 1 134 bp，cDNA 编码区全长 948 bp，编码蛋白含 314 个氨基酸，预测编码产物大小约 33.27 kDa，为胞外分泌蛋白；FocChp 在基因组全长为 2 848 bp，cDNA 编码区全长 1 302 bp，编码蛋白含 433 个氨基酸，预测编码产物大小约 49.17 kDa，为含有 3 个锌指结构域的转录因子；FocGf12 在基因组全长为 2 351 bp，cDNA 编码区全长 1 533 bp，编码蛋白含有 480 个氨基酸，预测产物大小约 53.54 kDa，为糖苷水解酶家族蛋白。运用同源重组方法在菌株 Foc4 背景下分别将 3 个基因敲除，获得了敲除突变体，并初步分析了突变体在香蕉上的致病性。本研究为进一步阐明病原菌的致病机制，香蕉抗枯萎品种选育以及新的药物靶标的开发奠定基础。

关键词：尖孢镰孢菌古巴专化型；全基因组关联分析；致病基因

---

* 基金项目：中央引导地方科技发展资金项目（桂科 ZY21195015）；国家自然科学基金（31560006）

** 第一作者：高辉，硕士研究生，主要从事香蕉病害致病机制研究；E-mail：1870886377@ qq. com

*** 通信作者：崔海涛，教授，主要从事植物免疫调控的分子机制研究；E-mail：cui@ fafu. edu. cn
付岗，研究员，主要从事热作病害综合防治研究；E-mail：fug110@ gxaas. net

小 GTP 酶 FoRab5 在尖孢镰孢菌中的功能研究

谭祥宇*，李二峰**
（天津农学院，天津农学院植物病理学实验室，天津 300392）

摘　要：甘蓝枯萎病是由尖孢镰孢菌黏团专化型（*Fusarium oxysporum* f. sp. *conglutinans*）侵染所引起的土传病害，是制约甘蓝生产的重要因素。前人对多种植物病原真菌如禾谷镰孢菌（*Fusarium graminearum*）、稻瘟病菌（*Magnaporthe oryzae*）等的研究中表明，Rab（Ras-like proteins in brain）家族蛋白是细胞内囊泡运输的分子开关，在囊泡运输的不同阶段发挥作用，其中 Rab5 主要调控蛋白质从高尔基体到内涵体和从质膜到内涵体的运输，但在尖孢镰孢菌黏团专化型中对 Rab 家族蛋白的研究一直未见报道。本研究采用同源重组和 PEG 介导真菌遗传转化的方法获得了 *ΔFoRab5* 基因敲除突变体菌株。对 *ΔFoRab5* 基因敲除突变体和野生型菌株在生物学特性及相关功能表型等方面进行比较分析，结果表明：*ΔFoRab5* 突变体在 PDA 培养基上生长速度减慢约 21.9%，气生菌丝明显减少，菌落颜色呈黄白色，菌丝尖端部分膨大，产孢量降低约 98.05%；胁迫实验表明突变体对 NaCl、KCl、刚果红、山梨醇、H_2O_2、SDS 较野生型表现更为敏感，菌落生长速率明显降低；采用活体接种法进行致病力分析，结果表明 *ΔFoRab5* 敲除突变体的致病力显著降低。本研究结果为后续深入研究尖孢镰孢菌黏团专化型 Rab5 蛋白的功能奠定基础，有利于进一步揭示其致病机制，对于制定合理的分子防治策略具有重要的意义。

关键词：尖孢镰孢菌；基因敲除；Rab 蛋白；致病性分析

* 第一作者：谭祥宇，硕士研究生，研究方向为植物病理学；E-mail：tanxiangyu0154@163.com
** 通信作者：李二峰，讲师，主要从事植物病理学研究；E-mail：lef143@126.com

小麦/油菜间作对作物叶部微生物种群结构的影响*

蒋姣姣[1**]，何兴仙[1**]，邵辰怡[1]，杨路燃[1]，刘　林[1,2***]
（1. 云南农业大学植物保护学院，昆明　650201；2. 云南农业大学烟草学院，昆明　650201）

摘　要：同为小春作物的小麦和油菜分别是我国重要的粮食和油料作物。作物长期单一连作使得小麦、油菜作物病害发生严重，影响着小麦、油菜的安全生产。关于间作对作物营养物质吸收、病虫害防治的报道较多，但从叶际微生物角度解析间作对作物叶部微生物种群结构影响和病害发生关系的研究目前尚未见报道。本文基于 Illumina Miseq 高通量测序技术，通过室内盆栽试验，分析小麦/油菜间作对小麦和油菜叶部微生物种群结构的影响。研究结果表明：间作和单作条件下，同一作物叶部微生物的种群数量存在较大差异，在属水平，单作小麦和单作油菜检测到的叶部真菌属的数量较丰富，而间作条件下，小麦和油菜叶际真菌属的数量较少；但是间作小麦和油菜叶部检测到的细菌属的数量较净作小麦和油菜多。分析同一作物相同种植模式 30 d 和 40 d 采集的样品发现，除了细菌间作条件下随着种植时间的延长，细菌属的数量增加外，其余条件下检测到的细菌属的数量和所有种植模式下真菌属的数量随着种植时间的延长属的数量在减少；而且几乎所有的样品均随着种植时间的延长，有的微生物会消减，但也会产生新的微生物。通过分析种水平不同种植模式小麦和油菜叶际微生物的 α 多样性和 β 多样性，结果表明，除了小麦/油菜间作条件下小麦和油菜叶际观察细菌种类 40 d 时较 30 d 多，物种多样性增加外，其余细菌和真菌均表现为物种数减少，多样性降低。进一步分析单作和间作模式下，小麦和油菜叶部病原真菌和有益真菌的组成情况发现，在作物叶部中发现小麦潜在病原菌有 9 个属：分别为布氏白粉菌属（*Blumeria*）、镰孢菌属（*Fusarium*）、平脐蠕孢属（*Bipolaris*）、芸薹油壶菌（*Olpidium brassicae*）、木贼镰孢菌（*Gibberella intricans*）、小不整球壳属（*Plectosphaerella*）、芽枝菌（*Cladosporium*）、青霉菌（*Penicillium*）和油壶菌（*Olpidium*）。潜在的有益菌为：腐质霉属（*Humicola*）和红菇属（*Russula*）。通过比较分析间作和单作模式下病原微生物的丰度发现：随着种植时间的延长，间作模式下布氏白粉菌属（*Blumeria*）、赤霉属（*Gibberella*）、小不整球壳属（*Plectosphaerella*）、枝孢属（*Cladosporium*）等潜在病原菌的丰度较单作减少快，小麦/油菜间作模式下小麦白粉病较轻。而潜在的有益真菌腐质霉属（*Humicola*）和正红菇（*Russula*）则相反，间作模式下，随着种植时间的延长，其丰度减小的较净作慢。可见，小麦/油菜间作有效控制小麦白粉病的发生与发展。

关键词：小麦/油菜间作；叶部微生物；种群结构；小麦白粉病

---

* 基金项目：云南省重大科技专项（202202AE090034）；云南省“兴滇人才支持计划”青年人才（YNWR-QNBJ-2020-299）

** 第一作者：蒋姣姣，硕士研究生，主要从事作物病害防治研究
何兴仙，硕士研究生，主要从事作物病害防治研究

*** 通信作者：刘林，副教授，主要从事植物病理研究；E-mail：liulin6032@163.com

A-to-I RNA 编辑通过调控蛋白泛素化促进禾谷镰孢有性发育成熟*

辛凯芸**，张　洋，范立刚，许　铭，刘慧泉***
（西北农林科技大学植物保护学院，杨凌　712100）

摘　要：随着细胞的衰老，细胞中会不断累积大量错误折叠蛋白，这些错误折叠的蛋白会进一步加速细胞衰老。泛素-蛋白酶系统可以有效降解这些错误折叠蛋白进而延缓细胞衰老。CAND1（cullin-associated and neddylated-dissociated）为 RING-E3 泛素连接酶系统的底物交换因子。研究发现，随着禾谷镰孢菌丝的不断衰老，细胞总体的泛素化水平明显升高，而 *FgCAND*1 的转录水平不断降低，且缺失 *FgCAND*1 之后，禾谷镰孢的营养生长和有性生殖发育明显延迟。进一步研究表明，FgCand1 能够和 FgCullin1、FgCullin3、FgCullin4 蛋白互作抑制泛素化，进而促进禾谷镰孢的衰老。此外，*FgCAND*1 在禾谷镰孢的宿主侵染和 DON 毒素产生的过程中发挥重要作用。缺失 *FgCAND*1 之后，禾谷镰孢不能形成侵染结构并且在 TBI 培养基中不能产生 DON 毒素。有意思的是，*FgCAND*1 包含 29 个 A-to-I RNA 编辑位点，其中 25 个位点为错义编辑。研究发现，当将 9 个编辑效率大于 40%且对氨基酸性质改变较大的错义编辑位点同时突变成编辑前（ue）或编辑后（oe）时，禾谷镰孢的有性生殖出现明显缺陷，只表达编辑前蛋白的突变菌株 $cand1^{ue9}$ 子囊发育明显延迟，而只表达编辑后蛋白的突变菌株 $cand1^{oe9}$ 子囊发育比对照菌株更成熟，这说明 RNA 编辑能促进子囊发育，但只表达编辑后的蛋白可能会使子囊衰老更快，只有同时表达编辑前和编辑后两种蛋白时，子囊才能正常发育。进一步研究发现，*FgCAND*1 上的 RNA 编辑事件降低了 FgCand1 和 Cullin 蛋白的互作，因此 RNA 编辑可能通过影响 RING-E3 泛素连接酶的活性来促进有性生殖。综上所述，*FgCAND*1 在禾谷镰孢的多种生物学过程中起到了关键作用，A-to-I RNA 编辑可以通过调控 *FgCAND*1 的功能来促进有性生殖过程。

关键词：衰老；禾谷镰孢；有性生殖；E3 泛素连接酶；A-to-I RNA 编辑

---

* 基金项目：国家自然科学基金面上项目（32170200）
** 第一作者：辛凯芸，博士研究生，研究方向为植物病理学；E-mail：xinkaiyun@ nwafu. edu. cn
*** 通信作者：刘慧泉，教授，主要从小麦赤霉病研究；E-mail：liuhuiquan@ nwafu. edu. cn

新疆设施草莓根腐病调查及病原鉴定*

张许可**，张 琴，苗天承，李克梅***，王丽丽***
［新疆农业大学农学院，农业农村部西北荒漠绿洲农林外来入侵生物防控重点实验室
（部省共建），农林有害生物监测与安全防控重点实验室，乌鲁木齐 830052］

摘 要：草莓（*Fragaria × ananassa* Duch.）为蔷薇科（Rosaceae）草莓属（*Fragaria*）宿根性多年生草本植物，其果实鲜美多汁，富含营养，素有“水果皇后”之称。草莓作为重要的经济作物，广泛在世界范围内种植，尤其反季节设施栽培采摘草莓备受欢迎。随着种植面积逐年增加，草莓幼苗调运频繁，加之种植环境密闭高温和高湿等特点，导致草莓病害频发。草莓根腐病是其生产中常见病害之一，感病植株根部受害时，根系变少，褐色腐烂，导致地上部植株矮小、萎蔫，叶缘变黄卷曲至褐色枯死，严重时整株死亡。目前，国内外已报道的草莓根部致病菌较复杂，多达 20 余种，主要包括镰孢属（*Fusarium* spp.）、炭疽菌属（*Colletotrichum* spp.）、丝核菌属（*Rhizoctonia* spp.）和疫霉属（*Phytophthora* spp.）等。

本研究通过对新疆乌鲁木齐县设施草莓根部病样的病原菌分离培养、单孢纯化和柯赫法则回接验证，综合病原菌形态学特征以及基于 ITS、TEF1 和 TUB 3 个基因片段的分子生物学系统发育分析结果，鉴定病原菌种类。结果表明：本次研究共鉴定得到 4 种病原菌，经在菌物名录索引网站 Index Fungorum（http：//www. Index fungorum. org）核验，分别鉴定为 *Fusarium concentricum*、茄腐镰孢菌（*Fusarium solani*）、棒状新拟盘多毛孢（*Neopestalotiopsis clavispora*，曾用名：棒状拟盘多毛孢 *Pestalotia clavispora*）和 *Dactylonectria novozelandica*（曾用名：*Ilyonectria novozelandica*）。其中，镰孢菌属的 *F. concentricum* 是本次调查中草莓根腐病的优势病原菌。

据文献，*F. concentricum* 可引起山核桃叶斑病、柑橘和辣椒腐烂病、玉米穗腐病、玫瑰茄（洛神花）果实斑点病和罗汉松枯萎病等多种作物病害，尚未发现其可引起草莓根腐病，因此，该菌是草莓根腐病的新病原。棒状新拟盘多毛孢（*N. clavispora*）在国内多省草莓种植区均有报道，是草莓根腐病的常见病原，但在新疆尚属首次发现，为新疆草莓根腐病病原菌新记录种。

此外，新疆区域内多个地州均有草莓种植，本次仅是对乌鲁木齐县设施草莓开展根腐病的调查研究，其他地区是否还有其他病原，尚有待于进一步广泛调查。本研究结果为新疆设施草莓病害的发病规律与综合防治等后续研究工作奠定了相关理论基础，对草莓生产实践具有一定的指导意义。

关键词：新疆；草莓；根腐病；分类鉴定

---

* 基金项目：国家重点研发计划项目（2022YFD1401103-4）；新疆农业大学大学生创新项目（dxscx2023006）
** 第一作者：张许可，硕士研究生，研究方向为资源利用与植物保护；E-mail：1352123731@ qq. com
*** 通信作者：李克梅，教授，主要研究植物病原菌物、线虫分类学；E-mail：835004213@ qq. com
王丽丽，副教授，主要研究植物病原菌物、菌物系统学；E-mail：1136862740@ qq. con

烟草 SA 和 JA 抗性相关基因对玉米大斑病菌响应的初步分析*

何　平[1**]，武　艺[1]，曹深岭[2]，刘　林[1,2***]
（1. 云南农业大学烟草学院，昆明　650201；2. 云南农业大学植物保护学院，昆明　650201）

摘　要：水杨酸和茉莉酸在植物的抗性中起着重要作用。本研究通过盆栽试验，将烟草赤星病菌（*Alternaria alternata*）和玉米大斑病菌（*Exserohilum turcicum*）接种于云南主栽烟草品种红花大金元和 K326，通过 RT-PCR 比较分析了非寄主病原真菌 *E. turcicum* 和病原真菌 *A. alternata* 接种烟草后，烟草茉莉酸途径（JA）上下游抗病基因（NtAOS、*NtJAZ*、*NtMYC2*）和水杨酸途径（SA）上下游抗病基因（*NtMAPK*、*NtPR1*、*NtPR2*、*NtPR11*）不同时间点的表达情况，以及 SOD、POD、PAL 酶活性和 H_2O_2 含量变化。结果表明，红花大金元和 K326 两烟草品种接种 *A. alternate* 和 *E. turcicum* 后 48 h 时，SA 途径上游抗性相关基因 *NtMAPK* 的表达量与下游相关基因 *NtPR1*、*NtPR2*、*NtPR11* 的表达量均上调，红花大金元基因表达量达到未接种病原真菌处理的 1～13 倍，K326 基因表达量达到未接种病原真菌处理的 1～38 倍，且接种 *E. turcicum* 胁迫后基因的表达量高于接种 *A. alternate* 处理的表达量；与 SA 途径抗性相关基因的表达情况一致，两品种受 *E. turcicum* 胁迫后 48h，JA 途径上游抗性相关基因 *NtAOS* 和下游相关基因 *NtJAZ* 和 *NtMYC2* 的表达量也均较对照和受 *A. alternate* 胁迫组高。受 *E. turcicum* 胁迫后的两品种在 12h 时 H_2O_2 的含量峰值均较对照和受 *A. alternate* 胁迫的高；而且，受 *E. turcicum* 胁迫后 48h 时 SOD、POD、PAL 活性水平均高于受 *A. alternate* 胁迫时的酶活性水平。综上，*E. turcicum* 可诱导烟草 SA 和 JA 途径基因表达，提高 SOD、POD、PAL 酶活性，使烟草产生抗病性，增强烟株抵御寄主病原菌的能力。

关键词：茉莉酸途径；水杨酸途径；烟草赤星病菌；玉米大斑病菌；抗病基因

---

* 基金项目：云南省重大科技专项（202202AE090034）；云南省“兴滇人才支持计划”青年人才（YNWR-QNBJ-2020-299）

** 第一作者：何平，硕士研究生，主要从事作物病害防治研究
*** 通信作者：刘林，副教授，主要从事植物病理研究；E-mail：liulin6032@163.com

杨柳树壳囊孢属真菌的分类和致病性研究

林　露，范鑫磊
（北京林业大学林学院，北京　100083）

摘　要：杨柳树具有生态适应性强、生长快、繁殖容易、轮伐期短等特点，在中国被广泛种植。然而，杨柳树病害多样，尤其以壳囊孢属（*Cytospora*）真菌引起的腐烂病危害严重。本研究旨在调查总结我国杨柳树壳囊孢属真菌的种类和地理分布。探究我国杨柳树壳囊孢属真菌的生物学特性。摸清我国壳囊孢属真菌引起的杨柳树腐烂病的主要致病菌。本研究基于在我国7个省级行政区收集的66份标本，进行了形态学和基于ITS-*act*-*rpb*2-*tef*1-α-*tub*2的单基因和多基因系统发育学的分类学研究；依据科赫氏法则进行致病性测定并比较病斑大小和病斑扩展速率；设置温度和pH梯度及不同碳源进行生物学特性分析，确定菌丝最适生长条件；基于泊松分布的相关性分析进行地理分布分析。

（1）确定我国杨柳树腐烂病相关的壳囊孢属真菌有18种。本研究中收集到8种，包括臭椿壳囊孢（*C. ailanthicola*）、白顶壳囊孢（*C. alba*）、金黄壳囊孢（*C. chrysosperma*）、东灵壳囊孢（*C. donglingensis*）、类桂皮色壳囊孢（*C. paracinnamomea*）、类半明壳囊孢（*C. paratranslucens*）、杨壳囊孢（*C. populi*）、拟国槐壳囊孢（*C. sophoriopsis*）。其中白顶壳囊孢、类桂皮色壳囊孢、杨壳囊孢为新种；类半明壳囊孢为中国新纪录种。

（2）我国杨柳树上的壳囊孢以金黄壳囊孢（*C. chrysosperma*）和白孢壳囊孢（*C. leucosperma*）分布最为广泛。

（3）我国杨柳树上壳囊孢属真菌的菌丝均可生长的温度区间为5~30℃，最适温度为20~25℃；均可生长的pH值为3~10，最适pH值为5~7；对碳源的适应力强，在6种碳源（葡萄糖、果糖、麦芽糖、蔗糖、半乳糖、木糖）上均可生长，对果糖的利用效率最高，对木糖的利用效率最低。

（4）臭椿壳囊孢（*C. ailanthicola*）、金黄壳囊孢（*C. chrysosperma*）、类半明壳囊孢（*C. paratranslucens*）、拟国槐壳囊孢（*C. sophoriopsis*）为杨树腐烂病病原；其中类半明壳囊孢（*C. paratranslucens*）致病力最强，臭椿壳囊孢（*C. ailanthicola*）次之，拟国槐壳囊孢（*C. sophoriopsis*）的致病力最弱。白顶壳囊孢（*C. alba*）和类桂皮色壳囊孢（*C. paracinnamomea*）为柳树腐烂病病原，其中白顶壳囊孢（*C. alba*）的致病性更强。

本研究证实了杨柳树上的壳囊孢属真菌的多样性，为杨柳树腐烂病病原的确认及病害防治提供了坚实的理论依据。

关键词：壳囊孢属；分类；形态学；系统发育学；病原菌

油菜 *BnNIT2* 在根肿病发病中的作用

武勇志*，聂文婧，房朋朋，梅家琴**
（西南大学农学与生物科技学院，重庆 400715）

摘 要： 根肿菌引起的根肿病是一种土传性真菌病害，严重危害油菜的生产。吲哚乙酸（IAA）含量的升高对油菜肿根的形成有重要作用。在芸薹属及拟南芥中，IAA 合成最主要的途径是吲哚乙醛肟途径，其中腈水解酶（NIT）则是该途径最重要的一步。本研究通过对抗病和感病油菜接种根肿菌后的转录组测序，发现感病材料中有多个 NIT 家族基因受菌诱导表达，其中 NIT2 的两个等位基因（*BnNIT2. A* 和 *BnNIT2. C*）在肿根形成过程均出现上调表达，可能对油菜肿根形成有较重要的作用。首先对拟南芥 NIT2 的 T-DNA 插入突变体 nit2 进行鉴定，发现突变体中 *AtNIT2* 基因的表达量比野生型拟南芥降低 9. 5 倍，IAA 含量下降 54. 63%，接种根肿菌的病情指数（DI_{nit2} = 32. 65）显著低于 WT（DI_{wt} = 46. 12）。对 *BnNIT2. A* 和 *BnNIT2. C* 进行拟南芥转基因基因功能验证，发现过表达 *BnNIT2. A* 和 *BnNIT2. C* 基因纯合株系的 IAA 含量比 WT 增加约 3 倍，2 个过表达 *BnNIT2. A* 株系的病情指数分别为 59. 11 和 61. 08，均显著高于同批次接种的 WT（DI = 46. 12），2 个过表达 *BnNIT2. C* 株系的病情指数分别为 61. 02 和 62. 50，显著高于同批次接种的 WT（DI = 52. 46）。对 WT、*nit2* 及过表达 *BnNIT2. A* 的拟南芥根系进行转录组测序，发现与 WT 相比，*nit2* 中上调表达的基因主要富集到 IAA 和 SA 信号转导、苯丙烷生物合成（木质素合成支路）等途径，过表达 *BnNIT2. A* 的拟南芥中检测到的 DEGs 有 77% 下调，显著富集到植物-病原菌互作（Ca^{2+} 信号支路）、α-亚麻酸代谢、谷胱甘肽代谢、氰基氨基酸代谢等途径。综上，油菜 *BnNIT2* 的表达有助于发病，其机制除了增加 IAA 含量外，还可能与一些抗病信号的抑制，以及一些抗菌、解毒物质合成的抑制有关。该研究结果为通过现代生物学技术提高油菜根肿病抗性提供了靶标基因，目前正在对油菜 *BnNIT2* 进行基因编辑，以期提高油菜抗病性。

关键词： 油菜；根肿病；NIT；基因功能；生长素

* 第一作者：武勇志，硕士研究生，研究方向为根肿病致病分子机理
** 通信作者：梅家琴，教授，研究方向为油菜抗病育种

核盘菌小孢子产生条件初探

杨予熙，代佳依，林立杰，汪志翔，吴波明
（中国农业大学植物保护学院，北京 100193）

摘 要：由核盘菌引起的菌核病，是蔬菜的重要病害之一。在核盘菌的生活史中，除了需要经过有性生殖过程才能产生的子囊孢子之外，核盘菌还能产生一种体积小、不能萌发的球形小孢子。了解小孢子的产生条件，将为我们研究它的生理功能提供依据。本研究选取了温度、葡萄糖含量、氧气含量、培养基形态这几个因素，对核盘菌小孢子的产量进行比较。最终，在固体培养基 PDA、液体培养基 PDB 和灭菌马铃薯块这三种培养方式下，核盘菌都产生了小孢子。在固体 PDA 和马铃薯块上，核盘菌经 3 个星期培养可以产生小孢子；在液体培养条件下，核盘菌产生小孢子需要的培养时间则非常长，在 3 个月左右。其中，灭菌马铃薯块培养获得的核盘菌小孢子产量最高。温度、营养含量和培养时间对核盘菌小孢子的产量都有影响。15℃下核盘菌小孢子的产量最高，30℃下核盘菌小孢子的产量最低。在液体培养中，低营养条件和低氧并不能促进其小孢子产生。

关键词：核盘菌；小孢子；产生条件

延边地区苹果梨黑斑病病原真菌对 5 种常见市售农药的敏感性分析*

党　玥**，吴知昱，郑体彦，付　玉***
（中国延边大学化学系，延吉　133002）

摘　要：延边地区既是我国苹果梨的发源地，也是主要产区之一。苹果梨黑斑病是对苹果梨树危害较大且具有广普性的病害之一，有的果农一味增加农药的使用浓度，使得病菌的抗药性增强，敏感度降低，农药的防治效果逐年减弱。因此，为了有效防治苹果梨黑斑病，有必要加强评估苹果梨黑斑病病原真菌对农药的敏感性研究，为进一步创建新型苹果梨黑斑病杀菌剂提供依据。

本研究测试了苹果梨黑斑病（*Alternaria alternata*）对苯甲吡唑酯、苯醚甲环唑、代森锰锌、戊唑醇和丙环唑的敏感性。结果表明，供试菌株对 5 种杀菌剂均表现敏感，平均 EC_{50} 值均小于 5 μg/mL。供试链格孢菌对苯醚甲环唑和苯甲吡唑酯的敏感性较高，而对戊唑醇、代森锰锌和丙环唑的敏感性较低（图 1）。

关键词：苹果梨；黑斑病；链格孢菌；敏感性

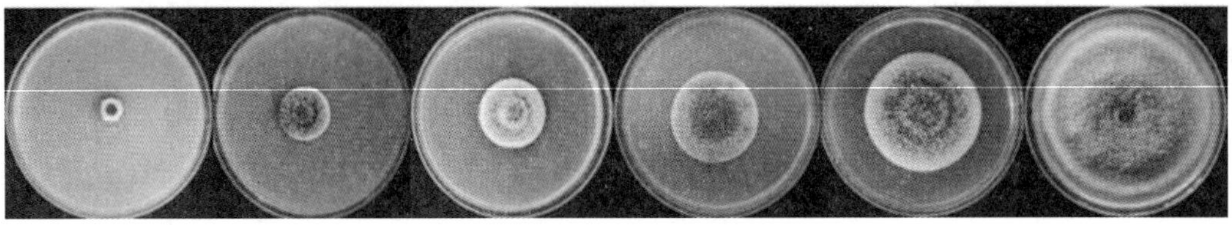

苯甲吡唑酯组　苯醚甲环唑组　代森锰锌组　戊唑醇组　丙环唑组　空白对照组

图 1　不同农药处理下接种链格孢菌的菌落形态

* 基金项目：吉林省科技厅科学技术研究规划项目（JJKH20230628KJ）

** 第一作者：党玥，硕士研究生，研究方向为植物病原真菌及真菌病害；E-mail：1627881388@ qq. com

*** 通信作者：付玉，讲师，研究方向为植物病原真菌及真菌病害；E-mail：fuyu@ ybu. edu. cn

茵陈蒿精油对苹果梨黑斑病链格孢菌的抑制作用研究*

孙书楠**，吴雨琦，付　玉***

（中国延边大学化学系，延吉　133002）

摘　要：吉林省延边朝鲜族自治州（简称延边州）苹果梨年产量超 10 万 t，实现产值近亿元，是延边州一大支柱产业。苹果梨黑斑病是主要侵染苹果梨各部位尤其是叶部的常见真菌病害，病原为链格孢属真菌（*Alternaria* spp.）。目前主要的防治手段是化学防治，亟须研发高效、低毒、绿色的苹果梨黑斑病病原菌天然抑制剂。笔者采集了延边州茵陈蒿新叶，利用水蒸气蒸馏法提取了茵陈蒿精油。同时，采用平板法测定了茵陈蒿精油对苹果梨黑斑病链格孢菌的抑菌圈大小、抑菌率和最低抑菌浓度（Minimum inhibitory concentration，MIC）。结果表明，当茵陈蒿精油的 MIC 质量分数为 0.5%时，抑制率可达 100%。这就说明茵陈蒿精油能够有效地抑制苹果梨黑斑病链格孢菌生长，不仅为新型抗苹果梨黑斑病病原菌抑制剂提供理论依据，同时也为其他植物黑斑病抑制剂研究提供参考。

关键词：植物精油；抑菌作用；链格孢菌；苹果梨；黑斑病

---

* 基金项目：吉林省科技厅科学技术研究规划项目（JJKH20230628KJ）；延边大学博士启动项目（602020067）

** 第一作者：孙书楠，本科生，研究方向为植物病原真菌及真菌病害；E-mail：1501415678@qq.com

*** 通信作者：付玉，讲师，研究方向为植物病原真菌及真菌病害；E-mail：fuyu@ybu.edu.cn

镰孢菌多样性影响发病麦穗毒素的积累

王　强，周　佳，田　静，范三红，胡小平
（西北农林科技大学植物保护学院，农业农村部黄土高原
作物有害生物综合治理重点实验室，杨凌　712100）

摘　要：赤霉病是世界范围内谷物类作物的重要病害之一，通常由几种不同的镰孢菌侵染造成。该病不但造成小麦严重减产，而且病原菌所产生的毒素严重威胁人畜健康。长期以来单个发病麦穗上的镰孢菌群落组成结构一直未被探究。本研究通过基因组比较分析找到了镰孢菌种间特异性的 DNA 区段，构建了镰孢菌种水平上的 DNA barcoding 技术，分析了我国 8 个省份 26 个地区中 578 个发病麦穗上镰孢菌种群的多样性，发现亚洲镰孢菌和禾谷镰孢菌是我国麦区中引起赤霉病发生的主要病原菌，分别分布在秦岭-淮河的南北，两种镰孢菌的相对丰度按地理位置均出现梯度型分布。聚类分析发现山东几个地区形成了一个镰孢菌混合发生区域，该区域的发病麦穗上包含多种不同镰孢菌，甚至单个发病麦穗上含有超过 10 种不同镰孢菌 OTU。尽管毒素的积累与地理位置无关，但河南两个地区的 DON 相对含量最高。此外，发病麦穗上镰孢菌群落多样性与 DON、15-AcDON、ZEN 和 NIV 毒素积累呈现显著的相关性：①在发病麦穗上，一个丰富的镰孢菌群落能够显著降低 DON、15-AcDON 和 ZEN 毒素的积累；②随着镰孢菌群落多样性增加，NIV 毒素积累显著增强。该研究首次揭示了发病麦穗上镰孢菌群落多样性是影响赤霉菌毒素积累的重要因子，为赤霉病防控和真菌毒素研究提供了重要的参考依据。

关键词：赤霉病；镰孢菌；OTU；DON；毒素积累

Sexual Recombination Between *Puccinia striiformis* f. sp. *hordei* and *Puccinia striiformis* f. sp. *tritici*

DU Zhimin, KANG Zhensheng, ZHAO Jie*

(*State Key Laboratory of Crop Stress Biology for Arid Areas*, *College of Plant Protection*, *Northwest A&F University*, *Yangling* 712100, *China*)

Abstract: Wheat stripe rust and barley stripe rust, caused by *Puccinia striiformis* f. sp. *tritici* (*Pst*) and *P. striiformis* f. sp. *hordei* (*Psh*) respectively, are devastative fungal diseases. New races often overcome the resistance of wheat cultivars becoming susceptible, and can cause epidemics of the disease. However, approaches in relation to generation of new races have remained unknown. Herein, sexual hybridization between the *Pst* isolate 32B-2 and the *Psh* isolate XZ-19-972 were made on *Berberis aggregata* as their common alternate host to obtain 40 F_1 progeny, and 148 F_2 progeny was established from the F_1 progeny T-SAZ4. Overall F_2 progeny were used for phenotyping on *Yr*-single differentials and genotyping with KASP-SNP markers. The results showed that the F_1 progeny T-SAZ4 was heterozygous at all resistance loci with virulence variation. Based on 22 KASP-SNP markers, the homozygous genotype loci corresponded to normal distribution, indicating that the F_2 progeny randomly generated. A linkage map was constructed by the F_2 progeny and covered 496.3 cM of genetic distance. The F_2 progeny showed a distinctly increased heterozygosity and enriched the population diversity. This study demonstrated that sexual recombination between formae speciales of *P. striiformis* is an important way generating new races, providing an insight into understanding evolution and virulence variation of the rust.

Key words: Stripe rust; Wheat; Barley; *Puccinia striiformis* f. sp. *tritici*; *Puccinia striiformis* f. sp. *hordei*; Sexual recombination; New race; Virulence variation

* Corresponding author: ZHAO Jie; E-mail: jiezhao@nwafu.edu.cn

香蕉枯萎病菌 milR138 靶标基因的鉴定与功能研究*

何嘉慧，钟家祺，金龙祺，姜子德，李敏慧**
（华南农业大学植物保护学院，广州 510642）

摘　要：尖孢镰孢菌古巴转化型（*Fusarium oxysporum* f. sp. *cubense*，*Foc*）所引起的香蕉枯萎病是香蕉生产上最具毁灭性的病害，对全球香蕉生产及贸易造成严重威胁。近年来研究发现真菌存在一种非编码小分子 RNA——microRNA-like RNA（milRNA），并证实 milRNAs 能够在病原真菌-寄主植物互作过程中起跨界调控作用，但香蕉枯萎病菌中是否存在 milRNA 的跨界调控尚未见报道。课题组前期通过小分子 RNA 高通量测序技术鉴定出香蕉枯萎病菌中依赖于 FoQDE2 合成且致病相关的 milRNA——*Foc*-milR138。为进一步阐明香蕉枯萎病菌的 *Foc*-milR138 如何跨界调控寄主香蕉上的基因表达从而调控致病过程，本研究通过比较香蕉枯萎病菌侵染寄主不同时间的转录组数据，并结合 psRNATarget 软件在线预测 milRNA 的靶标基因，筛选出 *Foc*-milR138 在寄主香蕉（*Musa acuminata* subsp. *malaccensis*）上的候选靶标基因 *MaLysm*。利用烟草瞬时表达体系将香蕉 *MaLysm* 基因和 *Foc*-milR138 共同表达在烟草叶片，再通过 qRT-PCR 和 Western Blot 分别在转录水平和翻译水平验证了 *Foc*-milR138 与 *MaLysm* 基因的靶向调控关系。生物信息学分析显示该基因编码一种 LysM 类受体激酶蛋白，具有识别真菌细胞壁几丁质成分从而激发免疫反应功能。利用农杆菌介导的瞬时转化方法，将 *Malysm* 异源表达在本氏烟草叶片中，通过绿色荧光观察到其亚细胞定位于细胞膜。后续笔者会继续对香蕉 *MaLysm* 基因的功能进行研究，以期全面揭示香蕉枯萎病菌在致病过程中通过生成 *Foc*-milR138 靶向寄主香蕉功能基因的致病机理。

关键词：香蕉枯萎病菌；milRNA；跨界调控；靶标基因鉴定；MaLysm

---

* 基金项目：国家自然科学基金（31871911）；广东省自然科学基金（2023A1515012965）；国家香蕉产业技术体系-生物防治与综合防控岗位项目（CAR-31-09）

** 通信作者：李敏慧，副教授，从事植物真菌病害及生物防控方面的研究；E-mail：liminhui@ scau. edu. cn

A Crosss-kingdom milRNA of *Fusarium oxysporum* f. sp. *cubense* Impairs Plant Resistance by Targeting at Banana *MaPTI6* at Post-transcriptional Level*

ZHONG Jiaqi, SITU Junjian, HE Chengcheng, HE Jiahui, ZHANG Furong, JING Longqi, LI Huaping, JIANG Zide, LI Minhui**

(*College of Plant Protection, South China Agricultural University, Guangzhou*, 510642, *China*)

Abstract: Fungi produce microRNA-like RNAs (milRNAs) which are functionally important in various biological processes. According to our previous findings, a newly identified milRNA (Foc-milR87) of *Fusarium oxysporum* f. sp. *cubense* contributes to virulence by targeting pathogen's own glycosyl hydrolase coding gene during the early infection stage. However, the role of cross-kingdom fungal milRNAs in plant-pathogen interactions still largely uncharacterized. In the study, we identified a Pto interacting protein coding gene *MaPTI6*, as a target of *Foc*-milR87 in banana genome. *Foc*-milR87 specifically targeted the 3' untranslated region (UTR) and dramatically suppressed the expression of *MaPTI6*. Overexpression of MaPTI6 positively activated plant immune responses. However, when MaPTI6 co-expressed with *Foc*-milR87, the activation of the plant immune response would be significantly weakened. Additionally, nuclear localization of MaPTI6 was necessary for activation of plant immunity and disease resistance. Moreover, a single nucleotide mutation located at the target site of *Foc*-milR87 was detected in wild banana cultivars with resistance to *Fusarium* wilt. And this mutation drastically increased expression of *MaPTI6* implying that the target site of *MaPTI6* is promising for disease resistance banana breeding. Our research revealed that *Foc*-milR87 plays a key role in modulating plant resistance by cross-kingdomly targeting banana *MaPTI6* and avoiding to activate the host defense responses at the early infection stage.

Key words: *Fusarium oxysporum* f. sp. *cubense*; *Foc*-milR87; Target gene identification; 3'UTR; Single nucleotide mutation; Disease resistance gene

* Funding: National Natural Science Foundation of China (31871911); Natural Science Foundation of Guangdong Province, China (2023A1515012965); Guangdong Basic and Applied Basic Research Foundation (2020B1515420006); China Agriculture Research System of MOF and MARA (CARS-31-09)

** Corresponding author: LI Minhui, Associate Professor; E-mail: liminhui@ scau. edu. cn

香蕉枯萎病菌 milR133 靶标基因的鉴定与功能研究*

张芙蓉，曾 敬，苑曼琳，姜子德，李敏慧**
（华南农业大学植物保护学院，广州 510642）

摘 要：由尖孢镰孢菌古巴专化型（*Fusarium oxysporum* f. sp. *cubense*，*Foc*）引起的香蕉枯萎病，被称为“香蕉的癌症”，此病成为全球香蕉产业持续健康发展的主要障碍。病原菌在与植物互作的过程中，会分泌大量的细胞壁降解酶（cell wall degrading enzymes，CWDEs）来解聚寄主植物细胞壁的多糖成分，从而破坏植物细胞壁结构，其中大多数的 CWDEs 是糖基水解酶（glycoside hydrolases，GHs）。实验室前期在香蕉枯萎病菌中筛选出一个依赖 Argonaute 蛋白 *FoQDE*2 合成的类微小 RNA（*Foc*-milR133），该 milRNA 在病原菌侵染初期显著高表达，是香蕉枯萎病菌致病相关的 milRNA。为进一步阐明 *Foc*-milR133 如何调控香蕉枯萎病菌的致病机制，本研究利用 eGFP 标记的靶基因鉴定方法，通过烟草瞬时表达系统，验证了 *Foc*-milR133 能够靶向抑制香蕉枯萎病菌 *FoRohin*1 的翻译。生物信息学分析发现 *FoRohin*1 编码一种 GH16 家族的糖基水解酶，N 端具有信号肽序列；在烟草叶片瞬时表达该基因可显著激活植物的免疫反应，而当 *FoRohin*1 与 *Foc*-milR133 共表达时寄主免疫反应被明显抑制；转录模式分析显示 *FoRohin*1 在香蕉枯萎病菌侵染寄主 24 h 和 48 h 后转录水平明显比纯培养时降低，而 *Foc*-milR133 在此阶段则显著地高表达。通过对香蕉枯萎病菌 *FoRohin*1 基因敲除，以及对敲除突变体的表型分析和致病力测定，我们研究了该基因的功能。结果发现 Δ*FoRohin*1 的生长和产孢与野生型 XJZ2 菌株相比基本不受影响；但对荧光增白剂的耐受性显著降低；对香蕉苗的致病力检测结果显示 Δ*FoRohin*1 敲除突变体的致病力明显高于野生型菌株。上述实验结果表明 *FoRohin*1 虽然编码细胞壁降解酶，但在香蕉枯萎病菌侵染初期并非作为致病因子而发挥功能，而是具有激活植物抗病反应的功能。推测该基因极有可能编码一种效应子在病原菌与寄主识别过程中发挥重要的作用。本研究揭示了 *Foc*-milR133 通过调控其靶标基因 *FoRohin*1 表达，从而调控枯萎病菌对寄主香蕉的致病力，为香蕉枯萎病菌的致病机理研究提供有力的分子证据。

关键词：香蕉枯萎病菌；milRNA；GH16 糖基水解酶；致病机理

---

* 基金项目：国家自然科学基金（31871911）；国家香蕉产业技术体系-生物防治与综合防控岗位项目（CAR-31-09）
** 通信作者：李敏慧，副教授，主要从事植物真菌病害及生物防控方面的研究；E-mail：liminhui@ scau. edu. cn

两种胶锈菌与圆柏互作的差异性分子机制解析

邵晨曦*，陶思齐**，梁英梅**
（北京林业大学，北京林业大学省部共建森林培育与保护教育部重点实验室，北京 100083）

摘 要：圆柏锈病病原菌亚洲胶锈菌（*Gymnosporangium asiaticum*）和山田胶锈菌（*G. yamadae*）在冬孢子阶段可以寄生在同一棵圆柏（*Juniperus chinensis*）的同一枝条上，但二者引起的症状完全不同：山田胶锈菌侵染圆柏后导致嫩枝的韧皮部和皮层增生呈瘿瘤状，冬孢子堆在瘿瘤皮层下逐渐发育，成熟后突破瘿瘤皮层外露；而亚洲胶锈菌侵染后则在圆柏的叶腋处出现轻微肿胀，直接产生楔形冬孢子角。这种不同的症状表现预示着两种胶锈菌与圆柏互作过程中的分子机制存在差异。因此，本研究利用高通量测序技术获取了受亚洲胶锈菌侵染后期Ⅲ_GA_J（冬孢子成熟时期）和山田胶锈菌侵染早期Ⅰ_GY_J（瘿组织形成初期且无明显冬孢子形成）、中期Ⅱ_GY_J（瘿组织发育中期且有尚未成熟的冬孢子突破瘿组织表皮）及后期Ⅲ_GY_J（瘿组织发育后期且有成熟冬孢子）的圆柏枝叶组织的转录组数据。经Kyoto Encyclopaedia of Genes and Genomes功能富集分析发现，Ⅲ_GA_J和Ⅲ_GY_J中共有的上调表达基因均显著富集到转运、分解代谢和转录等代谢通路，下调表达基因均显著富集到能量代谢和光合作用等代谢通路；MapMan分析结果显示大量差异表达基因均显著富集到信号、蛋白水解和次级代谢等类别，且在Ⅲ_GY_J中有大量与植物防御机制相关的级联转录基因的表达受到抑制。在山田胶锈菌侵染圆柏嫩枝的三个阶段（Ⅰ_GY_J，Ⅱ_GY_J，Ⅲ_GY_J）中，大量与光合作用、糖代谢、植物激素和防御通路相关基因呈现出先上调表达再下调表达的特点，说明由山田胶锈菌诱导形成的圆柏菌瘿组织中基因表达受到了广泛、动态地调控。同时发现山田胶锈菌中一个与细胞分裂素合成相关的tRNA-异戊烯转移酶基因（*tRNA-isopentenyltransferase*，*GytRNA-IPT*）的表达水平与菌瘿的发育过程密切相关。此外，山田胶锈菌冬孢子角及菌瘿组织中细胞分裂素的含量显著高于圆柏健康枝叶组织和亚洲胶锈菌冬孢子角，而且细胞分裂素也存在于山田胶锈菌的冬孢子浸泡液中，说明由山田胶锈菌分泌且依赖于*GytRNA-IPT*催化途径合成的细胞分裂素是诱导圆柏嫩枝上菌瘿形成的关键因素，也说明活体营养型植物病原真菌存在能够利用自身合成的激素来调控致病侵染过程的保守特征。上述结果为胶锈菌与寄主圆柏在长期共同进化过程中的特异性及差异性互作机制的研究提供新见解。

关键词：胶锈菌；菌瘿；细胞分裂素；tRNA-异戊烯转移酶；寄主特异性

* 第一作者：邵晨曦
** 通信作者：陶思齐；梁英梅

保护性耕作条件下小麦-玉米连作区小麦茎基腐病菌侵染及病害周年发生规律*

王永芳[1**]，王孟泉[2]，马继芳[1]，齐永志[3]，刘　佳[1]，勾建军[4]，甄文超[3]，董志平[1***]

[1. 河北省农林科学院谷子研究所，农业农村部特色杂粮遗传改良与利用重点实验室（部省共建），河北省杂粮研究实验室，石家庄　050035；2. 河北平乡县植保植检站，平乡　054500；3. 河北农业大学，保定　071001；4. 河北省植保植检总站，石家庄　050035]

摘　要：21 世纪初，我国大力推广秸秆还田、免耕播种等保护性耕作，特别是在冬小麦-夏玉米一年两熟连作区，作物间不再焚烧秸秆和耕翻，玉米播种在小麦生态环境中，小麦播种在玉米的生态环境中，使小麦、玉米由单一生态改变为小麦-玉米一体化生态，导致病虫害不断积累，发生更加严重。小麦茎基腐病是保护性耕作条件下引发的典型病害之一。河北省于 2012 年首先在馆陶县发现该病，当时只有个别地块发生，白穗率仅有 0.1%，随后逐年加重，至 2020 年田间白穗率高的可达 32.3%，发病面积达 66.7%。河北省 2019 年首次进行小麦茎基腐病统计，全省发病面积 439.99 万亩，2020 年发生面积增加到 713.3 万亩，已经成为当地严重影响小麦产量的重要病害，已被列入河北省二类病害目录。2022 年 6 月中国科协将小麦茎基腐病列为我国 10 大产业技术难题之一。

李洪连等 2012 年首先报道了河南省小麦茎基腐病由假禾谷镰孢菌引发。笔者课题组 2018—2022 年间，在国家粮食丰产科技创新工程项目的支持下，利用假禾谷镰孢菌研究了保护性耕作条件下小麦茎基腐病菌侵染及病害周年发生规律。首先，在室内花盆中利用菌土设 7 个不同深度进行接种，分别为表层、菌种同层，以及种下 5 cm、10 cm、15 cm、20 cm、25 cm，菌土层厚 1 cm。小麦种子播种深度为 3 cm。结果发现，只有表层接菌、种子层接菌的能高效侵染小麦种子，发病率分别为 93.33%和 100.00%，而种子层以下 5cm 接菌的发病率仅为 1.67%，种子层以下 10~25cm 接菌均未见侵染发病，由此可见，小麦种子层及以上的病菌可以有效侵染小麦引发茎基腐病。其次，通过室内外接种观察发现，小麦种子在萌发过程中胚芽就能感染病菌，造成烂种或烂芽，不能出苗；出土的病苗，病菌从种子萌发的根茎结合处侵染胚芽鞘，变褐，并向上向内扩展，病菌不侵染根，根系无褐化现象；播种过深的先侵染地中茎，再沿叶鞘向上向内扩展，发病严重的植株或单茎病菌向内扩展至茎基部，茎基腐烂阻止营养运输，造成死苗、枯茎或白穗，发病轻的仅侵染外层叶鞘，未侵染茎秆的植株或茎秆可正常生长。在河北省中南部地区，在小麦返青期拔出幼苗，分株观察，发病严重的地块就能查到病株，但在抽穗后症状更加明显，扒开小麦，可见下层已有分散的枯死茎秆或枯白穗，拔起并分茎观察，发现枯白穗多为分蘖穗，散落在小麦的不同层次，早期形成的枯白穗位于小麦底层，扒开小麦后才能发现，后期形成的枯白穗位于小麦穗层，田间极易辨认。将枯白穗从田间拔出，从变褐的茎基部断开，一般不带根，这是小麦茎基腐病的典型症状。潮湿时在病部可形成白色或粉红色霉层。最后，在小麦灌浆期，分别选择小麦茎基腐病发生严重的地块，对发病植株进行标记，收获后贴茬播种玉米，分别在小麦

* 基金项目：河北省农林科学院基本科研业务费包干制项目资助（HBNKY-BGZ-02）；国家粮食丰产科技创新工程（2018TFD0300502）

** 第一作者：王永芳，研究员，主要从事农作物病虫害研究；E-mail：yongfangw2002@163.com

*** 通信作者：董志平，研究员，主要从事农作物病虫害研究；E-mail：dzping001@163.com

收获期、玉米苗期和玉米灌浆期，采集前期标记的发病植株的根茬，通过严格消毒后进行保湿培养，分离所获得的病原菌通过分子鉴定，均为假禾谷镰孢菌。经过分离、培养、接种，均能再次侵染小麦引发茎基腐病。证实了小麦收获后贴茬免耕播种玉米，小麦根茬上的病菌在玉米生长季潮湿的环境下可以继续繁衍并进一步积累病原。

以上研究结果揭示了保护性耕作条件下小麦-玉米连作区小麦茎基腐病的发生规律（图 1）。小麦播种后，种子层及以上小麦病残体上的病菌或孢子侵染小麦茎基部，向上扩展至 1~2 节发病，导致茎基部坏死，阻断营养运输造成白穗。小麦收获后贴茬免耕播种玉米，小麦根茬留在田间，在玉米生长季潮湿的环境中继续繁衍。当地玉米收获后，小麦根茬随玉米秸秆一起粉碎并浅旋耕，带病的小麦根茬在田间得到扩散，使田间菌源主要分布在播种层，引发来年更大范围的发病。由于“秸秆还田、免耕播种”的保护性耕作制度在小麦-玉米连作区连年实施，使得小麦茎基腐病病菌周而复始地积累和扩散，使该病逐年加重。

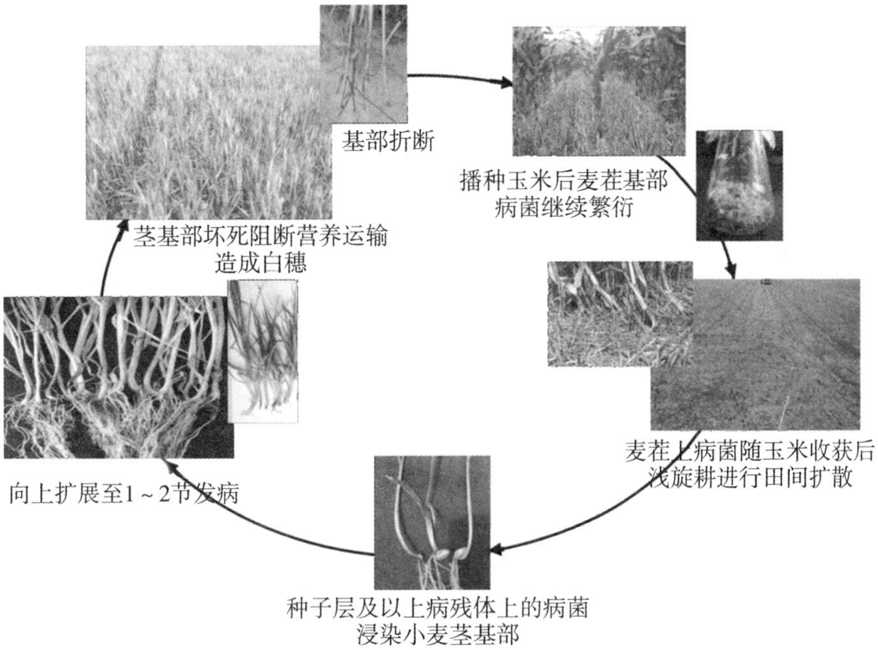

图 1 保护性耕作条件下小麦-玉米连作区小麦茎基腐病周年发生规律

由此可见，小麦茎基腐病的加重发生是长期推行小麦秸秆还田、玉米免耕播种、玉米收获后旋耕播种而导致的，与二点委夜蛾一样，是由当地菌源逐渐积累形成的。但病菌比害虫繁殖积累慢，比二点委夜蛾晚发现了 7 年。通过多年试验，深翻 25~30cm 可将部分病菌耕翻到播种层以下，减少病菌有效侵染。另外，小麦收获后简单地清除田间秸秆无助于防控小麦茎基腐病，因为病菌在小麦根茬上，小麦秸秆禁烧也是引发该病严重发生的重要因素。为此，种子处理、田间秸秆腐熟、加强水肥管理、提高土壤肥力均有利于控制小麦茎基腐病。

关键词：保护性耕作；小麦-玉米连作；小麦茎基腐病菌；周年发生规律

拟南芥 AtCERK1 在禾谷镰孢菌中互作蛋白的筛选

付振超*，史文炯，闫建培，李广悦，任 杰，曾洪梅**
（中国农业科学院植物保护研究所，植物病虫害生物学国家重点实验室，北京 100193）

摘 要：小麦是世界上种植面积最大的粮食作物，为人类提供主要的食物来源，由禾谷镰孢菌（*Fusarium graminearum*）引发的小麦赤霉病是小麦农业生产中最为严重的真菌病害之一。赤霉病在小麦的各个生育期均能发病，该病害能够降低小麦的产量和质量而造成严重的经济影响，并通过有害真菌毒素的积累，如脱氧雪腐镰孢菌烯醇（DON）和玉米赤霉烯酮（ZEA）对人类和动物的健康构成风险。研究报道禾谷镰孢菌在侵染和定植植物的过程中会产生一系列的分泌蛋白，但是关于禾谷镰孢菌效应子抑制植物免疫的分子机制报道很少。因此，对禾谷镰孢菌在植物中的互作蛋白及其致病机理的研究，对于防控小麦赤霉病有重要意义。

植物的模式识别受体（PRRs）在细胞外具有 LysM 结构域，该结构域受体能够参与对含有 N-乙酰氨基葡萄糖的识别，如真菌几丁质、细菌脂多糖和肽聚糖等。病原真菌也编码含有 LysM 结构域的质外体效应子，通过竞争性结合几丁质来逃避植物免疫。然而，植物 PRRs 的 LysM 细胞结构域是否还有其他功能尚有待探索。本研究选用拟南芥作为禾谷镰孢菌的模式寄主，筛选并验证拟南芥几丁质激发子受体激酶胞外结构域（AtCERK1-ECD）的互作蛋白。通过酵母双杂交实验，用诱饵蛋白对禾谷镰孢菌的 cDNA 文库进行筛选。结果表明以 AtCERK1-ECD 为诱饵筛到 19 个潜在的互作蛋白，包括核糖体蛋白、糖苷水解酶、乙醇脱氢酶、柠檬酸合酶等，GST pull-down 和双分子荧光互补实验验证 AtCERK1-ECD 和糖苷水解酶均能互作。生物信息学分析表明，该糖苷水解酶含有纤维素结合域，其亲缘关系与尖孢镰孢菌和大丽轮枝菌中的糖苷水解酶关系比较近，关于 AtCERK1-ECD 和糖苷水解酶互作后的作用机制仍在探索中。本研究证明 AtCERK1 胞外结构域能够与糖苷水解酶互作，对禾谷镰孢菌通过糖苷水解酶逃逸寄主免疫提供一种可能，为进一步研究和了解禾谷镰孢菌与寄主植物互作的分子机制奠定了基础。

关键词：禾谷镰孢菌；植物免疫；互作蛋白；AtCERK1

* 第一作者：付振超，硕士研究生，研究方向为植物病害生物防治；E-mail：zhenchaofu123@163.com

** 通信作者：曾洪梅，研究员，主要从事真菌效应蛋白的挖掘及作物-病原微生物互作；E-mail：zenghongmei@caas.cn

保护性耕作条件下小麦茎基腐病防控及分级治理技术*

马继芳[1**]，王永芳[1]，王孟泉[2]，陈立涛[3]，
勾建军[4]，齐永志[5]，刘 佳[1]，甄文超[5]，董志平[1***]
（1. 河北省农林科学院谷子研究所，国家谷子改良中心，河北省杂粮研究重点实验室，石家庄 050035；2. 河北平乡县植保植检站，平乡 054500；3. 河北馆陶县农业农村局，馆陶 057750；4. 河北省植保植检总站，石家庄 050035；5. 河北农业大学，保定 071000）

摘 要：小麦茎基腐病是一种世界性的病害。21 世纪初我国小麦-玉米连作区实行“秸秆还田、免耕播种”保护性耕作，引发了小麦茎基腐病的严重发生。2012 年李洪连等首先报道了我国河南省的小麦茎基腐病主要由假禾谷镰孢菌引发。目前，该病在黄淮海河南、山东、河北、安徽、江苏、山西、陕西等省的小麦主产区不断扩展蔓延，发病面积和危害程度逐年扩大，已经成为我国小麦生产上的重大问题。特别是在河南、山东、河北中南部等黄淮海小麦主产区，危害更加严重。河北省小麦产区纬度偏高，有效积温相对不足，为保证一年两熟，小麦收获玉米播种、玉米收获小麦播种的间隔时间很短，秸秆处理时间相对不足，为小麦茎基腐病的发生创造了条件。尤其是在苗期小麦茎基腐病发生在茎基部，隐蔽性强，早期不易发现，而一旦显症，就已经错失了防控的关键期，严重减产已不可避免。

笔者课题组在国家粮食丰产科技创新工程项目的支持下，经过多年研究和跟踪调查，在明确小麦茎基腐病病菌侵染及周年发生规律的基础上，研发了选择性利用生态调控、生物防治技术压低田间病原基数，结合种子处理，关键期使用化学农药进行应急防治等小麦茎基腐病绿色减药控害技术体系，明确了各单项关键防控技术的防控效果。结果显示，玉米收获后深翻 25cm 以上对小麦茎基腐病防效可达 67.57%；种子包衣处理防效可达 67.11%；底施生物菌肥防效可达 23.68%。

根据小麦茎基腐病属于地表病残体的土壤带菌病害，田间发病程度主要受田间菌源数量的影响，而田间菌源数量的积累是一个相对缓慢的过程，田块之间发病程度差异极大。将小麦田块按照上一年度小麦灌浆初期茎基腐病发生程度，分为四个等级，即无病田块（没有小麦茎基腐病发生）、零星发病田块（小麦茎基腐病病茎率小于 20%）、轻病田块（小麦茎基腐病病茎率大于 20%，田间白穗率小于 1%）和重病田块（小麦茎基腐病田间白穗率大于 1%）。创新提出了“以田块为单位进行个体化分级治理”策略，根据上茬小麦田间茎基腐病发生情况，制定下一季小麦相应防控技术。对于重病田块，采取如下综合防控技术。①深翻，压低田间地表的病原基数：在玉米收获-小麦播种期间，进行不低于 25cm 的深翻，再旋耕，播种小麦。②品种选择：优先选择小麦茎基腐病抗（耐）性好的品种，避免使用高感品种。③种子处理：优选包衣种子，未包衣种子可选用咯菌腈、苯醚甲环唑、戊唑醇等单剂或混配剂进行处理。④生物菌肥：玉米收获秸秆粉碎后，施入木霉菌、芽孢杆菌等具有拮抗作用、加速秸秆腐解的多功能生防菌剂或生物菌

* 基金项目：河北省农林科学院基本科研业务费包干制项目（HBNKY-BGZ-02）；国家粮食丰产科技创新工程（2018TFD0300502）

** 第一作者：马继芳，研究员，主要从事农作物病虫害研究；E-mail：yongfangw2002@163.com

*** 通信作者：董志平，研究员，主要从事农作物病虫害研究；E-mail：dzping001@163.com

肥，调节土壤微生物结构，加速秸秆腐解，消解或抑制小麦茎基腐病菌。⑤返青期用药：种子处理不到位时，可在小麦返青期，结合水肥一体化施入杀菌剂抑制病害的扩展。⑥肥水管理：减少氮肥施用量，适当增施磷钾肥。避免利用盐碱水灌溉。利用以上关键技术对小麦茎基腐病进行控制，经专家检测防效可达 82.46%，显著降低了重病田块发病程度。对于轻病田块，采取上述品种选择+种子处理+返青期用药即可有效控制病害发展。对于零星发病田块，则采取品种选择+种子处理可有效控制病害发生。对于无病田块，则重点采取保护措施，在有病田块作业的所有农机，在进入无病田块前，必须仔细进行清理，防止带入有病田块的病原。通过以上分级治理原则及不同类型田块不同防控技术的实施，可显著降低重病田块发病程度，控制轻病田块和零星发病田块的病害发展，重点保护无病地块。将该病造成的损失整体控制在经济阈值之下。小麦茎基腐病的控制可以结合当地政府的深翻项目，优先选择小麦茎基腐病重病田块进行。

关键词：保护性耕作；小麦茎基腐病；分级治理；综合防控

Functional and Evolutionary Study of MLO Gene Family in the Regulation of *Sclerotinia* Stem Rot Resistance in *Brassica napus* L.

WU Yupo, FU Tongyu, HOU Jiachang, LIU Jie, HUANG Junyan, LIU Lijiang*, LIU Shengyi

(*The Key Laboratory of Biology and Genetic Improvement of Oil Crops, the Ministry of Agriculture and Rural Affairs of the PRC, Oil Crops Research Institute, Chinese Academy of Agricultural Sciences, Wuhan* 430062, *China*)

Abstract: Sclerotinia stem rot (SSR), a destructive disease caused by the fungus *Sclerotinia sclerotiorum*, is a major factor limiting the yield and quality of oilseed rape in the world. The SSR resistance in *B. napus* is quantitative and controlled by a set of minor genes. Identification of these genes and pyramiding them into a variety are a major strategy for SSR resistance breeding in *B. napus*. Here, a genome-wide association study (GWAS) using a natural population of *B. napus* consisting of 222 accessions are identify *BnaA08g25340D* (*BnMLO2_2*) as a candidate gene that regulates the SSR resistance. We expressed *BnMLO2_2* in *Arabidopsis* and the transgenic plants displayed an enhanced SSR resistance. Transcriptome profiling of different tissues of *B. napus* revealed that *BnMLO2_2* had the most expression level in leaf and silique tissues among all the 7 *BnMLO2* members and also expressed higher in the SSR resistant accession than in the susceptible accession. Overexpression of *MLO2* conferred plants an enhanced SSR resistance whereas *mlo2* plants displayed reduced resistance to SSR in *Arabidopsis*. The regulation of *MLO2* in SSR resistance may be associated with cell death. Collinearity and phylogenetic analysis revealed a large expansion of *MLO* family in *Brassica* crops. This study revealed an important role of *BnMLO2* in the regulation of SSR resistance and provided a new gene candidate for future improvement of SSR resistance in *B. napus* and also new insights into understanding *MLO* family evolution in *Brassica* crops.

Key words: *Brassica napus* L.; Genome-wide association studies; Sclerotinia stem rot; *MLO*; Evolution; Transcriptome; Gene expression

* Corresponding author: LIU Lijiang; E-mail: liulijiang@caas.cn

内质网膜复合体（EMC）通过调控膜蛋白合成影响稻瘟菌致病性

刘 宁[1,2*]，黄曼娜[1*]，梁馨元[1]，曹 森[1]，伦志钦[1]，张 燕[1]，杨 俊[1]，Vijai Bhadauria[1]，赵文生[1]，燕继晔[2]，彭友良[1]，卢训莉[1**]

（1. 农业农村部作物有害生物监测与绿色防控重点实验室，中国农业大学植物保护学院，北京 100193；2. 北方果树病虫害绿色防控北京市重点实验室，北京市农林科学院植物保护研究所，北京 100097）

摘 要：真核生物中，膜蛋白在信号转导、囊泡转运、离子交换、致病性和响应胁迫等方面发挥着重要作用。膜蛋白在核糖体合成后进入内质网进行折叠、修饰和加工；其中跨膜区的形成对于膜蛋白定位和功能至关重要。研究发现，内质网膜复合体（ER membrane protein complex，EMC）参与这一过程，主要负责蛋白跨膜区的形成，缺失该复合体会导致蛋白跨膜区紊乱，错误折叠。但是在致病真菌中，EMC 复合体还没有被研究，其与病原菌致病性的关系及其调控的底物膜蛋白均不清楚。

笔者实验室从稻瘟菌突变体库中筛选鉴定出一个严重影响稻瘟菌致病力的基因 MoEMC5，发现敲除体 ΔMoemc5 在菌丝生长、产孢和附着孢形成方面没有缺陷，但是表现出明显的致病力减弱表型。进一步研究发现敲除体 ΔMoemc5 的附着孢膨压显著减小，导致绝大部分附着孢无法侵入水稻细胞。由于自噬过程在稻瘟菌附着孢膨压形成及侵染过程中起重要作用，该研究检测了 MoEMC5 对自噬的影响；发现在孢子形成附着孢的过程中，敲除体 ΔMoemc5 的自噬水平严重降低，并且 MoEMC5 影响了自噬相关蛋白中唯一的膜蛋白 ATG9 的蛋白量。由于 EMC 调控膜蛋白合成与膜蛋白跨膜区附近的电荷有关，该研究对 ATG9 跨膜区细胞质一侧的带电氨基酸进行突变，发现点突变导致 ATG9 的蛋白量显著减少，且这种蛋白降解与 26S 蛋白酶体途径相关。同时，该研究也发现 MoEMC5 通过影响几丁质合成酶 Chs4 和葡聚糖合成酶 Fks1 的合成来影响细胞壁完整性；通过调控镁离子转运蛋白 Mnr2 的合成影响对镁离子的敏感性。本研究在病原真菌中首次揭示了 EMC 直接调控膜蛋白合成和致病性的机制，为稻瘟菌的绿色防控提供了分子靶标和理论基础。

关键词：稻瘟菌；膜蛋白合成；自噬；细胞壁完整性；镁离子转运

---

* 第一作者：刘宁，博士研究生；黄曼娜，博士研究生

** 通信作者：卢训莉，副教授，主要从事水稻与稻瘟菌相互作用的机制研究

山东省葡萄蔓枯病病原菌的鉴定

王　森，李保华，周善跃*
（青岛农业大学植物医学学院，青岛　266109）

摘　要：葡萄是一种重要的水果作物，由于其适应性强，在世界范围内广泛种植。近年来，随着中国葡萄栽培面积的不断扩大，葡萄病害的发生呈逐年加重的趋势，尤其是一些枝干病害的发生，导致葡萄枝蔓枯死，甚至直接导致成年葡萄植株死亡。2019 年开始，我们陆续在山东省青岛市等地区的设施葡萄种植园中发现葡萄植株死亡的现象。2021 年，个别园区葡萄植株死亡率超过 10%，造成巨大经济损失。为了能够有效控制该现象，我们对相关的病原物进行了分离鉴定。

通过对田间死亡葡萄植株的诊断，首先明确了引起植株死亡的原因是枝干枯死，枝干的伤口处和芽眼部位是病原菌的主要侵入位点。

通过组织分离培养和单菌丝分离纯化，我们从发病葡萄枝干上共分离获得 44 个真菌菌株。经对离体葡萄枝蔓的致病性测定，其中 26 个菌株为致病菌。经菌落形态、分生孢子形态鉴定，结合对菌株 ITS、β-Tub 和 Tef 基因的系统发育分析，所分离致病菌鉴定为 12 株可可毛色二孢（*Lasiodiplodia theobromae*）、5 株新拟盘多毛孢（*Neopestalotiopsis clavispora*）和 9 株小新壳梭孢（*Neofusicoccum parvum*）。18 个非致病菌中，3 株为粉红粘帚霉（*Clonostachys rosea*）、15 株为镰孢菌（*Fusarium* sp.）。

对鉴定的 3 种致病菌分别进行活体接种，结果显示所接种的葡萄枝蔓均出现明显的坏死斑。按照科赫氏法则，我们从接种发病的葡萄枝蔓上重新分离获得了 3 种病原菌。该结果证明 *L. theobromae*、*N. clavispora* 和 *N. parvum* 是导致葡萄植株死亡的病原菌。

另外，我们比较了 3 种病原菌的生物学特性，结果显示，*L. theobromae* 和 *N. parvum* 能够耐受更高的温度，35℃仍可以生长，而该温度下 *N. clavispora* 的生长完全被抑制。同一培养条件下，*L. theobromae* 的生长速度最快，*N. clavispora* 的生长速度最慢。致病性的测定结果显示，相同的接种条件下，*L. theobromae* 导致的病斑面积最大，*N. clavispora* 导致的病斑面积最小。该结果证明 3 种病原菌中 *L. theobromae* 的致病作用最强。

通过该研究，我们鉴定了山东省葡萄蔓枯病的病原菌种类，明确了该病害的发生是 3 种病原菌共同侵染的结果，但 *L. theobromae* 的致病作用最强。该研究为病害的有效防控奠定了基础。

关键词：葡萄蔓枯病；致病性测定；孢子形态鉴定；活体接种

* 通信作者：周善跃，教授，主要研究方向为果蔬病害的诊断与防控；E-mail：zhoushanyao@ 126. com

苹果树腐烂病菌铁载体-铁转运蛋白 VmSit1 功能初探*

李　绅**，孙翠翠，高立勇，李保华，王彩霞***
（青岛农业大学植物医学学院，山东省植物病虫害绿色防控工程研究中心，
山东省应用真菌重点实验室，青岛　266109）

摘　要：黑腐皮壳菌（*Valsa mali*）引起的苹果树腐烂病在我国各苹果主产区可造成严重危害，是制约苹果产业可持续发展的主要限制因子。微生物的铁稳态主要通过调节铁的吸收、储存和解毒来保证充足的铁供应并预防铁积累毒性，在真菌中，铁载体-铁转运蛋白（SITs）主要通过 ABC 转运蛋白和 MFS 转运蛋白进行运输，对于植物和动物病原菌而言，铁载体-铁转运蛋白在其致病过程中起至关重要的作用。铁载体-铁转运蛋白属于 MFS 家族，具有底物特异性，是真菌界独有的一个蛋白家族。目前关于苹果树腐烂病菌铁载体-铁转运蛋白的研究较少。课题组在苹果树腐烂病菌转录组测序结合基因表达分析发现，腐烂病菌侵染致病过程中有 1 个铁载体-铁转运蛋白基因 *VmSit*1 显著上调表达。通过 qRT-PCR 荧光定量发现腐烂病菌 *VmSit*1 基因表达水平在接种富士苹果枝条 24 h、48 h 后显著升高，推测其在腐烂病菌致病过程中可能发挥重要作用。

笔者课题组通过 PEG 介导的原生质体转化法获得苹果树腐烂病菌基因 *VmSit*1 的两个敲除突变体菌株 Δ*VmSit*1-52、Δ*VmSit*1-59。通过在 PDA、CDM 和 ABM 培养基和富士苹果枝条、叶片的接种试验，发现 Δ*VmSit*1 敲除突变体菌落形态和生长速率均无明显变化，但枝条和叶片的致病力显著降低。使用铁含量测定试剂盒测定 YEPD 培养基摇培 48 h 后 Δ*VmSit*1 敲除突变体菌丝铁含量显著降低，通过铬天青 S 比色法测定恰佩克培养基摇培 96 h 后 Δ*VmSit*1 敲除突变体相对铁载体含量显著上升。本研究首次对苹果树腐烂病铁载体-铁转运蛋白 *VmSit*1 基因进行初步研究，结果表明 *VmSit*1 基因是苹果树腐烂病菌的重要致病因子，*VmSit*1 基因可能是通过调节铁载体-铁转运蛋白转运影响细胞铁含量调控这一过程。继续研究其基因功能，有望为苹果树腐烂病防治提供理论基础。

关键词：苹果树腐烂病菌；铁载体-铁转运蛋白；功能分析

---

* 基金项目：山东省自然科学基金（ZR2020MC116）；国家自然科学基金（32072367）；研究生科研训练项目（QNYCX22025）

** 第一作者：李绅，硕士研究生，研究方向为果树病理学
*** 通信作者：王彩霞，教授，硕士生导师，研究方向为果树病理学

Velvet 家族蛋白 *GcVel* 在苹果炭疽叶枯菌中的功能分析*

张泽颂**，李宏利，李保华，练　森***
（青岛农业大学植物医学学院，青岛市果蔬病虫害精准防控工程研究中心，青岛　266109）

摘　要：丝状真菌中特有的 Velvet 蛋白家族是在子囊菌和担子菌中高度保守的一类调节蛋白，在丝状真菌的生长发育和次级代谢调控中发挥着重要的作用。苹果炭疽叶枯病菌（*Glomerella cingulata*）能够在病叶上产生大量可育的子囊孢子，有性生殖在炭疽叶枯菌致病性变异、病原菌群体进化中有重要的作用。本研究通过基因的缺失与回补，分析了苹果炭疽叶枯菌基因 *GcVel* 在生物学、有性生殖及致病过程中的作用。通过 PEG 介导的原生质体转化法，获得了 *GcVel* 缺失菌株。

将 Δ*GcVel* 菌株分别接种至含有 20 mmol/L H_2O_2、1 mol/L NaCl、1 mol/L KCl 的 PDA 平板上，Δ*GcVel* 菌株黑色素合成被抑制，菌落菌丝稀疏，菌落生长速率减慢 28. 2%。对氧胁迫和渗透压耐受能力下降。在 Richard 培养基中诱导分生孢子的产生，检测基因缺失对分生孢子的影响，与野生型相比，分生孢子产孢量下降 43. 9%，将分生孢子悬浮液接种于嘎啦苹果果实和叶片，观测致病力变异，结果表明 Δ*GcVel* 菌株对果实致病力下降 28. 6%。在灭菌的松针上诱导有性生殖发生，发现 Δ*GcVel* 菌株产生子囊壳的能力完全丧失，有性生殖不发生，表明 *GcVel* 对炭疽叶枯菌有性生殖有至关重要的作用。为了进一步明确 *GcVel* 对苹果炭疽叶枯菌生物学性状的影响机制，对野生型菌株和 Δ*GcVel* 菌株转录组进行了比较分析，相关的结果正在分析验证中。

关键词：炭疽叶枯病菌；黑色素；有性生殖；致病力

---

* 基金项目：山东省自然科学基金（ZR2020MC114）；国家现代农业苹果产业技术体系（CARS-27）

** 第一作者：张泽颂，硕士研究生，研究方向为植物病理学；E-mail：z17852151933@ 163. com

*** 通信作者：练森，副教授，硕士生导师，主要从事果树病害综合防治、植物病害流行学研究；E-mail：lian305@ qau. edu. cn

微管蛋白在苹果轮纹病菌中的生物学功能研究*

朱美琦**，李保华，任维超***
（青岛农业大学植物医学学院，山东省植物病虫害综合防控重点实验室，青岛 266109）

摘　要：由葡萄座腔菌（*Botyosphaeria dothidea*）引起的苹果轮纹病主要危害其枝干和果实，对苹果生产造成严重威胁。苯并咪唑类杀菌剂主要作用于苹果轮纹病菌体内的微管蛋白，通过抑制病原菌的有丝分裂而发挥作用，由于苯并咪唑类杀菌剂作用位点单一，选择性较强，轮纹病菌已经对苯并咪唑类杀菌剂多菌灵产生了抗药性。本研究对苹果轮纹病菌中的微管蛋白基因分别进行敲除，获得基因缺失突变体：$\Delta Bd\alpha_1$-*TUB*、$\Delta Bd\alpha_2$-*TUB*、$\Delta Bd\beta_1$-*TUB*、$\Delta Bd\beta_2$-*TUB*、$\Delta Bd\gamma$-*TUB*，通过对基因缺失突变体的菌落形态、致病力、产孢量及对多菌灵敏感性进行测定，发现与野生型相比，$Bd\beta_2$-*TUB* 基因缺失后菌丝生长速率、致病力及产孢能力均显著下降，且对苯丙咪唑类杀菌剂多菌灵产生高等水平抗性，这一现象在其他真菌中从未报道。为探索 $Bd\beta_2$-TUB 与 MBC 抗性机制，对 $Bd\beta_2$-TUB 关键氨基酸进行了点突变，发现 167 位、198 位、200 位氨基酸是 $\Delta Bd\beta_2$-*TUB* 对 MBC 产生极大抗性的重要氨基酸位点。后续将通过检测点突变对 Tubulin 定位的影响、鉴定并验证 Tubulin 调控因子、研究 Tubulin 表观修饰调控 MBC 敏感性的机制以及分析其蛋白互作模式等来解析 Tubulin 调控 MBC 敏感性的机制。

关键词：苹果轮纹病菌；微管蛋白；杀菌剂抗药性；点突变

---

* 基金项目：国家现代农业苹果产业技术体系（CARS-27）

** 第一作者：朱美琦，硕士研究生，研究方向为植物病理学；E-mail：lz2038582041@163.com

*** 通信作者：任维超，副教授，硕士生导师，研究方向为果树病原真菌致病分子基础与新药剂靶标挖掘；E-mail：renweichaoqw@163.com

苹果轮纹病菌 BdGpmk1-MAPK 信号通路的功能研究*

张一晗**，刘 娜***，李保华***
（青岛农业大学植物医学学院，山东省植物病虫害综合防控重点实验室，
植物病虫害生物学国家重点实验室，青岛 266109）

摘 要：由葡萄座腔菌（*Botryosphaeria dothidea*）引起的苹果轮纹病不仅危害果实形成轮纹烂果，还可侵染枝干引起粗皮和干腐，导致死枝和死树，造成巨大的经济损失，严重制约苹果产业的健康发展。目前，化学防治是防治苹果轮纹病的主要方法。然而，随着化学药剂的长期单一使用，病原菌的抗药性问题日益突出。因此，新型杀菌剂亟待开发。探究调控苹果轮纹病菌生长发育和致病性的分子机制对挖掘新型杀菌剂的潜在靶标具有重要的理论和现实意义。

MAPK（丝裂原活化蛋白激酶）是真核生物中参与信号传递的一类重要级联激酶反应途径，可被不同的细胞外界刺激激活。通过依次逐级磷酸化将上游信号传递至下游应答分子，在基因表达调控和细胞生长分化等多种生命过程中发挥关键作用。其中，Fus3-MAPK 途径是真菌致病的关键调控因子。然而，苹果轮纹病菌中关于 Fus3-MAPK 的研究尚且空白。本研究中，笔者鉴定了苹果轮纹病菌 BdGpmk1-MAPK（Fus3-MAPK 的同源途径）信号通路的 3 个蛋白激酶（BdSte11、BdSte7、BdGpmk1），酵母双杂和 Co-IP 结果表明，3 个激酶之间存在彼此互作关系。转录组数据表明，3 个激酶在苹果轮纹病致病过程中显著上调表达，推测 BdGpmk1-MAPK 途径在轮纹病菌致病过程中发挥重要作用。

为进一步深入探究 BdGpmk1-MAPK 途径的生物学功能，笔者对 3 个激酶分别进行基因敲除和回补并测定其生物学表型，结果表明，3 个基因分别单独敲除后，敲除突变体的表型缺陷一致，均表现为生长速率减慢、色素合成受阻、无性生殖能力丧失，对细胞壁及渗透等多种斜胁迫压力的敏感度显著上升，果实和枝条上的致病力几乎完全丧失。亚细胞定位观察发现，BdSte11 和 BdSte7 定位于细胞膜和细胞质，BdGpmk1 弥散分布于细胞质中，并且在细胞核中大量积累。Western blot 结果表明，BdSte11 和 BdSte7 敲除中，下游激酶 BdGpmk1 的磷酸化水平显著降低。此外，笔者通过组织学观察进一步研究该途径调控轮纹病菌致病力的机制，研究发现，野生型能够突破皮层进入到枝干木质部里，而 3 个敲除突变体的菌丝体则大量聚集在皮层与木质部的交界处，并不能穿透木质部，说明与野生相比，突变体的菌丝体不具备穿透木质部的能力。总之，本研究结果表明，BdGpmk1-MAPK 途径在苹果轮纹病菌的生长发育、次级代谢及致病过程中发挥重要作用，为挖掘新型杀菌剂的潜在候选靶标提供理论依据。

关键词：轮纹病菌；MAPK；致病性；生长发育

---

* 基金项目：国家苹果产业技术体系（CARS-28）
** 第一作者：张一晗，硕士研究生，从事植物病害致病机理方面的研究；E-mail：yeboyihan@163.com
*** 通信作者：刘娜，副教授，硕士生导师；主要从事果树病害致病分子机理研究；E-mail：liunalz@163.com
李保华，教授，博士生导师；主要从事果树病害综合防控研究；E-mail：baohuali@qau.edu.cn

稻瘟菌效应蛋白的筛选与鉴定

刘　迪，伦志钦，刘　宁，袁贵鑫，王邢斌，李姗姗，彭友良，卢训莉*
（农业农村部作物有害生物监测与绿色防控重点实验室，
中国农业大学植物保护学院，北京　100193）

摘　要：稻瘟病菌 *Magnaporthe oryzae*（syn. *Pyricularia oryzae*）通过分泌大量的效应蛋白促进自身在水稻体内的增殖，但大多数效应蛋白未被鉴定。本研究从稻瘟菌田间小种 P131 的基因组中筛选并克隆了 69 个候选效应蛋白的编码基因。利用水稻原生质体瞬时表达系统，作者筛选出 4 个诱导水稻细胞死亡的候选基因，即 *GAS*1、*BAS*2、*MoCEP*1 和 *MoCEP*2。通过农杆菌介导的瞬时表达体系，发现 *MoCEP*2 也诱导烟草细胞死亡，另外有 6 个候选基因可以抑制由 flg22 激发的烟草细胞活性氧积累，命名为 *MoCEP*3 至 *MoCEP*8。以上 10 个基因在稻瘟菌侵染初期不同阶段均特异表达。稻瘟菌外泌液蛋白检测结果表明，*MoCEP*1、*MoCEP*2、*MoCEP*3、*MoCEP*5 和 *MoCEP*7 均编码外泌蛋白。在 P131 菌株背景下，利用 PEG 介导的遗传转化分别获得了 *MoCEP*1、*MoCEP*2、*MoCEP*3、*MoCEP*5 和 *MoCEP*7 的单基因敲除突变体。致病力分析表明，基因 *MoCEP*2、*MoCEP*3 和 *MoCEP*5 的缺失降低了稻瘟菌对水稻和大麦的毒力，因此这些基因在稻瘟菌致病力方面发挥重要作用。

关键词：稻瘟菌；效应蛋白；细胞死亡；活性氧；致病性

---

* 通信作者：卢训莉，副教授，主要从事水稻与稻瘟菌相互作用的分子机制研究

甘蔗镰孢菌硫酸盐同化相关基因响应产黄青霉病毒的感染*

曹雪颖[1**]，周秋娟[1]，邹承武[1]，姚姿婷[1,2***]
（1. 广西大学农学院，南宁　530004；2. 广西壮族自治区农业科学院植物保护研究所，南宁　530007）

摘　要：甘蔗梢腐病是我国甘蔗产区的主要真菌性病害之一，其主要病原菌为甘蔗镰孢菌。本研究鉴定到一株甘蔗镰孢菌菌株 FZ4 携带产黄青霉病毒 FsCV1，通过脱毒处理获得脱毒菌株 VF25，发现其与带毒菌株 FZ4 相比生长速率没有显著差异，但产孢量显著提高约 3 倍。通过比较带毒菌株 FZ4 和脱毒菌株 VF25 的转录谱差异，发现硫代谢中的硫酸盐同化通路基因，如 3′-磷酸腺苷-5′-磷酸硫酸盐还原酶（简称 PAPS 还原酶）、亚硫酸盐还原酶、半胱氨酸合成酶的编码基因在带毒菌株 FZ4 中转录水平均显著下调，推测硫酸盐同化通路可能参与甘蔗镰孢菌响应产黄青霉病毒的感染过程。近年来，有研究发现硫代谢相关基因在病原真菌生长和致病过程中发挥着重要作用。生物信息学分析显示，镰孢菌属不同种之间的硫酸盐同化通路基因及其编码蛋白序列具有较高一致性，其中 PAPS 还原酶、亚硫酸盐还原酶、半胱氨酸合成酶的蛋白序列在甘蔗镰孢菌、禾谷镰孢菌、尖孢镰孢菌、藤仓镰孢菌之间的同源性为 89%～95%，提示这些蛋白的功能可能比较保守。本研究为进一步研究产黄青霉病毒影响宿主镰孢菌产孢的分子机制提供了重要参考。

关键词：甘蔗镰孢菌；产黄青霉病毒；硫代谢

---

* 基金项目：国家自然科学基金（32001850）

** 第一作者：曹雪颖，硕士研究生，研究方向为植物病理学；E-mail：1215320473@ qq. com
*** 通信作者：姚姿婷，副研究员，主要研究作物真菌病害及其防治；E-mail：youziting@ 163. com

Identification of the Pathogen Causing Sorghum Leaf Spot*

JIANG Yu, HU Lan, XU Jing, YAN Jichen

(*Institute of Plant Protection*, *Liaoning Academy of Agricultural Sciences*, *Shengyang* 110161, *China*)

Abstract: Many fungi infect sorghum leaf diseases causing yield losses. In order to confirm the pathogen of sorghum leaf spot in Northeast China, the typical diseased sorghum leaves were collected from Shenyang, Changchun and Harbin city in the fall of 2019 – 2021. The pathogen was isolated by tissue separation method, purified by monosporial culture, identified by morphological characteristics and molecular phylogenetic analysis. The results showed that 191 fungi strains were obtained, belonging to *Curvularia lunata*, *Bipolaris sorghicola*, *Alternaria alternata*, *Colletotrichum sublineola*, *Fusarium thapsinum* and *Exserohilum turcicum*, with the isolation frequencies of 15. 18%, 12. 04%, 11. 52%, 10. 99% and 6. 28%, respectively. *Fusarium proliferatum*, *Fusarium oxysporum*, *Fusarium equiseti*, *Cladosporium cladosporioides*, *Gloeocercospora sorghi*, *Epicoccum sorghinum etc* were also isolated. Kochs postulates test demonstrated that 100% incidence was found on the inoculated leaves. The reported endophytes were also obtained, *Chaetomium globosum*, *Daldinia childiae*, *Talaromyces amestolkiae*. Indicating that the main pathogens causing sorghum leaf spot disease in Northeast producing area are *Curvularia* spp., *Bipolaris* spp., *Alternaria* spp., *Colletotrichum* spp., *Fusarium* spp. and *Exserohilum* spp.. The results provide a theoretical basis for the comprehensive prevention and control of sorghum leaf spot in northeast China.

Key words: Sorghum; Leaf spot; *Curvularia* spp.; *Colletotrichum* spp.; ITS sequence

---

* Funding: Agriculture Research System of China (CARS-06); Liaoning Academy of Agricultural Sciences basic scientific research business expenses plan project (2021HQ1903)

茶白星病致病菌 *Elsinoe leucospila* 基因组学分析*

杨　辉**，杨文波，周凌云***
（湖南省茶叶研究所，长沙　410128）

摘　要：茶白星病是高海拔茶园发生最严重的真菌病害之一，在我国主要产茶山区连年发生，该病属低温高湿型病害，春茶期间为其发病盛期，感病芽叶制成的茶叶冲泡后香味降低、味苦异常，严重制约了茶产业的健康发展。前期研究厘定我国华南茶区的致病菌为茶痂囊腔菌（*Elsinoe leucospila*），而叶点霉菌（*Phyllosticta theaefolia*）为侵染病叶组织后的次寄生真菌。为进一步了解茶白星病致病菌的致病机制，本研究利用二代和三代测序技术对 *E. leucospila* 进行了全基因组测序。该菌株基因组大小为25.71 Mb，N50长度为2.18 Mb，GC含量为52.28%，共预测到10 339个编码基因，其中247个碳水化合物活性酶编码基因，322个基因参与到寄主与病原互作机制，并成功克隆获得了4个植物病原菌关键致病因子果胶裂解酶基因。非编码RNA主要有18个tRNA、24个rRNA，通过antiSMASH鉴定出了87个编码次级代谢产物基因合成簇。本研究首次报道了茶白星病病原菌的全基因组序列，分析了基因组的基本特征，初步解释了该菌株致病的关键基因，为深入开展该病菌侵染植物的作用机制提供重要的理论基础。

关键词：茶；茶白星病；*Elsinoe leucospila*；全基因组

---

* 基金项目：国家自然科学基金（32072625）；湖南省自然科学基金（2021JJ30385）；科技成果转化及产业化计划（2021NK1020）；湖南省农业科学院创新项目（2022CX30）

** 第一作者：杨辉，主要从事茶树病害与生防资源的研究；E-mail：yanghui2048@163.com

*** 通信作者：周凌云，主要从事茶树病害与生防资源的研究

稻曲病菌效应蛋白 SCRE4 在水稻体内靶标的筛选与功能鉴定*

宋　树**，邱姗姗，刘美彤，崔福浩***，孙文献***
（中国农业大学植物保护学院，农业农村部作物有害生物监测与绿色防控重点实验室，北京　100193）

摘　要：由稻曲病菌侵染穗部引起的稻曲病，是严重危害水稻生产安全的真菌性病害。近年来，稻曲病发生危害加重，已成为水稻生产的主要病害之一。由于直接侵染水稻穗部，并且产生毒素，严重影响水稻产量和品质，但目前对其侵染水稻穗部和抑制水稻免疫的分子机理尚不清楚。实验室前期研究发现，稻曲病菌分泌到水稻细胞内的效应蛋白 SCRE4 能抑制水稻免疫，并抑制水稻生长素响应因子基因 *ARF*17 的表达。为了进一步探究 SCRE4 抑制 *ARF*17 表达的分子机制，笔者通过酵母双杂交筛选到 SCRE4 的互作蛋白 2-44，并通过烟草萤光素酶互补实验进行了验证。2-44 是一种含有胱硫醚 β 合酶（CBS）结构域的蛋白，已有研究表明，含有 CBS 结构域的蛋白参与水稻对稻瘟病的抗性。进一步研究发现，2-44 负调控水稻对稻曲病的抗性，并且该蛋白也能够抑制 *ARF*17 的表达，推测 SCRE4 能够劫持 2-44 共同抑制 *ARF*17 的表达，从而促进稻曲病菌的侵染，具体分子机制有待进一步探索。该研究为进一步探究 SCRE4 抑制水稻免疫的分子机制奠定了基础。

关键词：稻曲病；效应蛋白；SCRE4；2-44；水稻免疫

---

* 基金项目：稻曲病菌效应蛋白 SCRE4 靶向水稻 CBSX2 蛋白抑制植物免疫的分子机制（61512009）

** 第一作者：宋树，博士研究生，研究方向为植物与病原真菌互作分子机理研究；E-mail：s498732350@163.com

*** 通信作者：崔福浩，副教授，主要从事水稻与病原细菌、真菌的互作分子机理研究；E-mail：cuifuhao@163.com
孙文献，教授，主要从事水稻与病原细菌、真菌的互作分子机理研究；E-mail：wxs@cau.edu.cn

高效纤维素降解菌株的筛选与鉴定*

封晓娜[1,2]，孙东辉[1]，李志勇[3]，郝志敏[1**]，董金皋[2**]
（1. 河北农业大学生命科学学院，河北省农业微生物生物信息利用技术创新中心，
保定 071001；2. 河北农业大学植物保护学院，保定 071001；
3. 河北省农林科学院谷子研究所，石家庄 053000）

摘 要：我国是农作物秸秆资源最为丰富的国家之一，秸秆年产量约为7亿t。主要的应用形式包括秸秆还田、牲畜饲料或有机肥料，少部分作为工业原料和菌类基料等。农作物秸秆干物质的主要成分是纤维素、半纤维素和木质素，其中纤维素是植物中最丰富的物质，又是细胞壁的主要结构成分，纤维素是植物秸秆降解过程中难以降解的成分，生物降解法是秸秆降解的最有效的方法之一。本实验以来自东北、西北、西南三个玉米种植区的14份土壤样本为材料，使用刚果红培养基初筛，低温复筛，并以脱色圈方法验证其降解能力，用DNS法和分光光度法测定其纤维素酶和木质素降解有关酶的活力，并对16S rDNA测序以鉴定菌株种属。结果表明，初筛得到活性菌株262株，低温复筛获得活性菌株68株，通过脱色圈方法进一步确定活性菌株33株，其降解圈（D/d）最高值为3.86，其余降解圈大小均在2.5以上。DNS法获得高效活性菌株14株，其中菌株SHHT3352、TLHT33517纤维素降解活性相对于其他菌株活性较高，在28℃摇床中培养3 d，测定其纤维素酶活值为11.88 U/mL、11.18 U/mL。此外，这2个菌株亦表现对玉米茎腐病主要病原——禾谷镰孢、拟轮枝镰孢等病原的拮抗活性，抑制率均在50%以上。基于16S rRNA的分子生物学鉴定表明，2个菌株均为枯草芽孢杆菌（*Bacillus subtilis*）。综上所述，本研究所得活性菌株具较好的纤维素降解活性，并具有抑菌效果，具有田间应用于秸秆还田及病害防控的潜力。

关键词：纤维素；降解菌株；脱色圈；降解圈

---

* 基金项目：河北省重点研发计划（20326503D）；国家现代农业产业技术体系（CARS-02-25）
** 通信作者：郝志敏；E-mail：haozhimin@ hebau. edu. cn
董金皋；E-mail：dongjingao@ 126. com

Retromer 与其新互作复合物 MoPrb1-MoPep4 参与稻瘟病菌细胞自噬介导的侵染致病*

张顶洋[1**]，洪永河[2]，范玉萍[1]，林莉莉[1]，郑文辉[1***]

（1. 福建农林大学植物保护学院，闽台作物有害生物生态防控国家重点实验室，生物农药与化学生物学教育部重点实验室，福州　350000；2. 福建省农业科学院水稻研究所，福州　350000）

摘　要： Retromer 复合体是细胞中内体分拣转运途径的重要成员之一，在调控稻瘟病菌营养生长、产孢发育、侵染致病及细胞自噬等方面发挥着重要作用。Vps35 作为 retromer 复合体的核心元件，具有直接识别特定货物蛋白的功能。当前，尚不清楚稻瘟病菌中 retromer 复合体的互作组及其生物学功能。通过 IP－MS 及酵母双杂交筛库技术，我们发现液泡蛋白水解酶 B（MoPrb1）与 MoVps35 直接互作，其正确定位受 retromer 复合体调控。缺失 *MoVPS*35 或 retromer 复合体任一组件均使得 MoPrb1-GFP 错误定位于液泡膜周围，无法进入到液泡腔中。通过基因敲除分析，发现 MoPrb1 对稻瘟病菌的生长、分生孢子产生和致病性是重要的，并参与稻瘟病菌细胞自噬介导的侵染致病过程。此外，研究还发现液泡蛋白水解酶 A（MoPep4）与 MoPrb1 直接互作，而与 MoVps35 不直接互作。MoPep4 不参与稻瘟病菌细胞自噬介导的侵染致病，但参与稻瘟病菌的过氧化物酶体自噬。与 MoPrb1-GFP 定位一致，MoPep4-GFP 同样定位于液泡腔，缺失 *MoVPS*35 导致 MoPep4-GFP 错误定位于液泡膜周围。综上所述，本研究从稻瘟病菌中鉴定出 retromer新互作复合物 MoPrb1-MoPep4，并明确了二者的生物学功能和调控关系，为进一步理解 retromer 及其互作蛋白共调控稻瘟病菌的致病机理提供了新的证据。

关键词： 稻瘟病菌；致病性；retromer 复合体；细胞自噬

---

* 基金项目：国家自然科学基金（32122071，31772106）

** 第一作者：张顶洋，博士研究生，主要从事植物病原真菌与纳米材料互作机制研究；E-mail：DingyZhang@ 163. com

*** 通信作者：郑文辉，教授，主要从事植物病原真菌发育、侵染寄主的分子机制及寄主的分子免疫机制；E-mail：wenhuiz @ 126. com

广东瓜类蔬菜蔓枯病病原菌鉴定*

韩亚阁，佘小漫，汤亚飞，蓝国兵，李正刚，何自福，于 琳**
（广东省农业科学院植物保护研究所，广东省植物保护新技术重点实验室，广州 510640）

摘 要：瓜类蔬菜是我国主要的蔬菜种类，也是广东重要的经济作物。本团队前期研究发现蔓枯病是广东瓜类蔬菜上的最常见病害之一，在广东瓜类蔬菜产区广泛发生，田间发病率约为30%，重病田块发病率可达80%以上。前人报道指出引起瓜类蔓枯病的病原菌主要包括 *Stagonosporopsis caricae*、*S. citrulli* 和 *S. cucurbitacearum* 3 种，然而广东瓜类蔬菜蔓枯病的病原种类尚不清楚。为明确引起广东瓜类蔬菜蔓枯病的病原菌种类，笔者于 2020—2022 年广泛采集粤东、粤西、粤北和珠三角地区黄瓜、苦瓜、南瓜和蒲瓜蔓枯病疑似病样，分离获得 70 个培养形态相似的分离物。从上述 4 种瓜类蔬菜上各随机选择 1 个菌株作为代表性菌株，进一步鉴定 4 个代表性菌株的分类地位，测定其致病力。结果表明，在 PDA 培养基上 25℃下培养，4 个代表性菌株菌落形态相似，菌落气生菌丝蓬松，菌落近圆形，边缘不整齐，初期为白色，背面易产生黄褐色色素；培养后期菌落表面易塌陷，正面呈灰褐色，背面产生大量墨绿色至黑色色素。菌落经紫外线照射可在基质表面产生大量分生孢子器和/或子囊壳，成熟后分别分泌大量分生孢子和/或子囊孢子。分生孢子器近球形，顶部有圆形孔口，呈乳状凸起，棕褐色，大小为（86.24~512.84）μm×（63.00~450.56）μm；分生孢子呈圆柱状，两边钝圆，单生，无色，大小为（7.73~15.47）μm×（3.08~6.89）μm。子囊壳瓶形或近圆形，黑褐色，大小为（105.53~377.65）μm×（89.24~289.17）μm；子囊孢子短棒状或梭形，具 1 个分隔，分隔处稍缢缩，单生，无色，大小为（21.03~33.48）μm×（7.87~12.93）μm。这些形态学特征与 Garampalli 等（2016）报道的 *S. citrulli* 的形态学特征类似。克隆上述 4 个代表性菌株的核糖体内转录间隔区（ITS）、β-微管蛋白（TUB2）、钙调蛋白（CAL）和几丁质合成酶 A（CHS1）基因的部分序列，构建贝叶斯多基因系统发育树，结果表明，4 个代表性菌株与 6 个 *S. citrulli* 菌株聚成独立分支，后验概率为 0.98。将 4 个代表性菌株的菌丝块接种至两叶期的黄瓜、苦瓜、南瓜和蒲瓜叶片上，25 ℃保湿培养 16 h 后菌丝块周围即可出现水渍状病斑；3 d 后菌丝块周围出现近圆形、褐色腐烂病斑，病斑直径为（11.00~46.10）mm×（11.00~43.90）mm；后期形成“V”形腐烂病斑，直至叶片完全腐烂，整株枯死。人工接种症状与田间瓜类蔓枯病症状相似。重新通过组织分离法分离获得病健交界处的病原物，其菌落形态与原接种的病原菌菌落形态一致。因此，本研究利用形态学特征结合多基因分子系统学方法和致病力测定，鉴定引起广东黄瓜、苦瓜、南瓜和蒲瓜蔓枯病的病原菌为 *S. citrulli*。据作者所知，这是在国内外首次发现 *S. citrulli* 侵染蒲瓜，引起蒲瓜蔓枯病；在我国首次发现 *S. citrulli* 引起黄瓜、苦瓜和南瓜蔓枯病。

关键词：瓜类蔬菜；蔓枯病；*Stagonosporopsis citrulli*

---

* 基金项目：广东省科技创新战略专项（重点领域研发计划）（2018B020202007）；广东省农业科学院科技人才培养专项-青年研究员（R2022PY-QY005）

** 通信作者：于琳，副研究员，主要研究方向为蔬菜真菌病害及其绿色防控技术；E-mail：yulin@ gdaas. cn

河北省辣椒炭疽病菌及对苯醚甲环唑敏感性测定

朱亚楠，王冰雪，王宝玉，张　娜*，杨文香*
（河北农业大学植物保护学院植物病理系，
河北省农作物病虫害生物防治技术创新中心，保定　071001）

摘　要：辣椒是河北省特色产业之一，河北省辣椒生产历史悠久，在国内外享有盛誉。辣椒炭疽病为辣椒生产中的重要病害，不仅在生长期危害，储藏期也会造成品质严重下降。准确鉴定河北省辣椒炭疽病病原，可以为筛选高效的防治药剂，制定有效的防治方案提供理论依据，对促进辣椒产业发展具有重要意义。

研究团队从河北雄安新区、唐山丰南区、邯郸鸡泽县、衡水冀州、保定望都县、清苑区等主要辣椒种植区采集典型发病材料；经组织分离、单孢纯化后，进行形态学观察和分子生物学鉴定，获得辣椒炭疽病菌200余株。根据鉴定结果，危害河北省辣椒的炭疽病菌有5个种（*Colletotrichum truncatum*、*C. scovillei*、*C. fructicola*、*C. siamense* 和 *C. sojae*），其中 *C. truncatum*（70.6%）和 *C. scovillei*（25.4%）为河北省辣椒炭疽病优势致病菌；各地区辣椒炭疽病菌群体组成有所不同：保定望都、清苑、顺平，雄安新区安新县，唐山丰南区，衡水冀州均以 *C. truncatum* 为主，分离比例60.7%~94.4%，邯郸鸡泽以 *C. scovillei* 为主，分离比例72.7%。明确了辣椒为 *C. sojae* 新寄主。

测定了部分优势致病菌 *Colletotrichum truncatum*、*C. scovillei* 菌株对苯醚甲环唑的敏感性，苯醚甲环唑对 *C. truncatum* 的 EC_{50} 为 0.681 8~1.537 8 mg/L，对 *C. scovillei* 的 EC_{50} 为 0.073 0~0.315 9，*C. scovillei* 对苯醚甲环唑较为敏感。

关键词：辣椒；炭疽病；苯醚甲环唑；敏感性测定

* 通信作者：张娜；E-mail：zn0318@126.com
杨文香；E-mail：wenxiangyang2003@163.com

香蕉枯萎病菌1号生理小种特异效应子 *g858* 基因的功能研究*

李枭艺**，宋汉达，罗　梅，董章勇***
（仲恺农业工程学院，植物健康创新研究院，广州　510225）

摘　要：香蕉枯萎病是一种由尖孢镰孢菌古巴专化型（*Fusarium oxysporum* f. sp. *cubense*，*Foc*）引发的严重维管束病害，此病害已对香蕉产业的稳定发展构成了严重威胁。尤其是 *Foc* 的1号生理小种（*Foc*1）和4号生理小种（*Foc*4）是该病害的主要病原菌。本研究采用1号生理小种 Foc1-F27A 菌株作为研究对象，通过对2个生理小种多个菌株进行全基因组比较分析，筛选得到1号生理小种中56个具有信号肽的特异基因。结合转录组表达数据，笔者发现了一个在侵染巴西蕉后表达上调的效应子 *g*858。采用同源重组技术成功构建了该基因的敲除载体，并通过 PEG 介导的原生质体转化法将其引入 Foc1-F27A 野生型菌株，成功获得了该基因敲除突变体。通过在盆栽粉蕉苗上进行灌根接种试验，*Foc*1Δ*g*858 的致病力与野生型菌株 Foc1-F27A 相比显著提高（$P<0.05$），结果表明该基因可能参与调控香蕉枯萎病菌的致病力。此外，笔者还利用酵母双杂交技术在香蕉 cDNA 文库中筛选得到 Foc1-g858 的互作蛋白。通过酵母共转化及 BiFC 技术进一步证实了 Foc1-g858 与 Nudix 水解酶 NUD 和多酚氧化酶 PPO 之间存在互作关系。本研究所发现的生理小种特异的致病相关基因将为寻找寄主中的抗性基因提供宝贵的研究材料，并为香蕉枯萎病的遗传育种研究开辟新的策略和方向。

关键词：香蕉枯萎病菌1号生理小种；特异基因；效应子；致病力；互作蛋白

---

* 基金项目：广州市重点研发计划农业和社会发展科技专题（202103000031）

** 第一作者：李枭艺，硕士研究生，研究方向为植物病理学；E-mail：lixiaoyi_2021@163.com

*** 通信作者：董章勇，教授，研究方向为病原物与寄主互作；E-mail：dongzhangyong@hotmail.com

荔枝干腐病病原特异性检测及室内药剂筛选研究*

李小凤，刘茜芫，孔广辉，李敏慧，姜子德，习平根
（华南农业大学植物保护学院，广州 510642）

摘　要：荔枝是我国热带亚热带地区重要的经济作物，荔枝病害多种多样，随着荔枝产业的发展，病害成为影响荔枝产量和质量的重要因素。由一种毛色二孢菌（*Lasiodiplodia* sp.）引起的干腐病是近年在海南和广西等荔枝产区发生的一种重要病害，是危害树干的真菌性病害，会导致树势衰弱或整株枯死。本研究运用分子生物学手段对海南、广西和广东地区荔枝产区干腐病病原菌进行分离鉴定，并对快速检测技术和室内化学药剂筛选等进行了系列研究。本研究利用荔枝干腐病菌的致病基因 *LtAP*1 上保守基因区域的序列设计特异性引物 AP-F2/R5。以该病原菌为靶标菌，以荔枝树上常见的真菌种及毛色二孢属其他种的病原真菌作为参考菌株，利用特异性引物 AP-F2/R5 进行 PCR 扩增，确定靶标菌获得 1 441 bp 的单一条带，其余参考菌株均未获得条带，表明具有较好的特异性。同时，本研究采用生长速率抑制法对 10 种杀菌剂抑制毛色二孢菌进行室内毒力测定和有效药剂的筛选。通过 EC_{50}值分析结果表明，96.7%甲基硫菌灵原药对病原菌表现为最高毒力，其 EC_{50}值最低，其次是 98.5%咯菌腈原药、95%丙环唑原药、97.5%异菌脲原药、97%戊唑醇原药、97%咪鲜胺原药、95.5%己唑醇原药、96.5%苯醚甲环唑原药；而 98%吡唑醚菌原药和 98%嘧菌酯原药对病菌的毒性最低。本研究为田间病害早期诊断和有效防治荔枝干腐病提供了科学依据。

关键词：荔枝干腐病；毛色二孢；快速检测；室内毒力

* 基金项目：农业农村部农作物疫情监测与防治经费项目（18220002）；国家荔枝龙眼产业技术体系建设项目（CARS-32）

立枯丝核菌 AG1-IA 菌核发育相关基因的挖掘*

毛亚楠[1,2]**，韩欣芃[2]，郝志敏[2]***，李志勇[1]***
（1. 河北省农林科学院谷子研究所，石家庄 050035；
2. 河北农业大学生命科学学院，河北省农业微生物生信利用技术创新中心，保定 071001）

摘 要：立枯丝核菌 AG1-IA（R. solani AG1-IA）是一种主要的土传真菌病原体，可引起玉米等禾本科作物的纹枯病，传播速度快、危害大、发生面积广，在全球所有玉米种植区造成重大的产量损失，严重时甚至绝收。立枯丝核菌在寄主上能够以腐生、寄生或共生三种方式生存，对环境的适应能力强，形成的菌核可以在土壤或病害植株中越冬，并在第二年感染作物，是一种防治十分困难的病原菌，其菌核形成的分子机制目前尚不清楚。本研究以立枯丝核菌 AG1-IA 的营养菌丝、菌核形成初期及成熟阶段的菌丝体为实验材料进行了转录组分析，以期从基因表达调控水平上探究立枯丝核菌菌核形成的分子机制，为研制纹枯病的新型防治手段提供理论基础。

转录组分析结果表明，与营养菌丝相比，菌核形成初期的菌丝体有 2 109 个差异表达基因（differentially expressed genes，DEGs），其中，993 个基因上调，1 116 个基因下调。与菌核形成初期的菌丝体相比，菌核成熟阶段的菌丝体有 2 360 个 DEGs，其中，1 102 个基因上调，1 258 个基因下调；而其与营养菌丝相比，有 2 993 个 DEGs，其中 1 428 个基因上调 1 565 个基因下调。综上所述，三组差异表达基因进行 Venn 分析，发现有 357 个基因同时出现在了这三组差异基因中。KEGG 通路富集分析显示，357 个基因中有 97 个被富集在 50 个通路中。选取 12 个（酪氨酸酶、cell 色素 P450、类半乳糖变异酶、类烯醇酶、分支酸合酶、过氧化氢酶、S-腺苷-L-同型半胱氨酸水解酶、铜/锌超氧化物歧化酶、ZF-rbx1 结构域蛋白、血红素过氧化物酶、ABC 转运蛋白、谷胱甘肽 S 转移酶）差异表达显著的基因进行 qRT-PCR 验证，结果显示，酪氨酸酶、类半乳糖变异酶、分支酸合酶、过氧化氢酶、铜/锌超氧化物歧化酶、血红素过氧化物酶、ABC 转运蛋白、谷胱甘肽 S 转移酶表达量表现趋势与转录组数据相符，其中酪氨酸酶、铜/锌超氧化物歧化酶先上调后下调，表明其可能跟菌核的形成正相关，类半乳糖变异酶、分支酸合酶、过氧化氢酶、血红素过氧化物酶、ABC 转运蛋白、谷胱甘肽 S 转移酶持续上调，其可能跟菌核发育和衰老相关。研究将进一步利用 RNAi 技术对上述差异基因与菌核形成的关系进行分析，以期为病害防控新策略的提出提供理论依据。

关键词：立枯丝核菌；转录组；菌核

---

* 基金项目：国家现代农业产业技术体系（CARS-02-25）；河北省农林科学院基本科研业务费试点经费（HBNKY- BGZ-02）

** 第一作者：毛亚楠，硕士研究生，主要从事真菌病害研究；E-mail：m13623318796@ 163. com

*** 通信作者：郝志敏，教授，主要从事病原真菌研究；E-mail：haozhimin@ hebau. edu. cn

李志勇，研究员，主要从事谷子病害研究；E-mail：lizhiyongds@ 126. com

香蕉枯萎病菌果胶裂解酶 Foc4-PEL1 诱导植物免疫和致病性的功能分析*

刘　璐**，宋汉达，罗　梅，董章勇***

（仲恺农业工程学院，植物健康创新研究院，广州　510225）

摘　要：香蕉枯萎病是由尖孢镰孢菌古巴专化型（*Fusarium oxysporum* f. sp. *cubense*，*Foc*）引起的一种毁灭性病害。在侵染过程中，*Foc* 通过分泌一系列细胞壁降解酶降解植物细胞壁，从而促进对香蕉的侵染。目前，许多病原菌分泌的细胞壁降解酶被发现具有毒力因子和激发植物免疫的双重功能。本研究中，我们从香蕉枯萎病菌热带 4 号生理小种 *Foc* TR4-14013 分离鉴定到了一个果胶裂解酶 Foc4-PEL1，并对其在植物免疫和致病性上的功能进行了探究。Foc4-PEL1 蛋白编码 254 个氨基酸，序列 N 端包含一个 17 个氨基酸的信号肽且含有一个果胶裂解酶保守结构域。利用农杆菌介导的烟草瞬时表达系统发现 Foc4-PEL1 作用于植物细胞外并激发细胞坏死。进一步注射纯化 Foc4-PEL1 蛋白发现其可以诱导本氏烟、拟南芥、番茄等多种植物的细胞坏死，并引起植物 H_2O_2 积累和胼胝质的沉积。将变性的 Foc4-PEL1 蛋白注射本氏烟后发现其失去了诱导植物细胞坏死的能力，表明 Foc4-PEL1 依赖其果胶裂解酶活性诱导植物细胞坏死。此外，基于同源重组原理，利用 PEG 介导的原生质体转化法获得了 *Foc4-PEL1* 基因的敲除突变体 ΔFoc4-PEL1。实验发现，与野生型菌株相比，ΔFoc4-PEL1 菌株的生长速率降低，对刚果红和 SDS 的敏感性增高，且致病力明显下降。这些结果表明 Foc4-PEL1 是 *Foc* TR4-14013 的毒力因子，并可以诱导植物产生免疫反应。研究拟进一步探究 Foc4-PEL1 的活性位点及激发植物免疫反应的作用机理，为果胶裂解酶在香蕉枯萎病菌的致病机制中的功能以及植物-病原菌互作机理的研究提供理论依据。

关键词：香蕉枯萎病菌；果胶裂解酶；植物免疫；毒力因子

---

* 基金项目：广州市重点研发计划农业和社会发展科技专题（202103000031）

** 第一作者：刘璐，硕士研究生，资源利用与植物保护；E-mail：1782584100@ qq. com

*** 通信作者：董章勇，教授，病原物与寄主互作；E-mail：dongzhangyong@ hotmail. com

柑橘褐斑病菌 *AaMR*1 基因的功能研究*

唐科志**，周常勇***
（西南大学柑橘研究所，重庆 400712）

摘 要：由柑橘褐斑病菌（the tangerine pathotype *Alternaria alternata*）引起的柑橘褐斑病（Alternaria brown spot，ABS）可危害柑橘嫩梢、嫩叶及果实，导致落叶落果，对橘类及其杂交柑橘生产带来严重问题。探明柑橘褐斑病菌的致病机理对柑橘褐斑病的防治具有重要的指导意义，但目前柑橘褐斑病菌的致病机理尚不明晰。本研究通过基因敲除及互补，初步分析 *AaMR*1 基因在柑橘褐斑病菌生长发育及致病过程中的作用。将野生型和突变体分别接种感病品种红橘离体叶片 28 h 后，取样进行转录组测序，分析转录因子 *AaMR*1 基因对柑橘褐斑病菌的生长发育及致病的调控机制，以及对红橘响应柑橘褐斑病菌侵染的转录表达的影响机制。结果表明，*AaMR*1 基因缺失导致菌落和分生孢子黑色素丧失，分生孢子变短，产孢量显著下降，致病力增强，但不影响菌株的生长、渗透压胁迫和细胞壁功能；*AaMR*1 基因对柑橘褐斑病菌的生长发育、产孢过程、黑色素合成、毒素产生、碳水化合物酶类的产生等方面都具有重要的调控作用；柑橘褐斑病菌诱导红橘上调的差异表达基因主要富集在病原菌识别、信号转导、活性氧消除、转录调控、次生代谢反应、病程相关蛋白等生物胁迫相关基因类别，*AaMR*1 基因对红橘次级代谢产物、激素及抗性基因/蛋白/转录因子介导的防御机制均产生影响。

关键词：柑橘褐斑病菌；*AaMR*1 基因；基因敲除；互补；生物胁迫；调控

* 基金项目：国家现代农业产业技术体系专项（CARS-26）
** 第一作者：唐科志，副研究员，主要从事柑橘褐斑病菌致病机制和柑橘病害防控研究；E-mail：tangkezhi@ cric. cn
*** 通信作者：周常勇，研究员，主要从事分子植物病理学和柑橘病害防控研究；E-mail：zhoucy@ cric. cn

马桑生白粉菌 *Coriaria nepalensis* 形态学和分子系统学研究*

王双宝，刘淑艳**
（吉林农业大学植物保护学院，长春　130118）

摘　要：马桑（*Coriaria nepalensis* Wall）是马桑科（Coriariaceae）马桑属（*Coriaria*）的一种灌木，主要分布于喜马拉雅地区。马桑根部在民间医学中被用来治疗牙痛和创伤等疾病，其植物体的提取物具有一定的抗菌作用，此外马桑树皮可作为一种潜在的皮革制作原料。白粉菌是一类专性寄生植物病原真菌，可侵染万余种被子植物，对农作物、园艺果蔬及园林花卉造成严重危害。1977 年郑儒永和陈桂清首次报道了中国在马桑上的白粉菌新种为马桑钩丝壳［*Uncinula coriariae* Zheng et Chen *E. coriariigena* Braun et Takam（现名为 *E. coriariigena* Braun et Takam.）］。之后于 1981 年，研究人员又报道了一个发现于马桑上的新种为马桑生白粉菌（*Erysiphe coriariicola* Zheng et Chen）。1990 年谢德滋描述了马桑上的 2 个新种为马桑棒丝壳［*Typhulochaeta coriariae* Xie（现名为 *E. typhulochaetoides* Braun）］和马桑球针壳［*Phyllactinia coriariae* Xie（Xie 1990）］。这 3 种白粉菌自首次报道以来，还未被再次发现。笔者于 2018 年在四川省发现寄生在马桑植物上的白粉菌，通过初步形态学观察，认为与马桑生白粉菌（*Erysiphe coriariicola*）相似，这是该种自 1981 年首次建立之后 40 多年以来第二次被发现，该种仅在中国有报道。笔者系统研究了该种的有性态和无性态特征，并分别扩增得到其无性态和有性态的 ITS 序列，与 GenBank 中下载的白粉菌属 115 个种的 174 条序列一起构建了系统发育树，结果表明该种与楼斗菜白粉菌 *E. aquilegiae* 和景天白粉菌 *E. sedi* 形成姊妹群，属于 *E. aquilegiae* 分枝。本研究补充了马桑生白粉菌的无性态特征，明确了该种的分子系统学地位和种间关系，完善了 Takamatsu 等 2015 年建立的白粉菌属的分子系统学关系。

关键词：马桑生白粉菌；分子系统学；系统发育树

---

* 基金项目：国家自然科学基金区域联合基金（U21A20177）；国家自然科学基金面上项目（31970019）
** 通信作者：刘淑艳；E-mail：liussyan@163.com

葡萄白腐病菌效应因子的鉴定与功能分析*

刘其宝**，李廷刚，尹向田，袁丽芳，蒋锡龙，魏彦锋***
（山东省葡萄研究院，济南　250000）

摘　要：葡萄白腐病是葡萄种植生产过程中最为严重的真菌病害之一，可导致葡萄减产20%~30%，给农民造成严重的经济损失。因此，研究葡萄白腐病菌致病的分子机制对葡萄抗病品种的选育及白腐病的综合防控至关重要。在我国葡萄白腐病的病原菌主要为葡萄垫壳孢（*Coniella vitis*）。实验室前期构建的 *C. vitis* 基因组图谱，本研究利用生物信息学方法，在全基因组水平上预测了 20 个 *C. vitis* 候选效应因子，并对候选效应因子进行了克隆和功能分析；通过农杆菌介导的烟草瞬时过表达，发现效应因子 CvCE12 能够诱导烟草细胞坏死；通过酵母信号肽捕获系统证明 CvCE12 的信号肽具有分泌活性；效应因子 CvCE12 能够诱导烟草 ROS 爆发、胼胝质的沉积、抗性基因的表达以及电解质渗漏等典型的 PTI 反应；利用病毒介导的基因沉默（Virus-induced gene silencing，VIGS）技术，证明烟草中的 BAK1 类受体激酶参与了 CvCE12 所诱导的烟草的 PTI 反应；利用寄主诱导的基因沉默（Host-induced gene silencing，HIGS）技术在烟草中对效应因子 CvCE12 进行转录水平沉默，发现 *C. vitis* 在沉默植株上的侵染受到显著抑制，与对照植株相比病斑面积显著缩小，表明效应因子 CvCE12 可能在白腐病菌侵染葡萄过程中发挥毒力作用。

关键词：葡萄；白腐病；效应因子；免疫反应

---

* 基金项目：山东省自然科学基金（ZR2021QC131）；山东省农业科学院创新工程（CXGC2023A41，CXGC2023A41，CXGC2023A47，CXGC2022E15）

** 第一作者：刘其宝，助理研究员，主要研究方向为病原菌与寄主植物互作机制

*** 通信作者：魏彦锋，研究员，主要研究方向为植物病理学

稻曲病菌致病因子 *UvGH*18.1 调控稻曲球形成*

何佳雪**，李国邦，张　馨，姚宗林，李高盟，李　燕，王文明***，樊　晶***
（四川农业大学，西南作物基因资源发掘与利用国家重点实验室，成都　611130）

摘　要：稻曲病是一种世界性水稻真菌病害，近年来已成为我国水稻的主要病害之一。稻曲球是稻曲病的唯一可见症状。稻曲球的形成不仅影响水稻的产量，产生的毒素还会降低稻米品质且严重影响着人畜的安全。同时，稻曲球表面的厚垣孢子或菌核是稻曲病初侵染源的主要来源，在稻曲病病害循环中极为重要。因此，研究稻曲球的形成机理对于防治稻曲病具有重要意义。我们研究发现稻曲病菌中一个重要的致病因子——*UvGH*18.1，其编码一个真菌分泌型几丁质酶。*uvgh*18.1 基因敲除突变体菌株在培养基上能正常生长，也能侵染水稻颖花形成菌丝体，但无法形成成熟稻曲球。用几丁质酶酶活突变的 UvGH18.1 回补突变体菌株发现，该回补菌株能侵染水稻穗部并形成稻曲球，说明 *UvGH*18.1 调控稻曲球的形成不依赖其几丁质酶酶活，我们推测 UvGH18.1 可能通过靶向寄主代谢通路从而劫持营养供稻曲球形成所需。继而，我们通过免疫沉淀-质谱分析初步筛选到 14 个与 UvGH18.1 互作的水稻蛋白，下一步将深入研究 UvGH18.1 与候选互作蛋白的相互作用机制，阐明 *UvGH*18.1 调控稻曲球形成的作用机理，为防控稻曲病提供理论依据与新靶标。

关键词：稻曲病菌；几丁质酶；稻曲球；营养；互作

---

* 基金项目：国家自然科学基金（32072503，31772241）；四川省青年科技创新研究团队（2022JDTD0023）

** 第一作者：何佳雪，硕士研究生，主要从事稻曲病菌的致病机理研究；E-mail：1308240792@qq.com

*** 通信作者：王文明，教授，主要从事植物-病原菌相互作用机制研究；E-mail：j316wenmingwang@163.com
樊晶，教授，主要从事水稻-稻曲病菌相互作用研究；E-mail：fanjing13971@sicau.edu.cn

与水稻 OsAGO1 结合的稻瘟菌小 RNA 的筛选与分析*

杨思葭**，尹潇潇，颜绣莲，李 莎，彭玉婷，赵志学，王文明***
（四川农业大学，西南作物基因资源发掘与利用国家重点实验室，成都 611130）

摘 要：小 RNA 是一种重要的基因表达的调控因子，参与植物与病原微生物的相互作用，而且病原菌的小 RNA 可以跨界进入宿主植物并抑制植物免疫。目前，水稻小 RNA 调控稻瘟病抗性的机制被陆续深入研究，而稻瘟菌小 RNA 是否跨界调控水稻免疫尚不清楚。因此，本研究以水稻普感材料丽江新团黑谷和稻瘟菌模式菌株 Guy11 为实验材料，通过免疫共沉淀和小 RNA 深度测序分析，筛选水稻 OsAGO1 结合的稻瘟菌的小 RNA。结果发现有 120 600个稻瘟菌的小 RNA 与 OsAGO1 结合，其中有 317 个小 RNA 在稻瘟菌接种的不同时间点存在显著的差异表达。此外，通过生物信息学分析，预测了这 317 个稻瘟菌小 RNA 在水稻中的靶基因，其中有 36 个小 RNA 的靶基因与免疫信号相关，包括 PTI 信号、ETI 信号、激素信号等。这些结果表明，稻瘟菌的小 RNA 很可能结合水稻 OsAGO1，进而跨界调控水稻免疫，而这 36 个小 RNA 可作为深入研究跨界调控水稻免疫的候选小 RNA。

关键词：水稻；OsAGO1；稻瘟病；小 RNA；跨界调控

* 基金项目：国家自然科学基金（U19A2033，32101728）

** 第一作者：杨思葭，博士研究生，研究方向为水稻-稻瘟病互作的分子机制；E-mail：791120826@ qq. com

*** 通信作者：王文明，教授，研究方向为植物-病原菌相互作用机制；E-mail：j316wenmingwang@ 163. com

香蕉枯萎病菌木质部分泌蛋白 FocTR4-SIX13 的基因敲除*

覃馨钰**，黄影华，宋汉达，罗　梅，董章勇***
（仲恺农业工程学院，植物健康创新研究院，广州　510225）

摘　要：香蕉枯萎病是典型的土传性病害，在香蕉的整个生长期内都有可能发生，且流行范围广，严重威胁着香蕉产业。其病原菌为尖孢镰孢菌古巴专化型（*Fusarium oxysporum* f. sp. *cubense*，*Foc*），根据不同的鉴别寄主，香蕉枯萎病菌可划分为 3 个生理小种，其中热带 4 号生理小种（*FocTR*4）是侵染能力和毒性最强的生理小种，能感染几乎所有的香蕉，使得香蕉产业面临巨大的威胁。木质部分泌蛋白（Secreted in xylem，SIX）是由尖孢镰孢菌分泌的一类作用于植物木质部并富含半胱氨酸的小分子蛋白。本研究从香蕉枯萎病菌 FocTR4-14013 分离鉴定到了一个木质部分泌蛋白 FocTR4-SIX13，并探究其对 *FocTR*4 致病性的影响。FocTR4-SIX13 蛋白编码 309 个氨基酸，其 N 端包含 21 个氨基酸的分泌信号肽，通过同源重组的方法构建了该基因的敲除载体，利用 PEG 介导的原生质体转化 FocTR4-14013 野生型菌株获得敲除突变体 *FocTR*4-Δ*SIX*13；通过对 *FocTR*4-Δ*SIX*13 突变体的生物学特征观察发现，*FocTR*4-*SIX*13 基因的缺失使菌落生长速率低于野生型，产孢量增加，生物量干重比野生型明显增加；通过细胞壁胁迫敏感性试验发现，*FocTR*4-Δ*SIX*13 突变体对胁迫更为敏感；在番茄侵染力试验中发现，*FocTR*4-Δ*SIX*13 突变体在番茄上定殖的菌丝较野生型的稀疏。将 *FocTR*4-Δ*SIX*13 突变体用灌根法接种巴西蕉盆栽苗，结果发现 *FocTR*4-Δ*SIX*13 突变体的致病力与野生型菌株相比显著下降，其接种的香蕉苗发病率仅为 40%，病情指数与野生型菌株相比下降了 44%，这些结果表明 *FocTR*4-*SIX*13 是 FocTR4-14013 潜在的毒力因子。本研究对 *FocTR*4-*SIX*13 基因的致病力进行了初步的研究，研究拟进一步探究其致病机理及在香蕉中的互作靶标，为进一步揭示香蕉枯萎病菌的致病机理提供理论基础。

关键词：香蕉枯萎病菌；致病力；木质部分泌蛋白；基因敲除

---

* 基金项目：广州市重点研发计划农业和社会发展科技专题（202103000031）

** 第一作者：覃馨钰，硕士研究生，研究方向为资源利用与植物保护；E-mail：759432625@ qq. com
*** 通信作者：董章勇，教授，研究方向为病原物与寄主互作；E-mail：dongzhangyong@ hotmail. com

新疆小麦条锈菌菌系 BGTB-1 的遗传特征

王　琳，康振生，赵　杰
（旱区作物逆境生物学国家重点实验室，西北农林科技大学植物保护学院，杨凌　712100）

摘　要：条锈病是我国小麦上危害严重的重要病害，其流行常常造成明显减产。新疆是我国小麦条锈病流行体系中独立的流行区，分子数据分析表明，新疆小麦条锈菌群体与其他省份小麦条锈菌群体是相对独立遗传进化的。但是，目前有关新疆小麦条锈菌的遗传特征尚无研究报道，限制了人们对其遗传特征和群体进化的了解。为此，本研究对来自新疆的小麦条锈菌的单孢菌系 BGTB-1 作为亲本菌系，通过接种转主寄主小檗，构建其自交 F_1后代菌系，经单基因系鉴别寄主鉴定，明确其遗传变异规律；利用 19 对 KASP-SNP 引物进行基因型分型测定，构建无毒基因遗传连锁图谱，为揭示新疆小麦条锈菌独立流行区的遗传特征和毒性变异提供理论依据。结果表明，亲本菌系与 65 个 F_1后代在 25 个单基因系鉴别寄主上的毒力表型将其划分为 56 种毒力表型。后代菌系在 4 个抗病位点（*Yr*10、*Yr*15、*Yr*32 和 *YrTr*1）均表现无毒性（Avirulence，A），在其余 21 个位点上发生了毒力/无毒力分离，60%后代菌系毒性谱变宽，27.7%毒性谱变窄。未发现与亲本表型一致的菌系，表现高度变异率。后代群体在 *Yr*5、*Yr*7 和 *Yr*76 的无毒性是由单个显性基因控制的（A：V=3：1）；在 *Yr*6、*Yr*25 和 *Yr*44 的无毒性是单个隐性基因控制的（A：V=1：3）；其余 15 个抗病位点的无毒性均由两个基因控制。利用 19 个 KASP-SNP 标记构建了一个遗传距离为 441.0 cM 的连锁图谱，13 个抗病基因位点毒力表型的 QTLs 被定位在连锁图谱上，*Yr*1、*Yr*3、*Yr*4、*Yr*6、*Yr*7、*Yr*17、*YrA* 和 *Yr*26 位点的 QTLs 未被定位在连锁图谱上。

关键词：小麦条锈菌；有性生殖；遗传变异；基因型；分子标记

Functional Characterization of Wheat Cellulose Synthase *TaCESA7* in the Interaction Between Wheat and Stripe Rust Fungus

ZHANG Yanqin[1,2], GUO Shuangyuan[1,2], YU Longhui[1,2], LI Min[1,2], ZHANG Xinmei[2,3], WANG Xiaojie[1,2], KANG Zhensheng[1,2]

(1. *College of Plant Protection, Northwest A&F University, Yangling* 712100, *China*; 2. *College of Life Sciences, Northwest A&F University, Yangling* 712100, *China*; 3. *State Key Laboratory of Crop Stress Biology for Arid Areas, Northwest A&F University, Yangling* 712100, *China*)

Abstract: Wheat stripe rust, caused by *Puccinia striformis* f. sp. *tritici* (*Pst*), seriously harms wheat production in China. Cellulose synthase 7 (*CESA7*) participates in the synthesis process of plant secondary cell walls and plays an important role in plant disease resistance. However, *CESA7* has rarely been reported on the interaction between plants and pathogenic bacteria, especially the interaction between wheat and stripe rust. In this study, a candidate gene *TaCESA7* was screened through the cDNA library and transcriptome database constructed by wheat variety *Suwon* 11 and stripe rust fungus CYR23 (non-affinity) and CYR31 (affinity). Real-time quantitative PCR showed that *TaCESA7* was mainly induced by CYR31, and virus-induced gene silencing (VIGS) silences *TaCESA7*, which reduces the hypha length, infection area and biomass of stripe rust fungus. These results showed that *TaCESA7* may negatively regulate the resistance of wheat to stripe rust. Wheat protoplasts and tobacco subcellular localization showed that TaCESA7 is localized in the cell membrane. In addition, three potential targets that interact with TaCESA7 were screened using yeast two-hybrid technology, and the reliability of the interaction was further verified by bimolecular fluorescence complementation, co-immunoprecipitation and firefly luciferase experiments. In conclusion, this study proved that *TaCESA7* negatively regulates wheat resistance to stripe rust, and its regulation mechanism may have a certain relationship with the three interacting targets. Further exploring the possible susceptibility mechanism of wheat *TaCESA7* would provide a theoretical basis for the creation of broad-spectrum and durable wheat varieties with resistance to stripe rust.

Key words: Wheat; Stripe rust; CESA; VIGS (virus-induced gene silencing)

香蕉枯萎病菌4号生理小种小分泌蛋白 FocTR4-SSP1的互作蛋白鉴定*

张耀月**，宋汉达，罗 梅，董章勇***
（仲恺农业工程学院，植物健康创新研究院，广州 510225）

摘 要：香蕉枯萎病是由尖孢镰孢菌古巴专化型（*Fusarium oxysporum* f. sp. *cubense*，*Foc*）侵染引起的维管束毁灭性病害，根据其侵染寄主种类不同可分为3个生理小种，我国主要分布有1号（*Foc*1）和4号（*Foc*4）生理小种，其中4号生理小种危害最为严重，严重威胁着我国香蕉产业的发展。小分泌蛋白（Small Secreted Protein，SSP）是植物病原菌上特异的一类小分泌蛋白，富含半胱氨酸，在植物的免疫反应中扮演着重要角色。本研究利用生物信息学方法预测到香蕉枯萎病菌FocTR4-14013中候选的效应蛋白，其中分离鉴定到了一个小分泌蛋白FocTR4-SSP1，该蛋白长度为147个氨基酸，富含半胱氨酸，N端含有一个18个氨基酸的信号肽序列。利用农杆菌介导的烟草瞬时表达系统进行亚细胞定位发现FocTR4-SSP1定位在细胞质，通过酵母双杂交技术在香蕉cDNA酵母文库中筛选到一个与FocTR4-SSP1互作的蛋白：四肽重复蛋白Tetratricopeptide repeat protein 1（Ma-TRP1），进一步的双分子荧光互补（BIFC）技术发现FocTR4-SSP1与Ma-TRP1在植物体内存在互作关系。有证据表明TPR蛋白与植物免疫有关，因此我们猜测FocTR4-SSP1可能通过与Ma-TPR1的互作参与调控寄主的免疫反应。研究拟进一步试验探索FocTR4-SSP1调控Ma-TPR1蛋白的过程，为研究香蕉抗枯萎病菌的致病机制提供新的理论基础。

关键词：香蕉枯萎病菌；小分泌蛋白；酵母双杂交；互作蛋白

---

* 基金项目：广州市重点研发计划农业和社会发展科技专题（202103000031）
** 第一作者：张耀月，硕士研究生，研究方向为资源利用与植物保护；E-mail：907803934@qq.com
*** 通信作者：董章勇，教授，研究方向为病原物与寄主互作；E-mail：dongzhangyong@hotmail.com

Global Analysis of Biosynthetic Gene Clusters Reveals New Pathogenic Factors Involved in the Pathogenicity of *Diaporthe* species*

LI Kainan[1,2,3**], ZHANG Chen[1,2,3], ZHANG Zhichao[1,2,3], YE Wenwu[1,2,3***], WANG Yuanchao[1,2,3]

[1. *Department of Plant Pathology*, *Nanjing Agricultural University*, *Nanjing* 210095, *China*; 2. *Key Laboratory of Soybean Disease and Pest Control* (*Ministry of Agriculture and Rural Affairs*), *Nanjing Agricultural University*, *Nanjing* 210095, *China*; 3. *Key Laboratory of Plant Immunity*, *Nanjing Agricultural University*, *Nanjing* 210095, *China*]

Abstract: *Diaporthe* fungi cause severe diseases in a variety of plants. The pathogens produce a diverse array of secondary metabolites (SMs), which have toxin, antiviral, antifungal, and enzyme inhibitory activities, and seem intrinsically tied to the pathogenicity. However, little is known about their potential of SM biosynthesis and functional mechanisms of the products. Here, we performed PacBio long-read sequencing for four major *Diaporthe* species isolated from diseased soybeans and obtained the corresponding telomere-to-telomere (T2T) gap-free genome assemblies. Genome-wide identification of SM biosynthetic gene clusters (BGCs) revealed that *Diaporthe* has abundant BGCs. The BGCs are hyperdiverse with very low sequence similarity to those in other genera and even other *Diaporthe* species. Driven by environmental adaptation, gene replication and horizontal gene transfer may be two critical evolutionary pathways of the BGCs. The specific transcription of BGCs during *Diaporthe* infection in soybean and the significant decrease of *Diaporthe* pathogenicity observed in BGC core gene knockout mutants indicated that BGCs represent a class of pathogenic factors involved in the pathogenicity of *Diaporthe* species.

Key words: *Diaporthe*; T2T genome assembly; Secondary metabolite; Biosynthetic gene clusters; Pathogenic factor

---

* Funding: National Natural Science Foundation of China (32172374, 31721004)

** First author: LI Kainan; E-mail: 2022202069@ stu. njau. edu. cn

*** Corresponding author: YE Wenwu; E-mail: yeww@ njau. edu. cn

Development of A Loop-mediated Isothermal Amplification Assay for the Rapid Diagnosis of Soybean Rust Caused by *Phakopsora pachyrhizi*[*]

OUYANG Haibing[1,2,3**], ZHANG Zhichao[1,2,3], SUN Guangzheng[1,2,3], YANG Huawei[4], YE Wenwu[1,2,3***], WANG Yuanchao[1,2,3***]

(1. *Department of Plant Pathology*, *Nanjing Agricultural University*, *Nanjing* 210095, *China*; 2. *Key Laboratory of Soybean Disease and Pest Control* (*Ministry of Agriculture and Rural Affairs*), *Nanjing Agricultural University*, *Nanjing* 210095, *China*; 3. *Key Laboratory of Plant Immunity*, *Nanjing Agricultural University*, *Nanjing* 210095, *China*; 4. *Zigong Institute of Agricultural Sciences*, *Zigong* 643000, *China*)

Abstract: Soybean rust caused by the fungus *Phakopsora pachyrhizi* is one of the most destructive diseases to soybean production worldwide. To detect *P. pachyrhizi* for the rapid diagnosis and control of soybean rust, we developed a loop-mediated isothermal amplification (LAMP) assay that targets a *P. pachyrhizi*-specific gene (*Phapa*_6409908) identified from a comparative genomic analysis of 61 Pucciniomycotina strains. Using a set of screened primers and the optimized reaction conditions of 62℃ for 70 min, the LAMP assay can detect the DNA of *P. pachyrhizi* while excluding other plant pathogens. The assay consistently showed high sensitivity in detecting low contents of *P. pachyrhizi* DNA (10 pg). We confirmed the practical application of this LAMP assay in diagnosing soybean rust using soybean leaf samples collected from fields in four cities of Sichuan Province, China, in 2020 and 2021. The developed LAMP assay provides a specific, sensitive, and rapid method for the diagnosis of soybean rust caused by *P. pachyrhizi* to assist in the prediction, prevention, and control of this major soybean disease.

Key words: Soybean rust; *Phakopsora pachyrhizi*; Molecular detection; LAMP

* Funding: China Agriculture Research System (CARS-004)

** First author: OUYANG Haibing; E-mail: 15980617028@163.com

*** Corresponding authors: YE Wenwu; E-mail: yeww@njau.edu.cn

WANG Yuanchao; E-mail: wangyc@njau.edu.cn

Functional Characterization of Two Cell Wall Integrity Pathway Components of the MAPK Cascade in *Phomopsis longicolla*[*]

ZHANG Chen[1,2,3**], ZHANG Haifeng[1,2,3], ZHENG Xiaobo[1,2,3], YE Wenwu[1,2,3***], WANG Yuanchao[1,2,3]

[1. *Department of Plant Pathology*, *Nanjing Agricultural University*, *Nanjing* 210095, *China*; 2. *Key Laboratory of Soybean Disease and Pest Control* (*Ministry of Agriculture and Rural Affairs*), *Nanjing Agricultural University*, *Nanjing* 210095, *China*; 3. *Key Laboratory of Plant Immunity*, *Nanjing Agricultural University*, *Nanjing* 210095, *China*]

Abstract: The pathogenic fungus *Phomopsis longicolla* causes numerous plant diseases, such as Phomopsis seed decay, pod and stem blight, and stem canker, which seriously affect the yield and quality of soybean production worldwide. Because of a lack of technology for efficient manipulation of genes for functional genomics, understanding of *P. longicolla* pathogenesis is limited. Here, we developed an efficient polyethylene glycol-mediated protoplast transformation system in *P. longicolla* that we used to characterize the functions of two genes involved in the cell wall integrity (CWI) pathway of the mitogen-activated protein kinase (MAPK) cascade, including *PlMkk*1, which encodes MAPK kinase, and its downstream gene *PlSlt*2, which encodes MAPK. Both gene knockout mutants ΔPlMkk1 and ΔPlSlt2 displayed a reduced growth rate, fragile aerial hyphae, abnormal polarized growth and pigmentation, defects in sporulation, inadequate CWI, enhanced sensitivity to abiotic stress agents, and significant deficiencies in virulence, although there were some differences in degree. The results suggest that *PlMkk*1 and *PlSlt*2 are crucial for a series of growth and development processes as well as pathogenicity. The developed transformation system will be a useful tool for additional gene function research and will aid in the elucidation of the pathogenic mechanisms of *P. longicolla*.

Key words: *Diaporthe*; Fungal pathogen; *Phomopsis longicolla*; Genetic transformation; MAPK; Soybean disease

---

* Funding: National Natural Science Foundation of China (32172374, 31721004)

** First author: ZHANG Chen; E-mail: 2020202023@ stu. njau. edu. cn

*** Corresponding author: YE Wenwu; E-mail: yeww@ njau. edu. cn

转录因子 *ZjMYB*13 和 *ZjWRKY*55 调控冬枣果实黑斑病抗病性的机制研究

张 暄[1]，刘 摇[1]，王文军[1,2]，曾凯芳[1,2,3]
（1. 西南大学食品科学学院，重庆 400715；2. 川渝共建特色食品重庆市重点实验室，重庆 400715；3. 国家柑桔工程技术研究中心，重庆 400715）

摘 要：冬枣（*Ziziphus jujuba*）作为鲜食水果具有很高的经济价值。链格孢菌（*Alternaria*）引起的黑斑病是冬枣采后主要病害之一，相比于传统杀菌剂，氨基酸处理作为生物防治方法更加安全环保。前期研究发现蛋氨酸处理冬枣果实可以提高木质素含量，增加 *ZjMYB*13、*ZjWRKY*55、*ZjMYB*4 等转录因子的表达量，增强对链格孢菌引起的黑斑病的抗病性。本研究主要研究冬枣转录因子 *ZjMYB*13 和 *ZjWRKY*55 调控枣果实黑斑病抗病性的机制。*ZjMYB*13 和 *ZjWRKY*55 在冬枣上瞬时过表达后可以显著降低枣黑斑病的病斑直径和发病率，并使枣果实木质素含量显著上升。酵母双杂交（Y_2H）和双分子荧光互补（BiFC）实验表明，*ZjMYB*13 和 *ZjWRKY*55 相互作用。转录组、q－PCR 和双萤光素酶报告（DLR）结果表明，*ZjMYB*13 和 *ZjWRKY*55 瞬转后可以使 *ZjCCoAOMT*、*ZjPOD*、*ZjBGLU* 等木质素合成相关基因上调表达，并激活 *ZjGAD* 转录表达，抑制 *ZjKIT*5 转录表达。凝胶阻滞迁移实验（EMSA）结果显示，*ZjWRKY*55 可以直接结合链格孢菌致病相关基因 *ZjKIT*5 的启动子，使其下调表达。

关键词：冬枣；链格孢菌；*ZjMYB*13；*ZjWRKY*55

合成群落控制枣果实采后黑斑病的效果及其抑菌机制研究

蔡 婕[1]，张鸿雁[1]，雷兴梦[1]，曾凯芳[1,2,3]
（1. 西南大学食品科学学院，重庆 400715；2. 川渝共建特色食品重庆市重点实验室，重庆 400715；3. 国家柑桔工程技术研究中心，重庆 400715）

摘 要：为了构建能够有效控制枣果实采后黑斑病的合成群落，分析 *D. nepalensis* 处理后枣果实表面附生微生物群落结构变化发现，*D. nepalensis* 可降低 *Alternaria*、*Penicillium*、*Fusarium* 和 *Botrytis* 等病原真菌丰度，增加 *Pantoea*、*Bacillus*、*Staphylococcus*、*Pseudomonas* 等有益菌的丰度从而降低枣果实采后腐烂率。本研究从枣果实表面微生物群落的丰度、相关性、可培养性、菌株间的相互作用以及功能性出发，构建了 *D. nepalensis* 与 7 株细菌组成的合成群落，通过控病效果实验，进一步简化为 *D. nepalensis* 与 6 株细菌（*Bacillus subtilis*、*Bacillus velezensis*、*Staphylococcus arlettae*、*Staphylococcus gallinarum*、*Pseudomonas* sp.、*Pseudomonas psychrotolerans*）。果实损伤接种试验结果表明，*D. nepalensis* 与 6 株细菌组成的合成群落较单株菌单独使用能显著降低枣果实采后黑斑病的发病率和病斑直径，在贮藏的第 10 d，发病率比对照组降低了 69.23%，比 *D. nepalensis* 处理组降低了 52.94%。研究合成群落抑菌机制发现，6 株细菌与 *D. nepalensis* 组成的合成群落能够产生抑菌代谢产物、β-1,3 葡聚糖酶以及 VOCs 等抑制 *Alternaria alternate* 的生长，除此之外，还能够通过诱导枣果实抗病性来控制冬枣采后黑斑病的发生，相比单一菌株具有更多样化的作用机制。综上所述，本研究为果蔬采后病害防控提供了一种新的视角和方法。

关键词：合成群落；冬枣；黑斑病；机制研究

酵母分泌蛋白 SLP 诱导柑橘果实采后青霉病抗病性的机制研究

徐　瑶[1]，陈　鸥[1]，朱　容[1]，曾凯芳[1,2,3]

（1. 西南大学食品科学学院，重庆　400715；2. 川渝共建特色食品重庆市重点实验室，重庆　400715；3. 国家柑桔工程技术研究中心，重庆　400715）

摘　要： 一些拮抗菌能够产生蛋白类物质，在微生物与植物的互作、植物抗病反应中发挥重要作用。课题组前期研究发现盔形毕赤酵母（*Pichia galeiformis*）分泌蛋白 SLP 能够显著控制柑橘果实采后绿霉病，但对柑橘采后青霉病的控制效果尚未明确。本研究目的在于探究酵母分泌蛋白 SLP 对柑橘采后青霉病抗病性的控制效果，并研究其作用机制。结果表明，SLP 蛋白 N 端含有信号肽，具有枯草杆菌蛋白酶的特征 Peptidase_S8 和 Inhibitor_I9 结构域，是一种类枯草杆菌蛋白酶（Subtilisin-like proteases，SLP）。在柑橘果皮中瞬时过表达 SLP 能够显著抑制柑橘果实采后青霉病的发病和病斑直径的增长。过表达 SLP 的柑橘果皮 RNA-seq 数据显示差异基因主要富集在氨基酸合成及代谢通路上，其中苯丙氨酸、酪氨酸生物合成及代谢途径相关 AST、TAT、AS、ADH、PRT 等基因显著上调表达，苯丙氨酸和酪氨酸含量显著提高；氰基氨基酸代谢途径相关 CYP79A2、BDL、NIT4A 基因显著上调表达，亮氨酸、丙氨酸、异亮氨酸和丝氨酸含量显著提高；蛋氨酸、半胱氨酸代谢途径相关 OASTL、LDH、AST、ACO、SRM 等基因显著上调表达，半胱氨酸含量高于对照组，SAT、OASTL 酶活性显著提高；谷胱甘肽代谢途径 GST、RRM、GPX 基因显著上调表达，GSH 含量显著提高，GR 活性显著升高。研究表明 SLP 能够通过影响氨基酸合成代谢增强柑橘果实青霉病抗病性。

关键词： 柑橘；分泌蛋白；类枯草杆菌蛋白酶；氨基酸；诱导抗病性

愈伤处理提高采后柑橘果实绿霉病抗病性的机制研究

高笑全[1]，王文军[1,2]，张鸿雁[1]，陈 鸥[1]，张 雄[1]，曾凯芳[1,2,3]
（1. 西南大学食品科学学院，重庆 400715；2. 川渝共建特色食品重庆市重点实验室，重庆 400715；3. 国家柑桔工程技术研究中心，重庆 400715）

摘 要：柑橘表面存在着多种自然孔口，且在田间生长、采收、包装和运输过程中会产生各种伤口，这些伤口都是病原菌入侵的重要途径。病原微生物引起的侵染性病害，如指状青霉（*Penicillium digitatum*）引起的绿霉病是造成柑橘果实采后损失的主要原因。本研究通过探索在25℃和7℃下柑橘果实愈伤处理不同天数后的发病率、病斑直径和形态结构等指标，证实采后柑橘果实存在愈伤作用，经愈伤处理后柑橘果实的发病率和病斑直径显著降低且在25℃愈伤5 d后柑橘的愈伤效果最佳。愈伤期间柑橘果实的呼吸强度和失重率有所增加，但色泽品质不受影响。在初级代谢产物中，大部分氨基酸积极参与到愈伤过程中。在次生代谢产物中，愈伤处理促进了细胞壁结构组分和部分挥发性成分的积累。荧光显微镜结果表明愈伤处理能促进软木脂和木质素在柑橘伤口周边部位的沉积。此外，PCA 分析和抗病过程中的代谢产物分析的结果再次证实了采后柑橘果实愈伤后抵抗侵染性病害的特征成分包括 1 个单糖（吡喃葡萄糖）、4 个有机酸（苹果酸、柠檬酸、奎宁酸、葡萄糖酸和硬脂酸）、5 个氨基酸（天冬氨酸、赖氨酸、组氨酸、苯丙氨酸和精氨酸）、5 个结构组分（果胶、纤维素、木质素、总酚和类黄酮）和 12 个挥发性组分（桧烯、氧化柠檬烯、乙酸香茅酯、β-榄香烯、丁香烯、金合欢烯、α-愈创木烯、橙花醇、甜橙醛、吉马烯、α-马兰烯和 α-榄香醇）。本研究为愈伤处理提高柑橘果实抗病性的机制提供了新的见解。

关键词：柑橘；愈伤；氨基酸；软木脂；挥发性组分；抗病性

香蕉枯萎病菌效应子 g12593 的基因敲除*

尤立谦**，宋汉达，罗 梅，董章勇***
（仲恺农业工程学院，植物健康创新研究院，广州 510225）

摘 要：香蕉枯萎病，又称为香蕉黄叶病、巴拿马病，是一种侵染香蕉维管束的土传毁灭性真菌病害，由尖孢镰孢菌古巴专化型（*Fusarium oxysporum* f. sp. *Cubense*，*Foc*）侵染引起。几丁质脱乙酰基酶（chitin deacetylase，CDA）是一种糖蛋白，能够催化细胞壁几丁质中乙酰胺基的水解，将几丁质转化为壳聚糖。本研究通过对香蕉枯萎病菌 FocTR4-14013 菌株全基因组数据进行生物信息学分析及比较转录组测序结果，预测得到一个效应子 g12593，基因注释为 *CDA* 基因，该基因在病原菌接种寄主 12 h 后表达量显著上调。根据该基因的序列，通过同源重组技术，构建带有潮霉素磷酸转移酶基因（Hyg）片段的 *g*12593 基因敲除载体。通过转化 FocTR4-14013 菌株原生质体，获得基因缺失突变体 *FocTR*4-Δ*g*12593。*FocTR*4-Δ*g*12593 菌株在 PDA 平板上，生长速率慢于野生型，接种香蕉后，致病力较野生型有所下降，结果说明 *g*12593 基因可能作为一个致病相关基因在香蕉枯萎病菌与香蕉的互作过程当中发挥功能，为后续研究该基因的致病机理和香蕉枯萎病的防治奠定基础。

关键词：香蕉枯萎病；尖孢镰孢菌（*Fusarium oxysporum*）；几丁质脱乙酰基酶；效应子

---

* 基金项目：广州市重点研发计划农业和社会发展科技专题（202103000031）
** 第一作者：尤立谦，硕士研究生，研究方向为植物病理学；E-mail：844867610@ qq. com
*** 通信作者：董章勇，博士，教授，研究方向为病原物与寄主互作；E-mail：dongzhangyong@ hotmail. com

丹东地区草莓根腐病病原菌鉴定

王应玲，王作英，陈晓旭，那明慧，赵睿杰
（丹东农业科学院，丹东 118009）

摘　要：草莓根腐病是一种普遍性病害，丹东地区草莓种植连作情况严重，重茬地增多导致草莓根腐病发生逐年加重，是制约草莓产业发展的重要因素之一。多种病原菌均可侵染草莓导致根腐病，为明确丹东地区草莓根腐病主病原菌种类，本研究从丹东各草莓主产区采集根腐病病株30份，经组织分离、科赫法则验证、形态学鉴定及分子生物学鉴定确定病原菌种类。结果表明：分离鉴定得到27株草莓根腐病致病菌株，其中茄腐镰孢菌（*Fusarium solani*）14株、暹罗炭疽菌（*Colletotrichum siamense*）10株、尖孢镰孢菌（*Fusarium oxysporum*）3株。确定丹东地区草莓根腐病主要病原菌为茄腐镰孢菌和暹罗炭疽菌。

关键词：草莓根腐病；茄腐镰孢菌；暹罗炭疽菌

Identification of Inhibitors of UDP-Galactopyranose Mutase by Structure-Based Virtual Screening

CAO Shulin, SHU Yan, SUN Aiyan, DENG Yuanyu, LI Wei, CHEN Huaigu

(*Institute of Plant Protection*, *Jiangsu Academy of Agricultural Sciences*, *Nanjing* 210014, *China*)

Abstract: UGMA is the key enzyme for synthesis Gal*f*, which responsible for cell wall components. The UGMA deletion mutant displays significantly reduced vegetative growth and pathogenicity in *Fusarium graminearum*. UGMA as an important virulence, is present in bacteria and fungi but absent in higher plants and animals, making it a promising target for novel antimicrobials. Various methods have been developed to screen UGMA inhibitors in pathogenic bacteria, but no valuable lead compounds have been discovered. At present, the screening of UGMA target inhibitors in pathogenic fungi is still blank. The crystal structure of UGMA has been analyzed in *Aspergillus fumigatus*, which provides an effective model for screening inhibitors by computer simulation using the three-dimensional structure of protein. In this study, UGMA was used as the target, and 200 candidate UGMA-targeting small molecular compounds were screened through homologous modeling, molecular docking and virtual screening based on the green, safe and diverse structure of natural products and the derivatives. Subsequently, two compounds with good antifungal were identified. In the future, we will deeply explore the affinity and binding mode of the seedling compound and UGMA, and find the key binding sites and the key groups of the compound. We expect to develop potential lead compounds through compound structure optimization, which will provide important reference for the research and development of novel fungicides against Wheat Scab.

Key words: Galactofuran; Cell wall composition; Virtual screening; Small molecule compound

禾谷镰孢几丁质脱乙酰化酶家族在致病中的功能分析*

许　铭**，徐　婧**，郭梦莹，刘慧泉***
（西北农林科技大学，旱区作物逆境生物学国家重点实验室，植物保护学院，杨凌　712100）

摘　要：由禾谷镰孢复合种（*Fusarium graminearum* species complex）引起的小麦赤霉病是小麦生产上的重大真菌病害，严重威胁我国粮食安全和食品安全。几丁质是真菌细胞壁中的重要成分，也可以作为 PAMP 分子被植物识别进而激发植物免疫反应。然而，禾谷镰孢如何抑制几丁质激发的植物免疫并促进病菌侵染的分子机理尚不明确。本研究利用生物信息学分析在禾谷镰孢中鉴定到 6 个几丁质脱乙酰化酶基因（*FgCDA*1-*FgCDA*6）。利用转录组数据分析发现，*FgCDA*1、*FgCDA*2、*FgCDA*3 和 *FgCDA*4 在禾谷镰孢侵染寄主过程中上调表达。通过基因敲除获得了 *FgCDA*1、*FgCDA*2、*FgCDA*3 和 *FgCDA*4 的单敲除突变体，*FgCDA*1&2 和 *FgCDA*3&4 双敲除突变体。进一步研究发现，单敲除和双敲除几丁质脱乙酰化酶基因均不影响禾谷镰孢的营养生长，致病力测定分析发现几丁质脱乙酰化酶基因单敲除突变体较野生型菌株均显著下降，双敲除突变体致病力较单敲除突变体下降更为明显。进一步利用酵母信号肽筛选系统和亚细胞定位分析证明禾谷镰孢几丁质脱乙酰化酶为外泌蛋白。通过原核表达获取了 FgCDA1、FgCDA2、FgCDA3 和 FgCDA4 蛋白，通过亲和沉淀证明 FgCDA1、FgCDA2、FgCDA3 和 FgCDA4 均能结合几丁质，且能够保护禾谷镰孢菌丝不被小麦蛋白粗提物降解。接种禾谷镰孢几丁质脱乙酰化酶基因单敲除和双敲除突变体到小麦穗部比野生型接种能够激发更强活性氧迸发、胼胝质积累和免疫相关基因表达。在本氏烟中表达 FgCDA1、FgCDA2、FgCDA3 和 FgCDA4 均能够抑制几丁质激发的活性氧迸发和胼胝质积累。本研究揭示了禾谷镰孢几丁质脱乙酰化酶家族通过抑制几丁质激发的植物免疫反应进而促进病菌致病的分子机制，有助于全面揭示禾谷镰孢与寄主互作机理，并为创制小麦抗赤霉病材料提供理论基础。

关键词：小麦赤霉病；几丁质脱乙酰化酶；致病力；PAMP；免疫反应

---

* 基金项目：国家重点研发计划——赤霉病菌-小麦互作机制及抗病基因资源挖掘（2022YFD1400102）

** 第一作者：许铭，副教授，硕士生导师，主要从事病原真菌与寄主互作研究
徐婧，硕士研究生，主要从事病原真菌与寄主互作研究
*** 通信作者：刘慧泉，教授，博士生导师，主要从事植物真菌病害

Combined Pangenomics and Transcriptomics Reveals Core and Redundant Virulence Processes in A Rapidly Evolving Fungal Plant Pathogen

CHEN Hongxin[1,2], KING Robert[1], SMITH Dan[1], BAYON Carlos[1], ASHFIELD Tom[1,3], TORRIANI Stefano[4], KANYUKA Kostya[1,5], HAMMOND-KOSACK Kim[1], BIERI Stephane[4], RUDD Jason[1*]

(1. *Department of Protecting Crops and the Environment*, *Rothamsted Research*, *Harpenden*, *Herts*, *UK*; 2. *Present address*: *School of Agriculture*, *Shenzhen Campus of Sun Yat-sen University*, *Shenzhen* 518107, *China*; 3. *Crop Health and Protection* (*CHaP*), *Rothamsted Research*, *Harpenden*, *Herts*, *UK*; 4. *Syngenta Crop Protection AG*, *Schaffhauserstrasse* 101, *CH*-4332 *Stein*, *Switzerland*; 5. *Present address*: *National Institute for Agricultural Botany* (*NIAB*), 93 *Lawrence Weaver Road*, *Cambridge*, *UK*)

Abstract: Studying genomic variation in rapidly evolving pathogens potentially enables identification of genes supporting their "core biology", being present, functional and expressed by all strains or "flexible biology", varying between strains. Genes supporting flexible biology may be considered to be "accessory", whilst the "core" gene set is likely to be important for common features of a pathogen species biology, including virulence on all host genotypes. The wheat-pathogenic fungus *Zymoseptoria tritici* represents one of the most rapidly evolving threats to global food security and was the focus of this study. Here, we constructed a pangenome of 18 European field isolates, with 12 also subjected to RNAseq transcription profiling during infection. Combining this data, we predicted a "core" gene set comprising 9807 sequences which were (1) present in all isolates, (2) lacking inactivating polymorphisms and (3) expressed by all isolates. A large accessory genome, consisting of 45% of the total genes, was also defined. We classified genetic and genomic polymorphism at both chromosomal and individual gene scales. Proteins required for essential functions including virulence had lower-than average sequence variability amongst core genes. Both core and accessory genomes encoded many small, secreted candidate effector proteins that likely interact with plant immunity. Viral vector-mediated transient in planta overexpression of 88 candidates failed to identify any which induced leaf necrosis characteristic of disease. However, functional complementation of a non-pathogenic deletion mutant lacking five core genes demonstrated that full virulence was restored by re-introduction of the single gene exhibiting least sequence polymorphism and highest expression. These data support the combined use of pangenomics and transcriptomics for defining genes which represent core, and potentially exploitable, weaknesses in rapidly evolving pathogens.

Key words: *Foxtail mosaic virus*; *Septoria tritici*; Necrotrophic effector; Essential genes; Accessory chromosomes; Dothideomycetes; Chromosome instability; *Mycosphaerella* spp.

* Corresponding author: RUDD Jason; E-mail: chenhongx@ mail. sysu. edu. cn

Identification and Functional Analysis of a Karyopher in Family Member of *Fusarium oxysporum* f. sp. *cubense*

ZHANG Yuhui, CHEN Hongxin*

(*School of Agriculture, SunYat-sen University, Shenzhen* 518107, *China*)

Abstract: *Fusarium oxysporum* f. sp. *cubense* tropical race 4 (*FocTR*4), the causal agent of vascular wilt disease, is one of the most devastating pathogens of banana (*Musa* spp.). Nucleocytoplasmic trafficking of proteins and RNAs mediated by Karyopherins (Kaps) are essential for eukaryotes. However, little is known about how Kaps regulate fungal growth and infection of plants. Here, a Kap homolog (*FocKap*) was identified in *FocTR*4, and the knockout of *FocKap* led to impaired vegetative growth, conidiation, cell wall integrity and pathogenicity. Compared with the wild type, Δ*FocKap* showed increased sensitivity to oxidative stress, while more tolerant to osmotic stress. FocKap interacted with FocCks1 (cell cycle-dependent kinase subunit 1) in yeast two-hybrid system, and the deletion of *FocCks*1 showed similar phenotype to Δ*FocKap*. Moreover, Whole-transcriptome analysis and qPCR results indicated that genes related to key virulence factor biosynthesis were down-regulated, including fusaric acid biosynthetic gene cluster (*FocFub*1 - 12) and beauvericin biosynthetic gene cluster (*FocBea*1 - 4). Collectively, this study shed light on the potential mechanisms by which *FocKap* regulates the growth, abiotic stress response, and pathogenicity of *FocTR*4.

Key words: Fusarium wilt of banana; Importin; Abiotic stress; RNA-Seq; Pathogenicity

* Corresponding author: CHEN Hongxin; E-mail: chenhongx@mail. sysu. edu. cn

Altersolanol A 毒素合成基因簇的候选与鉴定

任晓凤，王　慧，周　倩
（湖南农业大学植物保护学院，长沙　410128）

摘　要：Altersolanol A 最早从茄链格孢（*Alternaria solani*）的次生代谢物中被发现鉴定，已被证实与多种匍柄霉属（*Stemphylium* spp.）真菌的致病力相关。前期研究表明番茄匍柄霉（*S. lycopersici*）和囊状匍柄霉（*S. vesicarium*）感染真菌病毒 SlAV1（Stemphylium lycopersici alternavirus 1）后 Altersolanol A 合成被显著抑制。本研究在此基础上，利用转录组测序技术对比了感染 SlAV1 前后 *S. lycopersici* 和 *S. vesicarium* 差异表达的基因，通过基因共表达分析候选了 Altersolanol A 合成与调控相关的基因簇。通过 Split-marker 技术敲除了候选基因簇中每一个基因，并对每个基因的敲除突变体进行了靶向代谢组学分析。结果表明 Altersolanol A 毒素合成基因簇由编码聚酮合成酶、谷胱甘肽转移酶、单加氧酶、甲基转移酶、细胞色素 P450、短链脱氢酶、醛还原酶、转录因子、β-内酰胺酶和聚酮环化酶在内的 10 个基因组成。

关键词：Altersolanol A；转录组测序；基因共表达；基因敲除；基因簇

Fine Mapping and Identification of a Novel Locus *FwS*1 associated with Pea Resistance to Fusarium Wilt*

DENG Dong**, SUN Suli, WU Wenqi, DUAN Canxing, ZHU Zhendong***

(*Institute of Crop Sciences*, *Chinese Academy of Agricultural Sciences*, *Beijing* 100081, *China*)

Abstract: Pea Fusarium wilt, induced by *Fusarium oxysporum* f. sp. *pisi* (*Fop*), has always been a devastating disease that causes severe yield losses and economic damage in pea-growing regions worldwide. The utilization of pea cultivars carrying a resistance gene is the most efficient approach for managing this disease. In our previous pea accessions screening, we obtained a disease-resistant cultivar Shijiadacaiwan 1 (S1) which carries a confirmable disease resistance gene, *FwS*1. This study aimed to finely map and identify *FWS*1, as well as develop corresponding functional markers. Quantitative trait loci sequencing (QTL-seq), based on the whole-genome resequencing (WGRS) of S1 (resistant), Y4 (susceptible), and their extreme susceptible phenotype bulks from a 67 F_2 population, was performed, and a 982-kb genomic region with ΔSNP-index ≥ 0.9 on chromosome 6 was identified as the *FwS*1 candidate region in S1. Furthermore, the candidate region was refined to a 16.8-kb region via fine mapping, employing QTL-seq analysis with supplemental extreme resistant phenotype bulks, and expanding the F_2 population to 593 individuals. Nonsynonymous SNPs were carried out in the 16.8-kb region among eight pea genotypes using genomic data. The specific nonsynonymous SNP was confirmed in an NB-ARC (nucleotide-binding adaptor shared by APAF-1, R proteins, and CED-4) domain by haplotype analysis of 201 accessions, whose corresponding gene was considered to be the candidate gene. Finally, one specific SNP marker in this decided loci was successfully developed using KASP (Kompetitive allele specific PCR) assay, and the marker was verified to be specific for *FwS*1. In this study, we employed a genome-based integrative strategy combining WGRS and traditional genetic mapping to identify the candidate gene for *FwS*1 and develop diagnostic markers. These results suggest that WGRS is a precise, rapid, and cost-effective method to identify candidate genes and develop diagnostic markers, and it can accelerate the identification of resistance genes to pea Fusarium wilt and aid in marker-assisted selection for developing Fop-resistant cultivars.

Key words: Fusarium wilt; *Fusarium oxysporum* f. sp. *pisi*; Resistance gene; *FwS*1; Pea

---

* Funding: National Key R&D Program of China (2019YFD1001300, 2019YFD1001301); China Agriculture Research System of MOF and MARA (CARS-08); Scientific Innovation Program of the Chinese Academy of Agricultural Sciences

** First author: DENG Dong; E-mail: 82101219111@caas.cn

*** Corresponding author: ZHU Zhendong; E-mail: zhuzhendong@caas.cn

Primarily Study on the Evaluation and Mechanism of the Resistance of Litchi Germplasm Resources to Anthracnose*

WU Ji[1,2]**, LI Fang[2], LIN Qiying[2], ZHANG Lei[3], CAO Xueren[2], WANG Jiabao[2]***

(1. *College of Horticulture and Forestry Sciences of Huazhong Agricultural University, Wuhan* 430070, *China*; 2. *Environment and Plant Protection Institute, Chinese Academy of Tropical Agricultural Sciences, Haikou* 571101, *China*; 3. *Tropical Crop Germplasm Research Institute, Chinese Academy of Tropical Agricultural Sciences, Haikou* 571101, *China*)

Abstract: Anthracnose is one of the most serious diseases on litchi. To screen the disease-resistant germplasm resources and analyze the disease-resistant mechanism, the resistance level of over 200 litchi accessions to anthracnose were evaluated by inoculating leaves with *Colletotrichum gloeosporioides* mycelial agar discs. The spread and distribution of the pathogen on the leaf surfaces were monitored. Differential gene expression between the resistant and susceptible resources was detected by transcriptome analysis. The results showed that the disease index of the tested litchi accessions followed a normal distribution. Two stable high - resistant resources and two stable high - susceptible resources were screened. Compared with susceptible resources, resistant resources had a slower spread of disease spots after leaf inoculation, and less hyphae accumulate on the surface of the leaves within 24 hours. Transcriptome analysis showed that abundant genes were differtially expressed between the pathogen inoculated leaves of the susceptible and resistant accessions. Through enrichment analysis of the differentially expressed genes, the important pathways associated with the resistance of litchi leaves to anthracnose infect were found, including plant-pathogen interaction, linoleic acid metabolism, linolenic acid metabolism, plant hormone signaling, and MAPK signaling. Four genes which may play key role on the response of litchi leaves to the pathogen infection were verified by transcriptome and qRT-PCR.

Key words: Litchi; Litchi anthracnose; Resources; Resistant mechanism

---

* 基金项目：海南省重点研发计划“荔枝抗炭疽病候选基因的挖掘与相关分子标记的开发”（ZDYF2021XDNY159）；海南省重点研发计划“基于海南荔枝资源遗传多样性的重要农艺性状相关分子标记开发与功能基因挖掘”（ZDYF2021XDNY156）；财政部和农业农村部国家现代农业产业技术体系（CARS-32-03）

** 第一作者：吴佶，硕士研究生，研究方向为抗荔枝炭疽病抗病机制方向

*** 通信作者：王家保，研究员，长期从事果树种质资源与生物技术育种研究工作

Functional Verification of Wheat TaELP2 in the Interaction Between Wheat and Stripe Rust

LI Min[1,2], GUO Shuangyuan[1,2], ZHANG Yanqin[1,2], ZHANG Feng[1,2], ZHANG Xinmei[2,3], WANG Xiaojie[1,2], KANG Zhensheng[1,2]

(1. *College of Plant Protection*, *Northwest A&F University*, *Yangling* 712100, *China*; 2. *College of Life Sciences*, *Northwest A&F University*, *Yangling* 712100, *China*; 3. *State Key Laboratory of Crop Stress Biology for Arid Areas*, *Northwest A&F University*, *Yangling* 712100, *China*)

Abstract: Wheat strip rust has the characteristics of strong outbreak, wide incidence area, high incidence and large economic loss, which poses a major threat to global wheat production. Genetic control through disease resistance genes is the most economical preferred strategy for wheat strip rust, but the loss of disease resistance of wheat varieties due to frequent mutation of pathogenic physiology is a practical problem that needs to be solved urgently. There has been great research progress in recent years for the exploitation of susceptibility genes, and gene editing of susceptibility genes, and thus the creation of durable disease resistant materials. TaELP2 expression was previously found to be down-regulated during stripe rust resistance in wheat, while using qRT-PCR, it was found to be significantly up-regulated by stripe rust CYR31, while its expression did not change significantly in response to stripe rust CYR23 infestation. Further evidence that TaELP2 contributes to vulnerability in wheat-strip rust intercropping came from the virus-induced gene silencing (VIGS) method. TaELP2 may have a negative regulatory function in wheat-strip rust intercropping, according to histological observations and quantitative findings that silencing it inhibited stripe rust colonization and significantly increased the expression of transcript levels of disease process-related proteins.

Key words: Wheat strip rust; Susceptibility gene; Elongator complex; VIGS

引起桃树腐烂病的壳囊孢属真菌的鉴定

何治政[1,2]，周 莹[1]，尚巧霞[2]，张 玮[1]
（1. 北京市农林科学院植物保护研究所，北京 100097；
2. 北京农学院生物与资源环境学院，北京 102206）

摘 要：桃（*Prunus persica* L.）是蔷薇科（Rosaceae）桃属（*Amygdalus* L.）植物，桃树腐烂病是常见的桃树枝干病害，发生后削弱树势，严重时可致桃树枯死，影响产量和经济效益。据报道，桃树腐烂病主要由核果黑腐皮壳菌（*Valsa leucostoma*）引起，其无性阶段为壳囊孢菌（*Cytospora* sp.）。*Cytospora* 属于子囊菌门（Ascomycota）粪壳菌纲（Sordariomycetes）间座壳目（Diaporthales）壳囊孢科（Cytosporaceae）。*Cytospora* 真菌广泛分布于世界各地，能够侵染多种果树引起腐烂病，包括苹果、梨、桃、杏等。其子实体结构和分生孢子大小是形态学鉴定的主要依据，*Cytospora* 真菌种间的形态特征具有很高的相似性，仅依靠传统形态学准确鉴定十分困难，且目前国内对引起桃树腐烂病的 *Cytospora* 真菌还未有系统的研究与报道。

从 2022 年 6 月到 2023 年 5 月，在北京平谷、北京顺义、辽宁、吉林、甘肃等桃产地共采集以桃树腐烂病为主的桃树枝干病害样品 103 个，并从中分离纯化得到 125 株 *Cytospora* 单孢菌株。基于内转录间隔区（ITS）、核糖体大亚基（LSU）、RNA 合成酶第二亚基（*rpb*2）、转录延长因子（*tef*1-*α*）、微管蛋白（*tub*）5 种基因序列，利用最大似然法（ML）构建多基因系统发育树。结合系统发育分析和形态学观察，125 株菌株主要分为 3 个种：*Cytospora leucostoma*（分离比例约为 76%）、*Cytospora erumpens*（分离比例约为 19%）、*Cytospora ambiens*（分离比例约为 5%）。以 *Cytospora leucostoma* 发生较普遍，除吉林外均有分离到，其中 *Cytospora erumpens* 为中国桃树的新记录种，仅在吉林样品上分离得到；*Cytospora ambiens* 仅在北京顺义样品上有分离到。为进一步明确上述 3 个种的生物学特性，分别挑选代表性菌株测定了不同氮源类型对菌株生长的影响，以酵母膏为氮源时 3 个种的生长速度更快，硝酸钠为氮源时生长最慢，其他因素的测定还在进行中。后续还将进行 *Cytospora* 真菌不同种之间的致病力差异的比较，进而综合分析我国主要桃产区桃树腐烂病相关的 *Cytospora* 真菌的优势种群，及不同气候产区优势种差异，为桃树枝干病害的防控提供科学依据。

关键词：桃树腐烂病；壳囊孢；形态学；系统发育分析；生物学特性

多肉植物春桃玉属绫耀玉枯萎病的病原菌鉴定*

刘　爽**，薛治峰，唐　锐，张廷萍，秦世雯***
（云南大学农学院，资源植物研究院，昆明　650500）

摘　要：绫耀玉（*Dinteranthus vanzylii*）是番杏科（Aizoaceae）春桃玉属（*Dinteranthus*）的多肉植物品种，近年来深受消费者喜爱。该品种原产于南非，外形似元宝，具有 1~2 对灰粉色肉质叶，叶部表面具有红色线条状斑点。2021 年 9 月，笔者在福建宁德一多肉植物商业大棚中发现约 7%的绫耀玉盆栽出现了叶部枯萎症状。本研究采用组织分离法和单胞分离法从患病植株叶部获得了 20 株真菌菌株。根据其在 PDA 培养基上的菌落形态分为两种类型：①白色菌落，气生菌丝丰富且产淡紫色色素；②白色菌落，气生菌丝丰富但不产色素。对 2 种菌落类型的代表菌株 KMDV1 和 KMDV2 进行孢子形态鉴定发现，2 个菌株能够产生 3 种孢子类型：卵圆形的小分生孢子、3~4 个分隔的镰刀状大分生孢子以及圆形厚壁的厚垣孢子。对 2 种菌株的 *ITS*、*EF*1-α 和 β-*tubulin* 基因序列进行 PCR 扩增和测序后提交至 GenBank 数据库（*ITS* 序列号为 OP897707 和 OP897714；*EF*1-α 序列号为 OP910243 和 OP910244；β-*tubulin* 序列号为 OP910245 和 OP910246）。经过同源比对发现，2 个菌株的 *ITS*、*EF*1-α 和 β-*tubulin* 序列相似性分别为 99.25%、99.24%和 98.37%。在 NCBI 数据库进行 Blastn 比对发现，以上序列分别与多个尖孢镰孢菌 *Fusarium oxysporum* 菌株（GenBank 序列号为 MK790100、MN788643、KU738441、LN828039、MK682460 和 MK682429）的相似性达 99.02%~99.81%。构建 3 个序列串联发育树发现，2 个菌株与 *F. oxysporum* 聚在同一枝，而与不同种的 *Fusarium* 处在不同分枝。以上结果说明，KMDV1 和 KMDV2 菌株为 *F. oxysporum*。通过灌根接种法发现，KMDV1 和 KMDV2 菌株接种绫耀玉 15 d 后均出现叶片枯萎症状，与大棚症状一致，而清水处理的植株无任何症状。通过形态学和分子序列鉴定发现，从发病植株中获得的重分离菌株分别与 KMDV1 和 KMDV2 菌株特征一致，而对照植株未分离出 *F. oxysporum*。本研究是 *F. oxysporum* 引起绫耀玉枯萎病的首次报道。目前番杏科植物病害报道尚少，本研究将为番杏科植物的真菌病害的诊断和防控提供病原信息。

关键词：多肉植物；春桃玉属；绫耀玉；枯萎病；尖孢镰孢菌

---

* 基金项目：国家自然科学基金（32060474）；云南省科技厅基础研究计划项目（202101AT070021）；云南大学研究生科研创新项目（KC22223012）；云南大学研究生科研创新项目（ZC-22222674）

** 第一作者：刘爽，硕士研究生，研究方向为植物病害绿色防控；E-mail：ls199805182021@163.com

*** 通信作者：秦世雯，讲师，研究方向为植物病原物与寄主互作；E-mail：shiwenqin@.ynu.edu.cn

香蕉枯萎病菌自噬基因 *Atg7* 的致病功能研究*

唐　锐**，薛治峰，张廷萍，秦世雯***
（云南大学农学院，资源植物研究院，昆明　650500）

摘　要：香蕉枯萎病由尖孢镰孢菌古巴专化型（*Fusarium oxysporum* f. sp. *cubense*，*Foc*）引起的真菌维管束病害，在全球香蕉产区均有发生，严重危害香蕉产业发展。*Foc* 致病 1 号小种（*Foc*1）侵染粉蕉（ABB）和龙牙蕉（AAB）等品种，而致病 4 号小种（*Foc*4）能侵染绝大多数香蕉品种，包括抗 *Foc*1 的主栽 Cavendish（AAA）品种。已有研究表明，侵染 Cavendish 香蕉时，孢子萌发和菌丝生长的差异是造成两者致病性差异的主要原因。而细胞自噬是调控植物病原真菌分生孢子萌发和菌丝生长的重要细胞过程，因此推测其与 *Foc* 致病性分化密切相关。本研究通过分析 *Foc* 降解香蕉细胞壁的转录组发现，自噬基因 *Atg*7 在 *Foc*1 突破巴西蕉细胞壁防御时被显著抑制，而在 *Foc*1 降解粉蕉细胞壁时以及 *Foc*4 降解 2 种细胞壁时均正常表达。本研究对 *Foc*1-*Atg*7 进行了过表达以及对 *Foc*4-*Atg*7 进行敲除发现，氮饥饿诱导后，过表达菌株 *Foc*1-OE*Atg*7 的自噬小体的数量显著多于野生型 Foc1，而敲除突变体 *Foc*4-Δ*Atg*7 未观察到自噬小体或自噬溶酶体，验证了 *Atg*7 是 *Foc* 自噬体形成的重要基因。相较于野生型 *Foc*1，*Foc*1-OE*Atg*7 对粉蕉的定殖能力和致病力显著增强，且能造成巴西蕉致病。*Foc*4-Δ*Atg*7 对巴西蕉的致病力显著降低，而互补菌株 *Foc*4-Δ*Atg*7：：ATG7 和野生型 *Foc*4 致病力无显著差异。*Foc*1-OE*Atg*7 菌株在 3 种氮源（KNO_3、甘氨酸和尿嘧啶）和 9 种碳源（果糖、蔗糖、麦芽糖、甘露醇、甘油、Tween 80、果胶、羧甲基纤维素钠和木聚糖）环境下，生长较野生型 *Foc*1 快；*Foc*4-Δ*Atg*7 在 2 种氮源（KNO_3和甘氨酸）和 6 种碳源（麦芽糖、甘露醇、甘油、Tween80、果胶和羧甲基纤维素钠）环境下，生长较互补菌株 *Foc*4-Δ*Atg*7：：ATG7 和野生型 *Foc*4 慢。另外，过表达 *Atg*7 未能提高 *Foc*1 抵御渗透胁迫、氧化胁迫和细胞壁抑制剂的能力，但缺失 *Atg*7 却造成 *Foc*4 对渗透胁迫、氧化胁迫和细胞壁抑制剂的抗性降低。以上结果说明，细胞自噬对 *Foc* 致病性有显著影响，其中 *Atg*7 是造成香蕉枯萎病菌 2 个小种致病性分化的自噬基因，深入研究该基因的致病分子机制，将为 *Foc* 寄主专化性研究提供新的视角，并为香蕉枯萎病的防治提供新的杀菌剂靶标位点。

关键词：香蕉枯萎病菌；生理小种；寄主专化性；自噬基因

* 基金项目：国家自然科学基金（32060474）；云南省科技厅基础研究计划项目（202101AT070021）；云南大学研究生科研创新项目（KC-22223012）

** 第一作者：唐锐，硕士研究生，研究方向为植物病原物与寄主互作；E-mail：ruitang@ mail. ynu. edu. cn
*** 通信作者：秦世雯，讲师，研究方向为植物病原物与寄主互作；E-mail：shiwenqin@ ynu. edu. cn

稻瘟菌 MoORP 蛋白调控内吞途径和胞质效应子分泌的分子机制研究*

王　健**，陈萌萌，范　军***
（中国农业大学植物保护学院，北京　100193）

摘　要：氧固醇结合蛋白及氧固醇结合蛋白类似蛋白（OSBP-related protein，ORP）家族（包括酵母的 Osh 蛋白）广泛存在于真核生物中，ORP 蛋白具有脂质转移活性，可通过在膜接触位点（membrane contact sites，MCS）介导脂质转移或调节脂质修饰酶，来调控囊泡运输、脂质代谢及自噬、胞吞胞吐等多种细胞过程。前期研究发现稻瘟菌编码氧固醇结合蛋白类似蛋白（MoORPs）基因的缺损导致致病力缺陷，生长发育显著下降。分析表明 MoORP 敲除突变体在内吞作用以及形成活体营养界面复合体（BIC）及胞质效应子分泌和转位等细胞学过程中出现异常。内吞作用在细胞信号传导，细胞极性，细胞膜转运和膜蛋白内化等过程中起着至关重要的作用，影响稻瘟菌的生长发育和致病力。本研究表明，MoORP 定位在内质网（ER）和质膜（PM）接触位点，将 ER 蛋白 MoScs2 及肌球蛋白 MoMyo1 连接起来，并影响 MoMyo1 在 PM 膜上的定位，参与调控内吞途径。向植物细胞内分泌效应子是稻瘟菌致病的关键环节，本研究发现 MoORP 敲除会形成多个异常 BIC，导致 Pwl2、Rbf1 等胞质效应子分泌和转位缺陷。遗传分析显示这可能是 MoORP 敲除突变体致病力缺陷的主要原因。敲除 MoORP 会影响甾醇的分布，并导致 SNARE 蛋白的异常分布，而这是否为 MoORP 参与稻瘟菌侵染过程中 BIC 形成以及胞质效应子分泌的作用机制还需要进一步确定。

关键词：稻瘟菌；氧固醇结合蛋白；内吞；胞质效应子

---

* 基金项目：国家自然科学基金（32272486）
** 第一作者：王健，博士研究生，主要研究方向植物病原物致病机理；E-mail：wangjian9406@163.com
*** 通信作者：范军，教授，主要研究方向植物病原物致病机理及植物数量抗病性的遗传和分子机理；E-mail：jfan@cau.edu.cn

Retromer Complex and SNARE Proteins Co-regulate Autophagy and Effectors Secretion to Promote Host Invasion in *Magnaporthe oryzae*[*]

CHEN Xin[**], ZHONG Haoming, HU Jiexiong, ZHOU Jie, ZHENG Wenhui, WANG Zonghua[***]

(*State Key Laboratory for Ecological Pest Control of Fujian and Taiwan Crops, College of Plant Protection, Fujian Agriculture and Forestry University, Fuzhou* 350000, *China*)

Abstract: The proper operation of vesicle transport depends on co-regulation of multiple proteins, including SNARE proteins and retromer complex. However, the functional relationship between the retromer complex and SNARE proteins in relation to vesicle trafficking still remain obscured. We have previously indicated that retromer complex is essential for the development and pathogenicity of the rice blast fungus. Here, we screened the potential interacting proteins of retromer complex through immunoprecipitation-mass spectrometry, and found many SNARE proteins that are related to vesicle transport. We showed that the t-SNARE MoPep12 is essential for the vegetative growth and virulence of *M. oryzae*. MoPep12 interacts with MoVps35 (the core retromer subunit) and both proteins were found to colocalize on vacuolar membrane. As similar to MoVps35, the vacuolar membrane localization of MoPep12 also dependents on MoYpt7. Since SNARE proteins usually form the SNARE complex to exert their functions. We further screened the SNARE proteins that detected in both MoPep12 and MoVps35 interactome by IP-MS. Several SNARE proteins, including MoNyv1, MoSnc1, MoVam7, MoVti1 and MoYkt6, interact with MoPep12 and MoVps35 and play important roles in the development and pathogenicity. Furthermore, loss of MoVam7 leads to the misdistribution of MoVti1 and MoPep12, which further impairs the recruitment of MoVps35 to vacuolar membrane. As a consequence, MoVps35 was unable to mediate the intracellular trafficking of MoAtg8 and MoSnc1, leading to the impaired biogenesis of autophagosomes and defect in effectors secretion. Taken together, these results provided insights into the precise mechanism of SNARE proteins and retromer complex in fungal development and pathogenicity of *M. oryzae*.

Key words: *Magnaporthe oryzae*; SNARE; retromer; autophagy; effector secretion; pathogenicity

* Funding: This work was supported by the National Science Fund for Excellent Young Scholars (32122071); Natural Science Foundation of Fujian Province (2021J06015)

** First author: CHEN Xin; E-mail: danhinm@163.com

*** Corresponding author: WANG Zonghua; E-mail: wangzh@fafu.edu.cn

稻曲菌效应蛋白 SCRE2 调控植物免疫的功能研究*

杨 武**，高 涵，方安菲，刘美彤，赵国盛，田 猛，孙文献***
（中国农业大学植物保护学院，农业农村部作物有害生物监测与绿色
防控重点实验室，北京 100193）

摘 要：水稻稻曲病是由子囊菌［*Ustilaginoidea virens*（Cooke）Takah］引起的水稻种植区主要病害之一。稻曲病菌主要侵染水稻的穗部，可产生稻绿核菌素和黑粉菌素，降低稻谷品质，危害人畜健康。稻曲病菌作为活体寄生菌，可通过分泌效应蛋白抑制水稻的免疫反应。课题组前期鉴定到一个稻曲病菌关键的效应蛋白 SCRE2，其在侵染过程中上调表达，且对毒力至关重要，组成性表达 *SCRE*2 去信号肽的转基因水稻的免疫防卫反应被抑制。本研究以 SCRE2 为诱饵筛选水稻的 cDNA 文库，初步获得了其候选互作蛋白，其中包括 WRKY 转录因子，真核生物翻译延伸因子以及 24 种不同的酶如 E3 泛素连接酶、几丁质酶和核酸内切酶等，这一结果表明 SCRE2 可能参与多条信号通路从而调控水稻免疫。此外，通过酵母双杂交、萤光素酶互补和免疫共沉淀实验对其中一些蛋白进行了互作验证，其互作的生物学意义有待进一步研究。

关键词：效应蛋白；稻曲病菌；蛋白筛选

---

* 基金项目：病原真菌致病的分子机制（32293241）
** 第一作者：杨武，博士研究生，研究方向为植物与病原真菌互作的分子机理研究；E-mail：1986609107@ qq. com
*** 通信作者：孙文献，教授，主要从事水稻与病原细菌、真菌的互作分子机理研究；E-mail：wxs@ cau. edu. cn

A Plant Endophyte Inhibits the Perithecia Formation of *Fusarium graminearum* in the Straw of Wheat

JIANG Jiaqi, TIAN Kai, LIU Huiquan, WANG Qinhu*

(*College of Plant Protection*, *Northwest A&F University*, *Yangling* 712100, *China*)

Abstract: Fusarium head blight (FHB), mainly caused by *Fusarium graminearum*, is one of the most destructive wheat diseases in China. Except for damaging the kernel of grain directly, the mycotoxins residing in the kernels are harmful to humans and livestock. Due to the lack of highly resistant wheat cultivars, the control of FHB heavily relies on chemical pesticides. To explore green, safe, and environmentally friendly approaches for efficient control of FHB, we isolated 43 plant endophytic fungi, and found that 6 species of them exhibits antagonistic effects against *F. graminearum*. Further analysis showed that one also exhibits excellent antagonistic effects against *F. asiaticum*, *F. culmorum*, and *F. pseudograminearum*, which also leads FHB. Dual-culture analysis showed it could greatly inhibit mycelium growth, conidiation, and DON production *in vitro*. Interestingly, this endophyte could efficiently prevent the formation of perithecia on wheat straw, which serves as a primary inoculum source of FHB. Microscopic observation suggested that this endophyte had a parasitism effect on *F. graminearum*. Taken together, this study reveal a plant endophytic fungus may be applied as a biological control agent that prevents the formation of primary inoculum of FHB.

Key words: endophytic fungi; *Fusarium*; wheat disease; biological control

* Corresponding author: WANG Qinhu; E-mail: wangqinhu@ nwafu. edu. cn

禾谷镰孢毒力因子 Cos2 功能的初步分析

孙逸坤，谷丽花，李　帆，刘慧泉，王秦虎*
（西北农林科技大学植物保护学院，杨凌　712100）

摘　要：由禾谷镰孢（*Fusarium graminearum*）等真菌引起的赤霉病是小麦的主要病害之一，对作物生产和食品安全造成严重威胁。长期生产实践表明，培育并利用抗病品种是进行绿色防控的关键。然而，由于当前小麦与禾谷镰孢互作的分子基础研究还不够深入，导致可用于小麦赤霉病抗性改良的候选基因非常有限。在鉴定禾谷镰孢互作关键基因的过程中，我们发现了一个在侵染时期特异表达的分泌蛋白基因 *COS2*。该基因敲除后，禾谷镰孢的营养生长、产孢以及有性生长阶段均无影响，仅在小麦上的致病力大幅度下降，表明 Cos2 是禾谷镰孢的一个关键毒力因子。烟草瞬时表达结果表明，Cos2 可以诱导活性氧累积并引发植物细胞死亡。为了明确 Cos2 引发的细胞死亡在禾谷镰孢致病过程中的作用，我们利用组成型启动子回补了 *COS2* 敲除突变体，使 Cos2 在侵染开始时立即发挥细胞死亡诱导作用。胚芽鞘接种实验表明，Cos2 组成性表达促进了禾谷镰孢的侵染，表明 Cos2 引发的细胞死亡可能有利于植物侵染。因此 Cos2 可能是禾谷镰孢与小麦互作中促进死体营养的关键效应子之一。本研究将继续通过探究 Cos2 寄主靶标及其功能，进一步解析禾谷镰孢 Cos2 介导植物感病的分子机制，进而为小麦赤霉病抗性的改良挖掘候选基因。

关键词：禾谷镰孢；效应子；细胞死亡；植物免疫

* 通信作者：王秦虎；E-mail：wangqinhu@ nwafu. edu. cn

立枯丝核菌激发子的初步筛选与应用*

毛亚楠[1,2]**，韩欣芃[2]，郝志敏[2]***，李志勇[1]***
（1. 河北省农林科学院谷子研究所，石家庄 0530035；
2. 河北农业大学生命科学学院，河北省农业微生物生物信息利用技术创新中心，保定 071001）

摘 要：纹枯病是发生在禾本科作物上的一种高发性土传真菌病害，主要由立枯丝核菌侵染作物引起，其主要危害作物的叶鞘部分，病情严重时会危害茎秆甚至波及果穗。立枯丝核菌寄主范围十分广泛，可危害禾本科等40多科260多种植物，在植株的各个生长时期均可产生危害，严重影响植株的生长发育。由于缺少高抗品种，且作物对纹枯病的抗性为极易受到环境影响而改变的多基因控制的数量性状，使得针对纹枯病的育种和抗性遗传研究进展十分缓慢，纹枯病的防治至今还存在着许多困难。谷子是我国重要的粮食产物，但近年来由于谷子的密植、连作以及缺少稳定的抗性品种，导致谷子纹枯病的发生越来越严重，最终造成谷子大面积减产。因此，一直受到研究者的关注，如何有效防治纹枯病，以及寻求更加广谱高效、低毒环保、持效期长的生物农药成为了当前重要而迫切的课题。能够诱导植物产生防卫反应，并能显著提高植物抗病和抗逆性的物质称为激发子，主要包括蛋白类、寡糖类、脂类、小分子代谢物类、水杨酸及其类似物等类型。

本文以从发病谷子中分离出的立枯丝核菌AG4为研究对象，通过生信技术筛选谷子纹枯病菌中可能具有激发子活性的分泌蛋白，将候选效应基因的cDNA克隆到pGR-107载体上，通过农杆菌介导的烟草瞬时表达技术初步筛选候选基因是否具有激发子活性，再由锥虫蓝染色法进一步鉴定，共鉴定34个候选基因，结果显示在34个候选基因中有4个基因与对照（INF/BAX）发病情况相同，初步推断这4个分泌蛋白具有激发子活性。然后通过原核表达检测其抗病性，进一步验证候选基因是否具有激发子活性。结果显示，野生型菌株侵染叶片部位呈现云纹状病斑，且病斑扩展现象明显，而喷施激发子的植株接种病原菌后的发病程度与对照相比症状更轻，病斑没有出现明显扩展。这一发现为我们后期成功制备出广谱高效的植物免疫诱抗剂奠定了坚实的理论和实践基础，对预防和控制纹枯病有着十分重要的意义。

关键词：立枯丝核菌；激发子；免疫诱抗剂

---

* 基金项目：国家现代农业产业技术体系（CARS-02-25）；河北省农林科学院基本科研业务费试点经费（HBNKY- BGZ-02）

** 第一作者：毛亚楠，硕士研究生，主要从事真菌病害研究；E-mail：m13623318796@ 163. com

*** 通信作者：郝志敏，教授，主要从事病原真菌研究；E-mail：haozhimin@ hebau. edu. cn
李志勇，研究员，主要从事谷子病害研究；E-mail：lizhiyongds@ 126. com

ABC 类转运蛋白 OsPDR12 在水稻对小麦条锈菌非寄主抗性中的功能研究

张　策，郭庆辰，王怡萍，庞慧慧，赵　晶*，康振生*

（西北农林科技大学植物保护学院，旱区作物逆境生物学国家重点实验室，杨凌　712100）

摘　要：小麦条锈病严重威胁小麦的安全生产，且小麦抗病品种常由于条锈菌的频繁变异而丧失抗性，植物的非寄主抗性由于其广谱持久性为挖掘持久抗病资源提供了新的途径，然而目前仍未从非寄主植物中寻找到广谱持久的抗锈菌基因。实验室前期在水稻-小麦条锈菌非寄主互作研究中，鉴定到一个转运蛋白基因 *OsPDR*12，本研究对该基因的功能进行了分析。表达模式分析结果表明 *OsPDR*12 在接种条锈菌 6 h 便被诱导上调，且在 120 hpi 内先后两次被诱导表达；亚细胞定位结果表明 OsPDR12 定位于细胞膜；接种后的组织学结果表明，突变体的菌落面积相较于野生型明显增大，且在接种 48 h 后的胼胝质沉积明显被抑制，表现出对条锈菌的非寄主抗性显著降低；通过病毒介导的基因沉默（VIGS）技术对小麦中同源基因 *TaPDR*12 的抗病功能进行了分析，发现条锈菌在该基因沉默的小麦植株上生长并未受到抑制；为进一步明确 OsPDR12 的转运底物，通过水稻接种前后代谢物分析发现，突变体可溶性组分中对香豆酰酪胺（Cou-tyr）的含量相较于野生型急剧增加，而细胞壁中 Cou-tyr 的含量相较于野生型显著降低，证明了 OsPDR12 转运 Cou-tyr 的功能；并利用酵母转运缺失系统进行 loading 试验，结果发现与空载体相比，表达 *OsPDR*12 的酵母积累 Cou-tyr 的速度显著变缓，进一步证明了 OsPDR12 对 Cou-tyr 的转运功能。综上所述，*OsPDR*12 是参与水稻抗小麦条锈菌的非寄主抗性基因，其转运底物为对香豆酰酪胺。该研究为揭示水稻对条锈菌非寄主抗性的分子机理以及条锈病的持久防控奠定了基础。

关键词：非寄主抗性；小麦条锈菌；水稻；PDR 转运蛋白

---

* 通信作者：赵晶；E-mail：zhaojing@ nwsuaf. edu. cn

康振生；E-mail：kangzs@ nwsuaf. edu. cn

芒果炭疽菌小染色体进化研究*

王昊明[1**]，黄　荣[2,3]，任静毅[1]，唐利华[2,3]，黄穗萍[2,3]，陈晓霖[2,3]，范　君[1]，
李彬涛[4]，王秦虎[1]，Tom Hsiang[5]，刘慧泉[1]，李其利[2,3***]
（1. 西北农林科技大学植物保护学院，杨凌　712100；2. 广西农业科学院植物保护研究所，南宁　530007；3. 广西作物病虫害生物学重点实验室，南宁　530007；4. 西北农林科技大学资源环境学院，杨凌　712100；5. 加拿大圭尔夫大学环境科学学院，安大略省，加拿大）

摘　要：炭疽菌属（*Colletotrichum*）真菌是一类全球性分布的植物病原菌，寄主范围广，能侵染 3 200 多种植物。芒果是我国的特色水果，炭疽病是芒果的主要病害之一，每年可造成 30%～60%的产量损失，严重时甚至绝收。目前报道的引起我国芒果炭疽病的炭疽菌有 13 种，其中亚洲炭疽菌（*C. asianum*）、暹罗炭疽菌（*C. siamense*）和果生炭疽菌（*C. fructicola*）是优势种。

本研究对 16 株分离自芒果的炭疽菌（有 3 个优势种，分别为 *C. fructicola* 3 株、*C. asianum* 2 株、*C. siamense* 2 株；其他种 *C. gloeosporioides*、*C. tropicale*、*C. gigasporum*、*C. cliviae*、*C. endophytica*、*C. liaoningense*、*C. scovillei*、*C. cordylinicola*、*C. musae* 每种各 1 株）和 1 株分离自柿子的炭疽菌菌株（*C. horii*）的 PacBio 基因组测序数据和 3 个芒果炭疽菌优势种（*C. asianum*，*C. fructicola*，*C. siamense* 每种致病力强、弱各 1 个菌株）的 6 个菌株的链特异性 RNA-seq 数据（分生孢子、菌丝营养生长和侵染致病阶段）进行了分析。通过 *de novo* 基因组组装，获得了每个菌株包含 9～21 条 scaffolds（平均 scaffold N50 > 4. 39 Mb）的基因组序列，平均每个菌株 49%的 scaffolds 为端到端的全长染色体。其中 *C. endophytica*、*C. cordylinicola*、*C. liaoningense* 3 个种的基因组组装为世界范围内首次获得。

本研究还对测序、组装所得的 17 个炭疽菌基因组和 9 个 NCBI 基因组数据库中的高质量炭疽菌基因组进行了比较基因组学分析，这些基因组分别来自炭疽菌属 7 个复合群的 19 个种。研究发现，这些炭疽菌基因组序列全长为 50. 7～87. 2 Mb，重复序列含量为 2. 65%～43. 77%。综合 *de novo* 预测、转录组数据和同源蛋白证据，对 26 个菌株的基因进行了预测，并进行了功能注释。各菌株的基因数量有 11 621～18 369 个。基因组大小与重复序列含量成正相关，而与基因数量无相关性。基因组最大的 *C.* sp. JS-367 菌株含有最多的重复序列（43. 77%），其重复序列主要由完整的 LTR 转座子构成，这些 LTR 转座子都在 *C.* sp. JS-367 与其近缘菌株 *C. gigasporum* HN42-2 分化后产生，这导致了二者基因组大小和组成上的巨大差别。此外，胶孢炭疽菌复合群（CGSC，*Colletotrichum gloeosporioides* species complex）炭疽菌的基因数量明显多于其他炭疽菌，并且拥有更多的致病相关基因（分泌蛋白、碳水化合物活性酶、次生代谢合成基因）。

通过基因组共线性分析发现，炭疽菌通常具有 10 条核心染色体，*C. cliviae* YN31 菌株较为特殊，其两条染色体发生了融合，导致其仅有 9 条染色体。染色体重排现象在炭疽菌核心染色体间广泛存在，分析发现与 LTR 转座子的扩增密切相关。炭疽菌优势种的种间基因组比较表明谱系

* 基金项目：国家自然科学基金（32160622）；广西作物病虫害生物学重点实验室基金（2020-KF-01）
** 第一作者：王昊明，硕士研究生，主要从事真菌基因组学研究；E-mail：wanghm@ nwafu. edu. cn
*** 通信作者：李其利，研究员，主要从事果树病害及防治技术研究；E-mail：65615384@ qq. com

特异（LS，Lineage specific）基因组区约占基因组的 14%，这些区域富含重复序列和物种特有基因。进一步对芒果炭疽菌优势种 *C. asianum* 种内的 28 个菌株进行基因组重测序分析发现，*C. asianum* 具有“双速”基因组特征，快速变异基因组区占全基因组的 34%，其变异速率是慢速基因组区的 2.4 倍。快速变异基因组区内同样富含重复序列和致病相关基因。高达 90%的谱系特异基因组区与快速变异基因组区重叠，暗示着这些基因组区域在炭疽菌适应性进化中发挥作用。

各菌株拥有 0~8 条不等的小染色体，小染色体在胶孢炭疽菌复合群中普遍存在。小染色体富含重复序列，且在不同种之间、甚至同一种的不同菌株之间具有明显的特异性。分析发现，*C. asianum* 小染色体上的部分基因与核心染色体上快速变异基因组区的基因具有高度的相似性；*C. fructicola* 菌株的小染色体与核心染色体上部分序列相似性较高，这些结果表明，小染色体很可能由核心染色体重组产生。在 *C. muase* 中，小染色体上 26 个成簇存在的基因与根瘤菌目（Rhizobiales）细菌的 ATP 结合相关基因高度相似，这些基因的同源基因未在其他真菌中发现，表明其极有可能通过水平基因转移从根瘤菌获得。这些分析揭示了小染色体序列和基因的产生。

在 *C. asianum* 中，强致病力菌株（FJ11-1）与弱致病力菌株（YN55-1）相比，其小染色体上有更多的基因在侵染时期上调表达，其中包含若干具有潜在致病力的基因（8 个分泌蛋白和 1 个次生代谢产物生物合成相关基因），上调表达的基因功能富集结果表明其在蛋白质合成活性和磷酸化中发挥作用，这些功能对于病原菌侵染至关重要。为了验证小染色体上基因是否与致病相关，我们选取了 FJ11-1 中一个上调表达且在小染色体上特有的基因进行了功能验证，其敲除突变体和野生型相比在芒果叶片和果实上接种均表现出致病力显著减弱。

综上所述，本研究通过对 26 个炭疽菌菌株进行较为系统的比较基因组学、转录组学分析。通过种内、种间的基因组比较明确了炭疽菌染色体组成、结构和进化规律；明确了部分菌株小染色体上基因的来源；鉴定了小染色体上潜在的致病基因并进行了功能验证。这些结果有助于进一步从小染色体角度揭示炭疽菌侵染致病机理、设计并挖掘潜在的药物靶标。

关键词：小染色体；致病性；进化；炭疽菌；基因组；转录组

链霉菌 TF78 对香蕉枯萎病菌抑菌机理初探*

郑伟钰**，黄穗萍***，李其利，郭堂勋，唐利华，陈小林
（广西农业科学院植物保护研究所，广西作物病虫害生物学重点实验室，南宁　530007）

摘　要：香蕉是世界上重要水果之一。香蕉枯萎病是由尖孢镰孢菌古巴专化型（*Fusarium oxysporum* f. sp. *cubense*，*Foc*）侵染引起的土传性病害。目前香蕉枯萎病的有效防治已成为世界性难题。生物防治技术是香蕉枯萎病防治的重要手段之一。从广西发病蕉园的健康香蕉植株根围土壤中分离到一株米修链霉菌 *Streptomyces. misionensis* TF78。链霉菌 TF78 对香蕉枯萎病菌的平板拮抗效果为 50.29%，但是其盆栽和田间防治效果分别达到 82.71%和 55.30%。利用扩增子测序技术分析了链霉菌 TF78 对香蕉根际土壤微生物的影响，发现其显著富集了优势种群梳霉门（Kickxellomycota），消减了绿弯菌门（Chloroflexi）、酸杆菌门（Acidobacteria）和苔藓杆菌（Bryobacter）的丰度，营造了不利于 *Foc* 存活的土壤环境，同时对土壤中大部分具有重要生态功能和抑菌功能的优势微生物种群影响不显著。此外，链霉菌 TF78 产生的挥发性物质对香蕉枯萎病具有良好的防治效果。其挥发物的主要成分 1,4-二氯苯损害了 *Foc* 菌丝细胞壁和细胞膜的结构，破坏了 *Foc* 菌丝细胞壁和细胞膜的完整性，致使细胞电解质、细胞质外溢和细胞器溶解。转录组高通量测序结果推测 1,4-二氯苯影响了 *Foc* 细胞壁、细胞膜的形态建成的进行；降低了自我调节、适应环境变化的应激能力，加快了细胞对蛋白质利用的速度，干扰了细胞能量代谢过程、自我修复、免疫力和解毒能力相关功能的进行，从而干扰了 *Foc* 正常的物质能量代谢过程和重要的生理活动过程，最终导致细胞的死亡。上述结果表明，链霉菌 TF78 具有良好防治香蕉枯萎病的潜力。

关键词：米修链霉菌；香蕉枯萎病；1,4-二氯苯；抑制作用

---

* 基金项目：国家自然科学基金地区科学基金（32260709）；广西农业科学院基本科研业务专项（桂农科 2022YM06）

** 第一作者：郑伟钰，硕士研究生，研究方向为植物病原真菌及其防治技术；E-mail：zhengweiyu2022@163.com
*** 通信作者：黄穗萍，研究方向为植物病原真菌及其防治技术；E-mail：361566787@qq.com

Pangenome Analyses Reveal a Highly Plastic Genome and Extensive Polymorphism of Secreted Proteins in Wheat Stripe Rust Fungus

WANG Jierong, KANG Zhensheng*, ZHAO Jing*

(*State Key Laboratory of Crop Stress Biology for Arid Areas*, *College of Plant Protection*, *Northwest A&F University*, *Yangling* 712100, *China*)

Abstract: The wheat stripe rust fungus *Puccinia striiformis* f. sp. *tritici* (*Pst*) is one of the most destructive pathogens of wheat. In this study, a chromosome-scale genome with the size of 76.6 Mb was built for a Chinese Pst isolate fh11 by PacBio and HiC sequencing. By performing comparative genome analysis with previously reported nine other *Pst* isolates, we constructed a pangenome for *Pst* and identified 49.9 Mb of nonredundant sequences (~65% of the genome) absent from the fh11 genome that were defined as pan-sequences. The pan-sequences were rich in repeats with 60.18%, which was much higher than in the fh11 assembly (41.82%). Total about 2, 788 non-redundant secreted protein clusters (SPCs) have been described. According to the gene frequency in a worldwide collection of 42 isolates, 2, 506 SPCs were defined the core secretome, and 257 SPCs were defined the variable secretome. The variable secretome with high non-synonymous mutation rates may be under diverse selection. Genome architecture analysis revealed the preferential association of variable secretome to transposable elements. The pangenome construction of *Pst* revealed a highly plastic eukaryotic genome. And the variable secretome maybe involved in the adaptive evolution of *Pst*.

Key words: *Puccinia striiformis*; Pangenome; Secretome; Genomic diversity

* Corresponding authors: KANG Zhensheng; E-mail: kangzs@nwsuaf.edu.cn
ZHAO Jing; E-mail: zhaojing@nwsuaf.edu.cn

烟草镰孢菌根腐病不同发病程度下根际土壤微生物群落特征研究*

盖晓彤**，姜永雷，姜 宁，卢灿华，夏振远***
（云南省烟草农业科学研究院，昆明 650021）

摘 要：烟草镰孢菌根腐病是烟草生产中常见的土传病害之一，在烟草的苗床期和大田生长期均可发生，该病害的发生危害威胁着烟叶的产量与品质。项目组近三年来在云南省烟草镰孢菌根腐病危害较为严重的植烟地区采集烟株根际土壤，根据不同发病程度将样品分为健康、低、中、高 4 个水平。利用 Illumina MiSeq 高通量测序技术分析烟株根际土壤细菌与真菌群落结构。结果表明，云南省烟草根际土壤的优势细菌主要为放线菌门（Actinobacteriota）和变形菌门（Proteobacteria），优势真菌主要为子囊菌门（Ascomycota）和担子菌门（Basidiomycota）；健康的根际土壤的细菌丰富度和多样性均最低，发病烟株的根际土壤的细菌丰富度随发病程度增加，多样性降低；而发病的烟株根际土壤的真菌丰富度随发病程度增加，群落丰富度和多样性均降低。探究健康与感染根腐病烟株根际土壤的细菌与真菌群落结构差异，分析土传病害的发生与土壤微生物群落间的关系，将有助于实现对烟草镰孢菌根腐病的绿色生态防控。

关键词：烟草镰孢菌根腐病；根际土壤；微生物群落结构；绿色生态防控

* 基金项目：云南省科技厅基础研究计划（202001AU040012）
** 第一作者：盖晓彤，博士，主要从事烟草植保相关研究；E-mail：gaixiaotong0617@163.com
*** 通信作者：夏振远，研究员；E-mail：648778650@qq.com

中国小麦条锈菌的毒性特征

周爱红，康振生，詹刚明
（西北农林科技大学植物保护学院，旱区作物逆境生物学国家重点实验室，杨凌　712100）

摘　要：由条形柄锈菌引起的小麦条锈病是小麦上最重要的真菌病害，严重威胁着我国小麦的生产安全。种植抗病品种是防治小麦条锈病最为有效的措施。而了解条锈菌的群体结构和监测小种的毒性变异是预测条锈病发生流行和选育小麦抗病品种的重要前提，可为条锈病的有效防控提供科学依据。虽然目前对我国条锈菌群体结构的研究并不少见，但由于部分中国品种的抗性基因未知，因此无法推断条锈菌携带的毒力/无毒基因，也无法统计条锈菌群体的毒性频率，此外，目前使用的许多已知抗性遗传背景的鉴别寄主携带 2 个或 2 个以上的抗性基因，这可能会限制对无毒基因和抗性基因之间相互作用的遗传解释。而由 18 个 *Yr* 单基因品种组成的鉴别寄主，能够准确反映小种的毒力频率，从而指导抗性基因的精准布局。因此，本研究使用两套中国鉴别寄主对全国 16 个省的 608 株分离株进行表型鉴定。基于 19 个中国鉴别寄主，共鉴定出 119 个生理小种/致病类型，其中 3 个最优势的生理小种/致病类型为 CYR34（23.52%）、G22－14（9.87%）和 CYR32（8.88%）。所有分离株对中 4 和 Triticum spelta Album 均无毒性。除 Trigo Eureka（64.97%）、洛夫林 13（67.76%）、抗引 655（71.88%）、洛夫林 10（70.23%）、Hybrid 46（68.26%）和贵农 22（63.98%）外，小麦条锈菌对其他中国鉴别寄主的毒性频率均在 80.00%以上，这表明中国鉴别寄主存在鉴别力度弱化的风险。基于 18 个 *Yr* 单基因鉴别寄主，共鉴定出 144 种致病类型，最优势的致病类型为 PH1（7.89%）、PH2（4.77%）和 PH3（4.11%）。小麦条锈菌对抗性基因 *Yr*1、*Yr*6、*Yr*7、*Yr*8、*Yr*9、*Yr*17、*Yr*27、*Yr*43、*Yr*44 和 *YrExp*2 的毒性频率较高（> 60%）。而条锈菌对 *Yr*5、*Yr*15、*Yr*32 和 *YrTr*1 毒性频率较低（<20%），尤其是 *Yr*5 和 *Yr*15 对所有菌株均表现抗性。基于 Nei's 遗传距离，16 个条锈菌群体在中国鉴别寄主和 *Yr* 单基因鉴别寄主上分别被聚为 4 个和 5 个类群，其中西藏始终是一个独立的群体，推测可能是其独特的地理位置，再加上种植品种相对单一，使西藏成为一个相对独立的农业生态区。此外，我们还发现利用中国鉴别寄主鉴定的生理小种在单基因鉴别寄主上存在表型分化，例如小种 CYR34 在单基因鉴别寄主上分化出 69 个致病类型，这表明利用中国鉴别寄主鉴定的生理小种可能是具有相同毒性谱的致病类群。因此利用中国鉴别寄主进行毒性鉴定是不准确的，应进一步完善鉴别寄主体系。

关键词：小麦条锈菌；小种鉴定；毒性频率

条锈菌效应子 HASP215 干扰 MAPK 磷酸化介导的 SGT1 核质分配抑制小麦免疫

舒伟学，康振生，王晓杰，汤春蕾
（西北农林科技大学植物保护学院，作物抗逆与高效生产全国重点实验室，杨凌 712100）

摘 要：SGT1（Skp1 的 G2 等位基因的抑制子）是多种植物激活 NLR 蛋白介导免疫的重要调节因子，成为病原菌攻击植物免疫的重要靶点。小麦条锈菌为活体营养寄生真菌，通过吸器向寄主分泌效应子，操纵免疫促进致病。本研究鉴定到一个在吸器高丰度诱导表达的效应子 HASP215，通过表达促进条锈菌生长和发育，RNAi 则显著削弱病菌致病性。在寄主细胞内，HASP215 通过与 TaMKK2 的激酶域互作，抑制 TaMKK2 对 TaMAPK6 磷酸化，进而降低 TaMAPK6 对 TaSGT1 的磷酸化。TaSGT1 磷酸化可促进其入核，并提高小麦对条锈菌的抗性。而 HASP215 通过抑制 TaMKK2-TaMAPK6 对 TaSGT1 的磷酸化，干扰 TaSGT1 核转运，抑制免疫。研究揭示了条锈菌分泌效应子干扰小麦 TaMKK2-TaMAPK6-TaSGT1 磷酸化级联反应，影响 TaSGT1 入核，破坏植物免疫的作用机制。

关键词：小麦条锈菌；效应子；MAPK；SGT1

Novel Stripe Rust Effector Boosts the Transcription of a Host Negative Immune Factor Through Affecting Histone Modification to Promote Infection in Wheat

DUAN Wanlu, HAO Zhenkai, PENG Yuxi, PANG Huihui, XU Yiwen, ZHANG Ying, KANG Zhensheng*, ZHAO Jing*

(*State Key Laboratory of Crop Stress Biology for Arid Areas*, *College of Plant Protection*, *Northwest A&F University*, *Yangling* 712100, *China*)

Abstract: The rust pathogen *Puccinia striiformis* f. sp. *tritici* (*Pst*) delivers diverse effector proteins into host cells to suppress the plant's innate immunity, but whether *Pst* has evolved effector proteins that directly manipulate host gene transcription remains unknown. In this study, we identified a *Pst* effector PstGTA1, which was specifically induced during infection on wheat but not on barberry. *PstGTA*1 contributes to the full virulence of *Pst* by activating the transcription level of wheat gene *TraesCS*3*B*02*G*319700, a negative regulator in wheat immunity but absent in barberry genome. During the infection, secreted PstGTA1 is localized to wheat cell nucleus and targeted to the promoter of *TraesCS*3*B*02*G*319700, thereby activates the transcription of *TraesCS*3*B*02*G*319700 through increasing the H3K4 acetylation levels, ultimately leading to the susceptibility of wheat. Overall, our study reveals a virulence strategy of a rust effector in modulating host gene expression by directly binding to the promoter and affecting histone modification, providing insights into the pathogenic mechanism that evolved in a plant pathogen to facilitate infection at the epigenetic level.

Key words: effector; histone acetylation; *Puccinia striiformis*; transcriptional regulation; wheat

* Corresponding authors: KANG Zhensheng; E-mail: kangzs@ nwsuaf. edu. cn
ZHAO Jing; E-mail: zhaojing@ nwsuaf. edu. cn

里氏木霉（*Trichoderma reesei*）寄端霉素（hypothemycin）合成基因预测*

陈　楠**，武春艳***
（甘肃农业大学植物保护学院，兰州　730070）

摘　要：聚酮化合物是一类由细菌、真菌、植物和动物生产的具有抗菌作用的次级代谢产物。木霉菌作为重要的生防微生物，其基因组中含有大量编码聚酮化合物的聚酮合成酶基因。但关于木霉菌分泌的寄端霉素（hypothemycin）及其调控基因的相关研究较少报道。

根据里氏木霉全基因组序列信息并利用 antiSMASH 及 NaPDosS2 等在线软件对寄端霉素的编码基因进行预测分析发现，里氏木霉中 *PKS* 基因 9 个，*NRPS* 基因 11 个，*NRPS-PKS* 基因 4 个。其中，Hypothemycin 的编码基因有 3 个，即 XP_006964556.1、XP_006967110.1、XP_006967458.1。利用 NRPS-PKS 在线软件分析它们的结构域发现，XP_006964556.1、XP_006967110.1 的结构域分别为 KS-AT-DH-MT-ER-KR-ACP、KS-AT-DH-ER-KR-ACP，均含有 *PKS* 基因Ⅰ型的核心结构域 ketoacyl synthase（KS）+ acyltransferase（AT）+ dehydratase（DH），而 XP_006967458.1 的结构域为 KS-KS-AT-DH-ER-KR-ACP，含有 *PKS* 基因Ⅱ型的核心结构域 KS+AT，因此，XP_006964556.1、XP_006967110.1 属于 *PKS* 基因Ⅰ型；XP_006967458.1 属于 *PKS* 基因Ⅱ型。

关键词：里氏木霉；寄端霉素；基因

---

* 基金项目：甘肃省科技重大专项（22ZD6NA009）；甘肃农业大学博士科研启动金（222029）
** 第一作者：陈楠，从事玉米病害研究；E-mail：Chenn@gsau.edu.cn
*** 通信作者：武春艳

小麦条锈菌无毒基因 *AvrYr7* 的定位与克隆

徐一文，王洁荣，彭予汐，年纪婷，赵　晶*，康振生*
（西北农林科技大学植物保护学院，旱区作物逆境生物学国家重点实验室，杨凌　712100）

摘　要：由条形柄锈菌小麦专化型（*Puccinia striiformis* f. sp. *tritici*）引起的小麦条锈病是小麦生产上的一种重要的真菌病害，其毒性的频繁变异常常导致抗病品种失效从而引发病害大流行。然而，条锈菌毒性变异的机理仍不清楚，因此克隆鉴定条锈菌无毒基因对我国小麦条锈菌的防控具有重要意义。本研究以两个毒性谱差异明显的小麦条锈菌菌株 A15-3 和 XZ-2 为亲本材料，获得二者的杂交后代 AZ-2，并构建了 AZ-2 的自交群体。根据 200 个自交群体在 19 个单基因系抗病位点的毒性分离情况确定了两个亲本菌系在这些位点上毒性/无毒性基因的遗传规律，发现后代菌系对抗病基因 Yr7 无毒性与有毒性的比例为 3：1，表明对 Yr7 的无毒表型受显性单基因控制。结合群体基因组测序和遗传分析，我们构建了自交群体遗传连锁图谱，并将小麦条锈菌无毒基因 *AvrYr7* 定位到条锈菌 7 号染色体末端 60 kb 的区段，该区段包括 3 个编码分泌蛋白的基因。综上所述，本研究通过对小麦条锈菌有性群体的构建及基因组测序，对小麦条锈菌无毒基因 *AvrYr7* 进行了遗传定位。该结果为进一步克隆无毒基因，深入揭示条锈菌毒性变异规律和机理奠定了基础。

关键词：小麦条锈菌；有性生殖；无毒基因；基因组测序

* 通信作者：赵晶；E-mail：zhaojing@ nwsuaf. edu. cn
康振生；E-mail：kangzs@ nwsuaf. edu. cn

核心效应蛋白 SCRE3 调控稻曲病菌致病性的分子机制研究

秦玉宝，乔　巍，彭　涛，王林栋，王　静，
田斌年，杨宇衡，余　洋，毕朝位，方安菲*
（西南大学植物保护学院，重庆　400715）

摘　要：由 *Ustilaginoidea virens* 引起的稻曲病是水稻上极具毁灭性的真菌病害之一，严重制约着我国的水稻生产。稻曲病菌分泌的效应蛋白在稻曲菌侵染水稻过程中可能发挥着非常重要的作用，解析其致病机制有助于揭示该病原菌与水稻的互作机制，为稻曲病防治提供新的理论基础。本研究发现效应蛋白 SCRE3 在稻曲菌侵染水稻早期被诱导表达，通过 CRISPR/Cas9 基因编辑技术将 *SCRE*3 敲除后，发现其致病性显著下降。并且发现 SCRE3 定位在本氏烟的细胞核、细胞质以及细胞膜上。随后，研究发现转基因 *SCRE*3 拟南芥纯合株系对 *Pst* DC3000 的感病性显著增强，且显著抑制该病原诱导的 ROS。同时，发现在水稻中异源表达 *SCRE*3 可显著增强水稻对稻瘟菌的感病性。以上结果表明，SCRE3 能够干扰植物免疫和削弱植物抗病性。此外，在本氏烟中瞬时表达 SCRE3，发现其显著削弱本氏烟对 PVX 的抗性。最后，酵母双杂、萤光素酶互补、双分子荧光互补和免疫共沉淀等实验发现 SCRE3 靶向水稻 LBD 转录因子 2-22。将 2-22 在水稻中敲除后，接菌发现 Δ2-22 对稻瘟病抗性显著增强，表明 2-22 负调控水稻抗病性。2-22 与 SCRE3 可以共定位在本氏烟的细胞核、细胞质和细胞膜上。瞬时表达 2-22 还可显著削弱本氏烟对疫霉的抗性。以上研究结果为深入揭示 SCRE3 抑制水稻免疫的分子机制奠定坚实的基础。

关键词：稻曲病菌；效应蛋白；水稻免疫；转录因子

* 通信作者：方安菲；E-mail：fanganfei@swu.edu.cn

Isolation, Characterization and Phylogenetic Analysis of *Stagonospora tainanensis*, the Pathogen Causing Sugarcane Leaf Blight in China[*]

HUANG Zhenxin[1**], SHI Qian[1], ZENG Quan[1], LIANG Haoming[1], YU Quan[1], MENG Jiaorong[1,2***], CHEN Baoshan[1,2***]

(1. *Guangxi Key Laboratory of Sugarcane Biology*, *College of Agriculture*, *Guangxi University*, *Nanning* 530004, *China*; 2. *State Key Laboratory for Conservation and Utilization of Subtropical Agro-Bioresources*, *Nanning* 530004, *China*)

Abstract: Sugarcane leaf blight (SLB), a major fungal leaf disease of sugarcane (*Saccharum* spp.), has been attributed to *Stagonospora tainanensis*. In December 2020 and May 2021, signs of leaf blight were observed on sugarcane in the fields of Chongzuo City, in the Guangxi Province of China. Lesions on the leaves were characterized by yellow or dark red spots in the center. Fungal species were isolated, purified and subjected to pathogenicity evaluation on the sugarcane plants. An isolate that caused symptoms the same as those observed in the field was initially identified as *S. tainanensis* (*Leptosphaeria taiwanensis*, perfect state) based on its morphological characteristics both of asexual and sexual stages. Dark brown and nearly spherical pycnidia with conidia of long ellipsoidal, hyaline, one to four cells and 29.27 to 54.39 μm long and 9.03 to 16.12 μm wide were found on corn meal agar medium. Ascomata with asci of cylindrical to clavate, a short stipe and eight spores slightly constricted at the septum, with the size of the spore ranging from 36 to 44 μm long and 8.5 to 12 μm wide, were formed on the sugarcane-leaf-decoction saccharose agar medium. The identity of the species was further confirmed by rDNA ITS and TEF-1α sequencing. The optimal temperature for mycelial growth was 25℃ and the optimal pH was 6.0. The pathogen grew well in a medium with oats as the carbon source and yeast extract as the nitrogen source, but poorly in a medium with urea as the nitrogen source. This study is the first to identify the sugarcane leaf blight pathogen in Guangxi, and the first publication describing the biological characterization of *S. tainanensis*. The occurrence of sugarcane leaf blight should alert sugarcane breeders and plant pathologists to consider integrating control of this potentially important disease into the agenda of their breeding and disease control programs.

Key words: Sugarcane leaf blight; *Stagonospora tainanensis*; Morphology; Pathogenicity; Phylogeny

---

* Funding: National Natural Science Foundation of China (31960031); Sugarcane Research Foundation of Guangxi University (Grant (2022GZB010); Guangxi Key Laboratory of Sugarcane Biology Project (2018-266-Z01)

** First author: HUANG Zhenxin; E-mail: 2017304007@st.gxu.edu.cn

*** Corresponding authors: MENG Jiaorong; E-mail: mengjiaorong@gxu.edu.cn

CHEN Baoshan; E-mail: chenyaoj@gxu.edu.cn

大丽轮枝菌组蛋白 H3K9me3 介导的异染色质基因沉默调控其致病性的机制研究

王海婷，杨　杰，单淳敏
[中国科学院微生物研究所，植物基因组学国家重点实验室（微生物），北京　100101]

摘　要：真菌是植物病害的最主要病原之一，每年给全球的农业生产带来巨大的经济损失。大丽轮枝菌是一种土传维管束真菌，其致病力强、寄主范围广，且能以微菌核的形式长期存活于土壤，难以防控，因而严重影响农业生产。前期研究表明棉花可传递 sRNA 到病原真菌中，沉默致病相关基因，在此理论指导下利用 HIGS（host-induced gene silencing）技术开发了抗棉花黄萎病的新品系，对农业生产有重要的指导意义，但跨界 RNA 干扰的具体作用机制仍未完全阐明。组蛋白 H3K9me3 介导的基因沉默在 RNA 干扰（RNAi）的过程中发挥重要功能，且组蛋白甲基转移酶参与调控真菌生长发育及致病过程。于是我们以大丽轮枝菌组蛋白甲基转移酶 vdKMT1 为切入点，深入探究 H3K9me3 介导的基因沉默在病原菌生长和侵染过程中的重要作用。我们首先在大丽轮枝菌中建立了蛋白原位标记技术，可直接用于蛋白质的各种体内生化分析，为阐明大丽轮枝菌的致病机理提供更可信的实验手段，并有望广泛应用于其他真菌；为探究组蛋白修饰的变化，我们针对大丽轮枝菌优化了可替代 ChIP-seq 的下一代技术——CUT&Tag-seq 的主要流程，为研究病原真菌组蛋白甲基化以及蛋白与 DNA 互作提供了重要的研究手段。通过对 *vdKMT1* 进行基因敲除，我们发现 *vdKMT1* 缺失会导致真菌致病力显著降低，CUT&Tag-seq 结果显示该突变体 H3K9me3 水平显著低于野生型菌株，且转录组测序结果显示有大量致病相关基因表达水平上调，说明 vdKMT1 对于真菌致病性的调控是通过调控致病相关基因的表达来实现的。利用蛋白原位标记技术对 vdKMT1 进行蛋白原位标记，结合复合体非变性提取技术和质谱分析，获得了该复合体的基本组成，通过酵母双杂交系统及在 KMT1-3Flag 菌株中分别突变复合体各亚基，构建了该复合体的基本结构及相对位置，后续将建立跨界 RNAi 与 H3K9me3 间的联系，对大丽轮枝菌 H3K9me3 介导基因沉默的具体机制进行进一步的解析。

关键词：大丽轮枝菌；组蛋白甲基转移酶；真菌致病性；RNA 干扰

蒙古稻上稻瘟病菌遗传多样性研究*

田永恒**，张亚婷，王海宁，丁　英，王奕鸣，宋　宇，魏松红***
（沈阳农业大学植物保护学院，沈阳　110866）

摘　要：研究植物病原真菌的遗传多样性对揭示植物病原菌的起源进化、病害防治以及抗病品种的选育具有重要意义。本试验运用 SSR 标记对分离自蒙古稻不同部位的稻瘟病菌进行遗传多样性研究，对供试菌株群体遗传结构、遗传多样性水平等信息进行分析，为丰富稻瘟病菌群体遗传结构信息、揭示稻瘟病菌群体遗传进化趋势提供理论基础。

运用 16 对 SSR 标记系统对从蒙古稻不同部位分离出的 66 株稻瘟病菌单孢菌株进行遗传多样性研究。16 对 SSR 引物在 66 株供试稻瘟菌株中共扩增出有效条带 843 个，平均扩增效率为 79.83%。不同引物的扩增效率存在差异，其中引物 MGM269 的扩增效率最高，为 100%；引物 P99 扩增出的条带最少，扩增效率为 30.30%。将扩增结果处理成 0～1 数据库，用最长距离法进行聚类处理，根据遗传距离远近可将供试菌株分为 12 个遗传宗谱，其中宗谱 BWL01 包括 47 株菌株，占供试菌株总数的 78.33%，为优势宗谱。蒙古稻枝梗、茎节、叶片、谷粒、穗颈等部位稻瘟病菌群体遗传宗谱复杂，每个群体均分属两个至多个遗传宗谱，优势宗谱均包含 BWL01，但稀有小宗谱不完全相同。16 对 SSR 引物从蒙古稻不同部位分离出的 66 株稻瘟病菌单孢菌株中共检测到多态性位点 15 个，多态位点百分率为 93.75%，在 15 个多态位点上共扩增到等位基因 31 个。蒙古稻不同部位稻瘟病菌存在于群体间的遗传变异占群体总遗传变异的 20.78%，存在于群体内遗传变异占群体总遗传变异的 79.22%。供试菌株群体中，蒙古稻枝梗部位和谷粒部位的稻瘟病菌群体的多样性指数较高，蒙古稻茎节部位和穗颈部位的稻瘟病菌群体的多样性指数处于中等水平，蒙古稻叶片部位稻瘟病菌群体的多样性指数较低。供试蒙古稻不同部位稻瘟病菌群体间的遗传距离为 0.072 1～0.241 5，从水稻植株不同部位的空间位置来看，枝梗部位离谷粒部位较近，叶片部位距穗颈部位的距离与叶片部位距茎节部位的距离相似，但遗传距离远近与水稻植株不同部位的空间位置关系并不完全相似，反映出蒙古稻不同部位稻瘟病菌群体遗传关系与植株部位的空间位置存在一定联系。

关键词：蒙古稻；稻瘟病菌；遗传多样性；SSR；不同部位

---

* 基金项目：现代农业产业技术体系（CARS—01）
** 第一作者：田永恒，硕士研究生，研究方向为植物病原真菌学
*** 通信作者：魏松红，教授，研究方向为植物病原真菌学与水稻病害

叶锈菌效应蛋白 Pt_19 激发抗叶锈病基因 *Lr*15 应答反应*

崔钟池**，申松松，孟麟硕，靳雨晴，武文月，王海燕***
（河北农业大学植物保护学院，河北省农作物病虫害生物防治技术创新中心，保定　071000）

摘　要：小麦叶锈菌（*Puccinia triticina*，*Pt*）引起的小麦叶锈病是世界麦区普遍发生的病害之一，造成小麦的产量损失。防治该病害最为安全、经济的方法是抗病品种的合理利用，但由于小麦叶锈菌无毒基因变异频繁，逃脱抗病基因的识别，导致小麦抗叶锈性不断丧失，因此，对小麦叶锈菌无毒基因的发掘与验证对控制小麦叶锈病研究尤为重要。基于叶锈菌接种抗病品种和感病品种的转录组测序数据，筛选到效应蛋白 Pt_19，通过酵母分泌系统验证 Pt_19 信号肽具有分泌功能；BAX 抑制实验结果显示 Pt_19 可抑制由 BAX 引起的坏死反应，表明其具有毒性功能；利用原核诱导技术获得 Pt_19 的纯蛋白，将 Pt_19 纯蛋白注射小麦抗叶锈病近等基因系，结果显示，注射 Pt_19 纯蛋白后，小麦 TcLr15（*Lr*15+）叶片上出现坏死反应，阴性对照（空载体）与其余近等基因系叶片上没有出现坏死反应，表明 Pt_19 与 Lr15 产生特异性识别，激发 TcLr15 的免疫反应；为明确 Pt_19 与 Lr15 的识别位点，获得对 TcLr15 毒力不同的生理小种 Pt_19 序列，比对发现毒力小种与无毒小种中 Pt_19 序列具有 4 个氨基酸差异位点，分别位于第 80（P/A）、第 92（P/~）、第 96（M/L）、第 106 个氨基酸位点（P/S），推测该 4 个氨基酸位点可能为 Pt_19 与 Lr15 识别的关键位点。本研究筛选到抗叶锈病基因 *Lr*15 的候选无毒基因 *Pt*_19，为揭示 *Lr*15 无毒基因的变异机制，监测田间叶锈菌小种类型，指导抗叶锈病小麦品种的合理种植提供基础。

关键词：小麦叶锈菌；效应蛋白 Pt_19；原核诱导；*Lr*15 候选无毒基因

---

* 基金项目：国家自然科学基金项目（31501623）；河北省自然科学基金项目（C2020204028）

** 第一作者：崔钟池，博士研究生，主要从事分子植物病理学研究
*** 通信作者：王海燕，教授，主要从事分子植物病理学研究；E-mail：ndwanghaiyan@163.com

茄链格孢（*Alternaria solani*）实时荧光定量 PCR 检测体系的建立

李宇晨*，郭　浩，陈锦华，王　跃，杨攀雷，王震铄，王　琦**
（中国农业大学植物保护学院，农业农村部植物病理学重点实验室，北京　100193）

摘　要：茄链格孢（*Alternaria solani*）是引起马铃薯早疫病的主要病原菌，严重危害马铃薯的生产。早疫病的发生与空气和土壤中病原菌含量密切相关，为了病害的提前预警和及时制定防控措施，建立一种快速、准确检测马铃薯早疫病菌茄链格孢的方法尤为重要。本研究针对茄链格孢构建了实时荧光定量 *qPCR* 检测体系，利用茄链格孢中 *histidiine kinase* 片段合成特异性引物，以重组质粒为标准品构建实时荧光定量标准曲线，扩增效率为 97%（$R^2=0.993\,6$），检测灵敏度为每个反应体系 10 个拷贝靶标片段，重复性试验表明，组内和组间变异系数均小于 3.5%，表明该方法具有较好的检测稳定性。利用该定量检测技术，对云南地区田间马铃薯早疫病发病土壤和健康土壤进行检测，结果表明，发病土中茄链格孢数量显著高于健康土壤。该方法可高效检测出潜伏侵染于叶片和土壤中的茄链格孢，为马铃薯早疫病田间发病的动态监测以及病害防治提供了可靠的技术支持。

关键词：茄链格孢；马铃薯早疫病；RT-qPCR

---

* 第一作者：李宇晨，博士研究生，主要从事植物病害生物防治与微生态学研究；E-mail：1078565062@ qq. com
** 通信作者：王琦，教授，主要从事植物病害生物防治与微生态学研究；E-mail：wangqi@ cau. edu. cn

GAPDH 介导的糖酵解为稻瘟病菌效应子分泌提供能量的机制研究*

刘昕宇[1,2]**，沈 鞠[1]，李赞丰[1]，杨雷云[1,2]，刘木星[1,2]，
李 刚[1,2]，张海峰[1,2]，张正光[1,2]***
（1. 南京农业大学植物保护学院，教育部作物病虫害综合治理重点实验室，南京 210095；
2. 南京农业大学植物保护学院，植物免疫重点实验室，南京 210095）

摘 要：稻瘟病菌引起的稻瘟病是水稻上重要的毁灭性真菌病害。在稻瘟病菌与水稻互作早期，病菌合成效应子抑制水稻活性氧免疫反应。然而这些新合成的效应子是如何及时分泌到水稻细胞，还尚不清楚。为了探究活性氧胁迫下稻瘟病菌效应子的分泌机制，对病菌与水稻互作早期的囊泡运输速率进行分析，结果发现此时效应子经由囊泡运输加速进入水稻。囊泡运输的提速需要能量，通过添加糖酵解抑制剂以及线粒体抑制剂寡霉素处理，发现抑制甘油醛-3-磷酸脱氢酶（GAPDH）活性导致囊泡运输速率被抑制。这一结果表明糖酵解是活性氧胁迫下加速囊泡运输的能量供体。进一步研究发现，活性氧抑制 GAPDH 的棕榈酰化，并向囊泡表面中释放更多具有活性的 GAPDH。通过纯化稻瘟病菌囊泡并添加糖酵解底物，研究发现活性氧胁迫下的囊泡可以产生更多 ATP，提示积累在囊泡表面的 GAPDH 为囊泡运输的加速提供能量。本研究结果揭示了糖酵解介导的囊泡在稻瘟病菌中运输的重要性，并为设计高效绿色的病害控制策略提供参考。

关键词：稻瘟病菌；囊泡运输；糖酵解；活性氧免疫

---

* 基金项目：国家自然科学基金（32272496，32030091）

** 第一作者：刘昕宇，副教授；E-mail：xinyuliu@ njau. edu. cn
*** 通信作者：张正光，教授；E-mail：zhgzhang@ njau. edu. cn

玉米大斑病菌 *StSe*19 特异效应因子的鉴定*

杨俊芳[1**]，尹贵波[1]，曹嘉伟[1]，巩校东[1]，刘玉卫[1]，李志勇[2]，谷守芹[1***]
（1. 河北农业大学真菌毒素与植物分子病理学实验室，河北省农业微生物生物信息利用技术创新中心，保定　071001；2. 河北省农林科学院谷子研究所，石家庄　053000）

摘　要：玉米大斑病（Corn northern leaf blight）是世界各玉米产区严重威胁玉米生产的一种真菌性病害。其病原菌为玉米大斑病菌（*Setosphaeria turcica*），是一种半活体营养型丝状真菌，主要危害玉米的叶片、叶鞘和苞叶。

效应因子是一类病原菌分泌的蛋白质，破坏植物由效应蛋白激发的免疫反应。根据效应因子具有半胱氨酸、N-端信号肽、无糖基磷脂酰肌醇锚定位点等特征，本实验根据效应因子的特征利用生物信息学软件 OrthoFinder 对 141 种不同真菌进行系统发育分析，发现 28 个效应因子仅存在于玉米大斑病菌中，为该病菌中特异性效应因子，且这些特异效应因子均无功能注释与结构注释。

笔者课题组对玉米大斑病菌侵染玉米的 RNA-Seq 数据分析，筛选出一个在病菌侵染玉米期间诱导表达的基因 *StSe*19，该基因蛋白 ID 为 38860，其编码蛋白 N 端具有信号肽，含有一个内含子与两个外显子，蛋白富含半胱氨酸残基，该基因具有效应因子的特征。进一步利用酵母分泌系统验证 *StSe*19 信号肽的分泌功能。以 pSUC2 为骨架，构建了 *StSe*19 基因的信号肽“诱捕”载体，将该载体转入缺陷型酵母菌株 YTK12 后，发现该基因的信号肽恢复了 pSUC2 缺失的分泌能力，能将蔗糖酶分泌到胞外，从而使棉籽糖分解为单糖用于酵母生长，并且可以在加入 TTC 溶液后能使无色的蔗糖溶液变成砖红色。上述实验结果表明 *StSe*19 信号肽具有分泌能力，属于分泌蛋白。另外，笔者利用烟草瞬时表达系统验证了 *StSe*19 具有抑制寄主免疫反应的能力。以 pGR107 为骨架，构建了瞬时表达载体，发现该基因可以抑制由 INF1 和 Bax 引起的烟草细胞凋亡。表明 *StSe*19 是玉米大斑病菌分泌的效应因子。利用酵母双杂交试验，在玉米 cDNA 文库中筛选 *StSe*19 的互作蛋白。获得了 2 个候选互作蛋白，分别是 jasmonate-ZIM-domain protein JAZ3-1a 与 40S ribosomal protein Sa-1。并通过酵母双杂交及双分子荧光互补试验证明靶标蛋白的准确性。该研究为深入探索玉米大斑病菌与玉米互作的分子机制奠定了基础。

关键词：玉米大斑病菌；效应因子；酵母双杂交

---

* 基金项目：国家自然科学基金项目（31671983）；中央引导地方科技发展资金项目（216Z2902G）
** 第一作者：杨俊芳，硕士研究生，研究方向为植物学；E-mail：3153841899@163.com
*** 通信作者：谷守芹；E-mail：gushouqin@126.com

玉米大斑病菌效应因子 *StNLE7* 的鉴定与在寄主中互作靶标的筛选*

尹贵波**，杨俊芳，曹嘉伟，刘玉卫，谷守芹，巩校东***
（河北农业大学真菌毒素与植物分子病理学实验室，河北省农业微生物生物信息利用技术创新中心，保定 071001）

摘　要：玉米大斑病（Corn northern leaf blight）是一种能引起玉米叶片枯萎的真菌性病害，该病害发病频繁，遍及世界各玉米产区，严重时可造成玉米减产 50%以上，甚至绝收。引起玉米大斑病的病原真菌为玉米大斑病菌（*Setosphaeria turcica*），该病菌在侵染致病过程中通过分泌效应因子干扰寄主的免疫反应，但其分子机制尚鲜见报道。

本实验室基于效应因子的序列特征，通过生信分析，在玉米大斑病菌中共发现 39 个候选核效应因子。对病菌侵染玉米的转录组数据分析，发现 15 个效应因子显著上调表达。对其结构分析发现，效应因子 StNLE7 不仅具有核定位信号，且分别属于 C_2H_2 和 Ste 转录因子家族，是一个典型的核定位效应因子。进一步以 pSUC2 为骨架，构建了 *StNLE7* 基因的信号肽“诱捕”载体，将其转入缺陷型酵母菌株 YTK12 后，发现该蛋白的信号肽恢复了 pSUC2 缺失的分泌能力，能将蔗糖酶分泌到胞外，从而使棉籽糖分解为单糖用于酵母生长，并且可以在加入 TTC 溶液后能使无色的蔗糖溶液变成砖红色，表明 *StNLE7* 的信号肽具有分泌能力，属于分泌蛋白。另外，利用烟草瞬时表达系统，以 pGR107 为骨架，构建了瞬时表达载体，发现该蛋白可以抑制由 INF1 和 Bax 引起的烟草细胞凋亡，表明 StNLE7 具有效应因子的功能。

以 StNLE7 为“诱饵”从玉米叶片 cDNA 文库中筛选到了 1 个靶标蛋白（谷胱甘肽）。通过酵母双杂交试验和双分子荧光互补试验证实了谷胱甘肽是 StNLE7 的互作靶标。基于此，本研究不仅在玉米大斑病菌中鉴定了一个新型效应因子 StNLE7，得到了其在寄主中的互作蛋白，也为深入揭示病菌与寄主互作的分子机制奠定基础。

关键词：核效应蛋白；玉米大斑病菌；信号肽；互作蛋白

---

* 基金项目：国家自然科学基金项目（31671983）；中央引导地方科技发展资金项目（216Z2902G）
** 第一作者：尹贵波，硕士研究生，研究方向为生物化学与分子生物学；E-mail：3228365870@ qq. com
*** 通信作者：巩校东；E-mail：gxdjy123@ gmail. com

玉米大斑病菌转录因子家族的鉴定*

曹嘉伟[1**]，杨俊芳[1]，尹贵波[1]，刘玉卫[1]，巩校东[1]，李志勇[2]，谷守芹[1***]，董金皋[1***]
（1. 河北农业大学真菌毒素与植物分子病理学实验室，河北省农业微生物生物信息利用技术创新中心，保定　071001；2. 河北省农林科学院谷子研究所，石家庄　053000）

摘　要：玉米大斑病（Corn northern leaf blight）又称玉米枯叶病、条斑病、煤纹病，是玉米重要病害之一，主要发生于玉米的叶鞘、叶片和苞叶。该病害的致病菌玉米大斑病菌（*Setosphaeria turcica*）属于丝状真菌。丝状真菌的转录调控是目前研究的热点领域之一。转录因子主要存在于真核生物中，是一群能与基因 5′端上游特定序列专一性结合，使目标基因在一定时间和空间内以特定强度表达的蛋白分子，在细胞内的基因表达中起着关键的调控作用。

笔者课题组通过生物信息学方法对玉米大斑病菌中的转录因子家族进行了系统的鉴定，首先从相关文献中收集整理共得到了 292 个 Pfam ID，从 JGI 玉米大斑病菌数据库（https：//mycocosm. jgi. doe. gov/pages/search-for-genes. jsf? organism=Settu3）中搜索转录因子，整理后得到 99 个 Pfam ID，将两部分获得的 Pfam ID 整理后共计得到 362 个 Pfam ID。从 Pfam 数据库（http：//ftp. ebi. ac. uk/pub/databases/Pfam/releases/Pfam35. 0）中获得整个数据库的隐马尔可夫模型（HMM）文件，利用编写的 perl 脚本从中获取所需的 362 个 Pfam ID 对应的隐马尔可夫文件。使用 HMMER 3. 1 工具（http：//hmmer. janelia. org/）中的 hmmsearch 工具，将获取的 362 个隐马尔可夫文件在玉米大斑病菌的蛋白数据库中进行批量搜索，其中 E-value<1e-5，其他参数均为默认，获得病菌全部候选转录因子，并按 Pfam ID 分成不同的家族。最终将鉴定结果进行手动筛选整理，得到 45 个转录因子家族，共计 442 个转录因子，包含常见转录因子家族 Zinc finger、C2H2、bZIP 等。本研究将有助于揭示玉米大斑病菌各转录因子家族的分布，为揭示病菌中各转录因子家族成员的功能奠定了基础。

关键词：玉米大斑病菌；生物信息学；转录因子

---

* 基金项目：国家自然科学基金项目（31671983）；中央引导地方科技发展资金项目（216Z2902G）

** 第一作者：曹嘉伟，硕士研究生，研究方向为生物与医药；E-mail：871005984@ qq. com

*** 通信作者：谷守芹；E-mail：gushouqin@ 126. com
董金皋；E-mail：dongjingao@ 126. com

枣果黑斑病病原菌的分离鉴定*

张雨萌[1,2,3**]，邹 强[1,2,3]，牛新湘[4,5]，杨红梅[1,2,3,4]，楚敏[1,2,3,4]，王 宁[1,2,4]，
詹发强[1,2]，包慧芳[1,2]，杨 蓉[1,2]，林 青[1,2]，龙宣杞[1,2]，娄 恺[1,2]，史应武[1,2,3,4***]
（1. 新疆农业科学院微生物应用研究所，乌鲁木齐 830091；2. 新疆特殊环境微生物实验室，乌鲁木齐 830091；3. 新疆大学生命科学与技术学院，乌鲁木齐 830052；4. 农业农村部西北绿洲农业环境重点实验室，乌鲁木齐 830091；5. 新疆农业科学院土壤肥料与农业节水研究所，乌鲁木齐 830091）

摘 要：新疆是我国红枣的主要产区，以果大皮薄、甜度高、营养丰富等特点闻名。但极易感染黑斑病，主要在枣果上发病，枣叶发病少见，目前新疆地区已有60%的红枣生产区受到危害。由于新疆地区气候特殊，枣树种植人员不清楚该病流行规律，导致黑斑病泛滥成灾。本研究从发病枣果上分离枣果黑斑病病原菌，对其种属进行分类鉴定。从新疆典型主产区枣园经五点取样法采集枣果200个，采用组织块分离法初步分离得到183株内生真菌，经生物学特性、形态学特征、分子生物学（ITS、EFI、ACT、β-tublin）鉴定，确定110为株链格孢菌（*Alternaria alternata*），13株为青霉属，17株为曲霉属，其他属50株。测定出较强发病性菌株13株，采用全基因组测序分析其突变位点与遗传距离，分析不同采样地点菌株的遗传多样性，K1与SY14亲缘关系最近，SY38与SY44、Z6与Z8亲缘关系较近。

关键词：枣果黑斑病；病原；链格孢菌；鉴定

* 基金项目：新疆维吾尔自治区重点研发项目（2021B02004）；国家重点研发计划项目（2021YFD1400200）；新疆维吾尔自治区重大科技专项（2022B02053）；新疆维吾尔自治区重点研发计划项目（2022B02053）

** 第一作者：张雨萌，硕士研究生；E-mail：714106075@ qq. com

*** 通信作者：史应武，研究员，研究方向为微生物生态与植物健康；E-mail：syw1973@ 126. com

多花黑麦草附球菌叶斑病的病原多样性*

徐志婷**，薛龙海***
（兰州大学草种创新与草地农业生态系统全国重点实验室，
草地微生物研究中心，草地农业科技学院，兰州　730020）

摘　要：多花黑麦草（*Lolium multiflorum* Lam.）是我国南方人工草地建植中非常重要的优良牧草。近年来，附球菌叶斑病在多花黑麦草上普遍发生，然而其病原种类仍不明确。为了明确附球菌叶斑病的病原菌种类和优势致病种，笔者对西南 4 省（四川、重庆、云南和贵州）多花黑麦草种植区的叶斑病进行系统研究；利用组织分离法获得 202 株附球菌，通过纯培养技术选取 46 株代表菌株；通过形态学和多基因序列（ITS、LSU、*RBP*2 和 *TUB*2）特征等现代多种分类技术，命名了 3 个附球菌新种（内生黑麦草附球菌 *E. endololii* sp. nov.、黑麦草附球菌 *E. lolii* sp. nov. 和黑麦草生附球菌 *E. loliicola* sp. nov.），鉴定了多花黑麦草上新纪录附球菌 6 种（*E. draconis*、*E. endophyticum*、*E. oryzae*、*E. plurivorum*、*E. thailandicum*、*E. tobaicum*）和 1 个未知附球菌新种（*Epicoccum* sp. 1）。致病性测定实验表明 *E. endololii*、*E. endophyticum* 和 *Epicoccum* sp. 1 无致病力，可作为防控该类叶斑病的潜在生防菌；其余附球菌种均能侵染多花黑麦草叶片，引起不同程度的病症，其中 *E. draconis*、*E. loliicola*、*E. thailandicum* 均具较强的致病力，综合分析表明 *E. loliicola* 是优势致病种（图 1）。本研究将为多花黑麦草附球菌叶斑病的田间诊断、病原鉴定及生态防控奠定基础。

关键词：多花黑麦草；叶斑病；附球菌新种；致病多样性；生态防控

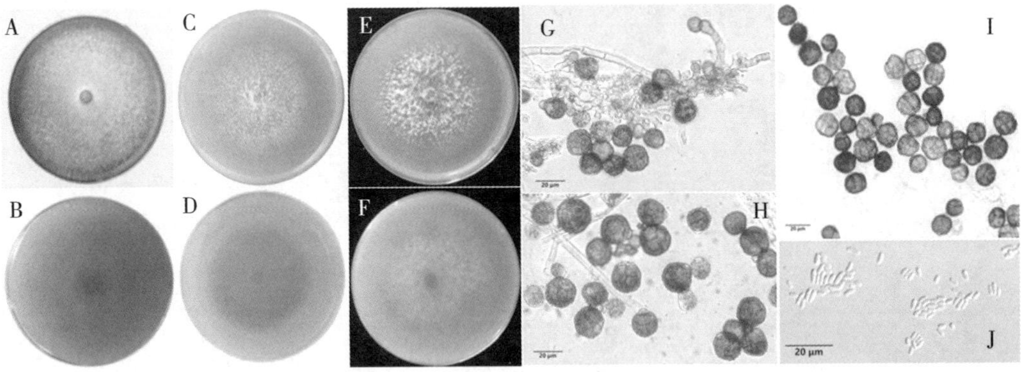

（A−F）Cultures of ex-type strain CGMCC 3. 19291 at 20℃ for 7 days：A and B on PDA，C and D on PCA，E and F on OA.（G，H）Conidiophore and conidia of strain CGMCC 3. 19291（OA，UV）.（I）Conidia of strain HMCE32（OA，UV）.（J）Conidia of strain ACCC 35454（OA，UV）

图 1　黑麦草附球菌

* 基金项目：国家重点研发计划课题“禾草叶斑病等草原重要地上病害监测与防控技术研究”（2022YFD1401101）；兰州大学“双一流”科研启动费项目（561120201）

** 第一作者：徐志婷，硕士研究生，研究方向为多花黑麦草叶斑病的病原多样性；E-mail：xuzht21@ lzu. edu. cn
*** 通信作者：薛龙海，青年研究员，主要从事草类植物病理学及草地生态学研究；E-mail：xuelonghai@ lzu. edu. cn

一种披碱草亚隔孢壳科新病害的病原鉴定*

刘佳奇[1,2]**，薛龙海[1]***

（1. 草种创新与草地农业生态系统国家重点实验室，草地微生物研究中心，草地农业科技学院，兰州大学，兰州　730020；2. 中国林业科学研究院草原中心，北京　100091）

摘　要： 亚隔孢壳科（Didymellaceae）真菌存在于世界各地不同的生态系统中，在披碱草上分布广泛，但缺乏相关研究。2020—2022 年，在甘肃、青海、四川等高寒地区发现了一种引起披碱草叶斑病的新病害，该病主要危害披碱草的叶部，病症为棕色至棕褐色至黑褐色、网斑状病斑，形状不规则，常伴有一圈黄色光晕，发病后期，感染整个叶片，可导致整个叶片干枯死亡。采用常规组织分离法获得 25 个形态一致的病原菌株。在 PDA 上菌落呈棉絮状，产生大量气生菌丝；中心呈绿色至（浅）棕色，边缘为黄褐色；反面黄褐色至黑色。致病性测定表明该真菌可侵染披碱草，引起与田间病株相似的病症；并分离获得了相同的病原菌株。在形态学上，子囊壳呈不规则球状、浅褐色；子囊孢子卵圆状，常带有长条状的孢子梗，浅棕色至黑色，具 2~4 隔膜（多为 2 隔膜），（9.37~27.90）μm×（17.75~55.03）μm，平均值为 21.98 μm×30.29 μm（n = 30）。基于 ITS、LSU、*RPB*2 和 *TUB*2 多基因位点联合分析，代表菌株 EPJC11 与已经报道过的 3 个已报到菌株 LC 5185、CBS 539.66 和 CBS 354.52（=*Didymella pomorum*）有极高的自展持率和贝叶斯后验概率（100/1）；EPJC4 与标准菌株 CBS 109942（=*D. boeremae*）汇聚在一起（98/1）（图 1）。本研究首次报道了披碱草亚隔孢壳科叶斑病的两种病原菌，即 *Didymella pomorum* 和 *D. boeremae*，研究结果将为该披碱草叶斑病的田间诊断、病原鉴定及科学防治奠定基础。

关键词： 披碱草；亚隔孢壳科叶斑病；*Didymella pomorum*；*D. boeremae*

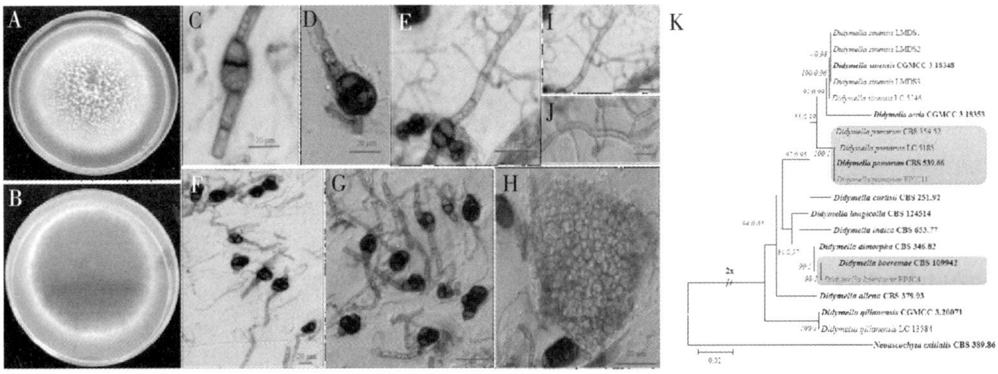

（A-B）在 PDA 上 20℃黑暗培养 12 天的菌落形态；（C-H）OA 上的子囊孢子和子囊壳；（I-J）OA 上的菌丝。（K）基于 ITS + LSU + *TUB*2 + *RPB*2 合并序列的极大似然（Maximum likelihood）系统发育树

图 1　*Didymella pomorum* 菌落和形态学特征

---

* 基金项目：国家重点研发计划课题“禾草叶斑病等草原重要地上病害监测与防控技术研究”（2022YFD1401101）；兰州大学“双一流”科研启动费项目（561120201）；中央级公益性科研院所基本科研业务费专项资金（中国林业科学研究院）—草原植物病害多样性的研究（CAFYBB2021ZD001）

** 第一作者：刘佳奇，硕士研究生，研究方向为披碱草亚隔孢壳科叶斑病及其防治；E-mail：liujq20@ lzu. edu. cn

*** 通信作者：薛龙海，青年研究员，主要从事草类植物病理学及草地生态学研究；E-mail：xuelonghai@ lzu. edu. cn

我国烟草上一种新病害烟叶霉烂病的病原鉴定*

陈德鑫[1**]，夏长剑[1]，王兴高[2]，马光祥[2]，邵　雨[4]

（1. 中国烟草总公司海南省公司海口雪茄研究所，海口　5711001；2. 海南大学植物保护学院，海口　570228；3. 广东省烟草科学研究所，韶关　512000；4. 海南省烟草公司儋州市公司，儋州　571700）

摘　要：近年来，烤烟在烤房烘烤期间、雪茄烟叶在晾房晾制期间、雪茄烟叶在发酵房发酵期间常常发生烟叶霉变的现象，全国烟区均有不同程度的发生，发生与危害程度由北向南逐渐加重，其中秦岭以南烟区发生呈现逐渐加重的趋势，特别是南方产区烟叶病变发生普遍，严重影响烟叶的产量和质量。同时，该霉变会随着霉烂的烟叶进入原烟库、复烤厂或烟叶醇化库房，从而进入卷烟厂、卷烟和雪茄烟产品中，对产品和品牌产生严重影响。

该病害病原国内未见系统研究和报道，为此笔者从烤房、晾房和发酵房取样，对该病害的病原进行鉴定。经过柯赫氏法则、致病性测定、形态学和分子生物学（ITS-PCR）鉴定比对，鉴定出不同烟草种类在不同生产环节的主要病原物。

（1）烤烟烘烤和雪茄烟叶晾制期间引起烤房和晾房烟叶霉烂病的病原为米根霉（*Rhizopus oryzae* Wentet Geerligs）和烟曲霉（*Aspergillus fumigatus*），其中以米根霉为主。在烘烤和晾制特定的环境条件下，米根霉具有很强的侵染性和蔓延性，引发的霉变率通常为 10%~40%，个别烤房和晾房可达 50% 以上。米根霉的寄主广泛，除侵染烟草外，还能侵染水稻、百合花、桑树、向日葵等植物并引起腐烂症状。

（2）烤烟在醇化仓储期间霉烂病的病原主要有曲霉（*Aspergillus*）、青霉（*Penicillium*）、根霉（*Rhizopus*）、毛霉（*Muor*）4 个属的霉变生物，其中以曲霉菌的分布最广，危害最重。选取发生普遍的 9 株曲霉，进行培养性状、形态特征及核糖体 DNA-ITS 序列分析等研究，明确了引起醇化仓储烟叶霉变的微生物类群，主要为匍匐散囊菌原变种（*Eurotium repens* var. *repens*）、溜曲霉（*Aspergillus tamarii*）、谢瓦散囊菌（*E. chevalieri*）、菌核曲霉（*A. sclerotio-rum*）、雅致曲霉（*A. elegans*）、米曲霉原变种（*A. oryzae* var. *oryzae*）、黑曲霉（*A. niger*）、孔曲霉（*A. ostianus*）和聚多曲霉（*A. sydowii*）等。

（3）引起发酵期间雪茄烟叶霉烂病的病原主要为绳状篮状菌（*Talaromyces funiculosus*）、帚霉属短帚霉（*Scopulariopsis brevicaulis*）和曲霉属曲霉（*A. occultus*）。其中曲霉属为优势菌属，其次为篮状菌属和青霉菌属。

烟叶霉烂病病原的分离鉴定为进一步有针对性开展烟叶霉烂病的精准防控鉴定了基础，本文是对烟叶霉烂病病原的首次详细报道。

关键词：烟叶霉烂病；病原鉴定；柯赫氏法则；致病性测定

* 基金项目：海南省重点研发计划（ZDYF2021XDNY141）；中国烟草总公司烟草绿色防控重大专项［110202101028（LS-03），110202101046（LS-06）］

** 第一作者：陈德鑫，研究员，从事烟草绿色防控研究；E-mail：chendxtob@ 126. com

青贮玉米来源亚隔孢壳属菌株的分离鉴定及其致病性分析

常建萍[1]，芦光新[1]，李宗仁[1]，徐成体[2]，田　丰[1]，贺晨邦[3]，倪如原[1]，祁鹤兴[1]
（1. 青海大学农牧学院，西宁　810016；2. 青海大学畜牧兽医科学院，西宁　810016；
3. 青海大学农林科学院，西宁　810016）

摘　要：青贮玉米是指在玉米蜡熟期收获包括果穗在内的整株玉米，经切碎加工和贮藏发酵，调制成青贮饲料的玉米原料。青贮玉米作为优质饲草饲料，具有生长迅速、生物产量高、营养丰富、适口性好等优点，已成为青海玉米发展的一个优势产业。但是青贮玉米叶斑病的发生制约着青海省青贮产业的健康发展，对其产量和品质造成了严重影响。

2019—2022 年，本研究组从青海省青贮玉米叶斑病叶片分离得到 33 株病原菌。对病原菌菌落和分生孢子形态特征进行观察，结合 ITS、28S LSU 和 β-tubulin 基因序列分析结果发现 33 株病原菌为亚隔孢壳叶斑病菌（*Didymella glomerata*）。该病原菌隶属于真菌界子囊菌门（Ascomycota）座囊菌纲（Dothideomycetes）格孢腔菌目（Pleosporales）亚隔孢壳科（Didymellaceae）。本研究发现亚隔孢壳叶斑病菌不是青贮玉米叶斑病的优势病原真菌，其主要通过与其他病原菌复合侵染引起病害。致病性分析结果表明 33 株菌株都可侵染青贮玉米铁研 53 和金顿 313。将亚隔孢壳属叶斑病菌分别与青贮玉米叶斑病优势病原菌交链格孢（*Alternaria alternata*）、麦根腐平脐蠕孢（*Bipolaris sorokiniana*）和圆斑病菌（*B. zeicola*）进行混合接种，发现致病性相较于单独接种明显增强。

关键词：青贮玉米；叶斑病；亚隔孢壳属；致病性

Identification of Anthracnose Pathogen on *Euonymus japonicus* and Its Sensitivity to Chemical Fungicides in Beijing*

TAN Xiaoqian[1,2], ZHAO Juan[1], QIAO Guanghang[1], YU Zhihe[2**], QIN Wentao[1**]

(1. *Institute of Plant Protection, Beijing Academy of Agriculture and Forestry Sciences, Beijing* 100097, *China*; 2. *College of Life Sciences, Yangtze University, Jingzhou* 434025, *China*)

Abstract: As an evergreen shrub, *Euonymus japonicus* plays important roles in urban landscape construction. Anthracnose is one of important limiting factors affecting the healthy growth of *E. japonicus*, seriously influencing the improvement of urban landscape ecosystem. However, the *Colletotrichum* species associated with anthracnose on *E. japonicus* are unclear. In this study, a total of 274 anthracnose leaf samples from 55 locations in 12 districts of Beijing were collected and the field symptoms were classified into ten types. Then a total of 194 strains were isolated and recognized as eight *Colletotrichum* species according to morphological characteristics and multi-locus phylogenetic analysis. Among them, *C aenigma*, *C. fructicola*, *C. hebeiense* and *C. grossum* were first discovered to infect leaves of *E. japonicus* in the world, *C. karstii* was first discovered to infect leaves of *E. japonicus* in China. Further analysis found that *C. siamense*, *C. aenigma* and *C. theobromicola* were dominant pathogens of anthracnose on *E. japonicus*, with *C. siamense* possessed highest isolation ratio and widest distribution area, which deserve precautions in field. The pathogenicity assay indicated that wounding was conducive to the pathogenicity of *Colletotrichum* spp. on *E. japonicus*. *Colletotrichum* spp. showed varying degrees of pathogenicity on leaves of *E. japonicus*, amongwhich *C. theobromicola* was the most virulent either by mycelial discs or conidial suspensions inoculation. In addition, fungicide assay based on the mycelial growth showed that prochloraz was effective on the three dominant pathogens of anthracnose on *E. japonicus*, with the EC_{50} average values 0.406 5 mg/L, 0.407 9 mg/L and 0.072 9 mg/L, respectively. The findings provide a contribution to the prevention and control of anthracnose on *E. japonicus* by better understanding the involved *Colletotrichum* species.

Key words: *Euonymus japonicus*; Anthracnose; *Colletotrichum*; Pathogenicity; Fungicide

---

* Funding: Innovation Foundation of Beijing Academy of Agriculture and Forestry Sciences (KJCX201910); Youth Research Fund of Beijing Academy of Agriculture and Forestry Sciences (QNJJ202313)

** Corresponding authors: YU Zhihe; E-mail: zhiheyu@hotmail.com

QIN Wentao; E-mail: qinwentao@ipepbaafs.cn

Characterization of *Colletotrichum* Species Associated with Anthracnose on *Hydrangea macrophylla* in Beijing of China*

ZHAO Juan[1], QIAO Guanghang[1], Duan Jiaqi[1,2], TAN Xiaoqian[1,3], QIN Wentao[1**]

(1. *Institute of Plant Protection, Beijing Academy of Agriculture and Forestry Sciences, Beijing* 100097, *China*; 2. *College of Agriculture and Forestry Science and Technology, Hebei North University, Zhangjiakou* 075131, *China*; 3. *College of Life Sciences, Yangtze University, Jingzhou* 434025, *China*)

Abstract: *Hydrangea macrophylla* (Thunb.) Ser. is popular for its large inflorescence and rich color, and often grown for floriculture, nursery and landscape. Anthracnose is one of the most important fungal diseases on *H. macrophylla*, seriously influence ecological landscape construction. *Colletotrichum gloeosporioides* has been reported to cause anthracnose on *H. macrophylla* in Hebei and Guizhou provinces. However, it is not clear about the *Colletotrichum* species associated with anthracnose on *H. macrophylla* in Beijing. In this study, diseased leaves of *H. macrophylla* with typical anthracnose symptoms were collected in the nurseries of Haidian and Fengtai districts in Beijing. A total of six fungal isolates were obtained by tissue isolation method, which were tentatively identified as belonging to *C. gloeosporioides* species complex through morphological characters. For precise identification, the isolates in *C. gloeosporioides* species complex were analyzed using partial sequences of genomic loci including the internal transcribed spacer (ITS), *β-tubulin* (TUB), *calmodulin* (CAL), *actin* (ACT), *glyceraldehyde-3-phosphate dehydrogenase* (GAPDH) genes. A multi-loci phylogenetic analysis of the concatenated sequences placed three isolates in the definite *C. gloeosporioides* clade and the other three isolates in the *C. fructicola* clade. Pathogenicity test indicated that all the detached leaves of *H. macrophylla* inoculated with the representative isolates of the two species developed typical dark brown or black lesions, similar to the symptoms in the field. These findings provided a contribution to the knowledge of anthracnose disease development in horticultural plants.

Key words: *Hydrangea macrophylla*; Anthracnose; *Colletotrichum*; Multi-loci phylogeny; Pathogenicity

---

* Funding: Innovation Foundation of Beijing Academy of Agriculture and Forestry Sciences (KJCX201910); Youth Research Fund of Beijing Academy of Agriculture and Forestry Sciences (QNJJ202313)

** Corresponding author: QIN Wentao; E-mail: qinwentao@ipepbaafs.cn

Leaf Spot of *Lonicera japonica* Thunb. (honeysuckle) Caused by *Alternaria alternata* Newly Reported in China*

CUI Wenyan**, LUO Xiyan, HE Pengjie***

(*College of Basic Medicine, Guizhou University of Traditional Chinese Medicine, Guiyang* 550025, *China*)

Abstract: *Lonicera japonica* Thunb. (honeysuckle) is widely cultivated as a medicinal herb in China. In recent years, the crop has been affected by a leaf spot disease in Suiyang, Guizhou, China. Disease symptoms included necrotic spots and wilting on leaves. The pathogen responsible for the disease was successfully isolated from symptomatic leaf tissue and identified. Identification based on morphological characteristics suggested that all the recovered fungal isolates belonged to small-spored *Alternaria* species. Multilocus sequence analyses of the internal transcribed spacer (ITS), glyceraldehyde-3-phosphate dehydrogenase (*GAPDH*), endopolygalacturonase (*endoPG*), translation elongation factor 1-alpha (*tef*1), and Alternaria major allergen (*Alt a* 1) genes, assigned five selected isolates as belonging to *Alternaria alternata*. Pathogenicity assays confirmed the *Alternaria alternata* species caused the observed symptoms. To our knowledge, this is the first report of honeysuckle leaf spot caused by *A. alternata* in China. The results of this study advance our understanding of honeysuckle leaf spot in China and lay the groundwork for developing efficient pre- and post-harvest control measures to stop the spread of the disease.

Key words: Honeysuckle; Leaf spot; *Alternaria alternata*; Pathogencity; Fungi

---

* 基金项目：贵州省科技支撑计划（黔科合支撑〔2020〕4Y099）；贵州省基础研究计划项目（黔科合基础 ZK〔2021〕一般 146）；贵州省教育厅高等学校研究项目（青年项目）

** 第一作者：崔文艳，主要从事农作物和中药材病害生物防治研究；E-mail：2276612334@ qq. com

*** 通信作者：何朋杰，主要从事植物病害生物防治研究；E-mail：gzhepj2006@ 163. com

广西香蕉炭疽病病原菌鉴定及致病性测定*

黄　荣[1,2**]，王露儒[1]，黄穗萍[1]，陈小林[1]，唐利华[1]，郭堂勋[1]，孙文秀[2]，李其利[1***]
（1. 广西壮族自治区农业科学院植物保护研究所，广西作物病虫害生物学重点实验室，
南宁　530007；2. 长江大学生命科学学院，荆州　434025）

摘　要：香蕉是世界五大水果之一，广泛种植于热带和亚热带地区。香蕉炭疽病是香蕉生长及采后贮藏期间的主要病害之一，严重影响香蕉的品质。本研究从广西壮族自治区的南宁市、钦州市、百色市和崇左市等地采集香蕉叶斑病样品 84 份，共分离获得 360 株真菌。通过形态学和核糖体转录间隔区序列（internal transcribed spacer，ITS）分析，结果表明：优势菌株为炭疽属（*Colletotrichum* sp.）真菌 195 株，占 53.61%；镰孢菌属（*Fusarium* sp.）真菌 34 株，占 9.44%；叶点霉属（*Phyllosticta* sp.）真菌 33 株，占 9.17%；香蕉暗双孢菌（*Neocordana musae*）26 株，占 7.22%；黑孢霉属（*Nigrospora* sp.）真菌 15 株，占 4.17%；间作壳属（*Diaporthe* sp.）真菌 11 株，占 3.06%。

对炭疽属真菌通过菌落形态、分生孢子、附着胞形态鉴定和 ITS、3-磷酸甘油醛脱氢酶基因（glyceralde-hydes-3-phosphate dehydrogenase gene，GAPDH）、肌动蛋白基因（actin gene，ACT）、β-微管蛋白基因（β-tubulin gene，TUB2）、几丁质合酶基因（chitin synthase A gene，CHS-1）、钙调素基因（Calmodulin gene，CAL）和 Apn2/MAT 位点（Apn2/MAT locus，ApMAT）基因位点序列分析，结果表明，采集于广西的香蕉叶炭疽菌被鉴定为 8 个种，果生炭疽菌（*Colletotrichum fructicola*）占 46.62%、剪炭疽菌（*C. cliviae*）占 17.46%、喀斯特炭疽菌（*C. karstii*）占 16.40%、暹罗炭疽菌（*C. siamense*）占 7.41%、*C. plurivorum* 占 5.82%，香蕉炭疽菌（*C. musae*）占 2.12%，*C. brevisporum* 占 1.59%，*C. citricola* 占 1.59%。致病性测定采用孢子液活体接种香蕉叶片，结果表明这 8 个种的炭疽菌都可致病。这是国内首次发现 *C. brevisporum*、*C. plurivorum* 和 *C. citricola* 可以引起香蕉炭疽病。

关键词：香蕉；炭疽菌；形态学鉴定；多基因分析，致病性测定

* 基金项目：广西科技重大专项（AA18118028-6）；广西农作物病虫害生物学重点实验室（2019-ST-05）
** 第一作者：黄荣，硕士研究生，研究方向为植物真菌病害；E-mail：1930745671@qq.com
*** 通信作者：李其利，研究员，研究方向为果树病害及其防治；E-mail：65615384@qq.com

李树叶部真菌性病害病原鉴定及快速检测技术研究*

鲁萌萌[1,2**]，郑伟钰[1,2]，马立安[2]，唐利华[1]，
黄穗萍[1]，陈小林[1]，郭堂勋[1]，李其利[1***]
（1. 广西农业科学院植物保护研究所，广西作物病虫害生物学重点实验室，
南宁 530007；2. 长江大学生命科学学院，荆州 434025）

摘 要：为明确广西壮族自治区和四川省主要李产区的李树叶部真菌性病害的病原种类，本研究从广西壮族自治区贺州市、桂林市，四川省眉山市、阿贝藏族羌族自治州的不同果园采集 100 份李树叶片病害样本，采用常规组织分离获得 295 株真菌。结合形态学观察、多基因系统发育分析以及致病性测定的方法对分离株进行了分析鉴定。结果显示，叶片真菌性病害主要分为炭疽病、叶枯病和叶斑病。炭疽病的病原菌种类有 8 种，分别为果生炭疽菌（*Colletotrichum fructicola*）、*C. aeschynomenes*、*C. celtidis*、胶孢炭疽菌（*C. gloeosporioides*）、暹罗炭疽菌（*C. siamense*）、喀斯特炭疽菌（*C. karstii*）、*C. phyllanthi* 和 *C. plurivorum*，其中 *C. fructicola* 为优势种；叶枯病的病原菌种类有 8 种，分别为 *Fusarium citri*、*F. humuli*、*F. ipomoeae*、*F. pernambucanum*、*F. sulawesiense*、*F. concentricum*、*F. fujikuroi* 和 *F. kyushuense*，其中 *F. sulawesiense* 为优势种；叶斑病的病原菌有 1 种，首都叶点霉（*Phyllosticta capitalensis*）。*C. celtidis*、*C. phyllanthi*、*F. humuli*、*F. ipomoeae*、*F. concentricum*、*F. fujikuroi* 和 *F. kyushuense* 这 7 个种可引起李树叶部病害为国际上首次报道。

笔者基于 *Apn*2 和 *MAT*1-2-1 基因的间隔区和侧翼区（intergenic region and flanking regions of *Apn*2 and *Mat*1-2-1，ApMAT）序列成功建立了 1 组针对李树炭疽病优势种 *C. fructicola* 和 3 组 *C. siamense* 的特异性 PCR 检测技术，为李树炭疽病的快速检测提供了技术支撑。

关键词：李树；叶部真菌性病害；病原鉴定；检测技术

---

* 基金项目：广西重点研发计划（桂科 AB20159041）
** 第一作者：鲁萌萌，硕士研究生，主要从事病原微生物学研究；E-mail：202071769@ yangtzeu. edu. cn
*** 通信作者：李其利，研究员，主要从事果树病害及其防治研究；E-mail：65615384@ qq. com

甜樱桃真菌病害病原菌鉴定*

赵冰玉**，罗朝喜***
（华中农业大学植物科学技术学院，武汉　430070）

摘　要：目前，中国不仅是全球最大的樱桃进口消费市场，也是全球最大的樱桃生产国。然而，随着我国樱桃栽培面积的不断扩大，发生在樱桃上的病害也呈现出明显加重的趋势，多种真菌性病害反复侵染、流行，明显降低了樱桃的产量、质量，威胁着我国樱桃产业发展。2022—2023 年，笔者研究室收集中国樱桃主产区具有明显真菌病害症状的樱桃样品，采用组织分离法和单孢分离法分离病原菌，共获得病原菌菌株 624 株，并根据菌株的形态特征和 ITS 序列分析对病原菌进行鉴定。初步研究结果表明，引起我国樱桃叶斑病的主要病原菌分属于链格孢属（*Alternaria*）、刺盘孢属（*Colletotrichum*）、间座壳属（*Diaporthe*）等；引起我国樱桃果实真菌病害的主要病原菌分属于灰葡萄孢属（*Botrytis*）、链格孢属（*Alternaria*）、链核盘菌属（*Monilia*）、枝孢霉属（*Cladosporium*）。链格孢属为我国樱桃叶斑病优势病原真菌，灰葡萄孢属为引起我国樱桃果实真菌病害的主要病原菌。本研究为明确樱桃真菌性病害病原，进一步探索不同地区病原菌优势种群、预测预报及综合防治提供了理论基础。

关键词：甜樱桃；真菌病害；病原菌鉴定

* 基金项目：国家桃产业技术体系（CARS-30）
** 第一作者：赵冰玉，硕士研究生，研究方向为植物病原学研究；E-mail：1250527459@qq.com
*** 通信作者：罗朝喜，教授，主要从事水稻病害及果树病害研究；E-mail：cxluo@mail.hzau.edu.cn

桃褐腐病菌 *MfHOX*1 基因功能研究*

肖媛玲**，曾哲政，阴伟晓，罗朝喜***
（华中农业大学植物科学技术学院，果蔬园艺作物种质
创新与利用全国重点实验室，武汉 430070）

摘 要：桃褐腐病是一种世界性分布的真菌病害，严重危害桃果实产量与品质，对我国的桃产业造成巨大的损失。桃褐腐病发病迅速，化学防治是控制桃褐腐病的重要手段之一，经过多年使用，病原菌对广泛用于防治其的 DMI 类杀菌剂逐渐产生抗性，其机理为 DMI 靶标基因 *CYP*51 的过量表达。因此为进一步探究桃褐腐病菌产生 DMI 抗性的原因，前期通过 DNA pull-down 数据比对分析，筛到一些候选的 *MfCYP*51 调控蛋白，其中包括 Homeobox 转录因子 MfHOX1。笔者通过同源重组技术敲除了桃褐腐病菌中的 *MfHOX*1 基因，构建了该基因的敲除突变体（Δ*MfHOX*1）。对转化子的生长发育情况、胁迫表型、抗药性等进行测定，结果显示：Δ*MfHOX*1 突变体生长速率显著下降，其对盐胁迫敏感性显著降低，且对 DMI 类杀菌剂戊唑醇的抗性显著增强。与此同时，致病力试验结果表明，Δ*MfHOX*1 突变体致病力显著降低。转录因子磷酸化/去磷酸化修饰对于其发挥功能具有重要意义，因此本研究通过同源重组技术敲除了桃褐腐病菌中的丝裂原活化蛋白激酶（MAPK）基因 *Pmk*1。抗药性试验表明，Δ*MfPmk*1 突变体对 DMI 类杀菌剂的抗性也有所增强。综上所述，*MfHOX*1 是桃褐腐病菌生长发育、盐胁迫、DMI 抗性、致病性的关键调控因子。

关键词：桃褐腐病；转录因子；*MfHOX*1；DMI 抗性；致病性

* 基金项目：国家桃产业技术体系（CARS-30）
** 第一作者：肖媛玲，硕士研究生，主要从事植物病害防控原理与应用研究；E-mail：1310644916@qq.com
*** 通信作者：罗朝喜，教授，博士生导师，主要从事杀菌剂抗药性及核果类果树褐腐病菌种群、稻曲病的控制技术研究；E-mail：cxluo@mail.hzau.edu.cn

Identification and Characterization of the Nep1-like Protein UvNLP in Rice False Smut Fungus *Ustilaginoidea virens*[*]

WANG Yufu[**], Qu Jinsong, XIE Songlin, WANG Zuoqian,
YIN Liangfen, YIN Weixiao[***], LUO Chaoxi
(*Key Laboratory of Crop Disease Monitoring & Safety Control in Hubei Province, College of Plant Science and Technology, Huazhong Agricultural University, Wuhan* 430070, *China*)

Abstract: The necrosis- and ethylene-inducing peptide 1 (Nep1) -like proteins (NLPs) are a broadly distributed superfamily of protiens in plant-associated microorganisms, including bacteria, fungi, and oomycetes. NLPs are considered to be important virulence factors, and some have been well studied. However, the role of NLPs in *Ustilaginoidea virens*, the agent of rice false smut fungus, remains to be uncovered. In this study, a protein containing NLP-specific NPP1 domain was identified in *U. virens* and named UvNLP. Phylogenetic analysis revealed that UvNLP was a type 2 NLP, and real-time PCR revealed that UvNLP was highly expressed at 3 days post-inoculation. A yeast secretion assay demonstrated that UvNLP contained a functional signal peptide (SP). Furthermore, transient expression of UvNLP in *Nicotiana benthamiana* induced weak cell death, and replacement of the SP failed to enhance cell death. Real-time PCR indicated that UvNLP induced the expression of plant defence genes. In conclusion, we identified a secreted protein UvNLP in *U. virens* that was infection related and could induced plant cell death and defence responses. This study providesd evidence that NLPs act as proteinaceous MAMPs, giving insight into the elucidation of the pathogenicity mechanism of *U. virens*. The UvNLP might be used as a potential plant defence inducer for disease control in practice.

Key words: *Ustilaginoidea virens*; Cell Death; Defence response

* Funding: National Natural Science Foundation of China (31701736); National Key Research and Development Programme (2016YFD0300700); Fundamental Research Funds for the Central Universities (2662017JC003); China Postdoctoral Science Foundation (2021M691177)

** First author: WANG Yufu, post doctorate, the main research on the interaction between rice false smut and rice; E-mail: 635531255@ qq. com

*** Corresponding author: YIN Weixiao; E-mail: wxyin@ mail. hzau. edu. cn

The Velvet Family Proteins Mediate Low Resistance to Isoprothiolane in *Magnaporthe oryzae*

MENG Fanzhu, WANG Zuoqian, LUO Mei, WEI Wenkai,
YIN Liangfen, YIN Weixiao, Guido Schnabel, LUO Chaoxi
(*Key Laboratory of Crop Disease Monitoring & Safety Control in Hubei Province*, *College of Plant Science and Technology*, *Huazhong Agricultural University*, *Wuhan* 430070, *China*)

Abstract: Isoprothiolane (IPT) resistance has emerged in *Magnaporthe oryzae*, due to the long-term usage of IPT to control rice blast in China, yet the mechanisms of the resistance remain largely unknown. Through IPT adaptation on PDA medium, we obtained a variety of IPT-resistant mutants. Based on their EC_{50} values to IPT, the resistant mutants were mainly divided into three distinct categories, i. e., low resistance (LR, $6.5 \leqslant EC_{50} < 13.0$ μg/mL), moderate resistance 1 (MR-1, $13.0 \leqslant EC_{50} < 25.0$ μg/mL), and moderate resistance 2 (MR-2, $25.0 \leqslant EC_{50} < 35.0$ μg/mL). Molecular analysis of *MoIRR* (*Magnaporthe oryzae* isoprothiolane resistance related) gene demonstrated that it was associated only with the moderate resistance in MR-2 mutants, indicating that other mechanisms were associated with resistance in LR and MR-1 mutants. In this study, we mainly focused on the characterization of low resistance to IPT in *M. oryzae*. Mycelial growth and conidial germination were significantly reduced, indicating fitness penalties in LR mutants. Based on the differences of whole genome sequences between parental isolate and LR mutants, we identified a conserved *MoVelB* gene, encoding the velvet family transcription factor, and genetic transformation of wild type isolate verified that *MoVelB* gene was associated with the low resistance. Based on molecular analysis, we further demonstrated that the velvet family proteins VelB and VeA were indispensable for IPT toxicity and the deformation of the VelB-VeA-LaeA complex played a vital role for the low IPT-resistance in *M. oryzae*, most likely through the down-regulation of the secondary metabolism-related genes or CYP450 genes to reduce the toxicity of IPT.

*UvHP*1 Regulates Growth, Sporulation, Hydrophobicity and Pathogenesis in *Ustilaginoidea virens*[*]

YAN Jiali[**], WANG Yufu, LUO Chaoxi, YIN Weixiao[***]

(*Hubei Key Laboratory of Plant Pathology, College of Plant Science and Technology, Huazhong Agricultural University, Wuhan* 430070, *China*)

Abstract: In recent years, the area of occurrence and severity of rice false smut cussed by *Ustilaginoidea virens* has been increasing in China, which has been one of the major rice diseases. This fungal disease causes significant yield losses and poses a threat to human and animal health through the production of fungal toxins. Little research has been reported on the pathogenesis of *U. virens* and the mining of resistance resources to *U. virens*. Transcriptome analysis revealed that *UvHP*1 exhibited up-regulated expressionat early infection stage. Here, the function of *UvHP*1 was elucidated in *U. virens*. Knockout, complemented and overexpression transformants were obtained by PEG-mediated protoplast transformation and their growth, spore production, hydrophobicity of mycelium and pathogenicity were determined. The growth rate of knockout and overexpression transformants was increased, indicating that the *UvHP*1 regulates the growth of *U. virens*. In addition, sporulation and spore germination rate of the knockout and overexpression transformants were significantly lower than wild type. Also, knockout transformants were more easily penetrated by aniline blue, whereas overexpression transformants were more difficult to be penetrated, suggesting that UvHP1 regulates the hydrophobic function of *U. virens*. The *UvHP*1 knockout and overexpression transformants showed reduced pathogenesis, indicating that the *UvHP*1 gene contributes to the pathogenesis of *U. virens*. These results suggest that UvHP1 is involved in growth, sporulation, mycelial hydrophobicity, and pathogenesis.

Key words: Hydrophobicity; *Ustilaginoidea virens*; Pathogenesis; Sporulation

* Funding: National Natural Science Foundation of China (31701736); National Key Research and Development Programme (2016YFD0300700); Fundamental Research Funds for the Central Universities (2662017JC003); China Postdoctoral Science Foundation (2021M691177)

** First author: YAN Jiali; E-mail: 1632870475@ qq. com

*** Corresponding author: YIN Weixiao; E-mail: wxyin@ mail. hazu. edu. cn

禾谷镰孢菌转录因子 FgNhp6A 的功能研究

曹嘉括，张丽敏，赵彦翔，黄金光
（青岛农业大学植物医学学院，山东省植物病虫害综合防控重点实验室，青岛 266109）

摘　要：禾谷镰孢菌（*Fusarium graminearum*）是小麦赤霉病的主要病原菌，每年会造成巨大的产量损失。目前，病原菌的抗药性问题已成为小麦生产中面临的重要问题。为了进一步了解禾谷镰孢菌对唑类杀菌剂的抗药性机制，本实验室课题组用戊唑醇（TEC）处理禾谷镰孢菌，并利用高特异性亲和富集和高分辨率质谱（MS）技术开展了赖氨酸 2-羟基异丁酰化（Khib）蛋白质组学分析，通过同源比对以及蛋白质组学方法鉴定了禾谷镰孢菌中一个染色质修饰转录因子 FgNhp6A，并对其生物学功能进行了研究。作者发现与野生型菌株 PH-1 相比，ΔFgNhp6A 菌落生长速率、分生孢子产孢量差异显著且不能形成红色素，ΔFgNhp6A 在胡萝卜诱导培养基中不能形成子囊壳及子囊孢子。ΔFgNhp6A 对小麦麦穗和小麦胚芽鞘的致病力显著降低，但是作为重要毒力因子的 DON 毒素产量显著增加，同时与毒素合成相关的 *TRI*4、*TRI*5、*TRI*6、*TRI*11 基因上调表达。通过对转录组测序结果进行分析，发现 ΔFgNhp6A 菌株与野生型菌株的差异表达基因显著富集于跨膜运输、氧化还原、转录调控、甾醇生物合成以及色素生物合成等代谢途径，表明 FgNhp6A 基因在禾谷镰孢菌的此类代谢途径中发挥重要作用。这些结果表明，转录因子 FgNhp6A 在禾谷镰孢菌的生长发育过程、无性与有性生殖过程、致病力及 DON 毒素的合成过程中发挥重要的功能且参与多种代谢途径。

关键词：禾谷镰孢菌；转录因子；FgNhp6A；转录组测序

禾谷镰孢菌热激蛋白 FGSG_05133 的功能研究

吕俊博，赵彦翔，黄金光
（青岛农业大学植物医学学院，山东省植物病虫害综合防控重点实验室，青岛 266109）

摘 要：小麦赤霉病是小麦生产的重要病害之一，主要由禾谷镰孢菌（*Fusarium graminearum*）等引起，其产生的 DON 等毒素严重危害人畜健康，影响小麦产量，降低小麦品质。热激蛋白（Heat shock proteins，HSPs）是当生物体遭受到外界胁迫时，通过热激发合成的保护自身的蛋白质，可以帮助蛋白质折叠并恢复其活性。其在进化过程中高度的保守，根据其分子量不同可以分为 5 类。其中 HSP40 蛋白家族含有高度保守的 J 结构域，可以作为 HSP70 的辅助伴侣分子，通过与 HSP70 的相互作用提高 HSP70 ATP 酶的水解活性。作者通过 Pfam 数据库下载了 DnaJ 相关结构域的隐马尔可夫模型（PF00226、PF00684、PF01556）检索了菌株 PH-1 中含有相关结构域的所有成员，同时利用酵母中的 HSP40 蛋白在禾谷镰孢菌中进行 BLAST 检索，综合分析后最终在禾谷镰孢菌中鉴定出 26 个 J 蛋白。作者对其中的一个 HSP40 蛋白 FGSG_05133，利用 PEG 介导的原生质体转化的方法进行了敲除，并对其进行了生物学功能的研究。作者发现敲除体菌株与野生型 PH-1 菌株在 PDA、胡萝卜培养基上生长并无显著差异，对戊唑醇的敏感性也无显著差异；但敲除突变体菌株的分生孢子产孢量和对小麦穗的致病力显著降低。上述结果表明 FGSG_05133 在禾谷镰孢菌产孢和致病过程中发挥重要的作用。

关键词：禾谷镰孢菌；热激蛋白；HSP40；致病力

云南省皇竹草叶瘟病菌的分离鉴定及其对常见禾本科植物的致病风险分析

刘迎龙*，桂腾飞，何鹏飞，何鹏搏，Shahzad Munir，吴毅歆，罗　琼，何月秋**

（云南省云南农业大学生物资源保护与利用国家重点实验室，昆明　650201）

摘　要：为明确引起云南省保山市龙陵县龙新乡（23°33′44″N，99°7′42″E）皇竹草（*Pennisetum sinese*）叶部病害的成因及危害，参照柯赫氏法则，于田间采集叶片上具有眼状、中心偏白或红褐色坏死病斑的典型样本，通过分离并以致病性接种确认病原物；以形态特征及核酸分子生物学鉴定病原物，并筛选其菌落生长及分生孢子产生的最适培养基，对常见的禾本科植物叶片离体接种并评价病原物的危害及传播风险。通过柯赫氏法则验证，分离物 Psp1 对皇竹草叶片具有明显的致病性，是引起保山市皇竹草叶部病害的病原物。经过形态特征观察并结合 ITS 和 *LSU* 基因的系统发育分析，确定病原物 Psp1 为 *Pyricularia pennisetigena*。燕麦琼脂（OMA）和燕麦番茄琼脂（OTA）培养基是 Psp1 菌落生长和分生孢子产生的最优培养基。病原物 Psp1 的致病风险测定中，共有 9 种植物表现出轻重不一的症状，其中，Psp1 对皇竹草（*P. sinese*）、狼尾草（*P. alopecuroides*）和白草（*P. flaccidum*）有较强致病性，在其病斑的周围观察到少量分生孢子并能完成生命周期，这表明 Psp1 对狼尾草属（*Pennisetum* spp.）植物具有较高的致病风险。本研究工作为皇竹草叶瘟病的综合治理提供理论依据和研究基础。

关键词：皇竹草；叶瘟病；*Pyricularia*；致病风险

* 第一作者：刘迎龙，博士研究生，主要从事植物病害及生物防控研究

** 通信作者：何月秋，教授，主要从事功能微生物产品开发与植物病理学研究

一种禾谷镰孢分生孢子快速形成方法*

张　雪**，李永刚***
（东北农业大学植物保护学院植物病理学系，哈尔滨　150030）

摘　要：禾谷镰孢（*Fusarium graminearum*）是引起多种作物土传病害的重要真菌。禾谷镰孢不仅会造成作物的严重减产，还会产生对人类和动物健康有严重威胁的 B 型单端孢霉毒素，如雪腐镰孢菌烯醇（NIV）、脱氧雪腐镰孢菌烯醇（DON）及其乙酰化衍生物等。然而，禾谷镰孢分生孢子在正常培养条件下不易获得，少量鉴定使用的孢子可用康乃馨叶片（CLA）培养基获得，而致病性和大田药效测定及抗病资源筛选等需要大量的大型分生孢子，这种产孢方法则不适合。本论文发明了一种禾谷镰孢分生孢子快速形成方法，所用培养基为浓度 0.9%～1.5%的盐水；培养温度 28～30℃；培养时间为 96～120 h；初始 pH 值为 8～10；光照为可见光；振动速度为 150～180 r/min。采用该培养方法，禾谷镰孢菌株的分生孢子浓度可达 1.5×10^5 个/mL 以上。本方法快速、简单、经济并且产孢速度快，为生产大量分生孢子提供了系统的、易于使用的孢子形成技术，可用于禾谷镰孢的各种理论研究、致病力测定及田间不同作物品种抗源筛选和鉴定工作。

关键词：禾谷镰孢；土传病害；分生孢子；液体培养；培养条件

---

* 基金项目：国家自然科学基金（32271767）；黑龙江省重点研发计划项目（GA22B014）
** 第一作者：张雪，博士研究生，主要研究方向为作物真菌病害
*** 通信作者：李永刚，教授，研究方向为真菌病害

First report of Southern blight on *Gaura lindheimeri* caused by *Athelia rolfsii* in China

SUN Ronghua[1], LI Pengfei[1,2], XU Jianqiang[2], LUO Qingquan[1*]

(1. *Key Laboratory of National Forestry and Grassland Administration on Ecological Landscaping of Challenging Urban Sites*, *Shanghai Academy of Landscape Architecture Science and Planning*, *Shanghai* 200232, *China*; 2. *College of Horticulture and Plant Protection*, *Henan University of Science and Technology*, *Luoyang* 471003, *China*)

Abstract: *Gaura lindheimeri*, commonly known as wandflower, is a beautiful perennial plant in the Onagraceae family that is extensively cultivated in urban green spaces in Shanghai. In June 2021, an outbreak of a disease displaying disease symptoms similar to southern blight was observed on *G. lindheimeri* in Shanghai Botanical Garden. Five isolates were obtained from infected plant tissues and field-collected sclerotia. All isolates exhibited morphological features consistent with the description of *Athelia rolfsii* (Curzi), including mycelia with clamp connections, small size sclerotia, and a high yield of globose sclerotia per PDA plate. The ITS fragment of a representative isolate (YKY21. 07) was amplified using the universal primers ITS1/ITS4, and the resulting amplicon was sequenced. The obtained sequence was then submitted to NCBI for BLASTn analysis. Furthermore, a phylogenetic analysis was conducted based on ITS sequences using the maximum likelihood (ML) model in MEGA-X. The molecular characteristics, such as a 99%-100% similarity with *A. rolfsii* sequences from the GenBank in the BLASTn analysis and the placement of the isolate in the same clade as *A. rolfsii* in the phylogenetic tree with 93% bootstrap support, confirmed the identity of the isolate as *A. rolfsii*, corroborating our morphological findings. Additionally, a pathogenicity test was carried out following Koch's postulates, confirming the isolates of *A. rolfsii* as the causal agent in this study. To the best of our knowledge, this is the first documented report of *A. rolfsii* causing southern blight on *G. lindheimeri* in China.

Key words: *Gaura lindheimeri*; *Athelia rolfsii*; Southern blight

* 通信作者：罗卿权，高级工程师，研究方向为园林植物病害与有害生物综合治理

小麦条锈菌效应蛋白 Pst_20643 抑制植物免疫研究

於立刚，季 森，王晓杰，汤春蕾，康振生
（西北农林科技大学旱区作物逆境生物学国家重点实验室，杨凌 712100）

摘 要：生物钟通过调控抗性相关基因表达、活性氧产生和清除以及气孔开闭等多种生理过程的节律性，使植物对病原菌侵害的抵抗能力出现昼夜差异。尽管小麦生物钟相关基因已被证明参与小麦对条锈菌的抗性，然而病原菌如何调节寄主植物的节律仍然是未知的。由此，笔者表征了一种小麦条锈菌效应蛋白 Pst_20643。Pst_20643 在小麦中的过表达抑制了小麦条锈菌非亲和小种 CYR23 诱导的免疫反应，导致 H_2O_2积累减少并促进小麦条锈菌的侵染，而 Pst_20643 沉默削弱了小麦条锈菌的致病性。同时，Pst_20643 在小麦中的过表达破坏了小麦生物钟相关基因的节律变化。进一步研究表明，Pst_20643 与小麦生物钟核心振荡器 TaLHY 相互作用。TaLHY 是小麦抗条锈病的正调节因子，且 TaLHY 在植物内形成同源二聚体。Pst_20643 与 TaLHY 互作抑制了 TaLHY 二聚体的形成。进一步研究发现 Pst_20643 能抑制 TaLHY 过表达诱导抗病相关基因的表达。这些结果表明，小麦条锈菌通过分泌效应蛋白抑制寄主生物钟相关信号通路，从而干扰宿主免疫。

关键词：小麦条锈菌；效应蛋白；生物钟；植物免疫

MoIsw2：稻瘟病菌在自然适应和快速进化之间可能遗漏的联系

裴梦甜，鲁国东，李　亚，Stefan Olsson
（福建农林大学植物保护学院，闽台作物有害生物生态防控国家重点实验室，福州　350002）

摘　要：Isw2 蛋白与 DNA 结合，并与最近的核小体中的组蛋白相互作用，调节 DNA 结合蛋白对基因的进入。这种相互作用导致与 Isw2 结合的 DNA 片段的可访问性降低，而对周围的核小体的可访问性增加。在敲除稻瘟病菌 *MoISW2* 基因之前，笔者确认了其表达与其他经典 ISW2 蛋白相互作用的基因有关。还记录了敲除 *MoISW2* 基因后的表型，并构建了一个含有绿色荧光蛋白（GFP）的补充株系，以确定 MoIsw2 在细胞核中的定位。使用 MoIsw2-GFP 作为诱饵进行的 ChIP-seq 实验确定了 MoIsw2 与 DNA 结合的区域，并发现其中有 196 个具有相同回文序列的位点，通常位于基因间的反转座子区域。与 MoIsw2 结合位点相邻的基因在背景株系中相较于 Δ*Moisw2* 表达下调，而远离结合位点的基因，在调控上的绝对差异增加，并呈波动型模式，符合 Isw2 复合物有限滑动机制的预期。笔者比较了两个稻瘟病菌分离株中非致病基因的表达下调情况，并确认了它们之间的差异。在 Δ*Moisw2* 突变体中，上调基因主要调控生物量增长，而下调基因主要影响环境适应性。MoIsw2 与反转座子的结合以及株系间的差异为稻瘟病菌株系的自然适应和快速进化（NADFE）提供了可能的机制基础，这是真核生物中一个新的概念。该发现为理解稻瘟病菌的进化提供了新视角，为研究其他真核生物中的进化机制提供了重要线索。进一步的研究将有助于揭示该机制在其他病原菌和生物系统中的普遍性和重要性。

关键词：Isw2；Snf2；调控；转录可访问性；逆转录子结合；ChIp-seq

小麦条锈菌 5mC 修饰对基因表达的调控及致病力的研究

赵晋仁，汤春蕾，王建锋，王晓杰*

（旱区作物逆境生物学国家重点实验室，西北农林科技大学，杨凌 712100）

摘 要：DNA 胞嘧啶碱基第 5 位碳原子甲基化修饰（5-METHYLCYTOSINE，5mC）是真核生物 DNA 甲基化的主要存在形式，在内源基因的表达调控及转座子的沉默过程中发挥重要作用，研究 DNA 甲基化修饰对阐明生物基因表达调控的分子机理具有重要意义。植物病原真菌在侵染寄主的过程中伴随着大量的基因表达重编程，条形柄锈菌小麦专化型（*Puccinia striiformis* f. sp. *tritici*，*Pst*）作为专性寄生的植物病原真菌，尚无稳定遗传转化体系，因此难以对其侵染阶段的基因表达变化及调控机理进行深入研究。本研究利用几丁质结合层析分离得到了小麦条锈菌重要的侵染结构吸器，并通过对夏孢子、萌发芽管与吸器进行全基因组甲基化测序，首次得到了小麦条锈菌不同侵染时期的全基因组甲基化修饰图谱，研究发现小麦条锈菌夏孢子与萌发芽管中 5mC 修饰情况较为接近，与它们相比吸器中 5mC 发生频率显著更高，但平均修饰水平低于夏孢子与萌发芽管，同时发现条锈菌 5mC 修饰水平远高于其他真菌。通过对差异表达的 DMR（Different Modification Region）基因进行 GO 注释，发现其主要为核内功能基因，且大部分可能行使调控基因表达的功能，说明条锈菌与小麦互作过程中的基因表达变化可能受到了 5mC 的调控。为了明确小麦条锈菌 5mC 修饰是否影响其对小麦的侵染，笔者鉴定得到了两个在条锈菌侵染小麦过程中上调表达的候选 DNA 甲基化转移酶 Pst_07335 与 Pst_10817，其均正调控小麦条锈菌致病力。

关键词：DNA 甲基化；小麦条锈菌；表达调控

* 通信作者：王晓杰，教授，主要从事小麦与条锈菌互作研究；E-mail：wangxiaojie@nwsuaf.edu.cn

第二部分　卵　菌

Development of a Loop-mediated Isothermal Amplification Assay for the Rapid Detection of the Overlooked Oomycete Phytopathogen *Phytopythium helicoides*[*]

WEN Ke[1**], ZHAI Xinyu[1**], ZHOU Xue[1], LIU Yang[1], JIN Jinghao[1], CHENG Baoping[2], SRIVASTAVA Vaibhav[3], CHEN Xiaoren[1***]

(1. *College of Plant Protection*, *Yangzhou University*, *Yangzhou* 225009, *China*; 2. *Guangdong Provincial Key Laboratory of High Technology for Plant Protection*, *Guangdong Academy of Agricultural Sciences*, *Guangzhou* 510640, *China*; 3. *Division of Glycoscience*, *Department of Chemistry*, *School of Engineering Sciences in Chemistry*, *Biotechnology and Health*, *KTH Royal Institute of Technology*, *Alba Nova University Center*, *Stockholm*, *Sweden*)

Abstract: The phytopathogenic oomycete *Phytopythium helicoides*, formerly known as *Pythium helicoides*, is a newly described threat to citrus cultivar Shatangju (*Citrus reticulata* cv. Shatangju) in southern China. To detect *P. helicoides* for the rapid diagnosis and control Shatangju leaf blight and stem rot that it causes, we developed a loop-mediated isothermal amplification (LAMP) assay that targets the *β-tubulin* gene region of *P. helicoides*. With a set of screened primers and optimized reaction conditions of 60℃ for 70 min, the LAMP assay can detect specifically the pathogen from all the tested phytopathogens that are associated with citrus. The assay consistently showed high sensitivity in detecting low contents of the pathogen DNA (30 pg), which is comparable to quantitative polymerase chain reaction method. We confirmed the practical application of this LAMP assay in diagnosing both citrus leaves and strawberry crowns infected by this pathogen. The LAMP method developed in this study provides a specific, sensitive, and rapid detection of *P. helicoides* to assist in the control of Shatangju leaf blight and stem rot, as well as other crop diseases associated with this pathogen, such as strawberry crown rot.

Key words: *Phytopythium helicoides*; Citrus root and stem rot; Strawberry crown rot; Molecular detection; qPCR

---

* Funding: National Natural Science Foundation of China (32272477, 32102154, 31871907); Foundation of Guangdong Provincial Key Laboratory of High Technology for Plant Protection (Zhizhong2021-04); the Open Project of Joint International Research Laboratory of Agriculture and Agri-Product Safety of Ministry of Education of China (JRK20180012); Postgraduate Research & Practice Innovation Program of Jiangsu Province (SJCX22_1788); Yangzhou University 2016 Project for Excellent Young Key Teachers, and 2018 High-Level Talent Support Program of Yangzhou University

** First authors: WEN Ke, ZHAI XinYu, master students, research field in Plant Disease Management; E-mail: 1643755033@qq.com (Z. X. Y.), 1092708842@qq.com (W. K.)

*** Corresponding author: CHEN Xiaoren, Professor, research field in Plant Pathogenic Mycology; E-mail: xrchen@yzu.edu.cn

The Oomycete-specific BAG Subfamily Maintains Cellular Protein Homeostasis and Promotes Pathogenicity in an Atypical HSP70-independent Manner

AI Gan[1*], SI Jierui[1*], CHENG Yang[1], MENG Rui[1], WANG Xiaodan[2], DOU Daolong[1], JING Maofeng[1**]

(1. *Department of Plant Pathology*, *Nanjing Agricultural University*, *Nanjing* 210095, *China*; 2. *College of Plant Protection*, *China Agricultural University*, *Beijing* 100091, *China*)

Abstract: The maintenance of cellular protein homeostasis (proteostasis) is essential for all living organisms and typically requires molecular chaperones. The Bcl-2-associated athanogene (BAG) family is a conserved group of co-chaperones that bind to the heat shock protein 70 (HSP70) through their C-terminal BAG domain (BD). BAGs help maintain proteostasis in animals, plants, and fungi. Here, we reported an unconventional BAG subfamily exclusively found in oomycetes. Oomycete BAGs features an atypical N-terminal BD with a short and oomycete-specific α1 helix (α1'), as well as a unique C-terminal small heat shock protein (sHSP) domain. In the oomycete pathogen *Phytophthora sojae*, both BD-α1' and sHSP domains are required for PsBAG function in cyst germination, pathogenicity, and unfolded protein response (UPR) assisting in 26S proteasome-mediated degradation of misfolded proteins. PsBAGs form homo-and heterodimers through their unique BD-α1' to function properly, with no recruitment of HSP70s to form the common BAG-HSP70 complex found in other eukaryotes. Our study highlights a novel and oomycete-exclusive proteostasis mechanism mediated by atypical BAGs, which provides a potential target for oomycete disease control.

Key words: Bcl-2-associated athanogene (BAG); Heat shock protein 70 (HSP70); Oomycete; *Phytophthora*; Protein homeostasis; Unfolded protein response (UPR)

* First authors: These authors contributed equally to this work

** Corresponding author: JING Maofeng; E-mail: jingmf@ njau. edu. cn

效应因子HSE1调控致病疫霉寄主专化性的遗传基础研究

张　帆[1]，陈　汉[1]，何　骋[1]，王路遥[2]，高楚云[1]，
张欣杰[1]，田振东[3]，王源超[1]，董莎萌[1*]
（1. 南京农业大学植物保护学院，南京　210095；2. 中国农业科学院农业基因组研究所，
深圳　518120；3. 华中农业大学园艺林学学院，武汉　430070）

摘　要：由致病疫霉（*Phytophthora infestans*）引起的晚疫病是全球马铃薯生产中的首要病害，致病疫霉专性侵染马铃薯等茄科作物，但目前尚未发现决定其寄主专化性的遗传因子。本研究首先将寄主专化性不同的致病疫霉及其近缘种四月花疫霉（*P. mirabilis*）通过有性杂交构建了回交渐渗系群体，进而利用全基因组关联分析鉴定到与疫霉菌侵染马铃薯的寄主专化性高度相关的基因*HSE*1（*Host-Specific Effector* 1，*HSE*1），该基因在已知的致病疫霉菌株中都表达，而在已检测的四月花疫霉中均呈现基因沉默现象。随后利用疫霉菌遗传转化和马铃薯转基因等技术，发现将*HSE*1基因分别转入2个四月花疫霉菌株，均可促使四月花疫霉侵染非寄主马铃薯，且转入*HSE*1基因的马铃薯能被2个不同的四月花疫霉小种所侵染，结果表明*HSE*1基因是决定疫霉菌侵染马铃薯寄主专化性的关键因子之一。后续研究将进一步通过染色质免疫共沉淀测序，从表观遗传调控角度进一步挖掘疫霉菌通过*HSE*1基因的沉默调控寄主专化性的机制。研究结果对破解晚疫病侵染马铃薯的关键致病机理具有重要意义，而且对植物病原菌寄主专化性的变异演化研究也具有重要参考价值。

关键词：致病疫霉；寄主专化性；群体基因组；基因沉默；致病机制

---

* 通信作者：董莎萌；E-mail：smdong@ njau. edu. cn

酵母活性物质对马铃薯晚疫病菌的抑菌机制研究*

陆　杰[1,2**]，李　洁[1]，李　磊[3]，王玉玺[1]，窦道龙[1,4]，刘　嘉[5***]，王晓丹[1***]
（1. 中国农业大学植物保护学院，北京　100193；2. 黑龙江省农业科学院生物技术研究所，哈尔滨　150028；3. 东北农业大学生命科学学院，哈尔滨　150006；4. 南京农业大学植物保护学院，南京　210095；5. 重庆文理学院园林与生命科学学院，永川　402160）

摘　要：马铃薯晚疫病是由致病疫霉（*Phytophthora infestans*）引起的毁灭性病害，在采后运输和贮藏过程中易产生块茎腐烂和烂窖现象。根据国家“农药减量化行动”绿色发展规划，研发有效的生防制剂，实现病害的绿色防控意义重大。生防酵母产生的天然挥发性有机物（VOCs）具有良好的防治效果，然而，可用于马铃薯晚疫病防治的VOCs在很大程度上仍然匮乏，其抑菌机制尚不清楚。本研究首次报道了一株假丝酵母（*Candida quercitrusa*）Cq-1对*P. infestans*的抑菌活性及对马铃薯块茎晚疫病的防效，明确其天然VOCs中关键活性物质，活性物质处理后的菌丝生长变化，进一步揭示了其抑菌机制。本研究将为马铃薯采后晚疫病开发新型、安全生物熏蒸剂提供了新策略。

实验采用梯度平板对扣培养法，明确生防酵母Cq-1对*P. infestans*显著的抑菌活性，当酵母浓度达到10^3 CFU/mL时，生长抑制率为96.79%，IC_{50}值为7.33 CFU/mL，表明酵母浓度与*P. infestans*菌丝生长成负相关。防效测定中，酵母处理后的马铃薯块茎上，*P. infestans*生长显著减弱，酵母浓度为10^8 CFU/mL时，防效可达85.94%。用熏蒸干燥器模拟储存环境，验证酵母菌Cq-1对晚疫病的防控率为52.27%，酵母菌Cq-1挥发物可有效控制马铃薯块茎采后晚疫病的发生。GC-MS分析鉴定到100多种VOCs，依据峰面积值高低及平板抑制实验，确定苯乙醇（2-Phenylethanol，2-PE）对晚疫病菌的抑制效果最佳。2-PE对*P. infestans*的菌丝生长显著的抑制作用，处理6 d后抑制率为62.39%，抑菌率与浓度呈正相关。250 mg/L浓度的2-PE处理菌丝3 d后，荧光显微镜和扫描电镜下观察带有红色荧光的*P. infestans*菌丝出现生长畸形和异常，呈现萎缩和扭曲。对2-PE处理的*P. infestans*进行RNA-seq建库测序分析，共鉴定出4 294个差异表达基因（DEGs），与对照相比，下调表达基因2 316个，上调表达基因1 978个，表明2-PE可能下调表达相关基因发挥其抑制作用，GO分析发现，“转运”相关的生物过程所占比例较高，如质子跨膜运输、阳离子跨膜运输等，表明2-PE在抑制病原菌的转运方面发挥重要作用，对细胞成分分析表明，抑制作用主要发生在细胞质、线粒体和核糖体，与呼吸作用发生部位一致。线粒体氧化磷酸化系统由复合物Ⅰ、Ⅱ、Ⅲ、Ⅳ及ATP合成酶（俗称复合物Ⅴ）组成，前四者组成电子传递链。KEGG富集分析，大量下调的DEGs关联氧化磷酸化通路的五个复合体，暗示2-PE处理阻断了*P. infestans*的氧化磷酸化途径。进一步发现2-PE（250 mg/L）处理3 d后，菌丝的ATP含量与对照组含量相比降低了68.08%。

综上所述，本研究首次报道了一株具有生防潜力的假丝酵母菌Cq-1，2-PE是其主要的活

---

* 基金项目：国家重点研发计划项目（2022YFD1401800）；国家自然科学基金项目（32061130211）
** 第一作者：陆杰，助理研究员，从事病原菌与植物互作机理及作物病害生物防控技术研究
*** 通信作者：刘嘉，教授，主要从事植物微生物资源利用的理论和技术研究；E-mail：jialiu1983@163.com
王晓丹，副教授，博士生导师，主要从事植物对疫霉菌的寄主抗病性分子机制研究；E-mail：xdwang@cau.edu.cn

性抑菌物质。阐明了 2-PE 通过抑制致病疫霉菌的线粒体氧化磷酸化代谢，导致病原菌能量代谢受阻而死亡的抑菌机制。天然活性物质 2-PE，是一种理想的天然化合物或生物熏蒸物质，在采后块茎防晚疫病方面有望作为 ATP 合成抑制剂用于处理马铃薯贮藏过程中烂窖问题。

关键词：晚疫病；采后贮藏；挥发性有机物；生物防治；氧化磷酸化

SlLTPg1 在番茄抗晚疫病中的作用初探*

丰印平**，刘　洁，杨蕊蕊，栾雨时***
（大连理工大学生物工程学院，大连　116024）

摘　要：番茄是在世界范围内广泛种植的农作物，它的消费量逐年增加，因此提高番茄的产量和质量具有重要的意义。番茄晚疫病是由致病疫霉（*Phytophthora infestans*，*P. infestans*）引起的一种毁灭性的病害，在番茄种植区域一旦发生，传播迅速，从而造成不可预估的损失。目前，喷洒农药是防治晚疫病的最有效方式之一，但由此引发的一系列环境污染、病菌耐药性等问题，依然使农业生产面临着很大的困境。因此，研究番茄的抗病分子机制，利用生物学的方法提高番茄对晚疫病的抗性就成为了一个关键的问题。植物非特异性脂质转移蛋白（nsLTPs）是在高等植物体内广泛存在的一类小的碱性蛋白质。nsLTPs 参与植物抗病、抗菌等生物胁迫响应过程，同时也在非生物胁迫中发挥着重要作用。基于实验室前期研究发现 LTPg1 能够响应晚疫病菌的侵染。本实验利用瞬时过表达和 VIGS 瞬时沉默技术探究 *LTPg*1 基因在番茄抗晚疫病中发挥的作用。结果表明，与空载体对照相比，瞬时过表达 LTPg1 的番茄叶片在接种晚疫病菌后的相对病斑面积明显变小且会上调防御基因的表达量，而瞬时沉默 LTPg1 的番茄叶片在接种晚疫病菌后的相对病斑面积明显变大且会下调防御基因的表达量。初步表明，瞬时过表达 LTPg1 增强了番茄对晚疫病的抗性，瞬时沉默 LTPg1 增强了番茄的感病性，这为植物病害防治和生产实践提供理论指导，同时为抗性品种培育打下一定基础。

关键词：番茄晚疫病；脂质转移蛋白；作用初探

---

* 基金项目：国家自然科学基金项目（32230091，32072592）

** 第一作者：丰印平，生物工程专业；E-mail：2865092595@ qq. com
*** 通信作者：栾雨时，教授，主要从事番茄晚疫病防治研究；E-mail：luanyush@ dlut. edu. cn

致病疫霉对烯酰吗啉的适应性机制研究

殷国煜[1]，陈　汉[1]，何　骋[1]，王路遥[2]，舒海东[1]，张欣杰[1]，张　帆[1]，董莎萌[1]
（1. 南京农业大学植物保护学院，南京　210095；
2. 中国农业科学院农业基因组研究所，深圳　518120）

摘　要：由致病疫霉（*Phytophthora infestans*）引发的马铃薯晚疫病是马铃薯生产上的毁灭性病害。烯酰吗啉是一类高效的杀卵菌剂，但目前致病疫霉对该杀菌剂适应性机制研究甚少。本研究通过室内药剂驯化获取了三株对烯酰吗啉产生高抗药性的致病疫霉菌株，发现抗药性菌株与野生型相比，其生长速率、产孢量、致病性及细胞壁完整性都显著下降。将抗药性菌株接种至不含杀菌剂的平板上继代培养，发现后代生长速率、产孢量、致病性、细胞壁完整性都趋向野生型恢复。以上结果显示致病疫霉对烯酰吗啉的胁迫适应要以其生理适应性为代价。对抗药性菌株的*CesA*基因家族所有基因进行分析发现，不存在任何序列变异，但该家族基因表达量与野生型相比均显著下调。同时后代菌株的*CesA*基因家族表达量与抗药性菌株相比均显著上调。进一步对不同类型菌株进行转录组测序并进行表达聚类分析，筛选到大量与*CesA*基因家族表达模式相一致的基因。以上结果显示致病疫霉或许是通过调控*CesA*基因家族或表达模式趋同基因的表达量进而调控其对烯酰吗啉的适应性。该研究结果展示了致病疫霉针对烯酰吗啉胁迫的表型及表达谱动态变化，对植物病原菌田间适应性研究具有重要参考价值。

关键词：致病疫霉；烯酰吗啉；抗药性；基因表达

SpPIP1 的鉴定及其在番茄晚疫病防御中的作用研究*

杨蕊蕊[1**]，王智诚[1]，赵　磊[2]，刘　洁[1]，孟　军[3]，栾雨时[1***]
（1. 大连理工大学生物工程学院，大连　116024；2. 大连海事大学环境科学与工程学院，大连　116085；3. 大连理工大学计算机科学与技术学院，大连　116024）

摘　要：番茄晚疫病由致病疫霉引起，严重威胁着番茄的产量和品质，目前针对它的防治主要采用化学农药，但由此带来的环境污染、农药残留以及病原菌的耐药性等问题日渐凸显。与传统的以病原菌为靶标的杀菌剂不同，植物诱导子通常缺乏直接的杀菌活性，但可以激活植物免疫系统以抵御病原菌入侵，这对于更好地缓解化学农药产生的负面影响至关重要。番茄在与病原菌对抗的过程中，为了精确地感知来自病原物的危险信号，进化出了许多分泌肽，它们通常扮演着诱导子的角色，以激活植株免疫。在本研究中，笔者通过比较转录组学，从野生醋栗番茄（*Solanum pimpinellifolium*）L3708 抗性资源材料中鉴定到了一个分泌肽，经序列比对分析发现，它是拟南芥 prePIP1 的直系同源物，因此，命名为 SpprePIP1。研究发现，致病疫霉处理下，番茄中 *SpprePIP*1 的转录物显著积累；瞬时沉默 *SpprePIP*1 减弱了番茄植株对晚疫病的抗性，以上结果表明，SpprePIP1 可能作为正调节因子参与番茄和晚疫病互作的过程。由此，笔者合成了 SpprePIP1 的成熟肽 SpPIP1，探究了其在番茄抗晚疫病中的作用，结果发现，无论喷施还是浇灌番茄，它均可致植株产生对晚疫病的抗性，RT-qPCR 检测表明，SpPIP1 处理番茄后，植株的病程相关蛋白 SlPR1 和 SlPR3 的相对表达水平均显著提高；激素测定和转录组学及非靶向代谢组学的联合分析说明，茉莉酸和苯丙烷类生物合成在 SpPIP1 诱导的番茄免疫中有潜在的作用。以上研究结果为进一步阐述番茄对晚疫病的抗性机制奠定了理论基础，也为其他病害的有效防御提供了参考。

关键词：番茄；SpPIP1；晚疫病；防御

---

* 基金项目：国家自然科学基金（32230091，32072592）

** 第一作者：杨蕊蕊，博士研究生，生物工程研究方向；E-mail：1371986102@ qq. com

*** 通信作者：栾雨时，教授，主要从事植物与微生物互作研究；E-mail：ysluan@ dlut. edu. cn

大豆疫霉寄主膜上定位效应子 Avr3a 的互作蛋白鉴定

侯筱媛，王群青*
（山东农业大学植物保护学院，作物生物学国家重点实验室，泰安　271018）

摘　要：大豆疫霉（*Phytophthora sojae*）引起的大豆根茎腐病是一种毁灭性病害，对全球粮食安全造成重大威胁。大豆疫霉在侵染前期主要依靠入侵菌丝在植物细胞间扩展，形成吸器获取营养并释放效应子抑制防卫反应。因此，侵染前期大豆是否能成功识别病原菌并将免疫信号传递至防卫应答阶段对遏制病害扩展、防控大豆根茎腐病显得尤为重要。研究发现，膜定位效应子 PsAvr3a 在侵染前期上调表达。本研究构建了大豆膜体系酵母双杂交 cDNA 文库，以效应子 PsAvr3a 为诱饵蛋白筛选文库，获得 198 个候选寄主靶标，包括酪氨酸分解酶、囊泡转运蛋白、乙烯合成调控酶、细胞代谢结合蛋白和抗逆的渗透蛋白等。通过双分子荧光互补实验（Bimolecular Fluorescence Complementation，BIFC）、萤光素酶互补实验（Luciferase Complementation Assay，LCA）与免疫共沉淀（Co-inmunoprecipitation，CO-IP）验证得出乙烯合成调控酶 GmACO 与 PsAvr3a 存在互作。本研究将进一步解析膜受体蛋白与效应子在大豆与疫霉菌互作过程中的功能与作用机制，并开发利用寄主细胞膜上抗病受体，为拓展植物分子育种、构建抗病新品种提供新的依据。

关键词：效应子；大豆疫霉；膜体系酵母双杂交；膜蛋白；互作

* 通信作者：王群青，教授，主要从事植物病原性卵菌学研究；E-mail：wangqunqing@163.com

大豆疫霉 RXLR 效应子 Avh31 寄主靶标的筛选与功能分析

杜崇玉，王群青*

（山东农业大学植物保护学院，作物生物学国家重点实验室，泰安　271000）

摘　要：大豆疫霉菌（*Phytophthor sojae*）引起的根腐病是危害最严重的大豆病害之一。大豆疫霉隶属于卵菌纲，与真正的真菌亲缘关系较远，是一种真核植物病原物。由于传统杀真菌剂对大豆疫霉病无效，因此抗病品种的选用对于防治大豆疫霉病十分重要。疫霉菌可编码大量 RXLR 效应分子，多在侵染初期呈上调表达。已有较多报道表明，这类效应分子在多个层面抑制了植物的免疫反应。通过研究这些效应分子的毒性作用，发掘侵染过程中的作用机制，为解析疫霉菌致病机理提供重要的理论依据。此外，通过筛选效应子互作蛋白，分析其在感病性中的作用，对于改造感病基因创制抗病种质、探索和寻找疫病防治策略、指导抗病育种和科学防治具有重要意义。本研究前期发现大豆疫霉 RXLR 效应子 Avh31 在大豆疫霉侵染前期上调表达，预示其可能在侵染前期发挥重要的毒力作用。因此筛选 Avh31 的寄主靶标、揭示其毒性机制具有重要的研究意义。通过酵母双杂交筛库的方法筛选了与 RXLR 效应子 Avh31 互作的候选靶标，进而再通过双分子荧光互补（BiFC）技术、萤光素酶互补（Luc）技术、Pull down、免疫共沉淀（CO-IP）验证其互作，确定互作后再进一步对 RXLR 效应子 Avh31 的寄主靶标进行功能分析探究其在大豆疫霉侵染过程中发挥的作用。

关键词：大豆疫霉；RXLR 效应子；互作验证；功能分析

---

* 通信作者：王群青，教授，主要从事植物病原性卵菌学研究；E-mail：wangqunqing@ 163. com

Functional Study of Glycoside Hydrolase PsGH7c and PsGH7d of *Phytophthora sojae*

LIU Changqing[1], WANG Qunqing[1,2 *]
(1. *College of Plant Protection*, *Shandong Agricultural University*, *Tai'an* 271018, *China*;
2. *State Key Laboratory of Crop Biology*, *Shandong Agricultural University*, *Tai'an* 271018, *China*)

Abstract: *Phytophthora sojae* could cause soybean root rot, which brings great hidden dangers to agricultural production. We identified two glycosyl hydrolase (GHs) GH7 family proteins PsGH7c and PsGH7d secreted by *P. sojae*, which are highly upregulated and expressed in the early stage of *P. sojae*, with virulence and glycosyl hydrolase activity. PsGH7c and PsGH7d are highly conserved in oomycetes and amino acid sequences are highly similar (>80%) . However, their pathogenic mechanism in virulence and whether they produce synergistic effects in oomycetes remain unknown. Knockout mutants of PsGH7c and PsGH7d were obtained through the CRISPR/Cas9 gene editing system to study their mechanism of action. The results showed that mutant strains were less virulent against soybean-susceptible varieties than wild - type *P. sojae* strains, which were *P. sojae* virulence factor necessary for infection. Therefore, in-depth study of their pathogenic function and mechanism of action has important guiding significance for the study of plant cell wall resistance and the targeted development of soybean molecular breeding targets and new agents for plant diseases.

Key words: *Phytophthora sojae*; glycosyl hydrolases; PsGH7c; PsGH7d; CRISPR/Cas9 gene editing; Virulence factor

* Corresponding author: WANG Qunqing, professor, mainly engaged in plant pathogenic oomycology research; E-mail: wangqunqing@163.com

番茄抗晚疫病调控因子的挖掘及 KUA1-PP4v 功能的研究*

王智诚[1**]，洪雨慧[1,2]，宿承璘[1]，王政杰[1]，刘　洁[1]，栾雨时[1***]

（1. 大连理工大学生物工程学院，大连　116024；

2. 大连民族大学环境与资源学院，大连　116600）

摘　要：番茄（*Solanum lycopersicum*）是世界范围内广泛种植的园艺植物，在其生长发育过程中，常会受到晚疫病的威胁，造成巨大的经济损失。因此，挖掘关键抗病基因，揭示其作用机制，进而培育优良的抗病品种是解决问题的关键。转录因子和小肽作为调控分子，在生物体中发挥着重要的作用，目前仍存在大量的调控分子尚未被鉴定。通过优化组合多种生物信息学工具，挖掘了 226 个番茄抗病的转录因子，借助共表达网络和 *q*PCR 技术，发现了具有关键抗病功能的转录因子 KUA1。通过农杆菌介导的叶盘转化法，构建了过表达和沉默 KUA1 的植株，病菌侵染后，发现过表达 KUA1 植株病斑面积减小、病情指数降低，抗病性增强，而沉默 KUA1 植株的抗病性减弱。通过检测抗病基因的表达，发现 *RLP*4、*MPK*7 和 *RBOHD* 等的表达量显著上调，进一步借助酵母单杂交、双萤光素酶和凝胶阻滞试验，证明了 KUA1 可直接调控 *RLP*4 和 *MPK*7 的转录。利用双抗体夹心法，测定了病菌侵染后过表达 KUA1 植株活性氧（Reactive oxygen species，ROS）的变化，发现该植株在病菌侵染的早期可增强 ROS 的积累，提高植株的抗病性，而在侵染的 5 d 后，植株 ROS 的积累导致丙二醛含量上升，抗氧化能力减弱，叶片损伤加重。通过检测病菌侵染后过表达 KUA1 植株的氧化还原酶的活性，发现其过氧化物酶（Peroxidase，POD）和过氧化氢酶（Catalase，CAT）活性显著降低，借助酵母单杂交、双萤光素酶和凝胶阻滞试验，证明了 KUA1 可直接抑制 *POD*1 的表达，导致 ROS 清除能力减弱。为提高番茄过表达 KUA1 植株 ROS 清除能力，利用基因共表达网络和外源处理试验，笔者鉴定了一个具有氧化调控作用的小肽，将其命名为 PP4v。通过对比分析过表达 PP4v、KUA1 和 KUA1-PP4v 植株的抗病性，发现 PP4v 可在不降低过表达 KUA1 植株抗病能力的前提下，恢复 CAT 和 POD 酶的活性，增强 ROS 清除能力，降低丙二醛含量，减少叶片损伤。利用融合报告基因定位法，发现 PP4v 位于细胞核，进一步借助酵母单杂交、双萤光素酶和凝胶阻滞试验，发现了 PP4v 可直接调控 *RBOHD* 和 *POD*5 的转录过程。通过外源施加 PP4v，发现它可以在病菌侵染后调节植株的 ROS 变化。本研究优化了现有的生物信息学方法，鉴定了 KUA1、PP4v 和 KUA1-PP4v 在番茄抗晚疫病中的功能，查明了它们介导 ROS 调控植株抗病的机制，获得了它们的转基因材料，为番茄抗病育种提供了理论和材料基础，同时也为其他植物的研究提供了参考。

关键词：番茄；晚疫病；转录因子；小肽；活性氧

* 基金项目：国家自然科学基金（32230091，32072592）

** 第一作者：王智诚，博士研究生，生物工程专业；E-mail：1033518305@ qq. com

*** 通信作者：栾雨时，教授，博士生导师，主要从事番茄晚疫病研究；E-mail：ysluan@ dlut. edu. cn

大豆疫霉基因定向编辑工具包

谭新伟*，贺　峥*，王群青**
（山东农业大学植物保护学院，泰安　271018）

摘　要：大豆疫霉（*Phytophthora sojae*）是病原卵菌效应子功能研究的重要模式物种。随着CRISPR/Cas9介导的基因编辑技术在大豆疫霉中被成功应用，基因编辑逐渐成为卵菌基因功能研究中至关重要的手段。随着研究的不断深入，生物学界正在形成一种共识——对于基因功能的研究需要一套完整的基因敲除回补系统。然而，由于卵菌的特殊性，能够应用于卵菌遗传转化的筛选标记基因极为稀少，截至目前仅有 *NPT* Ⅱ 被广泛应用于卵菌遗传转化实验。因此，缺乏有效的筛选标记基因成为阻碍完整基因功能研究系统形成的重要原因。通过对常用于动植物及微生物研究的筛选标记基因进行筛查，发现了可用于疫霉菌遗传转化的标记基因，并以此为基础结合CRISPR/Cas9技术构建了基因定向编辑、敲除及回补工具包。笔者以大豆疫霉基因组中2个同源的GH7家族糖苷水解酶编码基因为研究对象，对2个基因分别进行了多次的单基因敲除、双基因敲除和多种基因回补替换实验，充分验证了该系统的可行性。该技术成功解决了疫霉菌无法进行二次或多次基因编辑的局限性，为卵菌的功能基因研究提供了完整的工具包，必将迅速加快卵菌的研究。

关键词：大豆疫霉；CRISPR/Cas9；基因编辑；筛选标记基因

* 第一作者：谭新伟，博士研究生；E-mail：xinweitan@126.com
贺峥，硕士研究生；E-mail：3478806013@qq.com
** 通信作者：王群青，教授；E-mail：wangqunqing@163.com

大豆疫霉 GH7 家族糖基水解酶 PsGH7c 和 PsGH7d 的功能研究

刘长青，王群青*

（山东农业大学植物保护学院，作物生物学国家重点实验室，泰安 271018）

摘 要：植物病原菌通过分泌细胞壁降解酶降解寄主细胞壁来促进侵染。研究发现大豆疫霉菌（*Phytophthora sojae*）两个糖基水解酶 GH7 家族蛋白 PsGH7c 和 PsGH7d 侵染初期高度上调表达。PsGH7c 和 PsGH7d 在多个卵菌物种中高度保守，并且氨基酸序列具有高度相似性（>80%）。然而，它们在毒力中的致病机制以及是否在卵菌中产生协同作用仍然未知。通过 CRISPR/Cas9 基因编辑系统获得 PsGH7c 和 PsGH7d 的敲除突变体，与野生型大豆疫霉菌株相比，突变体菌株对大豆感病品种的毒力显著降低，推测它们是大豆疫霉菌侵染所必需的毒力因子。同时观察发现，PsGH7c 和 PsGH7d 的敲除突变体游动孢子萌发后无法突破寄主细胞壁。因此，深入研究 PsGH7c 和 PsGH7d 的致病功能和作用机制，对植物细胞壁抗性研究以及有针对性地开发大豆分子育种靶标和植物疫病新型药剂具有重要的指导意义。

关键词：大豆疫霉菌；糖基水解酶；PsGH7c；PsGH7d；CRISPR/Cas9 基因编辑；毒力因子

* 通信作者：王群青，教授，主要从事植物病原性卵菌学研究；E-mail：wangqunqing@163.com

酿酒葡萄霜霉病菌潜伏期及卵孢子田间宏观定量分析*

黄 强**，杜 娟，张 涛，顾沛雯***

（宁夏大学农学院，银川 750021）

摘 要：由葡萄生单轴霉（*Plasmopara viticola*）引起的葡萄霜霉病是葡萄生产上危害最为严重的病害之一，严重制约着酿酒葡萄产业的持续健康发展。目前有关葡萄霜霉菌卵孢子越冬量、潜伏期菌量仍缺乏系统性研究。本研究以酿酒葡萄霜霉病菌为研究对象，利用不同染色法研究酿酒葡萄霜霉病叶卵孢子形成和生活力；构建葡萄霜霉病菌卵孢子、潜伏期菌量的实时荧光定量PCR（real-time PCR）检测体系；通过潜伏期分子病情指数（MDI）和田间病情指数（DI）的相关性，分析环境因子对潜伏期菌量的影响；利用Arc GIS对田间土壤卵孢子越冬量、潜伏期菌量和田间实际病情进行可视化模拟。以期为贺兰山东麓地区酿酒葡萄霜霉病早期预警和防治提供理论依据。

研究结果如下：①乳酚油对感染霜霉病的酿酒葡萄病叶透明效果最好；曲利苯蓝染色效果最好；10℃、饱和湿度会产生葡萄霜霉病菌卵孢子；卵孢子萌动率在36℃、饱和湿度、0.9%的H_2O_2和土壤浸渍液（1：4 V/V）处理9 d最高，在-20℃和60%以下湿度最低。②利用特异性引物ITSPv5 / ITSPv6建立的葡萄霜霉病菌卵孢子Real-time PCR体系检测下线为0.002 ng/μL；利用特异性引物F-g-6/R-g-6和F-cox-Pv/Pv-R构建的葡萄叶片DNA和葡萄霜霉菌DNA real-time PCR体系检测下线分别为0.01 ng/μL和0.1 pg/μL。对20个田间样品进行检测，共检测到17个样品中含有葡萄霜霉菌，其MDI与DI存在极显著正相关；3个葡萄试验样地的MDI和DI存在极显著正相关，MDI均与采样15 d后的DI拟合性最高；MDI值在0.003 5~0.184 1时，12 d后葡萄霜霉病在果园零星发生。③葡萄霜霉病接种发病与温度、湿度和叶面湿润时间极显著相关。田间潜育期预测模型验证平均准确率为85.53%；病菌侵入后，温度和接种量对酿酒葡萄霜霉病潜伏期菌量影响较大，MDI值与温度、接种浓度和接种时间极显著相关。④3个样地的潜伏期菌量和田间发生的半变异函数为指数模型、高斯模型和球型模型，田间种群的空间格局均为聚集分布，空间变异程度均在45%以下，空间相关范围为55.90~167.49 m。田间土壤卵孢子越冬数量范围每4 g土壤为5.4~100.2个，平均值为22.9个；卵孢子越冬量半变异函数曲线为圆形模型，空间变异程度为54.26%，空间相关范围为201.06 m。

关键词：酿酒葡萄霜霉病；卵孢子；real-time PCR；Arc GIS；潜伏期菌量

* 基金项目：国家重点研发项目（2019YFD1002502）子课题-3“酿酒葡萄病虫害早期多元预警与防控技术研究与示范”；宁夏回族自治区重点研发项目（2019BBF02013）“宁夏酿酒葡萄病虫害绿色防控关键技术创新与示范”

** 第一作者：黄强，硕士研究生，研究方向为资源利用与植物保护；E-mail：604180874@qq.com

*** 通信作者：顾沛雯，教授，主要从事植物病理学与生物防治方面的研究；E-mail：gupeiwen2019@nxu.edu.cn

荔枝霜疫霉 YinYang1 同源基因 *g*1902 的敲除与功能分析

吴英姑，李欣雨，董　礼，刘　铜，邢梦玉
（海南大学植物保护学院，海口　570228）

摘　要：荔枝霜疫霉是荔枝霜疫病的致病菌，隶属于卵菌门。荔枝霜疫病通常造成大量烂果、落果，严重阻碍荔枝产业的发展。YinYang1（YY1），是一种进化上保守的 Cys2/His2（C_2H_2）锌指转录因子，且普遍表达，已被证明在不同的遗传背景下可以激活、抑制和启动转录活性。为明确荔枝霜疫霉中 YY1 同源基因 *g*1902 的功能，利用 CRISPR/Cas9 技术与 PEG 介导的原生质体遗传转化手段对 *g*1902 基因进行敲除和功能分析，结果显示：①与野生型菌株相比，*g*1902 基因突变体的菌丝生长速率下降 62.33%；孢子囊产量与释放率显著下降，其中，孢子囊产量减少了 78.49%，而释放率在 0.5 h、1 h 和 2 h 时的仅为 31.37%、41.57%和 50.21%，但野生型的释放率分别为 66.13%、74.72%和 81.82%；致病性也显著下降。②与野生型菌株相比，*g*1902 基因突变体卵孢子产量无显著性差异。研究结果表明 *g*1902 基因参与了荔枝霜疫霉的营养生长、孢子囊形成、孢子囊释放和致病性，但对卵孢子的形成无影响。

关键词：荔枝霜疫霉；YinYang1；*g*1902；基因敲除；功能分析

Mechanism of β-1,3-glucanase cooperating with HSAF in *Lysobacter enzymogenes* to Antagonize *Pythium aphanidermatum*

LIU Haofei[1 *], XU Gaoge[2], LIU Fengquan[1,2**]

(1. *College of Plant Protection*, *Nanjing Agricultural University*, *Nanjing* 210095, *China*;
2. *Institute of Plant Protection*, *Jiangsu Academy of Agricultural Sciences*, *Jiangsu Key Laboratory for Food Quality and Safety-State Key Laboratory Cultivation Base of Ministry of Science and Technology*, *Nanjing* 210014, *China*)

Abstract: Plant diseases cause serious crop loss. Biocontrol is one of the effective measures to control plant diseases caused by pathogens. *Lysobacter enzymogenes* is an environmentally ubiquitous bacteria against a variety of pathogenic fungi and oomycetes. Its antagonistic ability mainly due to the production of secondary metabolite HSAF and extracellular lytic enzymes such as β-1,3-glucanase. In this study, we found that when incubating *L. enzymogenes* OH11 with the pathogen *Pythium aphanidermatum*, the production of HSAF significantly increased. The same results were obtained when incubating with β-1,3-glucan, which is one of the components of the cell wall of oomycete. Further study showed that *L. enzymogenes* OH11 used four β-1,3-glucanases (GluA, GluB, GluC, and endoglucanase) to degrade β-1,3-glucan into glucose and then provided energy for itself, thus increasing the production of HSAF. In this process, GluB was the last step to degrad β-1,3-glucan into glucose. We also found that when *L. enzymogenes* OH11 came into contact with *P. aphanidermatum*, there was a correlation between the production of β-1,3-glucanase and HSAF. The β-1,3-glucan in the cell wall of *P. aphanidermatum* stimulated the secretion of β-1,3-glucanase in *L. enzymogenes* OH11, which in turn degraded β-1,3-glucan into glucose, providing more energy for *L. enzymogenes* OH11 to synthesize more HSAF and effectively eliminate *P. aphanidermatum*. The above results indicated that when *L. enzymogenes* encounters oomycetes, it will preferentially use β-1,3-glucanase as a weapon to degrade the cell wall of oomycetes to gain more energy, thus launching its ultimate weapon HSAF to kill oomycetes.

Key words: *Lysobacter enzymogenes* OH11; *Pythium aphanidermatum*; β-1,3-glucanase; HSAF

* First author: LIU Haofei; E-mail: a363110lhf@163.com

** Corresponding author: LIU Fengquan; E-mail: Fqliu20011@sina.com

大豆疫霉 m^6A 甲基转移酶 PsMETTL16 的生物学功能探究*

张 凡[1**]，张博瑞[1]，王玉珂[1]，陈姗姗[1]，马全贺[1]，刘西莉[1,2***]
(1. 中国农业大学植物病理学系，北京 100193；
2. 西北农林科技大学旱区作物逆境生物学国家重点实验室，植物保护学院，杨凌 712100)

摘 要：卵菌分布十分广泛，其中植物病原卵菌侵染作物种类繁多，可给农业生产等造成巨大的经济损失。大豆疫霉是典型的同宗配合的卵菌，被归为十大植物病原卵菌之一，已成为国际疫霉属卵菌研究的模式种。近年来，RNA 修饰作为转录调控的关键因子一直是研究的焦点。其中，m^6A 甲基化是真核 mRNA、rRNA、tRNA、微 RNA 和长链非编码 RNA 中最丰富的 RNA 修饰之一，已被证明在 RNA 介导的多种分子和细胞过程的调控中发挥重要作用。METTL16 是一种重要的 m^6A 甲基转移酶，在哺乳动物中介导部分信使 RNA（mRNA）的 m^6A 甲基化。然而，目前 m^6A 及其甲基转移酶在植物病原卵菌中的生物学功能尚不清楚。

本研究在大豆疫霉中鉴定到一个 METTL16 同源蛋白，命名为 PsMETTL16，通过 CRISPR/Cas9 介导的原生质体转化技术，成功获得了 *PsMETTL16* 基因的纯合敲除转化子，并开展了其生物学性状探究。结果表明，与大豆疫霉亲本菌株相比，*PsMETTL16* 基因纯合转化子孢子囊数量显著减少，较亲本下降了 55.6%~59.3%；此外，敲除转化子游动孢子释放数量也显著降低，较亲本减少了 84.2%~89.8%。结果表明 PsMETTL16 主要调控了大豆疫霉的无性孢子发育阶段，推测 m^6A 甲基化修饰在疫霉的无性生殖阶段发挥重要作用，但具体的调控机制等还需要后续进一步研究。

关键词：大豆疫霉；m^6A 甲基化；甲基转移酶；无性孢子

---

* 基金项目：国家自然科学基金（31730075）

** 第一作者：张凡，博士研究生；E-mail：843360141@ qq. com

*** 通信作者：刘西莉，教授，主要从事植物病原菌与杀菌剂互作研究；E-mail：seedling@ cau. edu. cn

大豆疫霉 PsHSP70 蛋白的 *N*-糖基化修饰对病原菌生长发育的影响[*]

陈姗姗[1**]，郑玉欣[1]，王玉珂[1]，马全贺[1]，张　灿[1***]，刘西莉[1,2]
（1. 中国农业大学植物病理学系，北京　100193；
2. 西北农林科技大学旱区作物逆境生物学国家重点实验室，植物保护学院，杨凌　712100）

摘　要：大豆疫霉（*Phytophthora sojae*）是一种重要的土传植物病原卵菌，可引起大豆根腐、茎腐等症状，造成严重的经济损失。*N*-糖基化是真核生物常见的蛋白质翻译后修饰，通常是指糖链的还原末端在寡糖基转移酶的催化下，通过天冬酰胺 Asn（N）的侧链氨基与蛋白相连。*N*-糖基化影响蛋白质的折叠、稳定性和定位，从而调控细胞生长发育和细胞间通信等多个生物学过程。热激蛋白是在生物进化中高度保守的蛋白质分子家族，其可作为分子伴侣参与调控多蛋白复合物的组装和跨膜运输、转位、蛋白质降解、细胞内蛋白质合成后的加工等。Hsp70 是热激蛋白家族中最重要的一员，课题组前期分析组学数据发现，大豆疫霉中的一个 HSP70 分子伴侣蛋白 PsHSP70 可能发生了 *N*-糖基化修饰，但目前尚未见该类蛋白发生 *N*-糖基化修饰及其功能的具体报道。

本研究分别采用质谱鉴定、去糖基化酶 PNGase F 酶切以及糖基化位点定点突变等方法验证了 PsHSP70 蛋白在 305 位确实发生了 *N*-糖基化修饰。进一步采用 CRISPR/Cas9 介导的卵菌原生质体转化技术，成功获得了 PsHSP70 蛋白的纯合定点突变转化子 $PsHSP70^{N305A}$，并开展了其生物学功能探究。结果表明，与大豆疫霉亲本菌株相比，定点突变转化子的休止孢萌发率降低，卵孢子数量减少，同时致病性也减弱。同时，在 $PsHSP70^{N305A}$ 中检测了 3 个编码蛋白质二硫键异构酶基因的表达量，其中 2 个均发生了上调表达，推测其该修饰位点可能影响蛋白的正确折叠和稳定性。综上，大豆疫霉中的 PsHSP70 是 *N*-糖蛋白，且其 *N*-糖基化修饰可显著影响大豆疫霉的生长发育和致病力，但调控机制还需进一步研究。

关键词：大豆疫霉；*N*-糖基化修饰；分子伴侣；HSP70 蛋白

---

* 基金项目：国家自然科学基金（32172447，31801761）
** 第一作者：陈姗姗，博士研究生；E-mail：572120560@ qq. com
*** 通信作者：张灿，副教授，主要从事植物病原菌与杀菌剂互作研究；E-mail：czhang@ cau. edu. cn

辣椒疫霉甾醇生物合成相关蛋白 PcDHCR7 的生物学功能研究*

周　鑫[1**]，王为镇[1,3]，薛昭霖[1]，张　灿[1]，刘西莉[1,2***]
（1. 中国农业大学植物病理学系，北京　100193；2. 西北农林科技大学旱区作物逆境生物学国家重点实验室，植物保护学院，杨凌　712100；3. 贵州大学，贵阳　550025）

摘　要：卵菌种类繁多，目前已知的卵菌超过 1 800 种，在世界范围内引起多种动植物疾病。其中植物病原卵菌可对农业生产及自然生态系统构成严重的威胁。辣椒疫霉（*Phytophthora capsici*）属于疫霉属植物病原卵菌，是甾醇缺陷型生物，可侵染包括茄科、葫芦科等多种植物，导致根、茎及果实腐烂等多种症状，给农业生产造成巨大损失。笔者课题组前期研究发现，辣椒疫霉自身没有甾醇合成能力，但其基因组中保留了甾醇生物合成通路中的基因 *PcDHCR*7，其在疫霉体内的生物学功能尚不明确。

本研究采用 CRISPR/Cas9 介导的原生质体转化方法，成功获得了辣椒疫霉 *PcDHCR*7 基因纯合敲除突变体，并测定了 *PcDHCR*7 基因敲除后对辣椒疫霉不同发育阶段和致病力等的影响，结果显示突变体的菌丝生长速率和致病力均显著下降，芽管不能正常伸长并伴有顶端菌丝分支异常、畸形等现象。进一步结合酵母异源表达系统对其开展了酶活研究，发现与辣椒疫霉亲本菌株相比，*PcDHCR*7 基因敲除突变体丧失了甾醇 Δ7 还原酶活性，即无法将麦角甾醇转化为菜籽甾醇。上述结果表明，辣椒疫霉虽为甾醇缺陷型生物，但其 PcDHCR7 仍保留了甾醇 Δ7 还原酶的酶活，并在病原菌的生长发育中发挥着重要功能。

关键词：辣椒疫霉；甾醇生物合成；PcDHCR7

---

* 基金项目：国家重点研发计划（2022YFD1700200）

** 第一作者：周鑫，博士研究生；E-mail：798149562@ qq. com

*** 通信作者：刘西莉，教授，主要从事植物病原菌与杀菌剂互作研究；E-mail：seedling@ cau. edu. cn

Characterization of the Pectate Lyase Gene Family in *Peronophythora litchii* and Their Role in Litchi Infection*

LI Wen, LI Peng, LI Minhui, KONG Guanghui**, JIANG Zide**

(*College of Plant Protection*, *South China Agricultural University*, *Guangzhou* 510642, *China*)

Abstract: The cell wall is the first line of defense that protect plant against invading pathogens and is composed of polysaccharide and protein. Most plant pathogens secrete a variety of cell wall-degrading enzymes (CWDEs) to degrade plant cell wall and obtain nutrients for their growth and infection. Significantly, pectate lyases (PeL) play a critical role in the host-pathogen warfare. Here, we indicated that 19 genes encode pectate lyase proteins in the genome of oomycete pathogen *Peronophythora litchii*. Bioinformatic prediction analysis showed that 19 PlPeLs grouped into two clusters. All PlPeL proteins have a predicted N-terminal signal peptide. Transcriptional analysis revealed that the expression of 14 *PlPeL* genes was up-regulated during infection stages. Expression patterns suggested that most of PlPeLs may have important roles in the colonization and infection of *P. litchii*. Further study showed that PlPeL8 induce plant cell death and eight PlPeLs enhanced the susceptibility of *Nicotiana benthamiana* to *Phytophthora capsici*. Five *PlPeL* genes was successfully knocked out by CRISPR/Cas9 gene editing system and a double deletion mutant of *PlPeL*1 and *PlPeL*1-*like* was generated. Pathogenicity assay revealed that deletion of *PlPeL*1, *PlPeL*1-*like*, *PlPeL*6, *PlPeL*8, or *PlPeL*11 did not impair the virulence of *P. litchii*, but double knockout of *PlPeL*1 and *PlPeL*1-*like* impaired the pathogenicity of *P. litchii*, suggesting that redundancy within the PlPeL genes family. In addition, we reported that PlPeL1 interacted with seven thaumatin-like proteins (LcTLPs) of litchi using yeast two-hybrid screen. These findings provide new insight into pectate lyase's function in the host-pathogen interaction.

Key words: *Peronophythora litchii*; pectate lyase; virulence; thaumatin-like proteins

---

* Funding: China Agriculture Research System (CARS-32-11); National Natural Science Foundation of China (U21A20220, 31701771); Natural Science Foundation of Guangdong Province, China (2022A1515010458, 2023A1515030267)

** Corresponding authors: KONG Guanghui; E-mail: gkong@scau.edu.cn

JIANG Zide; E-mail: zdjiang@scau.edu.cn

荔枝霜疫霉 PlRACK1-MAPK-MKP 复合体参与病原菌生长发育与致病过程

黄伟雄，李　锐，李敏慧，习平根，姜子德，孔广辉
（华南农业大学植物保护学院，广州　510000）

摘　要：荔枝霜疫霉（*Peronophythora litchii*）引起的荔枝霜疫病是荔枝上危害最严重的病害。信号转导在卵菌致病过程中发挥着关键作用，了解信号转导对卵菌营养生长、孢子形成、致病能力等的作用机制，有助于开发新型有效策略来控制卵菌病害。本论文在荔枝霜疫霉中鉴定到一个结构与功能上都保守的支架蛋白 RACK1（Receptor for activated C kinase 1）同源蛋白，命名为 PlRACK1。PlRACK1 有着典型的 7 叶 β 螺旋折叠漏斗结构，与卵菌以及其他跨界模式生物中的 RACK1 都有着较高的同源性，在进化上高度保守。PlRACK1 在荔枝霜疫霉侵染早期和受过氧化氢胁迫时上调表达。GST pull-down 技术验证了 PlRACK1 与荔枝霜疫霉 MAPK 信号通路中 PlMAPK1 以及 PlMAPK2 分别存在体外互作的关系。PlRACK1 的敲除突变体对荔枝致病能力显著降低。同时，PlRACK1 的敲除会导致菌丝营养生长显著减慢，但会使孢囊梗分枝增多并显著提高孢子囊产量；细胞壁胁迫与氧化胁迫对突变体的抑制率显著提高。荔枝霜疫霉野生型以及 PlRACK1 敲除突变体在 12 h 致病阶段进行转录组测序的分析筛选到一个显著下调基因 Pl_013853，经同源分析鉴定为 MAPK 磷酸酶 1，命名为 PlMKP1。PlMKP1 与 PlMAPK1 以及 PlMAPK2 分别存在互作关系。PlMKP1 敲除后，也出现了该突变体对荔枝致病能力显著降低的现象。综上所述，本论文在荔枝霜疫霉中鉴定到一个 PlRACK1，其通过调节菌丝生长、细胞壁完整性、代谢活性氧能力、漆酶活性以及 MAPK 信号通路，参与了荔枝霜疫霉的致病过程，但 PlRACK1-MAPK-MKP 复合体三者共同调节病原菌侵染的作用机制还需要进一步的研究。

关键词：荔枝霜疫霉；信号转导；MAPK；RACK1；致病力

荔枝霜疫霉效应子 PlAvh222 调控植物免疫的分子机制研究*

谢丽珠，李　鹏，习平根，李敏慧，孔广辉，姜子德**
（华南农业大学植物保护学院，广州　510000）

摘　要：荔枝霜疫霉（*Peronophythora litchii*）引起的荔枝霜疫病是影响荔枝产量与质量的主要病害，其大规模发生给荔枝产业带来严重的经济损失。该病原菌在侵染荔枝的过程中会分泌大量的效应因子来干扰寄主的免疫，前期经过大量的免疫实验筛选发现荔枝霜疫霉 RXLR 效应蛋白 PlAvh222 能够抑制 INF1 诱导的烟草坏死，但其毒性和分子机制尚不明确。本研究利用 CRISPR/Cas9 介导的基因敲除、蛋白质互作、植物瞬时表达等技术，探究了 PlAvh222 的毒力功能、寄主靶标蛋白和靶标蛋白的功能。利用 CRISPR/Cas9 介导的基因敲除将 PlAvh222 敲除，表明 PlAvh222 不影响荔枝霜疫霉的生长速率但使其致病力显著下降。利用酵母双杂系统筛选到一个多次出现的荔枝蛋白并将其命名为 LcCaM，通过酵母一对一验证、双分子荧光互补、GST-pulldown 和免疫共沉淀技术进一步明确了 PlAvh222 与 LcCaM 的互作关系。此外，PlAvh222 与 LcCaM 的互作关系是依钙离子依赖性的。利用农杆菌介导的植物瞬时表达技术，使 PlAvh222 和 LcCaM 在烟草中分别瞬时表达并接种辣椒疫霉，PlAvh222 的表达促进辣椒疫霉的侵染而 LcCaM 的表达抑制辣椒疫霉的侵染。利用免疫共沉淀技术证明 PlAvh222 的 C 端是与 LcCaM 互作的关键位点且其互作关键位点是 PlAvh222 抑制 INF1 诱导的烟草坏死、促进辣椒疫霉侵染烟草和活性氧爆发所必需的。以上结果表明，PlAvh222 对荔枝霜疫霉毒力有重要贡献，并筛选到一个对植物免疫起正调控作用的荔枝靶标基因 LcCaM，此外，PlAvh222 的 C 端是 PlAvh222 抑制 INF1 诱导坏死的关键位和靶向荔枝的 LcCaM 的关键位点，PlAvh222 钙离子依赖性地与 LcCaM 互作抑制 LcCaM 的抗病功能。本研究在分子和蛋白水平上研究了荔枝霜疫霉 RXLR 效应蛋白 PlAvh222 及其靶标植物蛋白的具体功能和互作机制，研究结果为以后荔枝病害防控提供理论依据。

关键词：荔枝霜疫霉；PlAvh222；LcCaM；蛋白互作；抑制坏死

---

* 基金项目：广东省自然科学基金（2022A1515010458，2023A1515030267）；财政部和农业农村部：国家现代农业产业技术体系建设专项（CARS-32）

** 通信作者：姜子德；E-mail：zdjiang@ scau. edu. cn

荔枝霜疫霉蛋白激酶 PlYPK1 的功能研究*

刘茜芫，李小凤，窦梓源，孔广辉，司徒俊键，姜子德，习平根
（华南农业大学植物保护学院，广州 510642）

摘　要：荔枝（*Litchi chinesis*）起源于中国，是我国亚热带区种植面积最大的水果经济作物。同荔枝霜疫霉（*Peronophythora litchii*）引致的荔枝霜霉疫病是荔枝生产上危害最严重的病害，主要造成荔枝大量落花落果，使荔枝产量大幅减少、品质大幅下降，是荔枝产业健康发展的一个制约因素。YPK1 是真核生物中一类高度保守的具有激酶结构域的 AGC 型丝氨酸/苏氨酸蛋白激酶（protein kinase），起磷酸化蛋白的作用。蛋白磷酸化和去磷酸化是细胞信号传导调控的重要方式；蛋白磷酸化对真菌的生长发育、有性或无性生殖、致病力等生理过程起调控作用。本课题组从荔枝霜疫霉中，经同源比对，鉴定获得丝氨酸/苏氨酸蛋白激酶 PlYPK1，该基因在卵菌中保守存在。分析表明，*PlYPK*1 在病原菌侵染后期（12~24 h）转录水平较菌丝阶段显著提高。进一步采用 CRISPR/Cas9 基因编辑技术对 *PlYPK*1 基因进行敲除，并且对该基因的功能进行了分析。结果表明 *PlYPK*1 敲除突变体菌丝生长速率较野生型无明显差别。与荔枝霜疫霉野生型菌株相比，*PlYPK*1 敲除突变体不产生孢囊梗，不产生孢子囊，不产生卵孢子，致病力显著下降，表明 *PlYPK*1 在调控荔枝霜疫霉无性生殖、有性生殖以及致病力方面发挥重要作用。本研究发现了荔枝霜疫霉 PlYPK1 在病原菌无性生殖、有性生殖和致病过程中发挥关键作用，这为进一步探究荔枝霜疫霉 PlYPK1 蛋白调控途径及其病害防控提供了新的理论基础和靶标基因。

关键词：荔枝霜疫霉；PlYPK1；丝氨酸/苏氨酸蛋白激酶；生长发育；致病力

* 基金项目：广东省自然科学基金面上项目（2023A1515012617）；国家荔枝龙眼产业技术体系建设项目（CARS-32）

荔枝霜疫霉 PlANK1 在有性繁殖和致病过程中的功能研究

张心宁，司徒俊健，李敏慧，习平根，孔广辉，姜子德
（华南农业大学植物保护学院，广州　510000）

摘　要：由荔枝霜疫霉（*Peronophythora litchii*）引起的荔枝霜疫病是荔枝生产及采后危害最为严重、影响最为广泛的病害。对荔枝产业的安全生产和发展造成了巨大的威胁。锚蛋白重复序列（ANK）是所有生命体中最常见的蛋白-蛋白相互作用基序之一。含有 ANK 的蛋白质已被证明可以调节动物、植物和真菌的各种生物过程。然而，它们在植物致病卵菌中的作用尚不清楚。

本研究共鉴定出荔枝霜疫霉 284 个非冗余基因编码含有 ANK 的蛋白，并将其划分为 11 个亚科。为了研究含有 ANK 蛋白在荔枝霜疫霉中的功能，选择在感染阶段的转录水平更高 *PlANK*1 进行深入研究。首先 RT-qPCR 结果显示，PlANK1 在游动孢子、卵孢子以及侵染过程中均有高表达，运用 CRISPR/Cas9 基因编辑技术对 *PlANK*1 进行敲除后，得到 3 个敲除突变体：T11、T14 和 T39。与 WT、CK 和回补菌株相比，*PlANK*1 敲除突变体在胡萝卜培养基上的生长速度较慢，游动孢子在孢子囊释放后 1 h 和 3 h 的休止孢形成速度更快，此外，孢子囊萌发率也降低了约 20%。*PlANK*1 敲除突变体在 NaCl 和 D-山梨醇等高渗胁迫下表现出更高的生长抑制率，在刚果红（CR）培养皿上也观察到更高的抑制率。这些结果表明，*PlANK*1 积极调节了荔枝霜疫霉对高渗和 CR 胁迫的反应，并参与了荔枝霜疫霉细胞壁完整性和胁迫反应。同时，*PlANK*1 缺失突变体在卵孢子形成和发育方面存在缺陷，约有一半敲除突变体的卵孢子中的细胞质数量减少。异常卵孢子的细胞质破碎，形成不规则形状的团块。通过溴化四氮唑（MTT）染色测定，发现多数敲除突变体卵孢子已失去活力，其细胞质呈淡紫色或未染色。致病性试验表明，*PlANK*1 的缺失严重降低了病原菌对荔枝叶片和果实的毒力。以上研究结果均表明，*PlANK*1 是荔枝霜疫霉有性和无性发育及致病性的关键调控因子。

本研究首次报道了卵菌中含有 ANK 的蛋白的鉴定，并对该类蛋白的生物学功能进行了表征。这为解读植物致病卵菌有性繁殖和致病性的分子机制开辟了新的途径。

关键词：荔枝霜疫霉病；卵菌；ANK 蛋白；卵孢子；致病性

Gene Editing with A Novel Selection Marker Reveals that PuLLP, A Loricrin-Like Protein Regulated by the Puf RNA-binding Protein PuM90, is Required for Oospore Development in *Pythium ultimum*[*]

FENG Hui[1,2,3,4**], LIU Tianli[1,2,3], LI Jiaxu[1,2,3], WAN Chuanxu[1,2,3], DING Feifei[1,2,3], YE Wenwu[1,2,3***], ZHENG Xiaobo[1,2,3], WANG Yuanchao[1,2,3]

(1. *Department of Plant Pathology*, *Nanjing Agricultural University*, *Nanjing* 210095, *China*; 2. *Key Laboratory of Soybean Disease and Pest Control* (*Ministry of Agriculture and Rural Affairs*), *Nanjing Agricultural University*, *Nanjing* 210095, *China*; 3. *Key Laboratory of Plant Immunity*, *Nanjing Agricultural University*, *Nanjing* 210095, *China*; 4. *Tobacco Research Institute*, *Chinese Academy of Agricultural Sciences*, *Qingdao* 266101, *China*)

Abstract: Oomycetes, including *Pythium* species, contain many devastating plant pathogens that have caused substantial economic losses worldwide. Although CRISPR/Cas9-based genome editing is available, the selection markers available for genetic transformation in these species are limited. In this study, a mutated version of the *Phytophthora capsici* oxysterol binding protein-related protein 1 (PcMuORP1), which is known to confer oxathiapiprolin resistance, was introduced into the CRISPR/Cas9 system for *in situ* complementation in *Py. ultimum*. We targeted *PuLLP*, which encodes a loricrin-like protein, and showed significant downregulation when the Puf RNA-binding protein-encoding gene *PuM*90 was knocked out. *PuLLP* knockout mutants were unable to produce oospores, indicating a similar biological function as PuM90. Reintroduction of *PuLLP* into the knockout mutant using *PcMuORP*1 as a selection marker restored oospore production. Further comparisons with the conventional selection marker *NPT* II indicated that *PcMuORP*1 could be applied at a lower concentration and cost, and even result in a higher screening efficiency. Successive subculture in the absence of selective pressure showed that PcMuORP1 had little long-term influence on the fitness of transformants, and therefore could be reused as an alternative selection marker. This study demonstrates successful implementation of the *PcMuORP*1 gene as a selection marker in the genetic transformation of *Pythium* and reveals the loricrin-like protein PuLLP as a sexual reproduction-related factor downstream of the Puf RNA-binding protein PuM90. Overall, these results will help accelerate functional genomic investigation of oomycetes.

Key words: Oomycete; *Pythium*; Genetic transformation; Selection marker; Oxathiapiprolin

---

* Funding: National Natural Science Foundation of China (31972250, 32172374)

** First author: FENG Hui; E-mail: 2018202031@njau.edu.cn

*** Corresponding author: YE Wenwu; E-mail: yeww@njau.edu.cn

Fusarium-produced VItamin B6 Promotes the Evasion of Soybean Resistance by *Phytophthora sojae* During Co-infection*

WANG Shuchen[1,2,3**], ZHANG Xiaoyi[1,2,3], ZHANG Zhichao[1,2,3], CHEN Yun[4], TIAN Qing[1,2,3], ZENG Dandan[1,2,3], XU Miao[1,2,3], WANG Yan[1,2,3], DONG Suomeng[1,2,3], MA Zhonghua[4], YE Wenwu[1,2,3***], ZHENG Xiaobo[1,2,3], WANG Yuanchao[1,2,3]

[1. *Department of Plant Pathology*, *Nanjing Agricultural University*, *Nanjing* 210095, *China*; 2. *Key Laboratory of Plant Immunity*, *Nanjing Agricultural University*, *Nanjing* 210095, *China*; 3. *Key Laboratory of Soybean Disease and Pest Control* (*Ministry of Agriculture and Rural Affairs*), *Nanjing Agricultural University*, *Nanjing* 210095, *China*; 4. *Key Laboratory of Molecular Biology of Crop Pathogens and Insects*, *Institute of Biotechnology*, *Zhejiang University*, *Hangzhou* 310058, *China*]

Abstract: Plants can be infected by multiple pathogens concurrently in natural systems. However, pathogen-pathogen interactions have rarely been studied. In addition to the oomycete *Phytophthora sojae*, fungi such as *Fusarium* spp. also cause soybean root rot. In a three-year field investigation, we discovered that *P. sojae* and *Fusarium* spp. frequently coexisted in diseased soybean roots. Out of 336 *P. sojae*-soybean-*Fusarium* combinations, more than 80% aggravated disease. Different *Fusarium* species all enhanced *P. sojae* infection when co-inoculated on soybean. Treatment with *Fusarium* secreted non-proteinaceous metabolites had an effect equal to the direct pathogen co-inoculation. By screening a *F. graminearum* mutant library, we identified *Fusarium* promoting factor of *Phytophthora sojae* infection 1 (Fpp1), encoding a zinc alcohol dehydrogenase. Fpp1 is functionally conserved in *Fusarium* and contributes to metabolite-mediated infection promotion, in which vitamin B6 produced by *Fusarium* is key. Transcriptional and functional analyses revealed that Fpp1 regulates two vitamin B6 metabolism genes, and vitamin B6 suppresses expression of soybean disease resistance-related genes. These results reveal that co-infection with *Fusarium* promotes loss of *P. sojae* resistance in soybean, information that will inform the sustainable use of disease-resistant crop varieties and provide new strategies to control soybean root rot.

Key words: Pathogen-host interaction; *Phytophthora sojae*; Fungal metabolites; Soybean root rot; Vitamin B6

* Funding: National Natural Science Foundation of China (32172374, 31721004); China Agriculture Research System (CARS-004-PS14)

** First author: WANG Shuchen; E-mail: 2018202032@ njau. edu. cn

*** Corresponding author: YE Wenwu; E-mail: yeww@ njau. edu. cn

Telomere-to-telomere Genomes Uncover the Virulence Evolution of Oomycete Plant Pathogens Conferred by Chromosome Fusion*

ZHANG Zhichao[1,2,3**], YE Wenwu[1,2,3***], TIAN Yuan[1,2,3], WANG Liyuan[1,2,3], CAO Jingting[1,2,3], FENG Hui[1,2,3], LI Kainan[1,2,3], DONG Suomeng[1,2,3], WANG Yuanchao[1,2,3***]

[1. *Department of Plant Pathology*, *Nanjing Agricultural University*, *Nanjing* 210095, *China*; 2. *Key Laboratory of Soybean Disease and Pest Control* (*Ministry of Agriculture and Rural Affairs*), *Nanjing Agricultural University*, *Nanjing* 210095, *China*; 3. *Key Laboratory of Plant Immunity*, *Nanjing Agricultural University*, *Nanjing* 210095, *China*]

Abstract: Variations in chromosome number or karyotype are common among oomycetes, which include many plant pathogens, but the emergence of such variations and effect on virulence evolution remain unknown. Here, we generated telomere-to-telomere chromosome-level genome assemblies for *Phytophthora sojae* and several *Pythium* species. We found that obvious difference in chromosome number in the Peronosporaceaes. Reconstructing the genome of the most recent common ancestor revealed that chromosome fusion and fission events drove the observed variations in chromosome number, and tandem fusion may drive the reduction of chromosome number in *P. sojae*. By comparing ancestral with current chromosomes further revealed that ancestral acrocentric chromosomes may be an important molecular basis contributing to the formation of chromosome tandem fusions. Fused and non-fused chromosomes exhibit distinct evolutionary features, with RxLR genes tending to duplicate in the sub-telomere regions of fused chromosomes. Chromosome fusion also facilitated the emergence of new pathogenic genes and the evolution of effectors, endowing advantages to pathogen virulence evolution. By integrating ancestral and current genomic hotspot regions, along with protein structure clustering, we also predicted novel pathogenic gene families. Our results reveal chromosome fusion as a major mechanism for the virulence evolution of oomycete plant pathogens, providing new insights into chromosome tandem fusion, effector rapid evolution, and new effector prediction in oomycetes.

Key words: Telomere - to - telomere; Karyotype evolution; Chromosome fusion; Effector evolution; Oomycetes

---

* Funding: National Natural Science Foundation of China (32172374, 31721004, 31972250); National Key R&D Program of China (2022YFD1700200)

** First author: ZHANG Zhichao; E-mail: 2018102056@ njau. edu. cn

*** Corresponding authors: YE Wenwu; E-mail: yeww@ njau. edu. cn

WANG Yuanchao; E-mail: wangyc@ njau. edu. cn

荔枝霜疫霉 GTPase 家族的功能研究

周钢强，习平根，李敏慧，姜子德，孔广辉
（华南农业大学植物保护学院，广州　510000）

摘　要：荔枝是中国重要的热带和亚热带水果，而荔枝霜疫病严重影响主产区荔枝的产量以及荔枝贮藏、运输。荔枝霜疫病是由荔枝霜疫霉（*Peronophythora litchii*）侵染引起的重要病害。本研究鉴定了 5 个荔枝霜疫霉 GTPase 蛋白家族成员，并利用 CRISPR/Cas9 基因编辑技术对其进行敲除和功能分析。

PlRab5A 在孢子囊阶段上调表达，*PlRab5B* 在休止孢萌发和侵染前期上调表达，*PlRab6* 则在休止孢阶段和侵染前期上调表达，*PlRab8A* 在游动孢子、休止孢和休止孢萌发阶段上调表达，*PlRab8B* 基因在孢子囊阶段、游动孢子、休止孢、休止孢萌发和侵染前期阶段相对上调表达。*PlRab5A*、*PlRab6* 和 *PlRab8B* 的敲除严重损伤了荔枝霜疫霉的生长；*PlRab5A*、*PlRab5B*、*PlRab6* 和 *PlRab8B* 基因敲除突变体孢子囊形态异常，*PlRab5A* 和 *PlRab8B* 基因敲除突变体不产生游动孢子，而 *PlRab6* 基因敲除突变体游动孢子游动能力下降，另外 *PlRab5A* 基因敲除突变体不产生卵孢子和 *PlRab8B* 基因敲除突变体卵孢子减少。同时，*PlRab8A* 基因敲除突变体和 *PlRab8B* 基因敲除突变体对荔枝的致病性明显降低。*PlRab8A* 基因敲除突变体对外源添加氯化钠、山梨糖醇、氯化钙引起的高渗透压耐受性下降，而 *PlRab8B* 基因敲除突变体对山梨糖醇和氯化钙耐受性下降，表明两个基因与荔枝霜疫霉的渗透压胁迫耐受性相关。荔枝霜疫霉 *Rab8A* 与 *Rab8B* 基因敲除突变体的生长速率和致病力菌下降，说明两个基因菌调节菌丝生长，不存在功能冗余；而 *PlRab8B* 的敲除体在孢子囊释放游动孢子等性状上与野生型有显著差异，在对细胞形态分化发育上有更加重要的调节功能。总体来说，本研究发现了荔枝霜疫霉 5 个 *Rab* 基因在荔枝生长发育、无性繁殖和致病过程中发挥关键作用，为荔枝霜疫霉的病害防控提供了新的理论基础和靶标基因。

关键词：荔枝霜疫霉；Rab8；CRISPR/Cas9；游动孢子

黄瓜霜霉病菌孢子囊流式细胞术识别计数研究与应用*

李　明，陈思铭，郝宝玉，任爱新，纪　涛，杨信廷
（北京市农林科学院信息技术研究中心，国家农业信息化工程技术研究中心，农产品质量安全追溯技术及应用国家工程实验室，中国气象局–农业农村部都市农业气象服务中心，北京　100097）

摘　要：由古巴假霜霉菌（*Pseudoperonospora cubensis*）引起的黄瓜霜霉病是一种世界范围内黄瓜生产上危害性较强的病害，发生严重及防控不当所导致的产量降低、品质下降问题普遍存在。因此，建立病害监测预警技术对实现预防为主的防治策略有重要意义，其中的关键是对田间病原菌建立快速监测方法从而进行风险预警，为防治策略提供可靠的预测模型参数。

本文建立在对古巴假霜霉菌孢子囊开展实验室研究的基础上，通过流式细胞仪结合荧光染剂 SYBR Green Ⅰ 对古巴假霜霉菌孢子囊进行计数检测，探讨流式细胞术在日光温室中的实际应用检测效果。主要研究内容如下。

（1）以古巴假霜霉菌孢子囊为对象建立了流式细胞术定量检测方法。试验用田间采集的病叶制备古巴假霜霉菌孢子囊悬浮液开展。通过染色方法、上样方式、仪器阈值、仪器增益等试验，对比选择最佳方案。结果表明最佳染色方式为 500 μL 悬浮液样本中加入 30 μL 荧光染剂 SYBR Green Ⅰ，在室温下染色 20 min；上样方式选取流速高速，30 s 上样时间；仪器参数确定 FL1 阈值为 8×10^4、SSC 通道阈值为 3×10^5，增益为低增益。

（2）对建立的流式细胞术检测计数方法的结果进行评价。用血细胞计数板对同一孢子囊样本进行计数，与流式细胞术计数方法比较，即使两种方法目标范围有所差异，但有相关性（r=0.851 01）；对多次重复的样本检测结果展开评价，相对标准偏差多数结果均在5%以下；然后通过对空白样本的检测获得检出限的数据 1~10 个/μL；设计实验评价不同人员操作下的结果实现对重现性的评价，其相对标准偏差多在15%以下。

（3）应用流式细胞术计数方法在日光温室进行试验。黄瓜霜霉病在田间发展迅速，在经过打叶管理后，病害发展速度减缓，病情指数维持在 70 以下，计数方法与显微镜观察法结果有较好的相关性（r=0.825 16），得到流式细胞术的检测计数结果。田间各采样点孢子囊数量也下降且稳定在 2×10^4以下，符合田间情况，验证了从采样到计数整个流程在田间的可行性。

关键词：古巴假霜霉菌；植病流行学；荧光染色；系统评价；田间应用

---

* 基金项目：国家重点研发计划项目（2022YFE0199500）“中西园艺作物绿色生产水土利用和生防关键技术研究示范”；国家自然科学基金青年科学基金项目（31401683）“日光温室黄瓜霜霉病初侵染监测预警方法研究”；北京市农林科学院国家基金培育专项（KJCX20211002）“日光温室黄瓜霜霉病菌识别计数方法”；北京市农林科学院改革与发展专项“农产品智慧低碳供应链关键技术研究”

The Phosphorylation of Plant BAG1 Boosts Plant Resistance Against *Phytophthora* Pathogen Via Promoting the Protein Quality Control of Plant Immune Scaffold RACK1

CHENG Yang, MENG Rui, ZHANG Huanxin, YU Qing,
DOU Daolong, JING Maofeng*
(*Department of Plant Pathology*, *Nanjing Agricultural University*, *Nanjing* 210095, *China*)

Abstract: In nature, plants constantly encounter various microorganisms and exhibit distinct responses. However, little is known about the plant physiological and biochemical regulations in response to beneficial and harmful microorganisms. Protein quality control (PQC) is required for plant development and immune responses. Pathogens interfere with plant protein homeostasis resulted in the aggregation of unfolded/misfolded proteins and subsequent impaired resistance. However, little is still known about the collaboration between protein homeostasis and plant immunity. *Pythium oligandrum*, a beneficial soil-inhabiting oomycete, promotes both plant resistance and growth. Here, we found that *P. oligandrum*, but not oomycete pathogen *Phytophthora capsici*, phosphorylates AtBAG1 at Ser298 to boost plant resistance *in planta*. Our results show that AtBAG1 associates with the plant immune scaffold AtRACK1, which mediated Gβ-MAPK signal pathway. Furthermore, we found phosphorylated AtBAG1 significantly promotes the degradation of misfolded AtRACK1 that competitively associated with Gβ. Together, our study uncovers a plant resistance strategy to manipulate the PQC of the core plant immune regulators, and serves as a molecular foothold for understanding how biocontrol agent *P. oligandrum* leads to enhanced resistance against *Phytophthora* pathogen.

Key words: Protein quality control; Plant resistance; *Phytophthora*; *Pythium oligandrum*; BAG; RACK1

* Corresponding author: JING Maofeng; E-mail: jingmf@ njau. edu. cn (M. J.)

A *Phytophthora* Receptor-like Kinase Regulates Oospore Development and Activates Pattern-triggered Plant Immunity

PEI Yong, JI Peiyun, SI Jierui, ZHAO Hanqing, ZHANG Sicong, XU Ruofei, QIAO Huijun, DUAN Weiwei, SHEN Danyu, YIN Zhiyuan*, DOU Daolong*

(*College of Plant Protection*, *Nanjing Agricultural University*, *Nanjing* 210095, *China*)

Abstract: Plant cell-surface leucine-rich repeat receptor-like kinases (LRR-RLKs) and receptor-like proteins (LRR-RLPs) form dynamic complexes to receive a variety of extracellular signals. LRR-RLKs are also widespread in oomycete pathogens, whereas it remains enigmatic whether plant and oomycete LRR-RLKs could mediate cell-to-cell communications between pathogen and host. Here, we report that an LRR-RLK from the soybean root and stem rot pathogen *Phytophthora sojae*, PsRLK6, activates typical pattern-triggered immunity in host soybean and nonhost tomato and *Nicotiana benthamiana* plants. PsRLK6 homologs are conserved in oomycetes and also exhibit immunity-inducing activity. A small region (LRR5-6) in the extracellular domain of PsRLK6 is sufficient to activate BAK1-and SOBIR1-dependent immune responses, suggesting that PsRLK6 is likely recognized by a plant LRR-RLP. Moreover, *PsRLK6* is shown to be up-regulated during oospore maturation and essential for the oospore development of *P. sojae*. Our data provide a novel type of microbe-associated molecular pattern that functions in the sexual reproduction of oomycete, and a scenario in which a pathogen LRR-RLK could be sensed by a plant LRR-RLP to mount plant immunity.

Key words: Oomycete; Sexual reproduction; Leucine-rich repeat (LRR); Pathogen-associated molecular pattern (PAMP); BAK1/SOBIR1

---

* Corresponding authors: YIN Zhiyuan; E-mail: zyin@ njau. edu. cn
DOU Daolong; E-mail: ddou@ njau. edu. cn

CRISPR/Cas9-guided Editing of PM1 in Potato Improves *Phytophthora* Resistance without Growth Penalty

BI Weishuai[1], LIU Jing[1], LI Yuanyuan[1], HE Ziwei[1], WANG Xiaodan[1], DOU Daolong[2*], XU Guangyuan[1*]

(1. *MOA Key Lab of Pest Monitoring and Green Management, Department of Plant Pathology, College of Plant Protection, China Agricultural University, Beijing* 100193, *China*; 2. *College of Plant Protection, Nanjing Agricultural University, Nanjing* 210095, *China*)

Abstract: Potato (*Solanum tuberosum* L.), one of the most important crop and a staple food for many people worldwide, is affected by many pathogens, among which *Phytophthora infestans*, causing late blight, generates the most striking losses worldwide. Currently, the prevention and control of potato late blight mainly relies on the use of chemical pesticides, but it also brings environmental pollution problems, seriously threatening people's food safety and physical health. Therefore, breeding resistant potato varieties is the most cost-effective and efficient way to control the disease. The exploration of novel resistance and susceptibility (S) genes open a wide horizon for building new crop germplasm resource. However, the utilization of S gene in potato to achieve disease resistance is much less exploited. Here, we identified a novel and conserved susceptible factor, plasma membrane protein PM1, acting as a negative regulator in the resistance to *Phytophthora* species, including *Phytophthora infestans* and *Phytophthora capsici*. Moreover, we reveal that the PM1 plays the negative role in regulating the defense response by promoting RbohB protein degradation. Importantly, CRISPR/Cas9-guided editing of PM1 in potato improves *Phytophthora* resistance without growth penalty. Collectively, our data provide a valuable gene resource, which could be applied in field to improve potato resistance to late blight.

* Corresponding authors: DOU Daolong; E-mail: ddou@ njau. edu. cn
XU Guangyuan; E-mail: xuguangyuan@ cau. edu. cn

PlAtg12 is Involved in the Vegetative Growth, Development and Pathogenicity of *Peronophythora litchii*[*]

CHEN Taixu[1,2], YANG Chengdong[1,2], YU Ge[1,2], LV Lin[1,2],
LUO Manfei[1,2], ZHANG Xue[1,2], CHEN Qinghe[1,2**]
(1. *SanyaNanfan Research Institute*, *College of Plant Protection*, *Hainan University*, *Hainan Yazhou Bay Seed Laboratory*, *Sanya* 572025, *China*; 2. *Key Laboratory of Green Prevention and Control of Tropical Plant Diseases and Pests*, *Ministry of Education*, *Hainan University*, *Haikou* 570228, *China*)

Abrsract: Litchi downy blight caused by*Peronophythora litchii* resulted in huge economic losses during lychee production and post-harvest storage and transportation. Autophagy is a conserved intracellular material degradation and recycling process in eukaryotes, it is divided into macroautophagy, microautophagy and chaperone-mediated autophagy according to the substrates transported to the vacuoles or lysosomes. Atg12 is a ubiquitin-like protein which plays critical roles in autophagy and pathogenicity of phytopathogenic fungi, but its functions in the oomycetes remains elusive. In this study, we used the CRISPR/Cas9 genome editing and PEG-mediated protoplast transformation technology to knock out Atg12 homolog in *P. litchii*. Our results showed that the mycelial growth rate and oospore production of the *PlATG*12 mutants are reduced compared with that of the wild-type strain. Moreover, zoospore release rate in the *PlATG*12 deletion mutants is also decreased. Pathogenicity assay indicated that deletion of *PlATG*12 impaired the infection of *P. litchii* on litchi leaves and fruits compared with the wild-type strain. We further found that the in-situ complementation rescued the phenotypic defects of *PlATG*12 deletion mutants, indicating that *PlATG*12 plays an important role in the vegetative growth, development and pathogenicity of *P. litchii*. This research will provide a theoretical foundation for the prevention and control of litchi downy blight.

Key words: *Peronophythora litchii*; Autophagy; *PlATG*12; Pathogenicity

---

* Funding: National Natural Science Foundation of China (32160614); Hainan Provincial Natural Science Foundation of China (321CXTD437); Scientific Research Foundation of Hainan University [KYQD (ZR) -20080]

** Corresponding author: CHEN Qinghe; E-mail: qhchen@ hainanu. edu. cn

Functional Characterization of Two Host Non-classically Secreted Candidate Effector Proteins MIT in the Pathogenesis of *Phytophthora capsici**

GUO Hengyuan[1,2,3], LAI Bingting[2,3], WANG Huirong[2,3], GUO Yaru[2,3], LI Fenqi[2,3], OU Caihuan[2,3], LI Linying[2,3], LIANG Qifu[2,3], Justice Norvienyeku[2,3], CHEN Qinghe[1,2,3]

(1. *College of Tropical Crops*, *Hainan University*, *Haikou* 570228, *China*; 2. *Key Laboratory of Green Prevention and Control of Tropical Plant Diseases and Pests*, *Ministry of Education*, *College of Plant Protection*, *Hainan University*, *Haikou* 570228, *China*; 3. *Hainan Yazhou Bay Seed Laboratory*, *Sanya Nanfan Research Institute of Hainan University*, *Sanya* 572025, *China*)

Abstract: Plant pathogenic microorganisms deploy various strategies to successfully infect their host, including secreting effectors that target the host's immune-related organelles, thereby suppressing the host's immune response and helping them to infect successfully. However, the influence of this cross-communication on the progression of *Phytophthora capsici*-host interactions is well understood. In this study, we predicted the non-classical secretory effectors PcMIT4 and PcMIT8 targeted to the host mitochondria in *Phytophthora capsici*. Here, we engaged targeted gene deletion and phenotypic and biochemical approaches to evaluate the contributions of PcMIT4 and PcMIT8 to the growth, reproduction, and infection life cycle of *Phytophthora capsici*. Phenotypic analyses showed that PcMIT4 and PcMIT8 contribute to the optimal vegetative development of Phytophthora capsicum. At the same time, we noticed that the deletion of PcMIT4 and PcMIT8 caused a significant reduction in the vegetative growth of P. capsici. This study partly underscores the significance of two genes coding for non-classically secreted candidate effector proteins, PcMIT4 and PcMIT8, in both morphological and pathogenesis of the economically destructive Phytophthora blight pathogen. The study also provides enhanced insights into the likely dynamics of patho-effecteome-mitochondrial interactions during pathogen-host interactions. Also, it projects PcMIT4 and PcMIT8 as potent targets for developing sustainable management strategies for controlling the Phytophthora species.

Key words: PcMITs; Non-classical secreted effectors; *Phytophthora capsici*; Pathogenesis; Pathogen-host interaction

* Funding: National Natural Science Foundation of China (32160614); Hainan Provincial Natural Science Foundation of China (321CXTD437); Scientifific Research Foundation of Hainan University [KYQD (ZR) -20080]; Innovative Research Projects for Graduate Students in Hainan Province (qhyb2022-63)

Putative TBCC Domain-containing Protein Regulates Asexual and Pathogenesis of *Phytophthora capsici**

GUO Yaru[1,2], QIU Xiang[1,2], GUO Hengyuan[1,2], WANG Huirong[1,2], LAI Bingting[1,2], LI Fenqi[1,2], OU Caihuan[1,2], LI Linying[1,2], LIANG Qifu[1,2], CHEN Qinghe[1,2], Justice Norvienyeku[1,2]

(1. *Key Laboratory of Green Prevention and Control of Tropical Plant Diseases and Pests, Ministry of Education, College of Plant Protection, Hainan University, Haikou* 570228, *China*; 2. *Hainan Yazhou Bay Seed Laboratory, Sanya Nanfan Research Institute of Hainan University, Sanya* 572025, *China*)

Abstract: Vegetable and fruit crop production is an economically viable industry that can provide stable employment for the global youth population, especially in rural and peri-urban areas in developing and middle-income economies worldwide. However, destructions caused by pathogenic microbes, particularly oomycete species, including *Phytophthora capsici*, the causal agent of Phytophthora blight disease in essential vegetables and fruit crops, including pepper, tomato, squash, watermelon, faba bean, among others. The intrinsic and extrinsic molecular mechanisms that regulate the morphogenesis, pathogenesis, and broad host range characteristic in the filamentous and soil-borne phytophthora blight pathogen are yet to be fully understood. Here, we deployed transcriptomics, functional genetics, phenotyping, and biochemical strategies to functionally characterize the contributions of a novel gene coding for a hypothetical protein containing the Tubulin binding cofactor C and accordingly annotated as *PcTBCC* in the physiopathological development of *P. capsici*. Compared to other Tubulin-binding cofactors identified in the polycyclic phytophthora blight pathogen, transcriptomic examinations revealed a significant upregulation in the expression patterns of *PcTBCC* during pathogen-host interaction. Subsequent phenotypic characterization of *PcTBCC* targeted genes replacement strains generated in this study using homologous recombination, and CRISPR-Cas9 technology showed that targeted disruption of PcTBCC has no significant adverse effects on the vegetative development of *P. capsici*. Also, we demonstrated that genetic deactivation of *PcTBCC* functions triggered a reduction in asexual sporulation, attenuated encystment, suppressed cysts, or zoospore release, and significantly compromised the virulence of *PcTBCC* strains on *P. capsici* susceptible pepper cultivar (HNUC0266). At the same time, we showed the *PcTBCC* gene defective strains generated in this study displayed moderate-high sensitivity towards cell wall stress-inducing osmolytes, including congo red and calcofluor white but immune to membrane and ER stress-inducing osmolytes indicating that PcTBCC likely modulates differential stress homeostasis in *P. capsici*. These observations, coupled with the close evolutionary ties of PcTBCC with distantly and closely related pathogenic microbes, including *Aureococcus anophagefferens*, *Phytophthora infestans*, and

* Funding: National Natural Science Foundation of China (32160612); Hainan Provincial Natural Science Foundation of China (322RC567); Scientifific Research Foundation of Hainan University [KYQD (ZR) -21043]; Innovative Research Projects for Graduate Students in Hainan Province (Qhys2022-108)

Saprolegnia parasitica, we inferred that PcTBCC likely represents one of the crucial pathogenesis determinants conserved in selected oomycetes and algae. Findings from this study will provide enhanced insights into the significance of Tubulin binding cofactors in *Phytophthora capsici* and underscore the potential of PcTBCC as a potent and durable target for developing anti-oomycetes biochemicals for controlling phytopathogenic oomycetes.

Key words: *Phytophthora capsici*; Tubulin-binding cofactor C; *Pathogenic mechanisms*; Plant-pathogen interactions; Encystment

PlAtg3 Participates in the Vegetative Growth, Autophagy and Pathogenicity of *Peronophythora litchii**

LUO Manfei[1,2], CHEN Qinghe[1,2**], YANG Chengdong[1,2**]

(1. *Sanya Nanfan Research Institute*, *College of Plant Protection*, *Hainan University*, *Hainan Yazhou Bay Seed Laboratory*, *Sanya* 572025, *China*; 2. *Key Laboratory of Green Prevention and Control of Tropical Plant Diseases and Pests*, *Ministry of Education*, *Hainan University*, *Haikou* 570228, *China*)

Abstract: Litchi downy blight caused by *Phytophthora litchii* is the most serious disease on the tropical fruit tree Lychee. A deep understanding of the pathogenic mechanism is a prerequisite for scientific disease prevention and control. Autophagy plays critical roles in the pathogenicity of phytopathogenic FUNGI, but its functions in the oomycetes remains elusive. Atg3 is a autophagy-related protein which participates in autophagy pathway and pathogenicity of phytopathogens. In this study, we knocked out *PlATG*3 (ATG3 homolog in *P. litchii*) by CRISPR/Cas9 genome editing technology. Phenotypic analysis indicated that deletion of *PlATG*3 *significantly reduced the vegetative growth*, *sporangium and oospore production*, *zoospore release and pathogenicity of P. litchii.* Moreover, MDC staining demonstrated that number of autophagosome in the *PlATG*3 deletion mutants are also decreased compared with the wild type strain. Finaly, the results from in situ complementation showed that introduction of *PlATG*3 in the *PlATG*3 deletion mutants rescued the phenotypic defects. These results collectively suggested that PlAtg3 plays a vital role in the vegetative development, sporangia and autophagosome formation, pathogenicity of *P. litchii.*

This study will provide a theoretical insight into the mechanism of autophagy-related genes in the pathogenesis of*P. litchii*, and provide a scientific basis for the development of new strategies for the control of Litchi downy blight.

Key words: *Peronophythora litchii*; Autophagy; PlAtg3; Pathogenicity

* Funding: National Natural Science Foundation of China (32202246); Fujian Key Laboratory for Monitoring and Integrated Management of Crop Pests (MIMCP-202102); Hainan Provincial Natural Science Foundation of China (321QN190); Scientific Research Foundation of Hainan University [KYQD (ZR) -21042]

** Corresponding authors: CHEN Qinghe; E-mail: qhchen@hainanu. edu. cn

YANG Chengdong; E-mail: Chengdy@hainanu. edu. cn

Generation of Daidzin During Pathogen-host Interactions Regulate Vegetative Differentiation, Cysts Survival and of Pathogenesis in *Phytophthora capsici* *

WANG Huirong[1,2], LI Fenqi [1,2], GUO Hengyuan[1,2], GUO Yaru[1,2], OU Caihuan[1,2], LI Linying[1,2], QIU Xiang[1], LAI Bingting[1,2], LIANG Qifu[1,2], CHEN Qinghe[1,2], Justice Norvienyeku[1,2]

(1. *Key Laboratory of Green Prevention and Control of Tropical Plant Diseases and Pests*, *Ministry of Education*, *College of Plant Protection*, *Hainan University*, *Haikou* 570228, *China*; 2. *Hainan Yazhou Bay Seed Laboratory*, *Sanya Nanfan Research Institute of Hainan University*, *Sanya* 572025, *China*)

Abstract: The isoflavonoid daidzin is a major phytochemical identified in the pharmacologically important Chinese herbal plant Gegen or Kudzu (*Pueraia lobata*) and soy plant (*Glycin max*) . Previous studies showed that daidzin is a biologically active anti-oxidant that potently inhibits the development of tumor and cancer cells through the induction of apoptosis in mammals. While daidzin was originally identified in plants, its natural biological function remains unclear. In addition, whether daidzin production and function is conserved in other crops, such as pepper, remains unknown. In order to gain a comprehensive understanding of crop responses to the pathogen *Phytophthora capsici*, we propose to investigate pathogen-induced metabolomic reprogramming and whether it relates to resistance to in three pepper cultivars, HNUC00081, HNUC0226 and XIAO ZHOU PI. Accordingly, we performed infection assays by inoculating individual pepper cultivars with zoospores in suspensions obtained from *P. capsici* (LT1534) strains. Data from post-infection analysis revealed HNUC00081, HNUC0226 and XIAO ZHOU PI are, respectively, very susceptible, moderately resistant, and highly resistant to *P. capsici*. Comparative non-targeted metabolomic analyses at different stages after *P. capsici* inoculation revealed that the phytochemical daidzin is specifically induced in response to infection in all three pepper cultivars. Interestingly, we observed that daidzin levels in the leaves metabolome of infected pepper seedlings directly correlated with the resistance characteristics of the individual cultivars. Preliminary biochemical analysis revealed significant inhibition in the vegetative growth *of P. capsici* cultured on media supplemented with exogenous daidzin. While daidzin did not significantly inhibit encystment and zoospore release, it triggered post-cyst release death of zoospore cells and inhibited germ tube differentiation by inducing apoptosis-like features. The influence of programmed cell death, including apoptosis, autophagy, and necrosis, on the physiological and pathogenic development of important phytopathogenic oomycetes, such as *P. capsici*, is still unknown. Furthermore, we observed that *P. capsici* failed to induce blight infections in HNUC0226 seedlings pre-treated with daidzin. To follow up on these preliminary insights, we will integrate various approaches, including target indentification, immuno-labeling, RNA-sequencing and CRISPR-cas9-

* Funding: National Natural Science Foundation of China (32160612); Hainan Provincial Natural Science Foundation of China (322RC567); Scientifific Research Foundation of Hainan University [KYQD (ZR) -21043]

mediated gene knockout of daidzin targets in *P. capsici*, approaches to functionally characterize daidzin targets and systematically monitor daidzin-mediated initiation of apoptosis and other programmed cell death events in *P. capsici*. This investigation has provided innovative insights into the contributions of daidzin-mediated selective programmed cell death on the progression of pathogen-host interactions and evaluate the potential for developing daidzin-based biochemicals for industrial-scale control of phytopathogenic oomycetes.

Key words: Apoptosis; Pathogen-host interaction; Microbial pathogenesis; Chemical genetics; Metabolomic-reprogramming

PlAtg8-mediated Autophagy Regulates Fungal Growth, Sporangia Cleavage, and Pathogenesis in *Peronophythora litchii*[*]

YU Ge[1,2], YANG Chengdong[1,2], CHEN Qinghe[1,2**]

(1. *Sanya Nanfan Research Institute, College of Plant Protection, Hainan University, Hainan Yazhou Bay Seed Laboratory, Sanya 572025, China*; 2. *Key Laboratory of Green Prevention and Control of Tropical Plant Diseases and Pests, Ministry of Education, Hainan University, Haikou 570228, China*)

Abstract: *Peronophythora litchii* is an oomycete pathogen that causes litchi downy blight, which is the most destructive disease of litchi. Autophagy is a conserved cellular metabolic process in eukaryotes that transports damaged or redundant intracellular organelles and proteins to lysosomes or vacuoles for degradation and recycling. ATG8 is not only essential for the formation of autophagosome, but also required for fungal development and pathogenicity, but its function is not known in oomycetes. In this study, PlATG8, a yeast ATG8 homolog, was deleted by CRISPR/Cas9 system and PEG-mediated protoplast transformation in *P. litchii*. Compared with the wild type strain, the colony growth rate, number of sporangia and zoospore release rate of Δ*Platg*8 are significantly decreased, and the oospores is undetected in Δ*Platg*8. The pathogenicity test showed that the lesion area on litchi leaves and fruits caused by Δ*Platg*8 were significantly attenuated compared with the wild type, indicating that PlATG8 is also required for the pathogenicity of *P. litchii*. Moreover, the cleavage rate of sporangia in Δ*Platg*8 was significantly decreased than the wild type by FM4-64 staining, which was probably the main reason for the lower zoospores release rate in Δ*Platg*8.

This study explored the role of PlATG8 in the development and pathogenicity of *P. litchii*, which helps us to deeply understand the autophagy and its function in pathogenicity and provides a theoretical basis for the control of litchi downy blight.

Key words: *P. litchii*; Autophagy; PlATG8; Sporangia cleavage; Pathogenicity

* Funding: National Natural Science Foundation of China (32160614); Hainan Provincial Natural Science Foundation of China (321CXTD437); Scientific Research Foundation of Hainan University [KYQD (ZR) -20080]

** Corresponding author: CHEN Qinghe; E-mail: qhchen@hainanu.edu.cn

Atg24-mediated Mitophagy is Required for Host Invasion by the Plant Pathogenic Oomycete *Peronophythora litchii**

ZHANG Xue[1,2], YANG Chengdong[1,2], YU Ge[1,2], LV Lin[1,2], CHEN Qinghe[1,2**]

(1. *Sanya Nanfan Research Institute*, *College of Plant Protection*, *Hainan University*, *Hainan Yazhou Bay Seed Laboratory*, *Sanya* 572025, *China*; 2. *Key Laboratory of Green Prevention and Control of Tropical Plant Diseases and Pests*, *Ministry of Education*, *Hainan University*, *Haikou* 570228, *China*)

Abstract: *Peronophythora litchii* is an oomycete pathogen that causes litchi downy blight, which is a major disease of litchi and leads to huge yield losses. Mitophagy is a cellular process to selectively remove mitochondria through autophagy. Autophagy-related gene *ATG*24 has been reported to be involved in the process of mitophagy, and played an essential role in the pathogenic process in filamentous fungi, but its function in oomycetes is still unknown. Here, we identified a homologous protein of yeast Atg24 in *P. litchii* according to sequence alignment, named PlAtg24. We used CRISPR/Cas9 system and PEG-mediated protoplast transformation to knock out *PlATG*24 to know its functions in *P. litchii*. The results showed that the number of sporangium and oospore, zoospore release rate, and pathogenicity of the *PlATG*24 mutants were significantly decreased than the wild type strain, but there was no significant difference in colony growth rate. In addition, the sporangium cleavage rate of the *PlATG*24 deletion mutants is also reduced compared with the wild type by FM4-64 staining, we therefore speculated that this was probably the main reason for the lower zoospores release rate in *PlATG*24 mutants. Finally, we found that the deletion of *PlATG*24 interfered with the mitophagy process of *P. litchi* by mito-tracker staining.

Collectively, these results of this study can provide some theoretical basis and new ideas for exploring the pathogenic mechanism of*P. litchi*.

Key words: *P. litchi*; Mitophagy; *PlATG*24; Sporangium cleavage; Pathogenicity

* Funding: National Natural Science Foundation of China (32160614); Hainan Provincial Natural Science Foundation of China (321CXTD437); Scientific Research Foundation of Hainan University [KYQD (ZR) -20080]

** Corresponding author: CHEN Qinghe; E-mail: qhchen@ hainanu. edu. cn

内蒙古西瓜猝倒病病原腐霉菌*

银　玲**，田　迅，赵　汝
（内蒙古民族大学生命科学与食品学院，通辽　028000）

摘　要：腐霉隶属于藻物界（Chromista）卵菌纲（Oomycetes）霜霉目（Perenosporales）腐霉科（Pythiaceae）腐霉属（*Pythium*），是世界上广泛存在的菌物。其中终极腐霉（*P. ultimum*）、瓜果腐霉（*P. aphanidermatum*）等病原腐霉引起多种植物的烂种、猝倒、立枯、根腐、茎腐、花腐和果腐等病害。瓜类腐霉猝倒病病原腐霉包括瓜果腐霉（*P. aphanidermatum*）、缠器腐霉（*P. periplocum*）和棘腐霉（*P. acanthicum*）等16种。

为了解内蒙古地区瓜类腐霉病原腐霉菌的种类，笔者2018年在集宁商都西瓜育苗基地进行了病害调查。发现西瓜苗期症状是早期偶见萎蔫，慢慢呈现出叶、茎枯萎变黄，靠近地面的根茎部位出现腐烂，最终导致整个植株死亡。随机选择具有典型病害症状的幼苗23株，用腐霉菌物选择培养基（NARM培养基）分离培养腐霉菌，结果从19个病苗的根部组织中分离到了腐霉菌株共计65个，分离频率高达82.6%。对分离保存的菌株用草叶诱导方法诱导形成孢子囊、藏卵器和雄器等繁殖体后用显微成像系统观察其形态特征并采集图像，根据Van der Plaats-Niterink（1981）和余永年（1998）的腐霉形态学描述及检索表进行初步鉴定为刺腐霉（*P. spinosum*）、畸雌腐霉（*P. irregulare*）和终极腐霉（*P. ultimum*）3种腐霉，其中刺腐霉占83%、畸雌腐霉占12%、终极腐霉占4%，刺腐霉为优势种。3种腐霉中选择出现频率最高的刺腐霉代表菌株5个，提取基因组DNA后PCR扩增rDNA-ITS序列并进行测序获得的序列长度为923 bp，该序列与核酸数据库NCBI中的刺腐霉（*P. spinosum*）模式菌株CBS27667（HQ643792）的相似度达100%。最后用柯赫法则测定了刺腐霉对西瓜幼苗的致病性，结果出现了与自然发生相同的病害症状。

法国等国家报道过刺腐霉（*P. spinosum*）引起西瓜病害，我国也报道了刺腐霉引起大豆、茶苗等病害。本研究在内蒙古首次发现了刺腐霉（*P. spinosum*）导致的西瓜苗期病害，可为腐霉属菌物病害防控提供科学依据。

关键词：内蒙古；西瓜；刺腐霉

* 基金项目：国家自然科学基金项目（31160353）
** 通信作者：银玲，教授，主要研究方向为植物病原菌物；E-mail：ginrei@ 163. com

Phytophthora Kinase Effector Mimics AtCPK28 to Induce Degradation of AtPIP2;7 by Phosphorylation

ZHU Hai, AI Gan, PAN Weiye, YANG Yufeng, KUANG Zifei, DOU Daolong
(*Department of Plant Pathology, Nanjing Agricultural University, Nanjing* 210095, *China*)

Abstract: The *Phytophthora sojae* effector PsCRN78 can interact with and phosphorylate NbPIP2;2 to induce its degradation, there by promoting infection of *Phytophthora*. However, little is known whether kinase effectors mediated aquaporin degradation is a conserved strategy used by *Phytophthora* pathogens, and the mechanism of kinase effectors overcoming the role of aquaporins in PAMP signaling is rarely understood. Here, we found a kinase effector PpCRN78 from *Phytophthora parasitica* and CALCIUM-DEPENDENT PROTEIN KINASE28 (AtCPK28) from *Arabidopsis thaliana* both interact with and phosphorylate AtPIP2;7, which positively regulates plant immunity and reactive oxygen species (ROS) accumulation. AtCPK28 degrades and dissociates with AtPIP2;7 after PAMP treatment, leading to less phosphorylated and accumulation of AtPIP2;7. *Phytophthora parasitica* can secrete PpCRN78, which mimics AtCPK28 to mediate phosphorylation of AtPIP2;7 and its subsequent degradation. Our findings reveal a conserved strategy for kinase effectors from *Phytophthora* pathogens to promote infection.

Key words: Phosphorylation; Degradation; *Phytophthora*; CRN78; AtCPK28; AtPIP2; 7

利用卵菌效应子组学从野生植物中寻找作物抗病基因

林　啸[1,2]，贾玉鑫[3,5]，Kee Hoon Sohn[4]，黄三文[3]，Jonathan Jones[2]

（1. *State Key Laboratory of Plant Genomics*，*Institute of Microbiology*，*Chinese Academy of Sciences*，*Beijing* 100101，*China*；2. *The Sainsbury Laboratory*，*University of East Anglia*，*Norwich Research Park*，*Norwich*，*NR*4 7*UH*，*UK*；3. *Shenzhen Branch*，*Guangdong Laboratory of Lingnan Modern Agriculture*，*Genome Analysis Laboratory of the Ministry of Agriculture and Rural Area*，*Agricultural Genomics Institute at Shenzhen*，*Chinese Academy of Agricultural Sciences*，*Shenzhen* 518000，*China*；4. *Department of Agricultural Biotechnology*，*Seoul National University*，*Seoul* 08826，*Republic of Korea*；5. *Key Laboratory for Potato Biology of Yunnan Province*，*The CAAS-YNNU-YINMORE Joint Academy of Potato Science*，*Yunnan Normal University*，*Kunming* 650500，*China*）

摘　要：马铃薯晚疫病由致病疫霉（*Phytophthora infestans*）引起，曾在1845年造成过爱尔兰大饥荒，如今仍然是世界范围内严重发生的马铃薯病害。光果龙葵（*Solanum americanum*）是二倍体的野生植物，被认为是马铃薯晚疫病的“非寄主”，我们前期从光果龙葵中克隆到2个晚疫病抗病基因*Rpi-amr*3和*Rpi-amr*1，并结合效应子组学和病原基因富集测序发现了对应的致病疫霉无毒基因*Avramr*3和*Avramr*1。AVRamr3在不同的疫霉病原中高度保守，Rpi-amr3通过识别保守的AVRamr3效应子，可以在本氏烟草中产生对寄生疫霉（*P. parasitica*）和棕榈疫霉（*P. palmivora*）的抗性。为了从光果龙葵中克隆更多的抗病基因，我们从世界范围内收集了54份光果龙葵材料，完成了4份材料的高质量参考基因组和所有材料的重测序工作，同时利用效应子组学技术，完成了52份光果龙葵材料-315个致病疫霉RXLR效应因子的表型鉴定。通过这些表型数据以及基因组和重测序数据，结合GWAS、BSA-RenSeq、图位克隆等技术，我们成功克隆了3个新的晚疫病免疫受体*Rpi-amr*4、*R*02860和*R*04373，及其对应的无毒基因。这些工作不仅加深了对马铃薯晚疫病非寄主抗性的理解，还为从野生植物中发掘作物抗病基因提供了参考。

关键词：卵菌；效应子；组学

我国致病疫霉群体遗传多样性研究

张欣杰[1]，陈　汉[1]，何　骋[1]，杨丽娜[2]，殷国煜[1]，
舒海东[1]，张　帆[1]，曾　娟[3]，郑小波[1]，董莎萌[1*]
（1. 南京农业大学植物保护学院，南京　210095；2. 闽江学院
地理与海洋学院，福州　350000；3. 全国农业技术推广服务中心，北京　100125）

摘　要：由致病疫霉（*Phytophthora infestans*）引发的马铃薯晚疫病是一种毁灭性病害，长期威胁全球马铃薯的生产安全和产业结构。致病疫霉田间变异快且群体结构复杂，造成防控措施失效，最终导致晚疫病的常年暴发。为此，本研究旨在明确我国致病疫霉的群体结构，同时阐明致病疫霉的流行扩散规律。本研究前期从我国 15 个不同省份共收集了 912 株致病疫霉，同时利用 SSR 分子标记技术对致病疫霉进行基因分型并构建进化树，发现我国致病疫霉群体可分为 CN-1、CN-2、CN-3 和 CN-4 四个类群，并且 CN-1 类群中的 EU_13 基因型为我国主要流行基因型。致病疫霉在我国不同马铃薯作区中具有遗传多样性，同时不同省份群体之间的基因交流频繁。通过分析不同类群在各省份的分布情况，发现我国致病疫霉群体内部变异大，且 CN-3 和 CN-4 类群的菌株呈现出明显的由北向南扩散的规律。通过统计 4 个类群中各基因型在不同年份的比例，发现 CN-1 类群中出现了新的流行基因型。相较于 EU_13 基因型，新流行基因型菌株克服 R8、Rpiblb1、Rpiblb2 和 Rpivnt1 抗性的比例增加。综上所述，本研究发现我国致病疫霉群体可分为 4 个类群，并初步揭示了致病疫霉的流行扩散规律，对田间抗病品种的选育和防治马铃薯晚疫病具有重要的指导意义。

关键词：致病疫霉；SSR 分子标记；群体结构；毒性检测

* 通信作者：董莎萌；E-mail：smdong@ njau. edu. cn

致病疫霉 RxLR 效应子 PiAvr3b 利用相同基序识别抗病蛋白和抑制细胞坏死[*]

顾　彪[**]，高文鑫[**]，邵广达，田　嵩，刘西莉[***]
（西北农林科技大学植物保护学院，作物抗逆与高效生产全国重点实验室，杨凌　712100）

摘　要：致病疫霉（*Phytophthora infestans*）通过传递大量高度分化的 RxLR 效应子进入寄主细胞，调控多层次的免疫系统以促进侵染。其中，RxLR 效应子 PiAvr3b 不仅可识别马铃薯抗病蛋白 StR3b，引起效应子激活的免疫反应（ETI），而且能够抑制病菌相关分子模式（PAMP）诱导的免疫反应（PTI）。然而，PiAvr3b 激活 ETI 和抑制 PTI 的分子机制尚不明确。

本研究分析了采自我国不同地区、近百株致病疫霉中 *PiAvr3b* 基因的多态性，发现基因丢失和沉默普遍存在，仅有的 2 个等位基因 $PiAvr3b^{RGR}$ 和 $PiAvr3b^{LRK}$ 存在 4 个 SNP 位点。*PiAvr3b* 旁系同源基因 *Pi*18221，也呈现点突变、移码突变和基因沉默 3 种基因变异形式，表明 *PiAvr3b* 受到强选择压力，变异形式十分多样。通过同源比对分析，从 7 种疫霉菌中鉴定出 13 个 *PiAvr3b* 同源或近似基因，其中 6 个基因仍可激活 StR3b 介导 ETI，说明序列分化仍保留其无毒活性。

农杆菌介导瞬时表达分析显示，$PiAvr3b^{RGR}$ 和 $PiAvr3b^{LRK}$ 均可识别 *StR3b*，抑制 PAMPs（PiNpp、PiINF1 和 PsXeg1）和 RxLR 效应子 Pi10232 诱导的细胞坏死，表明 SNP 位点不影响其功能。旁系同源基因 *Pi*18221 不能激活 ETI 和抑制 PTI，说明 C 端移码突变导致其功能丧失。利用截短突变策略，研究证实 PiAvr3b 羧基端含有 88 个氨基酸的序列决定其激活 ETI 和抑制 PTI 的双重功能。基于 SNP 的点突变分析发现，PiAvr3b 第 60 位色氨酸（W）和第 134 位谷氨酸（E）对激活 ETI 和抑制细胞坏死至关重要，第 99 位丝氨酸（S）突变也对 PiAvr3b 抑制 PTI 抑制具有一定影响。荧光蛋白标记的易位分析显示，PiAvr3b 诱导 ETI 和抑制 PTI 需要进入细胞核，而抑制效应子 Pi10232 引起的细胞坏死依赖细胞质定位，表明 PiAvr3b 通过干扰植物免疫的多个免疫信号通路促进侵染。PiAvr3b 激活 ETI 和抑制 PTI 的紧密关联，可能是致病疫霉菌株中高比例呈现 PiAvr3b 基因丢失和沉默的主要原因。

关键词：致病疫霉；RxLR 效应子；PiAvr3b；效应子激活免疫反应；PAMP 激活免疫反应

---

* 基金项目：陕西省科技计划项目（2022JM-118）；国家自然科学基金项目（32270211）
** 第一作者：顾彪；高文鑫
*** 通信作者：刘西莉；E-mail：seedling@ nwafu. edu. cn

内蒙古黄瓜苗期根腐病病原腐霉菌*

银 玲**，田 迅，赵 汝
（内蒙古民族大学生命科学与食品学院，通辽 028000）

摘 要：腐霉隶属于藻物界（Chromista）卵菌纲（Oomycetes）霜霉目（Perenosporales）腐霉科（Pythiaceae）腐霉属（*Pythium*），是世界上广泛存在的菌物。其中终极腐霉（*P. ultimum*）、瓜果腐霉（*P. aphanidermatum*）等病原腐霉引起多种植物的烂种、猝倒、立枯、根腐、茎腐、花腐和果腐等病害。瓜类腐霉猝倒病病原腐霉包括瓜果腐霉（*P. aphanidermatum*）、缠器腐霉（*P. periplocum*）和棘腐霉（*P. acanthicum*）等 16 种。

为了解内蒙古地区瓜类腐霉病原腐霉菌的种类，笔者 2018 年在集宁上都黄瓜育苗基地进行了病害调查。发现黄瓜苗病害症状是早期偶见萎蔫，慢慢呈现出叶、茎枯萎变黄，靠近地面的根茎部位出现腐烂，最终导致整个植株死亡。随机选择具有典型病害症状的幼苗 23 株，用腐霉菌物选择培养基（NARM 培养基）分离培养腐霉菌，结果从 19 个病苗的根部组织中分离到了腐霉菌株共计 65 个，分离频率高达 82.6%。对分离保存的菌株用草叶诱导方法诱导形成孢子囊、藏卵器和雄器等繁殖体后用显微成像系统观察其形态特征并采集图像，根据 Van der Plaats-Niterink（1981）和余永年（1998）的腐霉形态学描述及检索表进行初步鉴定为刺腐霉（*P. spinosum*）、畸雌腐霉（*P. irregulare*）和终极腐霉（*P. ultimum*）3 种腐霉，其中刺腐霉占 83%、畸雌腐霉占 12%、终极腐霉占 4%，刺腐霉为优势种。3 种腐霉中选择出现频率最高的刺腐霉代表菌株 5 个，提取基因组 DNA 后 PCR 扩增 rDNA-ITS 序列并进行测序获得的序列长度为 923bp，该序列与核酸数据库 NCBI 中的刺腐霉（*P. spinosum*）模式菌株 CBS27667（HQ643792）的相似度达 100%。最后用柯赫法则测定了刺腐霉对黄瓜幼苗的致病性，结果出现了与自然发病相同的病害症状。

法国等国家报道过刺腐霉（*P. spinosum*）引起西瓜病害，我国也报道了刺腐霉引起大豆、茶苗上的病害。本研究在内蒙古首次发现了刺腐霉（*P. spinosum*）导致的黄瓜苗期病害，可为腐霉属菌物病害防控提供科学依据。

关键词：内蒙古；黄瓜；刺腐霉

---

* 基金项目：国家自然科学基金项目（31160353）

** 通信作者：银玲，教授，主要研究方向为植物病原菌物；E-mail：ginrei@ 163. com

第三部分 病 毒

槟榔黄化病媒介昆虫双条拂粉蚧的接种验证*

王宇航[1,2**]，孟秀利[2]，黄山春[2]，林兆威[1]，宋薇薇[1]，
郑星星[3]，李增平[1]，唐庆华[1***]，覃伟权[1***]
（1. 中国热带农业科学院椰子研究所，海南省槟榔产业工程研究中心，文昌 571339；
2. 海南大学植物保护学院，海口 570228；3. 琼台师范学院理学院，海口 571127）

摘 要：槟榔黄化病是一种由植原体引起的致死性病害，给中国和印度槟榔产业造成了严重威胁。植原体寄生在槟榔韧皮部，自然条件下主要由媒介昆虫进行传播。印度学者已证实该国槟榔黄化病可通过甘蔗斑袖蜡蝉［*Proutista moesta*（Westwood）］传播，而中国槟榔黄化病传播媒介昆虫迄今尚未确定。笔者所在团队前期研究发现染病槟榔园内双条拂粉蚧等6种刺吸式口器昆虫携带植原体。为了进一步验证其媒介昆虫性质，笔者用双条拂粉蚧［*Ferrisia virgata*（Cockerell）］进行了槟榔幼苗和长春花（指示植物）接种验证试验。将无"毒"*F. virgata* 转移至带"毒"槟榔幼苗，取食5 d后提取粉蚧样品DNA并用qPCR方法进行检测。检测试验结果显示，所用粉蚧已感染植原体。将带"毒"*F. virgata* 转移至健康槟榔幼苗和长春花植株，取食1 d后健康槟榔幼苗接种点附近组织即可检测到植原体，接种40 d后长春花表现出叶片皱缩、卷曲变形等症状。本研究结果表明*F. virgata* 具有获得和传播槟榔黄化植原体的能力，从而证实该虫为槟榔黄化病的媒介昆虫。槟榔黄化病媒介昆虫的确认及相关防治技术的研发有望为遏制槟榔黄化病不断蔓延的不利局面提供有力技术支撑。

关键词：槟榔黄化病；双条拂粉蚧；媒介昆虫；综合防控

---

* 基金项目：海南省重点研发项目（ZDYF2022XDNY208）；海南省自然科学基金项目（321QN346，321RC1102）；海南省院士创新平台科研专项（YSPTZX202138）

** 第一作者：王宇航，硕士研究生，从事植原体病害病原及媒介昆虫研究；E-mail：2156724037@qq.com

*** 通信作者：唐庆华，副研究员，从事棕榈作物植原体病害综合防治及病原细菌-植物互作功能基因组学；E-mail：tchuna129@163.com

覃伟权，研究员；E-mail：QWQ268@163.com

长春花花变叶病感染植株的转录组分析*

葛慧远[1,2**]，王宇航[3]，孟秀利[1]，林兆威[1]，宋薇薇[1]，
覃伟权[1]，唐庆华[1***]，朱小琼[2***]
（1. 中国热带农业科学院椰子研究所，海南省槟榔产业工程研究中心，文昌　571339；
2. 中国农业大学植物保护学院植物病理学系，农业农村部作物有害生物监测与绿色防控重点实验室，北京　100193；3. 海南大学植物保护学院，海口　570228）

摘　要：长春花（*Catharanthus roseus*）为多年生草本植物，不仅是一种观赏性花卉和重要的南药植物，也是一种大量用于研究和保存各种植原体的寄主植物。2022 年，笔者团队与华大基因公司合作对从文昌市采集的表现花变叶症状的长春花和健康长春花叶片样品（各 3 个样品）进行了转录组测序和分析。使用 DNBSEQ 平台共产生 38.47 Gb 数据。组装并去冗余后得到 90 518 个Unigene，总长度、平均长度、N_{50} 以及 GC 含量分别为 136 647 472 bp、1 509 bp、2 227 bp 和 39.85%。最终分别有 68 020 个（NR：75.15%）、57 618 个（NT：63.65%）、51 179 个（SwissProt：56.54%）、53 372 个（KOG：58.96%）、52 309 个（KEGG：57.79%）、50 418 个（GO：55.70%）以及 52 006 个（Pfam：57.45%）Unigene 获得功能注释。使用 Transdecoder 共检测出 56 908 个 CDS。本研究后续拟对植原体感染与长春花花变叶症状相关基因进行筛选和功能验证，并为后续将槟榔黄化植原体转接到长春花、感染植株的症状扩展、槟榔黄化植原体全基因组测序和注释等相关研究奠定基础。

关键词：长春花；花变叶病；植原体；比较基因组学分析

---

* 基金项目：海南省重点研发项目（ZDYF2022XDNY208）；海南省自然科学基金项目（321QN346）；海南省院士创新平台科研专项（YSPTZX202138）

** 第一作者：葛慧远，硕士研究生，研究方向为植原体病害病原检测技术及病原细菌-植物互作功能基因组学；E-mail：1097406465@qq.com

*** 通信作者：唐庆华，副研究员，研究方向为棕榈作物植原体病害综合防治及病原细菌-植物互作功能基因组学；E-mail：tchuna129@163.com

朱小琼，副教授，研究方向为植物病原真菌；E-mail：mycolozhu@cau.edu.cn

小叶变叶木黄化病病原的鉴定*

王宇航[1,2**]，吴 元[3]，孟秀利[2]，林兆威[2]，
宋薇薇[2]，邓 婷[4]，唐庆华[1***]，覃伟权[1***]
（1. 中国热带农业科学院椰子研究所，海南省槟榔产业工程研究中心，文昌 571339；
2. 海南大学植物保护学院，海口 570228；3. 海南源福农业科技有限公司，
琼海 572816；4. 云南农业大学热带作物学院，普洱 665099）

摘 要：2022年3月笔者在琼海市进行槟榔黄化病调查时，发现路边种植的部分小叶变叶木（*Codiaeum variegatum*‘Taeriosum’）植株叶片表现黄化、叶片变小、束顶症状。为了验证该症状与植原体感染相关的假设，笔者用植原体通用R16mF2/R16mR1和R16F2n/R16R2进行巢式PCR扩增和测序。结果显示3个表现症状的样品DNA成功扩增到约1 200 bp的植原体特异条带。比对结果显示获得的3条序列与翠菊黄化植原体AJ15株系的16S rDNA基因序列相似性超过99%（GenBank收录号MN080271）。迄今，国内尚无植原体侵染变叶木引起叶片黄化、变小、束顶症状的报道，现将该病害暂时命名为小叶变叶木黄化病。

关键词：小叶变叶木；黄化；植原体；通用引物

---

* 基金项目：海南省重点研发项目（ZDYF2022XDNY208）；海南省院士创新平台科研专项（YSPTZX202138）

** 第一作者：王宇航，硕士研究生，研究方向为植原体病害病原及媒介昆虫研究；E-mail：2156724037@qq. com

*** 通信作者：唐庆华，副研究员，研究方向为棕榈作物植原体病害综合防治及病原细菌-植物互作功能基因组学；E-mail：tchuna129@163. com

覃伟权，研究员；E-mail：QWQ268@163. com

多位点序列分型法揭示中国甘蔗白叶病植原体存在 ST1 和 ST2 两个种群*

张荣跃**，王晓燕，单红丽，李　婕，李银煳，黄应昆***
（云南省农业科学院甘蔗研究所，云南省甘蔗遗传改良重点实验室，开远　661699）

摘　要：由植原体引起的甘蔗白叶病是甘蔗的毁灭性病害。本文中笔者建立了一个基于 7 个管家基因（*dnaK*、*tuf*、*secY*、*gyrB*、*secA*、*recA*、*hflB*）的多位点序列分型方法用于甘蔗白叶病植原体的遗传多样性和种群结构研究。使用该分型方法分析了来自中国白叶病发生区域的 87 个样本，共鉴定出 2 个序列型（ST 型），其中 ST1 型分布最为广泛，是主要的 ST 型，ST2 型仅在中国保山地区发现。种群结构分析表明 ST1 种群和 ST2 种群为完全分化的两个种群。7 个管家基因的核苷酸多样性在 0~0. 002 68，表明中国甘蔗白叶病植原体遗传多样性非常低。甘蔗白叶病植原体和甘蔗草苗病植原体 16S rRNA 基因序列一致性大于 99. 6%，7 个管家基因串联序列一致性大于 99%。鉴于甘蔗白叶病植原体和甘蔗草苗病植原体具有相同的寄主、症状、传播介体和极高的核苷酸序列一致性，笔者认为甘蔗白叶病植原体和甘蔗草苗病植原体属于同一种植原体。

关键词：植原体；多位点序列分型；遗传多样性；种群结构；甘蔗草苗病

---

* 基金项目：国家自然科学基金项目（31760504）；云南省基础研究计划面上项目（202101AT070240）；财政部和农业农村部国家现代农业产业技术体系专项资金（CARS-170303）；云南省农业基础研究联合专项［2017FG（-054）］和云岭产业技术领军人才培养项目（2018LJRC56）

** 第一作者：张荣跃，副研究员，主要从事甘蔗病害研究；E-mail：rongyuezhang@ hotmail. com

*** 通信作者：黄应昆，研究员，从事甘蔗病害防控研究；E-mail：huangyk64@ 163. com

不同甘蔗品种植期宿根矮化病菌检测分析*

王晓燕**，李　婕，王长秘，李文凤，黄应昆***
（云南省农业科学院甘蔗研究所，开远　661699）

摘　要：甘蔗宿根矮化病（ratoon stunting disease，RSD）是严重影响蔗糖产业高质量发展的一种种传甘蔗病害。摸清不同甘蔗品种植期 RSD 的感染情况，是科学推广温水脱毒种苗，有效防控 RSD 的关键。本文对云南澜沧蔗区 RSD 的发生和分布进行了调查和田间采样，采用 PCR 法，对田间采集的 124 个样本进行 RSD 检测。结果表明：73 个样本为阳性，阳性检出率 58.87%，其中强阳性样品 42 个，占 33.87%；15 个主栽和主推品种均发病，发病率为 28.57%～100%，以云引 58 号、粤糖 82-882 和德蔗 09-84 发病最重，发病率和强阳性率均高达 100%，其次是粤糖 93-159 和粤糖 00-236，发病率分别为 90.00% 和 87.50%；植期上 1～6 年均不同程度发病，但无明显的规律性差异。本研究检测明确了澜沧蔗区不同品种植期 RSD 发生状况，为应用推广温水脱毒种苗、有效防控 RSD 提供了科学依据。

关键词：云南澜沧；甘蔗宿根矮化病；发生；检测

* 基金项目：财政部和农业农村部国家现代农业产业技术体系专项（CARS-170303）；云岭产业技术领军人才培养项目“甘蔗有害生物防控”（2018LJRC56）；云南省现代农业产业技术体系建设专项

** 第一作者：王晓燕，副研究员，主要从事甘蔗病害研究；E-mail：xiaoyanwang402@ sina. com

*** 通信作者：黄应昆，研究员，从事甘蔗病害防控研究；E-mail：huangyk64@ 163. com

甘蔗种质资源花叶病和宿根矮化病自然抗病性调查与分子检测*

王晓燕**，单红丽，李　婕，张荣跃，李银煳，李文凤，黄应昆***
（云南省农业科学院甘蔗研究所，开远　661699）

摘　要：抗病种质资源的发掘利用是抗病育种的基础和关键，筛选抗病种质对选育抗病品种具有重要意义。为明确国家甘蔗种质资源圃保存的核心种质花叶病和宿根矮化病病情及其自然抗病性，本研究于 2021 年对国家甘蔗种质资源圃保存的 105 份甘蔗核心种质进行花叶病和宿根矮化病田间自然发病调查及其病原检测与抗性评价。结果表明，105 份核心种质中，花叶病 1 级高抗到 3 级中抗的有 75 份（占 71.4%）；105 份核心种质样品检测到 SCSMV、SrMV 2 种病毒，所有样品均未检测出 SCMV 病毒；38 份核心种质受 SCSMV 单独侵染检测出 SCSMV（检出率为 36.2%），15 份核心种质受 SrMV 单独侵染检测出 SrMV（检出率为 14.3%），20 份核心种质受 SCSMV 和 SrMV 复合侵染检测出 SCSMV 和 SrMV（检出率为 19.0%）；105 份核心种质中 88 份感 RSD 呈阳性（阳性检出率为 83.8%），17 份未感 RSD 呈阴性（占总检测数的 16.2%）。综合分析结果显示，21 份核心种质对 SCSMV 和 SrMV 2 种病毒均表现为高抗（占 20.0%）；27 份核心种质双抗 SCSMV 和 SrMV 2 种病毒（占 25.7%）；17 份核心种质抗 RSD（占 16.2%）；其中 11 份核心种质多抗 SCSMV、SrMV 和 RSD（占 10.5%）。研究结果明确了 105 份甘蔗核心种质花叶病和宿根矮化病田间病情及其病原类群，筛选出 11 份多抗 SCSMV、SrMV 和 RSD 核心种质，为深入开展甘蔗抗病育种提供了抗病基因源和参考依据。

关键词：甘蔗；核心种质；花叶病；宿根矮化病；病原检测；自然抗病性

---

* 基金项目：财政部和农业农村部国家现代农业产业技术体系专项（CARS-170303）；云岭产业技术领军人才培养项目“甘蔗有害生物防控”（2018LJRC56）；云南省现代农业产业技术体系建设专项

** 第一作者：王晓燕，副研究员，主要从事甘蔗病害研究；E-mail：xiaoyanwang402@ sina. com
*** 通信作者：黄应昆，研究员，从事甘蔗病害防控研究；E-mail：huangyk64@ 163. com

Development and Application of Colloidal-gold Immunochromatographic Strip for Little Cherry Virus 1

GUO Jingjing[1], CHI Shengqi[1], YUAN Xuefeng[2], CAO Xinran[1,2,3]
(1. *Qingdao Agricultural University*, *Qingdao* 266109, *China*; 2. *Shandong Agricultural University*, *Tai'an* 271018, *China*; 3. *Shouguang International vegetable Sci-tech Fair Management Service Center*, *Shouguang* 262700, *China*)

Abstract: In recent years, there has been increased incidences of viral diseases in the main producing areas of sweet cherry in China. This greatly affects the production and development of sweet cherry industry. Among the viruses that infect sweet cherry, little cherry virus 1 (LChV-1) reduces the yield of sweet cherry and causes the shrinkage of cherry fruit which results in the complete loss of economic value of the fruit. LChV-1 develops latent infection in cherry seedling, but most sweet cherry cultivars are sensitive to LChV-1. Therefore, early detection of the virus in field is particularly important. However, the common virus detection methods need laboratory instruments and cannot meet the needs for rapid and easy detection in the field. In this study, polyclonal antibody specific to LChV-1 coat protein was obtained, and a colloidal gold immunochromatographic test paper was developed to detect LChV-1. The optimal antibody labeling concentration of colloidal gold was determined to be 0.24 mg/mL, the optimal concentration of recombinant protein was determined to be 0.25 mg/mL, and the optimal concentration of Anti-rabbit IgG antibody was determined to be 0.04 mg/mL. Using this method LChV-1 detection time is 10-15 minutes, fast, low cost, and easy to perform, and thus can be used for rapid detection in the field. This newly developed detection method provides effective monitoring and detection means for the prevention and control of cherry fruit viral disease.

Key words: Little cherry virus1; Virus detection; Immunocolloidal gold test strip; CP protein

Mixed Infection of Phytoplasma and *Candidatus* Liberibacter asiaticus in Citrus Crops with Yellows Diseases on Hainan Island in China*

YU Shaoshuai[1**], ZHU Anna[1,2], SONG Weiwei[1], YAN Wei[1]

(1. *Coconut Research Institute*, *Chinese Academy of Tropical Agricultural Sciences*, *Wenchang* 571339, *China*; 2. *College of Forestry*, *Hainan University*, *Haikou* 570228, *China*)

Abstract: The pathogens associated with citrus Huanglongbing symptoms, including yellowing and mottled leaves in *Citrus maxima*, an important economic crop on Hainan Island in China, were identified and characterized. Based on the 16S rRNA and β-operon gene fragments, two subgroups of phytoplasma—CmPⅡ-hn belonging to 16SrⅡ-Ⅴ and CmPXXXII-hn belonging to 16Sr XXXII-D—and *Candidatus* Liberibacter asiaticus CmLas-hn were detected separately in 12, 2 and 6 out of 54 plant samples, respectively. Among the detection results, mixed infection of 16SrⅡ-Ⅴ subgroup phytoplasma and *Ca.* Liberibacter asiaticus was identified in 4 samples, accounting for 7.4%. The phytoplasma strains of CmPⅡ-hn, *Tephrosia purpurea* witches'-broom, *Melochia corchorifolia* witches'-broom and *Emilia sonchifolia* witches'-broom were clustered into one clade belonging to the 16SrⅡ-Ⅴ subgroup, with a 99% bootstrap value. The phytoplasma strains of Cm PXXXII-hn and *Trema tomentosa* witches'-broom belonging to 16Sr XXXII-D, and the other 16Sr XXXII subgroup strains were clustered into one clade belonging to the 16Sr XXXII group with a 99% bootstrap value. There were 16 variable loci in the 16S rRNA gene sequences of the 16Sr XXXII group phytoplasmas, with two bases insertion/deletion. The CmLas-hn strain and *Ca.* Liberibacter asiaticus were in one independent cluster with a 99% bootstrap value. To our knowledge, this is the first report showing that *Citrus maxima* can be infected by 16SrⅡ-Ⅴ and 16Sr XXXII-D subgroup phytoplasmas in China. Moreover, this is also the first report in which the citrus crops are co-infected by 16SrⅡ-Ⅴ subgroup phytoplasmas and *Ca.* Liberibacter asiaticus. More comprehensive and detailed identification and characterization of the pathogens associated with the diseased symptoms in citrus crops would be beneficial for epidemic monitoring and for the effective prevention and control of related plant diseases.

Key words: Phytoplasma; *Candidatus* Liberibacter asiaticus; *Citrus maxima*; Molecular identification; Mixed infection

---

* Funding: Central Public-Interest Scientific Institution Basal Research Fund for the Chinese Academy of Tropical Agricultural Sciences (1630152022004); Hainan Provincial Natural Science Foundation of China (320RC743); Specific Research Fund of the Innovation Platform for Academicians of Hainan Province of China (YSPTZX202138)

** First & Corresponding author: YU Shaoshuai; E-mail: hzuyss@163.com

First Report of 'Candidatus Phytoplasma malaysianum' - Related Strains Belonging to 16Sr XXXII-D Subgroup Associated with Areca Palm Yellow Leaf Disease on Hainan Island in China*

YU Shaoshuai[1**], ZHU Anna[1,2], CHE Haiyan[3], SONG Weiwei[1]

(1. *Coconut Research Institute, Chinese Academy of Tropical Agricultural Sciences, Wenchang* 571339, *China*; 2. *College of Forestry, Hainan University, Haikou* 570228, *China*; 3. *Environment and Plant Protection Institute, Chinese Academy of Tropical Agricultural Sciences, Haikou* 571101, *China*)

Abstract: Areca palm (*Areca cathecu* L.) is an evergreen tree belonging to the palm family, with high medicinal and economic value. Areca palm yellow leaf (AYL) disease associated with a phytoplasma is a devastating disease of areca palm. AYL diseases have been reported in China, India and Sri Lanka. Three 16Sr groups of phytoplasmas are associated with AYL disease, including 16SrI-B subgroup in India and China, 16Sr I-G subgroup in China, 16Sr XI group in India, 16Sr XIV Group in Sri Lanka. AYL disease reported in China is only associated with the phytoplasma belonging to 16Sr I group, including two subgroups of 16Sr I-B and 16Sr I-G. In the study, based on gene amplification and BALST analysis using primers P1/P7 and R16mF2/R16mR1 specific for phytoplasma 16S rRNA gene fragments, the 16S rRNA gene sequences of '*Candidatus* Phytoplasma malaysianum' -related strains were obtained from the AYL samples that were collected from the Hainan Island in China during 2021 to 2022. The virtual RFLP pattern derived from the query 16S rDNA F2nR2 fragment is identical (similarity coefficient 1.00) to the reference pattern of 16Sr group XXXII, subgroup D (GenBank accession: MW138004) using the interactive online phytoplasma classification tool *i*PhyClassifier. The phytoplasmas under study are a member of 16Sr XXXII-D. To our knowledge, this was the first report that the areca palm displaying yellow leaf symptoms were infected by the '*Candidatus* Phytoplasma malaysianum' -related strains belonging to 16Sr XXXII group. The findings would contribute to confirming the role of alternative host species in the plant diseases epidemiology of the plant diseases caused by the phytoplasmas and develop to the development of efficient management programs of for the related plant diseases.

Key words: Phytoplasma; *Areca catechu*; Areca palm yellow leaf disease; *Candidatus* Phytoplasma malaysianum; Classification and identification

* Funding: Hainan Provincial Natural Science Foundation of China (323RC524); Innovation Platform for Academicians of Hainan Province of China and the Specific Research Fund of the Innovation Platform for Academicians of Hainan Province of China (YSPTZX202138)

** First & Corresponding author: YU Shaoshuai; E-mail: hzuyss@163.com

First Report of Maize Yellow Mosaic Virus on Weed Hosts in China

ZHANG Yuyang[1], WANG He[1], JIANG Xingling[1], YANG Xue[1], LIU Xiaoming[2], WANG Yafei[1], LIU Yiqing[3], LI Honglian[1], YUAN Hongxia[1], SHI Yan[1]

(1. *College of Plant Protection*, *Henan Agricultural University*, *Zhengzhou* 450002, *China*; 2. *Institute of Cereal and Crops*, *Hebei Academy of Agriculture and Forestry Sciences*, *Shijiazhuang* 050031, *China*; 3. *Guangdong Baiyun University*, *Guangzhou* 510550, *China*)

Abstract: A novel polerovirus maize yellow mosaic virus (MaYMV) was first reported to infect maize (*Zea mays* L.) showing yellow mosaic symptoms on the leaves in Yunnan, Guizhou, and yellowing and dwarfing symptoms on the leaves in Anhui provinces of China in 2016 (Chen *et al.*, 2016; Wang *et al.*, 2016). Later, MaYMV was discovered in other gramineous species including sugarcane (*Saccharum* spp.), itch grass (*Rottboellia cochinchinensis*), millet (*Panicum miliaceum*), sorghum (*Sorghum bicolor*), and wheat (*Triticum aestivum*) in Asia, Africa, and South America (Guo *et al.*, 2022; Lim *et al.*, 2018; Nithya *et al.*, 2021; Sun *et al.*, 2019; Yahaya *et al.*, 2017). Recently we reported the leaf reddening symptoms in maize caused by MaYMV in Henan province of China which was consistent with the previous report of an east African isolate of MaYMV (Shi *et al.*, 2022; Stewart *et al.*, 2020). To identify possible alternative hosts that may serve as virus reservoirs, samples of three different common weed species (barnyard grass, green foxtail, and goosegrass) in maize growing areas were collected in Zhengzhou, Henan province where leaf reddening symptoms were observed in weed plants. Symptomatic leaves from 15 plants from two fields of Zhengzhou ($n=15$) were collected and mixed for metatranscriptomics sequencing, and total RNA was extracted and subjected to an rRNA removal procedure using Ribo-off rRNA Depletion Kit (Vazyme Biotech, Nanjing, China) according to the manufacturer's instructions (Epicentre, an Illumina® company). cDNA libraries were constructed using NEBNext Ultra RNA Library Prep Kit for Illumina (NEB, U. S. A.). In total 108222948 clean reads were de novo assembled using CLC Genomics Workbench (version: 6.0.4). 257121 contigs were obtained. The assembled contigs were queried by homology search tools (BLASTn and BLASTx) against public database (GenBank). Five contigs with the length of 834 bp, 702 bp, 692 bp, 656 bp and 624 bp was obtained and blast analysis showed it shared 98.7%-99.6% nt sequence identity with MaYMV Yunnan4 isolate (KU291100). According to the sequencing data no other plant viruses except MaYMV were present in the sequencing data. To test the presence of this virus, five leaf samples showing reddening symptoms of each weed plant were detected by reverse transcription (RT) -PCR using specific primer pairs encompassing CP full length open reading frame (F: ATGAATACGGGAGGTAGAAA, R: CTATTTCGGGTTTTGAACAT). Twelve positive leaf samples (5 for barnyard grass, 5 for green foxtail, and 2 for goosegrass) were detected by RT-PCR Amplicons with expected size of 594 bp were gained in all the samples and two isolates for each weed were cloned and sequenced. The two isolates (OP846588 and OP846589) of barnyard grass, two isolates of green foxtail (OP871831 and OP871832), and two isolates of goosegrass (OP871833 and OP871834) shared 99.5% to 99.8% nt sequence identity with MaYMV-ZZ isolate (OM417795). Further P0 sequence analysis of the six samples (OP846590, OP846591, OP871835, OP871836, OP871837 and OP871838) with primer pairs (F: ATGCGTTGCGAGGTAAAT, R: TCATAACTGA TGGAATTCCC) showed they shared 99.0% to 99.7% nt sequence identity with MaYMV-ZZ isolate (OM417798). This study showed MaYMV infects common weeds present in Chinese maize crops. The vector-assisted transmission of MaYMV could explain the infection of weeds in maize growing areas. To our knowledge, this is the first report of natural infection of the three weeds by MaYMV. These three common plants may represent additional reservoirs of this virus in the region.

Key words: Maize yellow mosaic virus; Sequence homology; Weed hosts; Coat protein

Interaction Between Cucumber Green Mottle Mosaic Virus MP and CP Promotes Virus Systemic Infection

SHI Yajuan, YANG Xue, YANG Lingling, LI Qinglun, LIU Xiaomin, HAN Xiaoyu, GU Qinsheng, LI Honglian, CHEN Linlin, LIU Yiqing, SHI Yan
(*College of Plant Protection*, *Henan Agricultural University*, *Zhengzhou* 450002, *China*)

Abstract: The movement protein (MP) and coat protein (CP) of tobamoviruses play critical roles in viral cell-to-cell and long-distance movement, respectively. Cucumber green mottle mosaic virus (CGMMV) is a member of the genus *Tobamovirus*. The functions of CGMMV MP and CP during viral infection remain largely unclear. Here, we show that CGMMV MP can interact with CP *in vivo*, and the amino acids at positions 79-128 in MP are vital for the MP-CP interaction. To confirm this finding, we mutated five conserved residues within the residue 79-128 region and six other conserved residues flanking this region, followed by in vivo interaction assays. The results showed that the conserved threonine residue at the position 107 in MP (MPT107) is important for the MP-CP interaction. Substitution of T107 with alanine (MPT107A) delayed CGMMV systemic infection in *Nicotiana benthamiana* plants, but increased CGMMV local accumulation. Substitutions of another 10 conserved residues, not responsible for the MP-CP interaction, with alanine inhibited or abolished CGMMV systemic infection, suggesting that these 10 conserved residues are possibly required for the MP movement function through a CP-independent manner. Moreover, two movement function-associated point mutants (MPF17A and MPD97A) failed to cause systemic infection in plants without impacting on the MP - CP interaction. Furthermore, we have found that co-expression of CGMMV MP and CP increased CP accumulation independent of the interaction. MP and CP interaction inhibits the salicylic acidassociated defence response at an early infection stage. Taken together, we propose that the suppression of host antiviral defence through the MP-CP interaction facilitates virus systemic infection.

Key words: Accumulation; Coat protein; Cucumber green mottle mosaic virus; Interaction; Movement protein

玉米黄花叶病毒在河南省小麦玉米上的分布及其 CP 序列分析*

谢莉娜[1]，张玉阳[1]，于连伟[1]，徐永伟[4]，杨 雪[1]，王亚飞[1]，
陈琳琳[1]，李洪连[1,2,3]，崔荧钧[5]，施 艳[1]
（1. 河南农业大学植物保护学院，郑州 450002；2. 河南省粮食作物协同创新中心，郑州 450002；3. 小麦玉米作物学国家重点实验室，郑州 450002；4. 河南省植物保护检疫站，郑州 450002；5. 河南省植物保护新技术推广协会，郑州 450002）

摘 要：玉米黄花叶病毒（MaYMV）是一种新发现的玉米黄花叶病病毒，可引起玉米叶片变红和小麦黄矮，造成严重的经济损失。本研究于 2022 年在河南省 11 个不同地区采集了玉米叶片变红和小麦黄矮的病叶样本。对全长外壳蛋白核苷酸和氨基酸序列进行了分析。结果表明，MaYMV 在河南省玉米和小麦中普遍分布，驻马店和新乡的小麦检出率最高，为 100%，郑州的玉米检出率为 66.7%。不同分离株之间的氨基酸同源性较高，变异率为 0.0%~2.0%。进一步的系统发育分析表明，MaYMV 的玉米和小麦分离株聚集成一个大分支。该研究为 MaYMV 的监测和控制奠定了基础。

关键词：MaYMV；外壳蛋白；系统发育分析；玉米；小麦

* 基金项目：河南省玉米产业技术体系植保岗位科学家科研专项（HARS-22-02-G3）

Transcriptome and Metabolome Analyses Reveal Jasmonic Acids May Facilitate the Infection of Cucumber Green Mottle Mosaic Virus in Bottle Gourd*

LI Zhenggang, TANG Yafei, YU Lin, LAN Guobing,
DING Shanwen, SHE Xiaoman, HE Zifu
(*Guangdong Provincial Key Laboratory of High Technology for Plant Protection, Plant Protection Research Institute, Guangdong Academy of Agricultural Sciences, Guangzhou* 510640, *China*)

Abstract: CGMMV is a typical seed-borne tobamovirus that mainly infects cucurbit crops. Due to the rapid growth of international trade, CGMMV has spread worldwide and become a significant threat to cucurbit industry. Despite various studies focusing on the interaction between CGMMV and host plants, the molecular mechanism of CGMMV infection is still unclear. In this study, we utilized transcriptome and metabolome analyses to investigate the anti-viral response of bottle gourd (*Lagenaria siceraria*) under CGMMV stress. The transcriptome analysis revealed that in comparison to mock-inoculated bottle gourd, 1929 differently expressed genes (DEGs) were identified in CGMMV-inoculated bottle gourd. Among them, 1397 genes were upregulated while 532 genes were downregulated. KEGG pathway enrichment indicated that the DEGs were involved in metabolic, biosynthesis of secondary metabolites, plant hormone signal transduction, plant-pathogen interaction, and starch and sucrose metabolism pathways. The metabolome result showed there were 76 differentially accumulated metabolites (DAMs), of which 69 metabolites were up-accumulated, and 7 metabolites were down-accumulated. These DAMs were clustered into several pathways, including biosynthesis of secondary metabolites, tyrosine metabolism, flavonoid biosynthesis, carbon metabolism, and plant hormone signal transduction pathways. Combining the transcriptome and metabolome results, we further investigate the plant hormone signal transduction pathway, especially the jasmonic acids (JAs) pathway. Compared with the mock treatment, the genes and metabolites involved in JAs synthesis pathway were induced upon CGMMV infection. Furthermore, most of the transcription factors (TFs) related with JAs signaling pathway were also upregulated. Additionally, silencing of *AOS* gene, which is the key gene involved in JAs synthesis, reduced CGMMV accumulation. These findings suggest that JAs may facilitate CGMMV infection in bottle gourd.

Key words: Cucumber green mottle mosaic virus; Jasmonic acids; Transcriptome and metabolome; Bottle gourd

* Funding: National Natural Science Foundation of China (32272509); Agricultural Competitive Industry Discipline Team Building Project of Guangdong Academy of Agricultural Sciences (202103TD, 202105TD); Science and Technology Program of Guangzhou (202102020504); Special Fund for Scientific Innovation Strategy—Construction of High-Level Academy of Agriculture Science (R2023PY-JX011)

Molecular Characterization of the First Partitivirus from a Causal Agent of *Salvia miltiorrhiza* Dry Rot*

ZHAO Ying[1**], GUAN Zhengzhe[1], QIN Yanhong[2], ZHONG Rongrong[1], ZHANG Yuanyuan[1], WANG Mengjiao[1], WEN Caiyi[1], WANG Fei[2], SONG Luyang[1***], LU Chuantao[2***]

(1. *College of Plant Protection*, *Henan Agricultural University*, *Zhengzhou* 450002, *China*; 2. *Institute of Plant Protection*, *Henan Academy of Agricultural Sciences*, *Zhengzhou* 450002, *China*)

Abstract: The root rot of *Salvia miltiorrhiza* is a common root disease caused by *Fusarium* spp. , which has become one of the main diseases affecting the production of *S. miltiorrhiza*. Currently, several hypovirulence - related mycoviruses have been identified in many phytopathogenic fungi including *Fusarium* spp. , which show potential as biological control. This study reports a new mycovirus, *Fusarium oxysporum* partitivirus 1 (FoPV1), isolated from *F. oxysporum* strain FCR51, a causal agent of *S. miltiorrhiza* dry rot. The FoPV1 genome contains two double-stranded RNA segments (dsRNA1 and dsRNA2). The size of dsRNA1 is 1 773bp, and it encodes a putative RNA-dependent RNA polymerase (RdRp), The dsRNA2 is 1 570bp in length, encoding a putative capsid protein (CP). Multiple sequence alignments and phylogenetic analyses based on the amino acid sequences of RdRp and HP indicated that FoPV1 appears to be a new member of the family *Partitiviridae* that is related to members of the genus *Gammapartitivirus*. An assay of pathogenicity showed that FoPV1 confers hypervirulence to its host, *F. oxysporum*. This is the first report of a partitivirus infecting *F. oxysporum* and the first hypovirulence-related mycovirus from a causal agent of *S. miltiorrhiza* dry rot.

Key words: Partitivirus; Mycovirus; *Salvia miltiorrhiza* dry rot; *Fusarium oxysporum*

* 基金项目：河南省农业科学院新兴学科（2022XK07）；河南省自然科学基金（232300420013）

** 第一作者：赵莹，讲师；E-mail：zhaoying@henau.edu.cn

*** 通信作者：宋露洋，讲师；E-mail：lysong@henau.edu.cn

鲁传涛，研究员；E-mail：chuantaolu@qq.com

平菇球形病毒外壳蛋白的原核表达纯化及抗血清制备*

王一帆[1**]，蒋同力[2]，扈海静[1]，刘　宇[1]，王建瑞[1]，程显好[1]，赵彦翔[2]，张晓艳[1***]
（1. 鲁东大学农学院，烟台　264025；2. 青岛农业大学植物医学学院，青岛　266109）

摘　要：平菇球形病毒（oyster mushroom spherical virus，OMSV）是一种正义的单链 RNA 病毒，主要危害平菇（*Pleurotus ostreatus*）。感染 OMSV 的平菇表现出菌丝体退化变小，菌柄变短、子实体表现喇叭状等畸形症状，严重影响平菇的产量和品质，给种植者造成较大的经济损失。为了便于对 OMSV 的检测，笔者以平菇球形病毒的外壳蛋白（coat protein，CP）基因作为模板，构建表达载体 pDB-MBP-CP。通过转化大肠杆菌 Rosetta（DE3）表达菌株，利用 0.1mmol/L IPTG 在 18℃ 条件下诱导表达 20 h。通过超声破碎，上清经过镍柱亲和层析柱纯化得到目的蛋白。将纯化得到的总量约 5 mg 的融合蛋白注射免疫新西兰大白兔制备 OMSV-CP 多抗血清。为了验证该血清的特异性，笔者利用该血清对感染 OMSV 的平菇菌株进行 Western blot 检测，发现能够特异性地检测到约 24 kDa 的蛋白，说明该血清能够特异地用于 OMSV 病毒的检测。为了进一步检测该血清的灵敏度，将其分别按照 1∶500、1∶1 000、1∶2 000、1∶5 000；1∶10 000、1∶100 000 的稀释比例进行血清效价测定。检测结果发现稀释至 1∶100 000 时仍能检测到约 24 kDa 的清晰蛋白条带，说明制备的 OMSV-CP 抗血清具有较高的灵敏度。OMSV-CP 抗血清的制备为进一步深入研究该病毒的寄主范围、病害流行规律以及综合防治提供必要的技术支持。

关键词：平菇球形病毒；外壳蛋白；原核表达；抗血清制备

---

* 基金项目：山东省重点研发计划（2019GSF107095）

** 第一作者：王一帆，硕士研究生，主要从事植物病毒学研究；E-mail：wangyifan7798@126.com
*** 通信作者：张晓艳，讲师，主要从事植物病毒学研究；E-mail：xiaoyan433@163.com

平菇球形病毒中国分离物的分子鉴定*

扈海静**，王一帆，闫俊杰，刘　宇，王建瑞，程显好，张晓艳***
（鲁东大学农学院，烟台　264025）

摘　要：平菇（*Pleurotus ostreatus*）是一种遍布世界各地的食用菌，具有较高的经济、营养和药用价值。平菇球形病毒（oyster mushroom spherical virus，OMSV）是一种正义的单链 RNA 真菌病毒，可造成明显减产。然而，人们对其分类地位及生物学特性知之甚少。

本研究中笔者测定了从平菇菌株 8129 中分离的 OMSV 中国分离物的核苷酸序列，全长为 5 747 nt，GenBank 登录号为 OL546221。该病毒代表了一种新的 OMSV 菌株（简称 OMSV-Ch）。对基因组序列进行 BLAST 的搜索表明，OMSV－Ch 与韩国 OMSV（OMSV－Kr）（NC_004560. 1）的同源性最高（74. 9%）。OMSV-Ch 基因组 ATCG 含量分别为 18. 1% A、31. 3% C、24. 2% G、26. 4% T，表现出较高的胞嘧啶比例和较低的腺嘌呤比例。基因组包含 5′ UTR、3′ UTR、基因间的非编码区（Non-coding region，NCR）和 7 个开放阅读框。在氨基酸序列水平上，这两个 OMSV 菌株在 RNA 依赖的 RNA 聚合酶（RNA-dependent RNA polymerase，RdRp）上的一致性为 84. 1%，在外壳蛋白（coat protein，CP）上的一致性为 94. 1%。OMSV-Ch 和 OMSV-Kr 两菌株在 ORF3、4、5、6、7 氨基酸一致性分别为 38. 1%、23. 4%、17. 4%、58. 6%、75. 7%。OMSV-Ch 和 OMSV-Kr 在 5′端的 ORF1、3、4、5 和 6 上的差异均大于 5′端的 ORF2 和 7。基于 RdRp 的系统发育分析表明，OMSV－Ch 与 OMSV－Kr 在同一分支上，与芜菁花叶病毒科（*Tymoviridae*）亲缘关系较近。基于 RdRp 和 CP 的系统发育分析表明，OMSV 与芜菁花叶病毒属（*Tymovirus*）、玉米雷亚朵非纳病毒属（*Marafivirus*）和葡萄斑点病毒属（*Maculavirus*）在不同的分支上。结合基因组大小进行比较，tymoviruses 基因组大小为 6. 0~6. 7 kb，marafiviruses 为 6. 3~6. 5 kb，maculaviruses 为 7. 5 kb。而 OMSV 的基因组大小为 5. 7~5. 8 kb，小于其他的 3 个属。其次是比较亚基因组 RNA 启动子，OMSV 基因组不包含保守结构域“tymobox”（GAGUCUGAAUUGCUUC）或者是“marafibox”［CA（G/A）GGUGAAUUGCUUC］。另外，OMSV 是一种感染平菇的真菌病毒，而 *Tymoviridae* 科的 3 个属的成员都是植物病毒。因此，基于以上的研究结果，笔者提出 OMSV 属于 *Tymoviridae* 科的一个新属，初步命名为 *Omsvirus*。

关键词：平菇球形病毒；中国分离物；分子鉴定

致谢：感谢韩成贵教授对本研究的建议和帮助。本文主要结果已经在 Biology 上在线发表。

* 基金项目：山东省重点研发计划项目（2019GSF107095）
** 第一作者：扈海静，硕士研究生，主要从事植物病毒学研究；E-mail：haijing975@163. com
*** 通信作者：张晓艳，讲师，主要从事植物病毒学研究；E-mail：xiaoyan433@163. com

广东蒲瓜病毒种类鉴定及多重 RT-PCR 方法建立*

苏　琦**，汤亚飞，佘小漫，蓝国兵，于　琳，何自福***，李正刚***

（广东省农业科学院植物保护研究所，农业农村部华南果蔬绿色防控重点实验室，
广东省植物保护新技术重点实验室，广州　510640）

摘　要：目前广东省蒲瓜上病毒病高发，严重威胁着蒲瓜产业发展。蒲瓜在我国有 7 000多年的栽培历史，年种植面积约 200 万亩，主要分布于浙江、广东、福建等长江以南地区。2018—2022 年，从广东省的广州市、惠州市、清远市、汕头市和湛江市的蒲瓜主要种植区采集蒲瓜病毒病疑似样品 78 份，对各地采集的样品按照地区和症状进行分类，提取每份样品的总 RNA，将一个地区具有相同症状样品的 RNA 进行等量混合后送往公司进行小 RNA 深度测序分析。根据小 RNA 深度测序分析比对结果，设计特异引物进行 RT-PCR 验证，从而明确侵染广东蒲瓜的病毒种类。挑选 6 种检出率高、危害严重的蒲瓜病毒，根据 GenBank 数据库设计多重 PCR 检测引物，通过优化反应体系和反应条件，建立同时检测 6 种蒲瓜病毒的多重 RT-PCR 方法。结果表明，在广东省蒲瓜样品中共检测到 12 种病毒，按照检出率从高到低分别为葫芦内源 RNA 病毒（lagenaria siceraria endornavirus，LsEV）（64.1%）、黄瓜绿斑驳花叶病毒（cucumber green mottle mosaic virus，CGMMV）（62.8%）、小西葫芦虎纹花叶病毒（zucchini tigre mosaic virus，ZTMV）（51.3%）、西瓜绿斑驳花叶病毒（watermelon green mottle mosaic virus，WGMMV）（43.6%）、西瓜病毒 A（watermelon virus A，WVA）（32.1%）、番木瓜环斑病毒（papaya ringspot virus，PRSV）（19.2%）、小西葫芦黄花叶病毒（zucchini yellow mosaic virus，ZYMV）（9.0%）、南瓜蚜传黄化病毒（curbit aphid-borne yellows virus，CABYV）（7.7%）、中国南瓜曲叶病毒（squash leaf curl China virus，SLCCNV）（7.7%）、瓜类褪绿黄化病毒（cucurbit chlorotic yellows virus，CCYV）（5.1%）、南瓜黄矮失调病毒（cucurbit yellow stunting disorder virus，CYSDV）（3.8%）、甜瓜黄斑病毒（melon yellow spot virus，MYSV）（1.3%）。复合侵染率高，在本次所采集的 78 份样品中，复合侵染率高达 80.8%，其中 2 种、3 种、4 种、5 种、6 种和 7 种病毒复合侵染的检出率分别为 14.1%、16.7%、23.1%、17.9%、7.7%和 1.3%。在多重 RT-PCR 体系中先加入 WVA+CCYV+CGMMV 引物，10 个反应后再加入 WGMMV+ZTMV+PRSV 引物，引物体积依次为，WVA 0.5 μL、CCYV 0.5 μL、CGMMV 0.4 μL、WGMMV 0.4 μL、ZTMV 0.6 μL、PRSV 0.6 μL。本研究明确了危害广东蒲瓜的病毒种类，建立了蒲瓜病毒病快速检测鉴定方法，为蒲瓜病毒病的精准防控提供了理论依据。

关键词：蒲瓜病毒病；小 RNA 深度测序；RT-PCR 检测；多重 PCR 技术

---

* 基金项目：国家自然科学基金项目（32272509）；广东省农业科学院农业优势产业学科团队建设项目（202103TD，202105TD）；广州市科技计划（202102020504）；广东省农业科学院科技人才培养专项（R2023PY-JX011）

** 第一作者：苏琦，硕士研究生；E-mail：sq1827266@163.com

*** 通信作者：何自福；E-mail：hezf@gdppri.com

李正刚；E-mail：lizhenggang@gdppri.com

广东番茄上首次检测到洋桔梗耳突曲叶病毒*

王　愿**，李正刚，佘小漫，于　琳，蓝国兵，丁善文，汤亚飞***，何自福***
（广东省农业科学院植物保护研究所，农业农村部华南果蔬绿色防控重点实验室，
广东省植物保护新技术重点实验室，广州　510640）

摘　要：番茄黄化曲叶病是番茄生产上一种毁灭性病害，已给我国造成了严重经济损失。引起番茄黄化曲叶病的病毒种类繁多，均属于双生病毒科（*Geminiviridae*）菜豆金色黄花叶病毒属（*Begomovirus*）。2003 年，本团队首次在广东番茄上检测到烟粉虱传双生病毒，随后对引起广东省番茄黄化曲叶病的病原病毒种群动态进行了长期监测，到目前为止鉴定出的病原病毒有 5 种，分别为广东番茄曲叶病毒（tomato leaf curl Guangdong virus，ToLCGdV）、广东番茄黄化曲叶病毒（tomato yellow leaf curl Guangdong virus，TYLCGdV）、台湾番茄曲叶病毒（tomato leaf curl Taiwan virus，ToLCTV）、番茄黄化曲叶病毒（tomato yellow leaf curl virus，TYLCV）、泰国番茄黄化曲叶病毒（tomato yellow leaf curl Thailand virus，TYLCTHV）。2022 年 12 月，从广东省广州市增城区番茄种植地采集田间表现明显卷叶、小叶症状的番茄病样 2 份，利用菜豆金色黄花叶病毒属病毒通用简并引物 AV_{494}/DeP_3对病样总 DNA 进行 PCR 检测，2 份病样中均能扩增出约 570 bp 的目的条带，进一步对阳性病样进行滚环扩增、酶切和克隆，获得该病毒分离物的基因组全长序列（GenBank 登录号：OQ597717），大小 2 757 nt，含有 6 个 ORFs。序列相似性比较结果显示，该分离物基因组全长序列与洋桔梗耳突曲叶病毒（lisianthus enation leaf curl virus，LELCV）分离物的相似性最高，为 92.53%～98.33%，其中与 LELCV 台湾洋桔梗分离物（GenBank 登录号：LC091538、LC091539）的相似性最高，为 98.33%。LELCV 是 2015 年从中国台湾洋桔梗病株中鉴定出的病毒新种，目前已在中国台湾的番茄、南瓜以及日本的番茄植株上被检测到。本研究首次在广东番茄上检测到 LELCV，也是该病毒扩散到中国大陆的首次报道。目前，该病毒仅发生在广东省广州市增城区番茄上，至于是否危害其他作物及在全省的扩散动态，还有待进一步监测。

关键词：洋桔梗耳突曲叶病毒；广东番茄；检测

* 基金项目：国家自然科学基金（32072392）；广东省自然科学基金（2019A1515012150）；广东省现代农业产业技术体系创新团队项目（2021KJ134）；科技创新战略专项资金“金颖之星”（R2019PY-JX005）；广东省农业科学院“十四五”学科团队建设项目（202105TD）

** 第一作者：王愿，硕士研究生，研究方向为植物病理学；E-mail：y1875357469@163.com
*** 通信作者：汤亚飞，研究员，研究方向为植物病毒学；E-mail：tangyafei@gappri.com
何自福，研究员，研究方向为植物病毒学；E-mail：hezf@gdppri.com

黄瓜花叶病毒卫星 RNA 降低辅助病毒致病力的新机制*

刘志菲[1**]，曹欣然[2]，于成明[1]，原雪峰[1***]
（1. 山东农业大学植物保护学院，泰安 271018；
2. 青岛农业大学植物医学学院，青岛 266109）

摘　要：卫星 RNA 常伴随辅助病毒共同侵染寄主，有些可以减轻辅助病毒的致病力。前期研究发现，一种卫星 RNA satCMV TA-Tb 可明显减轻黄瓜花叶病毒 CMV_{Fny} 的致病力。本研究旨在解析其降低辅助病毒致病的机制。通过连续监测卫星 RNA 对辅助病毒基因组积累量的影响，发现 satCMV TA-Tb 在侵染早期抑制 CMV RNA1 和 RNA2 的相对合成量，而后期则抑制 CMV CP 亚基因组的合成。其中，卫星 RNA 抑制 CMV 的 RNA1 和 RNA2 的相对合成量已有报道，而抑制 CP 亚基因组合成的现象未见报道。同时也说明，satCMV TA-Tb 是一种新型致弱型卫星 RNA，兼具两种致弱机制。

为解析 satCMV TA-Tb 抑制 CP 亚基因组合成的机制，使用 SHAPE 方法解析了 satCMV TA-Tb 的 RNA 空间结构。卫星 satCMV TA-Tb 的 RNA 结构主要由 6 个茎环区组成，茎环 H3 和 H5 为长的多环茎环结构，其余 4 个为简单的小茎环。多处环上碱基处于被封闭状态，碱基特征暗示了存在竞争关系的 φ1 和 φ2 两个潜在的假结。卫星 RNA 与 CMV RNA3 的 IGR 区（CP 亚基因组合成的调控区）的分子预测和 MST 分析表明，satCMV TA-Tb 的 H3 顶环 loop 区与 IGR 的顶环和基部区域形成 2 处潜在的分子间互作。这 2 组分子间互作是 satCMV TA-Tb 降低 CP 亚基因组合成的关键因子，破坏任意一组分子间互作均造成卫星的致弱效应消失。

本研究报道了一种新型的 CMV 卫星 RNA，兼具 2 种降低辅助病毒致病力的机制，其中降低 CP 亚基因组合成的关键因素为卫星与 CMV RNA3 的两处分子间互作。

关键词：黄瓜花叶病毒；卫星 RNA；分子间互作；RNA 结构

---

* 基金项目：国家自然科学基金（32072382）

** 第一作者：刘志菲，博士研究生，主要从事分子植物病毒学研究；E-mail：wliuzhifei@163.com

*** 通信作者：原雪峰，教授，博士生导师，主要从事分子植物病毒学研究；E-mail：snowpeak77@163.com

菜豆普通花叶病毒的不依赖帽子翻译调控*

王 丽**，李 哲，耿国伟，于成明，原雪峰***
（山东农业大学植物保护学院，泰安 271018）

摘 要：菜豆普通花叶病毒（bean common mosaic virus，BCMV）引起花生条纹病毒病，是制约花生高产、稳产的限制性因素之一。BCMV 基因组含一条单链正义 RNA 病毒，编码一个多聚蛋白，可被蛋白酶切割成 11 个功能蛋白。BCMV RNA 的 5′端有共价结合的 VPg 蛋白，3′端有一个 Poly（A）。

本研究旨在解析 BCMV 不依赖帽子的翻译调控机制。体外翻译试验表明，BCMV 的基因组 5′末端存在调控不依赖帽子翻译的顺式作用元件，该元件包括 5′UTR 和下游编码区的 90 nt 区域，且呈现 IRES 活性；基因组 3′UTR 可以协同提高其 IRES 活性。该 IRES 元件的核心调控区域有 160 nt，包括 4 个茎环（SL1、SL2、SL3 和 SL4）及其间隔区。突变试验表明，茎环 SL1 的顶环碱基替换及茎环 SL2 的整体缺失均使翻译水平均降低 80%，另外，IRES 元件的核心调控区域外的 1 个小茎环 SL5 的缺失也降低 50% 的翻译水平。初步试验表明，此 IRES 元件可以结合花生、辣椒、黄瓜的 eIF4E，不能结合玉米、番茄的 eIF4E。本研究将有助于解析 BCMV 不依赖帽子翻译调控机制。

关键词：菜豆普通花叶病毒；不依赖帽子翻译；IRES；eIF4E

---

* 基金项目：国家自然科学基金（32072382，31872638）

** 第一作者：王丽，硕士研究生，主要从事分子植物病毒学研究；E-mail：17861507622@163.com

*** 通信作者：原雪峰，教授，博士生导师，主要从事分子植物病毒学研究；E-mail：snowpeak77@163.com

黄瓜花叶病毒复制酶与非翻译区协同调控致病力差异*

王亚兰**，于成明，刘珊珊，原雪峰***
（山东农业大学植物保护学院，泰安 271018）

摘　要：黄瓜花叶病毒（cucumber mosaic virus，CMV）是雀麦花叶病毒科（*Bromoviridae*）黄瓜花叶病毒属（*Cucumvirus*）的代表种。CMV 在全世界分布广泛，可以侵染包括单子叶植物和双子叶植物的 1 200 多种植物。CMV 为典型的正义单链 RNA（+ssRNA）病毒，基因组由 RNA1、RNA2、RNA3 组成，共编码 5 个蛋白。CMV 分离物之间的致病性分化主要由地理分布因素、特定病毒蛋白或顺式作用元件的关键位点突变等决定。

本研究选取致病力差异明显的分离物 CMV_{Fny} 和 $CMV_{TA\text{-}pe}$ 作为研究对象，在不同茄科植物（本氏烟、普通烟、辣椒、番茄）上，CMV_{Fny} 接种的植株严重矮化、叶片皱缩；而 $CMV_{TA\text{-}pe}$ 接种的植物仅为植株轻微矮化。利用假重组突变的方法（RNA1、RNA2、RNA3 的人为组合），发现决定致病性差异的关键组分为 RNA1 和 RNA2，其中 RNA2 起主要作用。RNA1 和 RNA2 不同区域的置换型突变实验表明，1a 蛋白对 CMV_{Fny} 和 $CMV_{TA\text{-}pe}$ 的致病力差异有调控作用，但程度不强。RNA2 中 2a 蛋白、5′UTR 和 3′UTR 均可以调节 CMV_{Fny} 和 $CMV_{TA\text{-}pe}$ 致病力差异，且呈现组合式调控的模式。说明 CMV 的 2a 和非翻译区存在协同进化。利用另外两个弱毒 CMV 分离物 CMV_{ZMBJ} 和 $CMV_{WF\text{-}Ch}$，构建其 RNA2 的 2a 蛋白、5′UTR 和 3′UTR 的同步置换型突变体，致病性明显增强，验证了 RNA2 的 2a 蛋白、5′UTR 和 3′UTR 三者之间存在协同进化。另外，1a 置换型突变体和 RNA2 不同区域的多组分同步置换型突变体进行组合接种实验，表明 1a 蛋白和 RNA2 的 2a 蛋白、5′UTR、3′UTR 四者之间存在协同调控。

通过本研究发现，CMV 的复制酶组分（1a 和 2a）与 RNA2 的 5′UTR、3′UTR 存在协同进化，是决定 CMV 致病力差异的关键因子。本研究为解析植物 RNA 病毒的致病机理和致病力差异提供新的理论数据，同时也为植物病毒病的防控提供新思路和新靶标。

关键词：黄瓜花叶病毒；致病力差异；协同进化；复制酶；非翻译区

* 基金项目：国家自然科学基金（32072382）；山东潍坊烟草有限公司科技计划项目（潍烟技 2020-26）
** 第一作者：王亚兰，博士研究生，主要从事分子植物病毒学研究；E-mail：wangyalan97@163.com
*** 通信作者：原雪峰，教授，博士生导师，主要从事分子植物病毒学研究；E-mail：snowpeak77@163.com

可创制多价弱毒疫苗的黄瓜花叶病毒基础载体构建及评价*

王　昭**，刘珊珊，于成明，原雪峰***
（山东农业大学植物保护学院，泰安　271018）

摘　要：黄瓜花叶病毒（cucumber mosaic virus，CMV）寄主范围广泛、分离物资源丰富，三分体基因组赋予多位点突变和假重组选择，具备开发弱毒疫苗载体的良好潜力。本研究基于 CMV 的 Fny 分离物，针对 RNA1 的 3′UTR、RNA2 的 2b 蛋白及 3′UTR 进行突变改造，构建了 RNA1 3′UTR 插入型突变体 pCC_F-R1-$3U_{m1}$和 pCC_F-R1-$3U_{m2}$；RNA2 的 2b 蛋白及 3′UTR 的缺失型突变体 pCC_F-R2-2bPTⅣ、pCC_F-R2-2bPTⅤ和 pCC_F-R2-2bPTⅥ。以上突变体分别混合野生型的另外 2 条基因组片段进行混合接种。结果表明，R1-$3U_{m1}$为强毒突变体，R1-$3U_{m2}$、R2-2bPTⅣ、R2-2bPTⅤ、R2-2bPTⅥ为弱毒突变体；突变位点均可以稳定存在。交叉保护测定表明，弱毒突变体 R2-2bPTⅣ、R2-2bPTⅤ、R2-2bPTⅥ可有效防治靶标强毒 CMV，防效达到 90%以上。基础载体容纳外源片段的能力是衡量基础载体性能的关键指标之一。初步试验表明，R1-$3U_{m1}$可以容纳至少 100 bp 外源片段，而 R1-$3U_{m2}$可以容纳至少 200 bp 外源片段，R2-2bPTⅣ可以容纳至少 450 bp 外源片段。

前期研究表明，100 bp 的外源病毒片段插入对靶标强毒就可以起到交叉保护的防治效果，据此评估以上基础载体创制多价弱毒疫苗的潜力。假重组组合 R1/R2-2bPTⅣ/R3 可构建 5 价弱毒疫苗，假重组组合 R1-$3U_{m1}$/R2-2bPTⅣ/R3 可构建 6 价弱毒疫苗，而假重组组合 R1-$3U_{m2}$/R2-2bPTⅣ/R3 则具备构建 7 价弱毒疫苗的潜力。本研究为构建多价弱毒疫苗提供了丰富的基础载体选择。

关键词：黄瓜花叶病毒；弱毒疫苗；3′UTR；2b 蛋白；假重组组合

* 基金项目：国家自然科学基金（32072382）；山东潍坊烟草有限公司科技计划项目（潍烟技 2020-26）
** 第一作者：王昭，硕博连读研究生，从事分子植物病毒学研究；E-mail：w19853405001@163.com
*** 通信作者：原雪峰，教授，主要从事分子植物病毒学研究；E-mail：snowpeak77@163.com

利用 RNA 病毒弱毒疫苗防治 DNA 病毒的案例*

朱明靖**，刘珊珊，于成明，原雪峰***
（山东农业大学植物保护学院，泰安 271018）

摘 要：弱毒交叉保护是防治植物病毒病的一项有效措施，利用病毒的自然弱毒或人工构建弱毒突变体可以防治相应的靶标病毒强毒株系。利用 RNA 病毒弱毒突变体防治 RNA 病毒的案例非常普遍，且有商业化成功案例；利用 DNA 病毒弱毒突变体防治 DNA 病毒也有报道。以 RNA 病毒弱毒疫苗防治 DNA 病毒目前还未见有报道。

本研究旨在探索利用 RNA 病毒弱毒疫苗防治 DNA 病毒的可行性。以黄瓜花叶病毒（CMV）为基础载体，针对 RNA2 获得不同类型的突变型载体 RNA2-2bPTⅠ、RNA2-2bPTⅡ、RNA2-2bPTⅢ，然后插入番茄黄化曲叶病毒（TYLCV）的不同编码框重叠区片段 V1V2、C1C2、C1C4 或 C2C3，另外构建了 Rep 正向或反向插入型载体。混合野生型 RNA1、RNA3 接种番茄，测试对 CMV 和 TYLCV 的交叉保护效果。以上所有插入型突变体单独接种均可以防治 TYLCV 强毒株系，相对防效均大于 60%，最高防效接近 90%。对 TYLCV 和 CMV 混合侵染的防效达到 30%。其中，Rep 正向和反向插入型载体的混合接种的防效明显好于单独接种。

本研究说明，利用 RNA 病毒弱毒疫苗可以有效防治靶标 DNA 病毒，且可以同时防治靶标 RNA 病毒和靶标 DNA 病毒，为利用弱毒疫苗防治植物病毒病提供数据支持。

关键词：交叉保护；弱毒疫苗；黄瓜花叶病毒；番茄黄化曲叶病毒

---

* 基金项目：国家自然科学基金（32072382）；山东潍坊烟草有限公司科技计划项目（潍烟技 2020-26）
** 第一作者：朱明靖，博士研究生，从事植物病毒学研究；E-mail：zhumingjing98@163.com
*** 通信作者：原雪峰，教授，主要从事分子植物病毒学研究；E-mail：snowpeak77@163.com

The Reversible Methylation of m6A is Involved in Plant Virus Infection

YUE Jianying[1], WEI Yao[1], SUN Zhenqi[1], CHEN Yahan[2], WANG Haijuan[1], GUO Yuqing[1], Fabio Pasin[3], ZHAO Mingmin[1]

[1. *College of Horticulture and Plant Protection*, *Inner Mongolia Agricultural University*, *Hohhot* 010018, *China*; 2. *College of Plant Protection*, *Gansu Agricultural University*, *Lanzhou* 730000, *China*; 3. *Instituto de Biología Molecular y Celular de Plantas* (*IBMCP*), *Consejo Superior de Investigaciones Científicas-Universitat Politècnica de València* (*CSIC-UPV*), *Valencia* 46011, *Spain*]

Abstract: N6-methyladenosine (m6A) is the most prevalent modification in the mRNAs of many eukaryotic species. The abundance and effects of m6A are determined by dynamic interactions between its methyltransferases, demethylases, and binding proteins. Proteins of the alkylation B (AlkB) superfamily show RNA demethylase activity removing methyl adducts from N6-methyladenosine. Methyltransferase (MTase) enzymes catalyze the addition of a methyl group to a variety of biological substrates. Methylated RNA immunoprecipitation sequencing of virus-infected samples showed that m6A peaks are enriched in plant transcript 3' UTR and in discrete internal and 3' terminal regions of PPV and PVY genomes. In addition, We find that m6A levels in *Nicotiana benthamiana* (*N. benthamiana*) are reduced by infection of plum pox virus and potato virus Y. Down-regulation of *N. benthamiana* AlkB homologues of the plant-specific ALKBH9 clade caused a significant decrease in PPV and PVY accumulation. Overexpression of NbMETTL1 and NbMETTL2 caused a decrease of plum pox virus accumulation. The results suggest a general involvement of RNA methylation in *potyvirus* infection. The life cycles of plant RNA viruses are often coordinated with the mechanisms of their RNA modification. It appears that m6A methylation plays a dual role during viral infection in plants. On the one hand, m6A methylation acts as an antiviral immune response induced by virus infection, which inhibits viral replication or translation through the methylation of viral genome RNAs. On the other hand, plant viruses could disrupt the m6A methylation through interacting with the key proteins of the m6A pathway to avoid modification. Based on this mechanism, we propose that new strategies for plant virus control could be designed with competitive antagonists of m6A-associated proteins.

Key words: *Nicotiana benthamiana*; m6A; AlkB; METTL; *Potyvirus*

An Aphid-transmitted Polerovirus is Mutulistic with Its Insect Vector by Accelerating Population Growth in Both Winged and Wingless Individuals

刘英杰*
（中国烟草总公司职工进修学院，郑州 450008）

Abstract: The occurrence and epidemiology of plant virusesis a serious global threat to the production of agricultural crops. Many plant viruses are transmitted by insect vectors, and a number of studies have previously focused on virus, insect vector and host plant interactions. With the development of RNA-sequencing and metagenomics, many novel pathogenic plant viruses have been discovered. The ability to accurately identify plant virus species, and understand the interaction between plant viruses, host plants and their insect vectors would provide an important basis for formulating effective plant virus control measures. In this study, we explored the transmission mechanism, pathogenic symptoms, host range and the interactions between virus and aphid vectors of a novel *Polerovirus* from *Nicotiana tabacum*, named *Tobacco yellow virus* (TYV). The results indicate that TYV can be transmitted by *M. persicae* in a persistent manner, and cause yellowing and shrinking of tobacco leaves. The regulatory effect of TYV-infected tobacco plants on *M. persicae* behavior and life characteristics was found to be stage-dependent. TYV can directly and indirectly manipulate the selection behavior and life characteristics of *M. persicae* vectors to promote their own transmission. These results provide a certain theoretical basis for the possibility of control strategies of the virus, and the in-depth exploration of the interaction among plant virus, vector aphid and host plants.

Key words: *Tobacco yellow virus*; Tobacco; *Myzus persicae*; Selection behavior; Life characteristics

* 通信作者：刘英杰，助理研究员，主要从事烟草病虫害绿色防控技术研究；E-mail：yingjieliu130@163.com

小麦全蚀病菌真菌病毒种类鉴定及序列分析*

万鑫茹**，张姣姣，王俊美，冯超红，杨共强，
石瑞杰，刘露露，韩自行，李丽娟，李亚红，徐　飞***，宋玉立
（河南省农业科学院植物保护研究所，农业农村部华北南部作物有害生物
综合治理重点实验室，郑州　450002）

摘　要：小麦全蚀病是我国重要的小麦根部病害。为了研究小麦全蚀病菌真菌病毒情况以及致病力与真菌病毒的关系，本研究从田间采集样品，获得分离株 PY116-3，为了分析分离株中含有病毒种类，进行高通量测序分析，共获得 7 种真菌病毒，通过对这 7 种真菌病毒基因组序列进行分析，包含 dsRNA 2 种、ssRNA 2 种、-ssRNA 3 种，这些病毒主要隶属于 4 个病毒科，即 *Mymonaviridae* 科、*Fusariviridae* 科、*Partitiviridae* 科、*Botourmiaviridae* 科，还发现了一个未分类的病毒。其中有 2 种真菌病毒已经被报道，分别为 Gaeumannomyces tritici fusarivirus 1 和 Gaeumannomyces tritici partitivirus 1（Gilbert *et al*., 2019）。5 种新型真菌病毒中的两种已经获得全长，将这 2 种克隆获得的病毒分别暂命名为 Gaeumannomyces graminis partitivirus 2（GgPV2）和 Gaeumannomyces graminis mymonavirus 1（GgMyV1）。GgPV2 属于 *Partitiviridae* 科 *Betapartitivirus* 属，基因组类型为 dsRNA，基因组大小分别为 2 346 bp 和 2 289 bp，2 条基因组分别编码 RdRp 和 CP。GgMyV1 属于 *Mymonaviridae* 科 *Mymonaviridae* 属，基因组类型为-ssRNA，基因组全长为 10436 nt，共含有 4 个 ORF。通过序列分析 GgPV2 和 GgMyV1 分别属于 *Partitiviridae* 科和 *Mymonaviridae* 科新的成员。还有 3 种未获得全长的真菌病毒分别与 Soybean leaf-associated negative-stranded RNA virus 2（Marzano *et al*., 2016）、Botourmiaviridae sp.（Chen *et al*., 2022）和 Trichoderma gamsii negative-stranded virus 1（Pagnoni *et al*., 2023）同源。为明确病毒在寄主中的垂直传播以及病毒对寄主的致病力的影响，将 PY116-3 菌株子囊壳后代进行收集，将获得的子囊壳后代通过 RT-PCR 检测真菌病毒的种类，进一步工作正在进行中。

关键词：小麦全蚀病菌；真菌病毒；子囊壳；致病力

---

* 基金项目：河南省中央引导地方科技发展资金项目（Z20221343041）；河南省重大科技专项项目（221100110100）；河南省小麦产业技术体系（HARS-22-01-G6）

** 第一作者：万鑫茹，助理研究员，主要从事小麦病害研究；E-mail：xinruwan@126.com

*** 通信作者：徐飞，副研究员，主要从事小麦病害研究；E-mail：xufei198409@163.com

梨轮纹病菌真菌病毒 BdCV1 来源的 *sRNA5636* 基因功能研究*

高云静，朱浩东，何　颖，王雪倩，洪　霓，王国平，王利平**
（华中农业大学，植物科学技术学院湖北省作物病害监测与
安全控制重点实验室，武汉　430070）

摘　要：轮纹病是梨树上的一种重要枝干病害，严重制约我国梨产业健康发展。目前尚无有效防治措施，真菌病毒介导真菌弱致病力是病害生物防治的研究热点和有效途径。小 RNA 介导的基因沉默是一种重要的寄主抗病毒防卫反应，探究病毒来源小 RNA 参与寄主与病毒互作的基因功能，旨在为真菌病毒用于梨轮纹病害的防治提供理论依据。本研究对前期发现携带病毒梨轮纹病菌弱毒菌株 LW-C（Botryosphaeria dothidea chrysovirus virus 1，BdCV1）、复合感染 BdCV1 和 BdPV1（Botryosphaeria dothidea partitivirus virus 1）LW-1 菌株 sRNA 测序中存在一个特异表达的 sRNA，生信分析预测其靶向 BdCV1 *RdRp* 和细胞周期蛋白激酶复合物（Cyclin-dependent protein kinase complex，BdCDKc）转录产物，对其功能进行了探究。采用 RT-PCR 和 stem loop RT-PCR 验证了 sRNA5636 依赖于 LW-C 和 LW-1 携带病毒 BdCV1 的存在，命名为 vsRNA5636，其累积量受 *BdAgo*3 表达的影响。RT-qPCR 分析结果表明 vsRNA5636 对预测的靶基因寄主 BdCDKc 具有一定的调控作用，进一步采用 5′RLM-RACE 验证了 vsRNA5636 切割寄主靶基因 BdCDKc mRNA 的作用位点。建立了 vsRNA5636 在梨轮纹病菌中超量表达体系，对比野生型菌株 LW-C，LW-C/OE-vsRNA5636 转化子中靶基因 BdCDKc、BdCV1*cp* 和 *RdRp* 均下调表达，菌丝生长速率变快，寄主致病力增强，对细胞壁和细胞膜胁迫更为敏感，明确了 vsRNA5636 对寄主生长、致病性以及病毒表达量的影响，揭示了 vsRNA5636 介导寄主靶基因 BdCDKc 与 BdCV1 参与抗病毒反应，对轮纹菌株生物学变化具有调控作用。取得的研究结果初步明确了 vsRNA5636 参与病毒与寄主互作过程，为真菌病毒用于梨轮纹病害的防治提供理论依据及有益生物防治基因资源。

关键词：梨；轮纹病菌；Botryosphaeria dothidea chrysovirus virus 1（BdCV1）；vsRNA；生物防治

* 基金项目：国家自然科学基金（31972321）；国家梨产业技术体系（CARS-28）
** 通信作者：王利平，副教授，研究方向为果树病理学，主要从事梨树体病害研究；E-mail：wlp09@ mail. hzau. edu. cn

植物丙糖磷酸转运器（TPT）具有抑制多种病毒侵染的作用*

左登攀[1**]，刘玉姿[1]，陈政松[1]，胡汝检[1]，何梦君[1]，
张宗英[1]，王 颖[1]，王 斌[2]，韩成贵[1***]
（1. 中国农业大学植物病理学系，农业农村部作物有害生物监测与绿色防控重点实验室，北京 100193；2. *Department of Molecular and Systems Biology*, *Geisel School of Medicine at Dartmouth*, *Hanover*, *NH* 03755, *USA*）

摘　要：叶绿体是协调植物防御反应的关键场所，也是植物病原物的重要靶标。叶绿体是合成植物激素前体和多种次生代谢物的场所，结合逆行信号能快速地感知和响应环境信号。近年来，叶绿体-病毒相互作用的研究受到越来越多的关注，但是叶绿体蛋白与病毒的相互作用的研究还不够深入，迫切需要鉴定更多参与植物防御病毒的叶绿体因子，揭示它们在植物-病毒相互作用中的确切作用和功能机制。芸薹黄化病毒（BrYV）是一种从十字花科植物中分离的属于马铃薯卷叶病毒属（*Polerovirus*）病毒，寄主范围广泛，对十字花科蔬菜等农作物生产具有严重危害。实验室前期研究发现 BrYV 编码的移动蛋白（MP）在病毒侵染和致病过程中具有重要作用。

为深入研究 BrYV MP 与寄主蛋白的互作机制，笔者以 MP 为诱饵蛋白筛选了马铃薯、本生烟和拟南芥 3 种植物混合酵母 cDNA 文库，筛选出候选互作蛋白其中之一为拟南芥叶绿体内膜丙糖磷酸转运器蛋白（TPT）。利用酵母双杂交（Y2H）、双分子荧光互补（BiFC）和免疫共沉淀（Co-IP）方法验证了 MP 与 AtTPT 互作。BiFC 实验表明 MP 和 AtTPT 在本生烟细胞内都能发生自身互作。明确了 MP 能与 AtTPT 共定位于叶绿体内膜，亚细胞定位实验发现 MP 和 AtTPT 都能与叶绿体内膜定位蛋白 AtTIC21 共定位，叶绿体分离实验表明病毒接种或 MP 单独表达均能在叶绿体分布。初步研究发现 BrYV 侵染和转 MP 基因的拟南芥均导致 TPT 的转录和翻译积累水平显著下降。利用 TPT 拟南芥插入突变体、过表达和拯救回补转基因植株的遗传学实验证明 AtTPT 在抗 BrYV 侵染过程中发挥重要作用。多种病原物接种测定实验表明，AtTPT 具有广谱抗多种病毒（TuMV 和 CMV 等）、丁香假单胞菌（*Pseudomonas syringae* pv. *tomato* DC3000）和灰霉菌（*Botrytis cinerea*）的作用。进一步利用转运活性抑制剂实验和 TPT 转运活性关键氨基酸突变体回补植株实验分析发现 TPT 的抗病毒活性可能依赖其转运活性。本研究结果为深入研究病毒与寄主 TPT 互作分子机制打下重要工作基础。

关键词：芸薹黄化病毒；MP；TPT；互作；抑制多种病原菌

致　谢：感谢中国农业大学生物学院李大伟、于嘉林、王献兵和张永亮等专家对本研究的指导和建议。

---

* 基金项目：国家自然科学基金项目部分资助（32272494，31972240）
** 第一作者：左登攀，博士研究生，主要从事植物病毒寄主互作研究；E-mail：b20173190806@ cau. edu. cn
*** 通信作者：韩成贵，教授，主要从事植物病毒学与抗病毒基因工程研究；E-mail：hanchenggui@ cau. edu. cn

三磷酸甘油醛（GAP）具有抑制多种植物病毒侵染的作用*

左登攀[1**]，刘玉姿[1]，陈政松[1]，胡汝检[1]，何梦君[1]，
张宗英[1]，王 颖[1]，王 斌[2]，韩成贵[1***]
（1. 中国农业大学植物病理学系，农业农村部作物有害生物监测与绿色防控重点实验室，北京 100193；2. *Department of Molecular and Systems Biology*，*Geisel School of Medicine at Dartmouth*，*Hanover*，*NH* 03755，*USA*）

摘　要：已有研究表明植物初级代谢途径在植物防御中发挥重要作用，植物防御反应的复杂系统需要大量的能量供应，这些能量主要来源于初级代谢过程。初级代谢相关基因下调所节省的能量可能被转移用于防御反应。初级代谢及其代谢产物在植物防御反应中的作用，仍需要进行更多深入的研究来确定防御反应中涉及的相关组分及其分子机制。糖代谢作为初级代谢的核心，是植物重要的能量来源和重要有机物储存成分。糖作为信号分子参与植物昼夜变化、非生物和生物胁迫以及激素信号等协调植物新陈代谢和生长发育。在植物与病原物互作过程中，糖能提供防御反应所需的大部分能量并能作为信号分子调控植物免疫，在植物与病原物互作中发挥着越来越重要的作用。

笔者实验室前期研究发现芸薹黄化病毒（BrYV）编码的移动蛋白（MP）在病毒侵染和致病过程中具有重要作用。利用 MP 筛选鉴定到与之互作的拟南芥叶绿体内膜丙糖磷酸转运器蛋白（TPT），BrYV 侵染和转基因 MP 都能导致 AtTPT 转录水平和蛋白水平下调。遗传学试验结果表明 TPT 的过表达拟南芥植株显著提高了对 BrYV 的抗性，且 TPT 具有对多种病原菌的广谱抗性。进一步研究表明 TPT 的抗病毒功能可能依赖其底物转运能力，推测 TPT 的转运底物（GAP 等）在抗病中发挥重要作用。

因此，利用注射浸润和喷施方法验证了只有 GAP 能显著抑制多种植物病毒的侵染，如 BrYV、芜菁花叶病毒（TuMV）、黄瓜花叶病毒（CMV）、马铃薯卷叶病毒（PLRV）和烟草花叶病毒（TMV）等，GAP 还能抑制丁香假单胞菌（*Pseudomonas syringae* pv. *tomato* DC 3000）和灰霉菌（*Botrytis cinerea*）的侵染。进一步利用转录组学和体外喷施实验分析发现，GAP 处理显著提高了植物防御相关基因和相关防御激素响应基因的表达，GAP 还能显著激活 MAPK 防御信号通路。本研究首次揭示了光合作用重要中间产物 GAP 具有抗病毒和抗多种病原菌的作用，为深入研究 GAP 发挥抗病作用的分子调控机制打下重要工作基础。

关键词：芸薹黄化病毒；GAP；抑制病毒活性；植物防御相关基因

致　谢：感谢中国农业大学生物学院李大伟、于嘉林、王献兵和张永亮等专家对本研究的指导。

---

* 基金项目：国家自然科学基金项目部分资助（32272494，31972240）
** 第一作者：左登攀，博士研究生，主要从事植物病毒寄主互作研究；E-mail：b20173190806@cau.edu.cn
*** 通信作者：韩成贵，教授，主要从事植物病毒学与抗病毒基因工程研究；E-mail：hanchenggui@cau.edu.cn

小麦黄花叶病毒 P1 蛋白具有 RNA 沉默抑制活性促进病毒侵染小麦*

陈 道[1**]，张慧颖[1]，胡书明[1]，田梦媛[2]，王 颖[1]，张宗英[1]，孙丽英[2]，韩成贵[1***]
（1. 中国农业大学植物病理学系，北京 100193；
2. 西北农林科技大学植物病理学系，杨凌 712100）

摘 要：小麦是世界最主要的粮食作物之一，中国是最大的小麦生产国，产量已经连续十年稳居第一，2019 年产量已达 1.34 亿 t。马铃薯 Y 病毒科大麦黄花叶病毒属（*Bymovirus*）已经有 6 种公认的病毒种，包括小麦黄花叶病毒（WYMV）、小麦梭条花叶病毒（WSSMV）、大麦温和花叶病毒（BaMMV）、大麦黄花叶病毒（BaYMV）、燕麦花叶病毒（OMV）和水稻坏死花叶病毒（RNMV）。造成小麦产量严重下降的病毒病害主要为 WYMV 和 WSSMV，在亚洲 WYMV 能导致一些种植区域小麦产量减少 20%~70%，甚至绝产。

目前，对于 WYMV-RNA2 编码的含有保守 HC-Pro 结构域的 P1 蛋白的基因沉默抑制子活性尚未见正式报道。通过土壤杆菌瞬时接种实验表明 P1 蛋白在苗龄 4 叶期的本生烟叶片之中的局部沉默抑制子活性强于在苗龄 8 叶期本生烟叶片之中的沉默抑制子活性，通过在 GFP 转基因本生烟 16C 植株上瞬时接种实验表明 P1 蛋白具有较强的系统沉默抑制活性。点突变实验表明 G175A 在本生烟叶片上的局部沉默抑制子活性丧失；Y10A 仅在 4 叶期中保持沉默抑制活性子活性，而在苗龄 8 叶期本生烟叶片之中的沉默抑制子活性丧失。进一步研究发现 P1 与本生烟基因沉默相关蛋白钙调素蛋白（CaM）和钙调素结合转录激活因子 3（CAMTA3）相互作用，而 G175A 不与两者相互作用，Y10A 仅与 CAMTA3 相互作用。竞争性双分子荧光互补和竞争性免疫共沉淀实验表明，P1 干扰 CaM 与 CAMTA3 相互作用的能力强于 Y10A，Y10A 强于 G175A。WYMV 侵染性 cDNA 克隆体外转录接种小麦实验进一步证实沉默抑制活性缺陷突变体 G175A 和 Y10A 降低了 WYMV 在小麦植株中的复制和侵染，G175A 对小麦上部叶片病毒积累的影响比 Y10A 更显著。综上所述，WYMV 编码蛋白 P1 通过干扰钙调素相关抗病毒 RNAi 防御在小麦中发挥沉默抑制子作用，进而促进病毒侵染。

关键词：小麦黄花叶病毒；P1；RNA 沉默病毒抑制子；钙调素蛋白；钙调素结合转录激活因子 3

致 谢：感谢中国农业大学李大伟、于嘉林、王献兵和张永亮等教授对本研究的指导和建议。

* 基金项目：国家转基因重大专项（2016ZX08002-001）；国家自然科学基金项目部分资助（30970163）
** 第一作者：陈道，博士研究生，主要从事小麦病毒互作研究；E-mail：1357062537@qq.com
*** 通信作者：韩成贵，教授，主要从事植物病毒学与抗病毒基因工程研究；E-mail：hanchenggui@cau.edu.cn

桃蚜携带芸薹黄化病毒（BrYV）的转录组学和蛋白组学分析*

何梦君**，左登攀，张宗英，王 颖，韩成贵***
（中国农业大学植物病理学系，农业农村部作物有害生物监测与绿色防控重点实验室，北京 100193）

摘 要：芸薹黄化病毒（Brassica yellows virus，BrYV）属于南方菜豆一品红花叶病毒科（*Solemoviridae*）马铃薯卷叶病毒属（*Polerovirus*），主要危害十字花科植物，造成严重的经济损失。该病毒是笔者实验室在我国分离得到的一种马铃薯卷叶属新病毒，至少存在 BrYV-A、BrYV-B 和 BrYV-C 3 种基因型。蚜虫是传播植物病毒病最普遍和最有效的昆虫介体，BrYV 在田间主要借助桃蚜以持久循环型方式传播。随着高通量测序技术的发展，转录组学和蛋白组学被广泛应用于植物病毒与介体互作的研究，从而有助于筛选参与介体获毒或传毒的关键因子。目前对于桃蚜体内的 mRNA 和蛋白水平如何响应 BrYV 的胁迫还不清楚。

为了研究 BrYV 对介体桃蚜的影响，利用 RNA-Seq 和基于 TMT（Tandem Mass Tag）的定量蛋白组学技术，分别测定了携带 BrYV 桃蚜和不携带 BrYV 桃蚜的 mRNA 和蛋白水平变化。结果表明，转录水平共鉴定到差异基因 1 266 个，其中受 BrYV 诱导显著上调的桃蚜基因 980 个，下调基因 286 个；蛋白水平共鉴定到 18 个差异蛋白，其中上调的蛋白数目是下调的 2 倍。GO 和 KEGG 富集结果显示这些差异基因和差异蛋白主要参与表皮蛋白的合成，磷酸化反应及多种代谢过程。有趣的是，蚜虫体内的多种表皮蛋白和微管蛋白受 BrYV 诱导显著上调，推测这两类蛋白可能会影响蚜虫获毒或传毒的过程。笔者的研究揭示了 BrYV 对传毒介体桃蚜在 mRNA 和蛋白层面的表达调控作用，有助于后续筛选关键的获毒或传毒因子以验证其功能；为在田间有效阻断介体传播，防治 BrYV 的侵染提供理论基础。

关键词：芸薹黄化病毒；桃蚜；转录组；蛋白组；GO 和 KEGG 分析

致 谢：感谢中国农业大学生物学院李大伟、于嘉林、王献兵和张永亮等专家对本研究的指导和建议。

---

* 基金项目：国家自然科学基金项目部分资助（31972240，32272494）

** 第一作者：何梦君，博士研究生，主要从事植物病毒介体传毒研究；E-mail：S20193192583@cau.edu.cn

*** 通信作者：韩成贵，教授，主要从事植物病毒学与抗病毒基因工程研究；E-mail：hanchenggui@cau.edu.cn

携带芸薹黄化病毒（BrYV）的桃蚜 Small RNA 特征分析*

何梦君**，左登攀，张宗英，王　颖，韩成贵***
（中国农业大学植物病理学系，农业农村部作物有害生物监测与绿色防控重点实验室，北京　100193）

摘　要：芸薹黄化病毒（brassica yellows virus，BrYV）是由笔者实验室分离得到的一种马铃薯卷叶属（*Polerovirus*）新病毒，在田间常与芜菁花叶病毒（turnip mosaic virus，TuMV）和黄瓜花叶病毒（cucumber mosaic virus，CMV）复合侵染十字花科植物，引起卷叶和黄化的症状，造成严重病害。BrYV 在我国分布广泛，至少包括 BrYV-A、BrYV-B 和 BrYV-C 3 种基因型，主要通过介体桃蚜以持久循环型的方式传播。RNAi（RNA interference）介导的抗病毒免疫不论在植物还是昆虫体内均是一种重要的抗病毒策略。目前，BrYV 对桃蚜体内 microRNA（miRNA）的影响以及 BrYV 是否会激活桃蚜体内的抗病毒 RNAi 通路还不清楚。

将无毒的桃蚜分别接种 BrYV 全长 cDNA 克隆的转基因拟南芥（实验组）和 Co10（对照组），48 h 后将其置于 *Δdcl2*，3，4 的拟南芥上循回消化 72 h，防止来源于植物的 siRNA 对测序结果产生干扰。实验组和对照组桃蚜的 Small RNA-Seq 结果表明共鉴定到已知 miRNA 成熟体 72 个，预测到新 miRNA 成熟体 118 个，差异 miRNA 12 个，其中受 BrYV 诱导显著上调的 miRNA 8 个，下调 miRNA 4 个。GO 和 KEGG 富集结果显示这些差异表达 miRNA 的靶基因主要参与过氧化物酶体的形成、DNA 结合及多种代谢过程。siRNA 的分析结果表明桃蚜体内的 siRNA 长度主要为 22 nt。将测序产生的 siRNA 与 BrYV 基因组进行比对，我们发现在携带 BrYV 的桃蚜体内，有部分 siRNA（0.05%~0.10%）能够匹配到 BrYV 基因组；而在不携带 BrYV 的桃蚜的体内，几乎检测不到 BrYV 诱导产生的 siRNA。然而，对于带毒蚜体内是否真实存在 BrYV 诱导产生的 siRNA 以及 BrYV 是否会激活桃蚜体内的抗病毒 RNAi 通路还有待进一步分析与验证。

关键词：芸薹黄化病毒；桃蚜；miRNA；siRNA；GO 和 KEGG 分析

致　谢：感谢中国农业大学生物学院李大伟、于嘉林、王献兵和张永亮等专家对本研究的指导和建议。

---

* 基金项目：国家自然科学基金项目部分资助（31972240，32272494）

** 第一作者：何梦君，博士研究生，主要从事植物病毒介体传毒研究；E-mail：S20193192583@ cau. edu. cn

*** 通信作者：韩成贵，教授，主要从事植物病毒学与抗病毒基因工程研究；E-mail：hanchenggui@ cau. edu. cn

中国北方甜菜产区甜菜多黏菌的分布及传播病毒情况*

张秀琪**，张宗英，韩成贵，王　颖***
（中国农业大学植物病理学系，农业农村部作物有害生物监测
与绿色防控重点实验室，北京　100193）

摘　要：甜菜是世界上主要的糖料和能源作物之一，在我国北方农业生产中具有重要地位。甜菜丛根病导致感病甜菜根部产生大量须根，造成甜菜块根减产，含糖度降低，严重者完全丧失经济价值。甜菜多黏菌（*Polymyxa betae*）是丛根病病原甜菜坏死黄脉病毒（beet necrotic yellow vein virus，BNYVV）的传播介体，同时也能传播甜菜土传病毒（beet soil-borne virus，BSBV）、甜菜Q病毒（beet virus Q，BVQ）和甜菜土传花叶病毒（beet soil-borne mosaic virus，BSBMV）。这3种病毒偶尔会与BNYVV复合侵染甜菜，加重病害的发生。甜菜多黏菌是一种土壤专性寄生的原生生物，其休眠孢子在土中至少可生存15年，对甜菜生产造成严重影响。

2022年，笔者实验室收集了中国北方甜菜产区（黑龙江、内蒙古、新疆、吉林、河北和甘肃）共86份土壤样品，种植诱饵植物感病甜菜β176，4~5周后采集甜菜根部提取DNA和总RNA分别进行甜菜多黏菌及其传播病毒的检测。结果显示26份样品呈甜菜多黏菌阳性，其中4份样品检测到BNYVV，分别分布于内蒙古呼和浩特、乌兰察布、兴安盟和赤峰，4份样品检测到BSBV，分别分布于内蒙古呼和浩特、乌兰察布、兴安盟和河北张家口，其中呼和浩特和兴安盟地区受到BNYVV和BSBV复合侵染。所有样品均没有检测BVQ和BSBMV。以上结果初步显示甜菜多黏菌在北方甜菜产区的分布情况，为进一步分析我国甜菜多黏菌和携带病毒的遗传多样性以及BNYVV的防治提供了科学依据。

关键词：甜菜；甜菜坏死黄脉病毒；甜菜多黏菌；传播介体；甜菜土传病毒

致　谢：感谢中国农业大学生物学院李大伟、于嘉林、王献兵和张永亮等专家对本研究的指导和建议。

---

* 基金项目：现代农业产业技术体系建设项目糖料-甜菜病害防控（CARS-170304）；国家自然科学基金项目部分资助（32270165）

** 第一作者：张秀琪，硕士研究生，主要从事植物病毒研究；E-mail：Xiu_qi_zhang@126.com

*** 通信作者：王颖，副教授，主要从事植物病毒学及甜菜病害绿色防控研究；E-mail：yingwang@cau.edu.cn

利用高通量测序检测朱顶红病毒

董轩瑜[1*]，杨一舟[2]，张宗英[1]，韩成贵[1]，王　颖[1**]
（1. 中国农业大学植物病理学系，农业农村部作物有害生物监测与绿色防控重点实验室，北京　100193；2. 中国农业大学生物学院，北京　100193）

摘　要：朱顶红（*Hippeastrum rutilum*）属石蒜科朱顶红属植物，其花色鲜艳具有较高的观赏价值，朱顶红病毒能够引起朱顶红黄化、斑驳、花叶及畸形等症状，严重影响其观赏价值。当前切花与花卉种球的国际贸易日益频繁，同样也可能加快花卉病毒病在世界范围内的传播速度，因此明确重要花卉植物病毒病的种类及其致病性，建立快速有效检测系统对未来花卉进出口、病毒病害防控和抗病毒育种具有重要意义。

2021 年，笔者实验室采集到疑似病毒症状的朱顶红植株，表现为花叶、斑驳、叶片上有蜡质突起，后期植物开花着色不均一。利用热硼酸盐法提取叶片总 RNA，利用高通量测序技术鉴定朱顶红病毒。双端测序结果共得到 20 507 181 个读段（reads），与朱顶红参考基因组进行比对组装，对所得片段重叠群（contigs）进行聚类和去冗余。分别使用 Dimaond 和 BLASTn 工具对所得 contigs 与 NCBI 数据库进行 BLASTx 和 BLASTn 序列比对。结果显示共有 232 条 conitgs 与 GenBank 中已知病毒蛋白或核酸具有同源性，其中包括朱顶红花叶病毒（Hippeastrum mosaic virus，HiMV）、水仙无症状病毒（Narcissus symptomless virus）、仙人掌 X 病毒（Cactus virus X）、大蒜潜隐病毒（Garlic latent virus）。依据测序获得的 HiMV 重叠群设计 3 对特异性引物进行 RT-PCR 扩增，3′和 5′ RACE 试剂盒用于扩增末端序列，最终获得 HiMV 的全基因组序列。该病毒全基因组序列除去 3′和 5′端由 8 934 个核苷酸组成，共编码 10 个病毒蛋白，比对分析发现该病毒编码的蛋白序列与已报道的 HiMV 编码的蛋白序列相似性在 93. 55%～99. 21%。目前关于 HiMV 的相关研究较少，本研究通过高通量测序技术从朱顶红叶片中鉴定到 HiMV 并扩增到其全长序列，为后续深入研究打下基础。

关键词：朱顶红病毒病；高通量测序；病毒鉴定；朱顶红花叶病毒

* 第一作者：董轩瑜，硕士研究生，主要从事植物病毒研究；E-mail：dongxuanyu@ cau. edu. cn
** 通信作者：王颖，副教授，主要从事植物病毒学及甜菜病害绿色防控研究；E-mail：yingwang@ cau. edu. cn

我国梨胴枯病病原间座壳菌（*Diaporthe*）携带真菌病毒的种类多样性研究*

王先洪[1,2]，李　雯[1,2]，郭雅双[1,2]，洪　霓[1,2]，王国平[1,2]**

（1. 华中农业大学植物科学技术学院，湖北省作物病害监测与安全控制重点实验室，武汉　430070；2. 果蔬园艺作物种质创新与利用全国重点实验室，武汉　430070）

摘　要： 近年来，在我国梨主产区胴枯病的发生和危害明显加重，导致枝干甚至整株枯死。笔者实验室前期从中国 12 个省份的梨产区主栽的砂梨（*Pyrus pyrifolia*）、白梨（*P. bretschneideri*）、秋子梨（*P. ussuriensis*）和西洋梨（*P. communis*）上采集表现胴枯病症状的枝干样品进行了病原菌分离鉴定，证实我国梨胴枯病病原菌为 19 种间座壳菌（*Diaporthe* spp.）。本研究对前期分离得到的 19 种间座壳菌观测发现，其中有 100 个菌株的菌落形态畸形、致病力较弱和生长速率较慢，进而对这些生长和致病异常的菌株进行高通量宏病毒组测序，共获得 121 条与病毒相关的 Contigs，通过在 NCBI 数据库进行比对分析，这些 Contigs 为 20 种病毒的部分基因组序列，其中+ssRNA 病毒 12 种，dsRNA 病毒 2 种，-ssRNA 病毒 4 种和 ssDNA 病毒 1 种。基于病毒复制酶序列分析发现，这些病毒主要隶属于以下 10 个病毒科（或目）：线粒体病毒科 *Mitoviridae*（8 种）、泛欧尔密病毒科 *Botourmiaviridae*（2 种）、帚状病毒科 *Virgaviridae*（1 种）、减毒病毒科 *Hypoviridae*（1 种）、四分体病毒科 *Quadriviridae*（1 种）、整形病毒科 *Totiviridae*（1 种）、双分体病毒科 *Partitiviridae*（1 种）、布尼亚病毒目 *Bunyavirales*（3 种）、单分子负链 RNA 病毒目 *Mononegavirales*（1 种）和类双生病毒科 *Genomoviridae*（1 种）。其中 6 种病毒为已知病毒的新分离物，包括 3 种线粒体病毒、2 种泛欧尔密病毒和 1 种减毒病毒；7 种病毒分别为线粒体病毒（5 种）、四分体病毒（1 种）和整形病毒（1 种）的暂定新种；其余 7 种病毒的分类地位尚未明确，进一步研究建议基于这些病毒的分子特性成立相应的新病毒属或新病毒科。本研究明确了我国梨胴枯病病原间座壳菌（*Diaporthe* spp.）携带真菌病毒的种类多样性，并首次发现间座壳菌中存在 ssRNA 病毒，研究结果为了解植物病原真菌携带病毒种类与分布提供了新的实验依据，并可为梨病害防控技术研究提供新的病毒性生防材料。

关键词： 梨胴枯病；间座壳菌；真菌病毒；多样性

* 基金项目：国家现代农业（梨）产业技术体系（CARS-28）

** 通信作者：王国平；E-mail：gpwang@ mail. hzau. edu. cn

稻曲病菌真菌病毒多样性及弱毒菌株 UV-325 中新型病毒的研究*

范　煜**，何桢锐，黄晓彤，周而勋***
（华南农业大学植物保护学院，广东省微生物信号与作物病害防控重点实验室，广州　510642）

摘　要：由稻曲病菌（*Ustilaginoidea virens*）引起的稻曲病，是继稻瘟病和白叶枯病之后对水稻安全生产造成严重威胁的重要病害之一。真菌病毒（Mycovirus 或 Fungal virus）广泛存在于各大类群的真菌和卵菌中。目前，有关稻曲病菌中新型真菌病毒的研究较少，尤其是稻曲病菌群体含有的新型真菌病毒的基因组结构鲜见报道。本研究利用宏转录组技术，对从海南省南繁区分离到的 49 株稻曲病菌进行了真菌病毒多样性分析，共发现 153 种真菌病毒，其中 62.7% 为 dsRNA 核酸类型的真菌病毒。发掘及鉴定出 14 种新型真菌病毒，分别属于全病毒科（*Totiviridae*）、灰葡萄孢欧尔密病毒科（*Botourmiaviridae*）和裸露病毒科（*Narnaviridae*）。通过对 49 株稻曲病菌进行菌落形态对比，发现稻曲病菌菌株 UV-325 菌落生长异常，气生菌丝稀薄，生长速率较慢。利用 RT-PCR 进行病毒检测显示，稻曲病菌菌株 UV-325 存在 3 种新型真菌病毒混合侵染的现象。基因组克隆、序列分析及系统发育分析表明，3 种新型真菌病毒分别属于全病毒科和灰葡萄孢欧尔密病毒科的成员，将其中一个属于全病毒科的新病毒命名为 Ustilaginoidea virens RNA virus 17（UvRV17），将另外两个属于灰葡萄孢欧尔密病毒科的新病毒分别命名为 Ustilaginoidea virens botourmiavirus 8（UvBV8）和 Ustilaginoidea virens botourmiavirus 9（UvBV9）。UvRV17 病毒序列全长 5 085nt，包含两个大型的开放阅读框，分别编码病毒的 RNA 依赖的 RNA 聚合酶（RNA-dependent RNA polymerase，RdRP）和外壳蛋白（coat protein，CP）。UvBV8 和 UvBV9 病毒序列全长分别为 2 325nt 和 2 415nt，都包含一个大型的开放阅读框，分别编码各自病毒的 RdRP。本研究利用宏转录组技术对稻曲病菌中的真菌病毒进行了多样性分析，发现了更多的新型真菌病毒，丰富了真菌病毒的资源库，为弱毒真菌病毒的筛选提供了重要材料。本研究克隆得到了 3 种新型真菌病毒基因组的全长序列，明确了其基因组结构和功能的关系，阐明了这些新型真菌病毒的分类地位，对寻找及合理利用稻曲病菌的弱毒真菌病毒、建立新型的稻曲病绿色防控策略具有重要的指导意义。

关键词：稻曲病菌；真菌病毒；宏转录组技术；病毒多样性；弱毒病毒

---

* 基金项目：国家自然科学基金（32072363）

** 第一作者：范煜，硕士研究生，研究方向为植物病理学；E-mail：925951792@qq.com

*** 通信作者：周而勋，教授，博士生导师，研究方向为植物病理学；E-mail：exzhou@scau.edu.cn

水稻三大病原真菌真菌病毒多样性研究*

何桢锐[1**]，范 煜[1]，黄晓彤[1]，杨 媚[1]，杨迎青[2]，周而勋[1***]
（1. 华南农业大学植物保护学院，广东省微生物信号与作物病害防控重点实验室，
广州 510642；2. 江西省农业科学院植物保护研究所，南昌 330299）

摘 要：真菌病毒是一类侵染真菌或卵菌并在其体内复制的病毒，一些弱毒真菌病毒对植物真菌病害具有生防潜力，是一类重要的生防资源。近年来，水稻纹枯病、稻瘟病和稻曲病发生严重，已成为影响水稻安全生产的三大真菌病害。本研究以上述水稻三大真菌病害的病原菌为研究材料，采用宏转录组测序技术，分析水稻三大病原真菌中真菌病毒的多样性，进而克隆新型真菌病毒的基因组全长序列，分析其分子特性及其对寄主真菌的影响。

水稻三大病原真菌的宏转录组测序结果表明，在供试的 343 株水稻三大病原真菌菌株中，一共鉴定到代表 68 个病毒的 682 条 contigs，其中有 42 个病毒是潜在的新型真菌病毒。基于序列比对和系统发育分析发现，这些病毒分别隶属于葡萄孢欧尔密病毒科（*Botourmiaviridae*）、裸露 RNA 病毒科（*Narnaviridae*）、双分体病毒科（*Partitiviridae*）、全病毒科（*Totiviridae*）、产黄青霉病毒科（*Chrysoviridae*）、低毒病毒科（*Hypoviridae*）、线粒体病毒科（*Mitoviridae*）和多真菌病毒科（*Polymycoviridae*）。其中，多真菌病毒科病毒是首次在水稻三大病原真菌中报道。

本研究克隆获得了稻瘟病菌中一个新型真菌病毒的全长 cDNA 序列，命名为 Magnaporthe oryzae partitivirus 4（MoPV4）。MoPV4 基因组含有两个 dsRNA 片段（dsRNA1 和 dsRNA2），大小分别为 1 778 bp 和 1 593 bp，各含有一个开放阅读框（open reading frame，ORF），分别编码病毒的 RNA 依赖的 RNA 聚合酶（RNA-dependent RNA polymerase，RdRP）和外壳蛋白（coat protein，CP）。对病毒粒子进行负染电镜观察，发现该病毒具有等轴的病毒粒子，直径约为 30 nm。系统发育分析表明，MoPV4 与双分体病毒科的 γ-双分体病毒属（*Gammapartitivirus*）成员具有较高的相似性。因此确定真菌病毒 MoPV4 是隶属于双分体病毒科、γ-双分体病毒属的一个新型 dsRNA 真菌病毒。

本研究利用宏转录组技术对水稻三大病原真菌中的真菌病毒进行研究，丰富了水稻三大病原真菌中真菌病毒的多样性。获得了一个新型双分体病毒的基因组序列，为双分体病毒科病毒的分类和进化研究提供了生物材料。

关键词：水稻病害；真菌病毒；宏转录组；病毒多样性；基因组结构

---

* 基金项目：国家自然科学基金（32072363）

** 第一作者：何桢锐，博士研究生，研究方向为分子植物病理学；E-mail：zhenruihe@163.com

*** 通信作者：周而勋，教授，博士生导师，研究方向为分子植物病理学；E-mail：exzhou@scau.edu.cn

贺兰山东麓老龄果园蛇龙珠酿酒葡萄主要病毒种类及检测体系建立[*]

张强强[**]，顾沛雯[***]
（宁夏大学农学院，银川 750021）

摘 要：蛇龙珠葡萄是宁夏贺兰山东麓主栽的红色葡萄品种之一。近年来随着宁夏葡萄种植面积的扩大，葡萄苗木引进和输出日益频繁，造成葡萄病毒病危害猖獗，其中蛇龙珠品种田间感染病毒率最高。在宁夏现有葡萄病毒检测体系尚不健全、其感染病毒种类不明、病毒株系变异未知的情况下，给葡萄生产带来严重威胁。本研究以田间无病毒症状和有病毒症状的蛇龙珠葡萄为材料，通过 RT-PCR 方法鉴定蛇龙珠葡萄感染病毒种类；通过测定感染病毒病葡萄叶片和果实的各项理化指标，确定罹病葡萄和正常葡萄的最佳采收期；在此基础上，以葡萄浆果内坏死病毒（grapevine berry inner necrosis virus，GINV）的 MP 的基因（GenBank 登录号：KU248067.1）设计 qPCR 引物，建立 GINV 的 SYBR Green Ⅰ RT-qPCR 检测方法；以葡萄卷叶伴随病毒-3（grapevine leafroll-associated virus-3，GLRaV-3）的外壳蛋白 CP 基因序列（GenBank 登录号：KC477128.1）为靶序列设计 3 对 RT-LAMP 引物，建立并优化 GLRaV-3 的 RT-LAMP 检测方法。

结果表明：①蛇龙珠葡萄感染 8 种葡萄病毒，分别为 GLRaV-1、GLRaV-2、GLRaV-3、葡萄扇叶病毒（grapevine fan leaf virus，GFLV）、葡萄病毒 A（grapevine virus A，GVA）、灰比诺葡萄病毒（grapevine pinot gris virus，GPGV）、沙地葡萄茎痘相关病毒（grapevine rupestris stem pitting-associated virus，GRSPaV）和 GINV，复合侵染严重；与对照组相比，罹病葡萄的 SPAD 值降低 14.89%，净光合速率降低 17.21%，叶片气孔导度降低 37.77%，可溶性固形物降低 19.36%，还原糖含量降低 18.09%，糖酸比降低 25.24%，滴定酸含量增加 15.94%；通过主成分分析得到 2020 年度对照组葡萄的最佳采收期为 9 月 20 日，罹病葡萄的最佳采收期为 9 月 27 日，说明了病毒感染造成酿酒葡萄采收期的推迟。②建立 GINV 的 RT-qPCR 检测方法标准曲线为 $y=28.06-3.32x$，决定系数 $R^2=0.9974$，扩增效率为 100%，cDNA 最低检测限为 1.0×10^{-3} ng/μL，灵敏性为常规 RT-PCR 的 100 倍。田间样品检测结果表明，RT-qPCR 的检出率均高于常规 RT-PCR，是常规 RT-PCR 的 2 倍。③建立 GLRaV-3 RT-LAMP 检测方法在恒温 64℃下 1 h 完成检测，仅引物 GLRaV3-LAMP-Ⅰ能特异性检测出 GLRaV-3，不与其他葡萄病毒发生交叉反应；病毒最低检测限为 10 pg/μL，灵敏度是常规 RT-PCR 的 10 倍。田间样品检测验证，该方法与常规 RT-PCR 方法符合率达 100%。

本研究明确了贺兰山东麓老龄果园蛇龙珠酿酒葡萄主要病毒种类，建立 GINV 的 RT-qPCR 检测方法和 GLRaV-3 RT-LAMP 检测体系高效、特异性和灵敏性好，适用于科研单位和基层单位对这两种病毒快速诊断和检测。

关键词：贺兰山东麓；蛇龙珠葡萄；病毒鉴定；检测体系

---

* 基金项目：国家研发计划子课题 3“酿酒葡萄病虫害早期多元化预警与防控技术研究与示范”（2019YFD1002502）；宁夏重点研发计划项目“宁夏酿酒葡萄病虫害绿色防控关键技术创新与示范”（2019BBF02013）

** 第一作者：张强强，硕士研究生，主要从事生物防治与菌物资源利用研究；E-mail：951987870@qq.com

*** 通信作者：顾沛雯，教授，主要从事植物病理学与生物防治方面的研究；E-mail：gupeiwen2019@nxu.edu.cn

Sugarcane Mosaic Virus-encoded Coat Protein as a Suppressor of Nonsense-mediated mRNA Decay*

PENG Dezhi, DU Kaitong, FAN Zaifeng, ZHOU Tao**

(*Department of Plant Pathology*, *China Agricultural University*, *Beijing* 100193, *China*)

Abstract: Nonsense-mediated mRNA decay (NMD) is a general viral restriction mechanism in plants. Being a typical potyvirus, sugarcane mosaic virus (SCMV) expresses a P3N-PIPO fusion protein via transcriptional slippage at the conserved motif of P3, resulting in an extra-long 3′-UTR that may be sensitive to NMD. However, we know little about how potyviruses counteract NMD pathway to support efficient infection. In this study, we found that silencing expression of *ZmUPF*3 through CMV-induced gene silencing technology, a key upstream factor of mRNA surveillance, impairs NMD pathway, leading to increased susceptibility to SCMV infection. Moreover, the levels of NMD-sensitive transcripts originating from *Zmm*29 and *ZmSR*45*a* were significantly increased in SCMV-infected maize plants than that of mock-inoculated plants, suggesting that SCMV infection suppresses the NMD. Furthermore, we demonstrated that the degradation of NMD targets were suppressed when SCMV-encoded CP was expressed in the NMD reporter transgenic *Nicotiana benthamiana* plants. Together, these results suggested that SCMV CP is a NMD suppressor during SCMV infection.

Key words: Nonsense-mediated mRNA decay (NMD); Sugarcane mosaic virus (SCMV); Coat protein (CP)

* Funding: Beijing Municipal Natural Science Foundation (6222026, 2022)

** Corresponding author: ZHOU Tao; E-mail: taozhoucau@ cau. edu. cn

The miR172/TOE3 Module Mediates the Susceptibility of Tobacco to Virus Infection by Regulating the Expression of *PR*1

JIAO Bolei, LIU Sucen, PENG Qiding, ZHOU Jingya, YUAN Bowen, XI Dehui*

(*Key Laboratory of Bio-Resource and Eco-Environment of Ministry of Education, College of Life Sciences, Sichuan University, Chengdu* 610065, *China*)

Abstract: Transcription factors of the APETALA2 (AP2) subfamily have been reported to be involved in plant growth, development and abiotic stress. However, little is known about the function of AP2 in plants response to virus infection. In this study, TARGET OF EAT3 of *Nicotiana tabacum* (*NtTOE*3), one of the clades of AP2 subfamily, was identified as a virus response gene in tobacco. We demonstrated that NtTOE3 played a positive role in attenuating virus infection in tobacco by *NtTOE*3 transgenic lines, including overexpression, RNA interference and knockout mutants of *NtTOE*3. Furthermore, we found that overexpression of *NtTOE*3 increased the expression of genes related to salicylic acid pathway in transgenic tobacco plants. Then, we verified that NtTOE3 could activate the expression of *NtPR*1 by binding to the promoter of *NtPR*1. Members of AP2 subfamily are targeted by miR172, so we speculated that miR172 might act as an upstream regulatory factor of *NtTOE*3. As expected, the result of qRT-PCR analysis showed that the expression of miR172 was correlated with changes of the expression of *NtTOE*3 in *N. tabacum* plants infected by tobacco mosaic virus (TMV). Importantly, we demonstrated that miR172 was a negative regulator of viral resistance in tobacco. 5′ RACE assay was then employed to confirm that *NtTOE*3 was a target of miR172. Further evidence indicated that the miR172/TOE3 module enhanced susceptibility of tobacco to TMV infection by regulating the expression of *PR*1. In conclusion, our findings reveal a role of miR172/TOE3 module in the regulation of plant immune system and elucidate a novel antiviral molecular mechanism.

Key words: miR172; TOE3; Tobacco; Tobacco mosaic virus; *PR*1

* Corresponding author: XI Dehui; E-mail: xidh@scu.edu.cn

The Role of Ras-GTPase Activating Protein SH3 Domain Binding Protein in Chilli Veinal Mottle Virus Infected Tobacco

PENG Qiding, CHENG Yongchao, YUAN Bowen, YANG Yiting, XI Dehui*

(*Key Laboratory of Bio-Resource and Eco-Environment of Ministry of Education, College of Life Sciences, Sichuan University, Chengdu* 610065, *China*)

Abstract: Endogenous messenger RNAs (mRNAs) are exposed to a complex RNA regulatory network, which is a dynamic regulation in plant cells to maintain a delicate balance between active and inactive mRNAs in the development and fluctuating environments. RNA-binding proteins (RBPs) are the major regulators in the RNA regulatory network that control RNA processing in the nucleus and regulate gene expression in the cytoplasm at the post-transcriptional level. Ras-GTPase activating protein SH3 domain binding protein (G3BP) belongs to a family of RBPs and plays role in viral immunity in mammals. However, the role of G3BP in response to plant virus infection is largely unknown. Here, we showed that the expression of *NtG3BP-L* could be first up-regulated and then down-regulated in chilli veinal mottle virus (ChiVMV) - infected *Nicotiana tabacum* plants. Transient overexpression of *NbG3BP-L* (homologue of *NtG3BP-L*) in *Nicotiana benthamiana* reduced the accumulation of ChiVMV. The result of yeast two-hybrid assay showed that NtG3BP-L could specifically interact with 6K2 among the 11 proteins encoded by ChiVMV. Subsequently, the interaction between NtG3BP-L and ChiVMV-6K2 was further confirmed by bimolecular fluorescence complementation (BiFC) and Co-Immunoprecipitation (Co-IP) assays. BiFC assay showed that NtG3BP-L and ChiVMV-6K2 co-localized in cytoplasm and didn't fuse at the chloroplast. Subcellular localization also showed that more obvious fusion zone of NtG3BP-L and ChiVMV-6K2 appeared in cytoplasm under ChiVMV infection. In addition, *N. tabacum* plants with transgenic overexpression of *NtG3BP-L* conferred resistance to ChiVMV infection, whereas the knockout of *NtG3BP-L* in *N. tabacum* promoted ChiVMV accumulation. Thus, our results indicate that NtG3BP-L plays a positive role in tobacco response to ChiVMV infection by interacting with ChiVMV-6K2 and thereby affecting the infection of ChiVMV, which provide new insights into understanding the antiviral strategies of plants.

Key words: RNA-binding proteins; NtG3BP-L; Chilli veinal mottle virus; Antiviral strategies; *Nicotiana tabacum*

* Corresponding author: XI Dehui; E-mail: xidh@ scu. edu. cn

Maize Catalases Positively Regulate Sugarcane Mosaic Virus Multiplication and Infection

TIAN Yiying[1,2], JIAO Zhiyuan[1,2], QI Fangfang[1,2], HAO Yuming[1,2], WANG Xinyu[1,2], MA Wendi[1,2], ZHOU Tao[1,2], FAN Zaifeng[1,2*]

(1. *Department of Plant Pathology*, *College of Plant Protection*, *China Agricultural University*, *Beijing* 100193, *China*; 2. *Sanya Institute of China Agricultural University*, *Yazhou Bay Science and Technology City*, *Sanya* 572025, *China*)

Abstract: Due to their sessile nature, plants have evolved multiple defense mechanisms against various biotic and abiotic stresses. Reactive oxygen species (ROS) are crucial molecules in regulating plant defense responses. Given the toxicity of excess ROS accumulation in plant cells, several antioxidant mechanisms have been developed to maintain the cellular redox homeostasis, including enzymatic components (e. g. catalase, superoxide dismutase, etc.) and non-enzymatic ones. Here, we demonstrated that maize catalase (ZmCAT) activity increased upon sugarcane mosaic virus (SCMV) infection. Exogenous treatment with the ROS inducer MV (methyl viologen) and the catalase inhibitor 3-AT (3-amino-1,2,4-triazole) significantly suppressed SCMV accumulation in maize leaves, while over-expression of *ZmCATs* in maize protoplasts promoted SCMV replication. Moreover, peroxisome-localized ZmCATs could distribute around the replication vesicles of SCMV in *Nicotiana benthamiana* leaves. Additionally, ZmCATs interacted with the RNA helicase (cylindrical inclusion, CI) of SCMV in yeast cells and *in planta*. The accumulation of CI protein was enhanced when co-expressed with ZmCATs in *N. benthamiana* leaves. In summary, this research demonstrates that maize catalases play a pro-viral role in SCMV multiplication and infection through catalyzing the decomposition of excess H_2O_2 in plant cells, and promoting the accumulation of crucial viral replication-related CI protein.

Key words: Sugarcane mosaic virus; Catalase; Cylindrical inclusion

* Corresponding author: FAN Zaifeng; E-mail: fanzf@ cau. edu. cn

A Novel Badnavirus Discovered in Fig Tree by High-throughput Sequencing

TUXUNAILI Aizitili[1,2], YUSHANJIANG Maimait[3], ZHANG Zhixiang[4], MAIHEMUTI Mijiti[1]

(1. *College of Agriculture, Xinjiang Agricultural University, Key Laboratory of the Pest Monitoring and Safety Control of Crops and Forests, Urumqi* 830052, *China*; 2. *MOE Key Laboratory of Bioinformatics, Center for Plant Biology, Tsinghua-Peking Joint Center for Life Sciences, School of Life Sciences, Tsinghua University, Beijing* 100091, *China*; 3. *Institute of Plant Protection, Xinjiang Academy of Agricultural Sciences, Key Laboratory of Integrated Pest Management in China North-western Oasis, Ministry of Agriculture and Rural Affairs, Urumqi* 830052, *China*; 4. *State Key Laboratory for Plant Diseases and Insect Pests, Institute of Plant Protection, Chinese Academy of Agricultural Sciences, Beijing* 100193, *China*)

Abstract: A novel plant virus was detected in the ring spot symptomatic fig leaves by high-throughput sequence (HTS). The virus has a circular DNA genome, with a full length of 7 233 (nt), and contains four open reading frames (ORFs). ORF1 and ORF2 encode a hypothetical protein, ORF3 encodes a putative polyprotein with conserved domains, including zinc finger, aspartic protease, reverse transcriptase (RT), and RNase H domains, and ORF4 encodes a putative protein of unknown function. Based on the RT+RNase H region nucleotide sequence pairwise comparisons showed that FBV-2 shares 84.46% and 78.82% sequence identity with Grapevine badnavirus 1 (MF781082.1) and Fig badnavirus 1 (MK348055.1). Interestingly FBV-2 has genome organization differences in GBV-1, but not with FBV-1, and phylogenetic analysis showed FBV-2 three isolates were clustered separately in a group and formed a branch of badnavirus. Genome organization and phylogenetic analysis show that the novel virus is a new member of the genus Badnavirus and is tentatively named "Fig badnavirus 2" (FBV-2).

三种香蕉线条病毒的多重免疫捕捉 PCR 方法的建立*

卢咏思**，饶雪琴，李华平***
（华南农业大学植物保护学院，广州　510642）

摘　要：香蕉是我国重要的经济作物，也是热带以及亚热带国家的重要粮食资源。目前，病毒病害已成为香蕉生产发展的一个重要限制因素，香蕉线条病毒（banana streak virus，BSV）是我国香蕉生产中主要的病毒之一。BSV 侵染香蕉后在叶片上产生断裂或连续的褪绿条纹，有时出现坏死症状。香蕉线条病对香蕉生产造成严重威胁，感染该病后，香蕉减产可达 15%~90%。该病主要影响东南亚和非洲香蕉种植，同时该病在我国华南地区分布广泛。因此，香蕉线条病害的防控对于我国香蕉生产至关重要。本研究根据香蕉线条病毒 OL（banana streak OL virus，BSOLV）的外壳蛋白基因（coat protein，CP）基因序列，香蕉线条病毒 GF（banana streak GF virus，BSGFV）的 CP 基因，香蕉线条病毒 IM（banana streak IM virus，BSIMV）的 RNaseH 基因保守序列设计特异性引物，结合多克隆抗血清建立了多重免疫捕捉 PCR 检测方法，并通过不同引物浓度，退火温度等条件的优化，完善了能够同时扩增 3 种 BSVs 的多重免疫捕捉 PCR 方法。研究结果表明，3 种 BSVs 的引物比例为 1：1：1，退火温度为 58℃时建立的多重免疫捕捉 PCR 方法可以从 3 种不同病毒感染的香蕉叶片中扩增出相应病毒的目的条带，并具有良好的特异性。所建立的多重免疫捕捉 PCR 方法，可以应用于田间香蕉样品中 3 种 BSVs 的检测。

关键词：香蕉；香蕉线条病毒；多重免疫捕捉 PCR

---

* 基金项目：现代农业产业技术体系建设专项（CARS-31-09）
** 第一作者：卢咏思，硕士研究生，研究方向为植物病理学；E-mail：1436859820@qq.com
*** 通信作者：李华平，教授；E-mail：huaping@scau.edu.cn

食用菌病毒多样性分析及新病毒的鉴定*

王　鑫**，李华平，李鹏飞***
（华南农业大学植物保护学院，广州　510642）

摘　要：食用菌产业是我国继粮食、果品、蔬菜之后的第四大农业产业，然而食用菌病毒引起的病害在生产中时有发生，严重时可造成 10%~15%的减产，阻碍了食用菌产业的健康和可持续发展。为了丰富对食用菌病毒多样性的认知以及后期有效开展食用菌病毒防治及致病机制的研究，对购买的金针菇、香菇、鸡腿菇、平菇等 100 多个食用菌菌株基于宏转录组测序技术进行病毒鉴定分析，将测序获得的 Contigs 序列与 NR 库进行 Blast x 比对分析，比对到 165 个不同病毒序列，其中 dsRNA 病毒主要包括 *Partitivirdae* 科和其他未分类的 dsRNA 病毒，正单链 RNA 病毒有 *Mitoviridae* 和 *Tymovirdae* 和其他未分类的+ssRNA 病毒。根据 Blast 的结果，选取了 7 个与已知病毒病毒同源性低于 75%、高覆盖率的 Contigs（Contig9428、Contig88246、Contig636、Contig2201、Contig27286、Contig2093 和 Contig7515）。Contig9428 与 Heterobasidion partitivirus 12 同源性为 58.78%、Contig88246 与 Heterobasidion partitivirus 3 同源性为 55.95%、Contig636 与 Agaricus bisporus virus 9 同源性为 47%、Contig2201 与 Thelephora terrestris virus 1 同源性为 48%、Contig 27286 与 Raphanus sativus cryptic virus 1 同源性为 65%、Contig2093 与 Macrophomina phaseolina hypovirus 1 同源性为 54%、Contig7515 与 Fusarium solani partitivirus 2 同源性为 70%。对这 7 个 Contigs 设计特异性引物进行 RT-PCR 扩增以此确定带毒菌株，在鸡腿菇菌株 JZB2108012 中鉴定到 Contig27286 和 Contig88246；在平菇菌株 PGK3 和 SLK3 中鉴定到 Contig636；在平菇菌株 P7350 中鉴定到 Contig9428；在金针菇菌株 HJ55 和 SJHe-1 中鉴定到 Contig2201。然后提取这些菌株的 dsRNA，在 7 个食用菌菌株中可以提取到一条或多条 dsRNA。通过病毒基因组随机引物和特异引物 cDNA 克隆，获得了这些新病毒的中间序列，随后用 RACE 进行病毒序列的末端克隆。关于这些病毒对宿主菌株的生物学特性的影响还在进一步的研究中。

关键词：食用菌；真菌病毒；宏转录组测序；dsRNA 提取

* 基金项目：国家自然科学基金青年项目（32202381）；国家现代农业产业技术体系建设专项（CARS-31）
** 第一作者：王鑫，硕士研究生，研究方向为资源利用与植物保护；E-mail：1163592165@ qq. com
*** 通信作者：李鹏飞，副教授；E-mail：lipengfei@ scau. edu. cn

Molecular Characterization of a Novel Deltaflexivirus Infecting the Edible Fungus *Pleurotus ostreatus**

XIAO Junbo**, WANG Xin, ZHENG Ziru,
WU Yugu, WANG Zhe, LI Huaping***, LI Pengfei***
(*College of Plant Protection*, *South China Agricultural University*, *Guangzhou* 510642, *China*)

Abstract: A novel positive single - stranded RNA virus, *Pleurotus ostreatus deltaflexivirus* 1 (PoDFV1), was isolated from an edible fungus *Pleurotus ostreatus* strain ZP6. The complete genome of PoDFV1 is 7 706 nucleotides (nt) long and contains a short poly (A) tail. PoDFV1 was predicted to contain one large open reading frame (ORF1) and three small downstream ORFs (ORFs 2–4). ORF1 encodes a putative replication-associated polyprotein of 1 979 amino acids (aa) containing three conserved domains, viral RNA methyltransferase (Mtr), viral RNA helicase (Hel), and RNA - dependent RNA polymerase (RdRp), common to all deltaflexiviruses. ORFs 2–4 encode three small hypothetical proteins (15~20 kDa) without conserved domains or known biological functions. Sequence alignments and phylogenetic analysis suggested that PoDFV1 is a new species belonging to the genus *Deltaflexivirus* (family *Deltaflexiviridae*, order *Tymovirales*). To our knowledge, this is the first report of a deltaflexivirus infecting *P. ostreatus*.

Key words: Mycovirus; *Deltaflexiviridae*; *Pleurotus ostreatus*; Deltaflexivirus; PoDFV1

* 基金项目：国家自然科学基金青年项目（32202381）；国家现代农业产业技术体系建设专项（CARS-31）
** 第一作者：肖俊博，硕士研究生，研究方向为植物病理学；E-mail：b2000x@163.com
*** 通信作者：李华平，教授；E-mail：huaping@scau.edu.cn
李鹏飞，副教授；E-mail：lipengfei@scau.edu.cn

真菌病毒 FgHV2 的侵染性克隆构建和应用*

杨　志**，李华平，李鹏飞***
（华南农业大学植物保护学院，广州　510642）

摘　要：由植物病原真菌造成的植物病害占植物病害的 2/3 以上，每年造成农业生产上的大量损失。小麦赤霉病是我国一种重要的植物病害，其优势致病菌是禾谷镰孢菌（*Fusarium graminearum*），禾谷镰孢菌的侵染不仅会导致小麦产量下降，同时还会产生真菌毒素严重影响食品安全，威胁人畜健康。真菌病毒作为一项重要的生物防治资源，为真菌病害的防治提供新的途径，因此探究真菌病毒和寄主之间的互作关系是十分必要的。构建侵染性克隆是研究功能基因组学、病毒蛋白的复制和表达以及宿主与病毒相互作用的基础。为了更好地对病毒进行研究，采用同源重组的方法对本实验室已有载体进行改造，通过在载体中插入特异切割真核生物中 mRNA 序列的丁型肝炎病毒核酶（hepatitis delta virus ribozyme，Rz）序列，得到了四种含有不同启动子和终止子的真菌病毒侵染性克隆载体，其中包含两种转化载体以及两种转染载体。利用上述 4 种载体分别和一种真菌+ssRNA 病毒构建侵染性克隆，随后进行原生质体转化和转染，并通过 RT-PCR 及 Northern blot 等方法对侵染性克隆进行验证，实验结果表明 4 种载体可以用于真菌病毒侵染性克隆的构建。此前已有报道禾谷镰孢菌低毒病毒 2（Fusarium graminearum hypovirus 2，FgHV2）能有效降低禾谷镰孢菌的致病力，为进一步对 FgHV2 进行研究，对带毒菌株提取病毒 dsRNA 的方法，进行 RT-PCR 分段扩增从而成功得到病毒全长，拟将病毒全长构建到上述载体，有关 FgHV2 的侵染性克隆以及后续禾谷镰孢菌原生质体转化等实验仍在进行中。这项研究不仅对于长片段真菌病毒的侵染性克隆构建具有重要的理论研究价值，也对小麦赤霉病的防治具有重要的生防应用价值。

关键词：真菌病毒；侵染性克隆；*Fusarium graminearum*；FgHV2

---

* 基金项目：国家自然科学基金青年项目（32202381）；国家现代农业产业技术体系建设专项（CARS-31）
** 第一作者：杨志，硕士研究生，研究方向为植物病理学；E-mail：yz1990420@163.com
*** 通信作者：李鹏飞，副教授；E-mail：lipengfei@scau.edu.cn

Occurrence and Natural Variation of Tomato Yellow Leaf Curl Virus in 2022 in China*

LIN Weihong, YAN Qin, CHONG Xiaoyue, BAO Fangwei, DONG Laihua, FAN Zaifeng, ZHOU Tao**

(*Key Laboratory for Pest Monitoring and Green Management*, *Ministry of Agriculture and Rural Affairs*, *College of Plant Protection*, *China Agricultural University*, *Beijing* 100193, *China*)

Abstract: Tomato (*Solanum lycopersicum*) is an important economic crop worldwide. Tomato yellow leaf curl virus disease (TYLCVD) caused by tomato yellow leaf curl virus (TYLCV) is one of main viral diseases. TYLCV infection leads to the top leaves of tomato plants showing yellow and curling, and thus seriously reduces tomato yield and quality. In this study, symptoms of yellowing and leaf curling resembling those caused by TYLCV were observed in Chaoyang (Beijing), Qingdao (Shandong), Zibo (Shandong), Nanchang (Jiangxi), Weinan (Shanxi), Tongcheng (Anhui), and Meishan (Sichuan). Thirty-four samples were collected from above seven regions. These samples were detected for TYLCV by PCR using degenerate primers for begomoviruses. Amplicons of 550 bp were obtained from 32 samples. Thirty-two amplicons were randomly selected for each sample for sequencing. The sequences of the 550 bp fragments of TYLCV shared the nucleotide (nt) sequence identities of 96.12%–99.68%. Isolates from Chaoyang (Beijing), Nanchang (Jiangxi), Meishan (Sichuan), Tongcheng (Anhui) shared the highest nt sequence identities (99.35%–99.68%) with TYLCV YN4400 isolate (MG770210.1). Isolates from Qingdao (Shandong), Zibo (Shandong) shared the highest nt sequence identities (96.12%–99.38%) with TYLCV HBYQ isolate (JQ038232.1). Isolates from Weinan (Shanxi) shared the highest nt sequence identities (98.74%) with TYLCV SXYC-X5 isolate (KY499721). All the isolates shared the highest nt sequence identities (93.71%–98.23%) with the TYLCV ZJHZ1 isolate (FN252890.1), TYLCV HeBWX1 isolate (FN392880), TYLCV SDJN2 AV2 isolate (FN293163), which exploded across the country in 2009. This study provides a theoretical basis for studying the molecular variation of TYLCV and integrated control of TYLCVD through investigating the occurrence and natural variation of TYLCV in the tomato producing areas, and identifying the main isolates of China.

Key words: TYLCV; TYLCVD; Tomato; Virus detection; Identity; Variation

---

* Funding: Beijing Innovation Consortium of Agriculture Research System (BAIC01-2022-14, BAIC01-2023-14)

** Corresponding author: ZHOU Tao; E-mail: taozhoucau@cau.edu.cn

柑橘黄化脉明病毒福建和浙江分离物的全基因组序列测定及分子特征

高玉洁[1*]，田雨菁[1]，肖思云[1]，陈江姗[1,2]，沈建国[2**]，高芳銮[1**]
（1. 福建农林大学植物病毒研究所，福州 350002；
2. 福建省检验检疫技术研究重点实验室，福州海关技术中心，福州 350001）

摘　要：柑橘黄化脉明病毒（citrus yellow vein clearing virus，CYVCV）是我国柑橘生产上新近发生的一种病毒，侵害柑橘后能够造成严重的经济损失。本研究测定了 CYVCV 福建和浙江分离物的全基因组序列，并对其分子特征进行研究。结果表明，CYVCV 核苷酸全长为 7 529~7 531 nts，包含 6 个开放阅读框（ORF），与 CYVCV 参考分离物 CQ 核苷酸序列一致性为 98.30%~98.85%。重组分析结果显示，测定的 7 个 CYVCV 分离物基因组内未检测到显著的重组信号，但 GX-STJ 分离物在 3 393~6 297 nt 位置存在重组位点。进一步的系统发育分析表明，所有 CYVCV 中国分离物聚为一个单系进化枝，印度分离物位于树根附近且在多个分枝中有分布，表明 CYVCV 进化具有较强的地理特异性，其可能起源于印度。本研究明确了 CYVCV 群体的全基因组序列特征和进化关系，研究结果为该病毒后续的相关研究奠定理论基础。

关键词：黄化脉明病毒；全基因组序列；分子特征

* 第一作者：高玉洁，研究方向为植物病毒检测、鉴定及分子进化；E-mail：yjiegao@126.com。
** 通信作者：沈建国，博士，研究员，主要从事植物病毒检测及防治；E-mail：shenjg_agri@163.com
高芳銮，博士，研究员，主要从事植物病毒检测、鉴定及分子进化研究；E-mail：raindy@fafu.edu.cn

甜椒脉斑驳病毒福建分离物全基因组测定及分析

龚梅芳[1*]，谢康雯[1]，王晨鸣[1]，金雨洁[1]，沈建国[2**]，高芳銮[1**]
（1. 福建农林大学植物病毒研究所，福州 350002；
2. 福建省检验检疫技术研究重点实验室，福州海关技术中心，福州 350001）

摘 要：甜椒脉斑驳病毒（pepper veinal mottle virus，PVMV）是辣椒上危害极其严重的病毒之一，严重降低辣椒品质和产量。为揭示 PVMV 福建分离物全基因组特征，采用片段重叠法获得了 7 个 PVMV 福建分离物全基因组，并对其进行序列特征、重组位点和系统发育关系分析。结果表明，获得的 PVMV 基因组全长序列为 9 757~9 797 nt，其中 197-9418/9419 nt 为多聚蛋白的编码区，多聚蛋白的长度为 3 075 个氨基酸。序列分析显示，这些分离物与 PVMV 韩国分离物 P、湖南分离物 PVMV-HN 和日本分离物 OKP3 的核苷酸序列一致性均高达 98%，但与塞内加尔分离物 Camb2 的核苷酸序列一致性仅为 85%。重组分析结果显示，PVMV 尼日利亚分离物 DSMZ PV-0563 基因组内存在显著的重组位点，其主亲本可能是本研究新测定的 PVMV 分离物之一。系统发育分析结果显示相同或相近地理来源的病毒分离物倾向于相聚成簇，表明 PVMV 的进化具有较强的地理特异性。本研究结果为后续深入开展该病毒的生物学等研究奠定了基础。

关键词：甜椒脉斑驳病毒；全基因组；重组；系统发育

* 第一作者：龚梅芳，硕士研究生，研究方向为植物病毒检测、鉴定及分子进化；E-mail：510450976@ qq. com
** 通信作者：沈建国，研究员，主要从事植物病毒检测及防治；E-mail：shenjg_agri@ 163. com
高芳銮，研究员，主要从事植物病毒检测、鉴定及分子进化研究；E-mail：raindy@ fafu. edu. cn

Dissection of the Possible Roles of Maize Type I Metacaspase in Sugarcane Mosaic Virus Infection

HAO Yuming[1,2], LI Siqi[1,2], XU Tengzhi[1,3], WANG Xinyu[1,2], XU Siqi[1,2], ZHOU Tao[1,2], FAN Zaifeng[1,2 *]

(1. *Key Laboratory of Surveillance and Management for Plant Quarantine Pests-MARA*, *College of Plant Protection*, *China Agricultural University*, *Beijing* 100193, *China*; 2. *Sanya Institute of China Agricultural University*, *Sanya* 572025, *China*; 3. *Institute of Crop Protection*, *College of Agriculture*, *Guizhou University*, *Guiyang* 550025, *China*)

Abstract: Maize (*Zea mays* L.) is one of the most consumed staples for human and prominent sources of feed for livestock. Production of maize has been threatened by varieties of pathogen. Maize virus diseases are prevalent in main maize planting areas worldwide. Sugarcane mosaic virus (SCMV) can cause maize dwarf mosaic disease. It also induces occurrence of maize lethal necrosis disease, a destructive disease in maize production, when co-infect with maize chlorotic mottle virus (MCMV). Dissecting the mechanism of interaction between maize and SCMV is crucial for creating disease-resistant germplasm resources to against virus disease. We identified a host interactor of SCMV by RNA-seq, ZmLOL3 (Zea mays lesion stimulating disease 1-like 3), which belongs to type I metacaspase. ZmLOL3 negatively regulates SCMV infection in maize. Resistance of ZmLOL3 is independent on the conserved cysteine-histidine dyad catalytic site. We demonstrated that ZmLOL3 plays an obvious antiviral role when more ZmLOL3 localizes in the nucleus. We assume that ZmLOL3 likely acts as a transcription factor which modulates expression of resistance-related genes to inhibit viral infection.

Key words: Maize; SCMV; Maize lethal necrosis disease (MLND); Metacaspase

* Corresponding author: FAN Zaifeng; E-mail: fanzf@cau. edu. cn

水稻响应 RRSV 侵染的转录组分析*

李金哲[1,2**]，罗婉笛[1,2]，莫翠萍[2]，崔丽贤[2]，
蔡健和[2]，邓清超[1]，章松柏[1]，李战彪[2***]
（1. 长江大学农学院，荆州 434000；2. 广西作物病虫害生物学重点实验室，
广西壮族自治区农业科学院植物保护研究所，南宁 53000）

摘 要：水稻锯齿叶矮缩病毒（rice ragged stunt virus，RRSV）是呼肠孤病毒科（*Reoviridae*）水稻病毒属（*Oryzavirus*）成员，由迁飞性害虫褐飞虱以持久增殖型方式传播；RRSV 侵染水稻后会造成植株矮化、叶片缺刻等症状，严重影响水稻的产量，本研究拟通过转录组测序，了解水稻在不同时间点（15 dpi 和 30 dpi）响应 RRSV 侵染过程相关基因的表达情况，为研究水稻响应 RRSV 侵染的分子机制提供理论参考。以同时期健康植株日本晴作为对照，对 RRSV 侵染后 15 dpi 和 30 dpi 两个时间点的水稻叶片进行转录组测序分析，通过对转录组数据分析发现，在 RRSV 侵染 15 dpi 时，原始序列的数量范围为 45 010 320 raw reads 至 46 978 690 raw reads。除去低质量的序列和含有衔接子的序列后，高质量序列的数量范围为 44 584 864 clean reads 至 46 618 590 clean reads，Q30 碱基百分比在 93. 92%及以上。30 dpi 时，原始序列的数量范围为 40 235 330 raw reads 至 40 805 302 raw reads。除去低质量的序列和含有衔接子的序列后，高质量序列的数量范围为 39 795 394 clean reads 至 40 492 288 clean reads，Q30 碱基百分比在 93. 29%及以上。与健康水稻相比，在 RRSV 侵染 15 dpi 时，存在 455 个基因差异表达，其中 312 个基因上调表达，143 个基因下调表达。而在 30dpi 时，有 4 644 个基因差异表达，其中 2 411 个基因上调表达，2 233 个基因下调表达。在 RRSV 侵染 15 dpi 时，通过 GO 分析显示，差异表达基因主要富集在生物过程中的对刺激的反应、对压力的反应，细胞组分中的细胞外区、过氧化物酶体和分子功能中的转录调节活性、辅酶结合。通过 KEGG 富集分析，差异表达基因主要富集在植物激素信号转导和苯丙类生物合成等通路。30 dpi 时，通过 GO 分析显示，差异表达基因主要富集在生物过程中的细胞内稳态和光合作用，细胞组分中的膜蛋白复合物和类囊体和分子功能中的转录调节活性和 DNA 结合转录因子活性。通过 KEGG 富集分析，差异表达基因主要富集在碳代谢，淀粉和蔗糖代谢等通路。本研究利用高通量测序获得 RRSV 侵染水稻的转录组数据，该研究结果有助于筛选出参与 RRSV 侵染的相关基因，解析 RRSV 侵染水稻的分子机制。

关键词：水稻锯齿叶矮缩病毒；转录组；差异表达基因；

---

* 基金项目：国家自然科学基金（32060605）；广西科技基地和人才专项项目（桂科 AD22035012）
** 第一作者：李金哲，硕士研究生，研究方向为植物病毒学；E-mail：1447465513@ qq. com
*** 通信作者：李战彪，副研究员，研究方向为植物病毒与寄主互作；E-mail：lizhanbizo8410@ sina. com

基于小 RNA 深度测序技术鉴定广西牛大力花叶病病原*

李祐聪[1,2**]，莫翠萍[2]，陈锦清[2]，秦碧霞[2]，崔丽贤[2]，
蔡健和[2]，蒙姣荣[1]，李界秋[1]，李战彪[2***]
（1. 广西大学农学院，荆州　434000；2. 广西壮族自治区农业科学院植物保护研究所，
农业农村部华南果蔬绿色防控重点实验室，广西作物病虫害生物学重点实验室，南宁　530007）

摘　要：牛大力（*Millettia speciosa* Champ）又名倒掉金钟、大力薯等，属豆科崖豆藤属植物，有丰富的药用价值。2022 年，本研究团队田间调查时发现，广西南宁市武鸣区的牛大力表现典型花叶症状，疑似病毒病侵染，但其病原尚不清楚。为明确引起牛大力表现花叶症状的病毒病原，利用小 RNA 高通量测序、生物信息学、RT-PCR、序列分析和生物学接种等手段，对采集的牛大力样品进行了鉴定分析。结果显示，小 RNA 测序共获得 265 443 997 clean reads，拼接获得 178 个 contigs，其中 149 个 contigs 注释为寄主植物基因组，49 个 contigs 被注释为病毒基因组；在注释为病毒基因组的 49 个 contigs 中，有 25 个 contigs 被注释为豇豆轻斑驳病毒（cowpea mild mottle virus，CpMMV），2 个 contigs 被注释为瓜类褪绿黄化病毒（cucurbit chlorotic yellows virus，CCYV），22 个 contigs 被注释为莴苣褪绿病毒（lettuce chlorosis virus，LCV）。根据小 RNA 测序分析结果并参考 GenBank 已报道的各病毒序列设计相应的特异性引物，以高通量测序的同批样品叶片总 RNA 为模板进行 RT-PCR 检测，结果可从样品中检测出 CpMMV 和 LCV，未检出 CCYV。以感病的牛大力叶片样品为毒源，利用摩擦接种的方法对健康的牛大力植株进行接种（3~5 叶龄），仅用 PBS 液体摩擦的牛大力植株作为健康对照，接种 15 d 后，提取经摩擦接种的牛大力植株的叶片总 RNA 进行 RT-PCR 验证，经病毒接种的牛大力植株均检测出了 CpMMV 和 LCV，而健康植株未检测出任何病毒。研究结果证实，CpMMV 和 LCV 是引起广西牛大力引发花叶病的病原。

关键词：广西；牛大力；花叶病；小 RNA 深度测序

---

* 基金项目：广西农业科学院基本科研业务专项（桂农科 2021YT071，桂农科 2023YM04）；广西农业科学科技发展基金（桂农科 2021ZX27）

** 第一作者：李祐聪，硕士研究生，研究方向为植物病毒学
*** 通信作者：李战彪，副研究员，主要从事植物病毒学研究；E-mail：lizhanbizo8410@ sina. com

SRBSDV P8 蛋白与水稻生长素响应因子 OsARF15 的分子互作研究*

罗婉笛[1,2**]，莫翠萍[2]，蔡健和[2]，秦碧霞[2]，章松柏[1]，李战彪[2***]
（1. 广西大学农学院，荆州 434000；2. 广西壮族自治区农业科学院植物保护研究所，
农业农村部华南果蔬绿色防控重点实验室，广西作物病虫害生物学重点实验室，南宁 530007）

摘 要：南方水稻黑条矮缩病毒（southern rice black-streaked dwarf virus，SRBSDV）属呼肠孤病毒科（*Reoviridae*）斐济病毒属（*Fijivirus*），由白背粉虱以持久增殖的方式进行传播。SRBSDV 的基因组包含 10 条线性的双链 RNA（double-stranded RNA，dsRNA），共编码 13 个蛋白，包含 6 个结构蛋白（P1、P2、P3、P4、P8 和 P10）和 7 个非结构蛋白（P5-1、P5-2、P6、P7-1、P7-2、P9-1 和 P9-2），其中 P8 是 SRBSDV 编码的小核心衣壳蛋白，但其在 SRBSDV 侵染水稻中的作用仍不是很清楚。生长素（Auxin）是最早发现的植物内源激素，作为信号分子通过信号传导发挥其生物学作用，生长素响应因子（auxin response factor，ARF）是 TIR1/AFB-Aux/IAA-ARF 经典信号通路中的核心元件。Zhang 等于 2020 年研究发现 P8 蛋白能直接与生长素转录因子 OsARF17 互作，干扰 OsARF17 的二聚体化作用并抑制其转录激活能力去影响其转录功能，进而影响水稻对 SRBSDV 的抗性，但 P8 是否与其他 ARFs 存在互作则未见报道。本研究从日本晴水稻中克隆到 13 个水稻 ARFs 基因，并利用酵母双杂交的方法验证这些 ARFs 能否与 P8 发生互作，结果发现水稻生长素响应因子 OsARF15 和 P8 蛋白存在互作。进一步利用 GST-pull down 和 CO-IP 等蛋白互作技术，证实 SRBSDV P8 和 OsARF15 在体外和体内均存在互作。下一步拟通过基因编辑技术、生物学接种等方法解析 SRBSDV P8 蛋白和 OsARF15 互作的生物学及遗传学意义。

关键词：南方水稻黑条矮缩病毒；P8 蛋白；生长素响应因子；OsARF15

---

* 基金项目：国家自然科学基金（32060605）；广西科技基地与人才专项（桂科 AD22035012）
** 第一作者：罗婉笛，在读研究生，研究方向为植物病毒学；E-mail：2428621371@qq.com
*** 通信作者：李战彪，副研究员，主要研究植物病毒-寄主互作；E-mail：lizhanbizo8410@sina.com

基于全基因组测序的广西西番莲果实木质化病原的鉴定*

莫翠萍[1**]，李祐聪[1,2]，陈锦清[1]，谢慧婷[1]，
秦碧霞[1]，崔丽贤[1]，蔡健和[1***]，李战彪[1***]
（1. 广西壮族自治区农业科学院植物保护研究所，农业农村部华南果蔬绿色防控重点实验室，广西作物病虫害生物学重点实验室，南宁 530007；2. 广西大学农学院，南宁 530004）

摘　要：西番莲（*Passiflora edulis*）又名百香果、鸡蛋果，在我国海南、福建、广东、广西、云南、贵州、台湾等地广泛种植，病毒病是严重影响西番莲安全发展的主要因素。2022 年 10 月，笔者从广西南宁市武鸣区采集表现叶片斑驳、花叶，果实畸形、木质化等症状的西番莲叶片和果实样品，利用 RT-PCR、基因克隆、序列比对和进化树分析等方法，对侵染西番莲表现为果实畸形及木质化的病毒种类进行了鉴定。结果显示，利用夜来香花叶病毒（Telosma mosaic virus，TeMV）、东亚西番莲病毒（East asian passiflora virus，EAPV）、西番莲木质化病毒（Passion fruit woodiness virus，PWV）、黄瓜花叶病毒（Cucumber mosaic virus，CMV）等病毒特异引物并未扩增出特异的目的条带，说明样品并未感染上述病毒；而利用西番莲重型斑驳病毒（Passion fruit severe mottle virus，PFSMoV）和越南西番莲病毒（Passion fruit Vietnam virus，PFVV）则能扩增出与目的条带大小一致的 PCR 片段，将 PCR 产物纯化后进行测序，所得序列在 NCBI 上进行 BLAST 分析发现，本研究所得序列与 GenBank 数据库中已报道的 PFSMoV 和 PFVV 各分离具有较高的核苷酸相似性。根据已报道的 PFSMoV 和 PFVV 各分离物的基因组序列，设计引物用于分段扩增其病毒基因组全长的特异引物，利用 RACE 5′&3′试剂盒扩增病毒的 5′和 3′末端序列。目前已经获得三段长度分别为 48~2 528 nt、4 816~7 195 nt、9 511~9 974 nt 的病毒基因组序列，分析这些核苷酸序列发现，所得序列与福建分离物 PfSMoV-FJ 的核苷酸相似性分别为 81.07%、83.7%、94.83%。根据现有结果，我们初步推测引起广西武鸣的西番莲叶片斑驳，果实畸形、木质化的病原是 PFSMoV，该分离物的全基因序列特征以及致病力的分析有待进一步研究。

关键词：西番莲；果实畸形；木质化病原；西番莲重型斑驳病毒

---

* 基金项目：广西农业科学院基本科研业务专项（桂农科 2021YT071，桂农科 2023YM04）；广西农业科学科技发展基金（桂农科 2021ZX27）；广西重点研发计划（2022AB21018）

** 第一作者：莫翠萍，助理研究员，主要从事植物病毒学研究；E-mail：cuiping2018@ 126. com

*** 通信作者：蔡健和，研究员，主要从事植物病毒学研究；E-mail：caijianhe@ gxaas. net
李战彪，副研究员，主要从事植物病毒学研究；E-mail：lizhanbizo8410@ sina. com

基于 RPA-CRISPR/Cas12a 的番茄花叶病毒可视化检测方法的建立*

董 铮[1**]，赵振兴[1]，范奇璇[1,2]，王思元[1]，张永江[1***]
(1. 中国检验检疫科学研究院，北京 100176；2. 中国农业大学植物保护学院，北京 100193)

摘 要：番茄花叶病毒（tomato mosaic virus，ToMV）属于植物杆状病毒科（*Virgaviridae*）烟草花叶病毒属（*Tobamovirus*）成员，主要危害番茄（*Lycopersicon esculentum*）和辣椒（*Capsicum annuum*），严重影响果实的品质和产量。本研究根据 ToMV 编码外壳蛋白（coat protein，CP）的基因保守序列，设计重组酶聚合酶扩增技术（recombinase polymerase amplification，RPA）特异性引物和簇状规则间隔短链重复序列（clustered regularly interspaced short palindromic repeats，CRISPR）及相关蛋白 12a（CRISPR-associated 12a，Cas12a）的 crRNA 并挑选报告基因。通过优化反应体系，建立了 ToMV 的快速可视化检测方法，只需 RPA 和 CRISPR/Cas12a 分别反应 15 min，即可在便携式蓝光照射设备下直接观察到阳性信号。该方法可特异性检测 ToMV，对携带 ToMV 样品 RNA 的检测灵敏度可以达到 172 ag/μL，是普通 RT-PCR 检测灵敏度的 10 000 倍，可用于番茄花叶病毒快速灵敏的可视化检测。

关键词：番茄花叶病毒；RPA；CRISPR/Cas12a；可视化检测

* 基金项目：国家重点研发计划（2021YFD1400100，2021YFD1400103）
** 第一作者：董铮，硕士研究生，主要从事植物病毒检测研究；E-mail：928464315@qq.com
*** 通信作者：张永江，研究员，主要从事植物检疫研究工作；E-mail：zhangyjpvi@yeah.net

番茄褐色皱纹果病毒 RPA-CRISPR/Cas12a 检测方法的建立*

王思元[1**]，范奇璇[1,2]，赵振兴[1]，董　铮[1]，张永江[1***]
（1. 中国检验检疫科学研究院，北京　100176；2. 中国农业大学，北京　100193）

摘　要：番茄褐色皱纹果病毒（tomato brown rugose fruit virus，ToBRFV）属于植物杆状病毒科（*Virgaviridae*）烟草花叶病毒属（*Tobamoviruses*），可侵染 40 多种植物，对番茄的危害尤为严重，影响番茄果实着色，严重降低果实的产量和品质。该病毒于 2014 年在以色列被首次发现，随后在全世界大范围流行，被多个国家和地区列为入境检疫性植物病毒。本研究选取 ToBRFV 外壳蛋白编码基因作为靶标序列，分别设计用于重组酶聚合酶扩增技术（recombinase polymerase amplification，RPA）的特异性引物和用于簇状规则间隔短链重复序列（clustered regularly interspaced short palindromic repeats，CRISPR）及 CRISPR 相关蛋白 12a（CRISPR-associated 12a，Cas12a）系统的 crRNA。经过反应体系优化及特异性验证，建立了 ToBRFV 的快速可视化检测体系，在 RPA 和 CRISPR/Cas12a 分别反应 15 min 后，即可使用便携式蓝光照射仪器观察阳性信号。该方法可有效区分 ToBRFV 和同属辣椒轻斑驳病毒、番茄花叶病毒、番茄斑驳花叶病毒以及其他常见番茄病毒，检测灵敏度达到 3.46 fg/μL，是普通 RT-PCR 检测的 10 000 倍，可实现 ToBRFV 快速灵敏的可视化检测。

关键词：番茄褐色皱纹果病毒（ToBRFV）；RPA；CRISPR/Cas12a；可视化检测

---

* 基金项目：国家重点研发计划（2021YFD1400100，2021YFD1400103）

** 第一作者：王思元，博士后，主要从事植物病毒检测技术研究；E-mail：wang. syuan@ 163. com

*** 通信作者：张永江，研究员，主要从事植物检疫研究工作；E-mail：zhangyjpvi@ yeah. net

PlMYB1R 在荔枝霜疫霉生长发育和致病过程中的功能研究*

窦梓源，刘茜芫，李小凤，孔广辉，司徒俊键，姜子德，习平根
（华南农业大学植物保护学院，广州 510642）

摘 要：荔枝霜疫霉（*Peronophythora litchii*）侵染引起荔枝霜疫病对荔枝产量造成重大损失。目前国内外对该病原卵菌的致病机制了解较少。为此，本研究利用 CRISPR/Cas9 基因编辑技术和 PEG 介导的原生质体转化技术对筛选到的 *PlMYB1R* 进行了敲除以探究其生物学功能，进而明晰该基因的分子作用机制。生物信息学分析结果表明，*PlMYB1R* 是 MYB 蛋白家族 1R 类的转录因子并广泛分布在卵菌和部分植物中，*PlMYB1R* 与其他疫霉属聚类在同一分支并与棕榈疫霉（*Phytophthora palmivora*）的亲缘关系最近；同源蛋白比对表明 10 种疫霉属病原菌 *PlMYB1R* 同源蛋白同源性高达到 72.85%。通过 qRT-PCR 检测显示 *PlMYB1R* 在荔枝霜疫霉无性阶段、有性阶段和侵染阶段均有不同程度的转录差异，其中在游动孢子阶段、休止孢阶段以及侵染阶段的前期和后期均显著上调。进一步研究表明，PlMYB1R 蛋白定位在细胞核中，该基因的敲除影响荔枝霜疫霉的正常生长发育，其突变株的致病力、菌丝生长速率、孢子囊产量和游动孢子释放均低于 WT，而卵孢子产量和萌发率则均高于 WT。同时，*PlMYB1R* 参与生物和非生物胁迫应激反应，其突变株对刚果红（CR）、荧光增白剂（CFW）和过氧化氢（H_2O_2）的耐受性显著增强，而对氯化钠（NaCl）、氯化钙（$CaCl_2$）、山梨醇（Sorbitol）和十二烷基硫酸钠（SDS）的耐受性显著降低。过表达 *PlMYB1R* 不影响菌丝生长速率、致病力和卵孢子产量，表明 *PlMYB1R* 在荔枝霜疫霉中受到动态平衡调控。另外，研究结果还显示 *PlMYB1R* 在 Δ*PlM*90 中显著上调，而 *PlM*90 在 Δ*PlMYB1R* 中并无显著差异，Δ*PlM*90 表现为卵孢子减少，而 Δ*PlMYB1R* 表现卵孢子增多，推测 *PlMYB1R* 的表达可能受 *PlM*90 负调控而影响卵孢子的形成。本研究为进一步解析荔枝霜疫霉的致病机制及其卵孢子的形成提供了数据和靶标。

关键词：荔枝霜疫霉；MYB1R；卵孢子；致病力；胁迫应激反应

* 基金项目：广东省自然科学基金面上项目（2023A1515012617）；农业农村部农作物疫情监测与防治经费项目（18220002）；国家荔枝龙眼产业技术体系建设项目（CARS-32）

水稻橙叶植原体效应子 SPR14 致病机制研究

王郅怡*，张喜珊，周斯琦，杨 新，张 彤**，周国辉**
（华南农业大学植物保护学院，广州 510642）

摘 要：由水稻橙叶植原体（rice orange leaf phytoplasma，ROLP）引起的水稻橙叶病是我国华南及东南亚地区的重要水稻病害。本研究在病菌全基因组序列中预测到 14 个分泌蛋白，通过表达各分泌蛋白的马铃薯 X 病毒（PVX）重组载体，筛选到一个在本氏烟（*Nicotiana benthamiana*）上加重 PVX 症状的分泌蛋白 SRP14（Secreted ROLP Protein 14），PVX-SRP14 侵染的本氏烟相比 PVX 侵染，花叶症状提前，叶绿素含量更低，植株更矮，开花数更少，病毒含量更高，由此推测 SRP14 为 ROLP 的候选效应蛋白。SRP14 蛋白全长为 99 个氨基酸，其中前 31 个氨基酸为信号肽，C 端具有卷曲螺旋（coiled-coil，CC）结构域。同时，亚细胞定位实验表明该蛋白定位于细胞核和细胞质。进一步通过本氏烟瞬时表达 SRP14 可抑制 BAX（小鼠凋亡蛋白）引起的过敏性坏死反应，也可抑制 flg22 诱导的 PTI 免疫反应。此外，SRP14 对拟南芥免疫反应也具有抑制作用，转基因表达 SRP14 的拟南芥与野生型相比，植株株型稍小，莲座叶数减小及株高也更低，受 flg22 诱导产生的活性氧显著减少，相关的防御基因 AtFRK1、AtPR1 和 At-BIK1 表达水平显著降低。同时，构建了表达 SRP14 的转基因水稻，其与野生型水稻相比表型无明显变化，但能促进水稻条纹花叶病毒（rice stripe mosaic virus，RSMV）的侵染。综上所述，本研究鉴定了一个 ROLP 的效应子 SRP14，并初步探究了其抑制植物免疫反应的功能，为 ROLP 致病机理的深入研究提供了基础。

关键词：水稻橙叶植原体；马铃薯 X 病毒；植物免疫；SPR14；致病机制

* 第一作者：王郅怡，博士研究生；E-mail：wangzhiyi0816@163.com
** 通信作者：张彤，副教授；E-mail：zhangtong@scau.edu.cn
周国辉，教授；E-mail：ghzhou@scau.edu.cn

The Cross-border Transmission of a Novel +ssDNA Mycovirus DpDV1 with Hypovirulence

ZHOU Siyu[1*], CHEN Daipeng[1], ZHOU Jia[1], LIANG Xiaofei[2], XIE Changping[1], KANG Zhensheng[2], ZHENG Li[1**]

(1. *Key Laboratory of Green Prevention and Control of Tropical Plant Disease and Pests, Ministry of Education and College of Plant Protection, Hainan University, Haikou* 570228, *China*; 2. *State Key Laboratory of Crop Stress Biology for Arid Areas and College of Plant Protection, Northwest A&F University, Yangling* 712100, *China*)

Abstract: Mycovirus are important resources for biological control of plant diseases. However, virus transmission between different strains is restricted by the fungal vegetative incompatibility which limits the application of hypovirus in biological control of plant diseases. In our previous studies, a novel +ssDNA mycovirus was characterized in the areca leaf spot fungus, named Diaporthe pseudophoenicicola DNA virus1 (DpDV1) which resulted attenuated virulence of *Diaporthe pseudophoenicicola*. This is the fourth single stranded DNA mycovirus found in the world, and the first to contain introns in its genome. In order to explore the transmission mode of the virus and its biology effect on plant pathogenetic fungi, infectious clones of DpDV1 were constructed, and transformed into *Fusarium oxysporum* and *Nicotiana benthamiana* respectively. Results indicate DpDV1 can reduce conidiation and aerial hyphae growth of *Fusarium oxysporum*. It also significantly reduced the pathogenicity of *Fusarium oxysporum* to banana. Furthermore, DpDV1 can be horizontally transmitted among fungi through mycelial fusion, and lead to hypovirulence. The infectious clone of DpDV1 was transformed into *Nicotiana benthamiana* by *Agrobacterium tumefaciens*-induced transformation method. Interestingly, DNA and virions of DpDV1 were detected from the upper leaves after 14 days, indicating that DpDV1 could systematically infect tobacco, while the virus had no effect on plant phenotype. The sap of leaves systematically infected by DpDV1 was frictionally inoculated with another virus-free *N. benthamiana*. Interestingly, DpDV1 was also detected in the upper leaves, indicating that the sap of plants contain DpDV1 was also infectious. In addition, when tobacco inoculated with the fungi carrying DpDV1, the DpDV1 was also detected in the upper leaves, indicating that the fungal virus DpDV1 could spontaneously transboundary spread from the fungi to the plants and form systemic infection. This is the first case of a fungal virus that can spontaneously transboundary directly from a fungus to a plant. This study confirmed the hypovirulence of the *Diaporthe pseudophoenicicola* mycovirus DpDV1 on *Fusarium oxysporum*, and preliminarily identified its potential for spontaneous cross-border transmission from fungi to plants, providing new experimental evidence for the cross-border transmission of fungal viruses and provided a theoretical basis for breaking the bottleneck of biocontrol technology of fungal viruses.

Key words: Mycovirus; DpDV1; Hypovirulence; Cross-border transmission

---

* First author: ZHOU Siyu, major in biology; E-mail: m13602853269_1@163.com

** Corresponding author: ZHENG Li, Professor of phytopathology; E-mail: zhenglihappy0617@126.com

假禾谷镰孢中真菌病毒多样性分析*

谢　源[1,3**]，潘　鑫[1]，张艺林[1]，代君丽[1]，
高芳銮[3]，高　飞[1]，李洪连[1,2]，张晓婷[1***]
（1. 河南农业大学植物保护学院，郑州　450002；
2. 小麦玉米作物学国家重点实验室，郑州　450002；
3. 福建农林大学植物病毒研究所，福建省植物病毒学重点实验室，福州　350002）

摘　要：假禾谷镰孢（*Fusarium pseudograminearum*）是引起小麦茎基腐病的优势病原菌。真菌病毒（mycovirus）在植物病原菌中广泛存在。为了探究寄生于假禾谷镰孢的真菌病毒，本研究利用宏病毒组测序技术，对采集自河南省不同地区的 200 株假禾谷镰孢菌株进行了真菌病毒鉴定和分类。宏病毒组测序数据获得 248 个注释到病毒信息的 contigs，从中可以获得 52 种病毒基因组序列，其中包含 36 种新病毒。在所得病毒中，正单链 RNA 病毒数量最多，共 26 种，占比 50%；负单链 RNA 病毒 14 种；双链 RNA 病毒 12 种。鉴定的病毒隶属于 20 个病毒科或目，其中线粒体病毒科（*Mitoviridae*）病毒数量最多，共 16 种，占总病毒数的 30%。RT-PCR 验证表明 52 种病毒都能在假禾谷镰孢菌株中被检测到。研究结果丰富了假禾谷镰孢所携带的病毒基因组信息，为深入分析假禾谷镰孢中真菌病毒的多样性和分子特性奠定基础。

关键词：假禾谷镰孢；真菌病毒；宏病毒组；正单链 RNA 病毒

---

* 基金项目：国家自然科学基金国际（地区）合作与交流项目（31961143018）；河南农业大学科技创新基金项目（KJCX2020A14）

** 第一作者：谢源；E-mail：hnxieyuan@ 126. com
*** 通信作者：张晓婷，教授；E-mail：zhangxiaoting@ henau. edu. cn

自噬在植物病毒侵染中的作用

杨 萌

（中国农业大学生物学院，北京 100193）

摘 要：自噬（autophagy）作为一种在真核生物中高度保守的细胞内降解途径，通过形成双层膜结构的自噬小体将细胞内待降解的物质运输至液泡中进行降解，其在植物正常生长发育、营养物质的循环利用和响应生物及非生物胁迫过程中发挥着重要作用。自噬在病毒-寄主植物复杂的相互作用过程中扮演着重要角色，自噬通常通过靶向并降解病毒蛋白发挥抗病毒作用。反之，病毒蛋白会通过劫持自噬途径介导其他抗性蛋白降解，或直接与自噬因子互作抑制自噬活性，从而促进病毒侵染。

在植物 RNA 病毒中，大麦条纹花叶病毒（*Barley stripe mosaic virus*，BSMV）编码的 γb 蛋白与自噬通路的关键蛋白 ATG7 在体内和体外直接互作，竞争性地干扰了 ATG7 和 ATG8 的相互作用并抑制了自噬小体的形成，进而抑制自噬介导的抗病毒作用，促进 BSMV 的侵染。同时，BSMV 的复制酶蛋白 γa 与液泡 H^+-ATPase 催化亚基 B2（Vacuolar H^+-ATPase catalytic subunit B2，VHA-B2）直接互作，通过抑制 VHA-B2 和 VHA-E 之间的结合干扰了 V-ATPase 组装和液泡酸化过程，导致液泡内待降解的自噬小体出现积累的现象。

在植物 DNA 病毒中，最近周雪平团队发现双生病毒（geminivirus）编码的 C2 蛋白也通过干扰 ATG7-ATG8 的互作来抑制植物抗病毒自噬作用，进而促进双生病毒的侵染。

目前，只发现 3-磷酸甘油醛脱氢酶（GAPCs）和翻译起始因子（eIF4A）负调控植物自噬发生过程。在双生病毒的研究中，我们新发现棉花木尔坦曲叶病毒（*Cotton leaf curl Multan virus*，CLCuMuV）编码的 C4 蛋白能够通过与 eIF4A 互作，增强其抑制自噬的能力，从而抑制自噬途径，促进 CLCuMuV 侵染。

综上所述，虽然自噬作为一种抗病毒途径主要发挥抗性作用，但是，病毒蛋白会通过不同策略来抵御或平衡植物抗病毒自噬造成的影响，从而完成其侵染过程。对自噬及植物病毒之间相互作用的解析，能够为我们更好地认识植物及病毒侵染之间的博弈关系，也可为病毒病害的绿色防控提供科学依据。

关键词：自噬；抗病毒；侵染

梨褪绿叶斑伴随病毒编码蛋白间互作及其生物学功能*

任秋婷[1,2]，张　哲[1,2]，高玉洁[1,2]，王国平[1,2]，洪　霓[1,2]**
（1. 华中农业大学植物科学技术学院，湖北省作物病害监测与安全控制重点实验室，武汉 430070；2. 果蔬园艺作物种质创新与利用全国重点实验室，武汉　430070）

摘　要：梨褪绿叶斑伴随病毒（pear chlorotic leaf spot-associated virus，PCLSaV）是笔者研究室新鉴定的侵染梨的欧洲山梣环斑病毒属（*Emaravirus*）病毒。该病毒基因组由 5 条负义单链 RNA 组成，其中 RNA1-4 分别编码依赖 RNA 的 RNA 聚合酶（RdRp）、糖蛋白前体（P2、pGP）、核衣壳蛋白（P3、NP）和运动蛋白（P4、MP），RNA5 编码蛋白（P5）的功能未知。为明确该病毒编码蛋白的生物功能，本研究对该病毒 NP、MP、P5 及 pGP 加工后的糖蛋白 GN 和 GC 在本氏烟叶片细胞中的亚细胞定位及相互间互作特点进行了分析。通过农杆菌介导的瞬时表达及共聚焦显微镜观察发现，分布在细胞核定位信号（不包括核仁），GC 仅在细胞核有定位信号，P4 仅在胞间连丝分布，P3、GN 和 P5 分布在细胞核和内质网，此外，P5 在胞间连丝有分布。进一步采用双分子荧光互补分析这些蛋白间的互作及亚细胞分布特点，结果显示 GN、P4、P5 可自身互作，产生的荧光信号分布特点与其单独定位结果一致。GN 与 GC 和 P3 互作均发生细胞膜和细胞核；GN、GC、P3 和 P5 均可与 P4 互作，且互作信号存在于胞间连丝；P5 与 GN、GC 和 P3 互作，且互作信号的亚细胞分布特点与 P5 一致，存在于细胞核、胞间连丝和内质网。根据这些蛋白的亚细胞定位及互作特点，可以初步推测 P5 通过与 GN、GC 和 P3 互作，并依赖于植物细胞的内膜系统进行胞内运动至质膜，然后通过与运动蛋白 P4 互作进行胞间运动。此外，P5 与 GN、GC 和 P3 在细胞核中互作，可能与该病毒的复制有关。本研究为进一步解析 *Emaravirus* 属病毒编码蛋白功能及胞间运动机制提供了重要信息。

关键词：梨褪绿叶斑伴随病毒；亚细胞定位；蛋白互作

---

* 基金项目：国家重点研发项目“园艺作物病毒检测及无病毒苗木繁育技术”（2019YFD1001800）；政府间国际科技创新合作重点专项（2017YFE0110900）

** 通信作者：洪霓，教授，研究方向为植物病毒学；E-mail：whni@ mail. hzau. edu. cn

A Preliminary Study on Rapid Detection of Virus-infected Seeds Via Hyperspectral Imaging*

CHONG Xiaoyue, ZHOU Tao**

(*College of Plant Protection*, *China Agricultural University*, *Beijing* 100193, *China*)

Abstract: Seeds are the cornerstone of the agricultural industry, making seed quality inspection the first and most important step in agricultural production. Viruses can spread long distances through seeds, serving as the primary source of infection for virus diseases that can cause epidemics and seriously reduce crop yields. However, traditional methods of detecting viruses in seeds are inefficient, cumbersome, and expensive. Therefore, it is imperative to develop non - destructive and efficient detection techniques. Hyperspectral imaging is an optical sensing technology including three functionalities: imaging, spectroscopy, and stoichiometry, which can use reflection, absorption and transmission of light to analyze the internal composition and physicochemical property of the sample under the premise of no damage samples. In this study, we explore the accuracy of detecting pepper mild mottle virus-infected pepper seeds using hyperspectral imaging. Firstly, the hyperspectral information of single pepper seeds was collected and ensured a one-to-one correspondence between the spectral acquisition test. Secondly, pre-processing algorithms including the multiplicative scatter correction (MSC) and standard normal transformation (SNV) are conducted to build partial least squares discriminant analysis (PLS-DA) model of virus-bearing pepper seeds. At the meantime, virus infection was verified by RT-PCR technology. In conclusion, we preliminarily developed a discrimination model of virus-bearing pepper seeds through verification by RT-PCR, data analysis, modeling, and optimization.

Key words: hyperspectral imaging; seed-borne; pepper mild mottle virus; detection

* Funding: Beijing Innovation Consortium of Agriculture Research System (BAIC01-2023-14)

** Corresponding author: ZHOU Tao; E-mail: taozhoucau@ cau. edu. cn

Functional Characterization of Maize Histone H2B Monoubiquitination Enzyme ZmBre1 for Sugarcane Mosaic Virus Infection*

DONG Laihua, WANG Xinhai, LIN Weihong, YAN Qin, FAN Zaifeng, ZHOU Tao**

(*State Key Laboratory of Maize Bio-breeding, Department of Plant Pathology, China Agricultural University, Beijing* 100193, *China*)

Abstract: Sugarcane mosaic virus (SCMV) is one of major pathogens causing maize dwarf mosaic disease, which distributes in maize - planting areas worldwide and poses a serious threat to food security. Generally, the occurrence of viral diseases is the result of the interaction between viruses and their host plants. Furthermore, due to a small genome and limited ability of encoding proteins, viruses have evolved strategies to impose their host plant's translation machinery. In this context, it has important guiding significance for the control of SCMV to identify host factors required for virus infection and analysis the mechanism. Histone H2B monoubiquitination (H2Bub1) is an important histone post - translational modification, playing significant roles in regulating plant growth and development as well as biotic and abiotic stress responses, but its roles in the regulation of plant RNA virus infection remain elusive. Here, we report the molecular function of maize histone H2B monoubiquitination enzyme (ZmBre1) for SCMV infection. ZmBre1 locates in nucleus and cytoplasm, and interacts with ZmH2B in nucleus and mediates H2Bub1 as an E3 ligase enzyme *in vivo*. We also found the transcription levels of ZmBre1 increased following SCMV infection. Silencing of ZmBre1 using virus-induced gene silencing inhibited SCMV infection, which suggests an important role for SCMV infection. Moreover, yeast two-hybrid (Y2H) and *in vivo* firefly luciferase complementation imaging (LCI) demonstrated that ZmBre1 interacted with SCMV-encoded cylindrical inclusion (CI) protein. Collectively, these findings implied that SCMV CI may regulate host plant's H2Bub1 by means of interacting with ZmBre1 in order to promote infection. This study provides a novel clue for understanding the molecular characterization of maize histone H2B monoubiquitination RING-type E3 ligase enzyme and possible roles for SCMV infection.

Key words: sugarcane mosaic virus; E3 ligase enzyme; ZmBre1; CI

* Funding: Natural Science Foundation of China (Grant 32072384)

** Corresponding author: ZHOU Tao; E-mail: taozhoucau@cau.edu.cn

Screening of Potential Functional Pepper Proteins in Response to Pepper Mild Mottle Virus Infection*

HUA Xia[1], ZHANG Hao[1], ZHANG Shugen[2], DU Kaitong[1], YAN Qin[1], DENG Xiaomei[2], XING Yongping[2], WANG Zhenquan[2], ZHANG Qin[2], ZHANG Junmin[2**], ZHOU Tao[1**]

(1. *Department of Plant Pathology*, *China Agricultural University*, *Beijing* 100193, *China*; 2. *Beijing Engineering and Technological Research Center of Plant tissue Culture*, *and Laboratory of Plant Tissue Culture Technology of Haidian District*, *Beijing* 100089, *China*)

Abstract: Pepper (*Capsicum annuum* L.) is an important economic crop worldwide, and the planting area ranks first among vegetables in China. Pepper mild mottle virus (PMMoV), a member of genus *Tobamovirus*, infects mainly vegetables of Solanaceous and causes serious production loss on pepper. Identification of functional proteins in response to PMMoV infection will provide potential resistance genes for cultivation of antiviral pepper varieties. In this study, we performed proteomic analyses on upper leaves infected by PMMoV on a susceptible pepper cultivar using Tandem Mass Tags (TMT) technology. Differentially expressed proteins (DEPs) were analyzed with or without PMMoV infection. The total number of 677 (~57%) proteins were significantly up-regulated, and 520 (~43%) proteins were down-regulated. Gene Ontology (GO) enrichment analysis indicated that DEPs were mainly associated with biological processes, such as photosynthesis and light reaction, gene expression, cellular nitrogen compound biosynthetic process, peptide biosynthetic process, and amide biosynthesis processes. In addition, several essential pathways including Hippo signaling pathway, ribosome, spliceosome, glycolysis/gluconeogenesis were significantly enriched through the Kyoto Encyclopedia of Genes and Genomes (KEGG) pathway analyses, which are consistent with the above analysis results.

Key words: Pepper mild mottle virus; proteome; Differentially expressed protein

---

* Funding: Research on New Techniques for Vegetable Breeding and Demonstration and Selection of New Varieties (Haidian District Financial Special Fund Project); Beijing Innovation Consortium of Agriculture Research System (BAIC01-2022-14, BAIC01-2023-14)

** Corresponding authors: ZHANG Junmin; E-mail: fenghuang1975@sina.com
ZHOU Tao; E-mail: taozhoucau@cau.edu.cn

Identification of a New Isolate of Ligustrum Virus A on *Syringa oblata* Plants

YAN Qin[1], ZANG Lianyi[2], YAO Aiming[3], DONG Laihua[1], LIN Weihong[1], FAN Zaifeng[1], ZHOU Tao[1]*

(1. *Key Laboratory for Pest Monitoring and Green Management, Ministry of Agriculture and Rural Affairs, College of Plant Protection, China Agricultural University, Beijing* 100193, *China*; 2. *College of Plant Protection, Collaborative Innovation Center of Fruit&Vegetable Quality and Efficient Production in Shandong, Shandong Agricultural University, Taian*, 271018, *China*; 3. *Capital Green Culture Stele Forest management Office, Beijing* 100091, *China*)

Abstract: *Syringa oblate*, with a long history of cultivation, has high adaptability and ornamental value in Chinese modern urban landscape. It has been reported that several viruses can infect *S. oblata* plants in the United States and Netherlands, including lilac ring mottle virus, lilac chlorotic leafspot virus and tobacco mosaic virus. However, few viruses that infect *S. oblata* plants were reported in China.

Diseased *S. oblata* leaves showing mosaic symptoms were collected in June of 2021 in Beijing Yongding River Leisure Forest Park. We performed small RNA deep sequencing to detect putative viruses in the diseased samples. After local BLASTn analysis, 25 contigs possessed the highest identities with ligustrum A virus (family *Betaflexiviridae*, genus *Carlavirus*). The putative LVA isolate was name LVA-BJ. Furthermore, we amplified the sequences of LVA-BJ *coat protein* (*CP*) gene based on the contigs using reverse transcription-PCR. BLASTp results showed that the CP of LVA shared 94.9% amino acid identity with LVA-DX-xbm isolate, suggesting that LVA-BJ is a new isolate. This is the first report of LVA-infected *S. oblata* in Beijing. This study provides a theoretical foundation for the control of virus diseases in *S. oblata*.

Key words: *Syringa oblata*; small RNA; ligustrum virus A; coat protein; identity

* Corresponding author: ZHOU Tao; E-mail: taozhoucau@cau.edu.cn

Lipid Droplet-associated Proteins Respond to Maize Chlorotic Mottle Virus Infection

WANG Xinyu[1,2], WANG Siyuan[3], XIE Liyang[1,2], HAO Yuming[1,2], ZHOU Tao[1,2], FAN Zaifeng[1,2]*

(1. *Key Laboratory of Surveillance and Management for Plant Quarantine Pests-MARA*, *College of Plant Protection*, *China Agricultural University*, *Beijing* 100193, *China*; 2. *Sanya Institute of China Agricultural University*, *Sanya* 572025, *China*; 3. *Chinese Academy of Inspection and Quarantine*, *Beijing* 100123, *China*)

Abstract: Maize (*Zea mays* L.) is one of the main food and feed crops and resources of industrial materials. Extensive occurrence of maize viral diseases usually causes severe yield losses worldwide. Maize chlorotic mottle virus (MCMV) is a positive-sense single-stranded RNA virus and the only member of the genus *Machlomovirus* in the family *Tombusviridae*. As one of important quarantine pathogens in China, MCMV causes maize lethal necrosis disease (MLND) when co-infects with one or more members of *Potyviridae*. Research on the molecular mechanism of MCMV-plant interactions will lay a foundation for the control of MLND and development of virus resistant germplasms by gene-editing strategies.

Lipid droplets are organelles composed of a neutral lipid core and enclosed by a phospholipid monolayer on which lipid droplet-associated proteins (LDAPs) localize. Lipid droplets metabolism is involved in various biological processes. Previous studies demonstrated that some animal viruses utilize lipid droplets for their replication. Our preliminary results showed that two *LDAP genes* in maize (*ZmLDAP*1 and *ZmLDAP*2) have a notable response to MCMV infection. The transcript level of the two *LDAP* genes have a significant elevation (*ZmLDAP*1 at 4 dpi, and *ZmLDAP*2 at 6 dpi and 8 dpi). Overexpressing either of the two *LDAP* genes in maize protoplast induces a significant reduction in the accumulation level of MCMV RNA. In summary, the two *LDAP* genes negatively regulate the infection of MCMV.

Key words: maize chlorotic mottle virus; lipid droplet-associated proteins

* Corresponding author: FAN Zaifeng; E-mail: fanzf@cau.edu.cn

海南省南繁基地玉米矮花叶病毒原的分子鉴定*

王　琰[1,2]，徐司琦[1,2]，谢丽杨[1,2]，李医童[1,2]，
董刚刚[1,2]，李志红[1,2]，赵文军[3]，王　辉[4]，范在丰[1,2]**
（1. 中国农业大学三亚研究院，三亚　572025；2. 中国农业大学植物保护学院农业农村部植物检疫性有害生物监测防控重点实验室，北京　100193；3. 三亚中国检科院生物安全中心，三亚　572025；4. 海南省南繁管理局，三亚　572000）

摘　要：海南南繁育制种基地是全国最大、最开放的农业科技试验区。为了监测南繁基地玉米上检疫性有害生物的发生情况，笔者于 2023 年 4 月 15—18 日对海南省三亚市崖州区南繁基地和乐东黎族自治县黄流基地的玉米病害进行了调查，并采集了表现花叶、矮缩等典型病毒病症状的玉米植株标样。采自三亚崖州区的标样 10 份，采自乐东基地的标样 4 份，合计 14 份标样。根据甘蔗花叶病毒（sugarcane mosaic virus，SCMV）、玉米褪绿斑驳病毒（maize chlorotic mottle virus，MCMV）和玉米矮花叶病毒（maize dwarf mosaic virus，MDMV）的 *CP* 基因的保守核苷酸序列分别设计、合成了特异性引物对。从每个玉米病样提取了总 RNA，用 oligo（dT）和随机引物反转录合成 cDNA，之后用病毒特异性引物对进行 PCR 扩增。在 14 份标样中，均检测出 SCMV 的 *CP* 基因片段，检出率为 100%；未检测到检疫性病毒 MCMV 和 MDMV。将 14 个 SCMV 的 PCR 产物测序后用 NCBI BLAST 软件进行核苷酸序列比对分析。结果表明，来自崖州区 10 份标样中的 SCMV 分离株核苷酸序列相同，与 GenBank 中登录号为 JX047424. 1 的 SCMV-HZ 分离株（来自山西霍州玉米）同源率最高；而来自乐东县的 SCMV 分离株与 GenBank 中登录号为 KX709875. 1 的 SCMV-BC 分离株（来自云南玉溪稗草）同源率最高。因此，本次调查所发现的南繁基地中玉米矮花叶病由 SCMV 所致，为了避免检疫性病原物的定殖与扩散，今后仍需对海南岛上的作物病害进行定期监测，以便及时采取有效的检疫与根除措施。

关键词：检疫性病原物监测；玉米矮化叶病；甘蔗花叶病毒

---

* 基金项目：三亚崖州湾科技城管理局资助项目（SYND-2021-03）；财政部和农业农村部国家现代农业产业技术体系（CARS-02）

** 通信作者：范在丰，主要从事植物病毒学教学与研究；E-mail：fanzf@ cau. edu. cn

A Novel Chrysovirus Infecting the Phytopathogenic *Setosphaeria turcica* f. sp. *sorghi**

LI Siyu[1], YIN Shuangshuang[1], ZHAO Yinxiao[1], LU Zhou[1], LI Zikuo[1], DENG Qingchao[1], LI Zhanbiao[2], FANG Shouguo[1], ZHENG Yun[1]**, ZHANG Songbai[1,2]**

[1. *MARA Key Laboratory of Sustainable Crop Production in the Middle Reaches of the Yangtze River* (*Co-construction by Ministry and Province*), *Yangtze University*, *Jingzhou* 434025, *China*; 2. *Guangxi Key Laboratory of Biology for Crop Diseases and Insect Pests*, *Guangxi Academy of Agricultural Sciences*, *Nanning* 530007, *China*]

Abstract: A new double - stranded RNA (dsRNA) virus designated Setosphaeria turcica chrysovirus 1 (StCV1), belonging to the family *Chrysoviridae*, has been identified in the filamentous fungus *Setosphaeria turcica* f. sp. *sorghi*. Analysis of purified dsRNAs revealed StCV1 consists of four segments (dsRNA1-4). Each dsRNA carrys a single open reading frame (ORF) flanked by 5′ and 3′ untranslated regions (UTRs) containing strictly conserved termini. The putative protein encoded by dsRNA1 showed 80.48% identity to the RNA-dependent RNA polymerase (RdRp) of the most closely related virus, Alternaria alternata chrysovirus 1 (AaCV1), belonging to the *Chrysoviridae*. dsRNA2 encodes the putative coat protein and dsRNA3-4 respectively encode hypothetical proteins of unknown func-

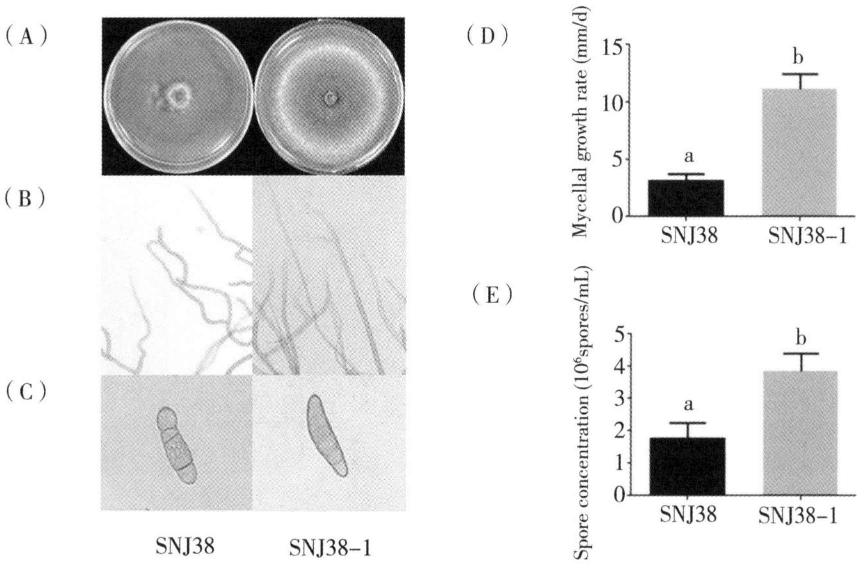

Fig. 1　Biological properties of the infected and isogenic virus-cured *S. turcica* f. sp. *sorghi* strains

* Funding: the Science and Technology Project of Anshun Branch of Guizhou Tobacco Company (No. 2022520400140040); the National Natural Science Foundation of China (No. 31972243)

** Corresponding authors: ZHENG Yun; E-mail: 23496936@ qq. com
ZHANG Songbai; E-mail: yangtze2008@ 126. com

tions. The dsRNA profile, amino acid sequence comparisons, and phylogenetic analyses all indicate that StCV1 is a new member within the family *Chrysoviridae*. In addition, obvious differences were observed on colony, mycelial and spore morphology between StCV1-infected strain SNJ38 and virus-cured strain SNJ38-1 of *S. turcica* f. sp. *Sorghi* (*Fig.* 1) . StCV1 infection strongly reduced colony growth rate, spore production ability and virulence on host fungus. To our knowledge, this is the first mycovirus reported from *S. turcica* f. sp. *sorghi* and also the first chrysovirus reported from *S. turcica*.

Key words: *Setosphaeria turcica chrysovirus* 1; chrysovirus; *Setosphaeria turcica* f. sp. *sorghi*; genetic diversity

Molecular Identification and Complete Sequence Analysis of *chilli veinal mottle virus* GZ-tobacco isolate*

ZHAO Yinxiao[1], JIANG Jun[1], DAI Fei[2], PAN Shouhui[2], ZHANG Fuqiang[2], WANG Hancheng[1,3], SHI Caihua[1], LI Xiquan[2], ZHENG Yun[1**], ZHANG Songbai[1**]

[1. *MARA Key Laboratory of Sustainable Crop Production in the Middle Reaches of the Yangtze River* (*Co-construction by Ministry and Province*), *Yangtze University*, *Jingzhou* 434025, *China*; 2. *Anshun Branch of Guizhou Tobacco Company*, *Anshun* 561000, *China*; 3. *Guizhou Academy of Tobacco Science*, *Guiyang* 550081, *China*]

Abstract: In order to clarify the pathogen of a new and suspected viral disease on tobacco in Guizhou (Fig. 1), immunostrip, electron microscope observation, indirect ELISA, RT-PCR and dsRNA technology were used to detect and identify the pathogen. The genomic sequence of the pathogen was determined by RT-PCR, the evolutionary relationship and possible recombinant events were analyzed by phylogenetic tree and recombinant analysis, and the pathogenicity and transmission routes were determined by biological inoculation on *Nicotiana benthamiana* and *Nicotiana tabacum* var. Yunyan 87. The results showed that the pathogen was a new strain of chilli veinal mottle virus (ChiVMV), namely Guizhou tobacco isolate (GZ-tobacco) whose virus morphology was linear particles of (12 ~ 14) nm× (700 ~ 900) nm (Fig. 1). Root irrigation, mechanical inoculation and vector can transmit the virus, and the typical symptoms of the disease include chlorosis, yellowing, blister, leaf roll and dwarfing on *N. benthamiana*, and mottling, blister and leaf roll on *N. tabacum* var. Yunyan 87. The full-length genome of the GZ-tobacco is 9 782 nt (accession No. OP378160), which is the closest in phylogenetic relationship to the YN-tobacco, and there are recombination events in the genome, indicating the diversity of ChiVMV isolates in Guizhou. These results provide a basis for the diagnosis and control of tobacco disease caused by ChiVMV.

Key words: *Chilli veinal mottle virus*; Isolate; Molecular identification; Biological characteristics

Fig. 1 The symptoms of diseased tobacco plants in the field and virus particles in the leaves

* Funding: the Science and Technology Project of Anshun Branch of Guizhou Tobacco Company (No. 2022520400140040); the National Natural Science Foundation of China (No. 31972243)

** Corresponding authors: ZHENG Yun; E-mail: 23496936@qq.com
ZHANG Songbai; E-mail: yangtze2008@126.com

番茄褪绿病毒 p22 蛋白与 NbBAG5 互作抑制细胞自噬调控病毒侵染*

尚凯杰[1,2]，肖　立[1]，张先平[1]，臧连毅[1]，赵　丹[1]，
王晨晨[2]，王锡攀[2]，周　涛[3]，朱常香[2]，竺晓平[1]
（1. 山东农业大学植物保护学院，泰安　271018；2. 山东农业大学生命科学学院，泰安　271018；3. 中国农业大学植物保护学院，北京　100191）

摘　要：番茄褪绿病毒（tomato chlorosis virus，ToCV）为长线形病毒科（*Closteroviridae*）毛形病毒属（*Crinivirus*）病毒，其寄主范围广泛、发生分布广，对蔬菜产业造成了严重的危害。本研究选择了 ToCV 的 p22 蛋白，验证了 ToCV p22 与本氏烟 B 细胞淋巴瘤 2 相关抗凋亡基因 5（NbBAG5）的互作。通过超表达和下调 NbBAG5 发现 NbBAG5 可以负调控 ToCV 侵染本氏烟。通过亚细胞共定位发现 NbBAG5 定位在线粒体中并可以改变 ToCV p22 的原有定位，共定位在线粒体中。进一步研究发现 NbBAG5 抑制了线粒体自噬相关基因的表达和自噬小体的数量，从而通过影响线粒体自噬来调控病毒侵染。

细胞自噬途径在植物抵抗病毒侵染的过程中发挥着重要作用，病毒和植物宿主在围绕细胞自噬的防御与反防御过程中共同进化。在 ToCV 侵染过程中，可以激活自噬，增加自噬体积累，而 NbBAG5 受 ToCV 诱导表达并抑制自噬。在 ToCV 侵染的本生烟中过表达 NbBAG5，自噬受到抑制，自噬体数量明显减少。NbBAG5 对自噬反应的调控，避免了植物反应过度，达到病毒与宿主共生的平衡状态。本研究证明了 ToCV p22 通过与 NbBAG5 互作进而影响细胞自噬，建立了病毒侵染、BAG 家族蛋白和自噬途径之间的关联，阐释了 ToCV p22 与 NbBAG5 互作抑制细胞自噬来调控病毒侵染的分子机理。

关键词：自噬；B 细胞淋巴瘤 2 相关抗凋亡基因；番茄；番茄褪绿病毒；病毒侵染

* 基金项目：山东省重大科技创新工程（2022CXGC020710，2022CXPT006）

番茄褪绿病毒 p27 蛋白与 GATA 蛋白的互作及功能研究*

牛兴华[1]，张先平[1]，臧连毅[1]，赵　丹[1]，
尚凯杰[1,2]，朱常香[2]，刘红梅[2]，周　涛[3]，竺晓平[1]
（1. 山东农业大学植物保护学院，泰安　271018；2. 山东农业大学生命科学学院，泰安　271018；3. 中国农业大学植物保护学院，北京　100191）

摘　要：番茄褪绿病毒（tomato chlorosis virus，ToCV）是一种韧皮部限制的 RNA 病毒，属于长线形病毒科（*Closteroviridae*）毛形病毒属（*Crinivirus*），该病毒严重影响着多种作物的产量和品质。目前研究中对 ToCV 的致病机理涉及较少，ToCV 各蛋白的生理功能、与寄主植物以及传播介体粉虱间的相互作用均有待进一步研究。通过实时荧光定量 PCR 检测结果表明 ToCV 侵染导致 JA 通路相关基因表达量上调，ABA 通路基因表达量下调；为了进一步明确 ToCV 致病机制，本研究选取 ToCV p27 蛋白，通过酵母双杂交、双分子荧光互补验证了 p27 与番茄 SlGATA8、本氏烟 NbGATA11 蛋白的互作，并探究番茄 *SlGATA*8、本氏烟 *NbGATA*11 的沉默或过表达对于 ToCV 侵染的影响。*SlGATA*8 或 *NbGATA*11 的沉默均导致 ToCV 积累量上调、植株被侵染后症状表现加重，ABA 通路相关基因表达量下调，JA 通路相关基因表达量下调。过表达番茄 *SlGATA*8 基因，可使 ToCV 积累量下调、ToCV 引起的症状减轻，导致 ABA 通路、JA 通路相关基因表达量上调。

本试验证明了 ToCV p27 与 SlGATA8、NbGATA11 蛋白存在相互作用，*SlGATA*8、*NbGATA*11 可增强寄主对 ToCV 抗病性，*SlGATA*8 可以正向调控 ABA、JA 通路基因的表达，ToCV 侵染番茄可以抑制 *SlGATA*8 基因表达，导致 ABA、JA 通路基因表达量下调，从而减弱两通路对 ToCV 的抵御。

关键词：番茄褪绿病毒；p27；SlGATA8；NbGATA11；蛋白互作

* 基金项目：山东省重大科技创新工程（2022CXGC020710，2022CXPT006）

番茄褪绿病毒外壳蛋白与 S-腺苷高半胱氨酸水解酶的互作及对植物 DNA 甲基化的影响*

潘睿婧[1]，张先平[1]，臧连毅[1]，赵　丹[1]，尚凯杰[1,2]，
朱常香[2]，刘红梅[2]，周　涛[3]，竺晓平[1]
（1. 山东农业大学植物保护学院，泰安　271018；2. 山东农业大学生命科学学院，
泰安　271018；3. 中国农业大学植物保护学院，北京　100191）

摘　要：番茄褪绿病毒（tomato chlorosis virus，ToCV）隶属于长线形病毒科（*Closteroviridae*）毛形病毒属（*Crinivirus*）是一种能够侵染茄科、葫芦科、豆科、菊科等多种植物的二分体正义单链 RNA 病毒。感病的番茄叶片脉间褪绿、黄化，植株生长缓慢并影响果实转色，严重危害番茄的产量和品质，对我国蔬菜经济的发展带来不利影响。目前尚无有效的抗病品种，且对于 ToCV 的致病机理的相关研究较少，本研究以 ToCV 的外壳蛋白（CP）作为研究对象，通过酵母双杂交技术和双分子荧光互补技术验证了 ToCV CP 与番茄 S-腺苷高半胱氨酸水解酶（SlSAHH）、本氏烟 S-腺苷高半胱氨酸水解酶（NbSAHH）存在相互作用。SAHH 是生物甲基循环中的关键酶，而 DNA 甲基化参与植物抗病的重要过程，植物 SAHH 与病毒的互作原理研究对于研究病毒防控具有重要意义。通过 ToCV CP 与植物 SAHH 互作研究探究病毒侵染与 DNA 甲基化之间的关系，通过沉默、过表达 *SAHH* 探究该蛋白对于寄主植物 DNA 甲基化的影响以及在 ToCV 侵染的过程中发挥的作用。试验结果显示，ToCV 侵染促进了番茄和本氏烟中 *SAHH* 基因的上调并且 DNA 甲基化途径关键基因在番茄和本氏烟中都出现上调，表明 ToCV 侵染能够促进植株中 DNA 甲基化过程。沉默 *SlSAHH*、*NbSAHH* 基因，ToCV *CP* 积累量明显降低，植株甲基化关键基因均下调。过表达 *SlSAHH*、*NbSAHH* 基因，ToCV *CP* 积累量明显升高，植株甲基化关键基因上调。该研究初步确定 ToCV 侵染与 SAHH 蛋白和 DNA 甲基化之间存在相互关联。

关键词：番茄褪绿病毒；S-腺苷高半胱氨酸水解酶；蛋白互作；DNA 甲基化

---

* 基金项目：山东省重大科技创新工程（2022CXGC020710，2022CXPT006）

病毒分类与命名的新规则

范在丰[1,2*]

（1. 中国农业大学植物保护学院，农业农村部植物检疫性有害生物监测防控重点实验室，北京　100193；2. 中国农业大学三亚研究院，崖州湾科技城，三亚　572025）

摘　要：国际病毒分类委员会（International Committee on Taxonomy of Viruses，ICTV）1973—2011年先后发表了九次《病毒分类与命名》报告。在1995年出版的ICTV第六次报告中，植物病毒与动物病毒和细菌病毒一样实现了按科、属、种加以分类。2019年起，新的病毒分类系统（即ICTV第十次报告）陆续发表在线版的各种类型病毒分类规则（近年来，通过Journal of General Virology，Archives of Virology以及ICTV网站发表以科为主的最新分类报告及分类与命名相关规定，以后不再出版分类报告纸质版）。ICTV在2019年批准了新的病毒分类系统，确定了病毒的各级分类阶元，最高阶元为域（realm），每个阶元下面可以有亚阶元，即域（亚域）、界（亚界）、门（亚门）、纲（亚纲）、目（亚目）、科（亚科）、属（亚属）和种。目前（至2023年4月）病毒共归类为6域、10界、17门（2亚门）、40纲、72目（8亚目）、264科（182亚科）、2 818属（84亚属）、11 273种。病毒属不再保留代表种/典型种（type species），病毒科下面也不再有暂定种。6个病毒域分别为：古菌DNA病毒域（*Adnaviria*）、双链DNA病毒域（*Duplodnaviria*）、单链DNA病毒域（*Monodnaviria*）、多样DNA病毒域（*Varidnaviria*）、核酶病毒域（*Ribozyviria*）及RNA病毒域（*Riboviria*，包括基因组为dsDNA的副反转录病毒）。所有依赖于RNA聚合酶进行复制的病毒，包括基因组为双链DNA的副反转录病毒（pararetroviruses）均归入RNA病毒域（*Riboviria*）中。各级分类阶元（域、界、门、纲、目、科、属与种）及亚阶元的名称均应为斜体。病毒的名称分为种名（学名）和普通名称（俗名）。病毒种名如*Tobacco mosaic tobamovirus*后不能加缩写（TMV），但病毒的普通名称后可加缩写（例如，tobacco mosaic virus，TMV）。今后所有病毒的学名将采用拉丁双名（病毒属名+种加词）；第二个词（种加词）多数为拉丁文形容词，或者从任何词根创建的拉丁化单词；新发现的病毒可以直接用拉丁学名命名，例如，埃布利柑橘凹胶病毒的学名为*Coguvirus eburi*；现在已经正式批准的病毒种名，可以继续使用，例如，白草花叶病毒目前的学名为*Pennisetum mosaic potyvirus*，其拉丁学名建议定为*Potyvirus penniseti*。种加词可以是拉丁字母、数字、字符集等文本的组合，但不能只用一个拉丁字母或阿拉伯数字。

关键词：病毒分类；病毒名称；学名；拉丁双名法

* 第一作者：范在丰，主要从事植物病毒学教学与研究；E-mail：fanzf@ cau. edu. cn

甘薯褪绿矮化病毒山东分离物的全基因组序列克隆及其进化重组分析*

孙晓辉**，吴 斌，洪 浩，辛志梅，辛相启***，姜珊珊***
（山东省农业科学院植物保护研究所，山东省植物病毒学重点实验室，济南 250100）

摘 要：甘薯褪绿矮化病毒（sweet potato chlorotic stunt virus，SPCSV）隶属于长线形病毒科（*Closteroviridae*）毛形病毒属（*Crinivirus*），基因组由两条正义单链 RNA 组成，RNA1 编码的蛋白主要参与病毒的复制，RNA2 编码蛋白主要负责病毒的包装和运输，是危害甘薯作物的重要病害之一。为明确 SPCSV 的分子特征及其进化和重组关系。研究利用 RACE 和 RT-PCR 结合的技术对 SPCSV 山东分离物 SDGS 进行克隆并获得其全基因组序列（GenBank 登录号：OQ427343 和 OQ427344），并采用 MEGA7 和 RDP 4.1 软件进行系统进化树构建和重组分析。结果表明，RNA1 链包含 4 个 ORF，长度为 8 526 nt，5′UTR 和 3′UTR 长度分别为 89 nt 和 82 nt。其中，ORF1a（90~6 053 nt）编码类木瓜蛋白酶、甲基转移酶和解旋酶；ORF1b（6 052~7 569 nt）编码 RdRp；ORF2（7 583~8 272 nt）编码 RNase3、ORF3（8 277~8 444 nt）编码 p7。RNA2 链包含 9 个 ORF，长度为 8 227 nt，5′UTR 和 3′UTR 长度分别为 191 nt 和 312 nt。其中，ORF4（192~329 nt）编码 p5.2，ORF5（333~467 nt）编码 p5，ORF6（406~534 nt）编码 p5.1，ORF7（879~2 543 nt）编码 HSP70，ORF8（2 565~4 121 nt）编码 p60，ORF9（4 103~4 324 nt）编码 p8，ORF10（4 352~5 125 nt）编码 CP，ORF11（5 128~7 182 nt）编码 CPm，ORF12（7 187~7 915 nt）编码 p28。SPCSV 可分为东非株系（East African，EA）和西非株系（West African，WA），本研究中 SPCSV 归属于 WA 株系，利用 RDP4 软件进行重组分析发现 SPCSV SDGS 分离物与秘鲁分离物（HQ291259）存在重组现象。SPCSV 在中国的暴发，严重影响了甘薯的经济效益，研究扩增分析了 SPCSV 的基因组序列，对 SPCSV 的变异现状和进化趋势具有一定的参考价值。

关键词：甘薯褪绿矮化病毒；重组分析；全基因组；进化树

---

* 基金项目：山东省重点研发计划（2016GNC111003）；山东省农业科学院农业科技创新工程人才类任务（CXGC2022E04，CXGC2023A24）；山东省自然科学基金（ZR2020QC128）

** 第一作者：孙晓辉，博士研究生；E-mail：ddxiaohuifly@ 163. com
*** 通信作者：辛相启，研究员；E-mail：xinxiangqi&126. com
姜珊珊，副研究员；E-mail：shanshan2113@ 163. com

Complete Genome Analysis of a Novel Chuvirus From a Rice Thrips, *Haplothrips aculeatus*[*]

HONG Hao[1**], SUN Xiaohui[1], ZHANG Mei[1], JIANG Shanshan[1], HAN Zhilei[1], WU Bin[1], YE Zhuangxin[2], LU Gang[2], LI Junmin[2***], XIN Xiangqi[1***]

(1. *Institute of Plant Protection*, *Shandong Academy of Agricultural Sciences*, *Jinan*, *Shandong* 250100, *China*; 2. *State Key Laboratory for Managing Biotic and Chemical Threats to the Quality and Safety of Agro-products*, *Key Laboratory of Biotechnology in Plant Protection of Ministry of Agriculture and Zhejiang Province*, *Institute of Plant Virology*, *Ningbo University*, *Ningbo* 315211, *China*)

Abstract: The rice thrips*Haplothrips aculeatus* (family *Thripiade*) is a common insect predator of agricultural pests. In this study, the full genome sequence of a novel chuvirus, tentatively named "Shangdong Rice thrips chuvirus-1" (SDRTV-1), was determined using metagenomic sequencing and rapid amplifcation of cDNA ends. The full-length sequence of SDRTV-1 is 11, 384 nucleotides (nt) in length, and the genome was found to be circular by 'around-the-genome' reverse transcription polymerase chain reaction (RT-PCR) and Sanger sequencing. Four open reading frames (ORFs) were predicted in the SDRTV-1 genome, encoding a large polymerase protein (L protein), a glycoprotein (G protein), a nucleocapsid protein (N protein), and a unknown protein (97 aa). A phylogenetic tree was constructed based on all of the currently available RNA-dependent RNA polymerase amino acid sequences of viruses of the family *Chuviridae*, and SDRTV-1 was found to cluster together with Hancheng leafhopper mivirus, indicating that SDRTV-1 might belong to the genus *Mivirus*. To the best of our knowledge, this is the frst report of a chuvirus identifed in a member of the insect family *Thripiade*. The discovery and characterization of SDRTV-1 will help us to understand the diversity of chuviruses in insects.

Key words: Insect; Chuvirus; Circular RNA virus; RdRp

* Funding: National Natural Science Foundation of China (32202271)

** First author: HONG Hao; E-mail: honghao_ahjx@163.com

*** Corresponding authors: LI Junmin; E-mail: lijunmin@nbu.edu.cn
XIN Xiangqi; E-mail: xinxiangqi@126.com

First Report of *Capsicum annuum amalgavirus* 1 Infecting Pepper in China[*]

JIANG Shanshan[1**], PENG Jiejun[2], WANG Liyan[1], WU Bin[1], XIN Xiangqi[1], HONG Hao[1], SUN Xiaohui[1], XIN Zhimei[1], LU Yuwen[2***], YAN Fei[2***]

(1. *Institute of Plant Protection*, *Shandong Academy of Agricultural Sciences*, *Jinan*, *Shandong* 250100, *China*; 2. *State Key Laboratory for Managing Biotic and Chemical Threats to the Quality and Safety of Agro-products*, *Key Laboratory of Biotechnology in Plant Protection of Ministry of Agriculture and Zhejiang Province*, *Institute of Plant Virology*, *Ningbo University*, *Ningbo* 315211, *China*)

Abstract: Capsicum annuum amalgavirus 1 (CaAV1), a currently unclassified virus in the family *Amalgaviridae*, has a small ~3.5 kb double-stranded RNA (dsRNA) genome (Krupovic *et al.*, 2015; Nibert *et al.*, 2016). It has so far only been reported in the USA (Nibert *et al.*, 2016). In August 2021, a survey of viral diseases was conducted in 24 pepper (*Capsicum annuum* L.) planting areas in the province of Shandong, China. During this survey, symptoms including interveinal chlorosis, upward leaf curling, foliar mottle and shrinking were observed on pepper plants (Fig. S1-a). Symptomatic leaf and/or fruit samples were collected and tested for the presence of viruses by transcriptome sequencing. Briefly, 15~20 samples from each district were pooled and total RNA was isolated with the RNeasy Plant Mini Kit (QIAGEN, Hilden, Germany) according to the manufacturer's instructions. And 24 transcriptome libraries were constructed for each sampling areas by using the AMPure XP system (Beckman Coulter, Beverly, USA) and sequenced via the Illumina NovaSeq 6000 (Illumina, San Diego, USA) platform. Raw reads of fastq format were first processed through in-house perl scripts to obtain clean reads that were assembled to contigs using the Trinity software (v2.6.6). The contigs were then analyzed using the NCBI BLASTX program (http://www.ncbi.nlm.nih.gov/blast) against the viral RefSeq database and ten plant viruses were detected (data not shown). And four~3.3 kb contigs (Table S1) were obtained in hot peppers [*Capsicum annuum* var. *conoides* (Mill.) Irish] from one of the 24 locations (Linyi city) that have extremely high identity (95.86%~96.16%, 99% coverage) to the CaAV1 reference sequence deposited in GenBank (NC_040662.1). To confirm the presence of CaAV1 in field, a CaAV1-specific primer pair (GTAACATGTACAGGGGTGG and CCTCATCCCAAAAATGCATCC) based on the assembled contigs was designed for amplifying a 570-nt portion of the CaAV1 RNA dependent RNA polymerase (RdRp) gene fragment by reverse transcription (RT)-PCR. The PCR products of the expected size were obtained from 14 of 20 field-collected samples (pooled samples in Linyi city) and three amplicons of positive samples were cloned and sequenced

* Funding: This work was supported by China Agriculture Research System of MOF and MARA (CARS-24-C-04); National Key R&D Program of China (2022YFD1401200)

** First author: JIANG Shanshan; E-mail: shanshan2113@163.com

*** Corresponding authors: LU Yuwen; E-mail: luyuwen@nbu.edu.cn

YAN Fei; E-mail: yanfei@nbu.edu.cn

(Fig. S1-b) . Therefore, the 570-nt partial sequence of CaAV1 amplified from Linyi city was deposited in NCBI (GenBank accession number: ON323661), sharing 95. 79% sequence identity with CaAV1-CM334 isolates from USA (NC_040662. 1) . The high degree of identity with CaAV1 is a strong indication that this virus is indeed an isolate of CaAV1. Plant amalgaviruses are transmitted vertically through seeds and are not known to be mechanically transmitted from plant-to-plant (Martin *et al.*, 2011; Sabanadzovic *et al.*, 2009) . RT-PCR data demonstrate the present of CaAV1 in commercialized pepper seeds in Linyi city (Fig. S1-c) . We further analyzed the distribution of CaAV1 in different organs of the pepper plants which were only infected by CaAV1. More than 82. 93% (34/41) of flowers collected from CaAV1-infected pepper plants tested positive for CaAV1. The positive virus detection rates of stamens and gynoecium from CaAV1-positive flowers were 100% (25/25) and 68% (17/25), respectively. And the positive rate of pepper seeds harvested from fruits produced by positive flowers was 100% (60/60) . Moreover, the transmission rate of CaAV1 from seeds to next generation seedlings was up to 59. 04% (49/83) . These data indicate that CaAV1 can be efficiently transmitted through seeds like other amalgaviruses. No obvious viral symptoms were observed in only CaAV1-infected pepper plants and fruits, inferring that CaAV1 could belong to a symptomless virus (Fig. S1-d) . In this study, we provide evidence on the seed-borne transmission of CaAV1 in pepper plants. To our knowledge, this is the first report of CaAV1 infecting peppers crops in China.

Selection and Validation of Reference Genes in Virus-infected Sweet Potato Plants

LI Guangyan[1*], SUN Xiaohui[1*], ZHU Xiaoping[2], WU Bin[1], HONG Hao[1], XIN Zhimei[1], XIN Xiangqi[1], JIANG Shanshan[1**]

(1. *Institute of Plant Protection*, *Shandong Academy of Agricultural Sciences*, *Jinan*, 250100, *China*; 2. *College of Plant Protection*, *Shandong Agricultural University*, *Shandong Provincial Key Laboratory for Biology of Vegetable Diseases and Insect Pests*, *Taian* 271018, *China*)

Abstract: Quantitative real-time PCR (qRT-PCR) in virus-infected sweet potato requires accurate date normalization, however, there are no sufficient studies addressing the suitable reference genes for gene expression analysis. We examined the expression variations of a set of eight candidate reference genes in sweet potato leaf and root tissues (eight virus disease symptoms or eight asymptomatic samples). Parallel analyses by three commonly used dedicated algorithms, geNorm, NormFinder and BestKeeper, showed that different viral infections and tissues of origin influenced, to some extent, the expression levels of these genes. Based on the evaluation results of the three software, ARF and UBI were relatively stable candidate reference gene in sweet potato root samples. Actin was the most stable reference gene in sweet potato root samples. This study provides suitable reference genes for further gene expression analysis using RT-qPCR in virus-infected sweet potato leaf and root samples.

Key words: reference genes; quantitative real-time PCR; expression stability; experimental conditions

* First authors: LI Guangyan; E-mail: 1024767302@ qq. com
SUN Xiaohui; E-mail: ddxiaohuifly@ 163. com

** Corresponding author: JIANG Shanshan; E-mail: shanshan2113@ 163. com

山东省沿海苹果产区主要病毒的发生及鉴定

韩志磊*，李超宇，李丽莉，洪 浩，辛相启，
辛志梅，孙晓辉，吴 斌**，姜珊珊**
（山东省农业科学院植物保护研究所，山东省植物病毒学重点实验室，济南 250100）

摘 要： 为了解山东省苹果主产区苹果病毒病的发生现状，于2021年在威海和烟台两地10个苹果园中随机采集苹果果实样品57个，分别利用转录组测序及RT-PCR技术对苹果样品中病毒种类进行了检测验证，并对各病毒的发生情况进行了分析。结果表明，57份样品中共检测到5种植物病毒，分别为苹果茎痘病毒（apple stem pitting virus，ASPV）、苹果茎沟病毒（apple stem grooving virus，ASGV）、苹果褪绿叶斑病毒（apple chlorotic leafspot virus，ACLSV）、柑橘碎叶病毒（citrus tatter leaf virus，CTLV）和柑橘叶斑病毒（citrus leaf blotch virus，CLBV）。其中以ASGV的检出率最高，为84.21%；其次是ACLSV，检出率为78.95%；CTLV和ASPV检出率分别为73.68%和63.16%；CLBV检出率最低，仅为1.75%。57个样品中共有54个样品检测到病毒发生，表明这几种苹果病毒在果园中普遍存在。54份样品中多数为多种病毒复合侵染；2种及以上病毒复合侵染样品占总数的80.72%，最高达5种病毒同时存在同一个样品中；复合侵染类型以3种病毒复合侵染占比最高，为52.63%，其中以ASGV、ACLSV和CTLV 3种病毒复合侵染最为普遍。本研究结果明确了当前山东省沿海区域的主要病毒种类，为苹果病毒病的有效防控提供数据支撑。

关键词： 苹果；病毒病；复合侵染；山东省

* 第一作者：韩志磊；E-mail：ddxiaohuifly@163.com
** 通信作者：吴斌，副研究员；E-mail：wubin@126.com
姜珊珊，副研究员；E-mail：shanshan2113@163.com

云南烟区烟草斑萎病病原检测和鉴定*

姜 宁**，盖晓彤，卢灿华，黄昌军，马俊红，袁 诚，夏振远***
（云南省烟草农业科学研究院，昆明 650021）

摘 要：由正番茄斑萎病毒属（*Orthotospovirus*）病毒引起的烟草斑萎病近年来在云南烟区普遍发生，感病烟株表现系统坏死症状，丧失采烤价值，严重地块发病率在20%以上。为明确烟草斑萎病病原种类，2020 年 5 月至 2022 年 9 月间在云南昆明、玉溪、红河、曲靖、楚雄、大理、昭通、文山、普洱、丽江、临沧、保山等植烟州市共采集烟草斑萎病样品 554 份，通过宏病毒组学、RT-PCR 等方法鉴定烟草斑萎病病原组成。结果显示，云南烟草斑萎病病原以番茄斑萎病毒（tomato spotted wilt virus，TSWV）和番茄环纹斑点病毒（tomato zonate spot virus，TZSV）为主，其中 TSWV 检出率为48.01%，TZSV 检出率为44.04%，此外，约2.89%的样品受 TSWV 和 TZSV 复合侵染。除 TSWV 和 TZSV 外，少量样品检测出辣椒褪绿斑点病毒（pepper chlorotic spot virus，PCSV）、凤仙花坏死斑病毒（impatiens necrotic spot virus，INSV）、番茄坏死斑点相关病毒（tomato necrotic spot-associated virus，TNSaV）和桑脉带相关病毒（mulberry vein banding-associated virus，MuVBaV），其中 MuVBaV 侵染烟草为首次报道。从烟区分布看，昆明、曲靖、红河、玉溪等滇中和滇东烟区主要以 TSWV 和 TZSV 为主，文山等滇东南烟区以及丽江主要以 TZSV 为主，楚雄、大理、昭通等烟区主要以 TSWV 为主，普洱、临沧等滇西南烟区主要以 TZSV 和 PCSV 为主。本研究明确了云南烟区烟草斑萎病的病原组成和分布特点，为进一步防控该病害提供了参考。

关键词：烟草斑萎病；*Orthotospovirus*；云南烟区；TSWV；TZSV

* 基金项目：云南省烟草公司科技计划项目（2021530000242031）；云南省科技厅基础研究专项（202101AU070129）
** 第一作者：姜宁，助理研究员，研究方向为烟草植保
*** 通信作者：夏振远，研究员，研究方向为烟草绿色防控；E-mail：648778650@ qq. com

细胞自噬在水稻条纹花叶病毒侵染过程中的作用*

黄秀琴**，王俊凯，陈思平，杨 新，周国辉***，张 彤***
（华南农业大学，植物保护学院，广州 510642）

摘 要：水稻条纹花叶病毒（rice stripe mosaic virus，RSMV）隶属于弹状病毒科（*Rhabdoviridae*）细胞质弹状病毒属（*Cytorhabidovirus*），是近年来新发现的一种水稻病毒，在华南稻区危害逐年增强。自噬是一种进化保守的细胞内降解途径，可将细胞内无用的细胞器，错误折叠的蛋白以及外来的病原物传递到溶酶体或液泡中进行降解，从而维持细胞环境稳态。本研究通过检测自噬相关基因表达、MDC染色、GFP-ATG8标记和透射电镜观察等手段，发现RSMV在侵染水稻的初期能诱导寄主产生细胞自噬反应。通过自噬诱导剂AZD8055处理和*osatg*7突变体水稻接种病毒试验，发现自噬负调控RSMV侵染。进一步研究发现RSMV编码G蛋白是诱导植物自噬反应的效应蛋白，通过蛋白互作筛选发现G蛋白与水稻SnRK1B直接互作，并通过遗传学和生物化学等手段证实G蛋白通过增强SnRK1B的激酶活性，促进SnRK1B对PI3K重要成分OsATG6b的磷酸化来激活细胞自噬。与此同时，OsATG6b又能作为桥梁，将RSMV的G蛋白拉至自噬体中进行降解。有趣的是，G蛋白在水稻细胞中的过度表达会造成细胞死亡，所以细胞自噬一方面是水稻抵御病毒侵染的有效手段，另一方面也被弹状病毒所利用来维持病毒的相容性侵染。

关键词：水稻条纹花叶病毒；细胞自噬；基因表达；G蛋白；蛋白互作

---

* 基金项目：国家自然科学基金（32072388，32222071）；中国博士后科学基金（2021M691083）
** 第一作者：黄秀琴，博士后；E-mail：huangxiuqin2023@scau.edu.cn
*** 通信作者：周国辉，教授；E-mail：ghzhou@scau.edu.cn
张彤，副教授；E-mail：zhangtong@scau.edu.cn

虫传植物弹状病毒与寄主互作的分子机理*

高　强[1,2**]，房晓东[1]，高东民[1]，丁志航[1]，张振甲[1]，韩成贵[2]，王献兵[1***]

（1. 中国农业大学生物学院，植物抗逆高效全国重点实验室，北京　100193；

2. 中国农业大学植物保护学院，农业农村部作物有害生物监测与绿色防控重点实验室，北京　100193）

摘　要：植物弹状病毒是一大类植物负链 RNA 病毒，由昆虫介体传播，在田间引起严重的病毒病害和粮食损失。大麦黄条点花叶病毒（barley yellow striate mosaic virus，BYSMV）属于弹状病毒科植物细胞质弹状病毒属，基因组为单链负义 RNA，由灰飞虱介体以持久增殖的方式进行传播。BYSMV 能侵染包括玉米、大麦和小麦等 25 种禾谷类农作物，目前主要在我国北方粮食产区引起病毒病害。笔者课题组从病田分离病毒和克隆病毒全长序列入手，分析 BYSMV 初侵染灰飞虱后肠的昆虫体内侵染路径，建立了 BYSMV 的微型复制体研究体系，并进一步通过飞虱介体，在飞虱和大麦、小麦、玉米等单子叶农作物上建立了完善的病毒全长侵染性克隆体系。该反向遗传学体系的建立有助于进一步研究病毒—寄主植物—昆虫介体三者相互作用机制。近期，笔者重点研究了病毒复制中心——毒质的形成以及参与的病毒和寄主因子，解析了大麦和灰飞虱保守的磷酸激酶 CK1、MAPK3 和 RNA 降解因子 CCR4 在病毒复制中心的作用机制。此外，阐明了病毒辅助蛋白 P6 直接和间接操纵昆虫取食行为的分子机制，以及 P9 在病毒侵染和寄主植物离子稳态中的调控作用。这些结果加深了对虫传弹状病毒高效传播致害过程的理解，并为绿色防控植物弹状病毒病害提供理论依据。

关键词：植物弹状病毒；侵染性克隆；植物病毒—寄主植物—昆虫介体三者互作；小麦病毒

* 基金项目：国家自然科学基金（32102150，31872920）

** 第一作者：高强，青年研究员；E-mail：qianggao@ cau. edu. cn

*** 通信作者：王献兵，教授；E-mail：wangxianbing@ cau. edu. cn

木尔坦棉花曲叶病毒 V2 蛋白抑制基因沉默的分子机制

王韵婧，龚　骞，刘玉乐
（清华大学生命科学学院，北京　100084）

摘　要：植物中由 RNA 介导的 DNA 甲基化过程（RdDM）是一种重要的抵抗双生病毒的转录水平沉默（TGS）机制。但双生病毒编码的蛋白是否能并如何直接抑制 RdDM 通路仍然不太清楚。我们发现木耳坦型棉花曲叶病毒（CLCuMuV）V2 蛋白能够抑制 RdDM 过程，其能够和烟草 Argonaute4（AGO4）互作，而突变体 $V2^{L76S}$ 在丧失与 AGO4 互作的同时也会丧失抑制 TGS 的能力。当我们将 CLCuMuV 的 V2 替换成 $V2^{L76S}$ 后发现突变体病毒的侵染力减弱，病毒 DNA 的甲基化水平明显升高。这些结果说明了 CLCuMuV 的 V2 蛋白能够通过和本生烟草 AGO4 的互作来抑制植物 RdDM 介导的 TGS 过程从而促进病毒的繁殖。我们还发现了一种 V2 抑制转录后水平基因沉默（PTGS）的新机制。我们发现当病毒依靠伤口或昆虫噬咬入侵植物时，植物会迅速激起钙流，螯合了钙离子的钙调蛋白（CaM）会与钙调蛋白结合转录因子（CAMTA3）互作并激活 CAMTA3。被激活的 CAMTA3 能够直接结合到 *RDR*6 和 *BN*2 的启动子区域，促进基因的转录，并且 BN2 作为一个核酸酶能够通过降解小 RNA（miRNA）来上调 *AGO*1、*AGO*2 和 *DCL*1 的信使 RNA（mRNA）水平。因此，RNAi 通路中部分重要基因（*RDR*6、*AGO*1、*AGO*2 和 *DCL*1）的表达会增强，而 V2 能够通过和 CaM 的互作抑制 CaM 与 CAMTA3 之间的结合从而负调控 PTGS 通路。这些结果阐述了一条新的植物免疫通路，同时也为研究抗病毒策略提供了新的思路。

关键词：棉花曲叶病毒；V2；转录水平基因沉默；转录后水平基因沉默

斯里兰卡木薯花叶病毒侵染性克隆构建及鉴定*

冼淑丽[1]，尹慧祥[1]，赵羽涵[2]，郑小宝[1]，刘志昕[1,3]，余乃通[1,3]**

（1. 中国热带农业科学院热带生物技术研究所，海口 571101；2. 清华大学附属中学文昌学校，文昌 571300；3. 海南省热带微生物资源重点实验室，海口 571101）

摘 要：斯里兰卡木薯花叶病毒（Sri Lankan cassava mosaic virus，SLCMV）是一种对世界木薯产业持续威胁的环状单链 DNA 病毒，含有 DNA-A 和 DNA-B 两个组分。本研究以 SLCMV（TVM3 株系）为对象，将其 DNA-A 和 DNA-B 组分分别构建到 pCAMBIA1301 载体，获得病毒侵染性克隆载体 pCAMBIA1301-DNA-A（pDNA-A）和 pCAMBIA1301-DNA-B（pDNA-B）。利用 GV3101 农杆菌介导 pDNA-A 和 pDNA-B 共侵染本生烟和拟南芥，14 d 后本生烟系统叶可产生严重的花叶、扭曲等症状；而感染 SLCMV 的拟南芥叶片在第 18 天出现轻微的扭曲症状。提取感病烟草和拟南芥新生叶片总 DNA，PCR 方法均检测到了病毒 DNA-A 和 DNA-B 组分。这些结果表明成功构建了 SLCMV 病毒侵染性克隆，该 DNA-A 和 DNA-B 侵染性克隆仅为病毒原基因组大小的 1.1 倍，且不含有重复的编码区序列，为下一步病毒致病机理研究提供重要前期基础。

关键词：斯里兰卡木薯花叶病毒；DNA 病毒；侵染性克隆；烟草；拟南芥

---

* 基金项目：国家重点研发计划（2019YFD1000500）；中央级公益性科研院所基本科研业务费专项（1630052023002，1630052023003）；海南省自然科学基金（321RC640）

** 通信作者：余乃通，副研究员，研究方向为热带作物病毒学与抗病分子育种；E-mail：yunaitong@ 163. com

RT-RPA and CRISPR/Cas12a-based Visual Detection of Potato Spindle Tuber Viroid*

XU Siqi[1,2], KANG Rujing[1,2], HAO Yuming[1,2], XIE Liyang[1,2], PANG Jingjun[1,2], JIAO Zhiyuan[1,2], ZHOU Tao[1,2], FAN Zaifeng[1,2]**

(1. *Sanya Institute of China Agricultural University*, *Sanya* 572025, *China*; 2. *MARA Key Laboratory of Surveillance and Management for Plant Quarantine Pests*, *College of Plant Protection*, *China Agricultural University*, *Beijing* 100193, *China*)

Abstract: Potato spindle tuber viroid (PSTVd) is one of the important quarantine pathogens in China. It has an infectious, naked, circular single-stranded RNA genome of 359 nucleotides. PSTVd can induce diseases in many plant species, such as ornamental plants, weeds, and parasitic plants. Thus, rapid and accurate detection methods for PSTVd are urgently needed. We have developed a visual nucleic acid detection system that targets the complete genome of PSTVd. This system combines reverse transcription (RT) and RPA (recombinase polymerase amplification), an isothermal nucleic acid amplification technology. The recombinase, single-stranded DNA binding protein, and DNA polymerase can be used to achieve rapid and efficient amplification at 37-39℃. In addition, an endonuclease of the class 2 CRISPR/Cas system (CRISPR/Cas12a) which recognizes a T-rich protospacer-adjacent motif (PAM) under the guidance of CRISPR RNA (crRNA) was designed for PSTVd detection. Cas12a could cleave single-stranded DNA indiscriminately after cleaving the targeted double-stranded DNA. The entire process can be completed within 45 minutes and the detection sensitivity was 1 000-fold higher than that of RT-PCR. The green fluorescence can be observed under blue light (with a wavelength between 440-460 nm) in this procedure. Since this method is specific, rapid, sensitive, and does not require special instruments or technical expertise, it has the potential to be used for on-site visual detection of PSTVd in potato and other host plants.

Key words: PSTVd; CRISPR/Cas12a; RT-RPA; On-site detection

* Funding: Administration Bureau of Sanya Yazhou Bay Science and Technology City (SYND-2021-03)

** Corresponding author: FAN Zaifeng; E-mail: fanzf@ cau. edu. cn

引致苹果链格孢致病力衰退新病毒的鉴定及致弱作用机制*

张静怡，李晨娇，李　波，王亚南**，曹克强
（河北农业大学植物保护学院，保定　071001）

摘　要：苹果斑点落叶病是由链格孢苹果致病型（*Alternaria alternata* f. sp. *mali*）侵染引起的苹果主要叶部病害之一，该病害在我国苹果种植区普遍发生，严重影响树势和果品质量。目前生产上主要通过化学药剂进行防治。随着人们生活水平的提高，食品安全问题越来越受到重视，能够减少化学药剂施用的生物防治技术成为研究热点，利用真菌病毒对真菌病害的防治越来越受到学者们的关注。

笔者首次报道了链格孢苹果致病型 QY-2 菌株中携带的两种真菌病毒，分别命名为 Alternaria altenata chrysovirus1 QY2（AaCV1 - QY2）和 Alternaria alternata magoulivirus 1（AaMV1）。通过单孢分离和利巴韦林辅助菌丝尖端法对 QY-2 菌株进行脱毒，获得了携带单一病毒的菌株和无毒菌株。经测试发现这两种病毒对寄主的菌落菌丝形态、生长速率、孢子形态、产孢量、孢子萌发率、致病力、毒素分泌都有显著影响。这两种真菌病毒均可导致寄主真菌产生弱毒特性，当 AaMV1 和 AaCV1-QY2 复合侵染时弱毒特性最为显著。AaCV1 -QY2 降低了真菌毒素交链孢酚（AOH）的积累，可能在寄主弱致病力产生过程中起主导作用。AaCV1 -QY2、AaMV1 两种病毒可水平传播给其他菌株，这种共同感染可以促进种间 AaCV1 -QY2 的传播效率。通过离体实验、温室盆栽实验和田间实验初步明确了 QY-2 菌株对无毒菌株的侵染和显症表现了一定的抑制作用。

本研究首次报道两种病毒与链格孢菌低毒力相关，为制定链格孢病菌的生物防治措施提供了依据。

关键词：苹果链格孢；致病力衰退；弱毒

* 基金项目：河北省自然科学基金项目（C2019204327，C2022204196）；河北省重点研发计划项目（21326506D）；2022 年度河北省引进国外智力项目

** 通信作者：王亚南；E-mail：wyn3215347@163.com

Generation of a Triple-Shuttling Vector and the Application in Plant Plus-Strand RNA Virus Infectious cDNA Clone Construction

FENG Chenwei[1], GUO Xiao[1], GU Tianxiao[1], HUA Yanhong [1],
ZHUANG Xinjian [1,2], ZHANG Kun[1,2,3,4]

(1. *Department of Plant Pathology, College of Plant Protection, Yangzhou University, Yangzhou* 225009, *China*; 2. *Joint International Research Laboratory of Agriculture, Agri-Product Safety of Ministry of Education of China, Yangzhou University, Yangzhou* 225009, *China*; 3. *Plant Protection Research Institute, Guangdong Academy of Agricultural Sciences/Guangdong Provincial Key Laboratory of High, Technology for Plant Protection, Guangzhou* 510640, *China*; 4. *Jiangsu Key Laboratory for Microbes and Functional Genomics, Jiangsu Engineering and Technology Research Center for Microbiology, College of Life Sciences, Nanjing Normal University, Nanjing* 210023, *China*)

Abstract: Infectious cloning of plant viruses is a powerful tool for studying the reverse genetic manipulation of viral genes in virus-host plant interactions, contributing to a deeper understanding of the life history and pathogenesis of viruses. Yet, most of the infectious clones of RNA virus constructed in*E. coli* are unstable and toxic. Therefore, we modified the binary vector pCass4-Rz and constructed the ternary shuttle vector pCA4Y. The pCA4Y vector has a higher copy number in the *E. coli* than the conventional pCB301 vector, can obtain a high concentration of plasmid, and is economical and practical, so it is suitable for the construction of plant virus infectious clones in basic laboratories. The constructed vector can be directly extracted from yeast and transformed into *Agrobacterium tumefaciens* to avoid toxicity in *E. coli*. Taking advantage of the pCA4Y vector, we established a detailed large and multiple DNA HR-based cloning method in yeast using endogenous recombinase. We successfully constructed the Agrobacterium-based infectious cDNA clone of ReMV. This study provides a new choice for the construction of infectious viral clones.

Key words: homologous recombinant (HR) -based cloning; plant virus infectious clone; triple-shuttling vector; yeast

大豆花叶病毒病的发生规律与防治措施*

况再银**，叶鹏盛，何　炼，孙小芳，代顺冬，华丽霞，蒋秋平，曾华兰***
（四川省农业科学院经济作物研究所，成都　610300）

摘　要：大豆花叶病毒（Soybean mosaic virus，SMV）是引起大豆病害的重要病原物之一，在世界范围内广泛分布，危害严重时可造成大豆绝产，限制了豆类产业的进一步发展。笔者通过研究明确了 SMV 的发生规律，并提出各种防治措施，为豆类绿色生产提供参考。

带病种子是传播 SMV 的初侵染源，病毒可存在于大豆的种皮、种胚、胚乳及胚根中。一般情况下有两种传播方式：一是通过汁液摩擦接种；二是通过带毒昆虫蚜虫的非持久性传播。蚜虫自身感染病毒的时间为 30~60s，传播距离为 2~10m，最远不超过 15m 左右。蚜虫的发生时期、数量、迁飞距离，直接影响了田间 SMV 的发生速度和危害程度。SMV 的流行与温度密切相关，25~26℃适宜病毒传播，超过 30℃传播将受到抑制，因此夏季高温易产生隐症现象。SMV 的发病特征主要表现为花叶和坏死，但其发病症状还与品种、毒株、环境条件等因素密切相关。经研究发现，在大豆生长的不同时期，感染 SMV 后表现症状也不一致。

针对 SMV 的防治，应坚持“预防为主，综合防治”的原则，加强种子检疫，采取以农业防治为主，生物防治和化学防治及基因工程技术相结合的综合防治策略，将病毒病害控制在经济阈值以下，确保大豆优质、高产和稳产。首先，应加强对大豆种子的检疫，避免 SMV 初侵染源。在农业防治方面，应根据不同大豆产区的情况选用适宜的抗病品种，在大豆种植区内合理轮作，加强田间管理，大豆收获后及时清洁田园，深翻晒墒，减少越冬菌量。在生物防治方面，大豆蚜虫是 SMV 传播的重要媒介昆虫，可通过释放天敌昆虫来控制豆蚜肆虐，达到有效控制 SMV 的作用。在化学防治方面，应选用适宜的种子处理剂，加强病情监测，根据田间情况精准施药。在基因工程方面，将能抑制病毒脱壳的病毒外壳蛋白导入大豆，利用其产生的病毒外壳蛋白来抑制病毒的复制，达到防治 SMV 的目的。

关键词：大豆花叶病毒病；发生规律；防治措施

---

* 基金项目：主要农作物抗病虫性鉴定和监测技术研究与应用（2021YFYZ0021）；国家现代农业产业技术体系四川豆类杂粮创新团队（sccxtd-2020-20）；广适大豆、绿豆新种质新品种选育及配套栽培技术研究（2022ZZCX081）

** 第一作者：况再银，研究实习员，研究方向为大豆病虫害的防治及评价

*** 通信作者：曾华兰，研究员，研究方向为经济作物病虫害的防治及评价

第四部分　细　菌

荧光假单胞菌 2P24 中谷氧还蛋白 GrxD 调控抗生素 2,4-DAPG 的产生*

董秋伶[1**]，闫　庆[2]，张力群[3]，吴小刚[1***]
（1. 广西农业环境与农产品安全重点实验室，广西大学农学院，南宁　530004；
2. *Department of Plant Sciences and Plant Pathology*, *Montana State University*, *Bozeman*　59717；
3. 中国农业大学植物保护学院，北京　100193）

摘　要：荧光假单胞菌（*Pseudomonas fluorescens*）2P24 可分泌广谱抗菌物质 2,4-二乙酰基间苯三酚（2,4-diacetylphloroglucinol；2,4-DAPG），而 Gac/Rsm 信号传导系统严格调控该抗生素的产生。笔者课题组前期利用 Tn5 转座子对菌株 2P24 进行随机突变，筛选影响 2,4-DAPG 产生的突变菌株。从大约 4 000 株突变体中获得了 3 株对棉花立枯丝核菌（*Rhizoctonia solani*）抑制作用丧失的突变体，鸟枪测序发现其中一株突变体中 Tn5 破坏了 *grxD* 基因，该基因编码单硫醇谷氧还蛋白（glutaredoxin，GRX）。除单硫醇谷氧还蛋白 GrxD 外，2P24 基因组中还存在 3 个双硫醇谷氧还蛋白（GrxC、GrxF 和 GrxG）。HPLC 结果表明，与野生型菌株相比，突变 *grxD* 基因可显著降低菌株 2P24 中 2,4-DAPG 的产生，而突变 *grxC*、*grxF* 或 *grxG* 则不影响 2,4-DAPG 的产生。进一步分析发现，GrxD 通过转录后调控因子 RsmA/RsmE 及特异性调控蛋白 PhlF 影响 2,4-DAPG 的产生。此外，突变 *grxD* 显著影响菌株 2P24 的生长、促进胞内 Fe^{2+} 的积累、抑制嗜铁素的产生；同时 GrxD 对菌株 2P24 抵抗外界氧化环境发挥重要作用。温室生测试验表明，突变 *grxD* 显著降低了菌株 2P24 对番茄青枯病的防效。以上结果表明，*P. fluorescens* 2P24 中 GrxD 可通过精细调控 2,4-DAPG、嗜铁素及抗逆能力等多种生防相关性状，从而影响菌株 2P24 的生防能力。

关键词：*Pseudomonas fluorescens*；GrxD；RsmA/RsmE；PhlF；2,4-DAPG

* 基金项目：广西自然科学基金（2017GXNSFAA198341）
** 第一作者：董秋伶，硕士研究生，主要从事植物病害生物防治研究
*** 通信作者：吴小刚，副教授，主要从事植物病害生物防治研究；E-mail：wuxiaogang@foxmail.com

槟榔鞘斑病病原的分离和分子鉴定*

邓　婷[1,2**]，郑星星[3]，孟秀利[1]，林兆威[1]，宋薇薇[1]，余凤玉[1]，唐庆华[1***]，覃伟权[1]
（1. 中国热带农业科学院椰子研究所，海南省槟榔产业工程研究中心，文昌　571339；
2. 云南农业大学热带作物学院，普洱　665099；3. 琼台师范学院理学院，海口　571127）

摘　要：迄今，在海南已报道了 2 种槟榔细菌性病害，分别为 *Xanthomonas casicola* pv. *arecae*（syn：*X. campestris* pv. *arecae*）侵染引起的槟榔细菌性条斑病和 *Robbsia andropogonis*（syn：*Burkholderia andropogonis*）引起的槟榔细菌性叶斑病。2022 年 3—7 月，笔者团队在文昌、琼海进行槟榔黄化病样品采集时在多个槟榔园发现一种疑似细菌侵染引起的叶鞘部病害。该病症状表现为叶鞘上最初产生近圆形小病斑，随后病斑扩展成不规则形，病斑浅褐色至深褐色，边缘有黄色晕圈。在采集的染病叶鞘样品中均分离到一种在 NA 平板上菌落呈白色、隆起、黏稠的细菌。为了进一步明确该细菌的种类，笔者对分离物的 16S rDNA 序列进行了扩增。序列比对结果显示，分离物序列与 *R. andropogonis* 标准菌株 LMG2129（GenBkank 收录号：NR_104960wz45）的序列同源性均超过 99.00%，系统发育分析表明这些分离物均为 *R. andropogonis*。先前，笔者所在团队发现 *R. andropogonis* 仅侵染槟榔叶片，中国台湾（首次报道由 *B. andropogonis* 引起的细菌性叶斑病）也未见相关报道或描述。本文为首次报道 *R. andropogonis*（syn：*B. andropogonis*）引起槟榔鞘斑病。

关键词：槟榔；鞘斑病；*Robbsia andropogonis*；16S rDNA

---

* 基金项目：海南省重点研发项目（ZDYF2022XDNY208）；海南省院士创新平台科研专项（YSPTZX202138）

** 第一作者：邓婷，本科生，研究方向为棕榈植物重要病害检测技术；E-mail：3398149360@ qq. com

*** 通信作者：唐庆华，副研究员，研究方向为棕榈作物植原体病害综合防治及病原细菌-植物互作功能基因组学；E-mail：tchuna129@ 163. com

广西博庆公司蔗区甘蔗白条病发生危害调查及分子检测*

李银煳**，单红丽，李　婕，张荣跃，王晓燕，黄应昆***
（云南省农业科学院甘蔗研究所，云南省甘蔗遗传改良重点实验室，开远　661699）

摘　要：甘蔗白条病是一种检疫性细菌病害，具有危害性大、潜伏期长的特点，由白条黄单胞菌（*Xanthomonas albilineans*）引起，在主要种植甘蔗的国家或地区均有发生。2020 年在广西博庆公司蔗区发现疑似感染甘蔗白条病蔗株，为明确其病原及发生情况，为其科学防控提供科学依据，笔者对不同甘蔗品种新植和宿根蔗进行发病率调查，并采集病样进行 PCR 检测分析。田间调查结果显示：不同品种自然发病率不同，桂糖 44 新植和宿根蔗均有白条病发生，且宿根蔗发病率高于新植蔗，其中新植蔗发病率为 8%～18%，平均发病率为 13.83%；宿根蔗发病率为 18%～34%，平均发病率为 24.71%。而桂糖 42、桂糖 55、柳城 05-136 3 个品种新植和宿根蔗均未发现白条病。PCR 检测结果表明，有 10 份样品扩增出 608 bp 的特异性条带，阳性检出率为 90.9%，所得序列与 *X. albilineans* 序列同源性高达 100%，且在构建的系统发育树处于同一分枝。

关键词：广西；甘蔗白条病；发病率；PCR 检测；系统发育分析

---

* 基金项目：财政部和农业农村部国家现代农业产业技术体系专项资金（CARS-170303）；云岭产业技术领军人才培养项目“甘蔗有害生物防控”（2018LJRC56）

** 第一作者：李银煳，研究实习员，主要从事甘蔗病害研究；E-mail：liyinhu93@163.com
*** 通信作者：黄应昆，研究员，从事甘蔗病害防控研究；E-mail：huangyk64@163.com

"Arms-race" Battles Between TALEs and *R/S* Genes in *Xanthomonas oryzae*-Rice Pathosystems*

XU Zhengyin**, XU Xiameng, LI Ying, LIU Linlin, WANG Yijie, WANG Qi, CHENG Guanyun, YANG Ruihuan, CHEN Gongyou***

(*Shanghai Collaborative Innovation Center of Agri-Seeds*, *School of Agriculture and Biology*, *Shanghai Jiao Tong University*, *Shanghai* 200240, *China*)

Abstract: As one of the most devastating rice diseases worldwide, bacterial leaf blight (BLB) is largely modulated by a gene-for-gene manner between the pathogen *Xanthomonas oryzae* pv. *oryzae* (*Xoo*) and the host plant rice. The *Xoo*-rice pathosystem has followed a 'zigzag', co-evolving arms-race competition. The outcome of this interaction is largely dependent on the effector proteins translocated into host cells by the *Xoo*-encoded type-Ⅲ secretion system (T3SS) and their interaction with *R* gene products that are recognized in a cultivar/race-specific manner. Approximately 46 genes conferring resistance to various *Xoo* races have been identified in cultivated and wild rice and artificial mutants. At least 17 of these *R* genes have been cloned and characterized, and *Xoo* may evolve decoys or new effectors to evade *R* gene recognition and suppress the resistance triggered by effectors (ETI), resulting in effector-induced susceptibility (ETS). Among effectors, transcription activator-like effectors (TALEs) form a particular family of proteins in *Xoo* that bind effector-binding elements (EBE) in the promoter regions of plant genes encoding for resistance (*R*) or susceptibility (*S*). Therefore, TALEs are commonly referred to as avirulence or virulence proteins based on whether the targets are *R* or *S* genes. The ability to recognize and bind EBE is due to the conserved architecture in TALEs which includes repeat-variable di-residues (RVDs) and determine EBE specificity. Our recent work demonstrates that the "Arms-race" battles occur not only between TALEs and *S* genes but also between TALEs and *R* genes in *Xanthomonas oryzae*-rice pathosystem.

Key words: Rice; *Xanthomonas oryzae* pv. *Oryzae*; TALEs; ETI; ETS

---

* Funding: National Natural Science Foundation of China (31830072, 32102147); China Postdoctoral Science Foundation (2020M681309, 2021M702156); International Postdoctoral Exchange Fellowship Program (PC2021043)

** First author: XU Zhengyin; E-mail: xuzy2015@ sjtu. edu. cn

*** Corresponding author: CHEN Gongyou; E-mail: gyouchen@ sjtu. edu. cn

OxyR 通过调控氧化应激反应和 FliC 与 PilA 促进西瓜噬酸菌的毒力

王佳楠[1]，刘 军[2]，赵玉强[3]，孙明晖[1]，于贵戌[1]，范加勤[1]，田艳丽[1]，胡白石[1]
（1. 南京农业大学植物保护学院，南京 210095；2. 湖北省农业科学院植保土肥研究所，武汉 430064；3. 江苏省中国科学院植物研究所，南京 210014）

摘 要：由革兰氏阴性细菌西瓜噬酸菌（*Acidovorax citrulli*）引起的瓜类细菌性果斑病是威胁全球瓜类作物的一种毁灭性病害。在多种致病菌中，LysR 型转录调控因子 OxyR 作为过氧化氢感受器和转录调控因子，可以感知活性氧的存在并诱导抗氧化系统，并调控细菌生物膜、运动性、毒力、鞭毛和菌毛等致病因子。然而，OxyR 对西瓜噬酸菌致病性的影响尚未确定。本研究以西瓜噬酸菌 xjl12 为研究对象，qRT-PCR 和 Western blot 结果显示，外源 H_2O_2 显著诱导了 OxyR 的转录和翻译表达。西瓜噬酸菌的 *oxyR* 缺失显著降低过氧化氢酶活性，以及对 H_2O_2 和抗生素利福平的耐受性。此外，OxyR 通过调控鞭毛和Ⅳ型菌毛相关基因（*fliC* 和 *pilA*）的表达，导致 Δ*oxyR* 游动性完全丧失、蹭行运动显著减弱、生物膜形成能力基本丧失，从而显著降低西瓜噬酸菌的毒力和甜瓜体内定殖生长。qRT-PCR 和 Western blot 以及细菌单杂交试验结果表明，OxyR 直接结合 *pilA* 和 *fliC* 启动子正调控 *pilA* 和 *fliC* 的表达。细菌双杂交、GST pull-down 和萤火素酶互补实验分别验证了 OxyR 可与 PilA、FliC 蛋白互作。综上所述，OxyR 在西瓜噬酸菌中抗氧化应激反应和调节多种致病因子方面发挥着重要作用。

关键词：西瓜噬酸菌；OxyR；氧化应激反应；致病因子

柑橘黄龙病菌亚洲种外膜蛋白抗体的制备及应用*

宋晓兵**，郭　斌，崔一平，黄　峰，彭埃天
（广东省农业科学院植物保护研究所，农业农村部华南果蔬绿色防控重点实验室，广东省植物保护新技术重点实验室，广州　510640）

摘　要：柑橘黄龙病是世界柑橘产业的毁灭性病害，带病苗木、带菌接穗和田间病株是病害的初侵染源，建立一套病原菌田间速测技术对柑橘黄龙病的早期预警及防控具有重要意义。本研究根据柑橘黄龙病亚洲种外膜蛋白（MT191376.1）的基因序列，通过分析 OMP 蛋白序列的二级结构及亲疏水性、抗原性等，选取抗原表位重组蛋白及多肽片段位点作为免疫原，合成所选目的多肽 OMP（206~409 aa）；通过原核诱导表达，获得融合蛋白；然后将融合蛋白注射大白兔进行免疫，经过四次免疫后获得抗血清；ELISA 检测抗血清效价≥1：51 200，最后纯化得到抗体。基于直接组织印迹免疫方法（DTBIA）对所制得的抗体进行柑橘黄龙病检测，试验结果与普通 PCR 的检测结果相符，为后续研发检测试纸条进行柑橘黄龙病的田间速测提供了基础，对于柑橘产区黄龙病的早期预警和防控具有重要意义。

关键词：柑橘黄龙病亚洲种；外膜蛋白；免疫印迹；早期检测

---

* 基金项目：“十四五”广东省农业科技创新十大主攻方向柑橘黄龙病综合防控技术（2022SDZG06）；广东省现代农业产业技术体系建设专项（2023KJ108）

** 通信作者：宋晓兵，副研究员，研究方向为柑橘病害综合防控；E-mail：xbsong@126.com

新疆泽普县马铃薯疮痂病致病性链霉菌病原的分离鉴定

郭　瑞，刘晓禄，汪雪晶，宋素琴
（新疆农业科学院微生物应用研究所，乌鲁木齐　830091）

摘　要：对新疆泽普县马铃薯疮痂病病原菌进行分离、鉴定和生物学特性研究，从该地区采集马铃薯种植区病薯块茎及根际土壤，利用植物组织分离法、稀释涂布分离法分离菌株，并检测致病基因 *txtAB*、*nec*1、*tomA*，结合小萝卜幼苗法和小薯片法测定菌株的致病性；通过形态学、生理生化特性及 16SrDNA 序列进行鉴定。结果表明，菌株 DW1、DW2、DW4、DY4、DY6、ZW5 和 ZY2 菌株含有致病基因；其中菌株 DW2、DY4、DY6、ZY2 能使小薯片表面变褐，坏死；DW2、DW4、DY4、DY6、ZW5 能明显抑制萝卜幼苗生长。其中，菌株 DY4 同时具有 *nec*1、*tomA* 两种致病基因，其余菌株只具有 *nec*1、*tomA* 其中一种致病基因。经 16S rDNA 序列分析，菌株 DW1 与 *Streptomyces viridodiastaticus*（MK 424308. 1）的亲缘关系最近，相似率为 100%，菌株 DW2、DW4 与 *S. albogriseolus* 的亲缘关系最近，相似率为 100%，菌株 DY4 与 *S. scabiei* 的亲缘关系最近，相似率为 100%，菌株 ZW5 与 *S. antibioticalis* 的亲缘关系最近，相似率为 99. 92%，菌株 ZY2 与 *S. aquilus* 的亲缘关系最近，相似率为 100%。菌株 *S. viridodiastaticus*、*S. albogriseolus*、*S. antibioticalis* 和 *S. aquilus*，均为首次报道具有致病性的含有马铃薯疮痂病致病基因的链霉菌。本研究为马铃薯疮痂病的诊断和防治提供研究依据。

关键词：马铃薯疮痂病病原菌；分离鉴定；致病基因；致病性

The *Xanthomonas* Type Ⅲ Effector NUDX4 is an NADH/ADP-Ribose Pyrophosphorylase that Manipulates Plant Immunity

GUO Baodian[1], ZHANG Xinyi[2], WANG Bo[1], XU Zhizhou[1], CHEN Xian[1], ZHAO Yancun[1], LIU Fengquan[1,2]

(1. *Institute of Plant Protection, Jiangsu Academy of Agricultural Sciences, Jiangsu Key Laboratory for Food Quality and Safety, State Key Laboratory Cultivation Base of Ministry of Science and Technology, Nanjing* 210095, *China*; 2. *School of Plant Protection, Key Laboratory of Green Prevention and Control of Tropical Plant Diseases and Pests, Ministry of Education, Hainan University, Haikou* 570208, *China*)

Abstract: Bacterial blight caused by *Xanthomonas oryzae* pv. *oryzae* (*Xoo*) severely affects rice yield. Transcription activator-like (TAL) effectors and non-TAL effectors play key roles in *Xoo* pathogenicity. The TAL effectors were reported to regulate gene expression by combining with host target gene promoters. However, the study on non-TAL effectors virulence mechanism is very limited. Here, we report a new non-TAL effector NUDX4 of *Xoo* that contains a Nudix hydrolase motif. The *NUDX4* knockout mutant displays lower virulence in rice than wild-type *Xoo*. Ectopic expression of NUDX4 suppressed reactive oxygen species (ROS) burst and pathogenesis-related genes expression in transgenic rice plants, which are more susceptible to *Xoo* infection. The biochemical assays showed that NUDX4 possesses NADH/ ADP-ribose pyrophosphorylase activity. Mutation of key residue in Nudix hydrolase motif significantly impaired NUDX4 catalytic activity and virulence function. Upon further investigation, we found NUDX4 is a dimer *in vitro* and *in vivo*. We then built the homodimer model of NUDX4 through the three-dimensional structure predicted by AlphaFold 2. Based on structure - guided mutagenesis, we demonstrated that homodimerization of NUDX4 is essential for catalytic activity and virulence function. Taken together, our results indicate that *Xanthomonas* could produce Nudix hydrolase effector to manipulate host immunity.

Comparative Transcriptome Analysis of Wheat Cultivars in Response to *Xanthomonas translucens* pv. *cerealis* and Its T2SS, T3SS and TALEs Deficient Strains

Syed Mashab Ali Shah[1], Moein Khojasteh[1], WANG Qi[1], HAQ Fazal[1,2], XU Xiameng[1], LI Ying[1], XU Zhengyin[1], ZOU Lifang[1], Ebrahim Osdaghi[3 *], CHEN Gongyou[1 *]

[1. *School of Agriculture and Biology/State Key Laboratory of Microbial Metabolism*, *Shanghai Jiao Tong University*, *Shanghai* 200240, *China*; 2. *Institute for Integrative Biology of the Cell* (*I2BC*), *CEA*, *CNRS*, *University Paris-Saclay* 91198 *Gif-sur-Yvette*, *France*; 3. *Department of Plant Protection*, *University of Tehran*, *Karaj*, *Iran*]

Abstract: *Xanthomonas translucens* pv. *cerealis* causes bacterial leaf streak disease on small grain cereals. Type Ⅱ and Ⅲ secretion systems (T2SS and T3SS) play a pivotal role in the pathogenicity of the bacterium, while no data is available on the transcriptome profile of wheat cultivars infected with either wild type or mutants of the pathogen. In this study, wild type, TAL-effector mutants, and T2SS/T3SS mutants of *X. translucens* pv. *cerealis* strain NXtc01 were evaluated for its effect on the transcriptome profile of two wheat cultivars, Chinese Spring and Yangmai-158, using Illumina RNA-sequencing technology. RNA-seq data showed that the number of differentially-expressed genes (DEGs) was higher in Yangmai-158 cultivar than in the Chinese Spring, suggesting higher susceptibility of Yangmai-158 to the pathogen. In T2SS, most suppressed DEGs were related to transferase, synthase, oxidase, WRKY, and bHLH transcription factors. The *gspD* mutants showed significantly decreased disease development in wheat, suggesting an active contribution of T2SS in virulence. Moreover, the *gspD* mutant restored full virulence and its multiplication *in planta* by addition of *gspD in trans*. In T3SS deficient strain, down-regulated DEGs were associated with cytochrome, peroxidases, kinases, phosphatases, WRKY, and ethylene-responsive transcription factors. In contrast, up-regulated DEGs were trypsin inhibitors, cell number regulators, and calcium transporter. A transcriptome coupled with qRT-PCR analysis indicated that some genes are upregulated in Δ*tal*1/Δ*tal*2 compared to *tal*-free strain, but no direct interactions were observed. These results provide novel resources for wheat transcriptomes in response to *X. translucens* pv. *cerealis* infection, and pave the way for understanding host-pathogen interaction.

Key words: *X. translucens*; bacterial leaf streak; T2SS; T3SS; TAL effectors

* Corresponding authors: Ebrahim Osdaghi; E-mail: eosdaghi@ut. ac. ir
CHEN Gongyou; E-mail: gyouchen@sjtu. edu. cn

The Immune Receptor SNC1 Monitors Helper NLRs Targeted by A Bacterial Effector

WANG Mingyu[1*], CHEN Junbin[1*], WU Rui[2,6], GUO Hailong[4], CHEN Yan[1], LI Zhenju[1], WEI Luyang[1], LIU Chuang[1], HE Shengfeng[1], DU Meida[1], GUO Yalong[5], PENG Youliang[4], Jonathan DG Jones[3], Detlef Weigel[2], HUANG Jianhua[3**], ZHU Wangsheng[1**]

(1. *Key Laboratory of Surveillance and Management for Plant Quarantine Pests, Ministry of Agriculture and Rural Affairs, and College of Plant Protection, China Agricultural University*; *Beijing* 100193 *China*; 2. *Department of Molecular Biology, Max Planck Institute for Biology Tübingen* 72076 *Tübingen, Germany*; 3. *The Sainsbury Laboratory, University of East Anglia, Norwich Research Park*; *Norwich NR4 7UH, UK*; 4. *Key Laboratory of Pest Monitoring and Green Management, Ministry of Agriculture and Rural Affairs, and College of Plant Protection, China Agricultural University*; *Beijing* 100193 *China*; 5. *State Key Laboratory of Systematic and Evolutionary Botany, Institute of Botany, Chinese Academy of Sciences*; *Beijing* 100093 *China*; 6. *Department of Plant & Environmental Studies, Copenhagen University*, 1871 *Frederiksberg, Denmark*)

Abstract: Plants deploy intracellular receptors to counteract pathogen effectors that suppress cell-surface receptor-mediated immunity. To what extent pathogens manipulate also immunity mediated by intracellular receptors, and how plants tackle such manipulation, remains unknown. *Arabidopsis thaliana* encodes three very similar ADR1 class helper NLRs (ADR1, ADR1-L1 and ADR1-L2), which play key roles in plant immunity initiated by intracellular receptors. Here, we report that *Pseudomonas syringae* AvrPtoB, an effector with E3 ligase activity, can suppress ADR1-L1-and ADR1-L2-mediated cell death. ADR1, however, evades such suppression by diversification of two ubiquitination sites targeted by AvrPtoB. The intracellular sensor NLR SNC1 interacts with and guards the CCR domains of ADR1-L1 and ADR-L2. Removal of ADR1-L1 and ADR1-L2 or delivery of AvrPtoB activates SNC1, which then signals through ADR1 to trigger immunity. Our work not only uncovers the long sought-after physiological function of SNC1 in pathogen defense, but also that reveals how plants can use dual strategies, sequence diversification and a multiple layered guard-guardee system, to counteract pathogen attack on core immunity functions.

Key words: Plant immunity; ADR1s; AvrPtoB; SNC1; guard-guardee system

* First authors: These authors contributed equally to this work

** Corresponding authors: HUANG Jianhua; E-mail: jianhua. huang@ tsl. ac. uk

ZHU Wangsheng; E-mail: wangshengzhu@ cau. edu. cn

Analysis of Bacterial Community Associated with Clubroot*

HONG Yingzhe**, WANG Siqi, LIANG Yue***
(*Collage of Plant Protection*, *Shenyang Agricultural University*, *Shenyang* 110866, *China*)

Abstract: Clubroot, caused by the soil-borne pathogen *Plasmodiophora brassicae*, is a devastating disease that impairs the growth and productivity of cruciferous crops worldwide. Bacterial community has been shown to promote plant growth and enhance stress resistance to pests and adverse environments. Although the studies on the microorganism involved in clubroot were reported, the bacterial communities have not been specially characterized with the potential functions. In this study, we dissected the endophytic bacterial communities in the three sample roots, including galled (D) and non-galled (DH) roots from symptomatic plants as well as roots (H) from plants without visible gall, using 16S rRNA sequencing analysis and culture-dependent bacterial isolation. Results indicated that the endobacterial communities in D and H differed significantly, especially the genus *Pseudomonas* was found to be potentially associated with asymptomatic roots. Thereby, the targeted bacterial isolation was conducted and certain *Pseudomonas* strains obtained from *B. napus* roots. By evaluating the germination inhibition of *P. brassicae* resting spores and disease index, three strains were identified to carry biocontrol activities and may be as the potential biocontrol agents. This study will provide a strategy for screening the biocontrol source and sustainable clubroot management.

Key words: bacterial community; clubroot; *Pseudomonas*; biocontrol; management

---

* 基金项目：国家重点研发计划（2022YFA1304403）；辽宁省高等学校基础研究计划（LJKMZ20221046）；沈阳农业大学引进人才科研启动费项目（20153040）

** 第一作者：洪瑛喆，博士研究生，研究方向为分子植物病理学；E-mail：hongyingzhe@126.com

*** 通信作者：梁月，教授，博士生导师，研究方向为真菌学与植物病理学；E-mail：yliang@syau.edu.cn

福建芦柑黄龙病植株根际土壤细菌群落多样性特征与组成分析

雷美玲[1,2]，饶文华[2]，胡进锋[2]，岳　琪[1,2]，吴祖建[1]，范国成[2]
（1. 福建农林大学植物保护学院，福州　350002；
2. 福建省农业科学院植物保护研究所，福州　350013）

摘　要：柑橘黄龙病是一种系统性病害，染病后无法根治，因此俗称柑橘上的癌症。柑橘根际土壤细菌对柑橘健康可能具有关键性的作用。分析芦柑黄龙病植株根际土壤细菌群落结构组成变化，可为福建芦柑黄龙病防控提供信息参考。五点法采集福建省南平芦柑园的健康植株和黄龙病感病植株根际土壤样本，基于扩增子测序和生物信息学技术，揭示芦柑黄龙病植株根际细菌群落多样性和结构。结果表明，芦柑黄龙病植株根际土壤细菌多样性大于健康芦柑植株，芦柑黄龙病植株根际细菌变形菌门（*Proteobacteria*）丰度升高，而放线菌门（*Actinobacteriota*）丰度降低。在属水平上，黄龙病芦柑根际细菌中 *Roseiarcus*（1.04%，$P<0.001$）、norank_*f*__*Xanthobacteraceae*（2.59%，$P<0.01$）、norank_*f*__*Acetobacteraceae*（1.07%，$P<0.01$）、*Acidiphilium*（0.73%，$P<0.05$）、unclassified_*f*__*Streptomycetaceae*（0.72%，$P<0.05$）相对丰度含量显著高于健康植株，而 *Conexibacter*（2.02%，$P<0.01$）、*Chujaibacter*（1.80%，$P<0.01$）、*Jatrophihabitans*（1.01%，$P<0.01$）、*Acidipila*（0.98%，$P<0.01$）、*Sporosarcina*（0.77%，$P<0.01$）、*Nitrolancea*（0.74%，$P<0.01$）相对丰度含量显著低于健康植株。推测黄龙病菌可以降低芦柑植株根际土壤中有益细菌相对丰度，从而改变芦柑植株根际细菌的多样性和结构，同时，芦柑黄龙病植株也会招募有益细菌抵抗病原菌。

关键词：柑橘黄龙病；根际细菌；群落多样性；组成分析

甘肃省玉米病原细菌种类及发生情况研究*

徐志鹏**，常　浩，吴之涛，李文学，马金慧，汪亮芳，杨克泽，任宝仓***
（甘肃省农业工程技术研究院，甘肃省玉米病虫害绿色防控工程研究中心，
武威市玉米病虫害绿色防控技术创新中心，兰州　730070）

摘　要：2020—2022 年通过对甘肃省不同玉米种植生态区（河西走廊灌区、中部沿黄灌区、陇中半干旱区、陇东雨养区）细菌性病害发生情况调查后发现，玉米细菌性病害在玉米不同生长阶段均有发生，其中细菌性顶腐病和细菌性茎腐病发生频率较高、范围较广，制种玉米有些地块病株率高达 50%以上，细菌茎基腐病和细菌干茎腐病在部分地区也有零星发生。将田间发病玉米植株与带菌种子在实验室分离培养后共获得 17 种细菌，分属泛菌属（*Pantoea* spp.）、假单胞菌属（*Pseudomonas* spp.）、克雷伯氏菌属（*Klebsiella* spp.）、寡养单胞菌属（*Stenotrophomonas* spp.）、戴尔福特菌属（*Delftia* spp.）、鞘氨醇单胞菌属（*Sphingomonas* spp.）、芽孢杆菌属（*Bacillus* spp.）、农杆菌属（*Agrobacterium* spp.）、考科氏菌属（*Kosakonia* spp.）、拉乌尔菌属（*Raoultella* spp.）、奈瑟菌属（*Neisseria* spp.）、类芽孢杆菌属（*Paenibacillus* spp.）等，均为甘肃省新发现的玉米致病细菌，其中部分细菌为国内首次发现。室内致病性测定表明，玉米植株接种细菌后表现的症状与田间自然发病症状基本一致，并从发病部位再次分离到接种细菌。

关键词：玉米；病原细菌；种类；发生情况

---

* 基金项目：武威市重点研发科技计划项目（WW2202YFN004）；甘肃省农业工程技术研究院院创青年基金项目（GNG2022QN02）

** 第一作者：徐志鹏，研究实习员，主要从事玉米病害研究；E-mail：857626475@ qq. com

*** 通信作者：任宝仓，研究员，主要从事植物病害研究；E-mail：463573198@ qq. com

Sigma factor 70 RpoD contributes to virulence via regulating cell motility, oxidative stress tolerance and manipulating the expression of *hrpG* and *hrpX* in *Xanthomonas oryzae* pv. *oryzae* *

XU Zhizhou[1,2**], WU Guichun[3], WANG Bo[2], GUO Baodian[2], ZHAO Yancun[2], SHENG Cong[2], LIU Fengquan[1,2***]

(1. *Department of Plant Pathology*, *College of Plant Protection*, *Nanjing Agricultural University*, *Nanjing* 210095, *China*; 2. *Institute of Plant Protection*, *Jiangsu Academy of Agricultural Sciences*, *Jiangsu Key Laboratory for Food Quality and Safety-State Key Laboratory Cultivation Base of Ministry of Science and Technology*, *Nanjing* 210014, *China*; 3. *National Engineering Laboratory of Crop Stress Resistance Breeding*, *School of Life Sciences*, *Anhui Agricultural University*, *Hefei* 230036, *China*)

Abstract: *Xanthomonas oryzae* pv. *oryzae* (*Xoo*) causes bacterial blight in rice, which reduces crop yield and leads to significant economic damage. Bacterial sigma factor are highly specialized proteins that allow RNA polymerase to recognize and bind to specific promoters. In this study, we found that that sigma factor 70 RpoD is quite conservative among phytopathogenic bacteria by bioinformatics analysis. PXO_RpoD contributes to oxidative stress tolerance and cell motility, and is essential for full virulence of *Xoo*. In addition, RNA-seq and CUT & Tag analysis indicated that RpoD play an important role in positively regulating the type three secretion system (T3SS) and related effectors. By performing bacterial one-hybrid and electrophoretic mobility assay (EMSA), we observed that RpoD directly bound to the promoters of *hrpG* and *hrpX*. Collectively, these results demonstrate the transcriptional mechanism and pathogenic roles of RpoD in regulating cell motility and oxidative stress response, and the findings will provide novel insights into potential targets for disease control.

Key words: *Oryza sativa*; sigma factor 70 RpoD; pathogenicity; transcriptional regulation; type Ⅲ secretion system

* Funding: National Science Foundation of China (32072379, 32001865, 32202259)

** First author: XU Zhizhou; E-mail: myzhizhou@ 163. com

*** Corresponding author: LIU Fengquan; E-mail: fqliu20011@ sina. com

TAL Effectors Enhance Disease Susceptibility to *Xanthomonas citri* Via Activation of Genes Associated with ABA Biosynthesis in Citrus

YAN Yichao[1], ZHU Zhongfeng[1], YIN Ke[1], ZOU Lifang[1,2], CHEN Gongyou[1,2]

(1. *Shanghai Collaborative Innovation Center of Agri-Seeds*, *School of Agriculture and Biology*, *Shanghai Jiao Tong University*, *Shanghai* 200240, *China*; 2. *State Key Laboratory of Microbial Metabolism*, *School of Life Sciences and Biotechnology*, *Shanghai Jiao Tong University*, *Shanghai* 200240, *China*)

Abstract: Plants manipulate phytohormone levels to regulate development and response to pathogens. We have identified two secreted PthA1 - like transcription activation - like (TAL) effectors, Tal003-44, and Tal086-36, from *Xanthomonas citri* pv. *citri* strains Xcc003 and Xcc086. Potentially, Tal003-44 and Tal086-36 inhibited plant immunity to promote virulence via SA-and ABA-signaling collaboration. Tal003-44 and Tal086-36 directly activated host genes involved in ABA biosynthesis and inhibited the biotic stress-response pathway. The induction of multiple genes associated with ABA biosynthesis leads to ABA accumulation, disease susceptibility, and the suppression of gene expression connected with SA biosynthesis and signaling. Tal003-44 and Tal086-36 inhibited ABA catabolism to impair plant immunity and increase host susceptibility. EMSA demonstrates that AnnoTALE-predicted EBE sequences of target gene promoters interact uniquely with Tal003-44 and Tal086-36. In light of a comprehensive comprehension of ABA and SA functions, the functions of Tal003-44 and Tal086-36 appear to be more clearly defined.

Key words: *Xanthomonas citri*; ABA; TAL effector; citrus; canker disease

基于 SEC 分泌蛋白 *C*Las04560 柑橘黄龙病菌遗传多态性分析

周佳乐[1]，林胜杰[1]，于江莲[1]，刘国媛[1]，
刘 欢[1]，张 悦[1]，丁嘉豪[1]，王国平[1,2]，洪 霓[1]，丁 芳[1,2]
（1. 华中农业大学植物科学技术学院，湖北省作物病虫害检测与安全控制重点实验室，武汉 430070；2. 果树园艺作物种质创新与利用全国重点实验室，武汉 430070）

摘 要：柑橘黄龙病是世界范围内柑橘生产上的毁灭性病害，病原为韧皮部限制性难培养细菌 *Candidatus* Liberibacters。由于迄今为止黄龙病菌无法获得离体纯培养，黄龙病菌生物学特性、遗传变异及致病分子机制等相关研究备受限制。SEC 分泌蛋白是植物病原细菌的重要毒力因子，与致病性密切相关。因此，本研究对来自我国柑橘主产区包括：海南、云南、广东、广西、江西、福建、湖南和浙江等地，不同寄主（包括长春花、菟丝子、柑橘木虱、柚喀木虱）上共计 1 125 份样品进行了基于 SEC 分泌蛋白 *C*Las04560 基因的遗传多态性分析。不同地理来源的分离物中共获得 *C*Las04560 基因 4 种分子变体，即 *C*Las04560－ORF588、*C*Las04560－ORF531、*C*Las04560-ORF518、*C*Las04560-ORF474，其中 *C*Las04560-ORF531 为本研究首次报道。不同的分子变体存在明显的地区特异性，云南高海拔地区分离物以 ORF531 为主要分子变体，占比为 58.8%；其他地理来源（低海拔）的分离物均以 ORF588 为主要分子变体，占比为 52.4%～96.6%。柑橘木虱体内以 ORF588 为主要分子变体，占比为 82.5%；柚喀木虱和长春花分离物均以 ORF531 为主要分子变体，占比为 57.1%和 48.5%。菟丝子样品中仅检测到 ORF531 分子变体。不同症状类型样品分析发现：斑驳型黄化叶片中以 *C*Las04560-ORF588 为主要分子变体，占比 65.7%。均匀黄化型、缺素型、脉凸型样品中均以 *C*Las04560-ORF588 为主要分子变体，占比高于斑驳型黄化样品，介于 70.0%～88.7%。这三种症状的样品中均未扩增出 *C*Las04560－ORF518 和 *C*Las04560-ORF474 分子变体。无明显症状的样品仍以 *C*Las04560-ORF588 为主要分子变体，未检测到 *C*Las04560-ORF518 分子变体。遗传进化树聚类分析显示，所有分离物共分为 10 簇，第一簇主要包括云南分离物，其余依次为江西、湖南、海南、广西、福建分离物。所有分离物的聚类跟地理来源密切相关。上述研究表明黄龙病菌 SEC 分泌蛋白 *C*Las04560 存在 4 种分子变体，其遗传多态性与致病表型、地理来源、寄主种类等密切相关，为进一步开展致病机制研究奠定了基础。

关键词：黄龙病菌；SEC 分泌蛋白；分子变体；遗传多态性；分析

细菌性条斑病菌效应蛋白 AvrBs2 抑制水稻免疫的分子机制研究*

田　猛**，王善之，朱立松，汪激扬，崔福浩，孙文献***
（中国农业大学植物保护学院，北京　100193）

摘　要：稻生黄单胞杆菌稻细条斑致病变种引起的细菌性条斑病是危害水稻的重要病害之一。效应蛋白 AvrBs2 在黄单胞属细菌中高度保守，是核心毒力因子之一，然而几十年来其致病机制尚不清楚。在对细菌性条斑病的致病机理研究中，我们发现 AvrBs2 在植物细胞内合成一种新型的小分子化合物。该化合物能够抑制水稻基础免疫反应，促进病原菌致病。在此基础上，我们将进一步研究该化合物抑制水稻免疫的分子机制。首先，我们利用药物亲和反应的靶点稳定性分析（Drug Affinity Responsive Target Stability，DARTS）、小分子-蛋白质互作-质谱分析（Small Molecular-Pull Down-Mass Spectrometry，SM-PD-MS）和 EMS 诱变-BSA 基因定位等不同技术鉴定该化合物在寄主中的靶标；尝试培养化合物和靶标蛋白的复合物晶体，利用 X-射线衍射技术解析复合物的晶体结构，确定靶标和化合物互作位点。其次，利用酵母双杂交（Y2H）、免疫共沉淀（Co-IP）、pull-down、双分子荧光互补（BiFC）、MST 等技术分析化合物是否影响靶标与上下游蛋白的互作；通过 GFP 亚细胞定位实验分析化合物对靶标在细胞中的定位的影响；检测化合物对靶标蛋白稳定性的影响，从而解析化合物作用于靶标的分子机制。最后，通过 CRISPR 基因编辑技术改造靶标基因，以构建抗细菌性条斑病水稻。这些研究将揭示细菌性条斑病菌致病的机制，为水稻细菌性条斑病防控提供新方法。

关键词：细菌性条斑病；效应蛋白；AvrBs2；化合物；靶标

---

* 基金项目：细菌性条斑病菌效应蛋白 XopE35 抑制水稻免疫的分子机理（31770140）
** 第一作者：田猛，博士研究生，主要从事植物与病原细菌互作分子机理研究；E-mail：mengtian_2020@ 163. com
*** 通信作者：孙文献，教授，主要从事水稻与病原细菌、真菌的互作分子机理研究；E-mail：wxs@ cau. edu. cn

新发现 4 种罗尔斯通氏菌（*Ralstonia* spp.）*

卢灿华[1**]，殷红慧[2]，姜 宁[1]，张莹莹[3]，陈 伟[3]，邵晓丽[4]，蔺忠龙[5]，胡小东[6]，龚 理[4]，陆文林[7]，赵智铭[8]，希奕璇[8]，钱 雷[9]，李军营[1]，胡加云[2]，马俊红[1]，盖晓彤[1]，张力群[3]，晋 艳[1]，夏振远[1***]

（1. 云南省烟草农业科学研究院，昆明 650021；2. 云南省烟草公司文山州公司，文山 663000；3. 中国农业大学植物保护学院，北京 100193；4. 云南省烟草公司普洱市公司，普洱 665000；5. 中国烟草总公司云南省公司，昆明 650011；6. 云南省烟草公司楚雄州公司，楚雄 675000；7. 云南省烟草公司昭通市公司，昭通 657000；8. 云南省烟草公司保山市公司，保山 678000；9. 云南省烟草公司玉溪公司，玉溪 653100）

摘 要：罗尔斯通氏菌（*Ralstonia*）属伯克霍尔德氏菌科（Burkholderiaceae），1995 年由日本细菌分类学家 Yabuuchi 等以美国细菌学家 Ericka Ralston 命名。目前，该属包括解甘露醇罗尔斯通氏菌（*R. mannitolilytica*）、危险罗尔斯通氏菌（*R. insidiosa*）、皮氏罗尔斯通氏菌（*R. pickettii*）、烟草罗尔斯通氏菌（*R. nicotianae*）、假茄科罗尔斯通氏菌（*R. pseudosolanacearum*）、茄科罗尔斯通氏菌（*R. solanacearum*）、蒲桃罗尔斯通氏菌（*R. syzygii*）7 个种。罗尔斯通氏菌属（*Ralstonia*）细菌适应性广，现已从人类患病组织、植物病样、水体、土壤分离获得。皮氏罗尔斯通氏菌（*R. pickettii*）、危险罗尔斯通氏菌（*R. insidiosa*）和解甘露醇罗尔斯通氏菌（*R. mannitolilytica*）的模式菌株最初从临床样品中分离获得。烟草罗尔斯通氏菌（*R. nicotianae*）、茄科罗尔斯通氏菌（*R. solanacearum*）、假茄科罗尔斯通氏菌（*R. pseudosolanacearum*）可危害 54 个科、250 多种植物，并对烟草、马铃薯、番茄等经济作物造成重大损失。此外，蒲桃罗尔斯通氏菌（*R. syzygii*）在印度尼西亚、马来西亚和新几内亚引起丁香苏门答腊病（Sumatra disease）和香蕉血液病（blood disease）；笔者最新研究表明该菌也可引起烟草青枯病。虽然植物病原罗尔斯通氏菌（*Ralstonia*）已得到广泛研究，但关于非植物病原罗尔斯通氏菌（*Ralstonia* spp.）鲜有报道。近期，笔者从 7 份云南植烟土壤分离获得 9 株罗尔斯通氏菌（*Ralstonia* sp.），经 16S rRNA 基因序列相似性和系统发育分析，基因组平均核苷酸一致性（ANI）、数字 DNA-DNA 杂交值（dDDH）计算，结合表型特征、蛋白带型差异、醌型、极性脂质和脂肪酸分析，发现 4 种新罗尔斯通氏菌，分别命名为楚雄罗尔斯通氏菌（*Ralstonia chuxiongensis* sp. nov.）、墨江罗尔斯通氏菌（*Ralstonia mojiangensis* sp. nov.）、土壤罗尔斯通氏菌（*Ralstonia soli* sp. nov.）、文山罗尔斯通氏菌（*Ralstonia wenshanensis* sp. nov.），模式菌分别为 21YRMH01-3^T（= GDMCC 1.3534^T = JCM 35818^T）、21MJYT02-10^T（= GDMCC 1.3531^T = JCM 35816^T）、21MJYT02-11^T（= GDMCC 1.3532^T = JCM 35817^T）、56D2^T（= CCTCC AB 2021466^T = GDMCC 1.2886^T =JCM 35178^T）。本研究首次从土壤样品分离获得 4 种新的罗尔斯通氏菌，为了解该属细菌的物种多样性和功能提供重要参考。

关键词：罗尔斯通氏菌属；雷尔氏菌属；基因组；细菌；分类与鉴定；新种；ANI；DDH

---

* 基金项目：中国烟草总公司云南省公司科技计划重点项目（2018530000241006，2020530000241013，2023530000241014）；中国烟草总公司重大科技项目［110202201019（LS-03）］；国家自然科学基金地区基金（32260702）；云南省基础研究计划项目面上项目（202301AT070508）；云南省高层次青年人才专项

** 第一作者：卢灿华，助理研究员，主要从事烟草病理学研究；E-mail：lucanhua1985@163.com

*** 通信作者：夏振远，研究员，主要从事烟草植保技术研究；E-mail：648778650@qq.com

草莓细菌性茎基部坏死病病原菌（*Enterobacter ludwigii*）全基因组序列分析

谢昀烨[1*]，杨肖芳[2]，方 丽[1]，武 军[1]，王汉荣[1**]
（1. 浙江省农业科学院植物保护与微生物研究所，杭州 310000；
2. 浙江省农业科学院园艺所，杭州 310000）

摘 要：路德维希肠杆菌（*Enterobacter ludwigii*）是革兰氏阴性菌，与 *E. asburiae*、*E. hormaechei*、*E. kobei*、*E. nimipressuralis* 同归属于阴沟肠杆菌复合种（*Enterobacter cloae* complex）。阴沟肠杆菌复合种通常存在于人类和动物的胃肠道及环境中（如水和土壤），该复合种也是潜在的植物病原体，在良好的环境条件下，它们在寄主植物体内处于平衡状态（如内生细菌），不影响寄主植物的生长。然而，在恶劣的环境中，如缺氧、高温高湿或通风不良，或当植物老化时，阴沟肠杆菌复杂物种可转变为植物致病菌，其宿主范围广泛，包括椰子、洋葱球茎、生姜、木瓜果实、夏威夷果、桑葚和水稻等。近年来，在中国路德维希肠杆菌引起的突发性植物病害已经变得越来越普遍。

采用 Illumina HiSeq 2500 系统和 PacBio RSⅡ高通量测序技术对纯化的 CM-TZ4 菌悬液进行全基因组测序。使用 Trimmomatic v. 0. 36 对原始配对端 reads 进行修剪和质量控制，将清洗后的数据用于分析，采用 Circos v. 0. 64 绘制完整的基因组。结果表明：CM-TZ4 基因组由一条圆形染色体组成，全长 5 711 988 bp，G + C 含量为 54. 1%。该基因组包含 5 635个预测蛋白编码区，平均长度为 5 174 446 bp，占整个基因组的 90. 56%。在预测的非编码 RNA 基因中，有 86 个转移 RNA 基因和 8 个核糖体 RNA 操作子，每个操作子由 16S、23S 和 5S rRNA 基因组成。CM-TZ4 菌株采用初始预测法获得基因模型，并使用 GeneMark 进行鉴定。基因功能注释结果表明：该全基因组含 5 543个非冗余蛋白（98. 37%）、2 710个基因（48. 09%）、4 503个蛋白质的同源基团簇（COD）（79. 91%）、5 166个直系同源蛋白（91. 68%）、3 392个生物功能基因（60. 2%）、182 个综合抗生素耐药性基因（3. 23%）、188 个碳水化合物-活性酶基因（3. 34%）、122 个致病菌毒力因子基因（2. 17%）。此外，利用 antiSMASH v. 7. 0. 0 对 4 个次生代谢物生物合成基因簇进行了注释，包括 1 个 NRP-metallophore 基因和 3 个未知基因。该基因组序列和相关信息已获得 GenBank 登录号为 SRR23095567 和 BioProject PRJNA923839。此外，本试验对路德维希肠杆菌 CM-TZ4 的Ⅵ型分泌系统（T6SS）组成进行分析，结果显示该菌株由 12 个亚基组成，包括 *vgrG*、ATP/*ClpV*、*impH*、*hcp*、*impC*、*impB*、*impA*、*impM*、*impL*、*impK*、*impJ* 和 *VasD*。

综上所述，本试验首次报道草莓细菌性茎基部坏死病病原的全基因组序列和注释信息，并展示了其 T6SS 核心基因组成。该基因组资源将为今后的路德维氏杆菌防治和基因组学研究提供重要价值，并为阐明路德维氏肠杆菌转化在机会致病菌中所起的生态作用提供研究基础。

关键词：路德维氏肠杆菌；草莓；全基因组；高通量测序；Ⅵ型分泌系统

---

* 第一作者：谢昀烨，助理研究员，研究方向为经济作物病害综合治理及致病机理研究；E-mail：xieyuenqiao1124@ 126. com
** 通信作者：王汉荣，研究员，研究方向为经济作物病害综合治理及致病机理研究；E-mail：wanghrg@ 126. com

Bacterial Leaf Spot of Plum Caused by *Sphingomonas spermidinifaciens* in Guangxi, China[*]

LIU Yanqing[1,2**], SUN Wenxiu[2], CHEN Xiaolin[1***], HUANG Suiping[1], TANG Lihua[1], GUO Tangxun[1], LI Qili[1***]

(1. *Institute of Plant Protection, Guangxi Academy of Agricultural Sciences, Key Laboratory of Green Prevention and Control on Fruits and Vegetables in South China Ministry of Agriculture and Rural Affairs and Guangxi Key Laboratory of Biology for Crop Diseases and Insect Pests, Nanning* 530007, *China*; 2. *College of Life Sciences, Yangtze University, Jingzhou* 434025, *China*)

Abstract: Plum (*Prunus salicina* L.) is a traditional fruit in Southern China and is ubiquitous throughout the world. In August 2021, leaves of plum trees showed water-soaking spots and light yellow-green halos with incidence exceeding 50% in Babu district in Hezhou, Guangxi (N23°49′-24°48′, E111°12′-112°03′). To isolate the causal agent, three diseased leaves collected from three different trees growing in different orchards were cut into 5 mm×5 mm pieces, disinfected with 75% ethanol for 10 sec, 2% sodium hypochlorite for 1 min and rinsed three times in sterile water. The diseased pieces were ground in sterile water and then kept static for about 10 min. Ten-fold serial dilutions in water were prepared and 100 μL of each dilution from 10^{-1} to 10^{-6} were plated on Luria-Bertani (LB) Agar. After incubation at 28℃ for 48 h, the proportion of isolates with similar morphology was 73%. Three representative isolates (GY11-1, GY12-1 and GY15-1) were selected for further study. The colonies were non-spore-forming, yellow, round, opaque, rod shaped, convex with smooth and bright neat edges. Biochemical test results showed that the colonies were strictly aerobic and gram-negative. The isolates were able to grow on LB agar containing 0-2% (w/v) NaCl and could utilize glucose, lactose, galactose, mannose, sucrose, maltose and rhamnose as a carbon source. They displayed a positive reaction for H_2S production, oxidase, catalase and gelatin, but negative for starch. Genomic DNA of the three isolates was extracted for amplification of the 16S rDNA with primers 27F and 1492R. The resulting amplicons were sequenced. Additionally, five housekeeping genes *atpD*, *dnaK*, *gap*, *recA*, and *rpoB* of the three isolates were amplified using the corresponding primer pairs and sequenced. The isolates were identified as *Sphingomonas spermidinifaciens* based on the phylogenetic tree inferred by maximum-likelihood using MegaX 7.0 of the concatenated six sequences compared with sequences from different *Sphingomonas* type strains. Pathogenicity of the isolates was tested on healthy leaves of the two-year-old plum plants in a greenhouse by spraying method and the experiment fulfiled Koch's postulates. Plant disease caused by a *Sphingomonas* species has been reported on mango, pome and Spanish melon. However, this is the first report of *S. spermidinifaciens* causing leaf spot disease of plum in China. This report will help to develop effective disease control strategies in the future.

Key words: Plum; Leaf spot; *Sphingomonas spermidinifaciens*

---

* Funding: Guangxi Key Research and Development Program (Guike AB20159041)

** First author: LIU Yanqing, master student, Major in Biology; E-mail: 3102002866@qq.com

*** Corresponding authors: CHEN Xiaolin, Research in Plant bacterial diseases; E-mail: 56297244@qq.com

LI Qili, Research in Plant fungal diseases and control; E-mail: 65615384@qq.com

烟草罗尔斯通氏菌（*Ralstonia nicotianae*）的命名与基因组分析*

刘俊莹[1**]，张剑峰[2]，訾　芳[1]，郑邦倩[1]，王仕美[1]，
王小首[1]，张开美[1]，张翠萍[1]，周元清[1***]
（1. 玉溪师范学院化学生物与环境学院，玉溪　653100；
2. 青岛农业大学植物医学学院，青岛　266000）

摘　要：近期从烟草青枯病样品中分离获得一株病原菌 RS^T-烟草罗尔斯通氏菌（*Ralstonia nicotianae*）。该菌为革兰氏阴性菌，需氧，无孢子，具运动性；极性鞭毛，杆状；过氧化氢酶和氧化酶呈阳性；在 15~40℃、0%~5% NaCl（w/v）和 pH 值 5.0~10.0 的条件下可以生长；在 TSA 平板上 28℃培养 2 d，形成浅黄色圆形光滑凸起的菌落，直径约为 1.5 mm；对利福霉素、林可霉素、万古霉素等具有耐受性。16S rRNA 序列分析表明，该菌株 RS^T 为罗尔斯通氏菌（*Ralstonia*）；基因组比较显示，RS^T 与假茄科罗尔斯通氏菌（*R. pseudosolanacearum*）LMG 967 3^T、茄科罗尔斯通氏菌（*R. solanacearum*）LMG 229 9^T和蒲桃罗尔斯通氏菌印度尼西亚亚种（*R. syzygii* subsp. *indonesiensis*）UQRS 627^T 的平均核苷酸一致性（ANIb）值分别为 95.23%、89.43%和 91.41%，相应的 DNA 杂交值（dDDH）分别为 66.20%、44.80%和 47.50%；而 228 株演化型 I 的植物病原青枯菌与该菌株的 ANIb 和 dDDH 值均高于物种临界值 96%和 70%。因其与假茄科罗尔斯通氏菌（*R. pseudosolanacearum*）LMG 9 673^T的值较高，笔者又将其与该种内其他 12 株菌进行比对，结果显示 ANIb 和 dDDH 值均低于物种临界值。综上所述，包括 RS^T 在内的演化型 I 菌株可以作为罗尔斯通氏菌属内的一个新种，笔者将其命名为烟草罗尔斯通氏菌（*Ralstonia nicotianae* sp. nov.），模式菌株为 RS^T（=GDMCC 1.353 3^T = JCM 35 814^T）。该菌基因组大小为 5.61 Mbp，G + C 含量为 67.1%。泛基因组分析结果显示：RS^T 与其他 10 株罗尔斯通氏菌属（*Ralstonia*）细菌共有 55 346个蛋白质编码基因，每个种平均有 5 031.45个基因。OrthoVenn2 分析表明，上述蛋白序列可以分为 7 159个基因簇，包含 4 564个直系同源基因簇和 2 595个单拷贝基因簇。所有菌株均含 2 657个核心基因组直系基因簇，主要参与翻译、细胞形状、苯乙酸分解代谢过程和 DNA 结合转录因子活性的调控。同时，RS^T 编码由 47 种蛋白质组成的 16 个独特蛋白质簇，这些蛋白质编码基因在其他 3 种植物病原罗尔斯通氏菌中不存在。RS^T 还含有 57 个 T3E 候选基因、3 个假基因（RipB、RipS5 和 RipAT）和 7 个未命名的假定效应子，其中 37 个核心 T3E 也存在于其他 5 个近缘菌株中；效应蛋白 RipAK 仅存在于演化型 I 的菌株中，在演化型 II、III 和 IV 的菌株中不存在。RS^T 携带 3 个假定的铁载体生物合成簇、1 个罗尔斯通菌素生物合成簇和 7 类 12 个次生代谢基因簇，包括芳基多烯、呋喃、高丝氨酸内酯、非核糖体肽合成酶（NRPS）、类 NRPS、核糖体合成和翻译后修饰的肽产物类（类 RiPP）、萜烯和 I 型聚酮合酶（T1PKS）；其中高丝氨酸内酯和呋喃类内酯的合成基因簇与已知的次生代谢物合成基因簇的相似度不到 20%，推测这些基因簇可能编码新的代谢物，与致病相关。基于基因组比较和生理生化

* 基金项目：云南省地方高校联合专项-面上项目（202001BA0000-091）

** 第一作者：刘俊莹，讲师，从事植物病理学研究；E-mail：ljyqau@163.com
*** 通信作者：周元清，教授，主要从事高原湖泊生态学研究；E-mail：yqzhou@yxnu.edu.cn

分析结果，笔者提议将烟草青枯病病原在内的演化型Ⅰ菌株从假茄科罗尔斯通氏菌（*R. pseudosolanacearum*）中分离出来，命名为烟草罗尔斯通氏菌（*R. nicotianae*），研究结果不仅是对植物病原青枯菌分类的重新认识，而且构建的分析方法也可为其他作物细菌性病害病原菌分类地位的精准鉴定提供重要参考。

关键词：罗尔斯通氏菌属；假茄科罗尔斯通氏菌；茄科罗尔斯通氏菌；烟草青枯病；ANIb

新疆冬麦不同部位内生细菌的分离鉴定及多样性分析

艾尼赛·赛米[1,2]，于　蕊[1,2]，刘　琦[1,2]，陈　晶[1,2]
[1. 新疆农业大学农学院，农林有害生物监测与安全防控重点实验室，乌鲁木齐　830052；
2. 农业农村部西北荒漠绿洲农林外来入侵生物防控重点实验室
（部省共建），乌鲁木齐　830052]

摘　要：内生细菌是一类长期与寄主共同进化的微生物并影响宿主的生命活动，具有丰富的物种多样性，其筛选与应用是生物防治中的热点之一。本研究以新疆冬麦为研究材料，采用组织分离法和稀释涂布平板法从健康小麦的根、茎和叶部分离内生细菌，经形态特征及16SrDNA序列比对，鉴定其分类地位并进行多样性分析。结果表明，共分离获得136株内生细菌，其中根部分离内生细菌数量最多，占比49.26%。通过16S rDNA测序分析，将其鉴定为38个属67个种。其中假单胞菌属（*Pseudomonas*）为优势菌群，占总菌株数的21.32%；微杆菌属（*Microbacterium*）次之，占9.56%；之后是芽孢杆菌属（*Bacillus*），占8.82%。多样性分析结果表明，根、茎和叶等部位内生细菌香农指数分别为2.703、2.710和2.079，内生细菌的辛普森指数为0.914、0.915和0.896，接近于1，表明小麦内生细菌有较高的多样性。研究结果可为小麦内生细菌微生物资源开发利用及生物防治资源提供理论基础。

关键词：新疆冬小麦；内生细菌；种群多样性；生物防治

Identification and Genomic Characterization of *Ralstonia pseudosolanacearum* Strains Isolated from Pepino Melon in China

DING Shanwen, YU Lin, LAN Guobing,
TANG Yafei, LI Zhenggang, HE Zifu, SHE Xiaoman
(*Guangdong Provincial Key Laboratory of High Technology for Plant Protection*, *Plant Protection Research Institute Guangdong Academy of Agricultural Sciences*, *Guangzhou* 510640, *China*)

Abstract: The *Ralstonia solanacearum* species complex (RSSC) strains are severely destructive on a wide host range, and caused producing serious economic losses. In 2018, a bacterial wilt on pepino melon was observed in Huizhou city, Guangdong province, China. Identifying the pathogen of the pepino melon bacterial wilt and exploring its pathogenesis might be useful in developing control strategies. Physiological and biochemical, phylotyping, and pathogenicity were carried out. Seventeen isolates of pepino melon were identified as *Ralstonia pseudosolanacearum* (*R. solanacearum* phylotype I), race 1, biovar 3. A strain RS24 has a genome of 6. 10 Mb that consists of a 3 908 757 bp circular chromosome, a 2 077 399 bp circular megaplasmid and a 118 798 bp circular small plasmid with 5 217 protein-coding genes, 60 transfer RNAs, 5 non-coding RNAs, and 4 rRNAs (5S, 16S, and 23S), and the G + C content of 66. 69%. Functional annotation successfully classified 4 026 genes into 25 COG categories. Five candidate CRISPRs, 77 genomic islands and 10 prophages were predicted. RS24 contained a small plasmid carrying type IV secretion system (T4SS), and was different from GMI1000 in the number and type of T3SS effectors and the gene encoding T6SS. The genome sequencing and analysis of strain RS24 provided effective reference data for further study of the pathogenic mechanism and exploring the host specificity of *R. pseudosolanacearum*. This was the first record of pepino melon bacterial wilt caused by *R. pseudosolanacearum*.

Key words: Bacterial wilt; *Ralstonia pseudosolanacearum*; Pepino melon; Genome

马铃薯环腐病菌在低温下的存活状态研究

楚文清*，王旭东，许晓丽，崔秀芬，李健强，罗来鑫**
（中国农业大学植物病理学系，种子病害检验与防控北京市重点实验室，北京　100193）

摘　要：马铃薯环腐病（Potato ring rot）是由环腐棒形杆菌（*Clavibacter sepedonicus*，简称Cs）引起的检疫性病害，是马铃薯生产上最严重的细菌性病害之一。该病害在世界上四大洲均有分布，目前在我国黑龙江、河南、台湾等省有报道。马铃薯环腐病菌可以通过种薯携带和传播，适应马铃薯块茎的低温储藏环境，导致下一生长季田间病害的发生。

为探明马铃薯环腐病菌在低温下的存活状态及其适应低温的机制，本研究模拟生产中马铃薯生长和种薯块茎贮存的4个温度，测定了不同温度下Cs在营养培养基中生长情况和在0.85% NaCl溶液寡营养条件下的可培养菌量的变化和细胞通透性。结果表明在营养培养基中，Cs在26℃下生长最快、其次是10℃、4℃。将初始菌浓度为10^8 CFU/mL的菌悬液静置于不同温度的0.85% NaCl溶液中，选取0 d、1 d、2 d、7 d、12 d、17 d、…、62 d共12个时间点统计Cs的可培养菌量，结果表明在处理62 d后，静置于26℃环境中的Cs可培养菌量仅有10^2～10^3 CFU/mL，而在10℃、4℃和-20℃的可培养菌量则为10^5～10^7 CFU/mL，表明低温有利于其较长时间的存活。通过邻硝基苯-β-D-吡喃半乳糖苷（ONPG）试验测定了不同温度对Cs细胞膜通透性的影响，表明Cs在-20℃处理下细胞膜通透性最大，其次是4℃、26℃。

综上所述，试验表明低温更有利于Cs的存活，后续将对Cs在低温下的存活机制开展进一步研究。

关键词：马铃薯环腐病菌；低温存活；细胞膜通透性

* 第一作者：楚文清，硕士研究生，主要从事植物病原细菌抗逆机制研究；E-mail：cwq17330909761@163.com
** 通信作者：罗来鑫，博士生导师，主要从事种子病理学及植物病原细菌抗逆机制研究；E-mail：luolaixin@cau.edu.cn

番茄溃疡病菌在酸性条件下的生存状况初探

刘　岩*，谢　萌，于铖偎，许晓丽，李健强，罗来鑫**

（中国农业大学植物病理学系，种子病害检验与防控北京市重点实验室，北京　100193）

摘　要：由密执安棒形杆菌（*Claviabcter michiganensis*，*Cm*）引起的番茄溃疡病是一种重要的检疫性种传病害，在全世界范围内广泛分布。番茄溃疡病的发生对番茄的产量和种子质量都会造成严重影响。在番茄的制种过程中，种子收获后需要经过发酵、酸处理等一系列操作，以降低种子的带菌量，获得相对洁净的种子。因此，明确番茄溃疡病菌在酸性条件下的存活机制，对于研究病原菌的传播规律及控制田间病害的发生具有重要意义。

本研究测定了 *Cm* 在不同酸性 pH 值 LB 液体培养基中的生长曲线，结果表明，当 pH 值＝6 时，其生长情况与中性 pH 值的对照组相同，对 *Cm* 生长无影响；当培养基 pH 值＝5 时，酸性条件对 *Cm* 的生长产生了较明显的抑制，生长速率明显降低，进入生长稳定期的菌浓度 OD_{600} 值仅为 1.02，显著低于对照组的 1.16；当培养基 pH 值＝4 及以下时，*Cm* 的生长被极大地抑制，几乎无法生长。随后，通过测定细胞内 β-半乳糖苷酶的含量，探究了酸处理对细胞膜通透性的影响。结果显示，在相同的处理时间内，对照组的细胞膜通透性最高，其次是处理条件为 pH 值＝5 时，当处理条件为 pH 值＝3 时细胞膜通透性最低，表明番茄溃疡病菌可能通过降低细胞膜通透性来阻碍部分氢离子进入细胞，从而抵抗酸性条件的胁迫。后续将对番茄溃疡病菌响应酸性条件的其他特性及其耐酸机制进行深入研究。

关键词：番茄溃疡病菌；酸处理；生存；细胞膜通透性

* 第一作者：刘岩，硕士研究生，研究方向为种子病理学；E-mail：liuyann926@ 163. com

** 通信作者：罗来鑫，博士生导师，研究方向为种子病理及杀菌剂药理学；E-mail：luolaixin@ cau. edu. cn

梨火疫菌株 KL20-28 绿色荧光蛋白基因（GFP）转导及其对寄主杜梨的侵染过程示踪

巩培杰，承心怡，赵延存，刘凤权
（江苏省农业科学院植物保护研究所，江苏省食品质量安全重点实验室-
省部共建国家重点实验室培育基地，南京　210014）

摘　要：梨火疫菌（*Erwinia amylovora*）严重威胁我国梨的产量与质量，明确其与寄主梨互作过程及机理，对防治梨火疫病具有重要意义。本研究采用两亲交配转化法，将质粒 *PBBR-GFP* 转入梨火疫菌强致病性菌株 KL20-28，构建了有绿色荧光蛋白 GFP 标记的过量表达菌株 KL 20-28-GFPox。发现转化子 KL 20-28-GFPox 在无抗生素（庆大）选择压力的 NA 培养基转接 10 次后，绿色荧光的表达仍清晰稳定。对其生长曲线的测定结果表明，野生型菌株 KL20-28 生长速度和 GFP 标记菌株 KL 20-28-GFPox 基本一致。利用烟草叶片对 GFP 标记菌株进行超敏反应的检测，结果发现，菌株 KL 20-28-GFPox 不影响其激发烟草的超敏反应。对杜梨叶片的叶肉、主叶脉以及次主叶脉侵染 KL 20-28-GFPox 后发现，菌株通过主叶脉部位传播及引起梨火疫病症状的效果最为明显；而通过叶肉侵染后病菌扩散受到抑制。本研究为分析梨火疫病菌对寄主梨的侵染示踪提供了一种有效工具。

关键词：梨火疫病菌；绿色荧光蛋白；侵染过程；梨

First Report of Bacterial Leaf Spot on Muskmelon Caused by *Pseudomonas syringae* pv. *syringae* in China

JI Wenjie[1], SONG Zhiwei[2], FANG Qin[2], DAI Fuming[2]

(1. *College of Fisheries and Life Sciences*, *Shanghai Ocean University*, *Shanghai* 201306, *China*; 2. *Eco-Environmental Protection Research Institute*, *Shanghai Academy of Agricultural Sciences*, *Shanghai* 201403, *China*)

Abstract: Muskmelon (*Cucumis melo* L.) is one of the most widely cultivated and economically important fruit crops in the world. In January 2023, muskmelon leaves of cultivar 'Sheng Gu' were observed with irregularly shaped spots in several nurseries in Pudong District of Shanghai, China. Initially, irregular soaking symptoms appeared on the leaves as a symptom of the infection, which progressed to rotting and necrotic spots. To isolate and identify the causal agent, the small pieces of lesion tissues from symptomatic leaves were sterilized by 75% ethanol for 30 s, and rinsed three times with sterile water. Following that, the tissues were crushed with sterile glass rod in a sterile 2.0 mL centrifuge tube containing 100 μL of sterile water. The suspension was serially diluted before being distributed on Luria-Bertani (LB) medium. After 48 h of incubation at 28℃, the cream-colored bacterial colonies at the 10^{-4} dilution were tiny and streaked on LB plate for purification. To confirm the species identity of the bacterial isolates, several onserved genes were amplified and sequenced, including the 16S rRNA gene with primers 27F/1492R, *gyrB* gene with primers gyrBFor2/gyrBRev2, and *rpoD* gene with primers rpoDFor2/rpoDRev2 (Lelliot *et al.*, 1966; Murillo *et al.*, 2011). By BLAST analysis in GenBank, the 16S rDNA sequences (accession No. OQ659765) showed 100% homology with gene sequences of *Pseudomonas* spp. The *gyrB* (accession No. OQ708618) and *rpoD* (accession No. OQ708619) sequences showed high similarity (> 99%) to *P. syringae* pv. *syringae* strains. The bacterial isolate was designated as *P. syringae* pv. *syringae* strain PDTG. Phylogenetic tree analysis of 16S rDNA, *gyrB* and *rpoD* genes further verified that the bacteria isolate was in close proximity to *P. syringae* pv. *syringae*. Additionally, specific primers for *P. syringae* pv. *syringae* was used for polymerase chain reactions (PCR), with specific primers PsyF/PsyR (Borschinger *et al.*, 2016; Guilbaud *et al.*, 2016). All four isolates could be detected by specific primers. Ten healthy 'Sheng Gu' muskmelon seedlings, aged two weeks, were inoculated by spraying with the bacterial suspension of 10^8 CFU/mL, and ten additional healthy plants treated with sterilized water served as a control. The inoculated plants were maintained at 25℃ and 75% relative humidity for 7 days in artificial climate room. Water-soaked rot appeared on leaves after inoculation 7 days, while the leaves of control samples remained healthy. The bacteria were re-isolated from rot of inoculated leaves, and confirmed by specific primers. The isolates were also identified as the original pathogen by the 16S rRNA gene sequences. To our knowledge, this is the first report of *P. syringae* pv. *syringae* causing bacterial leaf spot on muskmelon in China, and this report expands the host range of *P. syringae* pv. *syringae*.

Key words: Muskmelon; Bacterial Leaf Spot; *Pseudomonas syringae* pv. *syringae*

柑橘黄龙病菌 SDE 效应蛋白 MDH1 的转基因枳橙转录组分析*

李富璇**，李甜雨，李瑞民，黄桂艳***
（赣南师范大学生命科学学院，中美柑橘黄龙病联合实验室，赣州　341000）

摘　要：柑橘黄龙病是由韧皮部杆菌属细菌（*Candidatus* Liberibacter spp.）引起的世界范围内最具毁灭性的柑橘疾病之一，给世界柑橘产业造成严重的威胁。柑橘感染黄龙病后，先引起韧皮部组织坏死和筛管堵塞，进而导致光合产物从源器官到库器官的运输受阻，最后造成植株代谢紊乱、衰退直至死亡。黄龙病菌通过分泌 Sec 依赖的效应蛋白（Sec-dependent effectors，SDEs）抑制植物免疫，然而人们对黄龙病菌 SDEs 的毒性功能及其与寄主靶标的互作机制的认识还十分有限。据报道黄龙病菌候选 SDE 效应蛋白 CLIBASIA_00495 是一个金属依赖的水解酶（metal-dependent hydrolase，MDH），因此将其命名为 MDH1。实时荧光定量 PCR 分析发现 *MDH*1 在黄龙病菌侵染柑橘过程中上调表达，为进一步研究 *MDH*1 的功能，我们制备了过表达 *MDH*1 的转基因枳橙材料，利用 RNA-seq 分析了 *MDH*1 转基因枳橙与野生型枳橙基因表达模式的差异，筛选到 855 个差异表达基因（DEGs）。基因功能分析发现 DEGs 广泛参与倍半萜和三萜生物合成、苯丙烷生物合成、植物与病原体互作、细胞壁代谢、谷胱甘肽代谢以及淀粉和蔗糖代谢等生物学过程和代谢途径。此外，在 *MDH*1 转基因枳橙中，大量编码细胞壁代谢、蛋白酶及转录因子的基因呈下调表达。本研究阐明了 *MDH*1 转基因枳橙与野生型枳橙在转录组水平上的差异，为揭示黄龙病菌 SDE 效应蛋白对柑橘代谢网络的调控机制提供了新的见解。

关键词：柑橘黄龙病；金属依赖的水解酶；转基因枳橙；转录组

---

* 基金项目：江西省青年科学基金（20202BABL215006）；江西省“双千计划”（jxsq2020102129）

** 第一作者：李富璇，硕士研究生，园艺学专业；E-mail：843924337@ qq. com

*** 通信作者：黄桂艳，讲师，植物与病原微生物互作；E-mail：huangguiyan@ gnnu. edu. cn

第五部分　线　虫

孢囊线虫效应蛋白 Hg11576 靶向大豆 GmHIR1 抑制寄主免疫的分子机制研究*

姚　珂**，彭德良，彭　焕***

（中国农业科学院植物保护研究所，北京　100193）

摘　要：大豆孢囊线虫（*Heterodera glycines*）侵染引起的大豆孢囊线虫病（Soybean cyst nematode，SCN）在全世界的大豆（*Glycine max*）主产区均有分布和危害，防治难度大、防治费用高，全球每年由大豆孢囊线虫造成的经济损失高达数十亿美元。植物寄生线虫通过口针向寄主体内分泌大量的效应蛋白，这些效应蛋白在线虫维持取食位点以及抵抗寄主防卫反应中都发挥着关键作用。我们通过对大豆孢囊线虫基因组效应蛋白的非编码区进行分析，发现了 200 多个启动子含有由“ATGCCA”组成的 DOG-box（Dorsal Gland box）的新效应蛋白，其中大部分的功能暂无相关报道。通过对这些潜在效应蛋白进行筛选，得到了 10 个能抑制 BAX 或 GPA2/RBP1 介导的过敏性坏死的候选蛋白，其中包括 Hg11576。Hg11576 的表达部位主要位于 SCN 食道腺；Hg11576 在烟草叶片中的瞬时表达能够抑制 BAX 激发的过敏性坏死反应；体外介导 *Hg*11576 基因沉默后，大豆孢囊线虫二龄幼虫的侵染率下降 69%，单株白雌虫量减少 47%；采用酵母双杂交发现 Hg11576 与大豆过敏性诱导蛋白 GmHIR1 互作。HIR 蛋白是一类与植物过敏性反应相关的蛋白，能参与植物的免疫反应。在烟草叶片中瞬时表达 *GmHIR*1 能够引起过敏性坏死反应。以上结果表明，大豆孢囊线虫效应蛋白 Hg11576 通过靶向大豆过敏诱导蛋白 GmHIR1，抑制寄主免疫反应，促进 SCN 的寄生，但 Hg11576 具体的生物学功能及与 GmHIR1 互作抑制寄主免疫反应的作用机制还正在研究中。

关键词：大豆孢囊线虫；效应蛋白；植物与线虫互作；致病性；免疫

---

* 基金项目：公益性行业（农业）科研专项（201503114）；国家自然科学基金（31672012，31972247）

** 第一作者：姚珂，博士后，从事植物寄生线虫致病机理研究；E-mail：11816092@ zju. edu. cn

*** 通信作者：彭焕，研究员，从事植物与线虫互作机制研究；E-mail：hpeng83@ 126. com

Enhancing the Production of Xenocoumacin 1 in *Xenorhabdus nematophila* CB6 by a Combinatorial Engineering Strategy

QIN Youcai[1,2*], JIA Fenglian[1*], ZHENG Xiaobing[1], LI Xiaohui[1], DUAN Jiaqi[1], LI Beibei[1], SHEN Hongfei[1,3], YANG Xiufen[1], REN Jie[1], LI Guangyue[1**]

[1. *State Key Laboratory for Biology of Plant Diseases and Insect Pests/Key Laboratory of Control of Biological Hazard Factors (Plant Origin) for Agri-product Quality and Safety, Ministry of Agriculture, Institute of Plant Protection, Chinese Academy of Agricultural Sciences, Beijing* 100081, *China*; 2. *State Key Laboratory of Medical Molecular Biology, Department of Microbiology and Parasitology, Institute of Basic Medical Sciences, Chinese Academy of Medical Sciences, School of Basic Medicine Peking Union Medical College, Beijing* 100005, *China*; 3. *Comprehensive Test Ground of Xinjiang Academy of Agricultural Sciences, Urumqi* 830012, *China*]

Abstract: Xenocoumacin 1 (Xcn1) is an excellent antimicrobial natural product against *Phytophthora capsici*. However, the commercial development of Xcn1 is hindered by the low yield, which results in high application cost. In this study, multiple metabolic strategies, including blocking the degradation pathway, promoter engineering and deletion of competing biosynthetic gene clusters (BGCs), were employed to improve the production of Xcn1, which was increased from 0.07 g/L to 0.91 g/L. The formation of Xcn1 reached 1.94 g/L in the TB medium with the final strain T3 in shake flask, and further reached 3.52 g/L in a 5-L bioreactor, which is the highest yield ever reported. The engineered strain provides a valuable platform for cost-effective production of Xcn1, and the commercial development of Xcn1 is now possible. We anticipate that the metabolic engineering strategies utilized in this study and the constructed constitutive promoter library can be widely applied to other bacteria of the genera *Xenorhabdus* and *Photorhabdus*.

Key words: *Xenorhabdus nematophila*; Xenocoumacin 1; Constitutive promoters; Metabolic engineering

---

* First authors: These two authors contribute equally to this paper

** Corresponding author: LI Guangyue; E-mail: liguangyue@ caas. cn

谷子白发病菌遗传多样性研究*

董志平[1**]，王 璐[2]，刘 佳[1]，马继芳[1]，白 辉[1***]，李志勇[1***]
（1. 河北省农林科学院谷子研究所，石家庄 050035；
2. 河北工程大学园林与生态工程学院，邯郸 056038）

摘 要：谷子白发病是由禾生指梗霉（*Sclerospora graminicola*）引起的一种谷子病害，该病害由种子及土壤带菌传播。近年来推广的品种抗病性较差，另外连作田土壤中病菌累积及生产用种普遍带菌，导致该病害在春谷区和夏谷区普遍发生，严重威胁了谷子的安全生产，而对其群体遗传结构及变异缺乏认识，因此对不同谷子产区白发病菌 28S rRNA 基因进行测序分析，研究其遗传变异性对病害防控具有指导意义。分别从河北、河南、山东、山西、辽宁、吉林、黑龙江、内蒙古、陕西和贵州采集谷子白发病菌病样 128 个，通过 CTAB 法提取病菌基因组 DNA。对 GenBank 数据库中谷子白发病菌的 28S rRNA 序列（KT248943. 1）比对分析，利用 Primer 5. 0 软件设计出 1 对特异性引物进行谷子白发病菌 28S rRNA 基因扩增。对 128 个谷子白发病菌病样 28S rRNA 序列进行了多态性分析，发现共有 172 个多态性位点，包含 1 个多变异位点，即 28S rRNA 序列的第 326 位核苷酸位点，多态性位点多为 A-G 之间的转换。通过软件分析发现 128 份样品中共有 92 个单倍型，并将其命名为 SG1～SG92。对不同地区的单倍型分布分析，发现在这 92 种单倍型中，SG6 单倍型出现次数最多，在春夏谷区均有出现，为绝对优势单倍型。从我国谷子主产区单倍型分布的水平来看，河北省的单倍型最为丰富，共有 42 个单倍型，山东省单倍型数目最少仅为 2 个。陕西、山西、黑龙江、吉林、贵州、内蒙古、辽宁和河南的单倍型数目分别为 13 个、10 个、8 个、7 个、6 个、5 个、4 个和 3 个。上述结果说明不同谷子产区的白发病菌单倍型有着地区的特异性，但并不遵循严格的地理限制。谷子白发病菌遗传多样性分析为今后谷子抗白发病育种及谷子白发病防控提供了参考。

关键词：谷子；白发病；遗传多样性

---

* 基金项目：财政部和农业农村部国家现代农业产业技术体系（CARS-06-14. 5-A25）；河北省农林科学院基本科研业务费试点经费（HBNKY-BGZ-02）

** 第一作者：董志平，研究员，主要从事谷子病害研究；E-mail：dzping001@ 163. com
*** 通信作者：白辉，研究员，主要从事谷子病害研究；E-mail：baihui_mbb@ 126. com
李志勇，研究员，主要从事谷子病害研究；E-mail：lizhiyongds@ 126. com

禾谷孢囊线虫 *Ha*34609 基因功能的研究*

坚晋卓**，李　新，吴独清，黄文坤，刘世名，孔令安，彭　焕***，彭德良***
（中国农业科学院植物保护研究所，植物病虫害综合治理全国重点实验室，北京　100193）

摘　要：小麦禾谷孢囊线虫（*Heterodera avenae*）是一种严重危害小麦等禾谷类作物的重要病原线虫，对全世界小麦等粮食作物的生产构成了严重威胁，并造成重大经济损失，目前依旧缺乏有效的防治措施。通过研究禾谷孢囊线虫的致病机制，尤其是对在植物线虫寄生和致病过程中发挥关键作用的效应蛋白的研究，将为开发防控新技术提供必要的理论基础。本实验室在完成的禾谷孢囊线虫不同发育阶段表达谱分析的基础上，通过生物信息学和分子生物学技术从中鉴定出 282 个潜在效应蛋白编码基因，其中编号为 comp34609 的序列与大豆孢囊线虫效应蛋白 G20E03 相似度高（74%），命名为 *Ha*34609。该基因全长 837 bp，其中包含一个 585 bp 的开放阅读框，编码 194 个氨基酸，在 N 端拥有一个 21 个氨基酸的信号肽，且不含跨膜结构域。原位杂交显示，*Ha*34609 基因主要在 *H. avenae* 亚腹食道腺细胞中特异性表达；发育表达分析发现，*Ha*34609 基因在侵染后 2 龄幼虫中表达量最高；亚细胞定位结果表明，Ha34609 定位于烟草叶片细胞的液泡膜上；在植物中，利用体外 RNAi 实验发现，靶基因的转录水平明显下降，导致寄主根系内的线虫数量和孢囊数量均显著下降，并且孢囊的长度和宽度也显著减小，表明 Ha34609 效应蛋白对线虫的寄生起重要作用。由此确定 *Ha*34609 效应蛋白是由禾谷孢囊线虫亚腹食道腺细胞合成，通过口针分泌到寄主体内，然后作用于液泡膜，推测其可能在线虫侵染和早期寄生过程中，通过作用于液泡膜，参与合胞体的形成与维持。本研究通过对禾谷孢囊线虫效应蛋白进行研究，其结果将为解析禾谷孢囊线虫致病机理提供理论基础，为开发防控新技术提供策略。

关键词：禾谷孢囊线虫；致病机制；效应蛋白

---

* 基金项目：国家自然科学基金（31772142，31571988）；公益性行业科研专项（201503114）
** 第一作者：坚晋卓，博士研究生，从事植物线虫分子生物学研究；E-mail：jianjinzhuo@163.com
*** 通信作者：彭焕，研究员，从事植物寄生线虫研究；E-mail：hpeng@ippcaas.cn
彭德良，研究员，从事植物线虫研究；E-mail：pengdeliang@caas.cn

线虫几丁质合成酶与几丁质酶研究进展与展望

陈美晴，王冬立，刘俊峰
（中国农业大学植物保护学院植物病理学系，北京　100193）

摘　要：每年由植物寄生性线虫引起的植物病害造成的农业经济损失超过 1 000 亿美元。线虫的卵壳和表皮的主要成分是几丁质。几丁质的合成和分解分别由几丁质合成酶和几丁质酶进行：几丁质合成酶以 N-乙酰葡萄糖胺为底物合成几丁质，几丁质酶则催化几丁质水解生成 N-乙酰葡萄糖胺。鉴于几丁质对于线虫结构完整的重要性，几丁质合成酶和几丁质酶可以作为研发杀线虫剂的靶标。研究发现，通过 RNAi 介导的几丁质合成酶的基因沉默可增强转基因烟草对根结线虫的抗病力；RNA 干扰秀丽隐杆线虫的几丁质酶表达时，会导致线虫卵无法孵化而死亡。目前已报道秀丽隐杆线虫几丁质酶的结构和抑制剂，但对于线虫几丁质合成酶的结构和抑制剂尚未报道。从分子水平上对线虫几丁质合成酶与几丁质酶的研究现已开展，但其三维结构、RNA 或者小分子抑制剂等方面还需进一步研究，使以线虫几丁质合成酶和几丁质酶为靶标的杀线虫剂的精准设计成为可能。

关键词：线虫；几丁质；几丁质合成酶；几丁质酶

一种快速简便土壤线虫定量技术

成泽珺[1]，Toyota Koki[2]，Karl Ritz[3]
（1. 河南科技大学园艺与植物保护学院，洛阳　471003；
2. 东京农工大学生物应用与系统工程研究院，日本东京　184-8588；
3. 诺丁汉大学生物科学学院，英国萨顿博宁顿莱斯特郡 LE12 5RD）

摘　要：大蒜腐烂茎线虫一直以来都是日本大蒜生产的主要病原，对相关产业造成了严重的损害。本课题的研究表明，种植初期土壤中的大蒜腐烂茎线虫虫口密度较高时对大蒜的损害程度具有影响，而在 20 g 干土虫口密度低于 14 条时，大蒜生产不会受到影响。因此，迫切需要开发更加快速、准确的土壤线虫定量技术，以普及种植前土壤检测。

本研究结合土壤预处理、DNA 提取和 real-time PCR 的方法，开发了一种高灵敏度和低成本的土壤线虫定量方法，并证实其有效性。在本研究中，分别将大豆孢囊线虫、马铃薯腐烂线虫和南方根结线虫这三种线虫接种于土壤，并进行球磨处理，并用磷酸盐缓冲液提取其 DNA，用 real-time PCR 法对目标线虫进行定量检测。实验结果表明，该方法测得的 Ct 值与常规方法测的 Ct 值有着高度的相关性（$R^2 > 0.75$），而且 Ct 值与土壤中接种的虫口数也呈显著相关性（$R^2 > 0.987$）。经测试发现，采用该简易法只需 1 h 就可以提取 6 个样品的 DNA，且总耗材约 4.8 美元。相比之下，使用常规法提取 1 个样品 DNA 需 3 h，耗材约 2 美元/个。因此，该技术为大蒜生产提供了一种高效而简便的土壤线虫监测和防控手段，有望为大蒜病害防治提供理论支持和实际应用指导。

关键词：土壤检测；定量 PCR；大蒜腐烂茎线虫；磷酸盐缓冲液

马铃薯主栽品种对金线虫的抗性鉴定研究*

江　如**，彭　焕，刘世名，黄文坤，彭德良***
（中国农业科学院植物保护研究所，植物病虫害综合治理全国重点实验室，北京　100193）

摘　要：马铃薯孢囊线虫（Potato cyst nematode，PCN），包括马铃薯金线虫（*Globodera rostochiensis*）以及马铃薯白线虫（*G. pallida*），是我国禁止进境的一类植物检疫危险性线虫，严重危害马铃薯生产，现纳入全国农业植物检疫性有害生物名单。自 2018 年我国发现马铃薯金线虫在贵州发生以来，进一步调查发现其在云南省、贵州省和四川省等多地发生危害，全国扩散风险极高。对于马铃薯金线虫的防治，种植抗病品种被认为是最具经济效益和生态效益的防治方法。然而，对于马铃薯金线虫在我国传播与危害，我国马铃薯种质对其抗性水平等科学问题尚不明确。本研究对我国 22 个马铃薯主栽品种进行抗性鉴定及评价。田间试验和盆栽接种结果一致表明，5 个品种表现为高抗马铃薯金线虫，占全部参试品种的 22.7%，即云薯 505、宣薯 5、会薯 15、会薯 19 及云薯 304，P14187 表现为中等抗病，16 个品种为感病品种。本研究为马铃薯金线虫抗病品种的选择及培育提供重要参考。

关键词：马铃薯金线虫；品种抗性；防控

* 基金项目：国家自然科学基金（32072398）；政府购买服务项目（15190025）；中国农业科学院科技创新工程（ASTIP-02-IPP-15）

** 第一作者：江如，博士研究生，专业方向为植物线虫分子生物学研究；E-mail：jiangruby@126.com

*** 通信作者：彭德良，研究员，研究方向为植物线虫研究；E-mail：pengdeliang@caas.cn

贵州不同种群水稻干尖线虫 mtDNA-COⅠ基因多态性分析*

刘明睿[1**]，吴　艳[1]，江兆春[2]，张　会[1]，蔡志文[1]，王　勇[1]，杨再福[1,3***]

（1. 贵州大学农学院植物病理教研室，贵阳　550025；
2. 贵州省植保植检站，贵阳　550001；3. 贵州大学蔬菜研究院，贵阳　550025）

摘　要：水稻干尖线虫（*Aphelenchoides besseyi*）侵染水稻引起植株矮化、叶片叶尖干枯扭曲、小穗，严重影响水稻的产量和品质。本研究从贵州织金县、独山县、黔西县、榕江县和金沙县等地稻穗、叶片以及土壤中分离该线虫，经形态学确认为水稻干尖线虫后，采用单条线虫提取 DNA，扩增线粒体 DNA 细胞色素 C 氧化酶亚基Ⅰ基因（mtDNA-COⅠ）并测序，测序结果用 ContingExpress 6.0 软件进行拼接，在美国国立生物技术信息中心经 BLAST 比对进行分子鉴定，对确认为水稻干尖线虫 mtDNA-COⅠ的基因序列，采用 DNAsp 5.10、MEGA 11.0 软件进行分析。结果表明，该片段有 683 bp，各种群的（A+T）含量明显高于（G+C）含量，其平均值分别为 68.0%、32.0%，多态性位点有 40 个，总突变位点有 44 个，变化位点有 33 个，无插入和缺失位点，种群间遗传距离在 0.010 3~0.056 8，显示贵州不同来源的水稻干尖线虫种群间存在一定的遗传分化。

关键词：水稻干尖线虫；mtDNA-COⅠ；多态性

---

* 基金项目：贵州省高原特色蔬菜产业技术体系；贵州省植物病理学科科技创新人才团队（黔科合平台人才〔2022〕5001）

** 第一作者：刘明睿，硕士研究生，研究方向为植物病理学；E-mail：mingruiliur@163.com

*** 通信作者：杨再福，研究方向为植物线虫检测与防控；E-mail：zfyang@gzu.edu.cn

3株节丛孢（*Arthrobotrys*）的鉴定及对植物线虫的捕食效果*

吴　艳[1**]，张　会[1]，江兆春[2]，刘明睿[1]，王　勇[1]，杨再福[1,3***]
（1. 贵州大学农学院植物病理教研室，贵阳　550025；
2. 贵州省植保植检站，贵阳　550001；3. 贵州大学蔬菜研究院，贵阳　550025）

摘　要：节丛孢属（*Arthrobotrys*）广泛分布于土壤中，因其独特的生存方式，多样的捕食结构及丰富的种类，成为食线虫真菌研究的热点，同时也是防控植物线虫生物农药的重要来源。本研究从贵州省威宁县和黔西县采集土样，以松材线虫（*Bursaphelenchus xylophilus*）为诱饵，采用直接撒土法诱集捕食真菌，观察到线虫被真菌捕食后，采用无菌注射器或牙签挑取真菌的分生孢子或菌丝转移至马铃薯葡萄糖琼脂培养基（PDA）上进行纯化，通过形态学结合核糖体内转录间隔区（ITS）、翻译延伸因子1-α（TEF-1α）联合建系统发育树进行鉴定，鉴定到3株节丛孢，分别为*A. megalospora*、少孢节丛孢（*A. oligospora*）、中国节丛孢（*A. sinensis*）。采用水琼脂平板法测试对水稻干尖线虫（*Aphelenchoides besseyi*）、松材线虫和腐烂茎线虫（*Ditylenchus destructor*）3种植物线虫的捕食效果，结果表明，24 h时*A. megalospora*对水稻干尖线虫、松材线虫、腐烂茎线虫的捕食率分别为83.3%、28.5%和3.3%；少孢节丛孢对水稻干尖线虫、松材线虫、腐烂茎线虫的捕食率为82.5%、53.5%和26%；中国节丛孢对水稻干尖线虫、松材线虫、腐烂茎线虫的捕食率为68.3%、60%和9%。本研究结果显示，同种节丛孢对不同植物线虫的捕食率存在较大的差异，同时不同节丛孢种类之间对同种线虫的捕食率也存在一定的差异。

关键词：*Arthrobotrys*；植物线虫；捕食

* 基金项目：贵州省高原特色蔬菜产业技术体系；贵州省植物病理学科科技创新人才团队（黔科合平台人才〔2020〕5001）

** 第一作者：吴艳，硕士研究生，从事植物线虫病害研究；E-mail：18164816527m@sina.cn
*** 通信作者：杨再福，研究方向为植物线虫检测与防控；E-mail：zfyang@gzu.edu.cn

4 种生物药剂对马铃薯金线虫二龄幼虫的活性测试*

蔡志文[1**]，江兆春[2]，吴　艳[1]，张　会[1]，刘明睿[1]，王　勇[1]，杨再福[1,3***]
（1. 贵州大学农学院植物病理教研室，贵阳　550025；
2. 贵州省植保植检站，贵阳　550001；3. 贵州大学蔬菜研究院，贵阳　550025）

摘　要：马铃薯金线虫（*Globodera rostochiensis*）危害马铃薯地下部分造成严重的损失，是马铃薯种植上危害最为严重的植物线虫。本研究以浸虫法室内测试 1.3%苦参碱、99.9%蛇床子素、0.5%藜芦碱、0.3%印楝素等生物药剂对马铃薯金线虫二龄幼虫的活性，旨在探索生物药剂对该线虫的活性，为该线虫的绿色防控提供应用基础。结果表明，供试的生物药剂 0.5%藜芦碱有效药剂浓度 200 mg/L、400 mg/L、800 mg/L 时，在 30 min 后对马铃薯金线虫二龄幼虫的校正死亡率均达 100%；1.3%苦参碱有效药剂浓度 650 mg/L、1 300 mg/L、1 950 mg/L时，在 2 h 后对马铃薯金线虫二龄幼虫的校正死亡率分别为 34.53%、40.28%和 42.52%；0.3%印楝素有效药剂浓度 120 mg/L、240 mg/L 和 360 mg/L 时，在 2 h 后对马铃薯金线虫二龄幼虫的校正死亡率分别为 31.31%、35.66%和 41.62%；99.9%蛇床子素有效药剂浓度 400 mg/L、800 mg/L、800 mg/L 时，在 2 h 后对马铃薯金线虫二龄幼虫的校正死亡率均为 0。研究结果显示 0.5%藜芦碱对马铃薯金线虫二龄幼虫活性最强，1.3%苦参碱和 0.3%印楝素表现出一定的活性，而 99.9%蛇床子素则无活性。

关键词：马铃薯金线虫；生物药剂；杀线活性

* 基金项目：贵州省高原特色蔬菜产业技术体系；贵州省植物病理学科科技创新人才团队（黔科合平台人才〔2020〕5001）

** 第一作者：蔡志文，本科生，研究方向为植物保护；E-mail：3013633802@ qq. com

*** 通信作者：杨再福，研究方向为植物线虫检测与防控；E-mail：zfyang@ gzu. edu. cn

新型杀线剂对烟草根结线虫病的防治研究*

苗 圃[1**]，王 惠[1]，李荣超[2]，刘晓凯[2]，张 宇[2]，周俊学[1]，王润东[2]，崔江宽[2***]
（1. 河南省烟草公司洛阳市公司，洛阳 471023；
2. 河南农业大学植物保护学院，郑州 450002）

摘 要：烟草根结线虫（Root-knot nematode）是烟草生产过程中的重要病害。研究杀线虫剂对烟草根结线虫的防治效果，有助于筛选对烟草根结线虫具有良好防治效果的杀线虫剂。笔者选用 10 种单剂和 9 种复配剂于 2020—2022 年在洛阳烟草根结线虫病自然发病的试验田中开展药效防治试验，对比分析不同药剂对烟草根际土壤幼虫和病情指数的影响。结果表明：单剂中，路富达、光线、甲维氟氯氰虫口减退率均超过 70.00%；复配剂中，利幅达+路富达、利幅达+AB22011 效果较好，虫口减退率均超过 80.00%。单剂路富达、银法利、专线、光线和甲维氟氯氰病情指数均低于 15.00 且防效高达 60.00%以上；复配药剂利福达+AB22011、藻解酶+AB22011 病情指数均低于 10.00 且防效高达 70.00%以上。综上所述，路富达、光线、甲维氟氯氰等单剂和利福达+AB22011 复配剂对烟草根结线虫具有较好的防治效果，可以作为防治烟草根结线虫的药剂在烟草生产中推广使用。

关键词：根结线虫；杀线虫剂；复配剂；防治效果

* 基金项目：河南省烟草公司洛阳市公司重点科研项目（2022410300270069）；中国烟草总公司河南省公司重点项目（2023410000240023）

** 第一作者：苗圃，农艺师，主要从事烟草病虫害绿色防控技术研究；E-mail：miaopu888@163.com
*** 通信作者：崔江宽，副教授，主要从事植物与线虫互作机制研究；E-mail：jk_cui@163.com

烟草常见病害与植物线虫生防菌的筛选与鉴定*

郑逢茹[1**]，李　倩[2]，徐　敏[3]，何　雷[3]，宛馨茹[1]，
李文扬[1]，王　宽[1]，武　肖[1]，崔江宽[1***]
（1. 河南农业大学植物保护学院，郑州　450002；2. 河南省烟草公司南阳市公司，
南阳　473061；3. 河南省烟草专卖局，郑州　450018）

摘　要：为筛选对烟草常见病害与植物线虫具有防治效果的生防菌株，利用稀释涂布平板法，从烟草根际土壤中分离得到 68 株细菌。通过对峙试验测定 68 株细菌对 8 种烟草常见病害病原菌有拮抗作用。结果表明，有 1 株细菌 HN001 对烟草立枯丝核菌 AG-3、烟草链格孢菌、烟草疫霉、烟草尖孢镰孢菌、烟草茄病镰孢菌、烟草层生镰孢菌、烟草立枯丝核菌 AG-1 和烟草齐整小核菌的抑菌率分别为 71. 30%、65. 13%、63. 63%、55. 00%、57. 88%、60. 71%、59. 33%和 55. 46%；随后对该菌株发酵液的杀线活性进行测试，结果表明，该菌株 1×（原液）发酵液对腐烂茎线虫、松材线虫和拟松材线虫具有良好的杀线作用，处理 48 h 时校正死亡率均达到 100. 00%。随着发酵液稀释倍数的增加，其杀线活性逐渐降低，该菌株的 5 倍发酵液对腐烂茎线虫、松材线虫和拟松材线虫 48 h 时的校正死亡率分别为 5. 90%、100. 00%和 76. 89%。促生特性测定发现，该菌株具有产生铁载体和产 IAA 能力。通过扩增该菌株 16 s 区序列，基于 mega7. 0 的邻接法构建系统发育树，将该菌株鉴定为甲基型芽孢杆菌（*Bacillus methylotrophicus*）。

关键词：病原真菌；植物线虫；拮抗作用；杀线活性；甲基营养型芽孢杆菌

* 基金项目：中国烟草总公司河南省公司重点项目（2023410000240023）；河南农业大学教学改革研究与实践项目（2022XJGLX140）

** 第一作者：郑逢茹，本科生，主要从事植物病理学研究；E-mail：fr_z0127@ 163. com

*** 通信作者：崔江宽，副教授，主要从事植物与线虫互作机制研究；E-mail：jk_cui@ 163. com

谷子种子带病原线虫的检测方法研究*

龚珂珂[1,2**]，李志勇[1]，刘　佳[1]，马继芳[1]，
张梦雅[1]，刘　磊[1]，白　辉[1***]，董志平[1***]
[1. 河北省农林科学院谷子研究所，农业农村部特色杂粮遗传改良与利用重点实验室（省部共建），河北省杂粮研究重点实验室，石家庄　050035；2. 河南科技大学农学院，洛阳　471023]

摘　要：由贝西滑刃线虫引起的谷子线虫病是谷子生产上重要的种传病害，应从选种初期进行筛选与防控，切断传播病害的源头，因此对种子进行带线虫检测尤为重要。目前检测谷子种子带线虫的方法主要是对种子进行基因组 DNA 提取、利用线虫特异性引物进行 PCR 扩增的分子检测。该方法具有简单便捷的优点，但是实践过程中发现因为提取的线虫 DNA 占比低，检测容易造成漏检，且由于谷子 DNA 干扰导致检测条带不易判读。基于此，我们改进了线虫检测方法，包括种子上病原线虫的洗脱、显微镜下线虫计数定量、单条线虫的 DNA 提取和 PCR 扩增。主要结果表明，利用60 目尼龙膜与医用纱布进行线虫洗脱效果没有明显差别；利用1 mL 孢子计数板比普通载玻片进行显微镜下线虫定量更准确；提取单条贝西滑刃线虫 DNA 的三种方法中，切割冻融酶裂解法和切割酶裂解法优于直接裂解法，小型解剖刀切割线虫效果优于研磨棒，且切割30 s 可稳定获得单条贝西滑刃线虫 DNA，说明线虫体壁是 DNA 提取的重要障碍，切割与酶裂解是线虫 DNA 提取成功的关键因素。该研究为制定谷子种子带病原线虫检测标准、从谷子生产源头控制线虫传播提供了重要技术支撑。

关键词：谷子；贝西滑刃线虫；种子带病；DNA 提取；分子检测

---

* 基金项目：河北省重点研发计划项目（21326338D）；河北省农林科学院基本科研业务费试点经费包干制项目（HBNKY-BGZ-02）；国家现代农业产业技术体系专项（CARS-06-14.5-A25）

** 第一作者：龚珂珂，硕士研究生，主要从事谷子抗病分子生物学研究；E-mail：1752993549@qq.com
*** 通信作者：白辉，研究员，主要从事谷子抗病分子生物学研究；E-mail：baihui_mbb@126.com
董志平，研究员，主要从事谷子病虫害研究；E-mail：dzping001@163.com

假单胞菌诱导番茄 LncRNA 抗南方根结线虫功能初探*

王天姝[1,2]**，杨　帆[1]，范海燕[1,2]，朱晓峰[1,2]，
王媛媛[1,3]，刘晓宇[1,4]，段玉玺[1,2]，陈立杰[1,2]***
（1. 沈阳农业大学北方线虫研究所，沈阳　110866；2. 沈阳农业大学植物保护学院，沈阳　110866；3. 沈阳农业大学植物生命科学学院，沈阳　110866；4. 沈阳农业大学植物生命理学院，沈阳　110866）

摘　要：番茄是我国重要的蔬菜作物，其产量受到根结线虫的严重制约，平均减产约 30%，严重时甚至绝收。利用微生物制剂进行番茄根结线虫的绿色防控是目前的研究热点。恶臭假单胞菌 Sneb821 是本团队前期获得的可诱导番茄抵抗南方根结线虫侵染的生防菌株，而 lncRNA 在此诱抗过程中发挥了一定的作用，但其作用机制尚不清楚。通过高通量测序分析发现，与单独接种南方根结线虫处理相比，接种 Sneb821 和南方根结线虫的番茄中，有 43 个 lncRNAs 上调，35 个 lncRNAs 下调。预测 lncRNA 的调控网络，发现 12 个 lncRNAs 可以与 miRNA 存在互作关系。本研究筛选到 lncRNA35115 和 lncRNA39406 参与 Sneb821 诱导番茄对南方根结线虫的抗性，其中 lncRNA35115 的表达与 miR172/ERFs 相关，lncRNA39406 与 miR396/GRFs 相关。通过 qPCR 检测发现，接种南方根结线虫 6 d 时，生防菌 Sneb821 处理的番茄中，lncRNA35115 表达量上调为对照的 1.44 倍，miR172 表达量降低 19.75%；lncRNA39406 表达量降低 53.06%，miR396 表达量为对照的 2.6 倍，其下游 GRF2/5 基因表达量分别减少 71.78%和 34.54%。这些结果为进一步探究 lncRNA 在生防菌诱导番茄抗南方根结线虫的机制中奠定了基础。

关键词：lncRNA；生防细菌；南方根结线虫；诱导抗性

---

* 基金项目：中国博士后科学基金特别资助（站中）项目（2022T150442）；国家寄生虫资源库（NPRC-2019-194-30）
** 第一作者：王天姝，硕士研究生，专业方向为植物病理学；E-mail：wangtianshu1112@sina.com
*** 通信作者：陈立杰，教授，研究方向为植物线虫生物防治；E-mail：chenlijie0210@163.com

象耳豆根结线虫生防细菌的筛选及其促生特性评价*

尚嘉伟[1**]，陈　梦[2,3]，汪　军[2]，龙海波[2]，郭立佳[2]，
周　游[2]，梁昌聪[2]，杨　扬[2]，黄俊生[2]，杨腊英[2***]
（1. 海南大学生命科学学院，海口　570228；2. 中国热带农业科学院环境与植物保护研究所，
农业农村部热带作物有害生物综合治理重点实验室，海南省热带农业有害生物监测与控制
重点实验室，海口　571101；3 华中农业大学植物科学技术学院，武汉　430070）

摘　要：象耳豆根结线虫等引起的作物根结线虫病是一种严重危害热区农作物生产的土传病害，每年因其造成的农业上的损失难以估量。由于传统的物理、化学的防治手段存在较大的局限性，根结线虫的生物防治研究成为目前的研究重点。本研究从热带雨林土壤中分离的系列细菌中筛选出三株具有较强杀线虫活性的菌株 BWLYIPSB-1、BWLY2X-4、BWLY3X-11，分别鉴定为巴氏葡萄球菌、枯草芽孢杆菌和贝莱斯芽孢杆菌。筛选出各菌株对线虫的最佳处理时间均为24h，优适培养基均为 LB 培养基，且培养 5d 达到杀线虫活性的峰值。3 株菌的铁载体、吲哚乙酸等对植物促生特性的研究结果表明：BWLYIPSB-1 具有产生铁载体和吲哚乙酸的能力，BWLY2X-4 和 BWLY3X-11 具有蛋白酶和纤维素酶活性以及产生铁载体的能力。研究初步筛选出既可高效防控植物根结线虫又有促生特性的优良菌株，丰富了植物根结线虫生物防治的微生物资源。

关键词：象耳豆根结线虫；葡萄球菌；芽孢杆菌；铁载体；蛋白酶；纤维素酶

---

* 基金项目：中央级公益性科研院所基本科研业务费专项（1630042022008，1630042022010）；2022 年农业种质资源保护项目（琼农计财〔2022〕29 号）；海南省自然科学基金高层次人才项目（321RC618）

** 第一作者：尚嘉伟，本科生；E-mail：283098669@ qq. com

*** 通信作者：杨腊英，研究员；E-mail：layingyang@ catas. cn

高感马尾松苗松材线虫病发病特征研究*

李星星，郑礼军，王新荣，叶雯华，王　燕，
刘松松，Waqar Ahmed，MD Kamaruzzaman，周紫洋，陈炳佳
（华南农业大学植物保护学院，广州　510642）

摘　要：松材线虫病是松树的毁灭性病害，给全世界的松树生产造成严重的损失。马尾松是我国的主要生态绿化树种，广泛种植于我国的 17 个省份，是我国生态文明建设的支撑树种。马尾松独特而又重要的经济价值，使马尾松在我国脱贫攻坚和乡村振兴的进程中，发挥着不可替代的作用。然而近年来马尾松松材线虫病导致全国 17 个省份的马尾松生态林大面积死亡。目前防控松材线虫病成本高昂。主要原因是松材线虫病发病机理尚未明确，难以设计出针对性强的松材线虫病精准防控措施。高感松材线虫病马尾松是揭示松材线虫病发病机理的必要材料。由于高感马尾松接种松材线虫后最终会死亡，而潜在的高感松材线虫病马尾松又无法鉴定出来，导致无法对马尾松发病机理进行深入研究。因此迫切需要研究高感松材线虫病马尾松发病特征及其体内松材线虫数量变化特点，为揭示马尾松松材线虫病发病机理打下基础。主要创新性成果如下。

（1）揭示了不同龄期的高感马尾松苗松材线虫病发病特征。利用人工接种方法分别对半年生、一年半生、两年半生和四年生马尾松苗接种松材线虫，发现所有高感马尾松苗发病后均会死亡，不同龄期的高感马尾松苗均会表现松材线虫病典型发病症状，但开始发病时间、症状发展过程和死亡时间不同。半年生高感马尾松苗在接种松材线虫 5 d 后开始发病，发病后症状扩展迅速，顶梢接种处出现病变直到整株枯萎死亡仅需要 4 d 左右的时间；一年半生、两年半生和四年生高感马尾松苗分别在接种松材线虫 8 d、10 d、19 d 后开始发病，一年半生和两年半生高感马尾松苗在出现症状 11 d 后开始死亡，而四年生高感马尾松苗在出现症状 17 d 后开始死亡。一年半生、两年半生和四年生高感马尾松苗症状均表现为首先梢头接种处针叶 1/4 以下失水褪绿、变黄，略下垂、卷曲，有些顶下垂；随后发病症状开始自顶梢由内向外，同时向下扩展，马尾松苗 1/4~1/2 针叶褪绿下垂、变黄，1/4 以下针叶变红；然后马尾松苗 1/2~3/4 针叶下垂、变黄、变红；最后 3/4 以上针叶变黄、变红，整株枯萎死亡。

（2）揭示了高感马尾松苗体内松材线虫数量变化特征。同一条件下对一年半生马尾松苗接种松材线虫，发现不同抗性水平马尾松苗体内松材线虫数量，在初始侵入数量、松材线虫增殖速度和达到最高值时间均有显著差异。该结果为建立离体高感松材线虫病马尾松鉴定技术打下基础。

关键词：高感马尾松；松材线虫病；发病症状；松材线虫增殖速率

* 基金项目：国家林草局重点研发项目（GLM〔2021〕号）

Study on Pine Wilt Disease Symptom Development in Highly Sensitive *Pinus massoniana* Seedlings Caused by *Bursaphelenchus xylophilus*

LI Xingxing, ZHENG Lijun, WANG Xinrong, YE Wenhua, WANG Yan, LIU Songsong, Waqar Ahmed, MD Kamaruzzaman, ZHOU Ziyang, CHEN Bingjia
(*College of Plant Protection*, *South China Agricultural University*, *Guangzhou* 510642, *China*)

Abstract: Pine Wilt Disease (PWD) has caused serious losses to pine trees production worldwide. *Pinus massoniana* which is the key widely species for construction of ecological civilization in China. The unique and important economic value of *P. massoniana* plays an irreplaceable role in the process of poverty alleviation and rural rejuvenation in China. However, in recent years, PWD has caused heavy loss in the *P. massoniana* ecological forests in 17 provinces across China. At present, the cost of preventing and controlling PWD is expensive. The main reason is that the pathogenesis of PWD has not been elucidated, so it is difficult to design its targeted precise prevention and control measures. Highly sensitive *P. massoniana* is a necessary material to reveal the pathogenesis of PWD. Because the highly sensitive pine dies after inoculated with PWN, and the potential highly sensitive PWD one could not be identified till today, which makes it impossible to carry out in-depth research on the pathogenesis of *P. massoniana*. Therefore, it is urgent to establish the rapid PWD screening technology of PWD *in Vitro*. This study revealed the symptom development and PWN number change of highly-sensitive *P. massoniana* of PWD. The main innovative achievements are as follows:

(1) The PWD symptom development of highly sensitive seedlings of *P. massoniana* in different ages were revealed. The artificial inoculation PWN method was carried on semi-annual, one-and-a-half-year, two-and-a-half-year, and four-year-old *P. massoniana* seedlings. It was found that all the highly sensitive plants would die after the onset of the disease, but the symptom development process were different. The PWD symptom on highly sensitive half-year *P. massoniana* seedlings occurred on the 5th day after inoculation, and the symptoms expanded rapidly, the whole plant withered and died within 4 days. The PWD symptom on highly sensitive one and a half year, two and a half years, and four years old *P. massoniana* seedlings began on the 8th, 10th, and 19th day after inoculating with PWN, respectively. One or two-and-a-half-old highly sensitive *P. massoniana* seedlings began to die 11 days after symptoms, and four-year highly sensitive *P. massoniana* seedlings began to die 17 days after symptoms. The symptoms of one-and-a-half-year, two-and-a-half-year, and four-year-old highly susceptible seedlings of *P. massoniana* are as follows: firstly, the needles at the inoculation site of the shoots loses water, loses green and yellow, slightly drooping and curling, and some droop at the top; Then, the needles of the seedlings of *P. massoniana* begin to lose green and yellow from the top to the outside, and expand downward at the same time, and the needles of 1/4-1/2 and 1/4 of the seedlings turn red; with time going on, the needles of 1/2-3/4 of the seedlings of *P. massoniana* drooping, yellowing and reddening; at the end, more than 3/4 of the needles turned yellow and reddening, and the whole plant withered and died.

(2) The PWN number change in high-sensitivity *P. massoniana* seedlings were revealed. Under the same conditions, one and a half year old *P. massoniana* seedlings were inoculated with PWN. It was found that the number of PWN in different resistance levels of *P. massoniana* seedlings had significant differences in the initial number of invasion, the propagation rate of PWN after artificial inoculation.

Key words: highly susceptible *P. massoniana*; Pine Wilt Disease; Symptoms; Pine Wood Nematode propagation rate

第六部分
抗病性

国家糖料体系开远综合站区试甘蔗新品种（系）病情调查与抗病性评价*

王晓燕**，李　婕，张荣跃，李银煳，单红丽，李文凤，黄应昆***
（云南省农业科学院甘蔗研究所，云南省甘蔗遗传改良重点实验室，开远　661699）

摘　要：甘蔗存在土壤长期连作、种苗无性繁殖连作、宿根栽培连作等情况，蔗区气候复杂多变，加之生长期长达一年，病虫侵染时间长，灾害性病虫常发重发，甘蔗受损极为严重。筛选和培育抗病品种是解决病害经济有效的根本途径。本研究对2020—2021年国家糖料体系开远综合试验站区试和示范的48个甘蔗新品种（系）病情进行了系统调查，并采样检测3种花叶病病毒和*Bru*1基因，分析各新品种（系）对常见甘蔗灾害性病害的发病程度和*Bru*1基因分布状况，为甘蔗新品种合理布局与推广应用提供依据。结果表明：48个参试甘蔗新品种（系）100%感染花叶病，病株率在30%以上的多达29个，其中无感染SCMV、感染SrMV有16个，感染SCSMV有48个；有20个发生黑穗病，以云蔗11-1204、柳城09-15、云蔗11-1074、粤甘51号发病较重，病株率分别为23.0%、20.0%、15.0%、11.0%；有37个发生褐条病、30个发生梢腐病、13个发生锈病、10个发生叶焦病、10个发生轮斑病、5个发生褐斑病，其中粤甘49号、桂糖13-386、海蔗28号、粤甘52号、中糖13-01、云瑞10-187重度感染锈病，柳城09-19、粤甘53号、中糖13-01、中蔗13号重度感染梢腐病，福农09-6201、闽糖11-610重度感染褐条病，闽糖11-610重度感染叶焦病，云蔗11-3898重度感染眼斑病，中蔗13号重度感染轮斑病；有16个未检测到*Bru*1基因，有32个检测到*Bru*1基因。结果显示，甘蔗花叶病、黑穗病、褐条病、梢腐病、锈病是云南蔗区重要的灾害性病害，SCSMV是花叶病优势病毒，应给予高度关注，建议生产上合理使用调查明确的抗病新品种，不宜种植感病品种和加速淘汰感病主栽品种，从根本上控制病害流行成灾，增强防灾减灾夺丰收能力。

关键词：国家糖料体系；区试示范；甘蔗新品种（系）；病情调查；抗性分析

---

* 基金项目：财政部和农业农村部国家现代农业产业技术体系专项（CARS-170303）；云岭产业技术领军人才培养项目“甘蔗有害生物防控”（2018LJRC56）；云南省现代农业产业技术体系建设专项

** 第一作者：王晓燕，副研究员，主要从事甘蔗病害研究；E-mail：xiaoyanwang402@ sina. com
*** 通信作者：黄应昆，研究员，从事甘蔗病害防控研究；E-mail：huangyk64@ 163. com

剪接因子 AtSNU13 通过调控前体 mRNA 的剪接和转录水平的表达调节植物免疫*

姜炎柯**，路冲冲，岳英哲，丁新华***
（山东农业大学植物保护学院，泰安 271018）

摘 要：前体 mRNA 剪接是植物蛋白转录后修饰的重要过程，对蛋白组多样性及众多植物生理过程至关重要。人类 NHP2L 蛋白在剪接体组装过程中能够结合到 U4 snRNA 上参与 RNA 的剪接，并参与人类肿瘤疾病的发生。然而，NHP2L 的同源基因在植物中还未被鉴定。课题组前期在拟南芥剪接因子突变体中鉴定到一株感丁香假单胞菌［*Pseudomonas syringae* pv. *tomato*（*Pst*）*DC3000*］突变体，它编码 *NHP2L* 的同源基因，我们将它命名 *AtSNU*13。通过酵母双杂交、双分子荧光互补、体外蛋白免疫共沉淀试验表明，*AtSNU*13 能与植物剪接复合体 U4/U6. U5 三联复合体互作，可能是其功能元件。为进一步分析 *atsnu*13 突变体的免疫响应能力，我们利用 D36E（与 *Pst* DC3000 相比，其效应因子编码基因减少了 36 个，只能激活植物 PTI）和 *Pst* DC3000（*avrRpt*2）（分泌 *AvrRpt*2 可通过 RPS2 识别并介导信号级联诱导植物 ETI）分别模拟 PTI 和 ETI 响应，与野生型相比，我们发现 D36E 和 *Pst* DC3000（avrRpt2）处理后，*atsnu*13 突变体 PTI 响应基因（*WRKY*29、*FRK*1）表达量降低、活性氧以及胼胝质等病原体相关分子模式响应减少，而回补株系则恢复部分感病表型，这表明 *AtSNU*13 可能是一个潜在的植物免疫正调控因子。此外，通过转录组测序发现突变体 *atsnu*13 在接种后相对野生型的剪接模式以及基因表达模式发生改变，一系列基因转录本的可变剪切事件在突变体中受到病原菌的特异性诱导，包括一些防御相关基因，如呼吸爆发氧化酶同源蛋白 D（*RBOHD*）、水杨酸响应基因 *ALD*1。为验证突变体 *atsnu*13 的感病性是由于异常剪接防御相关基因导致的，我们在 *atsnu*13 突变体中分别转化 *RBOHD* 和 *ALD*1 的正常转录本，获得转基因株系。通过分析靶标基因 *RBOHD* 和 *ALD*1 的突变体以及回补 *atsnu*13 的转基因株系的活性氧爆发、胼胝质沉积以及防御相关基因表达发现，回补正常转录本的转基因株系能够一定程度恢复突变体感病表型。此外，我们通过 EMSA 验证了 *AtSNU*13 能够增强 U4/U6. U5 三联复合体与下游靶标基因 mRNA 的互作，但它本身不具备结合 U4/U6. U5 三联复合体的能力。本研究揭示了 *AtSNU*13 在调控防御相关基因前体 mRNA 的剪接从而介导植物基础免疫响应中的重要作用。

关键词：剪接因子；植物免疫；前体 mRNA 剪接；PAMP 响应

* 基金项目：Major Basic Research Project of Natural Science Foundation of Shandong Province（ZR2022ZD23）
** 第一作者：姜炎柯，博士研究生，主要从事植物与微生物互作研究
*** 通信作者：丁新华，教授，主要从事植物与微生物互作研究；E-mail：xhding@ sdau. edu. cn

Cloning Southern Corn Rust Resistant Gene *RppK* and Its Cognate Gene *AvrRppK* from *Puccinia polysora*[*]

CHEN Gengshen[1,8], ZHANG Bao[1,8], DING Junqiang[2,3,8], WANG Hongze[1,8], DENG Ce[2], WANG Jiali[1], YANG Qianhui[1], PI Qianyu[1], ZHANG Ruyang[4], ZHAI Haoyu[1], DONG Junfei[1], HUANG Junshi[1], HOU Jiabao[1], WU Junhua[1], QUE Jiamin[1], ZHANG Fan[1], LI Wenqiang[1], MIN Haoxuan[1], Girma Tabor[5], LI Bailin[5], LIU Xiangguo[6], ZHAO Jiuran[4], YAN Jianbing[1,7**], LAI Zhibing[1,7**]

(1. *National Key Laboratory of Crop Genetic Improvement*, *Huazhong Agricultural University*, *Wuhan* 430070, *China*; 2. *College of Agronomy*, *Henan Agricultural University*, *Zhengzhou* 450002, *China*; 3. *The Shennong Laboratory*, *Zhengzhou* 450002, *China*; 4. *Maize Research Center*, *Beijing Academy of Agriculture and Forestry Sciences* (*BAAFS*), *Beijing* 100097, *China*; 5. *Corteva Agriscience*, *Johnston*, *IA*, 50131, *USA*; 6. *Institute of Agricultural Biotechnology*, *Jilin Academy of Agricultural Sciences*, *Changchun* 130033, *China*; 7. *Hubei Hongshan Laboratory*, *Wuhan* 430070, *China*; 8. *These authors contributed equally*: *Gengshen Chen*, *Bao Zhang*, *Junqiang Ding*, *Hongze Wang*)

Abstract: Broad-spectrum resistance has great values for crop breeding. However, its mechanisms are largely unknown. Here, we report the cloning of a maize *NLR* gene, *RppK*, for resistance against southern corn rust (SCR) and its cognate *Avr* gene, *AvrRppK*, from *Puccinia polysora* (the causal pathogen of SCR). The *AvrRppK* gene has no sequence variation in all examined isolates. It has high expression level during infection and can suppress pattern-triggered immunity (PTI) . Further, the introgression of *RppK* into maize inbred lines and hybrids enhances resistance against multiple isolates of *P. polysora*, thereby increasing yield in the presence of SCR. Together, we show that *RppK* is involved in resistance against multiple *P. polysora* isolates and it can recognize AvrRppK, which is broadly distributed and conserved in *P. polysora* isolates.

Key words: Maize; Southern corn rust (SCR); *RppK*; *AvrRppK*; Resistance

---

* Funding: National Key Research and Development Program of China (2016YFD0101002, Z. L.); National Natural Science Foundation of China (31571676, Z. L.; 31761143008, Z. L.; 32072007, Z. L; and 31161140347, J. Y.)

** Corresponding authors: YAN Jianbing, Research area in Maize genomics and molecular breeding research; E-mail: yjianbing@mail. hzau. edu. cn

LAI Zhibing, Research area in Plant - Pathogen Interactions; E-mail: zhibing @ mail. hzau. edu. cn (Z. L.).

我国主栽油菜品种对油菜菌核病的抗性评价*

代佳依**，林立杰，汪志翔，杨予熙，吴波明***
（中国农业大学植物保护学院植物病理学系，北京 100193）

摘　要：由核盘菌［*Sclerotinia sclerotiorum*（Lib.）de Bary］引起的油菜菌核病是我国油菜三大病害之首，严重影响油菜的产量和品质。油菜菌核病的发生与品种抗病性密切相关，不同油菜品种对核盘菌的抗性不一，筛选和种植抗病品种是防治油菜菌核病经济、安全和有效的措施。为明确我国主栽品种对油菜菌核病抗性，筛选抗油菜菌核病优良品种供生产上推广应用。本研究选取我国主栽的 17 个油菜品种，采用菌丝块接种的方法于油菜苗期（5~6 叶期）进行接种，接种后定时喷水保证叶面湿度，84 h 完全发病后，进行病斑调查，根据叶片上病斑有无及占叶面积的比率进行不同品种的抗性评价。调查结果表明，17 个主栽品种中 2 个品种德徽油 9 号和陕油 1309 表现高抗（相对抗性指数≤-1.2），6 个品种表现抗病，3 个品种表现中抗，8 个品种表现中感到高感。抗性评价结果表明德徽油 9 号、陕油 1309、华油杂 50、中油杂 19、德天 118 等品种对菌核病抗性较好，可有效抑制油菜菌核病暴发流行，该结果也为油菜抗性育种提供参考。

关键词：油菜品种；油菜菌核病；核盘菌；抗性评价

---

* 基金项目：作物菌核病成灾机制、流行规律及治理方案

** 第一作者：代佳依，硕士研究生，主要从事植物病害流行学研究；E-mail：2658810081@qq.com

*** 通信作者：吴波明，教授，主要从事植物病害流行和植物病理学研究；E-mail：bmwu@cau.edu.cn

苹果轮纹病侵染致病及寄主抗病组织学机制

李保华
(青岛农业大学植物医学学院，青岛 266000)

摘 要：轮纹病（*Botryosphaeria dothidea*）是苹果的重要病害，主要造成死枝、死树和烂果。在环渤海湾和黄河故道产区，其危害已超过腐烂病。轮纹病菌主要在枝干的坏死病斑上产生分生孢子和子囊孢子。分生孢子主要随雨水传播，子囊孢子可随气流传播。当病菌孢子传播到达苹果枝干和果实后，在适宜条件下，1 h 可萌发产生芽管。芽管利用枝干和果实表面的营养腐生，形成菌丝网或菌落。菌丝生长扩展到达皮孔后，利用皮孔更新剥落死细胞的营养，形成垫状的菌组织或发达的菌丝体，并产生粗壮的侵染菌丝，从皮孔护围层的细胞间隙直接侵入活体组织。在正常生长的枝条和幼果上，侵染菌丝能诱发寄主细胞增生和木栓化，进而抑制了菌丝的生长扩展。在感病品种的枝条上，细胞的增生和木栓化并不能完全阻止病菌的生长扩展，但能减缓菌丝生长速度。菌丝的生长和寄主组织的增生与木栓化，诱发外观上突起的病瘤。在抗病较强的枝条上或幼实上，菌丝生长缓慢，增生细胞数量较少，难以诱发肉眼可见的病瘤。

然而，当枝条因缺水、休眠或长势衰弱，果实因膨大生长，失去抗病性或抗病减退时，在寄主组织缓慢生长的菌丝转入快速生长模式，并产生大量有害物质，1~2 d 内可杀死活体皮层细胞，诱发以病瘤或皮孔为中心的红褐色圆形坏死病斑。在枝条上，坏死病斑扩展迅速，一周内可环绕直径 0.5~1.0cm 的枝条，病斑以上枝条坏死。病菌则沿坏死枝条继续向上扩展，形成干腐病斑，导致死枝死树（早期农病教材上描述的干腐病）。若枝条抗病性能及时恢复，尚未环绕枝干的坏死病斑停止扩展，形成褐色圆形或近圆形的溃疡病斑。随枝条生长，溃疡病斑干枯凹陷，边缘开裂。病斑中央有病瘤的溃疡斑，形似马鞍状，早期的教材上描述为“马鞍状”病斑。在苹果果实上，侵染菌丝常在 8 月份果实的迅速膨大期进入快速扩展模式，先诱发以皮孔为中心黑褐色圆形坏死小斑，很快扩展为深浅相间的同心轮纹状腐烂斑，导致果实腐烂。轮纹病菌侵染苹果枝干，可诱发病瘤、干腐病斑和溃疡斑三种症状，大量病瘤和溃疡斑聚集时，表现为“粗皮”。轮纹病菌侵染果实，主要形成轮纹烂果症状。

剪锯口是轮纹病菌的另一重要侵染孔口。从剪锯口侵染的病菌主要定殖（指病菌能利用寄主表面或死组织内的营养腐生，不断生长并长期存活）于剪锯口的坏死皮层和木质部内，部分菌丝可穿过剪锯内形成木栓保护层，侵入活体皮层组织。当枝条失去抗性时，侵入活体皮层内的病菌快速生长扩展，诱发干腐病斑。剪锯口的带菌率很高，病重园附近所培育的苹果苗木，绝大部分的剪口内都定殖有轮纹病菌。带菌苗木若管理不当，如失水，常导致病菌进入快速生长模式，诱发干腐病菌，造成大量苗木死亡，病重园死树率高在 80%以上。组织学观测还发现，定殖于寄主表面的轮纹病菌还能从枝条和果实生长过程中形成的微小裂纹侵入皮层。

轮纹病菌在抗病性不同的苹果品种上都能从皮孔侵染，侵染概率没有明显差异，侵染病菌都能诱发皮层细胞增生和木栓化。在抗病品种上，细胞的木栓化速度较快，强度高，木栓化细胞的数量多，但增生细胞数量较少，体积小，寄主将较多的营养和能量用于细胞木栓化，木栓化组织进而有效地阻止菌丝的生长扩展。如嘎啦，虽有大量病菌侵染，但形成的病瘤却很少。然而，在感病品种上，细胞木栓化速度较慢，木栓化强度较差，木栓细胞的数量较少，而增生细胞数量较多，体积较大，寄主将较多的营养和能量用于细胞增生，但细胞的增生和木栓化却难以有效阻止病菌的生长扩展。如富士，大量侵染病菌都能诱发可见病瘤。

水稻半胱氨酸富集蛋白 OsCC 介导水稻对细菌性条斑病抗性机理初步研究*

李梓萌**，路冲冲，丁新华***
（山东农业大学植物保护学院，泰安 271018）

摘 要：水稻是我国重要的粮食作物之一，其产量和品质直接与国家粮食安全相关。由水稻黄单胞变种（*Xanthomonas oryzae* pv. *oryzicola*，*Xoc*）引起的水稻细菌性条斑病是生产中一种重要的病害，在适宜条件下发病率高，严重时会使水稻大规模减产，有较大研究价值。目前在农业生产中常通过施用农药的方法来防治水稻细菌性条斑病，但是长期过度使用化学农药容易造成环境污染、土壤板结等社会和生态问题，同时也可能影响粮食安全，不符合绿色农业的要求，因此寻找一种对环境友好的防治手段对农业安全至关重要，开发生物源农药已成为未来农药发展的新方向。

植物中存在两种不同的免疫方式，一种是分子模式触发免疫（PTI），另一种是效应子触发免疫（ETI），前者能通过细胞表面受体识别 PAMP 类物质并诱导自身病程相关基因表达量升高、活性氧（ROS）爆发、胼胝质沉积等免疫防卫反应。课题组前期对接种过水稻细菌性条斑病菌的中花 11 细胞胞间液进行了质谱分析，通过生物信息学分析筛得到上百个水稻外泌蛋白，利用荧光定量 PCR 分析发现 *OsCC* 受到 *Xoc* 诱导表达，故推测其可能参与水稻与 *Xoc* 互作。目前已经获得的主要研究结果如下。

（1）*OsCC* 定位在细胞膜或胞间液内，与生物信息学预测的结果相符。

（2）OsCC 蛋白对水稻细菌性条斑病菌生长有一定的抑制效果。构建 OsCC-MBP 标签载体，原核表达后进行纯化，等量 OsCC-MBP 蛋白和阴性对照 MBP 蛋白分别滴在含水稻细菌性条斑病菌的 PSA 培养基上，培养 2d 后发现点滴 OsCC-MBP 蛋白与 MBP 蛋白相比出现明显抑菌圈，说明 OsCC 可抑制条斑病菌生长。

（3）*OsCC* 蛋白诱导水稻叶片中 ROS 爆发和胼胝质沉积。DAB 和 NBT 染色实验表明，瞬时表达 *OsCC* 能提高水稻叶片中过氧化物和超氧物积累；苯胺蓝染色实验表明，瞬时表达 *OsCC* 能增加水稻叶片中胼胝质含量。

（4）接种实验证明，*OsCC* 与水稻细菌性条斑病菌共注射能缩短发病后的病斑长度，降低发病率。

（5）通过酵母筛库，找到了 OsCC 蛋白的菌源互作蛋白，推测其对水稻细菌性条斑病的抗性是通过与菌源受体相结合实现的，但其作用路径仍待进一步研究。

综上所述，水稻外泌蛋白 OsCC 能激活植物基础免疫响应，包括 ROS 爆发、胼胝质沉积等现象，并提高水稻抵抗细菌性条斑病的能力，该研究表明，水稻外泌蛋白 OsCC 可能是一种蛋白类免疫激发子，可用于水稻细菌性条斑病绿色防治。

关键词：OsCC；PTI；ROS；水稻与条斑病互作

---

* 基金项目：Major Basic Research Project of Natural Science Foundation of Shandong Province（ZR2022ZD23）
** 第一作者：李梓萌，硕士研究生，主要从事植物与微生物互作研究
*** 通信作者：丁新华，教授，主要从事植物与微生物互作研究；E-mail：xhding@ sdau. edu. cn

水稻 PPR 基因 *OsMISF9* 介导的条斑病抗性机理研究*

岳英哲**，路冲冲，姜炎柯，丁新华***
（山东农业大学植物保护学院，泰安　271018）

摘　要：五肽重复序列（pentatricopeptide repeat，PPR）蛋白在细胞器基因的转录后表达调控中发挥着重要作用。近年来大量的 PPR 基因被鉴定和深入研究，尽管已有部分 PPR 蛋白已报道在水稻线粒体及叶绿体发育中发挥着重要作用，但 PPR 蛋白在介导植物免疫中的调控机制尚不清楚。基因 *OsMISF*9 编码线粒体定位的五肽重复序列（PPR）蛋白。具有 6 个 PPR 基序，它编码 *AT*4*G*01400 的同源基因。本课题利用 CRISPR－Cas9 基因编辑技术鉴定得到了一种水稻（*Oryza sativa*）突变体 *osmisf*9。*osmisf*9 突变体表现出对水稻细菌性条斑病（*Xanthomonas oryzae* pv. *oryzicola*，*Xoc*）的抗性，qPCR 分析表明 *osmisf*9 突变体中免疫相关基因 *PR*1*a*、*PR*1*b*、*NPR*1 等基因上调表达，表明 *OsMISF*9 可能负调控植物免疫。进一步的分析表明，*OsMISF*9 功能丧失影响了线粒体 *nad*2、*nad*5 等转录本的剪接，同时 *nad* 家族基因是编码线粒体复合物 I 的核心亚单位，其剪接缺陷影响了线粒体复合物 I 的组装并导致了线粒体活性氧水平的降低、替代呼吸途径的氧化酶基因表达量升高和线粒体形态的破坏。研究结果表明，PPR 蛋白 OsMISF9 对线粒体的发育和功能至关重要，其抑制水稻免疫响应。

关键词：pentatricopeptide repeat；mitochondria；RNA editing；rice

---

* 基金项目：Major Basic Research Project of Natural Science Foundation of Shandong Province（ZR2022ZD23）
** 第一作者：岳英哲，硕士研究生，主要从事植物与微生物互作研究
*** 通信作者：丁新华，教授，主要从事植物与微生物互作研究；E-mail：xhding@ sdau. edu. cn

转录因子 *HvbZIP*10 调控小麦广谱抗病反应的分子机制研究[*]

赵淑清[**]，苏　君，李梦雨，任小鹏，王楚媛，孙鑫博，于秀梅，王逍冬[***]
（河北农业大学植物保护学院，华北作物改良与调控国家重点实验室，保定　071000）

摘　要：普通小麦（*Triticum aestivum*）作为主要粮食作物，其质量与产量严重影响着我国的粮食安全与社会稳定。然而，小麦在整个生长期间会受到各种病原菌的侵染，严重影响小麦的产量和质量。因此，挖掘小麦广谱抗病关键基因，研究小麦广谱抗病分子机制，具有重要科学意义与潜在应用价值。本课题组前期利用 RNA-seq 技术，初步构建了由水杨酸受体蛋白 *NPR*1 基因介导的麦类作物获得抗性（SAR）转录调控网络，从全基因组水平解析了 *bZIP* 转录因子家族基因在 SAR 过程中的表达模式。生物信息学分析结果表明，*HvbZIP*10 基因在 *NPR*1-*Kd* 基因沉默转基因材料中受病原菌诱导表达明显，表达模式特异，推测其为麦类作物抗病反应重要调控因子。利用农杆菌介导的基因瞬时表达技术，对 HvbZIP10 蛋白的核定为序列进行了验证。利用酵母双杂交和双分子荧光互补技术，发现 HvbZIP10 与 NPR1 在植物细胞核内直接互作。进一步制备得到了过表达 *HvbZIP*10 基因的小麦转基因材料，转基因植株表现出对小麦条锈病和叶锈病的广谱抗性水平显著提高。利用荧光实时定量技术，发现过表达 *HvbZIP*10 的小麦转基因材料 SAR 下游 *PR* 基因的表达量显著提高。进一步利用 RNA-seq 技术，明确了 *HvbZIP*10 基因提升小麦广谱抗病水平的转录调控机制。综上所述，本研究报道的大麦转录因子 *HvbZIP*10 其通过与 NPR1 蛋白互作介导植物抗病反应，明确大麦转录因子 *HvbZIP*10 抗病反应的分子机制。制备得到的小麦转基因材料有望作为创新性种质资源用于小麦抗病遗传改良。

关键词：转录调控；NPR1 蛋白；小麦转基因；锈病；系统获得抗性

---

* 基金项目：河北省杰出青年科学基金（C2022204010）；河北省自然科学基金面上项目（C2021204008）
** 第一作者：赵淑清，博士研究生，主要从事植物病理学研究；E-mail：1059037315@ qq. com
*** 通信作者：王逍冬，教授，主要从事分子植物病理学研究；E-mail：zhbwxd@ hebau. edu. cn

全球小麦抗茎基腐病种质资源挖掘与遗传位点全基因组关联分析*

任小鹏[1**]，曾庆东[2**]，吴建辉[2]，孙蔓莉[1]，赵淑清[1]，李梦雨[1,3]，王楚媛[1]，袁　梦[1]，任　壮[1]，于秀梅[1]，康振生[2]，陈时盛[3]，韩德俊[2***]，王逍冬[1***]

（1. 河北农业大学植物保护学院，华北作物改良与调控国家重点实验室，保定　071000；
2. 西北农林科技大学，作物抗逆与高效生产全国重点实验室，杨凌　712100；
3. 北京大学现代农业研究院，潍坊　262415）

摘　要： 普通小麦（*Triticum aestivum*）是全球范围内的重要粮食作物之一。随着全球气候变暖、秸秆还田以及轮作制度和土壤微环境的变化，由假禾谷镰孢菌（*Fusarium pseudograminearum*，*Fpg*）等多种致病镰孢菌引起的小麦茎基腐病危害呈逐年加重趋势，严重威胁华北地区小麦产量和品质。然而，受较为复杂的数量遗传位点（QTL）控制，小麦抗茎基腐病遗传学研究仍相对滞后，抗病种质资源同样亟待挖掘。本研究已初步完成了 1 100 余份全球普通小麦种质资源的茎基腐病抗性评估，发现仅有约 8%的小麦材料表现出对茎基腐病有较高抗性水平。结合上述材料已有的 660K 高密度 SNP 芯片数据，对小麦抗茎腐病遗传位点进行了全基因组关联分析（GWAS），共获得了 37 个高置信度连锁 SNP 位点，集中分布在 1AL、3AS 和 6AS 染色体。结合已有的转录组数据，对紧密连锁染色体区段内的候选基因进行了表达谱分析，初步锁定了候选抗病基因。计划进一步结合小麦转基因和基因编辑技术，对抗病基因并进行功能验证。综上所述，本研究挖掘获得了一批小麦抗茎基腐病优异种质资源和抗病遗传位点，为后续抗病基因克隆与抗病遗传改良奠定了重要基础。

关键词： 小麦；种质资源；茎基腐病；全基因组关联分析；抗病遗传位点

---

* 基金项目：河北省杰出青年科学基金（C2022204010）；河北省自然科学基金面上项目（C2021204008）

** 第一作者：任小鹏，硕士研究生，研究方向为植物病理学；E-mail：renxiaopeng2022@ 163. com
曾庆东，副教授，研究方向为植物免疫；E-mail：zengqd@ nwafu. edu. cn

*** 通信作者：韩德俊，教授，主要从事抗病遗传学研究；E-mail：handj@ nwsuaf. edu. cn
王逍冬，教授，主要从事植物病理学研究；E-mail：zhbwxd@ hebau. edu. cn

小麦抗茎基腐病遗传位点全基因组关联分析*

王楚媛**，孙蔓莉**，张培培**，任小鹏，赵淑清，
李梦雨，袁 梦，任 壮，于秀梅，李在峰***，王逍冬***
（河北农业大学植物保护学院，华北作物改良与调控国家重点实验室，保定 071000）

摘 要：普通小麦（*Triticum aestivum*）是全球范围内的重要粮食作物。受小麦秸秆粗放还田和小麦-玉米轮作制度的影响，小麦茎基腐病呈逐年加重趋势，严重威胁华北地区小麦产量和品质。寻找抗病基因、培育抗病品种是防治该病最有效的途径之一。然而，受较为复杂的数量遗传位点（QTL）控制，小麦抗茎基腐病遗传学研究仍相对滞后，抗病种质资源同样亟待挖掘。本研究对 400 余份中国普通小麦种质资源进行了茎基腐病抗性评估，发现仅有约 6%的小麦材料表现出对茎基腐病的较高抗性水平。结合上述材料已有的 660K 高密度 SNP 芯片数据，对小麦抗茎腐腐病遗传位点进行全基因组关联分析（GWAS），获得 18 个高置信度连锁 SNP 位点。其中 12 个 SNPs 密集分布在 3BL 染色体长度约为 1.05 Mb 的物理区段内，暂定命名 *Qfcr. hebau-3BL*。计划结合已有组学数据、小麦转基因和基因编辑技术，针对 *Qfcr. hebau-3BL* 区段内的抗病反应差异表达基因进行后续功能验证。综上所述，本研究挖掘获得了一批小麦抗茎基腐病优异种质资源和抗病遗传位点，为后续抗茎基腐病基因克隆与小麦抗病遗传改良奠定了重要基础。

关键词：小麦；种质资源；茎基腐病；全基因组关联分析；抗病遗传位点

---

* 基金项目：河北省杰出青年科学基金（C2022204010）；河北省自然科学基金面上项目（C2021204008）
** 第一作者：王楚媛，硕士研究生，研究方向为植物病理学；E-mail：wcy896105360@163.com
孙蔓莉，副教授，研究方向为植物病理学；E-mail：sunmanli@hebau.edu.cn
张培培，副教授，研究方向为抗病遗传学；E-mail：zhangpeijiayouba@163.com
*** 通信作者：李在峰，教授，主要从事抗病遗传学研究；E-mail：lzf7551@aliyun.com
王逍冬，教授，主要从事植物病理学研究；E-mail：zhbwxd@hebau.edu.cn

小麦抗叶斑病基因克隆与功能解析*

袁 梦[1**]，赵淑清[1**]，曾庆东[2**]，苏 君[1]，吴建辉[2]，孙蔓莉[1]，李梦雨[1,3]，任小鹏[1]，王楚媛[1]，任 壮[1]，康振生[2]，陈时盛[3***]，韩德俊[2***]，王逍冬[1***]

（1. 河北农业大学植物保护学院，华北作物改良与调控国家重点实验室，保定 071000；
2. 西北农林科技大学，作物抗逆与高效生产全国重点实验室，杨凌 712100；
3. 北京大学现代农业研究院，潍坊 261000）

摘 要：普通小麦（*Triticum aestivum*）是全球范围内的重要粮食作物之一。其抗病稳产对世界粮食安全和农业发展具有重要意义，随着全球气候变暖、秸秆还田，以及轮作制度和土壤微环境的变化，由麦根腐平脐蠕孢（*Bipolaris sorokiniana*）引起的小麦叶斑病（spot blotch）发病面积持续增加，危害程度逐年加重，严重威胁小麦产量和品质。因此挖掘小麦抗叶斑病种质资源和遗传位点，将为小麦抗病遗传改良提供重要基础。本研究对 1 300 余份全球普通小麦种质资源进行了叶斑病抗性鉴定，发现只有约 3.8%的小麦种质表现出中等或更高的抗性。利用上述材料已有的 660K 高密度 SNP 芯片数据，进行全基因组关联分析，发现共有 34 个 SNPs 与抗叶斑病表型相关，位于普通小麦 1BL、1DL、3AL、6BS 和 6BL 染色体。其中，9 个 SNP 密集分布在 1BL 染色体的 52.8 Mb 区段内，暂定命名为 *Qsb. hebau-1BL*。选取 3 个抗病品种和一个感病品种，进行接种叶斑病后的转录组分析，发现抗病品种中的丝裂原活化蛋白激酶（MAPK）信号通路被广泛激活，而 *Qsb. hebau-1BL* 物理区段内存在抗病反应显著上调基因。计划进一步结合小麦转基因和基因编辑技术，对 *Qsb. hebau-1BL* 区段内的候选抗病基因进行功能解析。综上所述，本研究挖掘获得了全球小麦材料中的抗叶斑病种质资源，初步明确了主效抗病位点并结合组学技术预测了候选抗病基因，为后续抗病基因的克隆与功能解析提供了重要基础。

关键词：小麦；叶斑病；抗病种质；全基因组关联分析；抗病基因

---

* 基金项目：河北省杰出青年科学基金（C2022204010）；河北省自然科学基金面上项目（C2021204008）

** 第一作者：袁梦，硕士研究生，研究方向为植物病理学；E-mail：2805710664@ qq. com
赵淑清，博士研究生，研究方向为植物病理学；E-mail：18233283771@ 163. com
曾庆东，副教授，研究方向为植物免疫；E-mail：zengqd@ nwafu. edu. cn
*** 通信作者：陈时盛，研究员，主要从事抗病遗传学研究；E-mail：shisheng. chen@ pku-iaas. edu. cn
韩德俊，教授，主要从事抗病遗传学研究；E-mail：handj@ nwsuaf. edu. cn
王逍冬，教授，主要从事植物病理学研究；E-mail：zhbwxd@ hebau. edu. cn

草坪草重要模式植物匍匐翦股颖的抗病抗逆研究*

任 壮**，袁 梦**，赵淑清，李梦雨，王楚媛，任小鹏，
孙蔓莉，于秀梅，石承民***，孙鑫博***，王逍冬***
（河北农业大学植物保护学院，华北作物改良与调控国家重点实验室，保定 071000）

摘 要：匍匐翦股颖（*Agrostis stolonifera*）是重要的冷季型草坪草之一，常用于绿化建设和运动场地。其具有抗逆性强、基因组相对简单、遗传转化便捷等特点，有望作为草坪草研究的重要模式植物，极具研究潜力和应用前景。然而，匍匐翦股颖在种植维护过程中经常发生币斑病、褐斑病、锈病、细菌性黄化和雪霉叶枯病等各类病害，导致草坪质量、观赏和绿化功能显著退化，给草坪生产和管理带来巨大损失。另外，高温、干旱和盐渍等非生物胁迫同样容易造成匍匐剪股颖品质下降。本研究系统梳理了匍匐翦股颖的主要病害的症状特征和防治手段，总结了匍匐翦股颖在抗逆反应中的重要基因资源。进一步计划结合组学和基因编辑技术，完善匍匐剪股颖的基因组资源，搭建草坪草抗病、抗逆功能基因的快速验证体系。本研究将为草坪草抗病抗逆基因挖掘和分子机制解析奠定重要基础。

关键词：草坪草；匍匐剪股颖；抗病抗逆；基因资源挖掘；基因功能验证

---

* 基金项目：河北省杰出青年科学基金（C2022204010）；河北省自然科学基金面上项目（C2021204008）

** 第一作者：任壮，硕士研究生，研究方向为植物病理学；E-mail：18863095769@163.com
袁梦，硕士研究生，研究方向为植物病理学；E-mail：2805710664@qq.com

*** 通信作者：石承民，教授，主要从事基因组学研究；E-mail：shichengmin@hebau.edu.cn
孙鑫博，副教授，主要从事草类植物抗逆研究；E-mail：nxsxb@hebau.edu.cn
王逍冬，教授，主要从事植物病理学研究；E-mail：zhbwxd@hebau.edu.cn

A Transcription Factor ScWRKY4 in Sugarcane Negatively Regulates the Resistance to Pathogen Infection*

WANG Dongjiao[1**], WANG Wei[1], ZANG Shoujian[1], QIN Liqian, LIN Peixia[1], LIANG Yanlan[1], SU Yachun[1,2***], QUE Youxiong[1,2***]

(1. *Key Laboratory of Sugarcane Biology and Genetic Breeding, Ministry of Agriculture and Rural Affairs, College of Agriculture, Fujian Agriculture and Forestry University, Fuzhou* 350002, *China*; 2. *Key Laboratory of Genetics, Breeding and Multiple Utilization of Crops, Ministry of Education, College of Agriculture, Fujian Agriculture and Forestry University, Fuzhou* 350002, *China*)

Abstract: WRKY transcription factor, the transcriptional regulators unique to plants, plays an important role in plant defense response to pathogen infection. However, research on the disease resistance mechanism of *WRKY* gene in sugarcane is still unclear. Here, GO enrichment analysis revealed that WRKY gene family in sugarcane was extensively involved in the response to biotic stress and in the process of defence response. Previously, we identified a *ScWRKY*4 gene, a member of class IIc of the WRKY gene family, from the sugarcane cultivar ROC22. Its upstream promoter contained multiple *cis*-acting elements, which were associated with stress, growth and development and hormone response. *ScWRKY*4 gene could be induced by the stresses of salicylic acid (SA) and methyl jasmonate (MeJA). The expression of the *ScWRKY*4 gene was down-regulated in smut-resistant sugarcane cultivars and up-regulated in smut-susceptible sugarcane cultivars under *Sporisorium scitamineum* stress. Stable overexpression of the *ScWRKY*4 gene in *Nicotiana benthamiana* enhanced susceptibility to *Fusarium solani* var. *coeruleum* and caused the down-regulated expression of immune marker-related genes. Transcriptome analysis indicated that, at 0 and 2 d after inoculation with *F. solani* var. *coeruleum*, tobacco plants stably overexpressing the *ScWRKY*4 gene were significantly enriched for differentially expressed genes in plant hormone signal transduction pathway, plant-pathogen interaction pathway and MAPK signaling pathway. It is interesting that, the expression of most *JAZ* genes was suppressed in plant signal transduction pathway. In addition, ScWRKY4 could interact with ScJAZ13 and repress the expression of ScJAZ13. The above results confirmed that the *ScWRKY*4 gene was involved in the regulatory network of plant disease resistance through the JA signaling pathway, and laid the foundation for the subsequent investigation on the molecular mechanism of the *ScWRKY*4 gene involved in sugarcane disease resistance.

Key words: ScWRKY4; expression profile; disease resistance; transcriptome; sugarcane

---

* Funding: National Key Research and Development Program of China (2022YFD2301100, 2019YFD1000503); Special Fund for Science and Technology Innovation of Fujian Agriculture and Forestry University (CXZX2020081A); Natural Science Foundation of Fujian Province, China (2015J06006); National Natural Science Foundation of China (31871688, 31501363); Agriculture Research System of China (CARS-17)

** First author: WANG Dongjiao, PhD student, research interests are in crop resistance biology; E-mail: dongjiaow@126.com

*** Corresponding authors: SU Yachun, associate professor, mainly engaged in research on sugarcane adversity biology and genetic breeding; E-mail: syc2009mail@163.com

QUE Youxiong, professor, mainly engaged in the analysis of sugarcane and pathogen interaction mechanism and research on sugarcane molecular breeding technology; E-mail: queyouxiong@126.com

甘蔗 NIP 水通道蛋白的鉴定与抗病功能分析*

陈　瑶[1**]，王东姣[1]，黄廷辰[1]，尤垂淮[2]，吴期滨[1]，阙友雄[1]，苏亚春[1***]

（1. 福建农林大学国家甘蔗工程技术研究中心，农业农村部福建甘蔗生物学与遗传育种重点实验室，福州　350002；2. 福建农林大学生命科学学院，福州　350002）

摘　要：类 NOD26 膜内在蛋白（nodulin 26-like intrinsic proteins，NIPs）是水通道蛋白（aquaporin proteins，AQPs）家族的一个亚家族，在响应植物生物和非生物胁迫中发挥重要作用。本研究基于甘蔗热带种（*Saccharum officinarum*）、甘蔗近缘野生种割手密（*S. spontaneum*）和甘蔗栽培种 R570（*Saccharum* hybrid cultivar R570）基因组数据库，分别鉴定到 15 个 *SsNIP*、44 个 *SoNIP* 及 4 个 *ShNIP* 基因。进化树分析表明，甘蔗 *NIP* 基因家族可分为三类。转录组分析显示，*NIP* 基因在蔗芽中高表达，且Ⅱ类家族成员积极响应甘蔗黑穗病菌（*Sporisorium scitamineum*）的胁迫。进一步，从甘蔗栽培种 ROC22 中同源克隆到 1 个 NIP Ⅱ类家族成员 *ScNIP*1，其 cDNA 全长 1 016 bp，编码 288 个氨基酸，属膜定位蛋白。在水稻中过表达 *ScNIP*1 基因，显著增强了对稻瘟病菌（*Magnaporthe grisea*）的抗性。该研究揭示了甘蔗 *NIP* 基因家族的系统演化、表达谱及抗病功能，为甘蔗抗病育种提供理论依据和潜在的基因资源。

关键词：甘蔗；水通道蛋白；全基因组分析；基因克隆；抗病功能

---

* 基金项目：中央引导地方科技发展专项（2022L3086）；福建省自然科学基金项目（2020J01591）；福建农林大学国家甘蔗工程技术研究中心主任课题基金（NERD202212）；财政部和农业农村部国家现代农业产业技术体系资助项目（CARS-17）

** 第一作者：陈瑶，硕士研究生，研究方向为作物抗性生物学；E-mail：chen2929yao@163.com

*** 通信作者：苏亚春，副研究员，主要从事甘蔗逆境生物学与遗传育种研究；E-mail：syc2009mail@163.com

A Cysteine-rich Secretory Protein Involves in Phytohormone Melatonin Mediated Plant Resistance to CGMMV

YANG Lingling[1], LI Qinglun[1], HAN Xiaoyu[1], JIANG Xinglin[1], WANG He[1], SHI Yajuan[1], CHEN Linlin[1], LI Honglian[1], LIU Yiqing[2], XUE Yang[1], SHI Yan[1]
(1. *College of Plant Protection*, *Henan Agricultural University*, *Zhengzhou* 450002, *China*;
2. *Guangdong Baiyun University*, *Guangzhou* 510550, *China*)

Abstract: Melatonin is considered to be a polyfunctional master regulator in animals and higher plants. Exogenous melatonin inhibits plant infection by multiple diseases, however, the role of melatonin in Cucumber green mottle mosaic virus (CGMMV) infection remains unknown. In thfis study, we demonstrated that exogenous melatonin treatment can effectively control CGMMV infection. The greatest control effect was achieved by 3 days of root irrigation at a melatonin concentration of 50 μmol/L. Exogenous melatonin showed preventive and therapeutic effects against CGMMV infection at early stage in tobacco and cucumber. We utilized RNA sequencing technology to compare the expression profiles of mock-inoculated, CGMMV-infected, and melatonin+CGMMV-infected tobacco leaves. Defense-related gene *CRISP*1 was specifically upregulated in response to melatonin, but not to salicylic acid (SA). Silencing *CRISP*1 enhanced the preventive effects of melatonin on CGMMV infection, but had no effect on CGMMV infection. We also found exogenous melatonin has preventive effects against another *Tobamovirus*, Pepper mild mottle virus (PMMoV) infection. Together, these results indicate that exogenous melatonin controls two *Tobamovirus* infections and inhibition of CRISP1 enhanced melatonin control effects against CGMMV infection, which may lead to the development of a novel melatonin treatment for *Tobamovirus* control.

Key words: melatonin; *Tobamovirus*; cucumber green mottle mosaic virus; preventive and therapeutic effects; cysteine-rich secretory protein; CRISP1

马铃薯 *StDAHPS* 基因介导黄萎病抗性功能的研究

范俊臣[1]，谢国华[2]，刘志达[1]，贾瑞芳[1]，康丽茹[1]，赵　君[1]，张之为[1]
（1. 内蒙古农业大学园艺与植物保护学院，呼和浩特　010018；
2. 内蒙古呼和浩特武川县农牧技术推广中心，呼和浩特　011700）

摘　要： 马铃薯（*Solanum tuberosum* L.）是茄科茄属的一年生草本植物，是我国第四大粮食兼经济作物。随着马铃薯种植面积的增加，黄萎病已成为马铃薯主要病害之一，严重影响了马铃薯产业的发展。本研究以马铃薯为材料，克隆获得马铃薯 *StDAHPS*（3-deoxy-D-arabino-heptulosonate-7-phosphate synthase）基因 cDNA 全序列，结果显示 *StDAHPS* 基因的编码序列全长为 1 617bp，共编码 538 个氨基酸，具有典型的 Cys-Ser-Ala-His 保守区，属于 DAHP_synth_2 家族成员。接种黄萎病菌后，在感病品种“虎头”与抗病品种“中薯 19 号”中均呈现先升高后降低的趋势，接种 72 h 时表达量达到最大值，抗性品种中 *StDAHPS* 的表达量显著高于感病品种，增加幅度达 179%；沉默 *StDAHPS* 基因后，降低了马铃薯对黄萎病的抗性，说明 *StDAHPS* 基因与马铃薯黄萎病的抗性具有一定相关性。

关键词： 马铃薯；*StDAHPS*；黄萎病；基因沉默；抗病性

玉米种质资源对6种镰孢穗腐病的抗性鉴定与评价

朱利红，李 帅，段灿星
（中国农业科学院作物科学研究所，北京 100081）

摘 要：穗腐病是我国玉米生产上发生最为广泛的病害之一，严重影响玉米的产量和品质，威胁玉米产业的健康发展。镰孢菌是我国玉米穗腐病的主要致病菌，其中拟轮枝镰孢（*Fusarium verticillioides*）与禾谷镰孢（*F. graminearum*）是全国各主要玉米产区的穗腐病优势致病菌，而层出镰孢（*F. proliferatum*）、南方镰孢（*F. meridionale*）、温带镰孢（*F. temperatum*）和亚粘团镰孢（*F. subglutinans*）是不同区域的优势致病菌。利用抗病品种是控制镰孢穗腐病的经济和有效措施，而抗性种质资源是开展抗病育种的前提和基础。本研究探索运用花丝通道接种法，对109份玉米优异种质资源进行抗拟轮枝镰孢、禾谷镰孢、层出镰孢、温带镰孢、南方镰孢和亚粘团镰孢穗腐病的鉴定与评价，结果表明，抗感对照材料发病程度正常，同种病害的不同材料之间发病程度差异显著，表明花丝通道注射接种法能有效鉴别不同玉米种质对上述穗腐病的抗性水平，因此，花丝通道注射接种法适用于上述6种镰孢穗腐病的抗性鉴定与评价。结合玉米穗腐病图像识别与自动成像系统进行了穗腐病发病程度调查，初步筛选出兼抗6种镰孢穗腐病的种质4份（HRHF5、辽1310、CN129、K20W08774）；9份兼抗除亚粘团镰孢穗腐病外5种镰孢穗腐病的玉米种质；6份兼抗除南方镰孢穗腐病外5种镰孢穗腐病的玉米种质；6份兼抗除温带镰孢穗腐病外5种镰孢穗腐病的玉米种质；6份兼抗除层出镰孢穗腐病外5种镰孢穗腐病的玉米种质；5份兼抗除拟轮枝镰孢穗腐病外5种镰孢穗腐病的玉米种质。通过分析玉米种质对6种镰孢穗腐病抗性之间的相关性，发现被鉴定种质对不同穗腐病抗性之间存在不同程度的相关性，按照玉米果穗的平均发病面积计算，玉米种质对禾谷镰孢与层出镰孢穗腐病的抗性相关性最高，相关系数为0.56，其次是拟轮枝镰孢与南方镰孢穗腐病，其抗性相关系数为0.54，亚粘团镰孢与禾谷镰孢以及温带镰孢穗腐病的之间的相关系数均为0.53，而亚粘团镰孢与南方镰孢穗腐病之间的抗性相关性最低，相关系数为0.31。上述研究结果对于规模化开展玉米种质抗多种镰孢穗腐病鉴定评价以及抗穗腐病育种具有重要的指导和参考意义。

关键词：玉米穗腐病；镰孢菌；种质资源；抗性鉴定

拟南芥转录因子 MYC2 识别靶 DNA 的特异性分析

李洪蕊*，王冬立，刘俊峰**
（中国农业大学植物保护学院植物病理学系，北京　100193）

摘　要： 植物转录因子 MYC2 是植物激素信号传导过程中的主要调控因子，其 C 端的碱性螺旋-环-螺旋（bHLH）结构域能结合 DNA。已有研究表明，拟南芥（*Arabidopsis thaliana*）MYC2 直接结合倍半萜合成酶基因 *TPS*21 的启动子并激活它们的表达，其通过 MYC2 整合 GA 和 JA 信号，从而诱导倍半萜的释放增加，但其作用机制仍然是不清楚的。为了解 AtMYC2 与 TPS21 启动子不同 E-box（CAXXTG）基序的作用机制存在哪些差异，本研究利用原核表达系统，将编码 AtMYC2 的 bHLH 构建到 pETM10、pET-22b（+）、pHAT2 等载体中，并使用 BL21（DE3）菌株进行目的蛋白的表达，通过亲和层析和凝胶过滤层析等技术纯化目的蛋白，获得均一性好、纯度高的蛋白样品。将得到的蛋白样品通过 EMSA、MST、BLI 等实验筛选与之结合的启动子 DNA，并分析其差异。同时将蛋白样品与其结合的 DNA 过夜孵育，并通过坐滴法进行晶体生长条件筛选及优化，以期获得高分辨率蛋白晶体，解析 AtMYC2 与其结合的 TPS21 启动子 E-box 复合物的晶体结构，解释 MYC2 结合顺式作用元件 E-box 的分子机制，阐明 MYC2 与 E-box 结合力强弱的机制，从而阐述 MYC2 如何介导 JA 等植物激素参与次生代谢物的产生，丰富了植物抵抗逆境的功能。

关键词： 拟南芥；转录因子；MYC2；DNA；晶体生长

* 第一作者：李洪蕊，硕士研究生，植物病理学专业；E-mail：muzihongri@ qq. com
** 通信作者：刘俊峰，教授；E-mail：jliu@ cau. edu. cn

基于三维结构工程改造 Bst DNA 聚合酶

李聚贤，张　鑫，刘俊峰
（中国农业大学植物保护学院植物病理系，北京　100193）

摘　要：植物病原菌的检测与鉴定在保护我国农林业经济与生态安全方面有着重要意义，是检疫工作的重中之重。等温扩增技术具有高效、特异性，可快速实现即时检测，已被应用于检疫工作中。Bst DNA 聚合酶是等温扩增中的核心酶，具有较强的热稳定性、链置换活性和聚合酶活性，在恒温条件下快速、高效、特异性地扩增模板。本研究前期基于环介导等温扩增技术（loop-mediated isothermal amplification，LAMP）建立了核酸检测体系，但 DNA 提取过程中加入的表面活性剂一定程度上影响了体系中 Bst 酶的活性，导致实验结果不稳定、重复性低。本研究拟基于已解析的 Bst 聚合酶蛋白结构，设计相关关键氨基酸位点的突变，并表达纯化这些突变体，比较突变体与野生型的酶活力，最终设计出可耐受 1%表面活性剂的高效突变体，从而建立 Bst 酶在植物病原物检测的稳定体系，为田间病害监测及进出口检疫工作提供预警信息。

关键词：Bst DNA 聚合酶；改造；植物病原检测体系

水稻辅抑制因子 TPR2 与 β-caryophyllene 复合物的晶体生长

李赛杰，王冬立，刘俊峰
（中国农业大学植物保护学院植物病理学系，北京　100193）

摘　要：当植物在面对各种生物及非生物胁迫时，会从叶、茎、花、根系甚至种子中分泌出大量的具有挥发性的有机化合物（volatile organic compounds，VOCs）。TOPLESS（TPL）和 TOPLESS-related 蛋白（TPL/TPR）是一类保守的植物转录辅抑制因子家族蛋白。目前，已有研究表明，TPLs 具有 VOC 结合活性，并参与了烟草中 VOC 的感知。烟草中 NtTPL1-6 都能结合 β-caryophyllene，但是 NtTPL1-6 与 β-caryophyllene 的复合物结构未见报道，制约了对其互作机制的理解和利用。解析水稻中 TPL 的同源蛋白 TPR2 与 β-caryophyllene 的复合物结构，以分析其互作的分子机制，可为进一步的应用提供参考。

本研究利用原核表达系统，将水稻 TPR2 的 N 端构建到表达载体中，通过亲和层析、离子交换层析拿到了可溶性蛋白。目前，正在利用坐滴气象扩散法对复合物进行晶体生长。

关键词：辅抑制因子；OsTPR2；原核表达；蛋白纯化

松针挥发物在三七体内互作蛋白的鉴定

王 佳，王冬立，刘俊峰
（中国农业大学植物保护学院植物病理学系，北京 100193）

摘 要：三七种植过程中普遍过量施用农药，有较高的农药残留风险。本研究验证三七的蛋白 1-4 是否是化合物 1 和化合物 2 的作用靶标。如果是作用靶标，则分析蛋白与分子间的互作机制，解释这两种松针挥发物如何通过靶标发挥作用，为三七开发环境友好、高效的绿色农药提供结构基础。通过热激转化、小量表达、大量表达、亲和层析和分子筛层析，获得均一、稳定的蛋白样品后，再做蛋白和化合物的互作验证。如果验证确认蛋白是化合物的作用靶标，则分析蛋白与化合物的互作机制，解释这两种松针挥发物如何通过靶标发挥作用，增强三七抗性。目前做了蛋白 1-4 的表达纯化，获得了蛋白 1 和蛋白 2。之后做蛋白 1 与化合物 1，蛋白 2 与化合物 1，以及蛋白 2 与化合物 2 的互作验证。

关键词：三七；松针挥发物；互作

生防溶杆菌中吩嗪类抗菌物质 myxin 生物合成中的自抗性机制研究*

赵杨扬**，徐高歌，刘凤权***

（江苏省农业科学院植物保护研究所，南京 210014）

摘　要：笔者团队从生防细菌抗生素溶杆菌（*Lysobacter antibioticus*）OH13 中分离一个吩嗪类物质 myxin，其对稻瘟病菌、小麦赤霉病菌等多种真菌以及水稻黄单胞菌等多种细菌具有很强的拮抗活性，因此 myxin 及其产生菌有被开发为新型生物农药的潜能。然而，myxin 较低的产量限制了其产业化发展，产生菌的自抗性机制如抗生素外排与钝化可能限制了其产量，并且 myxin 为氮氧化物，化学合成也具有较高难度。因此笔者拟研究抗生素溶杆菌 OH13 对 myxin 的自抗性机制，从而为提高 myxin 产量提供基础。

笔者鉴定了一个 RND（resistance-nodulation-division）外排泵 LexABC 参与 myxin 的外排，并且 *lexABC* 的表达受到 myxin 的诱导与 LysR 家族转录调控因子 LexR 的正向调控。当外排泵 LexABC 缺失，菌株对 myxin 敏感性显著增强，myxin 产量大幅降低并转化为毒性较低的同系物。EMSA 试验表明 LexR 可结合 *lexABC* 启动子区从而直接调控其表达，并且 myxin 可增强 LexR 与启动子的结合，SPR 分析进一步发现 myxin 可与 LexR 结合。以上结果表明 LexR 可感应 myxin，从而增强外排泵 LexABC 的表达将 myxin 排出体外。

另外，依赖于酶使抗生素失活也是其产生菌的一种重要自我保护机制。*LaPhzX* 是 myxin 生物合成基因簇中一个编码单加氧酶（monooxygenase）的基因，但并不参与 myxin 的合成。*LaPhzX* 敲除突变体对 myxin 敏感性增强，并且突变体中 myxin 的积累增加。将基因 *LaPhzX* 分别在水稻白叶枯病菌和大肠杆菌中进行异源表达，异源表达菌株增强了对 myxin 的抗性。与体内试验结果一致，体外酶反应证明了 LaPhzX 参与 myxin 的降解。上述研究揭示 LaPhzX 是一种 myxin 的解毒酶。

本研究鉴定了溶杆菌 OH13 中 myxin 依赖于 RND 外排泵 LexABC 外排与单加氧酶 LaPhzX 解毒的两种自抗性机制，过表达外排泵 LexABC 可提高 myxin 产量约 31%，缺失 LaPhzX 可大幅延缓 myxin 的降解速度，以上结果为 myxin 的产量提高提供了重要依据，同时也为通过抗性基因发现新的化合物提供参考。

关键词：溶杆菌；次生代谢产物；吩嗪类物质；外排泵；调控

---

* 基金项目：国家自然科学基金（31701840，32172492）

** 第一作者：赵杨扬，副研究员，主要从事植物病害的生物防治研究；E-mail：yyzhao2016@163.com

*** 通信作者：刘凤权，研究员，从事病原细菌-寄主植物互作、植物病害生物防治以及农药、重金属快速检测方面的研发和应用工作；E-mail：fqliu20011@sina.com

甘蔗线条花叶病毒云南分离物的遗传进化分析*

苏晓玲[1**]，麦钟月[1**]，韦坤江[1]，黄杨建[1]，单红丽[2***]，程德杰[1***]
（1. 广西大学农学院广西农业环境与农产品安全重点实验室，南宁　530004；
2. 云南省农业科学院甘蔗研究所云南省甘蔗遗传改良重点实验室，开远　661699）

摘　要：甘蔗线条花叶病毒（sugarcane streak mosaic virus，SCSMV）是近年引起我国南方甘蔗花叶病的主要病原。本研究通过 RT-PCR 测定了一份来自云南省开远市甘蔗花叶样品（YN21-1）的全基因组序列。通过对 YN21-1 与 NCBI 数据库中其他 15 条 SCSMV 分离物氨基酸序列进行分析，重新确定了 SCSMV 蛋白酶识别位点。一致率分析表明，YN21-1 与 ID 的核苷酸一致率最高，而与 JP2 的氨基酸一致率最高。SCSMV 11 个蛋白的氨基酸序列分析表明 6K2 最保守，而 P1 变异最大。核苷酸及氨基酸序列的系统发育分析表明 16 条 SCSMV 分离物聚类为 2 个组，所有中国分离物聚于同组，且 YN21-1 与中国云南和海南的分离物亲缘关系较近。重组分析表明，YN21-1 分离物中并未发现明显的重组位点，但 ID 是 HN-YZ49 和 YN21-1 的重组体。选择压分析表明 SCSMV 11 个蛋白的 d_N/d_S 值都小于 1，均处于负选择。研究结果可为甘蔗线条花叶病毒的监测及流行提供理论指导。

关键词：甘蔗线条花叶病毒；系统发育分析；重组分析；选择压分析

---

* 基金项目：广西高校中青年科研基础能力提升项目（2022KY0006）

** 第一作者：苏晓玲，硕士研究生，主要从事甘蔗病毒致病机理研究；E-mail：2217304027@ st. gxu. edu. cn
麦钟月，本科生，主要从事甘蔗病毒遗传进化研究；E-mail：maizy6@ 163. com
*** 通信作者：单红丽，副研究员，主要从事甘蔗病害研究；E-mail：shhldlw@ 163. com
程德杰，讲师，主要从事植物病毒致病机理研究；E-mail：chengdejie@ gxu. edu. cn

植物 NLR 信号传导机制

柴继杰[1,2*]

（1. 西湖大学，杭州 310030；2. 清华大学生命学院，北京 100084）

摘 要：含有核苷酸结合和富含亮氨酸重复序列（NLR）受体特异性识别植物病原体效应蛋白，从而引起植物免疫反应。植物 NLR 可以直接或间接识别病原体效应蛋白，诱导 NLR 寡聚化，并形成被称为抗病小体的蛋白质复合物。植物 NLR 抗病小体的一个亚家族（CNL）可以作为钙离子通透性通道，触发 NLR 介导的免疫信号。进一步研究表明 CNL 抗病小体的通道活性在进化上是保守的。相比之下，NLR 抗病小体的第二个家族（TNL）可以作为 NADase 全酶，催化产生核苷酸衍生物小分子。结构和生化证据表明，这些核苷酸小分子作为第二信使，激活下游 CNL 抗病小体的组装。这些研究表明植物 NLR 具有保守的抗病小体活性，从而激活钙离子信号，诱导植物的免疫反应。

关键词：NLR；信号传导；抗病小体；第二信使

* 第一作者：柴继杰；E-mail：chaijijie@westlake.edu.cn

桑树根系分泌物对青枯菌的抑菌活性及其机理研究*

史惠聪[1**]，刘梦圆[1]，王思怡[1]，潘 鑫[1]，盛 晟[1,2]，吴福安[1,2]，李 萍[1,2***]
(1. 江苏科技大学生物技术学院，镇江 212028；
2. 中国农业科学院蚕业研究所，镇江 212028)

摘 要：植物根系分泌的次生代谢产物是植物防御的策略之一，影响土传病害的发生。本研究采用GC-MS气质联用技术鉴定了不同pH值提取条件下水培桑树幼苗根系分泌物的主要组成成分，测定活性物质对桑树青枯菌的抑菌作用并探究其作用机理。结果表明，根系分泌物不同组分中的酰胺类物质芥酸酰胺和油酸酰胺（共占42.6%）以及溴樟脑（占18.33%）对桑树青枯菌均表现出明显的抑菌活性，且抑菌作用呈浓度依赖型。浓度为1.5 mg/mL时，油酸酰胺和溴樟脑抑菌率均达90%以上，芥酸酰胺抑菌率达80%以上。扫描电镜观察发现，三种活性物质在该浓度下均改变桑树青枯菌菌体生长形态。同样浓度下，三种活性物质能显著抑制桑树青枯菌生物膜的形成及运动能力，且诱导其体内活性氧迸发，导致菌体发生氧化应激反应衰亡。本研究为开发防治桑树青枯病的植物源抑菌剂提供理论依据。

关键词：根系分泌物；桑树青枯菌；抑菌活性及机理；植物源抑菌剂

---

* 基金项目：江苏省自然科学基金项目（BK20210878）
** 第一作者：史惠聪；E-mail：Shihcc08@163.com
*** 通信作者：李萍，讲师，研究方向为桑树病害致病机理及其防治；E-mail：lee_ping2020@163.com

生防放线菌新型蛋白激发子 PeSy1 的筛选鉴定及诱导植物抗病机制研究*

王建勋[1,2**]，刘 尚[1,2**]，任 鹏[1,2]，贾丰果[1,2]，
康 凤[1,2]，王若琳[1,2]，薛仁政[1,2]，颜 霞[1,2***]，黄丽丽[2,3***]
（1. 西北农林科技大学生命科学学院，杨凌 712100；2. 西北农林科技大学旱区作物逆境生物学国家重点实验室，杨凌 712100；3. 西北农林科技大学植物保护学院，杨凌 712100）

摘 要：杨凌糖丝菌（*Saccharothrix yanglingensis*）Hhs. 015 是本课题组前期从黄瓜根内分离鉴定的一株稀有生防放线菌，在田间试验中对多种病原菌具有优良的防治效果。研究表明 Hhs. 015 能够定殖植物组织并增强植株抗病性，但该菌株关键的激发子及其诱导植物抗病机制尚不清楚。本研究利用农杆菌介导的瞬时表达系统，从 Hhs. 015 预测的分泌蛋白组中筛选蛋白激发子，最终鉴定到一个能够在本氏烟草（*Nicotiana benthamiana*）中诱导细胞死亡的候选激发子基因 *PeSy*1。生物信息学分析表明，*PeSy*1 基因编码一个具有 109 个氨基酸的未知功能蛋白，并在糖丝菌属中保守存在。PeSy1-His 重组蛋白诱导了植物早期防御事件，如组织活性氧迸发、胼胝质沉积和防御激素信号通路激活，并促进了烟草对核盘菌（*Sclerotinia sclerotiorum*）和辣椒疫霉（*Phytophthora capsici*）的抗性，以及番茄（*Solanum lycopersicum*）对丁香假单胞菌（*Pseudomonas syringae* pv. *tomato* DC3000）的抗性。通过 Pull-down 和蛋白质谱分析，在烟草中获得了与 PeSy1 互作的候选靶标蛋白。笔者使用免疫共沉淀、双分子荧光互补和微量热泳动证实了一种受体样胞质激酶 RSy1（Response to PeSy1，RSy1）与 PeSy1 存在相互作用。PeSy1 处理促进了模式触发免疫（Pattern-Triggered Immunity，PTI）相关基因的上调表达。同时，烟草 VIGS 试验显示 PeSy1 引起的细胞死亡依赖于共受体 NbBAK1 和 NbSOBIR1，这表明 PeSy1 是 Hhs. 015 的一类微生物相关分子模式（MAMP）。此外，瞬时过表达 *RSy*1 的烟草植株在 PeSy1 处理后表现出对核盘菌更强的抗性。这些研究表明一种受体样胞质激酶参与了 PeSy1 诱导的植物抗性，而蛋白激发子 PeSy1 具有研制成新型植物免疫诱抗剂的巨大潜力。

关键词：诱导抗病性；杨凌糖丝菌；MAMP；受体样胞质激酶

---

* 基金项目：国家自然科学基金（32072477）；陕西省自然科学基础研究计划（2020zdzx03-03-01）；国家重点研发计划（2021YFD1000203）

** 第一作者：王建勋，硕士研究生；E-mail：wjianxun@nwafu.edu.cn
刘尚，硕士研究生；E-mail：liushang23@nwafu.edu.cn
*** 通信作者：颜霞，教授；E-mail：yanxia@nwafu.edu.cn
黄丽丽，教授；E-mail：huanglili@nwafu.edu.cn

蛋白激发子 BAR11 转基因拟南芥抗病机理研究及其微生物群落组成分析*

王若琳[1,2]，王 瑜[1,2]，何丹丹[1,2]，颜 霞[1,2**]，黄丽丽[2,3**]
(1. 西北农林科技大学生命科学学院，杨凌 712100；2. 西北农林科技大学旱区作物逆境生物学国家重点实验室，杨凌 712100；3. 西北农林科技大学植物保护学院，杨凌 712100)

摘 要：微生物激发子通过诱导防御反应增强植物自身免疫来降低植物病害的发生，进而减少农药和化肥的施用。然而，在利用激发子增强植物免疫的过程中，对微生物在植物根际附着和定殖的影响知之甚少。BAR11 是从一株稀有生防放线菌杨凌糖丝菌（*Saccharothrix yanglingensis*）Hhs. 015 中筛选获得的蛋白激发子，它能诱导拟南芥（*Arabidopsis thaliana*）早期防御反应并增强对病原菌的抗性。本研究利用农杆菌介导的浸泡转化法，将 *bar*11 基因插入野生型拟南芥获得 BAR11 过表达植株。离体叶片的生防检测发现，过表达植株显著提高了对丁香假单胞菌（*Pseudomonas syringae* pv. *tomato* DC3000）的抗性。实时荧光定量 PCR 结果表明，植物防御酶相关基因 *CAT*1、*CAT*2、*CAT*3 以及茉莉酸信号通路的关键基因 *LOX*2 和 *PDF*1. 2 的表达水平均有不同程度的上调。此外，不同基因型拟南芥的根际土壤的 16S rRNA 扩增子测序结果显示 *bar*11 转基因拟南芥提高了根际微生物群落的相对丰度和多样性，并招募了更多的植物益生菌，如 *Terracidiphilus*、*Luteimonas* 等。综上，*bar*11 转基因拟南芥具有比野生型更高的防御水平，并影响了拟南芥根际微生物的群落组成。本研究为解决作物安全中的可持续性问题提供新思路，也为生防激发子的应用奠定基础。

关键词：蛋白激发子；转基因拟南芥；诱导抗病性；根际微生物

---

* 基金项目：国家自然科学基金（32072477）；陕西省自然科学基础研究计划（2020zdzx03-03-01）；国家重点研发计划（2021YFD1000203）

** 通信作者：颜霞，教授；E-mail：yanxia@ nwafu. edu. cn
黄丽丽，教授；E-mail：huanglili@ nwafu. edu. cn

MYB44 Regulates PTI by Promoting the Expression of *EIN*2 and *MPK*3/6 in Arabidopsis

WANG Zuodong[1*], LI Xiaoxu[1*], YAO Xiaohui[1,3*], MA Jinbiao[4], LU Kai[1], AN Yuyan[2], SUN Zhimao[2], WANG Qian[1], ZHOU Miao[1], QIN Lina[1], ZHANG Liyuan[1,2], ZOU Shenshen[1,3], CHEN Lei[1,3], SONG Congfeng[4], CHEN Xiaochen[1,3**], ZHANG Meixiang[2**], DONG Hansong[1,3,5**]

(1. *College of Plant Protection*, *Shandong Agricultural University*, *Taian* 271018, *China*;
2. *College of Life Sciences*, *Shaanxi Normal University*, *Xi'an* 710119, *China*;
3. *State Key Laboratory of Crop Biology*, *Shandong Agricultural University*, *Taian* 271018, *China*;
4. *College of Plant Protection*, *Nanjing Agricultural University*, *Nanjing* 210095, *China*;
5. *Qilu College*, *Shandong Agricultural University*, *Taian* 271018, *China*)

Abstract: Plant signaling pathway regulating pathogen-associated molecular pattern (PAMP) - triggered immunity (PTI) essentially involves mitogen-activated protein kinase (MPK) cascades that comprise sequential activation of several protein kinases and the ensuing phosphorylation of MPKs, which activate transcription factors (TFs) to promote the downstream defense responses. To identify plant TFs that regulate *MPK*s, we investigated TF-defective mutants of *Arabidopsis thaliana* and identified MYB44 as an essential constituent of the PTI pathway. MYB44 confers resistance against the bacterial pathogen *Pseudomonas syringae* by cooperation with MPK3 and MPK6. Under PAMP treatment, MYB44 binds to the promoters of both *MPK*3 and *MPK*6 to activate their expression, leading to the phosphorylation of MPK3 and MPK6 proteins. In turn, phosphorylated MPK3 and MPK6 phosphorylate MYB44 in a functionally redundant manner, thus enabling MYB44 to activate *MPK*3 and *MPK*6 expression and to further activate the downstream defense responses. Activation of defense responses has also been attributed to the activation of transcription of the *EIN*2 gene by MYB44, which has been previously shown to affect PAMP recognition and PTI development. In essence, AtMYB44 functions as an integral component of the PTI pathway by connecting transcriptional and posttranscriptional regulation of the MPK3/6 cascade.

Key words: Arabidopsis; MPK cascade; MPK3/6; EIN2; MYB44; PT

* First authors: These authors contributed equally to this work
** Corresponding authors: CHEN Xiaochen; E-mail: chenxc66@ sdau. edu. cn
ZHANG Meixiang; E-mail: meixiangzhang@ snnu. edu. cn
DONG Hansong; E-mail: hsdong@ sdau. edu. cn

NIb of Potyviruses Interacts with NPR1 and Suppresses Its Sumoylation to Decrease Salicylic Acid-mediated Plant Immunity

LIU Jiahui[1*], WU Xiaoyun[1*], FANG Yue[1], LIU Ye[1],
FU Zhengqing[2], WANG Aiming[3], CHENG Xiaofei[1**]

(1. *College of Plant Protection*, *Northeast Agricultural University*, *Harbin* 150030, *China*; 2. *Department of Biological Sciences*, *University of South Carolina*, *Columbia*, *SC* 29208, *USA*; 3. *London Research and Development Centre*, *Agriculture and Agri-Food Canada*, *London N5V 4T3*, *Canada*)

Abstract: Salicylic acid (SA) signaling pathway plays essential roles in maintaining basal resistance and establishing systemic acquired resistance in plants. NONEXPRESSER OF PATHOGENESIS-RELATED GENES 1 (NPR1), the receptor of SA, is the master regulator of SA-mediated resistance. Here, we report that the SA signaling pathway also plays a pivotal role in restricting compatible infection by turnip mosaic virus, a member of the largest plant RNA virus genus *Potyvirus* of the family *Potyviridae*. Interestingly, we found that such resistance is counteracted by the viral RNA-dependent RNA polymerase, NUCLEAR INCLUSION B (NIb). We discovered that NIb directly binds to the SUMO-interacting motif 3 (SIM3) of NPR1 to prevent SUMO3 interaction and sumoylation, which also impedes the subsequent phosphorylation of NPR1 at Ser11/Ser15. Moreover, we found that the NIb-NPR1 interaction can be intensified by the sumoylation of NIb by SUMO3. Finally, we show that targeting NPR1 SIM3 is a conserved ability of NIb from diverse potyviruses. These data reveal a novel molecular "arms race" by which potyviruses deploy NIb to suppress NPR1-mediated resistance through disrupting NPR1 sumoylation to promote virus infection.

Key words: Salicylic acid; NPR1; potyvirus; sumoylation; phosphorylation

* First authors: These authors contributed equally to this work

** Corresponding author: CHENG Xiaofei; E-mail: xfcheng@neau.edu.cn

质外体和液泡双定位糖苷水解酶介导玉米广谱病虫抗性的遗传分析*

刘　闯**，朱旺升***

（中国农业大学植物保护学院，北京　100193）

摘　要：玉米茎腐病是世界范围内最具破坏性的玉米病害之一，腐霉菌是引起玉米茎腐病的主要病原之一，目前还未有抗玉米腐霉菌基因被克隆。本研究拟通过玉米自交系群体定位新的玉米腐霉茎腐病抗性基因。本研究结合全基因组关联分析、分离群体连锁分析鉴定玉米腐霉茎腐病抗性基因，明确抗性基因在群体中的遗传变异，并通过细胞生物学和生化手段解析抗性基因贡献玉米病害抗性的分子机制。基于玉米自交系群体的全基因组关联分析鉴定到一个玉米瓜果腐霉菌侵染抗性新位点 *ZmRPA*2，单倍型分析和分离群体连锁分析表明 *ZmBGLU*17 是 *ZmRPA*2 的候选基因。接种实验表明抗病单倍型 *ZmBGLU*17^{GEMS10} 能快速应对病原菌侵染，而感病单倍型 *ZmBGLU*17^{TY4} 则在病原菌接种后快速下调。序列分析发现 *ZmBGLU*17 不同单倍型之间启动子区域具有丰富的自然变异，包含一个 240 bp 差异的结构变异。通过双萤光素酶报告系统确定了 ZmBGLU17 不同单倍型启动子启动效率差异的关键区域。同时，在部分感病单倍型中发现 *ZmBGLU*17 第五内含子剪切位点处发生 gtaa-gtat 单碱基变异，点突变分析发现该单碱基变异是造成 *ZmBGLU*17 可变剪切的关键位点，且仅有正常剪切的转录本具有糖苷水解酶活性。基因沉默和过表达转基因玉米材料表型测试表明 *ZmBGLU*17 可以显著提高玉米对瓜果腐霉菌和亚洲玉米螟的广谱抗性。功能分析发现 ZmBGLU17 具有质外体和液泡的双重定位，并且过表达 *ZmBGLU*17 可以显著提高玉米细胞壁木质素的累积和活性化合物 DIMBOA 的合成。最后，田间试验表明过表达 *ZmBGLU*17 对玉米百粒重有微弱影响，但是不影响单株产量。玉米糖苷水解酶 *ZmBGLU*17 的自然变异决定了不同单倍型在响应病原菌侵染和基因可变剪切中的差异，赋予了玉米腐霉茎腐病抗性；ZmBGLU17 通过其在质外体和液泡中的双重定位，正向调节玉米细胞壁木质素的累积和 DIMOBA 的合成，进而提高玉米对病害和虫害的广谱抗性。

关键词：玉米；糖苷水解酶；木质素；DIMBOA；广谱抗性

---

* 基金项目：国家重点研发计划项目玉米抗病虫高产基因资源挖掘与利用子课题（2022YFD1201802-02）

** 第一作者：刘闯，博士研究生；E-mail：b20203190873@cau.edu.cn

*** 通信作者：朱旺升，研究员，博士生导师，研究方向为玉米抗病分子遗传；E-mail：wangshengzhu@cau.edu.cn

响应轮纹病菌侵染的梨 lncRNAs 鉴定及参与抗病作用功能研究*

杨岳昆[1,2]，吕沙妹[1,2]，何　颖[1,2]，王雪倩[1,2]，洪　霓[1,2]，王国平[1,2]，王利平[1,2]**
（1. 华中农业大学，植物科学技术学院；2. 华中农业大学，
湖北省作物病害监测与安全控制重点实验室，武汉　430070）

摘　要：梨轮纹病害严重影响梨产业健康发展，挖掘抗病基因用于抗性育种是解决这一问题的重要途径。长链非编码 RNA（lncRNA）可作为调控因子参与植物抗病反应等多种生物过程。目前，梨抗病基因功能研究尚属空白，本研究深入探究病菌侵染条件下梨中参与调控寄主抗病反应的长链非编码 RNA 分子作用机制，挖掘梨抗病基因资源。以西洋梨“康弗伦斯”离体植株接种轮纹病菌后不同时间点取病健交界处茎段进行高通量测序为材料，鉴定到 3 555 个长链非编码 RNA，其中预测出 2 466 个顺式调控作用 lncRNA 和 995 个反式调控作用 lncRNA。共表达分析显示顺式调控作用 lncRNA 主要通过正调控方式调控邻近的蛋白编码基因，KEGG 分析显示具有表达相关性的顺式靶基因富集在多个抗病相关通路。选取差异表达的反式调控作用 lncRNA 进行表达分析，发现 9 组差异表达 lncRNA 反式调控 R 蛋白的基因对和 15 组差异表达 lncRNA 对木质素合成通路相关基因反式调控的基因对。表达分析共鉴定出响应病菌侵染 286 个差异表达 lncRNA，对应靶基因 GO 富集分析显示多个基因簇富集在抗病相关通路。筛选到 650 个天然反义转录本，对应靶基因 KEGG 分析显示富集到“植物-病原菌互作”通路的基因数目最多，共表达分析鉴定到 4 个存在负调控关系的 lncNAT-mRNA 基因对。生信预测出 3 个 lncRNA 为候选的内源模拟靶标（eTM），其中 MSTRG. 32189 在病菌侵染后显著下调表达。烟草叶片中共表达 MSTRG. 32189、miR399 及 PcUBC24-GFP，证实了 MSTRG. 32189 可以作为内源模拟分子靶标（eTM）在植物中抑制 miR399 对 PcUBC24 的切割。半定量 RT-PCR 试验表明 MSTRG. 32189 在梨茎组织中特异表达，转基因梨愈伤组织证实了 MSTRG. 32189 正调控靶基因 PcUBC24 的表达，证实了 MSTRG. 32189 在梨中可以抑制 miR399b 对 PcUBC24 的切割作用。进一步验证 MSTRG. 32189 对植物抗病性的影响，本研究获得了 OE-MSTRG. 32189 的转基因拟南芥，结果显示相比于拟南芥野生型（WT），miR399 显著下调、AtPHO2 显著上调，抗病性显著减弱。研究报道显示植物自由磷含量的增加能够诱导其对真菌病害的抗性增强。进一步试验证实过表达 MSTRG. 32189 拟南芥植株中自由磷含量及对于灰霉菌的抗病性相对于 WT 均显著下降，揭示了梨 lncRNA 参与抗病反应的作用机制。取得的结果为全面理解梨长链非编码 RNA 分子的调控功能提供分子信息，为梨抗性育种提供基因材料。

关键词：梨；轮纹病；lncRNA；内源模拟靶标（eTM）；miR399

---

* 基金项目：国家自然科学基金（31972321）；国家梨产业技术体系（CARS-28）

** 通信作者：王利平，副教授，研究方向为果树病理学；E-mail：wlp09@ mail. hzau. edu. cn

苹果类受体蛋白激酶 MdSRLK3 通过影响 Ca^{2+} 信号通路正向调节苹果对病原真菌 *Valsa mali* 的抗性

韩朋良，李　芮，岳倩宇，李富东，聂嘉俊，尹志远，许　铭，管清美，黄丽丽
（西北农林科技大学植物保护学院，旱区作物逆境生物学国家重点实验室，杨凌　712100）

摘　要：苹果树腐烂病是由苹果黑腐皮壳菌（*Valsa mali*）引起的真菌病害，严重威胁苹果安全生产。病菌主要侵染苹果树枝干的皮层和木质部，引起主干、大枝树皮溃烂、整树枯死，严重时甚至造成大量死树毁园。苹果树腐烂病的防治方法主要以农业防治和化学防治为主，但提高苹果树抗病性是最经济、有效、绿色、持久的防治方法。然而，参与苹果对 *V. mali* 抗性的潜在关键基因在很大程度上仍未被探索。在本研究中，荧光定量 PCR 显示，*MdSRLK*3 的相对表达量在苹果枝条接种 *V. mali* 后 24 h 达到最高水平，是未接种时的 13.42 倍。遗传转化实验发现，*MdSRLK*3 的瞬时过表达增强了苹果对 *V. mali* 的抗性，而它的瞬时沉默降低了苹果对 *V. mali* 的抗性。更重要的是，*MdSRLK*3 的稳定沉默也导致苹果对该真菌的抗性降低。此外，研究还证明 *MdSRLK*3 通过影响 Ca^{2+} 信号通路来正向调节苹果的抗性，而且这种调节也与 H_2O_2 和胼胝质信号通路有关。综上，*MdSRLK*3 是苹果免疫的一个正向调节因子，研究结果对挖掘利用抗病基因资源和苹果遗传改良具有重要理论依据和指导意义。

关键词：G-type lectin RLK；定量分析；遗传转化；病害评价

不同向日葵品种抗列当 G 小种水平的鉴定及抗性机制的初步研究*

包婷婷[1]，石胜华[2]，闫宁宁[1]，刘志达[1]，
杨佳乐[1]，张文兵[1]，张　键[1]，张之为[1]，赵　君[1]
（1. 内蒙古农业大学园艺与植物保护学院，呼和浩特　010018；
2. 巴彦淖尔市农畜产品质量安全中心，巴彦淖尔　015000）

摘　要：向日葵列当已经成为制约我国向日葵产业健康发展的瓶颈因素，种植抗列当品种是目前最简便易行且经济有效的防治措施，明确向日葵抗列当机制对于抗性育种至关重要。本研究利用培养皿体滤纸系对 32 份向日葵品种抗列当 G 小种的水平进行了评价和鉴定，筛选出抗性品种 JK103 和感列当品种 LD5009 两个抗、感水平差异显著的品种，人工接种单株纯化的 G 小种后，在列当的萌芽期、瘤结期及出茎期比较了抗、感品种根系上寄生的瘤结数、细胞壁上胼胝质沉积量、过氧化氢积累、ROS 清除酶活性和抗性基因转录表达的差异。结果表明：抗性品种 JK103 根系寄生的平均瘤结数为 3 个，显著低于感列当品种 LD5009 的 16 个；JK103 根系细胞壁沉积的胼胝质含量显著高于 LD5009，JK103 和 LD5009 根系中过氧化氢的含量以及不同 ROS 清除酶的活性均呈现先升高后降低的变化趋势，相同时间点 JK103 根系中上述指标变化幅度显著高于 LD5009，抗性相关基因转录水平的检测结果表明，除 *XTH6* 外，所有测试的抗性相关基因，如 *Ha-PR1*、*LOX*、*CAT* 等在抗性品种 JK103 中的相对表达含量显著高于感病品种 LD5009。向日葵通过强化根系的结构抗性和生理生化抗性实现对列当侵染的抑制，而抗性相关基因转录水平的变化也预示着列当的侵染也能够通过调控寄主抗性相关基因转录表达来实现抵御列当的寄生。

关键词：向日葵列当；抗性基因；过氧化氢含量；抗氧化酶活性

* 基金项目：国家特色油料产业技术体系（CARS-14）

介导广谱抗性马铃薯小 G 蛋白基因的挖掘及其功能研究

刘志达，康立茹，张　键，赵　君，张之为
（内蒙古农业大学园艺与植物保护学院，呼和浩特　010018）

摘　要：马铃薯（*Solanum tuberosum* L.）是世界第四大粮食作物，其种植面积和产量仅次于小麦、水稻和玉米。由致病疫霉（*Phytophthora infestans*）引起的马铃薯晚疫病是马铃薯生产中的毁灭性病害，在全球范围内普遍发生。小 G 蛋白是一类具有 GTPase 活性的单体 GTP 结合蛋白，分子量介于 21~30 kDa，它通过 GTP 和 GDP 结合态的转换来调控细胞内许多种生理过程，包括植物抗性的建立。本研究以小 G 蛋白保守的 RHO 功能域序列为模板，从马铃薯基因组中筛选并克隆出 *StRac*2、*StRac*3、*StRac*4、*StRac*6、*StRac*7、*StRac*8 和 *StRac*9 7 个小 G 蛋白基因。经过与水稻和拟南芥已知的小 G 蛋白基因进行聚类分析，发现 *StRac*8、*StRac*9 和上述物种中介导抗病性的基因高度同源。基因表达谱的研究结果表明，7 个小 G 蛋白在马铃薯不同组织中表达模式相同，在根及叶中表达量均高于茎的表达量。相对其他小 G 蛋白基因，*StRac*8 在 3 种组织的表达量均为最高；在根和茎中 *StRac*2 的表达量最低，而在叶片中表达量最低的是 *StRac*4。人工接种致病疫霉菌后诱导表达结果表明，相比清水对照，*StRac*3、*StRac*7 和 *StRac*9 在接种 96h 后显著上调。利用 VIGS 系统沉默候选基因以及农杆菌介导的超表达上述 3 个候选基因的研究工作正在进行中。

关键词：马铃薯；马铃薯小 G 蛋白；马铃薯晚疫病

小豆叶肉细胞原生质体制备体系构建与应用*

王慧鑫，孙伟娜，刘胜森，柯希望，左豫虎**
（黑龙江八一农垦大学，国家杂粮工程技术研究中心，
黑龙江省作物-有害生物互作生物学及生态防控重点实验室，大庆　163319）

摘　要：植物原生质体是指植物细胞去除细胞壁后的细胞组分，在适宜的条件下通过诱导可以分化、再生成完整植株。由于原生质体的制备较简便，其本身还可以摄取外源质粒等大分子物质，可作为一种研究基因功能的良好材料，并随着功能基因组学的发展开始被广泛应用。部分模式植物如拟南芥等的原生质体制备方法已相对成熟，但小豆到目前为止仍缺乏高效的原生质体制备体系，限制了对小豆基因功能的研究。本研究在拟南芥原生质体制备方法的基础上，以温室培养的小豆幼苗真叶为材料，采用酶解法消解细胞壁获得小豆叶肉细胞的原生质体，研究结果表明，酶解液中纤维素酶 R-10：离析酶 R-10=3：1，且含 10 mmol/L $CaCl_2$ 时，酶解效率最高，酶解的最佳条件为 25℃、100 r/min 震荡酶解 6 h，该条件下可获得浓度达 1.23×10^6 个/mL 完整性良好的小豆叶肉细胞原生质体。在此基础上，利用聚乙二醇（PEG）介导法将含有绿色荧光蛋白的 pBIN：GFP 质粒转化至原生质体中，转化后 12 h 可在荧光显微镜下观察到原生质体内有明显绿色荧光信号，说明外源质粒可成功导入原生质体，并表达产生 GFP 蛋白。本研究成功构建了小豆原生质体的高效制备体系，且制备的原生质体可用于基因的瞬时转化和表达，该体系将为小豆基因功能验证与分析提供必要的技术支持，并为豆类杂粮作物基因功能研究提供借鉴。

关键词：小豆；原生质体；酶解法

* 基金项目：黑龙江省应用技术研究与开发计划（GA19B104）；黑龙江省自然科学基金（YQ2020C034）；黑龙江省“杂粮生产与加工”优势特色学科建设项目

** 通信作者：左豫虎，教授，主要从事植物真菌病害和植物病原菌与寄主互作研究；E-mail：zuoyhu@ 163. com

跨物种共转移感受型和辅助型 NLR 免疫受体创制抗细菌性条斑病水稻新种质

杜晓斐，孙文献，郭海龙*
（中国农业大学植物保护学院植物病理系，北京 100193）

摘 要：水稻条斑病菌（*Xanthomonas oryzae* pv. *oryzicola*，*Xoc*）侵染水稻引起细菌性条斑病，该病害的发生严重危害了水稻生产，但在水稻中未发现主效抗病基因。目前改良作物抗病性培育新型抗病品种是病害绿色防控最有效的办法。NLR（Nucleotide binding-Leucine Rich Repeat）蛋白是植物中最主要的一大类免疫受体，通过识别病原物分泌到植物细胞内的效应蛋白，激活强烈的 ETI（Effector-Triggered Immunity）免疫反应。茄科作物辣椒利用 NLR 免疫受体 Bs2 识别辣椒细菌性斑点病（*Xanthomonas campestris* pv. *vesicatoria*，*Xcv*）的效应蛋白 AvrBs2 诱发 ETI 抗病反应。分析发现 AvrBs2 广泛存在于黄单胞菌不同致病变种中但高度保守，在烟草和水稻原生质体中瞬时表达辣椒 NLR 免疫受体 Bs2 和 *Xoc* 的效应蛋白 AvrBs2 也能产生典型的过敏性反应，这为在远缘物种水稻中利用 Bs2 防治细菌性条斑病提供了基础。但是利用 NLR 抗病基因培育新的抗病品种在跨物种转移（Interfamily/Interspecies transfer）中应用有局限性（Restricted Taxonomic Functionality，RTF），NLR 基因在转移至其他亲缘关系较远的物种由于缺失效应蛋白靶标或下游信号通路转导组分容易丧失抗病功能。

已有研究表明 Bs2 抗病功能需要依赖茄科作物特有的下游辅助型 NLR 免疫受体 NRC2/NRC3/NRC4 以激活 ETI 抗病反应，但水稻中并不存在 NRCs 免疫受体。本研究利用 Golden Gate 克隆技术将来源于辣椒的感受型 NLR 基因 *Bs2* 和烟草的辅助型 NLR 基因 *NRC2/3/4* 一起跨物种转移至水稻。转基因水稻未呈现自身免疫表型且接种 *Xoc* RS105 菌株后表现出显著抗性，创制了抗细菌性条斑病水稻新种质。本研究基于共转移策略打破了在亲缘关系较远物种中转移 NLR 抗病基因改良作物抗病性的限制性，也为防治水稻细菌性条斑病创制了抗病新品种。

关键词：水稻；细菌性条斑病；NLR 免疫受体；跨物种转移；抗病新种质创制

* 通信作者：郭海龙；E-mail：Hailongguo@cau.edu.cn

兼抗玉米两种锈病的种质资源筛选*

马子慧[1]，王文宝[1]，田红琳[2]，周茂林[2]，杨　华[2]，杨宇衡[1**]
（1. 西南大学植物保护学院，重庆　400715；2. 重庆市农业科学院玉米研究所，重庆　401329）

摘　要：玉米是世界上重要的农作物之一，近年来世界玉米总产量一直居于作物产量第一位，但由于其遭受到的病害加重，造成的产量损失不断加剧。其中玉米锈病是导致减产的重要病害之一，包括由多堆柄锈菌（*Puccinia polysora*）造成的玉米南方锈病和由 *P. sorghi* 造成的玉米普通锈病。该病害可引起玉米减产 20%~30%，严重时导致减产 50%以上。利用抗病品种是防治该病害环保、经济和高效的措施，但目前关于兼抗两种锈病的种质资源研究较少。因此，本研究对笔者实验室前期搜集自海内外的 200 余份玉米材料进行抗性评价。接种多堆柄锈菌和玉米柄锈菌，以郑单 958 作为感病对照，从而筛选兼抗两种锈病的玉米材料。采用国家玉米记载标准中记录的玉米锈病分级标准对发病级别进行分级：1，高抗（HR）；3，抗（R）；5，中抗（MR）；7，感（S）；9，高感（HS）。结果表明，接种普通锈病的材料中，高抗 7 份，抗 4 份，中抗 9 份；接种普通锈病的材料中，高抗 5 份，抗 2 份，中抗 6 份。在抗性材料中，兼抗两种锈病的材料共 5 份，其中免疫材料 3 份，分别为来自 CIMMY 的 A26、A129 和来自 USA 的 A494。本研究为丰富兼抗玉米两种锈病的资源提供基础材料和免疫材料，对加速选育玉米兼抗两种锈病品种具有重要意义。

关键词：玉米南方锈病；玉米普通锈病；种质资源；抗性筛选

---

* 基金项目：国家重点研发计划（2022YFD1901402）；重庆市技术创新与应用发展重点项目（CSTB2022TIAD-LUX0004）

** 通信作者：杨宇衡，主要从事植物真菌病害相关研究；E-mail：yyh023@ swu. edu. cn

γ-氨基丁酸处理对采后芒果果实炭疽病抗性和苯丙烷代谢的影响*

陈叶珍[1,2**]，胡美姣[1]，李　敏[1]，高兆银[1]，孙进华[1]，杨　毅[1]，潘永贵[2]，弓德强[1***]
（1. 中国热带农业科学院环境与植物保护研究所，农业农村部热带作物有害生物综合治理重点实验室，海口　571101；2. 海南大学食品科学与工程学院，海口　570228）

摘　要：γ-氨基丁酸（GABA）是植物体内重要的内源信号分子，具有多种生理功能。为探讨 γ-氨基丁酸（γ-aminobutyric acid，GABA）对采后芒果炭疽病抗性的影响及其相关机制，以芒果（贵妃）为材料，研究了 2.0 mmol/L GABA 处理对芒果果实接种炭疽菌（*Colletotichum gloeosporioides*）后病斑直径、苯丙烷代谢和防御相关酶活性及抗病物质含量的影响。结果表明，与对照相比，GABA 处理显著抑制了接种炭疽菌芒果果实病斑的扩展，提高了果实对炭疽病的抗性；同时，GABA 处理显著提高了芒果果实中苯丙氨酸解氨酶（PAL）、肉桂酸-4-羟化酶（C4H）、4-香豆酸-CoA 连接酶（4CL）、肉桂醇脱氢酶（CAD）、过氧化物酶（POD）、多酚氧化酶（PPO）以及病程相关蛋白 β-1,3-葡聚糖酶（CLU）和几丁质酶（CHI）活性；另外，GABA 处理还促进了果实总酚、类黄酮和木质素的积累。以上结果表明，GABA 提高采后芒果对炭疽菌侵染的抗性与增强果实苯丙烷代谢和防御相关酶活性以及积累抗病相关物质有密切关系。

关键词：芒果；γ-氨基丁酸（GABA）；炭疽病；抗病性；苯丙烷代谢

---

* 基金项目：海南省自然科学基金项目（320RC688）
** 第一作者：陈叶珍，硕士研究生，研究方向为农产品加工与贮藏保鲜；E-mail：2562602982@ qq. com
*** 通信作者：弓德强，副研究员，研究方向为热带果蔬采后生理与贮藏保鲜；E-mail：gd-qiang@ 163. com

不同甜菜品种对甜菜褐斑病抗感性的初步鉴定*

郑家瑞**，王　楠，付莉迪，张宗英，韩成贵，王　颖***
（中国农业大学植物病理学系，农业农村部作物有害生物监测与
绿色防控重点实验室，北京　100193）

摘　要：甜菜（*Beta vulgaris* L.）属苋科（Amaranthaceae）甜菜属（*Beta*），是重要的糖料作物，为世界提供约25%的蔗糖来源。由甜菜尾孢菌（*Cercospora beticola*）引起的甜菜褐斑病是甜菜生产过程中最具破坏性的叶部病害。在甜菜褐斑病的常发地区，甜菜褐斑病常年造成甜菜块根10%~20%的减产，块根含糖量下降1°~2°。选育抗病品种是防治甜菜褐斑病最根本有效的方法，目前我国已选育出了抗甜菜褐斑病种质资源200余份。但与国外的抗性品种相比，大多国内抗性品种的综合性状稍弱，所以我国生产上所使用的抗性品种主要还是依赖于国外进口。因此，加强我国甜菜抗病品种选育工作是我国甜菜安全生产的重要保障。

本研究首先通过优化的 *C. beticola* 室内接种发病体系，鉴定了赤峰、呼和浩特、伊犁和哈尔滨地区的8株甜菜尾孢菌的致病性，结果显示不同菌株致病性强弱存在差异。之后选取CFSYT-15为参考菌株，接种我国糖料产业技术体系21个参试甜菜品种和对照品种Beta176，9 d后统计发病情况。结果显示品种TX2007、TX2010、TX2014、TX2015和TX2019的病情指数分别为24.4、15.4、20.4、22.8和20.4，与对照病情指数60.49相比，这些品种对CFSYT-15表现一定的抗性；而品种TX2003、TX2009、TX2012和TX2021的病情指数分别为50.1、50.1、54.1和56.7，对CFSYT-15菌株表现为敏感。本研究优化了 *C. beticola* 室内接种发病体系，初步鉴定甜菜种质资源对 *C. beticola* 抗感性，为我国抗褐斑病优良甜菜品种的选育提供一定的参考。

关键词：甜菜褐斑病；甜菜尾孢菌；抗性品种；致病性

---

* 基金项目：现代农业产业技术体系建设项目糖料-甜菜病害防控（CARS-170304）

** 第一作者：郑家瑞，专业硕士研究生，主要从事植物病害绿色防控；E-mail：jrzheng2022@163.com

*** 通信作者：王颖，副教授，主要从事植物病毒学及甜菜病害综合防控研究；E-mail：yingwang@cau.edu.cn

小麦植物防御素基因家族鉴定及其功能研究

董　烨*，尹良武，王周兴宇，卢　晨，何艺琴，马东方**
（长江大学农学院，荆州　434000）

摘　要：植物防御素 PDF 可以抑制并杀死多种病原菌，并广泛分布于植物的叶、果实、根、茎、种子和块茎中。为了解小麦中 PDF 基因家族功能，对小麦 PDF 基因家族进行生物信息学分析，鉴定出了 74 个小麦 PDF 基因家族成员。从中挑取高表达的基因进行亚细胞定位和致病疫霉侵染的功能验证。亚细胞定位结果显示 *TaPDF*3.4、*TaPDF*4.4、*TaPDF*4.12 和 *TaPDF*4.23 基本定位于细胞质和细胞膜，*TaPDF*3.4 在细胞核上也有定位。4 种 *TaPDF* 基因都抑制了致病疫霉 88069 的侵染。通过原核表达和 Western blot，将纯化的 TaPDF3.4 蛋白进行禾谷镰孢菌对峙培养，结果表明该蛋白并不影响禾谷镰孢菌的生长。

关键词：防御素；亚细胞定位；致病疫霉侵染；原核表达

* 第一作者：董烨，硕士研究生，研究方向为植物病原真菌学；E-mail：15531765642@163.com
** 通信作者：马东方，教授，研究方向为植物与病原菌互作研究；E-mail：madf@yangtzeu.edu.cn

番茄剪切因子 SR30 负调控植物免疫的分子机制研究

闫 东，黄 杰，舒海东，陈 汉，田峰奇，董莎萌*
（南京农业大学植物保护学院，南京 210095）

摘 要：可变剪切增加了转录本丰富度和蛋白质多样性，并且在植物与病原物的互作过程中具有重要作用。由致病疫霉（*Phytophthora infestans*）引发的晚疫病是马铃薯、番茄上难以防治的头号病害，严重威胁着作物的生产安全。操控寄主植物 pre-mRNA 可变剪切变化是包括致病疫霉在内的多种病原物克服植物免疫的关键致病机制。然而，在与病原菌互作过程中，植物 pre-mRNA 可变剪切被调控的具体机制尚不清楚。本研究在番茄中筛选到一个剪切因子 SlSR30，负调控植物免疫，并且在多种病原菌侵染番茄过程中上调表达；过表达 SlSR30 引发植物 pre-mRNA 的可变剪切的变化，其中包括许多植物免疫相关基因；过表达的 SlSR30 发生液-液相分离并组装形成“nuclear speckles”，该结构是 SlSR30 促进植物感病所必需的；敲除 *SlSR*30 显著地增强了番茄对多种疫霉菌的抗性。本研究揭示了植物剪切相关因子负调控植物免疫的分子机制，并且为改良作物抗性提供了理论依据。

关键词：可变剪切；抗病性；相分离；致病疫霉；番茄

* 通信作者：董莎萌；E-mail：smdong@ njau. edu. cn

Identification of a Thaumatin-like Protein PpTLP in Ground Cherry *Physalis pubescens* *

WANG Zehao**, TONG Zhipeng, LIANG Yue***

(*Collage of Plant Protection*, *Shenyang Agricultural University*, *Shenyang* 110866, *China*)

Abstract: Pathogenesis-related (PR) proteins are produced by plants in response to biotic and abiotic stresses in the regulation of plant resistance. Specifically, PR-5 protein can enhance plant resistance, and are also known as a thaumatin-like protein due to the high similarity to a thaumatin protein originally identified from *Thaumatococcus daniellii*. Many PR-5 proteins have been identified in diverse plants but have not been reported in *Physalis* species. In this study, a PR-5 protein in *P. pubescens* was firstly identified as *PpTLP* by protein identification and the coding sequence cloning. Bioinformatics analysis showed that PpTLP was highly similar to NP24 in tomato with only one amino acid difference. Transcript expression analysis showed that *PpTLP* was highly expressed in leaves and protein expression analysis indicated that PpTLP was tissue-specific accumulation in the fruit exocarp. Moreover, the *PpTLP* regulation under abiotic stress indicated that the down-regulation was caused by salt treatment no effect was present on wounded treatment although the up-regulation was induced by pathogenic infection. This work provides some new insights for further studies on the identification and characterization of TLP proteins in different Solanaceae and the postharvest management of stress resistance.

Key words: *Physalis pubescens*; thaumatin-like protein; abiotic and biotic stresses; pathogen infection

---

* 基金项目："兴辽英才计划"项目（XLYC1807242）；辽宁省高校基础研究项目（LSNJC201914）；沈阳农业大学引进人才科研启动费项目（20153040）

** 第一作者：王泽昊，博士研究生，研究方向为分子植物病理学；E-mail：zhwang9415@163.com

*** 通信作者：梁月，教授，博士生导师，研究方向为真菌学与植物病理学；E-mail：yliang@syau.edu.cn

Genome Editing of a Rice CDP-DAG Synthase Confers Multi-pathogen Resistance

SHA Gan[1], SUN Peng[1], KONG Xiaojing[1], HAN Xinyu[1], SUN Qiping[1], LAETITIA Fouillen[2], ZHAO Juan[1], LI Yun[1], YANG Lei[1], WANG Yin[1], GONG Qiuwen[1], ZHOU Yaru[1], ZHOU Wenqing[1], JAIN Rashmi[3,4], GAO Jie[5], HUANG Renliang[6], CHEN Xiaoyang[1], ZHENG Lu[1], ZHANG Wanying[1], QIN Ziting[1], ZHOU Qi[7], ZENG Qingdong[8], XIE Kabin[5], XU Jiandi[9], TSAN-Yu Chiu[7], GUO Liang[5], Jenny C. Mortimer[4,10], YOHANN Boutté[2], LI Qiang[5], KANG Zhensheng[8], PAMELA C. Ronald[3,4,11*], LI Guotian[1,3,4*]

(1. *National Key Laboratory of Agricultural Microbiology*, *Hubei Hongshan Laboratory*, *Hubei Key Laboratory of Plant Pathology*, *The Center of Crop Nanobiotechnology*, *Huazhong Agricultural University*, *Wuhan* 430070, *China*; 2. *Laboratoire de Biogenèse Membranaire*, *Univ. Bordeaux*, *CNRS*, *Villenave d'Ornon*, *France*; 3. *Department of Plant Pathology and the Genome Center*, *University of California*, *Davis*, *Davis*, *CA* 95616, *USA*; 4. *The Joint BioEnergy Institute*, *Lawrence Berkeley National Laboratory*, *Emeryville*, *CA* 94608, *USA*; 5. *National Key Laboratory of Crop Genetic Improvement*, *Huazhong Agricultural University*, *Wuhan* 430070, *China*; 6. *National Engineering Research Center of Rice* (*Nanchang*), *Key Laboratory of Rice Physiology and Genetics of Jiangxi Province*, *Rice Research Institute*, *Jiangxi Academy of Agricultural Sciences*, *Nanchang* 330200, *China*; 7. *BGI-Shenzhen*, *Shenzhen* 518083, *China*; 8. *State Key Laboratory of Crop Stress Biology for Arid Areas*, *Northwest A&F University*, *Yangling* 712100, *China*; 9. *Institute of Wetland Agriculture and Ecology*, *Shandong Academy of Agricultural Sciences*, *Jinan* 250100, *China*; 10. *School of Agriculture*, *Food and Wine*, *University of Adelaide*, *Glen Osmond*, *SA*, *Australia*; 11. *Innovative Genomics Institute*, *University of California*, *Berkeley*, *Berkeley*, *CA* 94704, *USA*)

Abstract: The discovery and application of genome editing introduce a new era of plant breeding, giving researchers efficient tools for the precise engineering of crop genomes. Here, we demonstrate the power of genome editing for engineering broad-spectrum disease resistance in rice (*Oryza sativa*). We first isolated a lesion mimic mutant (LMM) from a mutagenized rice population, demonstrated that a 29-bp deletion in a gene we named *RESISTANCE TO BLAST*1 (*RBL*1) caused this phenotype and showed that this mutation caused a ca. 20-fold reduction in yield. *RBL*1 encodes a cytidine diphosphate diacylglycerol (CDP-DAG) synthase required for phospholipid biosynthesis. Mutation of *RBL*1 results in reduced levels of phosphatidylinositol (PI) and its derivative PI (4, 5) P_2. Rice PI (4, 5) P_2 is enriched in cellular structures specifically associated with effector secretion and fungal infection, suggesting a role as a disease susceptibility factor. Using targeted genome editing, we obtained an allele of

* Corresponding authors: PAMELA C. Ronald; E-mail: pcronald@ ucdavis. edu

LI Guotian; E-mail: li4@ mail. hzau. edu. cn

*RBL*1, named *RBL*1$^{\Delta 12}$, which confers broad-spectrum resistance but does not decrease yield in a model rice variety as assessed in small-scale field trials. Our study has demonstrated the usefulness of editing of an LMM gene, a strategy relevant to diverse LMM genes and crops.

Key words: Rice; Lesion mimic mutant; Rice blast; Broad-spectrum disease resistance; Lipidomics; Genome-editing

枸杞内生嗜线虫镰孢菌 NQ8GⅡ4 对植物诱导抗病性及机制研究*

贾淑鑫**，李　全，顾沛雯***
（宁夏大学农学院，银川　750021）

摘　要：植物内生真菌一方面可以直接抑制病原菌生长，另一方面可作为生物因子诱导植物防御反应提高植物抗病性，但其作用机制尚不明确。本研究以分离自健康枸杞根部的内生嗜线虫镰孢菌 *Fusarium nematophilum* NQ8GⅡ4 为生防菌株，通过激光共聚焦和生物学测定，明确该菌株在寄主和非寄主植物上的定殖促生能力；通过皿内对峙、盆栽试验、组织化学染色、防御酶活性和转录组分析，明确 NQ8GⅡ4 菌株诱导寄主枸杞对枸杞根腐病菌的抗性机制，并在非寄主番茄上进行验证。

研究结果如下：①NQ8GⅡ4 能定殖于枸杞、番茄和小麦的根部，且在寄主植物枸杞根部定殖率最高（93.9%）；该菌株具有产赤霉素、解磷、产铁载体、蛋白酶和纤维素酶的能力，能显著促进枸杞生长。②预先接种 NQ8GⅡ4 菌株能有效抑制枸杞根腐病菌（*F. solani*）菌丝的生长，抑制率可达 70.07%；NQ8GⅡ4 菌株对枸杞根腐病的盆栽防效可达 76.38%；与单接病原菌组（P）相比，接种 NQ8GⅡ4 菌株（E+P）枸杞各农艺指标提高了 10.81%～80.42%；接种 NQ8GⅡ4 能提高枸杞 POD、SOD、CAT 和 PAL 活性，降低 MDA 含量；NQ8GⅡ4 菌株能增强枸杞清除活性氧的能力，降低膜脂过氧化和细胞死亡程度；RNA-Seq 分析表明 NQ8GⅡ4 激活了枸杞的防御反应，包括细胞内 Ca^{2+} 内流，ROS 爆发，MAPK 途径激活，细胞壁木质素沉积，并产生抗菌次生代谢产物，SA、ET、IAA、CK、BR 和 ABA 信号途径介导枸杞的防御反应。③预先接种 NQ8GⅡ4 菌株对番茄枯萎病菌丝生长的抑制率达 63.00%；该菌株对番茄枯萎病的盆栽防效高达 76.85%；接种 NQ8GⅡ4 菌株能够提高番茄 POD、SOD、CAT 等防御酶活性；NQ8GⅡ4 能清除番茄中过量的活性氧，降低膜脂过氧化和细胞死亡的程度；NQ8GⅡ4 可以诱导番茄 SA 途径中 *PR1a*、*GLUA*、*PAL*、*NPR1* 等防御基因的表达；病原胁迫下，与单接病原菌（P）相比，接种 NQ8GⅡ4（E+P）可以诱导 JA 防御途径关键调控基因 *LOX* 及转录因子 *WRKY33* 的表达。

综上表明，NQ8GII4 菌株通过诱导增强植物抗氧化酶活性，促进 SA 和 JA 防御途径相关基因的表达，缓解病原菌造成的活性氧、膜脂过氧化和细胞死亡危害，进而减少病害的发生，本研究在一定程度上为植物病害的生物防治提供了新途径。

关键词：枸杞内生嗜线虫镰孢菌 NQ8GⅡ4；枸杞；番茄；转录组分析；诱导抗性机制

* 基金项目：国家自然科学基金“枸杞内生嗜线虫镰孢菌效应蛋白 FnEG1 激发寄主防御反应的分子机理”（32260697）
** 第一作者：贾淑鑫，硕士研究生，研究方向为生物防治与菌物资源利用；E-mail：1248552896@qq.com
*** 通信作者：顾沛雯，教授，主要从事植物病理学与生物防治方面的研究；E-mail：gupeiwen2019@nxu.edu.cn

水稻 *OsGLP*8-10 的抗菌核病功能及机制初探

罗睿睿*，杨书贤，张玉洁，左香君，梅家琴**
（西南大学农学与生物科技学院，重庆　400715）

摘　要：油菜（*Brassica napus*）是我国重要的油料作物，但由核盘菌（*Sclerotinia sclerotiorum*）引起的菌核病是油菜最主要的病害之一，严重影响油菜的生长发育。植物中的非寄主抗性具有广谱性、持久性的特点，水稻（*Oryza sativa*）作为核盘菌的非寄主植物，鉴定其抗病基因，可为油菜抗菌核病育种提供新的思路。我们对水稻和甘蓝型油菜接种核盘菌后进行转录组分析，发现水稻中有 14 个 Germin-like protein 家族基因（OsGLPs）显著上调表达，其中 7 个来自水稻 8 号染色体的抗病基因簇（OsGLP8-x，被报道与广谱抗性有关），而油菜（BnGLPs）却基本不响应核盘菌诱导。对受菌诱导程度较高的 *OsGLP*8-10 进行烟草瞬时表达和拟南芥超表达，发现超表达 *OsGLP*8-10 拟南芥的病斑面积比 WT 减少 50.6%，瞬时表达 *OsGLP*8-10 的烟草病斑面积减少 42.1%。植物 GLPs 可能具有清除超氧阴离子（$O_2^{\cdot-}$）和/或代谢草酸（核盘菌毒素）的功能。本研究发现，发现超表达 *OsGLP*8-10 拟南芥的 $O_2^{\cdot-}$ 含量 $O_2^{\cdot-}$ 含量分别比 WT 降低 47.3%，H_2O_2（$O_2^{\cdot-}$ 代谢产物）的含量增加 53.8%，但对草酸的耐受能力与 WT 无显著差异。基于上述结果，我们推测 *OsGLP*8-10 可能是水稻对核盘菌的非寄主抗性基因之一，它通过发挥 $O_2^{\cdot-}$ 清除功能参与水稻对核盘菌抗性。本研究结果将为深入理解水稻与核盘菌互作机制提供参考，并为油菜的菌核病抗性改良提供新的抗病基因资源。

关键词：菌核病；非寄主抗性；*OsGLP*8-10；活性氧清除

* 第一作者：罗睿睿，硕士研究生，研究方向为水稻抗菌核病的分子机制
** 通信作者：梅家琴，教授，研究方向为油菜抗病育种

新疆主栽小麦品种抗条锈病基因检测

张明皓[1,2]，马泽宇[1,2]，刘 琦[1,2]，陈 晶[1,2]
（1. 新疆农业大学农学院，农林有害生物监测与安全防控重点实验室，乌鲁木齐 830052；
2. 农业农村部西北荒漠绿洲农林外来入侵生物防控重点实验室，乌鲁木齐 830052）

摘　要：小麦条锈病是一种由条形柄锈菌小种专化型（*Puccinia striiformis* f. sp. *tritici*）引起的一种真菌性病害，严重威胁新疆小麦安全生产，而培育和推广携带有效抗病基因的抗病品种仍是目前最经济有效的防治方法。本研究针对新疆主栽的82份冬、春麦品种，使用15个分子标记对*Yr*5、*Yr*9、*Yr*10、*Yr*15、*Yr*18、*Yr*26、*Yr*42和*Yr*50进行检测。结果显示，新疆主栽的小麦品种中抗病基因的种类分布丰富，*Yr*26、*Yr*41和*Yr*50在全部供试品种中检出率最高，可达75.6%~87.8%，*Yr*5和*Yr*15主要在春麦品种中应用广泛。97.6%的小麦品种均含有2个及以上不同抗病基因组合，其中新冬53品种含有7个目标检测抗病基因。研究结果为小麦抗病育种及小麦品种合理布局提供科学依据。

关键词：新疆；小麦条锈病；抗病基因检测；抗病育种

水稻 *OsGLP*3-5 及 *OsGLP*3-6 的抗菌核病功能研究

张玉洁，罗睿睿，左香君，杨书贤，梅家琴
（西南大学农学与生物科技学院，重庆 400715）

摘　要：油菜菌核病是由核盘菌（*Sclerotinia sclerotiorum*）引起的真菌性病害，是制约我国油菜生产最主要的病害。培育抗病油菜品种是防治油菜菌核病最为经济有效的途径，然而由于抗源缺乏，油菜的抗菌核病育种陷入瓶颈。利用非寄主抗性是改良油菜的新思路。水稻对菌核病具有非寄主抗性，因此我们对水稻和甘蓝型油菜接种核盘菌后进行转录组分析，发现水稻中有 14 个 GLP 家族基因（编码类萌发蛋白）成员显著上调表达，其中 3 个来自水稻 3 号染色体的抗病基因簇；而油菜中仅检测到个别 GLP 基因的上调。对其中 2 个进行抗病功能验证，发现超表达 *OsGLP*3-5 和 *OsGLP*3-6 植株接种核盘菌后的病斑面积比 WT 减小 32.4%和 22.4%，瞬时表达上述基因的烟草叶片病斑面积分别比 WT 减少 31.2%和 41.8%。根据已有功能注释和相关研究报道，植物 *GLP*s 可能具有清除 $O_2^{\cdot -}$ 和/或代谢草酸（核盘菌毒素）的功能。我们研究发现，过表达 *OsGLP*3-5 和 *OsGLP*3-6 的拟南芥中 $O_2^{\cdot -}$ 含量与 WT 无显著差异，但接种草酸后的坏死斑面积比 WT 分别降低 46.1%和 54.6%，且瞬时表达 *OsGLP*3-5 和 *OsGLP*3-6 的烟草叶片接种核盘菌后，接种部位草酸含量与对照相比分别下降 38.0%和 34.3%。上述结果表明 *OsGLP*3-5 和 *OsGLP*3-6 可显著提高寄主的菌核病抗性，其机制可能与增强寄主对核盘菌毒素草酸的代谢有关。本研究鉴定了与水稻非寄主抗性有关的基因，初步证实了其对寄主抗性的提升作用，为油菜等寄主植物的菌核病抗性改良提供了全新的抗病基因资源。

关键词：非寄主抗性；核盘菌；类萌发蛋白；草酸代谢

猕猴桃溃疡病菌检测、品种抗性鉴定及抗性分析*

强 遥[1**]，程淑媛[1]，何剑鹏[1]，刘 冰[1]，熊桂红[1]，李帮明[2]，
张凯东[1]，朱启寒[1]，袁信恩[1]，涂贵庆[2]，蒋军喜[1***]
（1. 江西农业大学 农学院，南昌 330045；2. 江西省奉新县农业局，宜春 330700）

摘 要：由丁香假单胞杆菌猕猴桃致病变种（*Pseudomonas syringae* pv. *actinidiae*，*Psa*）引起的猕猴桃细菌性溃疡病（简称猕猴桃溃疡病）是猕猴桃种植过程中最难控制的病害之一，其病情严重时可导致果园毁灭，严重制约猕猴桃产业的发展。目前对猕猴桃溃疡病的检测多采用PCR技术，但该技术需要PCR仪、凝胶成像系统等贵重仪器。为此，本研究试图建立一种准确、灵敏、无须贵重设备的环介导等温扩增技术（Loop Mediated Isothermal Amplification，LAMP）检测体系，以实现对猕猴桃溃疡病菌的快速、简易检测；同时，对23个猕猴桃品种进行抗病性鉴定，在筛选出抗病和感病品种后，采用RNA-seq技术对其分别进行转录组测序，分析比较其抗感病原因。

（1）根据16S rDNA基因序列设计出LAMP检测*Psa*的特异性引物，对反应体系中引物的浓度、反应时间和反应温度进行了优化，最终确定了LAMP最佳反应体系：2×反应缓冲液（RM）12.5 μL，1 μmol/L外引物F3和B3各1.0 μL，12 μmol/L内引物FIP和BIP各2.0 μL，*Bst* DNA酶1.0 μL，模板DNA 2.0 μL，钙黄绿素1.0 μL，去离子水2.5 μL，总体系25μL。扩增反应条件：63℃ 1 h，95℃ 2 min。同时，本试验所设计的2对引物特异性较好，能够检测出目标病原菌，而对其他致病菌则不能进行扩增。

（2）以23个猕猴桃品种的离体枝条为供试材料，采用伤口接种法，测定猕猴桃不同品种对*Psa*的抗感情况，结果表明：23个品种之间对*Psa*的抗病性具有明显差异，抗病性由强至弱的品种依次为毛花1号、软枣1号、东红、软枣2号、毛花3号、毛花5号、徐香、毛花2号、翠玉、翠香、青皮红香、贵长、早鲜、G3、魁蜜、G9、毛花4号、庐山香、793、晚红、奉黄1号、红阳和云海1号，其中最感病的云海1号（代号YH），其平均病斑长度达26.33 mm，最抗病的毛花1号（代号MH），其平均病斑长度仅2.20 mm，这两个品种分别作为感病品种和抗病品种用于后续的转录组测序分析。

（3）以MH和YH为试验材料，采用RNA-seq技术对接种*Psa*后0 h、12 h、48 h的样品分别进行转录组测序，分析MH和YH在接种*Psa*后差异表达基因以及GO和KEGG富集分析，结果表明：在*Psa*侵染猕猴桃枝条时，猕猴桃MAPK级联反应、类黄酮的生物合成、植物激素信号转导、碳代谢途径等与抗病相关的基因在抗病品种中显著上调表达，以此提高猕猴桃自身的防御能力。

关键词：猕猴桃溃疡病菌；环介导等温扩增技术（LAMP）；抗性鉴定；转录组分析

---

* 基金项目：江西省科技计划项目（20181ACF60017）；国家自然科学基金项目（31460452）

** 第一作者：强遥，硕士研究生，主要从事分子植物病理学研究；E-mail：1152287980@qq.com

*** 通信作者：蒋军喜，教授，主要从事植物病害综合治理研究；E-mail：jxau2011@126.com

Rice Blast Resistance Evaluation and Resistance Gene Composition Analysis in MH Restorer Lines

SHI Jun[1], FENG Hui[2], YANG Hao[2], XIANG Zufen[1],
LIU Dingyou[1], LIAO Shuang[1], YU Huaqing[1], HUANG Tingyou[1*], HUANG Yanyan[2*]
(1. *Mianyang Academy of Agricultural Sciences, Crop Characteristic Resources Creation and Utilization Key Laboratory of Sichuan Province*, *Mianyang* 621023, *China*;
2. *State Key Laboratory of Crop Gene Exploration and Utilization in Southwest China, Sichuan Agricultural University*, *Chengdu* 611130, *China*)

Abstract: Blast resistance is one of the key factors with veto power in the examination of rice varieties. Due to the rapid evolution of *Magnaporthe Oryzae* in the paddy field, timely monitoring and evaluating the blast resistance of rice parents is belief for resistance breeding. In this study, the sensitive variety LTH and resistant variety Yahui 2115 (YH 2115) were used as controls to evaluate the resistance and explore resistance genes in 12 MH restorer lines bred by Mianyang Academy of Agricultural Sciences. Firstly, those restorer lines were subjected for rice blast resistance analysis by punch inoculation with the isolates purified from leave of LTH grew in different disease nurseries in Sichuan Basin from 2018 to 2022. MH815 and MH6139 showed the strongest resistance, which was significantly higher than that of YH 2115. Moreover, the restorer lines were grew in 11 disease nurseries in Sichuan Basin in 2022, to examine the rice blast resistance. MH313 and YH2115 were susceptible in the disease nurseries located in Zizhong, while MH357, MH821 and MH815 were susceptible in the disease nurseries located in Qionglai, indicating that the different regions have the different dominant groups of *M. oryzae*. MH6139 showed the strongest resistance in both investigations. Therefore, it was subjected for resistance gene analysis using functional nucleotide polymorphism molecular markers for 24 cloned resistance genes in rice. Finally, it was identified that MH6139 has three resistance genes, including *Pi63*, *Pi5* and *Pikm*. This will provide theoretical basis for the breeding application and material innovation base on MH6139.

* Corresponding authors: HUANG Tingyou; E-mail: htysca@126.com
HUANG Yanyan; E-mail: h1985yy@163.com

水稻转录因子 OsSTF1 负调控稻瘟病抗性*

李　莎**，尹潇潇，刘　杰，胡小红，赵志学，樊　晶，王文明***
（四川农业大学，西南作物基因资源发掘与利用国家重点实验室，成都　611130）

摘　要：bZIP（basic leucine zipper）家族是植物中的一大类转录因子，包括植物生长、胁迫响应、激素、信号转导、能量代谢等。实验室前期研究发现，bZIP 转录因子家族 OsSTF1 在抗性敏感、不敏感水稻材料中差异表达，暗示着 OsSTF1 可能参与调控稻瘟病抗性。因此，本研究以 OsSTF1 为研究对象，在水稻材料 TP309 背景下过表达该基因，导致水稻更感稻瘟病。相反，利用 CRISPR/Cas9 基因编辑技术，敲除该基因，导致水稻更抗稻瘟病。此外，研究发现敲除该基因后不会影响水稻的产量。为了进一步解析该基因调控稻瘟病抗性的分子机制，利用水稻转录组测序和生物信息学分析，发现了多个参与调控水稻免疫的下游基因，包括代谢通路、次生代谢生物的生物合成、MAPK 信号通路、植物-病原体相互作用等。因此，OsSTF1 可作为协调水稻免疫与产量的重要候选基因。

关键词：水稻；OsSTF1；稻瘟病抗性；产量性状

---

* 基金项目：国家自然科学基金（U19A2033，32101728）
** 第一作者：李莎，硕士研究生，研究方向为水稻-稻瘟病互作的分子机制；E-mail：2442739259@ qq. com
*** 通信作者：王文明，教授，研究方向为植物-病原菌相互作用机制；E-mail：j316wenmingwang@ 163. com

四川盆地稻瘟菌的群体遗传结构分析*

刘　晨**，谭褚湉，任文芮，黄衍焱***，王文明***
（四川农业大学，西南作物基因资源发掘与利用国家重点实验室，成都　611130）

摘　要：稻瘟菌引发的稻瘟病是严重的全球性病害之一，在水稻主产区的四川盆地常年都有发生，威胁我国粮食安全。为探究四川盆地稻瘟菌群体的遗传结构变化，本研究收集了四川盆地各水稻生态区的稻瘟菌，并对 1 026株菌株进行重测序、变异检测和遗传结构分析。结果表明：SNP 在 1 号染色体的两个端粒和 2 号长臂端粒区存在较大密度的分布。其中，13.41% SNP 位于基因内，9.34% 分布在基因的外显子区域。此外，LD 衰减速度在不同年份间差异显著。遗传结构分析表明：四川盆地的稻瘟菌群体能划分为 3～5 个亚群。综上所述，四川盆地的稻瘟菌群体遗传多样性丰富，且年份间的群体遗传结构差异明显。进一步地说明年度监测点的建立和种植结构的布局对水稻稻瘟病防治具有重要意义。

关键词：水稻；稻瘟菌；四川盆地；SNP；遗传结构

* 基金项目：国家自然科学基金联合基金项目（U19A2033）；国家自然科学基金青年科学基金项目（31901839）

** 第一作者：刘晨，博士研究生，主要从事稻瘟菌群体遗传结构与致病性的研究；E-mail：bigliuchen@163.com

*** 通信作者：黄衍焱，教授，主要从事水稻-稻瘟病相互作用研究；E-mail：hl985yy@163.com
王文明，教授，主要从事植物-病原菌相互作用机制研究；E-mail：j316wenmingwang@163.com

基因编辑 *RISBZ1* 提高稻曲病抗性*

刘 杰**，胡小红，龚稚游，李国邦，赵亚丹，
刘小玲，白亦飞，姚宗林，张 馨，王文明***，樊 晶***
（四川农业大学，西南作物基因资源发掘与利用国家重点实验室，成都 611130）

摘 要：稻曲病是一种由致病性子囊真菌（*Ustilaginoidea virens*）引起的水稻穗部病害，主要症状是在水稻小穗产生黄色或墨绿色的稻曲球。该病害不仅造成水稻产量和品质下降，而且产生多种真菌毒素危害人畜健康，近年来已经成为我国水稻重大病害之一。我们前期发现稻曲病菌侵染的水稻小穗中开花相关基因表达被抑制，而且水稻的开花和灌浆过程被破坏；然而，稻曲病菌的侵染却激活了水稻小穗中灌浆相关基因的表达，包括关键的转录因子编码基因 *RISBZ*1。本研究对 *RISBZ*1 在稻曲病抗性中作用进行了研究。通过在不同背景的水稻材料中获得的多种方式敲除的 *risbz*1 突变体进行接种，发现 *risbz*1 突变体显著提高水稻对稻曲病的抗性。我们进一步通过 GUS 报告系统和原位杂交实验检测了在稻曲病菌侵染下 *RISBZ*1 的表达模式，发现 *RISBZ*1 的表达主要在浆片中被稻曲病菌激活。比较代谢组分析发现，稻曲病菌接种 9 d 后的颖花代谢组与灌浆期籽粒代谢组相似，暗示稻曲病菌可能通过劫持水稻灌浆代谢产物获取营养。进一步比较野生型和 *risbz*1 突变体颖花的代谢组差异，发现差异代谢产物主要富集在淀粉和蔗糖代谢，氧化磷酸化，果糖和甘露糖代谢，内吞作用等代谢通路，暗示 *risbz*1 突变体中上述代谢通路的改变可能增强水稻对稻曲病的抗性。

关键词：稻曲病；*RISBZ*1；抗性；比较代谢组；灌浆

---

* 基金项目：国家自然科学基金（32072503，31772241）；四川省青年科技创新研究团队（2022JDTD0023）

** 第一作者：刘杰，博士研究生，主要从事水稻多病害抗性基因挖掘和稻曲病菌致病机理研究；E-mail：2235967561@qq.com

*** 通信作者：王文明，教授，主要从事植物-病原菌相互作用机制研究；E-mail：j316wenmingwang@163.com
樊晶，教授，主要从事水稻-稻曲病菌相互作用研究；E-mail：fanjing13971@sicau.edu.cn

水稻环 RNA circR5g05160 调控稻瘟病抗性与产量性状

薛　昊*，王　贺，刘寿岚，王哲旭，曾昱龙，毛婉婷，王文明**
（四川农业大学，西南作物基因资源发掘与利用国家重点实验室，成都　611130）

摘　要：稻瘟病严重危害水稻产量和品质，利用抗病品种是控制该病害最好的方法。稻瘟病抗性的产生受多重调控，其中非编码基因起精细调控作用。前期研究发现，*miR*168-*AGO*1 模块通过调控 miRNAs 网络来协调水稻产量、生育期和稻瘟病抗性。但其上游调控机制仍不清楚。本研究发现，水稻环 RNA circR5g05160 包含与 miR168 不完全互补的靶位点，可削弱 miR168 对靶基因 AGO1 的抑制作用，过表达该环 RNA 导致稻瘟病抗性增强，单株产量增加。综上所述，本研究明确了 circR5g05160 协同调控稻瘟病抗性与产量性状的分子功能，为改良水稻抗性和协调产量相关性状提供了理论指导。

关键词：水稻；稻瘟病；*miR*168-*AGO*1；环 RNA circR5g05160

* 第一作者：薛昊，硕士研究生，主要研究水稻 microRNA 调控稻瘟病抗性的分子机制；E-mail：1369990328@ qq. com
** 通信作者：王文明，教授，主要从事植物-病原菌相互作用机制研究；E-mail：j316wenmingwang@ 163. com

水稻稻瘟病抗性基因功能性核苷酸分子标记的开发与应用*

杨　好**，易春霖，黄衍焱，王文明***
（四川农业大学，西南作物基因资源发掘与利用国家重点实验室，成都　611130）

摘　要：在水稻基因组的 17 个抗瘟基因位点中，已发掘 50 多个稻瘟病抗性基因，为了更好地分析和应用这些抗性基因，我们针对其中 24 个抗性基因设计了功能性核苷酸多态性分子标记，以 24 个抗瘟基因单基因系、已知抗瘟基因的水稻材料和感病材料 LTH 为对照，对 111 份四川盆地主要水稻亲本进行鉴定。通过优化和验证，这些标记在众多阳性及阴性对照中表现出优良的特异性，并初步明确了亲本材料的抗瘟基因组成。并发现 *Pia*、*Pi9*、*Pik*、*Pi63*、*Pi64* 与 *Pi56* 在四川盆地的亲本中无应用，*Pib* 的应用频率最高，为 40.91%，依次是 *Pita*（39.09%）、*Pi9-type5*（31.82%）、*Pi5*（22.73%）、*Pi2*（20.91%）、*Pid3*（19.09%）、*Pikm*（19.09%）、*Pish*（14.55%）、*Pi54*（13.64%）、*Piz-t*（13.64%）、*Pi1*（12.73%）、*PigmR*（7.27%）、*Pid4*（6.36%）、*Pikp*（5.46%）、*Pit*（3.64%）、*Pi65*（2.73%）、*Pi36*（1.82%）和 *Pikh*（0.91%）等。为了进一步验证鉴定结果的有效性，随机对绵恢 6139 含有的 *Pikm* 和绵恢 365 含有的 *Pi1* 进行克隆测序，并得到确认，说明功能性核苷酸多态性分子标记具有优良的特异性，在分子标记辅助育种中具有良好应用前景。

关键词：水稻；稻瘟病；抗瘟基因；功能性核苷酸分子标记

* 基金项目：国家自然科学基金（U19A2033）
** 第一作者：杨好，硕士研究生，研究方向为水稻稻瘟病抗性机制；E-mail：791120826@qq.com
*** 通信作者：王文明，教授，研究方向为植物-病原菌相互作用机制；E-mail：j316wenmingwang@163.com

拟南芥 *RPW8.1* 通过 WRKY51 的反馈调控平衡免疫和生长*

杨雪梅**，赵经昊，胡章薇，熊晓玉，刘闫静，李 燕***，王文明***

（四川农业大学，西南作物基因资源发掘与利用国家重点实验室，成都 611130）

摘 要：*RPW8.1* 是拟南芥中一个对多种病原菌具有广谱抗性的基因。为了探索 *RPW8.1* 是如何赋予对多种病原菌的抗病能力，实验室前期通过对 Col-0 生态型突变体材料（Col-*gl*）和 Col-*gl* 背景下的 *RPW8.1* 过表达材料（*R1Y4*）进行转录组测序分析和 RT-qPCR 实验发现，17 个 WRKY 转录因子在 *R1Y4* 中组成性上调表达，且 *WRKY51* 表达量上调最多。为了探究 *WRKY51* 在 *RPW8.1* 介导的发育和抗病中的作用，我们构建了在 R1Y4 背景下的 *WRKY51* 过表达和突变体材料（*OX51 R1Y4* 和 *w51 R1Y4*）。在 *OX51 R1Y4* 中，*RPW8.1* 引起的生长抑制和细胞死亡减少，但 *RPW8.1* 介导的广谱抗性和 PTI 反应也被削弱。分析发现 *RPW8.1* 的启动子上含有 3 个 TTGACC/T 的 W-box 序列，我们通过 LUC 报告系统、DAP-qPCR 以及 EMSA 实验，验证了 WRKY51 绑定并抑制 *RPW8.1* 的启动子的活性来调控其表达。*w51 R1Y4* 不影响 *RPW8.1* 介导的生长抑制和抗性无显著影响，可能有其他基因与 *WRKY51* 存在功能冗余。在 Col-*gl*（不含 *RPW8.1*）中过表达和突变 *WRKY51* 不影响植株的抗病性和生长，表明 *WRKY51* 特异性调控 *RPW8.1* 介导的抗病性和生长。综上，我们揭示了在拟南芥中广谱抗性基因 *RPW8.1* 通过 WRKY51 的反馈调控来平衡植物生长和抗性的信号通路。

关键词：拟南芥；WRKR51；RPW8.1；免疫；生长

---

* 基金项目：国家自然科学基金（31430072，31471761，32172417）

** 第一作者：杨雪梅，博士研究生，主要从事植物免疫调控机理研究；E-mail：xuemeiyang2021@163.com

*** 通信作者：李燕，教授，主要从事水稻非编码基因调控抗病性研究；E-mail：liyan_rice@sicau.edu.cn

王文明，教授，主要从事植物-病原菌相互作用机制研究；E-mail：j316wenmingwang@163.com

水稻 *RBOHs* 家族成员时空表达谱及多病害抗性调控研究*

朱　勇**，刘信娴，王　贺，樊　晶，李　燕***，王文明***
（四川农业大学，西南作物基因资源发掘与利用国家重点实验室，成都　611130）

摘　要：植物 NADPH 氧化酶（*RBOHs*）产生的活性氧（ROS）广泛参与生物与非生物胁迫触发的信号转导。据报道，水稻 RBOHs 家族含有 9 个成员（OsRBOHA-OsRBOHI）。实验室利用 qRT-PCR 对水稻所有 *OsRBOH* 家族基因进行全生育期不同组织表达模式分析，发现不同成员在全生育期存在时空差异表达。对 *OsRBOHs* 的敲除突变体材料接种水稻主要病害病原菌，包括白叶枯菌、纹枯菌和稻瘟菌，发现除 *rbohf* 和 *rbohg* 突变体外，其他 *rboh* 突变体均对单个或多个病原菌显示不同程度的抗性降低，提示多个 RBOH 家族基因参与调控水稻主要病害。同时，对 *OsRBOHs* 基因敲除突变体材料的发育表型进行分析发现，所有家族基因均参与调控水稻生长发育或重要产量性状。我们的研究结果为后续研究水稻 RBOH 家族基因参与调控水稻抗病性及产量性状机制提供了理论基础。

关键词：OsRBOHs；时空表达谱；多病害抗性；产量性状

---

* 基金项目：国家自然科学基金（31430072，31471761，32172417）
** 第一作者：朱勇，博士研究生，主要研究水稻 microRNA 调控稻瘟病抗性的分子机制；E-mail：931117828@ qq. com
*** 通信作者：李燕，教授，主要从事水稻非编码基因调控抗病性研究；E-mail：liyan_rice@ sicau. edu. cn
王文明，教授，主要从事植物-病原菌相互作用机制研究；E-mail：j316wenmingwang@ sicau. edu. cn

荔枝果胶乙酰酯酶 PlPAE5 靶向荔枝脂质转运蛋白 LcLTP1 抑制植物免疫*

宋　雨，司徒俊健，冯迪南，刁平根，李敏慧，姜子德，孔广辉**
（华南农业大学植物保护学院，广州　510000）

摘　要：荔枝霜疫病是荔枝霜疫霉侵染荔枝引起的病害，该病可以侵染嫩叶、嫩枝、花穗及果实，引起大量花穗和果实腐烂，给荔枝生产带来严重经济损失。其病原菌荔枝霜疫霉（*Peronophythora litchii*）属于茸鞭生物界（Stramenopila）卵菌门（Oomycota）。荔枝霜疫霉在侵染过程中会分泌大量效应子作用于寄主。

本研究发现一个荔枝霜疫霉果胶乙酰酯酶（Pectin acetylesterases，PAEs）PlPAE5 在本氏烟草中异源表达可以增强病原菌侵染毒力，*PlPAE5* 的敲除使病原菌的致病力下降，且其毒性功能依赖 PAE 结构域。通过酵母双杂交筛选了荔枝霜疫霉效应子 PlPAE5 在荔枝中的互作蛋白荔枝脂质转移酶（Lipid transfer protein）LcLTP1。LcLTP1 在病原菌侵染时期表达上调并且诱导植物抗性基因表达水平上调；证明了 PlPAE5 与 LcLTP1 的互作关键区域和位点为 PlPAE5 的 PAE 结构域和 LcLTP1 的 8 个半胱氨酸。在 PlPAE5 存在的情况下 LcLTP1 不能发挥抗病功能，PlPAE5 通过与荔枝脂质转运蛋白 LcLTP1 相互作用来抑制植物免疫。LcLTP1 的过表达增强了植物对卵菌病原体的抗性，这种抗病性依赖于 NbBAK1 和 NbSOBIR1。进一步实验表明，LcLTP1 可以激活水杨酸（SA）相关免疫，PlPAE5 通过破坏 LcLTP1 的稳定性来破坏这一过程。综上所述，本研究首次报道了卵菌果胶乙酰酯酶抑制植物 LTP 介导的免疫反应，为荔枝抗病育种奠定研究基础。

关键词：荔枝霜疫病；卵菌；植物免疫；细胞壁降解酶；脂质转运蛋白

---

* 基金项目：国家自然科学基金（U21A20220，31701771）；广东省自然科学基金（2022A1515010458，2023A1515030267）
** 通信作者：孔广辉；E-mail：gkong@ scau. edu. cn

水稻常绿突变体 *osdes*1 的初步研究

邱天成，魏 爽，高爱爱，彭友良，赵文生*
（中国农业大学植物保护学院，北京 100193）

摘 要：水稻作为全球主要粮食作物之一，其产量和品质仍受病虫害和环境因素等限制，难以突破瓶颈。鉴定抗性基因，培育高产抗性水稻品种将有助于解决这一难题。通过对滞绿基因的研究发现，一些农作物滞绿特性的出现不仅可延缓植株衰老，还会提高育种效率。但对滞绿基因参与调控植物抗病性的研究还较少。

基于对实验室前期获得的 T-DNA 插入水稻突变体库进行研究，获得一个常绿突变体 *des*1（Delated senescence 1），其表型主要体现在苗期 60 d 后植株高度略高于野生型，籽粒成熟后期叶片滞绿现象明显且延缓衰老。在抽穗期后，突变体 *des*1 与野生型爱知旭相比叶绿素含量降解速度缓慢，qRT-PCR 分析显示其衰老相关基因显著下调表达。另外，与野生型相比，突变体 *des*1 结实率和千粒重略有下降。病原菌接种试验表明突变体 *des*1 对稻瘟病和白叶枯病的抗性显著增强。qRT-PCR 结果显示，抗病相关基因表达量均显著升高。突变体 *des*1 叶片黑暗诱导的衰老延迟，对外源激素 MeJA、ABA 的敏感性降低，且 MeJA、ABA 相关途径基因表达量下调。通过 Sitefinding-PCR 的方法获得了突变体 *des*1 插入位点的侧翼序列，克隆并确认了 T-DNA 插入位点影响的基因 *OsDes*1。RT-PCR 和 qRT-PCR 结果表明，T-DNA 插入致使 *OsDes*1 基因表达量上调。且 *OsDes*1 基因受稻瘟菌、外源 MeJA、ABA 诱导表达。遗传转化获得 *OsDes*1 基因超表达及敲除转基因植株。测量超表达植株叶绿素含量，发现其叶绿素降解速度慢于野生型，黑暗诱导植株滞绿性较野生型显著。接种稻瘟菌发现，超表达植株同样增强了对稻瘟病的抗性，并伴随着抗病相关基因的显著上调表达。而敲除植株与野生型无明显表型差异。后续将对 OsDes1 的分子功能进行研究，以期明确 OsDes1 在植物滞绿和抗病中的作用。

关键词：常绿；衰老；*OsDes*1；水稻 T-DNA 突变体

* 通信作者：赵文生，教授，主要研究方向植物抗病抗逆资源的发掘与利用；E-mail：mppzhaws@cau.edu.cn

820 份绿豆种质资源对两种主要病害的抗性评价

龙刘星*，王丹华，武文琦，朱振东**
（中国农业科学院作物科学研究所，北京　100081）

摘　要：我国绿豆（*Vigna radiata*）种植历史悠久，种植范围广，在长期的绿豆栽培中积累了大量的种质资源。在绿豆生产上，病害是影响产量和品质的主要因素，其中由尖镰孢菌绿豆专化型（*Fusarium oxysporum* f. sp. *mungcola*）引起的绿豆枯萎病及豇豆疫霉绿豆专化型（*Phytophthora vignae* f. sp. *mungcola*）引起的绿豆根茎腐病危害严重。为筛选具有抗枯萎病和根茎腐病的资源，基于绿豆枯萎病、根茎腐病的人工接种和评价技术的研究结果，分别采取剪根浸根法和游动孢子侵染法，对我国国内收集的 820 份绿豆种质资源进行室内苗期的抗枯萎病和根茎腐病鉴定，所使用的病原接种体分别为尖镰孢菌绿豆专化型 F08 和豇豆疫霉绿豆专化型 PVMG4。最终，筛选出高抗枯萎病材料 52 份（6.3%）、抗病材料 113 份（13.7%）、中抗材料 149 份（18.2%）、感病材料 176 份（21.5%）、高感材料 330 份（40.2%）；筛选出抗根茎腐病材料 23 份（2.9%）、中抗材料 53 份（6.4%）、感病材料 744 份（90.7%）。由此可见，我国绿豆抗枯萎病和根茎腐病的种质资源较为丰富，其中还筛选到对两种病害都具有抗性的资源，例如牛毛黄、雅安绿豆、中绿 11 号等，可作为优质的抗病基因发掘和抗病育种的材料。本研究仅利用单一的致病小种作为接种体，后续将使用不同致病生理小种对初筛到的抗病材料进行重复鉴定，以期筛选到优质的广谱性高抗资源。

关键词：绿豆；枯萎病；根茎腐病；种质资源；抗性评价

* 第一作者：龙刘星，硕士研究生，主要从事绿豆病害及抗病基因发掘研究；E-mail：82101215210@caas.cn
** 通信作者：朱振东，研究员，主要从事作物抗病性及豆类病害研究；E-mail：zhuzhendong@caas.cn

谷子 MAPKK 家族成员的鉴定及其对生物胁迫的响应分析*

龚珂珂[1,2**]，刘　佳[1**]，马继芳[1]，张梦雅[1]，
董志平[1]，刘　磊[1]，白　辉[1***]，李志勇[1***]
［1. 河北省农林科学院谷子研究所，农业农村部特色杂粮遗传改良与利用重点实验室（省部共建），河北省杂粮研究重点实验室，石家庄　050035；2. 河南科技大学农学院，洛阳　471023］

摘　要：丝裂原活化蛋白激酶激酶（mitogen－activated protein kinase kinase，MAPKK 或 MKKs）在植物的生长发育调节、生物和非生物胁迫反应、激素信号转导中具有重要作用。为了解谷子 MAPKK 基因家族功能，本研究利用生物信息学软件对其蛋白质理化性质、系统进化、染色体定位、基因结构、蛋白质保守基序、启动子顺式作用元件及共线性等进行分析，利用 qRT－PCR 技术研究了谷子在不同发育时期组织部位、谷锈菌、玉米螟病虫害生物胁迫以及 SA 和 MeJA 激素处理下 *SiMPKKs* 表达模式。结果表明，共鉴定到 10 个 MAPKK 基因家族成员，其编码蛋白质含有 331～523 个氨基酸，相对分子量范围 35.08～58.52 kDa，等电点范围 5.47～10.02，每条 SiMKK 蛋白序列上都含有 Protein kinase 保守结构域。系统进化分析表明，*SiMKKs* 分为 4 组，A 组包括 *SiMKK*1、*SiMKK*6－1 和 *SiMKK*6－2，B 组包括 *SiMKK*3－1 和 *SiMKK*3－2，C 组包括 *SiMKK*4 和 *SiMKK*5，而剩余 3 个 *SiMKKs*（*SiMKK*10－1、*SiMKK*10－2 和 *SiMKK*10－3）全部分配到 D 组。*SiMPKKs* 基因分布在第 1、3、4、5 和 9 条染色体上，含有 1～11 个外显子，所有 SiMKKs 蛋白均含有 motif 1、motif 2、motif 3、motif 4、motif 5 和 motif 6，上游 2 000 bp 启动子区域预测到多个与胁迫、激素和植物生长发育等相关的顺式作用元件。qRT－PCR 结果表明，大部分基因具有明显的组织表达特异性；除 *SiMKK*10－1 和 *SiMKK*10－3 外，其余成员对谷锈菌侵染、玉米螟取食、SA 和 MeJA 激素处理等 1～3 种胁迫具有明显响应。以上结果为进一步研究 *SiMPKKs* 基因在谷子应对病虫害生物胁迫中的功能奠定了理论基础。

关键词：谷子；MAPKK 家族；谷锈病；玉米螟；表达分析

---

* 基金项目：河北省农林科学院基本科研业务费试点经费包干制项目（HBNKY-BGZ-02）；国家现代农业产业技术体系专项（CARS-06-14.5-A25）；河北省重点研发计划项目（21326338D）

** 第一作者：龚珂珂，硕士研究生，主要从事谷子抗病分子生物学研究；E-mail：1752993549@qq.com
刘佳，副研究员，主要从事谷子病虫害研究；E-mail：15031210252@126.com

*** 通信作者：白辉，研究员，主要从事谷子抗病分子生物学研究；E-mail：baihui_mbb@126.com
李志勇，研究员，主要从事谷子病虫害研究；E-mail：lizhiyongds@126.com

Genome-wide Identification of *Gretchen Hagen* 3 Genes in *Glycine max*: Identification, Structure Analysis and Response to Biotic and Abiotic Stress*

YANG Xiaowen[1,2**], LIU Ting[1,2], ZHU Xiaofeng[1,2], FAN Haiyan[1,2], LIU Xiaoyu[2,3], XUAN Yuanhu[1], WANG Yuanyuan[2,4], YANG Ning[1,2], CHEN Lijie[1,2], DUAN Yuxi[1,2***]

(1. *College of Plant Protection*, *Shenyang Agricultural University*, *Shenyang* 110866, *China*; 2. *Nematology Institute of Northern China*, *Shenyang Agricultural University*, *Shenyang* 110866, *China*; 3. *College of Sciences*, *Shenyang Agricultural University*, *Shenyang* 110866, *China*; 4. *College of Biological Science and Technology*, *Shenyang Agricultural University*, *Shenyang* 110866, *China*)

Abstract: *Gretchen Hagen* 3 genes conjugate excess of hormones with amino acids to maintain endogenous hormone homeostasis. Expression patterns of *GH*3 genes have been characterized in many crops but not in soybean. In this work, we identified members of GH3 family and analyzed the phylogenetic, gene duplication, structure, domain, conserved motifs and cis-elements in promoter region response to stresses. A comprehensive expression study under different stresses revealed that stress responsible *GH*3 genes clustered in Group-II. Notably, five genes belong to Group-II are involved in cold stress response, three genes in Group-II-a are induced by dehydration but five in Group-II-b are down, likes saline-treated. We also observed the differential expression pattern of *GH*3 genes in soybean under pathogen infection, indicating Group-II were induced by pathogens. Furthermore, we detected expression of Group-II in soybean under soybean cyst nematode infection, suggested five genes in Group-II-a are suppressed at 10 dpi. The analysis presented here would help in the investigation of the function of *GH*3 genes in soybean during stress conditions.

Key words: GH3 family; *Glycine max*; Genome-wide identification; Expression pattern analysis

---

* Funding: China Agriculture Research System of MOF and MARA (CARS-04-PS13); National Natural Science Foundation of China (31330063, 32272499); National Parasitic Resources Centre (NPRC-2019-194-30); Shenyang Science and Technology Bureau Seed Industry Innovation Project (21-110-3-11)

** First author: YANG Xiaowen; E-mail: 2020200130@stu.syau.edu.cn

*** Corresponding author: DUAN Yuxi; E-mail: duanyx6407@163.com

北京地区草莓种苗中草莓轻型黄边病毒的检测与分析*

张家兴**，王秋实，闫　哲，任俊达，严　滕，尚巧霞***
（北京农学院生物与资源环境学院，农业农村部华北都市农业重点实验室，北京　102206）

摘　要：草莓产业中种苗流通频繁和利用匍匐茎繁育种苗的育种方式导致草莓病毒病发生日益严重。草莓轻型黄边病毒（*Strawberry mild yellow edge virus*，SMYEV）为甲型线形病毒科（*Alphaflexiviridae*）马铃薯X病毒属（*Potexvirus*）成员，是一种在我国分布广、危害重的能够侵染草莓的病毒。为明确SMYEV在不同品种草莓种苗上的发生和危害情况，2020—2022年对北京地区种植的不同品种的草莓种苗进行了病毒检测与分析。

首先通过田间调查，采集了36个品种424株草莓种苗叶片样品，提取RNA，反转录后，使用SMYEV的特异检测引物YT1（CCGCTGCAGTTGTAGGGTA）和Y2（CATGGCACTCATTGGAGCTGGG）进行检测，统计侵染率。之后，将扩增的片段连接到pBM23载体上，对其序列进行测定和分析，明确北京地区SMYEV所属株系。检测结果表明，424株草莓种苗中28个样品检出SMYEV，病毒检出率为6.6%。其中，7个品种的草莓植株种苗中检出SMYEV，检出率为6.5%~23.1%，红颜草莓检出率最高。通过基因克隆、序列测定和比对分析，发现北京分离物BJAS与中国福建草莓分离物FJ2 CP基因序列的同源性为98.55%，BJHY253与美国分离物WSU1988 CP基因序列的同源性为98.63%，BJLB与德国分离物D74 CP基因序列的同源性为99.07%。

本研究通过对不同草莓品种中的SMYEV进行检测和序列测定，明确了北京地区SMYEV的发病率，获得了3个不同分离物CP序列，并且发现不同品种草莓种苗SMYEV侵染率存在差异，通过本研究以期为草莓病毒检测和草莓的田间生产提供数据支持。

关键词：草莓轻型黄边病毒；北京地区；检测

---

* 基金项目：北京市教育委员会科技计划重点项目（KZ202210020028）
** 第一作者：张家兴，硕士研究生，主要从事植物病毒病害研究；E-mail：1872663851@qq.com
*** 通信作者：尚巧霞，教授，主要从事植物病毒病害研究；E-mail：shangqiaoxia@126.com

A Varied AvrXa23-like TALE Enables the Bacterial Blight Pathogen to Avoid Being Trapped by *Xa*23 Resistance Gene in Rice*

XU Zhengyin**, XU Xiameng, WANG Yijie, LIU Linlin,
LI Ying, YANG Yangyang, LIU Liang, ZOU Lifang, CHEN Gongyou***
(*Shanghai Collaborative Innovation Center of Agri-Seeds/School of Agriculture and Biology*, *Shanghai Jiao Tong University*, *Shanghai* 200240, *China*)

Abstract: *Xa*23 as an executor mediates broad - spectrum resistance to *Xanthomonas oryzae* pv. *oryzae* (*Xoo*), which contains a matching avirulence gene *avrXa*23, in rice for bacterial leaf blight (BLB) . *avrXa*23 encodes a transcription activator-like effector (TALE) protein which binds to the EBE (effector-binding element) of the *Xa*23 promoter. It is unclear whether the considerable pressure of *Xa*23 leads to an emerging *Xoo* strain that overcomes *Xa*23 resistance. Here, we found that a virulent isolate, AH28 from Anhui province, is compatible with the *Xa*23-containing rice CBB23, of 185 *Xoo* isolates collected from rice-growing areas in China. Sequencing the genome, assembling the TALE repertoire, and isolating *tal* genes of AH28 revealed an ortholog of *avrXa*23, *tal7b* of AH28. The 4th RVDs (repeat-variable diresidues) in Tal7b are missed and the 5th and 8th RVDs changed from NG and NS to NS and S *, which made the Tal7b protein unable to induce the expression of *Xa*23 in rice. The ectopic expression of AH28 *tal7b* in a *tal*-free mutant PH of $PXO99^A$ and *avrXa*23 in AH28 made the PH strain still be compatible with and the AH28 strain incompatible with *Xa*23 rice, respectively. Searching the similar RVDs of AvrXa23 from the available genome sequences, we found there are eight variable AvrXa23-like TALEs in *Xoo*, suggesting that the RVD mutation in a TALE protein may be a common strategy for the pathogen evolution to avoid being "trapped" by an executor *R* gene. Best to our knowledge, this is the first insight of a naturally-emerging *Xoo* isolate that overcomes the broad-spectrum resistance of *Xa*23 by the variable AvrXa23-like TALEs.

Key words: Rice; *Xanthomonas oryzae* pv. *Oryzae*; TALEs; AvrXa23; Xa23; Resistance

---

* Funding: National Natural Science Foundation of China (31830072, 32102147); China Postdoctoral Science Foundation (2020M681309); Shanghai Postdoctoral Excellence Program (2020277)

** First author: XU Zhengyin; E-mail: xuzy2015@ sjtu. edu. cn

*** Corresponding author: CHEN Gongyou; E-mail: gyouchen@ sjtu. edu. cn

水稻 E3 泛素连接酶 XB101 调控植物免疫的分子机制*

刘美彤**，焦双玉，宋 树，田 猛，杨 武，梁 鹿，崔福浩***，孙文献***
（中国农业大学植物保护学院，农业农村部作物有害生物监测与
绿色防控重点实验室，北京 100193）

摘 要：黄单胞菌致病变种引起的水稻细菌性病害严重威胁水稻的产量和品质。实验室前期研究发现，该病原菌的效应蛋白 Xop101 能显著抑制水稻免疫，且 Xop101 负调控水稻 E3 连接酶 XB101 的稳定性。为进一步揭示 Xop101 与 XB101 互作调控水稻免疫的分子机制，我们通过酵母双杂交从水稻 cDNA 文库中对 XB101 的底物蛋白进行了筛选，初步获得 41 种候选靶标蛋白，这些蛋白参与了蛋白质合成、维生素合成、氨基酸合成、光合作用、呼吸作用、脂肪与蛋白质分解代谢、生物与非生物胁迫响应、发育调控等多种生物学过程。其中 XB101IP-1 被鉴定为一个稻瘟病抗性调控蛋白，该蛋白负调控水稻对稻瘟病的抗性。我们通过烟草叶片萤光素酶互补和水稻原生质体免疫共沉淀验证了 XB101 与 XB101IP-1 的互作，并且发现 XB101 显著负调控 XB101IP-1 的稳定性。目前尚无 XB101IP-1 调控水稻对细菌性病害抗性的报道。本研究为进一步揭示 Xop101 通过调控水稻 E3 泛素连接酶 XB101 的稳定性进而调控水稻抗病性奠定了基础。

关键词：水稻；细菌性条斑病；E3 泛素连接酶；效应蛋白；靶标

---

* 基金项目：国家自然科学基金面上项目（31671991）

** 第一作者：刘美彤，博士研究生，研究方向为植物与病原真菌互作分子机理研究；E-mail：sdauzblmt@163.com

*** 通信作者：崔福浩，副教授，主要从事水稻与病原细菌、真菌的互作分子机理研究；E-mail：cuifuhao@163.com

孙文献，教授，主要从事水稻与病原细菌、真菌的互作分子机理研究；E-mail：wxs@cau.edu.cn

黄淮麦区主推及新选育小麦品种对茎基腐病的抗性评价*

庄驯宇**，朱晓晴，赵湘媛，周海峰，李洪连***
（河南农业大学植物保护学院，小麦玉米作物学国家重点实验室，郑州 450002）

摘 要：小麦茎基腐病在我国黄淮和长江中下游等小麦主产区普遍发生，且日趋严重。本研究于 2020—2022 年共收集黄淮麦区主推及新选育小麦品种 396 份，通过小米培养基扩繁假禾谷镰孢接种土壤，分别在室内盆栽和田间病圃鉴定这些品种的苗期（35dpi）和成株期（灌浆期）抗性。结果显示，在室内苗期鉴定中，中抗品种（如开麦 18、新麦 18、国科 1 号、周麦 24、济麦 22 等）共计 20 份，占总品种数的 5.0%；中感品种（富麦 916、徽研 912、西农 511、鼎研 161、中麦 175 等）共计 83 份，占比 21.0%；高感品种（郑麦 6698、瑞华麦 521、中麦 7058、新麦 40、徽研 77 等）共计 293 份，占比 74.0%；未发现免疫和高抗品种；在田间成株期抗性鉴定中，筛选出 3 个高抗品种，分别为徐麦 2023、丰德存麦 20 号、存麦 618，占总品种数的 0.8%；中抗品种（中育 1702、洛麦 26、丰德存麦 5 号、百农 365、瑞华麦 218 等）共 56 份，占比 14.1%；中感病品种（滑育麦 1 号、天麦 178、泉麦 29、新麦 36、淮麦 16 等）共 130 份，占比 32.8%；高感品种（恳冬杂 23、天民 304、泛育麦 20、百麦 1811、郑麦 6698 等）207 个，占比 52.3%；未发现免疫品种；在 396 份品种中，有 6 个品种在室内苗期和田间成株期均表现为中抗及以上水平，分别为丰德存麦 5 号、瑞华麦 218、周麦 26、济麦 22、开麦 18、周麦 24。对 2020—2021 年度在田间表现为中抗及以上水平的 39 个品种，在第二年继续进行抗茎基腐病鉴定，结果显示，大部分品种的抗性都有不同程度的下降，无高抗品种，32 个品种表现为中抗，其余 7 个品种降为中感或高感。本研究结果可为黄淮麦区茎基腐病的防控及抗性品种的选育和布局提供参考。

关键词：小麦；品种；茎基腐病

* 基金项目：河南省重大公益性科研专项（201300111600）
** 第一作者：庄驯宇，硕士研究生，研究方向为植物病理学；E-mail：972804943@ qq. com
*** 通信作者：李洪连，教授，主要从事植物病害监测与防控研究；E-mail：honglianli@ sina. com

番茄 HIR1 蛋白与番茄褪绿病毒 HSP70h 蛋白互作介导寄主抗性的分子机制研究*

张先平[1]，臧连毅[1]，赵　丹[1]，尚凯杰[1,2]，朱常香[2]，刘红梅[2]，周　涛[3]，竺晓平[1]
（1. 山东农业大学植物保护学院，泰安　271018；2. 山东农业大学生命科学学院，泰安　271018；3. 中国农业大学植物保护学院，北京　100191）

摘　要：番茄褪绿病毒（tomato chlorosis virus，ToCV）是近年来在世界范围内危害严重的蔬菜病毒。由于 ToCV 寄主范围广、传播介体防治困难，最终在我国各地迅速爆发。感染 ToCV 的番茄植株长势矮小，果实的商品性下降，严重时甚至导致绝产，造成严重经济损失。目前对 ToCV 的研究多集中在分离物的检测和分子特征分析方面，对 ToCV 的致病机理、病毒与寄主植物及传播介体间的相互作用等有待进一步探究。病毒往往借助寄主细胞组分完成侵染，侵染过程也会触发植物体的抗病反应，因此，筛选与 ToCV 编码蛋白互作的寄主蛋白，有助于揭示番茄与 ToCV 互作的分子机制，为 ToCV 的防治和抗病育种奠定基础。本研究利用 ToCV 编码的 HSP70h 蛋白和番茄 cDNA 酵母文库，筛选获得与 HSP70h 互作的番茄过敏性诱导反应蛋白 SlHIR1；将 *SlHIR*1 基因转化本氏烟，获得超表达转基因株系，抗病性分析表明，*SlHIR*1 基因超表达株系对 ToCV 抗性明显强于对照；转录组、代谢组联合分析表明，与野生型相比，*SlHIR*1 基因超表达株系类黄酮生物合成相关基因表达上调，代谢通路也呈现显著差异；外源喷施试验证明，类黄酮可以增强番茄对 ToCV 的抗性。本研究初步明确了 ToCV HSP70h 在病毒侵染中的作用，通过酵母文库筛选到与其互作的 SlHIR1 蛋白，经多组学测定分析发现番茄植株可以通过 SlHIR1 蛋白响应 ToCV 的侵染并影响类黄酮的生物合成，从而增加植物的抗病性，这对番茄抗病基因的利用及培育抗 ToCV 的番茄植株具有重要的指导意义。

关键词：番茄褪绿病毒；SlHIR1；HSP70h；蛋白互作；多组学分析；类黄酮物质

* 基金项目：山东省重大科技创新工程（2022CXGC020710，2022CXPT006）

ERAD 相关的泛素结合酶 OsUBC45 同时可提高水稻广谱抗病性和产量的机理研究*

王 羽**，陈 倩***，彭友良***

（中国农业大学，农业农村部有害生物监测与绿色治理重点实验室和分子设计育种前沿科学中心，北京 100193）

摘 要：水稻作为世界主粮作物之一，养活了世界上近一半的人口。由稻瘟菌引起的稻瘟病是水稻最严重的病害。虽然已经在水稻中发现了一些抗病基因，但它们在优良品种中的累积往往会导致水稻产量损失。本研究中报道的 OsUBC45 是一个在内质网相关蛋白降解系统（ERAD）中起作用的泛素结合酶，在水稻中过表达该基因同时可提高水稻的广谱抗病性和产量。稻瘟菌侵染可诱导 *OsUBC45* 的表达，研究发现 OsUBC45 通过提高病原菌相关的分子模式触发免疫（PTI）而增强对稻瘟病和水稻白叶枯病的抗性。同时 *OsUBC45* 过表达可提高水稻产量达 10%以上。进一步研究发现，OsUBC45 分别通过促进糖原合成酶激酶 OsGSK3 和水通道蛋白 OsPIP2；1 的降解，正调控水稻籽粒大小和水稻免疫。该研究结果提供了一个有潜在育种价值的基因。

关键词：OsUBC45；内质网相关蛋白降解系统；抗病性；产量

---

* 基金项目：农业农村部国家稻米产业计划（CARS-01-16）；国家自然科学基金（32072368）；111 引智计划（B13006）

** 第一作者：王羽，博士研究生，专业为植物病理学；E-mail：yuwang02019@163.com

*** 通信作者：陈倩，副教授，主要研究方向为植物病原物致病机理和抗病机理研究；E-mail：qianchen@cau.edu.cn

彭友良，教授，主要研究方向为病原真菌致病性和抗病遗传资源利用研究；E-mail：pengyl@cau.edu.cn

西农 979 抗小麦赤霉病机制的转录组学研究*

高鑫隆，李　帆，孙逸坤，姜佳琦，田晓霖，
李箐文，段凯莉，林　杰，刘慧泉，王秦虎**
（西北农林科技大学植物保护学院，杨凌　712100）

摘　要：小麦是我国最重要的主粮作物之一，然而其生产却受到多种植物病害的影响。其中，由禾谷镰孢引起的赤霉病是最具破坏力的病害之一，其对小麦产量和人畜健康均有严重威胁。培育和利用抗赤霉病小麦是防治该病害最为有效和环保的方法。近年来，广泛栽培的小麦品种西农 979 表现出较好的赤霉病抗性，但其抗病机制尚不清楚。为了探究西农 979 抗小麦赤霉病的机制，我们以同样具有小偃 6 谱系的高感赤霉病品种小偃 22 为对照，从植物和病原菌两个角度对二者进行了比较转录组学分析和实验验证。从植物角度的分析表明，西农 979 的赤霉病抗性主要有两种来源。一种是在禾谷镰孢未侵染时，西农 979 中木质素和茉莉酸合成等基础防御基因的表达增强，赋予了西农 979 更好的基础抗性。另一种是禾谷镰孢侵染时，尽管西农 979 和小偃 22 的光合作用和生物胁迫反应均有所降低，但在西农 979 中，这些基因抑制更弱，赋予了西农 979 一定的诱导性抗性。进一步实验表明，未侵染时，西农 979 中有更高的木质素和茉莉酸含量；侵染后，两个品种的叶绿素含量均显著减少，但西农 979 的叶绿素受侵染影响更小。从病原菌角度分析，我们发现禾谷镰孢侵染相关基因的表达在西农 979 上受到一定的抑制，这可能是西农 979 中基础防卫基因的高表达导致的。受抑制的基因包括碳水化合物活性酶（CAZY）基因、效应子（CSEP）基因，以及次生代谢（SM）基因。值得注意的是 SM 基因中有四簇在侵染早期受到抑制，其中包括 DON 毒素合成基因簇和 fusaoctaxin A 合成基因簇。我们推测西农 979 抗性机制的形成可能与该品种育种策略有关：抗倒伏性状的选择可能导致了小麦木质素合成基因表达的增强，而高产量性状的选择则可能导致了逆境下光系统基因表达的增强。该研究将有助于我们进一步了解小麦与禾谷镰孢的互作机制，并为赤霉病抗病育种提供了新的见解。

关键词：赤霉病；西农 979；木质素；茉莉酸；光合作用；禾谷镰孢

* 基金项目：国家重点研发计划（2022YFD1400100）
** 通信作者：王秦虎；E-mail：wangqinhu@ nwafu. edu. cn

植物 Clade A PP2Cs 磷酸酶新型广谱抑制子的探究*

李田丽**，艾 千，窦道龙***
（南京农业大学植物保护学院，南京 210095）

摘 要：Clade A PP2Cs，植物蛋白磷酸酶，是 ABA 信号转导的核心组分之一，在植物抗逆和抗病中起关键作用。其功能发挥依赖磷酸酶活性，通过去磷酸化底物蛋白从而调控植物 ABA 信号通路和抗性信号转导途径。调控磷酸酶活性的广谱抑制子鲜有报道。本研究前期发现植物蛋白 FL7 是 Clade A PP2Cs 的新型抑制子，通过抑制其中 HAI1 的磷酸酶活性进而正调控植物免疫。进一步研究发现 FL7 与其他该家族的其他成员也可以互作，并且广泛抑制其磷酸酶活性。突变体 *fl7* 对 ABA 的敏感性降低，对盐胁迫的抵抗减弱，将 FL7 回补之后表型恢复，表明 FL7 正调控 ABA 信号通路以及植物抗盐性。FL7 对 Clade A PP2Cs 的酶活性抑制不依赖 ABA，通过酶活动力学检测发现其抑制磷酸酶的生化机制与 PYL 有所不同。本研究鉴定到一个新的 Clade A PP2Cs 的广谱抑制子，为植物抗病、抗逆信号转导和机制提供新见解。

关键词：Clade A PP2Cs；ABA 信号通路；FL7；抗逆；抗病

---

* 基金项目：国家自然科学基金（32230089，31625023，32072507）
** 第一作者：李田丽，博士研究生，植物病理学；E-mail：2018102007@ njau. edu. cn
*** 通信作者：窦道龙，教授，博士生导师，主要从事卵菌与植物互作机制研究以及相关应用；E-mail：ddou@ njau. edu. cn

A Pair of NLRs Coordinately Modulates NRC3-mediated ETI Responses to Facilitate Age-dependent Immunity

DONG Xiaohua[*], AI Gan, DOU Daolong[**]

(*Department of Plant Pathology*, *Nanjing Agricultural University*, *Nanjing* 210095, *China*)

Abstract: Two NLRs adjacent to each other on a locus, termed as paired NLRs, may act separately for effector recognition and subsequent signaling activation to mediate effector-triggered immunity (ETI) in many plants. However, it is largely unknown about their distribution and functions in Solanaceae species, in which helper NLRs have been extensively studied. Here, we identified paired NLRs in Solanaceae species and f ound they harbor paired NLRs ranging from 6 to 100, which are significantly negatively correlated with the numbers of NLR-Hs. *N. benthamiana* has six paired NLRs, among which silencing of *NRCX* exhibits phenotypes of dwarfism and accelerated senescence. Importantly, *NRCX*-silencing phenotypes could be restored by simultaneously silencing its head-to-head NLR pair, thus we named it as NAR1 (NRCX adjacent resistance protein 1). NRCX/NAR1 pair is specific in Solanaceae species. NAR1 contains non-canonical walker B and MHD motifs, but could not induce autoactive cell death in *N. benthamiana*. Instead of that, silencing NAR1 impaired cell death triggered by Sw5b-Nsm and $NRC3^{D480V}$, indicating NAR1 is also an NLR modulator like NRCX. Furthermore, NRCX suppression of Sw5b-Nsm and NRC3-mediated cell death is dependent on NAR1. Remarkably, we found that *NRCX* and *NAR*1 expressions were induced during plant maturation, while *NAR*1 was induced more than *NRCX*. Accordingly, the plant resistance was stronger during maturation, indicated NRCX/NAR1 might be involved in age-dependent resistance. Our study reveals one of the paired NLRs coordinately regulates ETI to facilitate age-dependent immunity.

Key words: Phytophthora; Effector-triggered immunity; NLR pair; NRC

* First author: DONG Xiaohua; E-mail: 2019202017@ njau. edu. cn

** Corresponding author: DOU Daolong; E-mail: ddou@ njau. edu. cn

144 份豇豆种质资源对枯萎病菌抗性评价*

蓝国兵[1,2**]，何自福[1]，于　琳[1]，汤亚飞[1]，李正刚[1]，丁善文[1]，佘小漫[1,2***]
（1. 广东省农业科学院植物保护研究所，广州　510640；
2. 广东省植物保护新技术重点实验室，广州　510640）

摘　要：枯萎病是华南地区豇豆生产上的重要土传病害，每年发生严重，给菜农造成严重经济损失。选育与种植抗病品种是防治豇豆枯萎病最有效的防治措施，为获得抗豇豆枯萎病的种质资源，本研究采用苗期浸根法，对收集的 144 份豇豆种质资源进行了枯萎病抗性鉴定。结果显示，供试的 144 份豇豆种质资源对豇豆枯萎病的抗性表现不同，平均病情指数介于 19.91～78.40，其中对豇豆枯萎病表现为抗病水平的豇豆种质资源 17 份、中抗水平 51 份、感病水平 71 份和高感水平 5 份，分别占比 11.81%、35.42%、49.31%和 3.47%。本研究结果为选育抗病优质的豇豆品种提供参考。

关键词：豇豆；枯萎病；浸根法；抗性评价；种质资源

* 基金项目：广东省重点领域研发计划项目（2020B020220002）；广东省农业科学院科学团队建设项目（重点领域研发计划）（202105TD）

** 第一作者：蓝国兵，副研究员，从事蔬菜病害研究；E-mail：languo020@163.com

*** 通信作者：佘小漫，研究员，从事蔬菜病害研究；E-mail：lizer126@126.com

OsZF8 调控水稻对纹枯病抗性的功能研究*

王海宁**，罗　杭，张亚婷，苏　婧，曹　伟，
田永恒，李树斌，王　俊，魏松红***
（沈阳农业大学植物保护学院，沈阳　110866）

摘　要：转录因子是植物体内参与转录调控和转录后调控的关键分子，在抵御生物胁迫过程中具有重要的调控作用。根据前人的研究结果，WRKY、MYB、B3 以及 NAC 等多个转录因子家族在水稻对纹枯病抗性调控中发挥着重要的作用。通过分析前期获得的水稻丝核菌 AG-Bb 融合群与立枯丝核菌 AG1-IA 融合群接种水稻叶片的转录组数据发现，*OsZF*8 在 AG1-IA 融合群接种处理中显著上调，而在 AG-Bb 融合群接种处理中没有明显变化，推测 OsZF8 在水稻与纹枯病互作中具有重要的调控作用。

根据转录组数据和 qPCR 分析，*OsZF*8 响应水稻纹枯病菌的侵染。蛋白结构域及系统发育结果表明，OsZF8 具有典型的 ZF-C_2H_2 结构，具有 OsZF8 转录因子特征，为水稻 OsZF8 转录因子。通过突变体与野生型植株抗纹枯病表型分析发现，*OsZF*8 负调控水稻对纹枯病的抗性。在水稻纹枯病菌胁迫下，突变体与野生型植株中防御相关基因的表达量未发生明显变化或与防御相关基因响应水稻纹枯病菌侵染的表达模式不相符，推测 OsZF8 可能不是主要通过转录水平调控水稻对纹枯病的抗性，而是通过蛋白调控功能调节水稻对纹枯病的抗性。进一步通过酵母双杂交、一对一验证以及 BiFC 验证筛选了 OsZF8 互作蛋白 Prb1。烟草瞬时表达结果表明，OsZF8 可有效抑制 Prb1 诱导的细胞死亡。分子对接结果表明，Prb1 与 OsZF8 蛋白具有较强的结合效果。进一步对 Prb1 蛋白和 OsZF8-Prb1 蛋白复合体与麦角甾醇的结合能力进行分析，结果表明麦角甾醇与 Prb1 蛋白具有较强的结合效果，麦角甾醇与 OsZF8-Prb1 蛋白复合体的结合效果较弱。

综上所述，OsZF8 通过与 Prb1 蛋白结合，抑制 Prb1 蛋白与麦角甾醇的结合能力，负调控水稻对纹枯病的抗性。

关键词：水稻纹枯病；抗病性；OsZF8

---

* 基金项目：现代农业产业技术体系（CARS-01）
** 第一作者：王海宁，博士研究生，研究方向为水稻病害
*** 通信作者：魏松红，教授，研究方向为植物病原真菌学与水稻病害

代谢组与转录组联合分析揭示褪黑素正调控小麦抗条锈病过程

姜丽华[1]，袁　普[1]，郑佩晶[2]，康振生[1]，刘　杰[2]
（1. 西北农林科技大学植物保护学院，杨凌　712100；
2. 西北农林科技大学生命科学学院，杨凌　712100）

摘　要：由条型柄锈菌小麦专化型（*Puccinia striiformis* f. sp. *tritici*）引起的小麦条锈病是小麦生产上最具毁灭性的病害之一，对小麦的产量及品质危害严重。深入解析小麦抗条锈病分子机理，对于小麦条锈病的可持续控制具有重要意义。本研究利用广泛靶向代谢组检测技术结合 RNA-seq 对小麦与条锈菌亲和及非亲和互作体系进行分析，结果表明，褪黑素合成通路的中间化合物均为关键差异表达代谢物（Differential Expression Metabolites，DEMs），其含量在非亲和互作体系中均高于亲和互作体系，外源喷施褪黑素能显著提高小麦对条锈菌的抗性，病菌产孢量减少，菌丝发育受到明显限制。通过代谢组与转录组关联分析到大量褪黑素代谢通路相关基因，实时定量 PCR（qRT-PCR）分析筛选获得一个乙酰-5 羟色胺-O-甲基转移酶 *TaASMT*3，在非亲和互作 12 h 和 24 h 显著上调表达，小麦原生质体定位证明其定位于细胞质。进一步对 *TaASMT*3 进行原核表达及酶学活性鉴定，结果显示，TaASMT3 能够催化 N-乙酰-5 羟色胺（N-acetylserotonin，NAS）和 S-腺苷甲硫氨酸（S-adenosylmethionine，SAM）生成褪黑素。此外，利用病毒介导的基因沉默（Virus-induced gene silencing，VIGS）技术对其在小麦与条锈菌互作中的功能进行解析，沉默 *TaASMT*3 后，小麦叶片坏死斑和孢子数量均明显增多，抗病性减弱。以上结果表明，*TaASMT*3 可能通过促进褪黑素合成正调控小麦对条锈菌抗性。该研究为从代谢物水平揭示小麦与条锈菌互作机制奠定基础，为小麦抗条锈病的遗传改良提供理论依据和基因资源。

关键词：小麦；条锈菌；代谢组；转录组；*TaASMT*3

抗病杂种优势的机制研究及利用

刘鹏涛[1]，李筱婷[1]，陈金凤[1]，汤亚琪[1]，
汤雅如[1]，胥凯琪[1]，刘　杰[1]，王训成[2]，邓兴旺[2]，何光明[2]，杨　丽[1]
（1. 中国农业大学植物保护学院，北京　100193；2. 北京大学现代农学院与生命科学学院，
蛋白质与植物基因研究国家重点实验室，北大-清华联合中心，北京　100871）

摘　要：杂种优势（Heterosis）是指杂交子一代（F_1）在某些性状（如产量、抗性）上优于双亲的现象。杂种优势在良种培育和农作物增产中起关键作用，然而人们对杂种优势形成的分子遗传机制知之甚少。长期以来，对杂种优势机制的研究主要集中在产量相关的性状，其他性状的杂种优势鲜有报道。杂交品种抗病性是育成品种审核的基本标准，因此研究抗病杂种优势的形成机制并利用其开展分子育种意义重大。另外，杂交种超亲的抗病杂种优势可以在育种中将亲本的抗病能力和广谱性进一步提高，更利于育成高抗广谱品种。

杂种优势机制研究的关键和难点是鉴定对其形成具有显著贡献的遗传因子。我们前期的研究表明，植物存在抗病杂种优势现象。同时，机制的挖掘成功鉴定到对其形成具有显著贡献的主效因子-CCA1。这突破了多基因位点调控杂种优势的研究瓶颈，预示着可以通过筛选更多调控抗病杂种优势的主效因子并深入挖掘其作用机制，为杂种优势的机制研究和利用带来新突破。

自杂种优势被认识以来，显性/超显性/上位性三种假说被提出并用来解释杂种优势形成的遗传基础。其中，超显性假说认为：单个基因的杂合状态是杂交 F_1 相较亲本更具活力、获得杂种优势的关键。因此，超显性基因是最具应用价值的杂种优势调控基因，意味着可以通过单基因的改良实现对杂种优势的利用。然而，目前已鉴定的调控产量杂种优势的超显性基因极少。超显性效应可否解释抗病性状的杂种优势？调控抗病杂种优势的超显性基因是否存在？尚未有研究。在本研究中，我们筛选到首个调控抗病杂种优势的超显性单基因—DHG1（defense heterosis genes 1）。DHG1 的杂合性使 F_1 的抗病性相较其双亲提高了 80%。机制研究表明，DHG1 可以通过自身互作形成二（或多）聚体，且 F_1 中杂合状态的 DHG1 互作程度显著高于亲本中纯合状态的 DHG1。更强的蛋白互作显著抑制了 DHG1 结合并降解 microRNA 的活性，从而使得一系列正调控植物免疫的 microRNA 在 F_1 中超高亲积累。进一步结果表明，这些在 F_1 中超高亲积累的 microRNA 可以通过靶向水杨酸合成通路的负调控因子，降低其表达以解除其对水杨酸合成的抑制，使 F_1 中水杨酸超高亲合成和积累，因此杂交 F_1 获得显著抗病杂种优势。此外，我们还明确了位于 DHG1-N 端的两个 SNP 变异是决定其通过超显性效应调控抗病杂种优势的关键变异位点。更重要的是，DHG1 及其变异，以及其调控机制在单子叶水稻中也十分保守。上述研究结果预示着，可以基于 DHG1 通过超显性效应调控抗病杂种优势的机制研究，为育种亲本的定向选择提供高效预测标准，在解析抗病杂种优势遗传机制的基础上快速实现其在育种中的利用。

关键词：杂种优势；植物抗病；超显性假说；microRNA；水杨酸

TaCRT3 is a Positive Regulator of Resistance to *Blumeria graminis* f. sp. *tritici* in Wheat

REN Jun, SONG Panpan, LI Ruibing, WANG Qiao,
ZHAO Bingjie, WANG Baotong*, LI Qiang*
(*State Key Laboratory of Crop Stress Biology for Arid Areas, College of Plant Protection, Northwest A&F University, Yangling* 712100, *China*)

Abstract: Wheat powdery mildew, caused by*Blumeria graminis* f. sp. *tritici* (*Bgt*), is one of the most prevalent diseases of wheat worldwide and can lead to severe yield reductions. Identifying genes involved in powdery mildew resistance will be useful for disease resistance breeding and control. Calreticulin is a member of a multigene family widely found in higher plants and is associated with a variety of plant physiological functions and defense responses. However, the role of CRT in wheat resistance to powdery mildew remains uncertain. TaCRT3 was identified from the proteomic sequence of an incompatible interaction between the wheat (*Triticum aestivum*) cultivar Xingmin 318 and the *Bgt* isolate E09. Following analysis of transient expression of the GFP-TaCRT3 fusion protein in *Nicotiana benthamiana* leaves, TaCRT3 was found to be located in the nucleus, cytoplasm and cell membrane. Transcript expression levels of TaCRT3 were significantly upregulated in the wheat-*Bgt* incompatible interaction. More critically, knockdown of TaCRT3 using virus-induced gene silencing (VIGS) resulted in attenuated resistance to *Bgt* in wheat. Histological analysis showed a significant increase in *Bgt* development in TaCRT3-silenced plants, whereas pathogen-related (PR) protein was significantly downregulated in TaCRT3-silenced leaves. In addition, overexpression of TaCRT3 in wheat enhanced the resistance to powdery mildew, the growth of *Bgt* was significantly inhibited, and the area of H_2O_2 near the infection site and the expression of defense-related genes of the salicylic acid (SA) pathway significantly increased. These findings imply that TaCRT3 may act as a disease resistance factor that positively regulates resistance to powdery mildew, during which SA signaling is probably activated.

* Corresponding authors: WANG Baotong; E-mail: wangbt@nwsuaf.edu.cn
LI Qiang; E-mail: qiangli@nwsuaf.edu.cn

多组学方法挖掘中国西南地区马铃薯早疫病菌的致病机制*

李 清[1,2**]，王荣艳[1,2]，谭 晨[1,2]，刘 晶[1,2***]，唐 唯[1,2***]

（1. 云南师范大学生命科学学院，昆明 650500；

2. 云南省马铃薯生物学重点实验室，昆明 650500）

摘 要：马铃薯（*Solanum tuberosum* L.）因其易栽培、适应能力强等特点在我国各地广泛种植，是我国四大粮食作物之一。然而，其生产受到各种病原体的威胁。其中，由子囊菌引起的马铃薯早疫病（Potato Early Blight，PEB）是马铃薯生长期的叶部和块茎重要病害，在世界范围内马铃薯各主产区普遍发生。本研究对我国西南地区马铃薯早疫病病原菌组成及其毒性特点进行研究。结果表明，2018 年至今已分离纯化 88 株马铃薯早疫病病原菌，其主要为茄链格孢（*Alternaria solani*）、交链格孢（*Alternaria alternata*），通过毒性实验验证，我国西南地区马铃薯早疫病主要病原菌为 *A. solani*，而 *A. alternata* 在有伤条件下也能引起早疫病。对代表性菌株全基因组测序分析，*A. solani* TA-0410 组装大小为 33 130 331 bp，26 条 contig，GC 含量 52%，contig N50 为 2 688 818 bp。*A. alternata* TB-1129 组装基因组大小 33 309 411 bp，GC 含量为 51. 10%，scaffold N50 为 2 338 721 bp。基于 BUSCO 中的真菌和子囊菌数据库进行组装比对，TA-0410 分别为 98. 8%和 97. 7%，TB-1129 比对结果分别为 98. 8%和 97. 2%。TA-0410、TB-1129 基因组测序数据已上传至 NCBI 数据库，登录号分别为 JAMBQH000000000、JAHYXJ000000000。基于全基因、转录组、蛋白组分析 *A. solani* 和 *A. alternata* 侵染和病斑扩展阶段的差异基因，在侵染早期共获得 122 个高表达基因，下一步将继续挖掘与致病相关基因，对候选致病基因进行功能验证，明确其致病机制，该结果可为中国西南地区马铃薯早疫病的流行预测及防治研究提供基础数据。

关键词：马铃薯早疫病；茄链格孢；全基因组组装；多组学分析；致病机制

---

* 基金项目：四倍体马铃薯优良品种重要农业性状遗传解析；云南省基础研究重点项目（202301AS070010）

** 第一作者：李清，硕士研究生，研究方向为植物病原微生物；E-mail：651952762@ qq. com

*** 通信作者：刘晶，讲师，研究方向为植物抗病机制、病原菌致病机制；E-mail：liujinglove. ok@ 163. com

唐唯，副教授，研究方向为植物抗病分子机制；E-mail：4311@ ynnu. edu. cn

Regulation of Bacterial Growth and Behavior by Plant Immunity

Frederickson Entila[1,2 *], HAN Xiaowei[1], Kenichi Tsuda[1,2 **]

(1. *National Key Laboratory of Agricultural Microbiology*, *Hubei Hongshan Laboratory*, *Hubei Key Lab of Plant Pathology*, *College of Plant Science and Technology*, *Huazhong Agricultural University*, *Wuhan* 430070, *China*; 2. *Department of Plant Microbe Interactions*, *Max Planck Institute for Plant Breeding Research*, *Cologne* 50829, *Germany*)

Abstract: Plants are colonized by commensal, beneficial, and pathogenic bacteria that significantly affect plant health in nature and agricultural fields. Plants require bacterial colonization for their survival in nature, but ironically, some bacteria cause disease in plants, pointing to the dilemma that plants face. Therefore, the fundamental question is how plants regulate different bacteria for their benefit. However, despite extensive studies into the molecular and genetic bases of plant immunity, we still lack fundamental knowledge of how plants actually regulate bacterial growth and behavior in plants. Through multi-omics and molecular genetics, we uncovered several mechanisms of how plant immunity regulates the growth of the bacterial pathogen *Pseudomonas syringae*. For instance, we found that plant immunity targets the bacterial iron acquisition system, the type Ⅲ secretion system, and the bacterial protein MucD, all of which are required for virulence in plants but not their growth *in vitro*. More recently, we found that reactive oxygen species (ROS) generated by plants directly suppresses the type Ⅱ secretion system (T2SS) of a potentially pathogenic commensal *Xanthomonas* isolated from healthy *Arabidopsis thaliana* plants. ROS-mediated inhibition of the T2SS converted the potentially harmful *Xanthomonas* into a commensal bacterium that protected plants against *P. syringae*. Thus, these results suggest that plant immunity targets the virulence mechanisms of bacteria to control their behavior in plants and turns them into beneficial bacteria in some cases.

Key words: microbiome; bacterial virulence; reactive oxygen species; type Ⅱ secretion system

* First author: Frederickson Entila; E-mail: fentila@ mpipz. mpg. de

** Corresponding author: Kenichi Tsuda; E-mail: tsuda@ mail. hzau. edu. cn

作物广谱抗病的细胞与代谢基础

何祖华*

（中国科学院分子植物科学卓越创新中心，上海　200032）

摘　要：植物免疫受体 NLR 是作物抗病育种的主要靶标，发掘广谱抗病 NLR 基因具有重要的理论与育种应用潜力。我们前期研究表明水稻 NLR PigmR 控制对稻瘟病的广谱抗病性，其与感病受体 PigmS 互作并受表观遗传调控，达到高抗与产量性状的平衡。我们鉴定了系列 Pigm 互作蛋白 PIBPs，发现 PIBP1 属于一类新的 RRM 结构域的植物特有转录因子家族，可以直接激活下游防卫基因的表达，从而保障了快速与高度的抗病反应。不同 NLR 在细胞中具有不同定位，我们研究发现一类烯化 Rab 受体 PIBP4 与 Rab5 组成一个 NLR 选择与转运的中枢，将 PigmR 转运到质膜 microdomain，激活 Rac1 产生 ROS，从而激发 ETI，把膜装载与运输机制与 NLR 介导的 ETI 直接关联。进一步发现，植物去泛素化酶 PICI1 通过增强蛋氨酸合酶的稳定性，促进蛋氨酸—乙烯代谢通路，激活水稻的免疫反应。而病原菌分泌的效应子可以直接降解 PICI1。PigmR 类 NLRs 通过竞争性互作抑制病原效应子对 PICI1 的降解，从而保证了广谱抗病性。这是一个新的植物与病原菌“军备竞赛”的分子模型，回答了植物抗病基因如何通过增强防卫代谢产生抗病性的长期科学问题。另外，植物在田间面对众多病原菌时往往是感病的，植物如何维持免疫与生长发育的稳态平衡并在病原菌侵染时能有效重组防卫反应？我们发现水稻 Ca^{2+}感应子 ROD1 作为一个植物免疫抑制中枢，通过降解具有免疫活性的超氧分子（ROS），抑制免疫反应。而病原菌进化出模拟 ROD1 结构的效应蛋白，在植物体内盗用 ROD1 的免疫抑制途径，因此植物与病原菌利用蛋白质结构模拟介导协同进化，让植物抗病性与生殖生长（高产性状）维持相对平衡的水平。这些研究为作物抗病高产的分子育种提供了新的理论与技术体系。

关键词：免疫受体；效应蛋白；免疫抑制；协同进化

* 通信作者：何祖华；E-mail：zhhe@ cemps. ac. cn

生姜腐烂病菌侵染规律及品种抗性鉴定*

耿彦博[1**]，王玉芹[2]，张宝立[3]，孟庆芳[1***]，闫红飞[1***]，刘大群[1***]

（1. 河北农业大学植物保护学院，国家北方山区农业工程技术研究中心，河北省农作物病虫害生物防治工程技术研究中心，保定 071000；2. 河北省科学技术普及和信息中心，石家庄 050011；3. 河北省乡村振兴促进中心，石家庄 050011）

摘　要：生姜腐烂病近几年在河北省唐山市和山东省均有报道，其危害呈上升趋势。为明确其病原菌侵染规律和河北省生姜栽培品种对腐烂病的抗性，本试验对引起生姜腐烂病的阴沟肠杆菌（*Enterobacter cloacae*）、弗氏柠檬酸杆菌（*Citrobacter freundii*）和阿氏肠杆菌（*E. asburiae*）进行了侵染规律的初步探究。试验结果表明，生姜腐烂病菌不能通过生姜块根表皮侵染，可通过生姜地上部分侵染发病，并经维管束侵染扩展，可通过流水和土壤带菌传播。病原菌可在土壤及病残体中存活至少半年，经 37℃ 高温以及-20℃ 低温处理，病原菌仍具有致病力。生姜不同品种的离体抗病性鉴定结果表明，山东安丘大姜和广东沙姜为抗性品种，四川竹根姜和云南小黄姜为中抗品种，山东大姜高感、二号大姜中感腐烂病。

关键词：生姜腐烂病；侵染规律；抗性鉴定

---

* 基金项目：河北省重点研发计划项目（21326508D）；河北省小麦产业技术体系项目（HBCT2018010204）

** 第一作者：耿彦博，硕士研究生，主要从事分子植物病理学相关研究；E-mail：897695664@ qq. com

*** 通信作者：孟庆芳，副教授，从事植物病害防治与分子植物病理学研究；E-mail：qingfangmeng500@ 126. com

闫红飞，教授，从事植物病害防治与分子植物病理学研究；E-mail：hongfeiyan2006@ 163. com

刘大群，教授，从事植物病害防治与分子植物病理学研究；E-mail：ldq@ hebau. edu. cn

优质麦藁优 2018 抗叶锈基因分析*

李雪梅**，郝晓宇，孟庆芳***，闫红飞[1]***，刘大群[1]***
（河北农业大学植物保护学院，保定　071000）

摘　要：小麦叶锈病是危害小麦产量的一种全球性病害，由小麦叶锈菌（*Puccinia triticina*）侵染引起，该病害可通过气流进行远距离传播。且随着全球温度的变暖，合适的环境条件更利于叶锈病的发生与流行，选育和利用抗病品种是防治小麦叶锈病最经济、有效、环保的途径。本试验通过结合基因推导、分子标记检测和系谱分析对优质麦品种藁优 2018 进行抗叶锈病基因鉴定，在苗期对 41 个已知抗病基因载体品种和藁优 2018 接种 9 个具有毒性差异的叶锈菌生理小种，在成株期利用 3 个小麦叶锈菌的混合菌种制作孢子悬浮液进行接菌，待其充分发病后根据 Roelfs 的鉴定标准对供试品种进行抗性鉴定，通过对比供试小麦材料与已知单基因载体品种的侵染型，推导出供试小麦材料中可能携带的已知抗叶锈病基因。利用 26 个与已知抗病基因紧密连锁的引物对供试小麦材料进行分子标记检测，将得到的标记检测结果与基因推导结果相互验证。结果发现，藁优 2018 对 PHTT、THTT 表现抗性，在成株期，藁优 2018 表现近免疫，分子标记检测结果显示可能含有成株抗叶锈基因 *Lr*13、*Lr*37、*Lr*46 和苗期抗叶锈基因 *Lr*21。以上结果表明，藁优 2018 表现出较好的成株抗性，抗锈性水平较好，本研究结果为优质麦抗病育种提供新抗源。

关键词：小麦叶锈病；藁优 2018；苗期抗性；成株期抗性；分子标记

---

* 基金项目：河北省重点研发计划项目（21326508D）；河北省小麦产业技术体系项目（HBCT2018010204）

** 第一作者：李雪梅，硕士研究生，主要从事分子植物病理学相关研究；E-mail：lixuemei0740@ 163. com

*** 通信作者：孟庆芳，副教授，从事植物病害防治与分子植物病理学研究；E-mail：qingfangmeng500@ 126. com
闫红飞，教授，从事植物病害防治与分子植物病理学研究；E-mail：hongfeiyan2006@ 163. com
刘大群，教授，从事植物病害防治与分子植物病理学研究；E-mail：ldq@ hebau. edu. cn

中国春外源附加系材料抗小麦冠腐病鉴定与筛选*

郝晓宇[1**]，张志文[1]，王玉芹[2]，张宝立[3]，孟庆芳[1***]，闫红飞[1***]，刘大群[1***]
（1. 河北农业大学植物保护学院，国家北方山区农业工程技术研究中心，河北省农作物病虫害生物防治工程技术研究中心，保定 071000；2. 河北省科学技术普及和信息中心，石家庄 050011；3. 河北省乡村振兴促进中心，石家庄 050011）

摘　要：小麦冠腐病在国外已有近 50 年的研究历史，在我国为新发病害且发展迅速。筛选和培养抗病材料是防控该病害较为经济且安全的方法。本试验采用分生孢子悬浮液浸染法，以感病小麦品种周麦 22 和中抗小麦品种衡观 35 为对照材料，以本实验室分离保存的河北省小麦冠腐病菌优势菌株对 41 份小麦外源附加系材料进行苗期抗性鉴定。鉴定结果表明，仅中国春-高大山羊草附加系材料 TA7544 病情指数为 7，对其表现高抗；中国春-簇毛麦罗伯逊易位系 TA5594、中国春-拟斯卑尔托山羊草 TA7694 等 6 个附加系材料的病情指数为 13～20，对其表现中抗；TA7600、TA7667、TA7529 等 7 个材料为感病，病情指数为 27；其余 27 个附加系材料病情指数在 30.01 以上，表现为高感。以上研究结果为抗性资源的筛选和抗病育种提供依据。

关键词：小麦冠腐病；小麦外源附加系；抗性鉴定

* 基金项目：河北省重点研发计划项目（21326508D）；河北省小麦产业技术体系项目（HBCT2018010204）
** 第一作者：郝晓宇，硕士研究生，主要从事分子植物病理学相关研究；E-mail：haoxyhh@163.com
*** 通信作者：孟庆芳，副教授，从事植物病害防治与分子植物病理学研究；E-mail：qingfangmeng500@126.com
闫红飞，教授，从事植物病害防治与分子植物病理学研究；E-mail：hongfeiyan2006@163.com
刘大群，教授，从事植物病害防治与分子植物病理学研究；E-mail：ldq@hebau.edu.cn

水稻细菌性条斑病的抗病机理研究*

梁美玲**，冯爱卿，汪聪颖，封金奇，陈　炳，苏　菁，朱小源，陈　深***
（广东省农业科学院植物保护研究所，广东省植物保护新技术重点实验室，广州　510640）

摘　要：由水稻细菌性条斑病菌（*Xanthomonas oryzae* pv. *oryzicola*，*Xoc*）引起的水稻细菌性条斑病（Bacterial leaf streak，BLS）是水稻生产上最严重的细菌性病害之一，病害严重时减产40%～60%，深入挖掘细菌性条斑病的抗病种质资源并阐明水稻抗细菌性条斑病的作用机理，可为开展抗细条病分子育种提供基因资源和病害绿色防控奠定理论基础，对水稻生产安全有着重要的意义。本团队筛选出的孟加拉国水稻品种 X455 对我国大多数的条斑病小种都具有广谱抗性，然而，该材料的抗病性相关的分子机理以及相关调控通路尚不清楚。在前期 X455 抗病基因鉴定的基础上，本研究接种了 *Xoc* 的抗病和感病材料，通过 GO 和 KEGG 富集分析比较其转录组学，抗病材料在植物与病原体互作途径、MAPK 信号途径及植物激素途径上显示出显著的差异性，通过 qPCR 验证转录组学筛选到多个表达差异显著的基因；通过电镜发现抗病材料的气孔打开率显著低于易感病材料，通过 DAB 染色观察到抗病材料的 ROS 几乎不积累，通过脱落酸含量检测发现抗病材料的含量比易感病材料更高。综上所述，抗细菌性条斑病水稻可能通过植物与病原体互作途径、MAPK 信号途径及植物激素途径响应了抗病过程，并且气孔免疫、ROS 和脱落酸都参与该过程。本研究初步阐明了 X455 抗细菌性条斑病的分子机理，为开展 X455 抗细菌性条斑病下游抗病网络通路途径研究奠定了理论基础。

关键词：水稻细菌性条斑病；转录组分析；MAPK 信号途径；植物与病原互作

---

* 基金项目：国家和省水稻产业技术体系（CARS-01-35，2023KJ105）；广东省农业科学院中青年学科带头人“金颖之光”培养计划项目（R2020PY-JG007）；江苏省重点研发计划（现代农业）子课题（BE2020318-3）；广东省农业科学院“十四五”新兴学科团队建设项目（202116TD）

** 第一作者：梁美玲，助理研究员，主要从事水稻抗病作用机理研究；E-mail：liangml_ jane@ qq. com
*** 通信作者：陈深，研究员，主要从事水稻抗病遗传及抗病作用机理研究；E-mail：csgdppri@ 163. com

抗 CGMMV 相关的黄瓜 CsSTY13 蛋白的互作蛋白筛选

马秋萌*，苗　朔，齐晓帆，罗来鑫，李健强**
（中国农业大学植物病理学系，种子病害检测与防控北京市重点实验室，北京　100193）

摘　要：黄瓜（*Cucumis sativus* L.）是一种重要的蔬菜作物，生产过程中易受黄瓜绿斑驳花叶病毒（cucumber green mottle mosaic virus，CGMMV）等侵染危害。CGMMV 是一种世界范围的检疫性有害生物，可以通过种子、花粉、汁液摩擦等途径传播，引起黄瓜等葫芦科作物叶片斑驳、黄化、果实畸形等症状，严重制约瓜类经济作物的种子种苗生产和瓜类产品的产量品质，目前针对 CGMMV 的防治手段十分有限。

本实验室前期研究已证明黄瓜中的丝氨酸/苏氨酸/酪氨酸蛋白激酶 CsSTY13 在应对 CGMMV 侵染中发挥重要作用。本研究通过利用黄瓜 cDNA 质粒文库筛选获得了 30 个黄瓜中 CsSTY13 的互作蛋白，分别为真核细胞翻译起始因子 3 亚基 G 蛋白 CselF3G、小热激蛋白 CssHSP20、休眠/生长素相关蛋白 CsDAP、NHL 家族蛋白 CsNHL12、33 kDa 叶绿体核糖核蛋白 CsRNP33、细胞色素 C 氧化酶组装蛋白 CsCOX11 等。在此基础上，利用 Y2H 与 Pull-down 的方法进一步明确了其中的真核细胞翻译起始因子 3 亚基 G 蛋白 CselF3G、小热激蛋白 CssHSP20 与 CsSTY13 蛋白的互作关系。已有报道表明，elF3G 与 sHSP20 蛋白在植物抵御病毒侵染中均发挥重要作用，如番木瓜环斑病毒 PRSV 侵染导致番木瓜真核细胞翻译起始因子 3 亚基 G 蛋白 *CpeIF3G* 基因表达显著上调，且 PRSV 病毒蛋白与 CpeIF3G 蛋白的相互作用可能会影响植物防御蛋白的翻译起始复合体组装，从而干扰宿主防御；本生烟小热激蛋白 NbsHSP 与黄瓜绿斑驳花叶病毒 CGMMV 复制相关酶 HEL 结构域直接互作以调控病毒侵染。

本研究结果进一步丰富了 CGMMV 与黄瓜互作过程中 CsSTY13 与其互作蛋白功能及调控机制的理论体系，为筛选黄瓜抗病基因提供线索，对培育抗病黄瓜品种、综合防控黄瓜绿斑驳花叶病毒病具有重要意义。

关键词：CGMMV；蛋白互作；cDNA 质粒文库；抗病毒

---

* 第一作者：马秋萌，硕士研究生，主要从事种子病理学及种传病毒病研究；E-mail：maqiumeng0816@ 163. com
** 通信作者：李健强，博士生导师，主要从事种子病理学及植物病害绿色防控研究；E-mail：lijq231@ cau. edu. cn

50份芒果材料对细菌性黑斑病和坏死病的抗性评价*

刘彦青[1,2]**，孙秋玲[1]，陈小林[1]，黄穗萍[1]，唐利华[1]，郭堂勋[1]，李其利[1]***
（1. 广西农业科学院植物保护研究所，南宁　530007；2. 长江大学，荆州　434025）

摘　要：细菌性黑斑病和坏死病严重影响芒果的产量和品质，抗病品种选育是防治芒果病害最经济有效的方法。为挖掘芒果细菌性黑斑病和坏死病抗性材料，本研究采用活体叶片压渗接种法，对50份芒果材料对细菌性黑斑病和坏死病两种病害的抗性水平进行评价。结果表明，接种的50份芒果材料叶片的细菌性黑斑病发病率均为100%，病情指数为43.7~60.0，根据病情指数及品种抗感分级标准进行综合评价，所有供试材料中，未见抗病和免疫品种，缅甸球芒表现为中抗，其余49份材料均表现为感病。其中，台农1号芒、桂七芒、金煌芒、贵妃芒、红象牙芒、桂热芒10号、热农1号芒、新世纪芒等地方主栽品种均表现为感病。接种的50份芒果材料叶片的细菌性坏死病发病率均为100%，病情指数为28.89~52.59，根据各个材料的病情指数及其抗病分级标准进行综合评价，所有供试材料中，未发现免疫材料，76号芒和白象牙芒表现为抗病，新世纪芒、龙井芒等34份材料表现为中抗，28号芒、金百花芒等14份材料表现为感病。其中，地方主栽品种台农1号芒、桂七芒、贵妃芒、红象牙芒和新世纪芒对细菌性坏死病表现为中抗，而金煌芒、桂热芒10号和热农1号芒则表现为感病。

关键词：芒果材料；细菌性黑斑病；细菌性坏死病；抗病性

---

*　基金项目：广西自然科学基金（2022GXNSFAA035438）

**　第一作者：刘彦青，硕士研究生，专业为微生物学；E-mail：3102002866@qq.com
***　通信作者：李其利，研究员，主要研究方向为果树病害及其防治；E-mail：65615384@qq.com

中国东北玉米自交系茎基腐病菌的鉴定及其抗病遗传多样性分析*

姜婉怡**，刘金鑫，李永刚***

（东北农业大学植物保护学院植物病理学系，哈尔滨 150030）

摘　要：玉米（*Zea mays* L.）作为中国的高产粮食作物，是畜牧业和养殖业的重要饲料来源，也是食品、医疗卫生、化工业等的不可或缺的原料之一。由于北方寒地冷凉条件、秸秆还田力度不断增大及连作面积持续高位运行，导致由多种病原菌引起的土传病害玉米茎基腐病成为北方寒地玉米生产中最严重的病害，发病严重年份产量损失高达 30%~50%。抗病品种的培育及应用仍是控制该病害最经济最有效的途径。因此，本论文针对黑龙江省 15 个玉米种植区采集患病组织并分离出 138 个致病真菌，这些分离物被鉴定为 *Fusarium graminearum*（23.2%）、*F. subglutinans*（18.9%）、*F. cerealis*（18.9%）、*Bipolaris zeicola*（13.0%）、*F. brachygibbosum*（13.0%）、*F. temperatum*（7.2%）、*F. proliferatum*（5.8%）。其中，*F. graminearum*（>20%）是引起中国黑龙江省玉米茎基腐病的最主要的病原体。其中，*B. zeicola* 首次作为玉米茎基腐病的病原物在中国报道。然后，本论文以禾谷镰孢为目标病原菌，选择 67 个玉米自交系对玉米茎基腐病抗性进行了 2 年的抗性评估，结果表明不同玉米自交系对禾谷镰孢的抗性水平存在显著差异，其中 24 个自交系（占 35.8%）为高抗或抗性，43 个自交系品系（64.2%）对禾谷镰孢易感。进一步对这些自交系进行 SSR 分子标记分析表明，用 12 对 SSR 引物将其分为 5 个群体，分子方差分析（AMOVA）发现 44.2%抗病遗传变异发生在种群间。综上，东北玉米自交系中存在较多的抗性资源，且遗传多样性较为复杂。本论文可为玉米自交系抗茎基腐病育种提供研究材料和理论基础。

关键词：玉米茎基腐病；遗传多样性；鉴定；禾谷镰孢；SSR 分子标记

---

* 基金项目：中国科学院战略性先导科技专项（XDA28100000）；黑龙江省重点研发计划项目（GA22B014）

** 第一作者：姜婉怡，博士研究生，主要研究方向为植物病害综合防治

*** 通信作者：李永刚，教授，研究方向为真菌病害

转录组测序和功能验证揭示矿质元素铁和镁在烟草抗 PVY 侵染中的作用*

郭慧妍[1**]，徐传涛[1,2**]，李 睿[1]，张永辉[2]，谢 强[2]，
朱 迪[3]，穆 青[3]，夏子豪[1]，吴元华[1***]
（1. 沈阳农业大学植物保护学院，沈阳 110866；2. 四川省烟草公司泸州市公司，
泸州 646000；3. 贵州省烟草公司黔西南州公司，黔西南 562400）

摘 要：马铃薯 Y 病毒（potato virus Y，PVY）是马铃薯 Y 病毒科（*Potyviridae*）马铃薯 Y 病毒属（*Potyvirus*）的重要成员。PVY 侵染造成植物叶片卷曲坏死，叶脉褐变，严重影响茄科作物的产量和品质。矿质元素作为植物营养成分参与多种生物学过程，且其在抵御植物病原物侵染方面也有突出作用。本实验室前期研究表明烟草叶面喷施不同浓度的铁、镁元素能显著抑制 PVY 的侵染，且田间应用后症状明显减轻，但其作用机制尚不清晰。本研究以烟草作为供试植物，设计喷铁并接种 PVY、喷镁并接种 PVY 和仅接种 PVY 共 3 个处理，发现铁元素和镁元素均可抑制 PVY 侵染，且在病毒接种 7 d 的控制效果可达 44.39%±0.4%和 40.64%±0.5%。以矿质元素铁、镁处理后 PVY 接种 1d、3d、9d 的烟草为样本，进行转录组测序，旨在分析烟草响应铁元素、镁元素抗 PVY 侵染的分子机制。本研究共鉴定出 28 247 个差异表达基因（DEGs），其中铁处理鉴定到 DEGs 16 277 个，镁处理鉴定到 11 970 个DEGs。通过对 DEGs 的 GO 和 KEGG 富集分析及 WGCNA 分析发现，烟草响应铁元素处理的主要途径包括植物-病原物互作、转录因子调控、光合作用、内质网中蛋白质的加工、谷胱甘肽代谢、脂质代谢与生物合成、细胞壁的生物合成和植物激素信号转导等；响应镁元素处理的主要途径有能量产生与转换、氧化磷酸化、光合作用、植物-病原菌互作、内质网蛋白质加工、无机盐离子转运与代谢、有机物的转运与代谢、呼吸爆发、氮代谢及钙离子信号转导等。此外，笔者利用病毒诱导的基因沉默技术在本生烟中对转录组测序筛选得到的响应铁、镁调控烟草抗 PVY 侵染的关键 DEG 的同源基因进行功能验证，结果表明，响应铁元素调控的 *NbWRKY*26、*NbHSP*90、*NbnsLTP* 和 *NbFAD*3，响应镁元素调控的 *NbNR* 和 *NbPPases* 与抗 PVY 侵染相关；响应铁元素调控的 *NbCab*-6*a*，响应镁元素调控的 *NbGBE* 和 *NbTPS* 有助于 PVY 侵染；而响应镁元素调控的 *NbCML*36 与 PVY 侵染无关。这些结果为烟草分子抗病育种和烟草病毒病综合防治提供了新的策略。

关键词：铁元素；镁元素；PVY；烟草；本生烟；抗病

---

* 基金项目：四川省烟草公司科技计划项目（SCYC202214）；贵州省烟草公司科技计划项目（2022-01）
** 第一作者：郭慧妍，博士研究生，主要从事植物病毒学研究；E-mail：ghy1185@163.com
徐传涛，博士研究生，主要从事植物病毒学研究；E-mail：chuantao.x@gmail.com
*** 通信作者：吴元华，教授，主要从事植物病毒学和生物农药方向研究；E-mail：wuyh09@syau.edu.cn

基于 ceRNA-vsi RNA-mRNA 网络探索玉米抗感自交系中 SCMV 潜在的发病机制*

高新然**，郝凯强，杜志超，张思佳，安梦楠，夏子豪***，吴元华***
（沈阳农业大学植物保护学院，沈阳 110866）

摘要：RNA 沉默在植物抗病毒中发挥着重要作用，在此过程中将产生病毒来源的小干扰 RNA（virus-derived small interfering RNAs，vsiRNAs）。竞争性内源 RNA（competing endogenous RNA，ceRNA）揭示了环状 RNAs（circular RNAs，circRNAs）和长链非编码 RNAs（long non-coding RNAs，lncRNAs）与小 RNAs（small RNAs）相互作用调控 mRNAs 表达的独特机制。甘蔗花叶病毒（sugarcane mosaic virus，SCMV）侵染玉米造成严重的经济损失。本研究通过全转录组和降解组测序，对抗病玉米自交系 Chang7-2 和感病自交系 Mo17 中 SCMV 产生的 vsiRNAs 及其靶基因进行比较分析。结果表明，在 SC 和 SM 文库中 vsiRNAs 在 SCMV 基因组正链上的分布均高于负链。SM 文库中 21-nt vsiRNAs 的积累水平较高，而 SC 文库中积累了较多的 22-nt vsiRNAs。21-nt 和 22-nt 的 vsiRNAs 5′末端碱基具有一定偏好性，其中 A 和 U 在两个文库中含量较多且所占比例相近。单核苷酸分辨图结果表明，两种文库中 vsiRNAs 几乎连续但不均匀地分布在整个 SCMV 基因组中，且热点区相似，均表现为来源于 SCMV 正链的热点比负链的多，且 CI 区域包含更多热点，然而与 Mo17 相比 Chang7-2 负链中包含了更多的热点。降解组测序鉴定出 204 个 vsiRNAs 靶向 706 个转录本，组成 784 个 vsiRNA-mRNA 对。基于差异表达的 circRNAs、lncRNAs、mRNAs 和 vsiRNAs 分别构建了 Chang7-2 和 Mo17 中应对 SCMV 胁迫应答的 ceRNA 网络。此外，研究结果表明，SCMV 侵染后，RNA 沉默途径重要的组分 ZmDCLs、ZmAGOs 和 zmRDRs 转录本在不同抗感玉米自交系中表达水平有显著差异。综上所述，本文对 SCMV 侵染不同抗感玉米自交系后进行了 vsiRNAs 及潜在 ceRNA 网络分析和比较，阐明了 vsiRNAs 与其靶标之间的关系，为揭示玉米抗 SCMV 的机制提供新的线索。

关键词：玉米抗感自交系；甘蔗花叶病毒（SCMV）；病毒小干扰 RNA（vsiRNAs）；竞争性内源 RNA（ceRNA）

---

* 基金项目：国家自然科学基金（31801702）

** 第一作者：高新然，博士研究生，主要从事植物病毒学研究；E-mail：g5983xinran@163.com

*** 通信作者：夏子豪，副教授，主要从事植物病毒学研究；E-mail：zihao8337@syau.edu.cn
吴元华，教授，主要从事植物病毒学研究；E-mail：wuyh09@syau.edu.cn

维生素 C、E、K 在抗玉米病毒侵染中的不同作用*

郝凯强[1**]，杨森壬[1]，崔亚坤[2]，焦志远[3]，高新然[1]，
杜志超[1]，王志平[1]，安梦楠[1]，夏子豪[1***]，吴元华[1***]
（1. 沈阳农业大学植物保护学院，沈阳　110866；2. 江苏省农业科学院粮食作物研究所，
南京　210014；3. 中国农业大学植物病理学系农业生物技术国家重点实验室，
有害生物监测与绿色管理重点实验室，北京　100193）

摘　要：玉米致死性坏死病（MLND）是由玉米褪绿斑驳病毒（maize chlorotic mottle virus，MCMV）与甘蔗花叶病毒（sugarcane mosaic virus，SCMV）复合侵染玉米造成的严重玉米病害。在先前研究中关于SCMV侵染机制、与寄主的互作关系和寄主抗性基因等研究已经十分充分，但是玉米对MCMV和两者复合（S+M）侵染的抗感机制在很大程度上是未知的。在本研究中，首先借助SMRT和Illumina RNA测序方法，获得了SCMV和MCMV单侵染以及S+M后玉米的表达谱。发现在S+M、MCMV、SCMV文库中分别鉴定出15 508个、7 567个、2 378个差异表达的异构体（DEIs）。其中，多数的DEIs主要参与光合作用、活性氧清除以及一些与抗病性相关的途径。在玉米中借助CMV-VIGS分别沉默2个维生素C相关基因 *ZmGalDH* 和 *ZmAPX*1 均能够促进了病毒感染。然而，沉默参与维生素 E、K 生物合成的基因 *ZmTAT* 或 *ZmNQO*1，能够抑制MCMV和S+M感染。此外，还检测了从54个玉米自交系中筛选的10个自交系的上述基因表达与病毒积累量的关系。随着病毒积累量的增加，*ZmGalDH* 和 *ZmAPX*1 的表达量也随之增加，*ZmTAT* 在抗性自交系中虽然有增加但是仍然保持相对较低的表达量，而 *ZmNQO*1 的在不同抗感自交系中未见变化趋势。并通过外源喷施不同维生素进一步证明了维生素 C 可以有效抑制病毒感染并缓解MLND症状，而维生素 E、K 能够加重MLND症状并促进MCMV感染。在上述实验中还鉴定了水杨酸（SA）反应性发病机制相关 *PR* 基因的表达量，发现这3种维生素的抗感病毒可能取决于它们对SA相关的 *PR* 基因表达的调节作用。这些发现构建了玉米应对SCMV和MCMV单侵染以及复合侵染的基因调控网络，以及为维生素 C、E、K 在调节玉米病毒感染中的作用提供了新的见解。

关键词：MCMV；SCMV；复合侵染；维生素 C/E/K；CMV-VIGS；SA；*PR*

---

* 基金项目：国家自然科学基金（31801702）；植物病虫害生物学国家重点实验室开放基金（SKLOF202014）

** 第一作者：郝凯强，博士研究生，主要从事植物病毒学研究；E-mail：2019200126@ stu. syau. edu. cn
*** 通信作者：夏子豪，副教授，主要从事植物病毒学研究；E-mail：zihao8337@ syau. edu. cn
吴元华，教授，主要从事植物病毒学研究；E-mail：wuyh09@ syau. edu. cn

烟草靶斑病菌与烟草互作致病相关基因的筛选*

李鑫淳[1**]，丁晓杰[1]，江连强[2]，徐传涛[3]，张　崇[1]，吴元华[1***]
（1. 沈阳农业大学，沈阳　110000；2. 四川省烟草公司凉山州公司，西昌　615000；
3. 四川省烟草公司泸州市公司，泸州　646000）

摘　要：烟草靶斑病在中国于2016年首次报道，目前我国大部分烟草种植区均有发生，云南、贵州、四川、湖南、重庆以及东北地区烟草靶斑病已成为烟草生产中的重要病害。其病原为 *Rizoctonia solani* AG-3 TB，病菌附着在烟草叶片后，可侵染叶片导致坏死及穿孔从而降低烟叶的经济价值。研究 *R. solani* AG-3 TB 分子致病机制将为该病害的控制提供有价值的理论依据。本文对烟草（云烟87）感染 *R. solani* AG-3 TB（YC-9）6h、12h、24h、36h、48h 和 72h 的叶片进行综合转录组学分析，对获得的差异表达基因（DEGs）进行蛋白质数据库 Nr（NCBI 非冗余蛋白质数据库）、UniProt（蛋白质数据库）、Pfam（同源蛋白质家族）、eggNog（基因的同源组）、GO（基因本体学）、KEGG（基因和基因组的京都百科全书）功能注释和推断氨基酸序列，以揭示不同感染时期致病的关键基因。结果表明，不同感染阶段 DEGs 在脂肪酸代谢、氨基糖、碳代谢和细胞碳水化合物生物合成中显著富集。参与 *R. solani* 毒素合成的苯乙酸（PAA）生物合成中莽草酸激酶、EPSP 合成酶、chorismate 合成酶、预苯酸脱氢酶和预苯酸脱水酶关键基因在感染24h 时显著增加。此外，碳水化合物活性酶（CAZymes）（如糖水解酶家族 45、糖水解酶家族18、糖水解酶族 16、多糖裂解酶家族 1、碳水化合物酯酶家族 4、碳水化合物结合模块家族12）和细胞壁降解酶（CWDEs）（如木聚糖酶、角质酶、多聚半乳糖醛酸酶 PG1）等基因表达水平在感染 48h 后显著增加。对互作过程中产生的 DEGs 利用信号肽、跨膜结构域、糖基磷脂酰肌醇（GPI）锚定的 ω-位点、线粒体的转运肽和核定位信号等生物信息学分析鉴定了 807 种潜在的分泌蛋白和 78 种富含半胱氨酸的小蛋白，它们可能作为真菌效应物发挥作用并参与致病。本研究揭示了许多潜在的 *R. solani* AG-3 TB 与烟草互作过程中的致病关键基因，这些基因在不同感染阶段参与了 *R. solani* AG-3 TB 对烟草的发病机制，该结果为 *R. solani* AG-3 TB 与烟草互作提供了许多潜在的功能基因靶点，同时为发病机制提供了重要的见解，并为准确预防和控制该疾病提供了宝贵的理论依据。

关键词：立枯丝核菌；致病因子；转录组分析；分泌蛋白

---

* 基金项目：四川省烟草公司科技计划项目（SCYC 202113）

** 第一作者：李鑫淳，博士研究生，主要从事植物病原真菌学；E-mail：291977476@ qq. com

*** 通信作者：吴元华，教授，主要从事植物病毒学；E-mail：wuyh7799@ 163. com

第七部分
病害防治

A Potential Biocontrol Agent *Streptomyces tauricus* XF for Managing Wheat Stripe Rust

JIA Ruimin*, XIAO Keyu*, YU Ligang, CHEN Jing, HU Lifang, WANG Yang**

(*College of Plant Protection*, *Northwest Agriculture & Forestry University*, *Yangling* 712100, *China*)

Abstract: Wheat stripe rust, caused by *Puccinia striiformis* f. sp. *tritici* (*Pst*), is a devastating disease threatening global wheat production. Biocontrol by beneficial microorganisms is considered an alternative to synthetic fungicide applications. This study aimed to investigate the mechanisms involved in the biocontrol of wheat stripe rust by streptomycetes. A streptomycete strain XF, isolated from the rhizospheric soil of peony, was identified as *Streptomyces tauricus* based on morphological characteristics and phylogenetic analysis. We determined the inhibitory effect of XF on *Pst* and biocontrol effect on the disease using XF fermentation filtrate (FL) and actinomycete cell suspension (AC). Results revealed that FL inhibited urediniospore germination by up to 99% and rendered a lethality rate of 61.47% against urediniospores. Additionally, crude extract of ethyl acetate phase of FL caused cytoplasm releases from urediniospores and the deformation of germ tubes. Furthermore, histochemical analyses revealed that treatments of plants with AC and FL increased reactive oxygen species, inhibited haustorium formation, and reduced the biomass of *Pst* in leaves. Electron microscopy showed that XF mycelium was able to colonize the leaf surface. Moreover, gene expression assays revealed that AC and FL treatments induced the expression of a number of pathogenesis-related genes in wheat leaves. Besides, in the greenhouse experiments, the control effects of AC and FL reached 65.48% and 68.25%, respectively. In the field, application of XF fermentation broth significantly reduced the disease indices of stripe rust by 53.83%. These findings suggest that XF is a potential biocontrol agent for managing wheat stripe rust disease.

Key words: *Puccinia striiformis* f. sp. *tritici*; *Streptomyces tauricus*; wheat stripe rust; biological control; antagonism; induced systematic resistance

* 第一作者：贾瑞敏，博士研究生，主要从事植物病害生物防治研究；E-mail：jiaruimin2020@nwafu.edu.cn

肖珂雨，硕士研究生，主要从事植物病害生物防治研究；E-mail：xiaokeyu@nwafu.deu.cn

** 通信作者：王阳，博士生导师，研究员，主要从事植物病害生物防治研究；E-mail：wangyang2006@nwafu.edu.cn

Streptomyces pratensis S10 Controls of Fusarium Head Blight by Suppressing Different Stages of the Life Cycle and ATP Production

HU Lifang[1*], JIA Ruimin[1], SUN Yan[1], CHEN Jing[1], ZHANG Jing[2], WANG Yang[1**]

(1. *College of Plant Protection*, *Northwest Agriculture & Forestry University*, *Yangling* 712100, *China*; 2. *Key Laboratory of Green Prevention and Control of Tropical Plant Diseases and Pest*, *Ministry of Education*, *College of Plant Protection*, *Hainan University*, *Haikou* 570100, *China*)

Abstract: Fusarium head blight (FHB) of wheat, predominately caused by *Fusarium graminearum*, is an economically important plant disease worldwide. With increased fungicide resistance, controlling this filamentous fungal disease has become an enormous challenge. Biocontrol agents (BCAs) alone or integrated with other methods could better manage FHB. *Streptomyces pratensis* S10 has strong antagonistic activity against FHB as reported in our previous study. We now have investigated S10 controls of FHB in more detail by combining microscope observations, biological assays, and transcriptome profiling. S10 culture filtrates (SCF) significantly inhibited essential stages of the life cycle of *F. graminearum* in the laboratory and under simulated natural conditions. SCF at different concentrations inhibited conidiation of *F. graminearum* with an inhibition of 57.49% - 83.83% in the medium and 64.04%-85.89% in plants. Different concentrations of SCF reduced conidia germination by 47.33% to 67.67%. 2% (vol/vol) SCF suppressed perithecia formation of *F. graminearum* by 84% and 81% in the laboratory and under simulated natural conditions, respectively. The S10 also reduced the pathogenicity and penetration ability of *F. graminearum* by suppressing ATP production. Collectively, these findings indicate that *S. pratensis* S10 should be explored further for efficacy at controlling FHB.

Key words: *Fusarium graminearum*; *Streptomyces pratensis* S10; biocontrol; pathogenicity

---

* 第一作者：胡礼芳，博士研究生，主要从事植物病害生物防治研究；E-mail：hulifang@ nwafu. edu. cn

** 通信作者：王阳，博士生导师，研究员，主要从事植物病害生物防治研究；E-mail：wangyang2006@ nwafu. edu. cn

抗重茬菌剂对人参出苗率的影响

杨　芳[1*]，白春微[2]，徐怀友[3**]，张宗振[3]，杨忠亮[3]，鞠　昕[3]，丁海霞[4]

［1. 四川丛之道农业科技有限责任公司，成都　610041；2. 同和致远（北京）环保科技有限公司，北京　100089；3. 吉林参王植保有限责任公司，白山　134500；4. 贵州大学农学院，贵阳　550025］

摘　要：人参（*Panax ginseng* C. A. Meyer）为五加科人参属多年生草本植物，是我国传统珍贵中药材，具有重要的药用和经济价值。人参对土壤品质要求较高，但是因其多年生且栽培种植密度高，造成连作，导致土壤问题突出，严重降低人参的产量和品质，影响农民的收入。植物病害生物防治由于对环境友好、能减少化学农药使用、避免中药材农药残留、减少病原菌抗药性等优势日益受到关注和重视。抗重茬菌剂是中农绿康（北京）生物技术有限公司根据植物微生态理论，选用枯草芽孢杆菌、哈茨木霉、康氏木霉和粉红粘帚霉等有益微生物（有效活菌数≥5亿/g），采用现代微生物发酵工艺加工制备成的植物微生态制剂，具有防治土传病害、增强作物抗病与抗逆性、改善品质的效果。本研究采用抗重茬菌剂、有机肥（糖渣）、中微量元素肥（钾硅钙）和炭基复合肥进行人参农田改良，配方用量为：抗重茬菌剂 12.0 g/m^2、有机肥 12.5 kg/m^2、中微量元素肥 20.0 g/m^{2}和炭基复合肥 50.0 g/m^2。于 2021 年 6—10 月在吉林省白山市抚松县北岗镇三九农田地进行的田间试验，将配方产品均匀撒施进土里，人工翻土使产品与土壤混拌均匀后，移栽二年生人参苗。研究结果表明：采用微生态制剂抗重茬菌剂的土壤改良配方后，人参出苗率为 72%，大大高于常规对照（未加抗重茬菌剂的出苗率 44%）。本研究对东北地区人参的种植提供了一种优秀的微生物复合肥配方。

关键词：生物防治；抗重茬菌剂；出苗率；人参

* 第一作者：杨芳，中级农艺师，主要从事微生物菌剂研发及推广；E-mail：yangfang20061224@outlook.com

** 通信作者：徐怀友，高级农艺师，主要从事人参绿色种植、产业链建设及发展；E-mail：cbsswzb@126.com

双组分系统 SRO293/294 在玫瑰黄链霉菌抑制辣椒疫霉中的调控作用*

王 娇**，焦甜甜，刘晓宁，刘大群，李亚宁***
（河北农业大学植物保护学院，河北省农作物病虫害生物防治技术创新中心，
国家北方山区农业工程技术研究中心，保定 071001）

摘 要：玫瑰黄链霉菌（*Streptomyces roseoflavus*）Men-myco-93-63 是本课题组筛选得到并研究多年的一株生防链霉菌，其对黄萎病菌、灰霉病菌、疫霉病菌等多种重要植物病原菌均表现很强的抑制作用。双组分系统（TCS）是链霉菌重要的调控系统之一，可调节细胞生长发育、次级代谢产物合成、氮磷代谢等生命过程，许多 *TCS* 基因的缺失或过表达可显著影响次级代谢产物的合成。前期从玫瑰黄链霉菌 Men-myco-93-63 中分离到次级代谢产物 roflamycoin 和 men-myco-A（简称 R&M），对 17 种常见植物病原真菌具有抑制作用，但对疫霉菌无效，将 R&M 生物合成基因进行阻断，获得不产 R&M 突变株，结果发现对辣椒疫霉（*Phytophthora capsici*）仍然具有抑菌活性，且效果与野生型菌株无明显差异，表明该菌能够产生其他拮抗物质以抑制辣椒疫霉。与此同时，在研究该生防菌双组分系统 SRO293/294 时发现，调控蛋白基因敲除突变株 *Δsro293* 对辣椒疫霉（*P. capsici*）的抑菌活性与野生株无差异，而双基因敲除突变株 *Δsro293/294* 抑菌活性明显降低，组氨酸激酶基因 *sro*294 的敲除突变株 *Δsro294* 对辣椒疫霉基本丧失了抑菌活性，进一步对双组分系统 SRO293/294 三株突变株进行 HPLC 检测，发现 *Δsro294* 突变株中 R&M 产量高于野生株；*Δsro293* 突变株中 R&M 产量与野生株无异；*Δsro293/294* 突变株不产 R&M。由此推测，双组分系统 SRO293/294 在玫瑰黄链霉菌中负调控包括 R&M 在内的多种次级代谢产物的生物合成。该结果为寻找新的抗卵菌次级代谢产物提供了重要依据，促进了玫瑰黄链霉菌在植病生防领域尤其是卵菌病害防治中的应用。

关键词：玫瑰黄链霉菌；辣椒疫霉；双组分系统；R&M

---

* 基金项目：国家自然科学基金面上项目（32272605）
** 第一作者：王娇，博士研究生，研究方向为植物保护；E-mail：wangjiaono1@ 126. com
*** 通信作者：李亚宁，教授，研究方向为植物病理；E-mail：yaning22@ 163. com

Characterization and Evaluation of *Bacillus pumilus* BS-4 as a Novel Potential Biocontrol Agent against *Phytophthora sojae* in Soybean*

CAO Shun**, CHEN Fangxin, DAI Yuli, ZHAO Zhenyu,
JIANG Bingxin, PAN Yuemin, GAO Zhimou***
(*College of Plant Protection*, *Anhui Agricultural University*, *Hefei* 230036, *China*)

Abstract: Soybean Phytophthora root rot caused by *Phytophthora sojae* is one of the most devastating diseases of soybean worldwide. This study was conducted to develop new effective biocontrol agents for the control of the disease and explore the action mechanism.

Eleven antagonistic bacterial strains against *P. sojae* were isolated from the soybean field soil samples, and among the strains, BS-4 not only had the strongest inhibitory activity against *P. sojae*, but also had good inhibition to other four species of oomycetes in *Phytophthora* and eight fungal pathogens. Based on 16S rDNA sequence analysis and the physiological and biochemical properties, the strain BS-4 was identified as *Bacillus pumilus*. Strain BS-4 culture filtrate had significant inhibitory effects on the pathogens, and the inhibition rates were stronger than those in the dual culture. BS-4 filtrate kept a high bioactivity to *P. sojae* at a high temperature, even at 121℃, and in the pH range of 5 to 12. The germination of zoospores and the formation of sexual organs were seriously affected by BS-4 filtrate. Furthermore, the detached leaves and greenhouse experiments showed that BS-4 suspension and culture filtrate all had good control efficacy on PRR, and in the field experiment, BS-4 suspension reduced the disease index and increased the biomass of soybean shoots and roots, significantly ($P<0.05$), with control effect of 75.29% on PRR. This is the first report of the control effect of *B. pumilus* on PRR caused by *P. sojae*.

The results mentioned above suggested that *B. pumilus* strain BS-4 is a novel potential biocontrol agent to control soybean root rot caused by *P. sojae*, and will have a broad application prospect in plant disease control. Our studies provide a basis for developing *B. pumilus* strain BS-4 into a new biocontrol agents. However, the develop of BS-4 preparation and its field application need further investigation.

* Funding: National Key R&D Program of China (2018YFD0201000)
** First author: CAO Shun, Ph. D, majors in mycology and plant fungal diseases
*** Corresponding author: GAO Zhimou; E-mail: gaozhimou@126.com

白术疫霉拮抗木霉分离鉴定及其抑菌效果的研究*

刘晓宁**，王　娇，焦甜甜，刘大群，李亚宁***
（河北农业大学植物保护学院，河北省农作物病虫害生物防治技术创新中心，
国家北方山区农业工程技术研究中心，保定　071001）

摘　要：白术疫霉（*Phytophthora sansomeana*）是本课题组从河北安国白术种植区典型发病的白术病株上分离鉴定得到的一株病原菌，其对白术种植生产造成严重损失。木霉菌（*Trichoderma*）对多种植物病原菌具有较好的拮抗作用并可产生多种具有拮抗作用的生物活性物质。从健康白术根际土和健康白术根茎处分离、纯化得到拮抗菌株，通过平板对峙试验、形态学鉴定、分子生物学鉴定及生物学特性测定筛选出6株拮抗效果较好的木霉菌株，分别为TPS-66、TPS-87、TPS-90、TPS-99、TPS-104和TPS-105，该6株木霉菌对白术疫霉抑菌率分别为68.00%、71.71%、80.68%、70.21%、67.39%、68.04%，其中TPS-66为非洲哈茨木霉菌（*T. afroharzianum*）、TPS-87、TPS-105为哈茨木霉（*T. harzianum*），TPS-90、TPS-99为深绿木霉（*T. atroviride*），TPS-104为深褐木霉（*T. atrobrunneum*）。TPS-66、TPS-90、TPS-105生长5 d后，将白术疫霉完全覆盖；TPS-104与白术疫霉的交界处菌丝出现褐变；TPS-87使白术疫霉菌丝全部变黄，培养基内则变黄褐色。6株木霉菌对尖孢镰孢菌（*Fusarium oxysporum*）、芹菜壳针孢（*Septoria apiicola*）、禾谷镰孢菌（*F. graminearum*）、梨生囊孢壳菌（*Botryosphaeria berengeriana*）、黑腐皮壳菌（*Valsa mali*）、层生镰孢菌（*F. proliferatum*）、腐皮镰孢菌（*F. olani*）均有较好的拮抗作用，抑菌率均达60%以上，对梨生囊孢壳菌拮抗效果最好，均达到80%以上。6株木霉菌发酵液对白术种子和幼苗的生长无负面影响，TPS-99粗提物能完全抑制白术疫霉生长。该结果为研究白术疫霉的拮抗木霉菌抑菌活性物质和防病机制提供了理论基础和重要依据。

关键词：白术疫霉；哈茨木霉；菌株鉴定；抑菌效果

---

* 基金项目：国家自然科学基金面上项目（32272605）
** 第一作者：刘晓宁，硕士研究生，研究方向为资源利用与植物保护；E-mail：1776703166@ qq. com
*** 通信作者：李亚宁，教授，研究方向为植物病理学；E-mail：yaning22@ 163. com

基于深度学习水稻病害及其严重程度识别模型研究进展

林立杰*，代佳依，杨予熙，汪志翔，吴波明**
（中国农业大学植物保护学院，北京 100193）

摘 要：针对水稻病害中复杂背景带来的病斑难以识别、病害严重程度计算不精确等问题，以水稻稻瘟病、稻胡麻斑病、稻纹枯病图像为研究对象，提出一种基于改进 Mask R CNN 的水稻病害识别及病害严重程度计算的水稻病害检测方法。本模型建立的目的是识别数据集中的叶片及病斑，在这基础之上计算其严重程度。为保证模型的精确，准确定位目标便成为成功的第一步，在以往的试验中发现，复杂背景会影响识别的准确性，将模糊叶片识别出来，却又把清晰叶片漏掉；以及一些异常情况均不能被很好地识别出来，如被遮挡、姿态扭曲的叶片。针对以上问题，本研究为待识别的目标设定了统一标注标准。第一阶段随机划分 70%数据作为训练集进行模型构建，30%数据作为验证集对模型结果进行验证。初步识别的结果显示，训练准确率为 81.87%，验证损失率为 15.22%，能够达到一个良好的分割识别效果。

关键词：水稻病害；实例分割模型；水稻病害严重程度

* 第一作者：林立杰，硕士研究生，主要从事水稻病害图像识别研究；E-mail：L188468128591@outlook.com

** 通信作者：吴波明，教授，主要致力于病害流行的时空动态及其机理，植物病害管理策略的研究；E-mail：bmwu@cau.edu.cn

Sensitive and Rapid Detection Methods for Phytoplasmas Associated with Areca Palm and Coconut Lethal Diseases by Droplet Digital PCR and LAMP*

YU Shaoshuai[1**], PAN Yingwen[2***], ZHANG Xinchun[3], SONG Weiwei[1], ZHU Hui[1]

(1. *Coconut Research Institute*, *Chinese Academy of Tropical Agricultural Sciences*, *Wenchang* 571339;
2. *Post-Entry Quarantine Station for Tropical Plant*, *Haikou Customs*, *Haikou* 570311;
3. *Environment and Plant Protection Institute*, *Chinese Academy of Tropical Agricultural Sciences*, *Haikou* 571101)

Abstract: Areca palm yellow leaf (AYL) disease associated with a phytoplasma is a devastating disease of areca palm. AYL diseases have been reported in China, India and Sri Lanka. Droplet digital PCR (ddPCR) detection system for areca palm yellow leaf (AYL) phytoplasma was developed using the primers Atf/Atr and probe AtProbe, which were designed based on the *tuf* gene of the phytoplasma. The phytoplasma was significantly detected in the AYL sample, and the number of droplets generated in each ddPCR reaction system was more than 10 000, indicating that the absolute quantitative results were reliable. The lowest concentration of AYL phytoplasma that was detected by ddPCR method was 0.07 copies/μL. Coconut lethal yellowing (LY) diseases caused by phytoplasmas are devastating diseases for coconut cultivation, seriously threating the coconut industry around world. Conserved regions of the 16S rRNA genes of LY phytoplasmas belonging to the 6 16Sr groups were obtained in the study. Based on the conserved region sequences of 16S rRNA genes, 2 sets of LAMP primers, Co-4 and Co-6, were designed and screened, and the rapid and visual detection methods universal for different groups LY phytoplasmas were established. The entire detection reactions of the universal detection methods could be completed by only 30-40 minutes of constant temperature amplification at 64℃, and the detection results were judged by the color changes of the reaction systems, which are convenient and quick. The sensitive and rapid detection methods established for the phytoplasmas would be valuable for the rapid diagnosis and identification, the efficient monitoring and early warning as well as the port inspection and quarantine of these phytoplasmas and their related diseases.

Key words: phytoplasma; droplet digital PCR; loop-mediated isothermal amplification; areca palm yellow leaf disease; coconut lethal yellowing disease

---

* Funding: Hainan Provincial Natural Science Foundation of China (320RC743); Central Public-interest Scientific Institution Basal Research Fund for Chinese Academy of Tropical Agricultural Sciences (1630152021005, 1630152022004); Hainan Major Research Project for Science and Technology of China (zdkj201902)

** First author: YU Shaoshuai; E-mail: hzuyss@163.com

*** Corresponding author: PAN Yingwen; E-mail: pyw910@163.com

Molecular Detection and Genetic Diversity of Phytoplasmas from Different Plant Hosts in the Garden of Areca Palm with Yellow Leaf Disease in China*

ZHU Anna[1,2**], SU Lihui[3], LIU Li[1], SONG Weiwei[1], YAN Wei[1], YU Shaoshuai[1***]

(1. *Coconut Research Institute*, *Chinese Academy of Tropical Agricultural Science*, *Wenchang* 571339; 2. *College of Forestry*, *Hainan University*, *Haikou* 570228; 3. *College of Tropical Crops*, *Yunnan Agricultural University*, *Puer* 665099)

Abstract: Areca palm yellow leaf (AYL) disease caused by phytoplasma is a devastating disease of areca palm plantation. It is of great significance to clarify the genetic variation of phytoplasmas and their natural hosts in the garden of areca with yellow leaf diseases for the purpose of fully reveal the circulation path and epidemic law of the disease. In this study, the plant samples showing typical disease symptoms associated with phytoplasma were investigated and sampled from the diseased areca garden distributed in different areas of Hainan Province, China. The results showed that 16S rRNA and *secA* gene fragments specific for phytoplasma was amplified from 6 plant sample of Trema tomentosa, which were all identical. The 16S rRNA gene fragment of phytoplasma was obtained from one plant sample of Chinaberry. Sequence analysis showed that the *Trema tomentosa* witches'-broom phytoplasma (TtWB) strains identified in the study were in 100% similarity with TtWB strains reported previously. Chinaberry witches'-broom (CWB) phytoplasma strains identified in the study were in 100% similarity with CWB phytoplasma strains reported previously. Phylogenetic analysis indicated that TtWB strains were clustered into one evolutionary branch with the phytoplasmas belonging to 16Sr XXXII group, CWB strains were clustered into one evolutionary branch with the phytoplasmas belonging to 16SrI group. 16S rDNA sequence similarity of phytoplasma was 100% among the strains of CWB and AYL. It is perfectly important for effective prevention and control of areca palm yellow leaf disease to timely clean up the natural hosts of phytoplasma such as chinaberry in areca diseased garden, eliminating the infection source and cutting off the transmission routes of the phytoplasma.

Key words: phytoplasma; areca palm yellow leaf disease; natural plant hosts; molecular detection; genetic variation

* Funding: Fundamental Research Funds for the Central Non-profit Research Institute of Chinese Academy of Tropical Agricultural Sciences (1630152022007, 1630152022004); Hainan Provincial Natural Science Foundation of China (320RC743); Specific Research Fund of the Innovation Platform for Academicians of Hainan Province of China (YSPTZX202138)

** First author: ZHU Anna; E-mail: zan810037317@163.com

*** Corresponding author: YU Shaoshuai; E-mail: hzuyss@163.com

Genetic Differences and Similarity Analysis of 29 Antagonistic Actinomycetes Using Inter Simple Sequence Repeat (ISSR) Markers*

ZHANG Mengyu**, CUI Linkai, KANG Yebin***

(*College of Horticulture and Plant Conservation, Henan University of Science and Technology, Luoyang* 471023, *China*)

Abstract: Actinomycetes are a microbial group with important development prospects because of their antibacterial, anti-tumor, enzyme inhibition, immunosuppressive regulation, and other important activities. To determine the hereditary differences and genetic relationship between antagonistic actinomycetes, we isolated 29 actinomycetes strains exhibiting antagonistic effects against *Phytophthora parasitica* from tobacco rhizosphere soil in Luoyang area in China and analyzed their genetic diversity and relationship using inter simple sequence repeat (ISSR) markers. Among the 35 ISSR primers, 11 primers that were highly polymorphic and stable were selected for the amplification. The results showed that the 11 primers amplified 174 polymorphic bands, and their polymorphism proportion was 100%, with an average number of polymorphic bands per primer of 15. 8. The cluster analysis results obtained using the unweighted average distance method (UPGMA) showed that the genetic similarity coefficients of the 29 strains ranged from 0. 219 to 0. 747, demonstrating a high genetic diversity. The 29 actinomycetes were classified into eight clusters at a genetic similarity coefficient of 0. 440, and all of the 11 actinomycetes that showed 100% antagonism against *P. parasitica* were classified into the IGI group. This indicated that the strains with good antagonism against *P. parasitica* were closely related. The IGI group was further divided into 9 subgroups. Most actinomycetes of the same species were classified into the same group or subgroup, demonstrating some level of correlation between ISSR and strain group classification.

Key words: Antagonistic actinomycetes; ISSR; *phytophathora parasitica*

* 基金项目：中国烟草总公司重大科技项目［110202101051（LS-11）］

** 第一作者：张梦宇，博士研究生，研究方向为作物栽培学与耕作学；E-mail：2902962388@ qq. com

*** 通信作者：康业斌，教授，主要从事植物免疫学研究；E-mail：kangyb999@ 163. com

我国核桃病原真菌的多样性及生物防治

张　英*，张　琳，赵丽丽
（北京林业大学生态与自然保护学院，北京　100083）

摘　要：核桃（*Juglans regia* L.）是具有重要经济价值的树种，在我国广泛栽培。为了解核桃病原真菌的多样性，自 2019 年以来，笔者从我国山东、云南、陕西、四川、甘肃、北京及新疆的 17 个核桃产区采集了核桃枝干、叶片及果实病害样品 756 份，分离得到 1 100 株真菌，鉴定出 35 属 50 余种，对已鉴定出的物种真菌进行致病力测定，结果显示，有 20 属 40 个物种能够引起核桃的病害；其中发现了一种核桃新病害：核桃枝干心腐病，其病原为一新物种，定名为 *Nothophoma juglandis*；通过对所有病害的分离频度及丰富度的评价，发现属水平上，*Colletotrichum* 属的分离频率最高，占总分离菌株的 44.36%，其次为 *Alternaria* 属和 *Fusarium* 属；对各产区优势属分析，结果显示：甘肃、山东、陕西、云南以及北京的优势属均为 *Colletotrichum*，新疆的优势属为 *Alternaria*，四川的优势属为 *Fusarium*。种水平上，分离频率最高的为 *Colletotrichum juglandicola*，占 17.09%；其次为 *Alternaria* sp. 1 和 *C. mengyinense*。同时，本研究还分离出了 *Granulobasidium vellereum*，该菌是一种优良的生防真菌，采用平板对峙法和健康的离体枝条回接法对其生防效果进行验证，发现 *G. vellereum* 能够有效防治多种真菌性病害，本研究明确了中国部分地区核桃果实微生物种类、组成及地理分布特征，同时为核桃枝干病害的生物防治提供了科学依据。

关键词：核桃；病原鉴定；地理分布；致病性；生物防治

* 第一作者及通信作者：张英，博士生导师，教授，主要从事植物病害鉴定及生物防治研究；E-mail：yzhang@ bjfu. edu. cn

氟醚菌酰胺防治南方根结线虫的效果及其毒性效应研究

刘炳洁，范　森，姬小雪，乔　康*
（山东农业大学植物保护学院，泰安　271018）

摘　要：连作障碍是我国设施蔬菜产业面临的一大难题。以南方根结线虫为代表的土传病害是引起连作障碍的主要原因之一。目前使用化学杀线剂仍是防治南方根结线虫的主要手段。非熏蒸性杀线剂因其对环境安全和杀线活力高而备受青睐，但目前可用品种较少，迫切需要寻求环保、高效的新型非熏蒸性杀线剂。氟醚菌酰胺是我国自主研发的一种新型含氟苯甲酰胺类杀菌剂，前期发现其具有杀线活性，但其对南方根结线虫的防效及其环境毒性尚未可知。本研究通过温室试验评价氟醚菌酰胺对南方根结线虫的防治效果，并以环境毒理学模式生物秀丽隐杆线虫（秀丽线虫）为对象，从生理、生化和分子水平对氟醚菌酰胺的急性毒性进行检测，初步阐明氟醚菌酰胺的毒性效应及作用机制。研究结果总结如下。

（1）温室研究结果表明氟醚菌酰胺250 g/hm^2、500 g/hm^{2}和1 000 g/hm^{2}灌根处理番茄30 d后，根结指数分别为6.8、6.6和4.0，而对照的根结指数为7.8，防效分别为12.8%、15.4%和48.7%；60 d后，各氟醚菌酰胺处理的根结指数分别为6.4、5.8和3.6，而对照的根结指数为7.8，防效分别为18.0%、25.6%和53.9%。

（2）急性毒性试验结果表明氟醚菌酰胺对秀丽线虫4龄幼虫的24 h致死中浓度为5.18 mg/L。选取0.2 mg/L、1.0 mg/L和5.0 mg/L三个亚致死浓度进行后续试验测定。在生理水平上，氟醚菌酰胺暴露会显著缩短秀丽线虫寿命并抑制其运动行为；与对照组相比，0.2 mg/L、1.0 mg/L和5.0 mg/L氟醚菌酰胺显著减少线虫的体长和体宽，其中5.0 mg/L氟醚菌酰胺暴露后，分别减少了19.2%和36.2%；氟醚菌酰胺显著减少线虫的吞咽频率，显著减少线虫的子代数目，产生生殖毒性。

（3）在生化水平上，1.0 mg/L和5.0 mg/L氟醚菌酰胺暴露显著提高秀丽线虫活性氧（ROS）水平，分别增加45.4%和109.9%。氟醚菌酰胺诱导线虫体内的脂褐素、脂质和丙二醛（MDA）显著积累，引起氧化应激，同时琥珀酸脱氢酶（SDH）和抗氧化酶（超氧化物歧化酶SOD、过氧化氢CAT和谷胱甘肽S-转移酶GSTs）的活性均有不同程度的降低。

（4）分子试验结果表明氟醚菌酰胺能够影响氧化损伤相关基因，其中*daf*-16、*skn*-1、*fat*-7、*acs*-2、*act*-5、*cep*-1、*ced*-3和*efl*-2的表达量变化最为显著。基于*daf*-16和*skn*-1突变体和野生型线虫的比较，结果发现缺失能降低氟醚菌酰胺诱导的ROS积累，减少*daf*-16和*skn*-1下游基因的下调，表明氟醚菌酰胺分别通过*daf*-16介导*sod*-3、*hsp*-16.2的表达和*skn*-1介导*gcs*-1和*gst*-4的表达。说明氟醚菌酰胺诱导的毒性作用与DAF-16和SKN-1密切相关。

综上，本研究通过温室试验证明了氟醚菌酰胺能够有效防治南方根结线虫，降低根结指数，研究结果为防治南方根结线虫提供新思路。此外，本研究从生理生化和分子水平初步研究了氟醚菌酰胺对秀丽线虫的毒性作用及其机制，结果可为评估氟醚菌酰胺的环境毒性和指导其科学合理使用提供理论依据。

关键词：氟醚菌酰胺；南方根结线虫；防效；秀丽隐杆线虫；毒性

---

* 通信作者：乔康；E-mail：qiaokang11-11@163.com，qiaokang@sdau.edu.cn

青花菜轮作对甜瓜连作土壤微生物群落结构和理化性质的影响*

刘小迪**，任雪莲，沈明侠，滕　傲，汪　敏，李芊汇，高增贵***
（沈阳农业大学植物保护学院，沈阳　110866）

摘　要：近年来瓜类连作障碍日益严重，青花菜轮作是一项有益的农业措施，可能是缓解瓜类连作障碍问题的有效途径，但其缓解机制和对土壤微生物群落的影响尚不明确。因此，通过使用高通量测序来评估甜瓜-青花菜轮作和连续甜瓜单一栽培种植系统下根际土壤微生物群落的丰度和多样性。在连作中，真菌和细菌的相对多样性和丰富度增加，镰孢菌属等有害真菌的相对丰度增加，但在青花菜轮作下显著降低。此外，连作土壤呈酸性，发生次生盐碱化，土壤有机碳、氮迅速积累，磷、钾大量流失。相比之下，青花菜轮作部分减轻了这些负面的物理化学反应。RDA 冗余分析表明，土壤 pH 值、可溶性盐和土壤有机碳显著影响土壤细菌和真菌群落结构。甜瓜-青花菜轮作可以有效平衡土壤微环境，克服与连续种植甜瓜相关的挑战和缺陷。

关键词：轮作；青花菜；微生物群落；土壤理化性质

* 基金项目：公益性行业（农业）科研专项项目（201503110）
** 第一作者：刘小迪，博士研究生，主要从事甜瓜病害研究
*** 通信作者：高增贵，研究员，博士生导师；E-mail：gaozenggui@ syau. edu. cn

西瓜枯萎病生防芽孢杆菌的筛选及发酵优化的研究*

滕　傲**，刘小迪，任雪莲，汪　敏，李芊汇，沈明侠，高增贵***
（沈阳农业大学植物保护学院，沈阳　110866）

摘　要：近年来，随着我国西瓜种植的面积不断地增大，连作障碍的发生越来越严重，西瓜的各类病害也随之严重发生，其中以西瓜枯萎病为主大面积的发生，制约了西瓜生长的可持续发展，找到一种有效的防治方法来减轻该病害的危害非常重要。西瓜枯萎病是由尖孢镰孢菌西瓜专化型（*Fusarium oxysporum* f. sp. *niveum*，FON）引发的一种土传性病害，属于维管束病害。利用生防菌抑制病原菌的繁殖并且诱导植物抗性，是一种防控西瓜枯萎病的生物防治方法。本研究通过对 5 种芽孢杆菌进行筛选，针对真菌病原菌进行平板拮抗测定及温室促生防病试验，确定出一株生防效果较好的生防菌 PJ3。采用正交设计试验法，对生防芽孢杆菌 PJ3 进行液体培养基及发酵条件的优化，利用摇瓶对 C 源、N 源、无机盐三个培养条件进行筛选；采用单因素试验对接菌量、pH 值、温度、通气量、转速等发酵条件进行优化，形成最优的发酵工艺参数，为西瓜枯萎病生防菌的开发利用及工业化生产提供一定的数据参考。

试验结果表明：芽孢杆菌 PJ3 生长的最佳液体培养基为可溶性淀粉、胰蛋白胨、K_2HPO_4，各组分的最佳配比为 2%的可溶性淀粉、1. 5%的胰蛋白胨、0. 2%的 KH_2PO_4；在最佳培养基中，优化发酵培养条件为接种量 4%、pH 值 7. 0、温度 34℃、通气量 30～250mL、转速 180r/min、最佳发酵时间 26h。

关键词：西瓜枯萎病；生防菌；单因子试验；正交设计；液体发酵

---

* 基金项目：宁夏回族自治区农业科技自主创新资金（NGSB-2021-10-01）
** 第一作者：滕傲，硕士研究生，研究方向为西瓜病害
*** 通信作者：高增贵，研究员，博士生导师；E-mail：gaozenggui@ syau. edu. cn

复合芽孢杆菌菌剂的筛选及其对促进植物生长的影响*

沈钰莹**，杨　欢，禤　哲，刘文波，缪卫国，靳鹏飞***
（海南大学植物保护学院，热带农林生物灾害绿色防控教育部重点实验室，海口　570228）

摘　要：芽孢杆菌（*Bacillus*）作为生物防治细菌可以产生极其丰富的次生代谢产物，特别是在维持植物根系微生态和植物保护方面。实验室前期获得了具有生物防治潜力的大型芽孢杆菌生物资源。因此，本研究通过测定6株芽孢杆菌对促生、抗菌活性等方面的定殖指标，旨在获得能够构建植物根系有益芽孢杆菌微生物群落的复合菌剂。结果表明，6株芽孢杆菌在12 h内的生长曲线无显著差异。然而，菌株HN-2具有最强的群集运动能力并且其正丁醇提取物对*Xanthomonas oryzae* pv. *oryzicola*的抑菌效果最好；菌株FZB42的正丁醇提取物产生的溶血圈最大（8.67±0.13）mm，其正丁醇提取物对*Colletotrichum gloeosporioides*的抑菌效果最好，抑菌圈直径为（21.74±0.40）mm；菌株HN-2和FZB42可快速形成生物膜。同样基于飞行时间质谱和溶血板测试，由于菌株HN-2和FZB42可以产生大量脂肽类物质（如Surfactin、Iturin、Fengycin），所以有如此显著不同的活性。通过对辣椒幼苗的促生实验发现：菌株FZB42、HN-2、HAB-2和HAB-5相较于清水处理均有较好的促生潜力，因此将这四个菌株按照1∶1∶1∶1比例复合配制，并对辣椒幼苗进行灌根处理。研究发现与单一菌液处理相比，经过复合菌剂处理的辣椒幼苗的茎粗、叶片干重、叶片数量以及叶绿素含量均提高了大约13%、14%、26%和41%，相较于使用水处理的对照组平均提高了大约30%。综上所述，将菌株FZB42、HN-2、HAB-2和HAB-5按照1∶1∶1∶1的比例进行复配得到的复合菌液既可以凸显单一菌液的优势，还可以实现良好的促进生长和对病原菌的拮抗效果。这一生物制剂的推广可以减少化学农药的施用，避免土壤微生物群落的失衡从而降低植物发病风险，为今后各种类型的生物防治制剂的生产和应用提供了实验基础。

关键词：芽孢杆菌；促进植物生长；环境保护；菌液复配；次生代谢产物

---

* 基金项目：海南省基础与应用基础研究计划（自然科学领域）高层次人才项目（322RC591）；国家自然科学基金地区科学基金项目（31960552，32260698）

** 第一作者：沈钰莹，硕士研究生，研究方向为植物保护；E-mail：shenyuying19970407@163.com
*** 通信作者：靳鹏飞，副教授，研究方向为芽孢杆菌活性探究；E-mail：jinpengfei@hainu.edu.cn

植物后天免疫的分子基础及免疫诱抗剂开发应用*

丁新华**
（山东农业大学植物保护学院，泰安 271018）

摘　要：植物病害严重影响粮食产量与品质，传统化肥农药使用不当导致环境污染、农产品质量下降。“十三五”规划提出农药使用量零增长行动以及“减肥减药”政策，“十四五”规划继续提出农业绿色发展，这表明了我国农业生产减肥减药以及绿色发展的坚定决心。然而停止使用农药可能导致作物减产 30%，如何在替换农药施用的前提下保证作物产量与品质是目前植物免疫诱抗剂的发展方向。植物免疫系统分为分子模式触发免疫（PTI）和效应子触发免疫（ETI），通过创制激活植物自身免疫的植物免疫诱抗剂（植物疫苗，一种新型生物农药），可增强植物抗病性从而降低传统农药施用。在免疫诱抗剂研究领域，本实验室已经创制并解析了以下植物免疫诱抗剂及其机理。例如，热稳定免疫蛋白、纳米铜制剂、纳米二氧化硅制剂、菌根真菌制剂、内生真菌（*Paecilomyces variotii*）代谢物“智能聪”以及核苷酸类物质 2’-脱氧鸟苷、鸟嘌呤等。在降低化肥使用方面，植物刺激剂（植物刺激素）的靶标是农作物本身，它可以改善植物的生理生化状态，提高农药效果和肥料的利用率，改善农作物抵抗逆境的水平，提高农作物产量、品质，且生物刺激剂通常具有微量高效的使用效果。同时结合植物免疫诱抗剂和植物刺激素剂功效，将有利于创制同时具有增产提质和增强植物免疫抗性的功效。本团队创制的“智能聪”在低浓度（1~10 ng/mL）促进植物生长并提供作物产量和品质，高浓度（100 ng/mL）“智能聪”显著增强植物免疫抗性并能挽救作物产量及品质。本团队将深度解析、鉴定“智能聪”促生、增产提质的核心物质并解析其作用机理，并通过剂型加工、免疫活性物质高通量筛选进一步研发更加高效且兼顾促生、免疫的新型植物免疫诱抗剂。

关键词：植物免疫诱抗剂；植物刺激剂；“智能聪”；减肥减药

---

* 基金项目：Major Basic Research Project of Natural Science Foundation of Shandong Province（ZR2022ZD23）
** 第一作者：丁新华，教授，主要从事植物与微生物互作研究；E-mail：xhding@ sdau. edu. cn

一株内生链格孢菌 Aa-Lcht 对苹果树腐烂病的生防作用

贺艳婷，田润泽，季 林，高承宇，刘 笑，冯 浩，黄丽丽
（西北农林科技大学植物保护学院，旱区作物逆境生物学国家重点实验室，杨凌 712100）

摘 要： 由子囊菌苹果黑腐皮壳（*Valsa mali*）引起的苹果树腐烂病严重威胁苹果产业的健康发展。生物防治因能够缓解果园环境污染和病原菌抗性风险等问题而备受关注。挖掘生防微生物新资源对于开发新的生物防治技术和产品具有重要意义。本研究从具有耐病性较好的材料海棠（*Malus micromalus*）树皮组织中分离到1株对 *V. mali* 生长具有明显抑制作用的内生真菌。根据形态学观察和分子生物学分析，鉴定为 *Alternaria alternata*，命名为 Aa-Lcht。离体枝条接种试验表明 Aa-Lcht 对苹果树腐烂病具有显著的预防效果。组织细胞学观察发现，*V. mali* 被 Aa-Lcht 抑制后，菌丝畸形且分枝增多，液泡空泡化，原生质紊乱，细胞壁和细胞膜被降解直至细胞完全死亡。转录组学分析表明，Aa-Lcht 可以通过影响水解酶活性、碳水化合物代谢以及破坏病原菌细胞壁和膜系统来抑制 *V. mali* 的生长。进一步研究证明，Aa-Lcht 可以在不破坏组织完整性的情况下定殖于苹果树皮组织，且可以诱导苹果防御相关基因的上调表达，促进苹果活性氧积累和胼胝质沉积。综上，分离获得了一株新的内生生防资源，通过抑制病原菌生长以及诱导植物产生抗性来发挥生物防治作用。

关键词： 苹果树腐烂病菌；链格孢菌；抑菌活性；免疫诱抗；生物防治

贝莱斯芽孢杆菌 HN-1 中组氨酸激酶 ComP 调控脂肽类物质活性研究*

林　正**，祁天龙，刘文波，缪卫国，靳鹏飞***
（海南大学植物保护学院，热带农林生物灾害绿色防控教育部重点实验室，海口　570228）

摘　要：双组分系统是芽孢杆菌中磷酸信号传导途径的重要组成部分，组氨酸激酶 ComP 是芽孢杆菌双组分系统组成之一。膜蛋白组氨酸激酶 ComP 与信息素分子 ComX 结合，诱导 ComP 自磷酸化，进而将磷酸基团转移至调控蛋白 ComA，使 ComA 被磷酸化，磷酸化的 ComA 结合在 surfactin 合酶基因 *srfA* 启动子的特定区域，激活 RNA 聚合酶引发 *srfA* 的转录。然而，本实验室前期通过构建贝莱斯芽孢杆菌 HN-1（*Bacillus velezensis* HN-1）突变体库发现了一株 *comP* 基因功能被破坏的菌株 059，根据反向 PCR 测序结果发现 059 菌株的 *comP* 基因被转座子插入突变，导致其丧失了抑制真菌的活性。目前组氨酸激酶 ComP 调控伊枯草菌素的机制尚不清楚。因此推测组氨酸激酶 ComP 参与伊枯草菌素的合成与调控，从而影响了伊枯草菌素的合成及其抑制真菌活性。本实验室通过定点敲除 HN-1 的 *comP* 基因，得到一株组氨酸激酶缺陷菌株 HN-1Δ*comp*，通过菌丝生长速率法测定抑菌活性、生长曲线、排油圈、生物膜等实验发现：HN-1Δ*comp* 菌株的正丁醇萃取物对果生刺盘孢菌（*Colletotrichum fructicola*）的 EC_{50} 为 1 284. 73 μg/mL，野生型 HN-1 菌株对 *C. fructicola* 的 EC_{50} 为 38. 10 μg/mL。生长曲线结果表明 HN-1Δ*comp* 菌株率先达到稳定期。通过排油圈、溶血圈实验表明 HN-1Δ*comp* 菌株产生的排油圈和溶血圈明显低于 HN-1，其产生的表面活性素含量降低。通过 qRT-PCR 实验，发现 HN-1Δ*comp* 菌株的 *sfp*、*fenA*、*srfaA*、*bmyC* 等基因上调表达。综上所述：最终确定 *comP* 基因在贝莱斯芽孢杆菌 HN-1 中调控伊枯草菌素的生物合成，与伊枯草菌素的抑菌活性有极其重要的关系。

关键词：贝莱斯芽孢杆菌；组氨酸激酶；脂肽类物质；调控机制；抑菌活性

---

* 基金项目：海南省基础与应用基础研究计划（自然科学领域）高层次人才项目（322RC591）；国家自然科学基金地区科学基金项目（31960552，32260698）

** 第一作者：林正，硕士研究生，研究方向为植物保护；E-mail：linzheng212021@ 163. com

*** 通信作者：靳鹏飞，副教授，研究方向为芽孢杆菌活性探究；E-mail：jinpengfei@ hainu. edu. cn

拟康宁木霉 T-51 在西瓜促生及枯萎病防治中的应用研究*

尤佳琪，李超汉，杨红娟，朱丽华，曹碧婷，吕 铎，顾卫红
（上海市农业科学院园艺研究所，上海 201106）

摘 要：拟康宁木霉（*Trichoderma koningiopsis*）T-51 是前期从土壤中分离并通过一种多指标筛选策略筛选获得的高效生防菌株，前期的研究表明 T-51 能够有效促进番茄生长，并对番茄灰霉病具有良好的防效，有较好的生防应用前景。为进一步扩展 T-51 的生防应用范围，本研究以西瓜为试材，评估了 T-51 对西瓜的促生效果及对西瓜枯萎病的防治效果。使用 T-51 分生孢子液（1×10^7个孢子/mL）浸种能够显著促进西瓜种子萌发，与对照相比发芽指数（GI）和活力指数（VI）分别提高了 14.1%和 25.2%；西瓜一叶一心期幼苗使用 T-51 分生孢子液（5×10^7个孢子/株）进行灌根处理，在人工气候箱中生长 25 dpi 后，清水对照和 T-51 处理的西瓜平均株高分别为 37.4 cm 和 44.6 cm，平均茎节数分别为 8.4 和 12.8，平均开花数分别为 0.3 朵和 6.3 朵。将 T-51 与西瓜枯萎病菌菌株 Fon2019 在 PDA 培养基上对峙培养，观察到 T-51 能够完全重寄生 Fon2019 的菌落。西瓜种子使用 T-51 分生孢子液（1×10^7个孢子/mL）浸种，清水浸种为对照，西瓜生长至一叶一心期时使用蘸根法接种 Fon2019（1×10^6个孢子/mL），在人工气候箱中生长 10 d 后统计西瓜幼苗枯萎病发病情况，对照幼苗病情指数为 61.25，T-51 处理的西瓜幼苗病情指数下降至 17.5，防效达到 71.4%。于 2020 年春季和 2021 年秋季在上海市华漕镇的西瓜枯萎病病圃中进行了 T-51 生防的田间小区试验，在移栽期灌根接种 T-51 分生孢子液（5×10^7个孢子/株），两次试验对坐果期枯萎病防效分别达到 51.0%和 62.1%。本研究结果表明 T-51 能够显著促进西瓜生长和开花，能够直接抑制枯萎病菌生长，并且对西瓜苗期和成株期枯萎病均有良好防效，在西瓜绿色生产中具有良好的推广应用前景。

关键词：拟康宁木霉 T-51；木霉；西瓜；枯萎病；生物防治

* 基金项目：上海市科技兴农项目（2022-02-08-00-12-F01199）

贝莱斯芽孢杆菌HN-2提取物对橡胶炭疽菌的抑菌机理研究*

褚凌龙[1**]，潘　潇[2]，刘文波[2]，缪卫国[2]，靳鹏飞[2***]
（1. 海南大学生命科学学院，海口　570228；2. 海南大学植物保护学院，热带农林生物灾害绿色防控教育部重点实验室，海口　570228）

摘　要：芽孢杆菌（*Bacillus*）是一类可以对植物病原真菌产生良好拮抗作用的生防细菌。果生刺盘孢菌（*Colletotrichum fructicola*）引起的橡胶树炭疽病（Rubber tree anthracnose）是橡胶树上一种常见的重要叶部病害，是橡胶生产上最为严重的病害之一。前期发现贝莱斯芽孢杆菌HN-2发酵液的正丁醇提取物对*C. fructicola*具有良好的抑菌活性。实验发现，使用HN-2正丁醇提取物处理后的*C. fructicola*会有大量黑色素的积累，并且通过显微镜观察发现处理后的菌丝发生了膨大现象。通过测试和比较发现咪鲜胺、苯醚甲环唑、三环唑和HN-2正丁醇提取物对*C. fructicola*的抑制效果和对菌丝结构的影响，仅在使用HN-2正丁醇提取物处理的菌丝上观察到了膨大结构，同时伴随着黑色素积累。对HN-2正丁醇提取物和黑色素合成抑制剂三环唑处理后的*C. fructicola*中与黑色素合成相关的关键基因进行表达量的检测，结果发现用HN-2正丁醇提取物处理的菌体中的黑色素合成相关基因（*Pks*和*Cmr*1）处在高表达状态，是对照组的2倍；而三环唑处理的菌体中*Thr*基因簇均呈现出低表达或者是不表达，这是由于三环唑的抑制位点正好是该基因簇，抑制了该基因的表达，从而切断了黑色素的生成。这说明HN-2正丁醇提取物对*C. fructicola*具有较强的拮抗作用，其可以诱导*C. fructicola*产生大量黑色素沉积，大量黑色素的合成可能就是导致橡胶炭疽菌菌丝膨大的原因。综上所述，本研究可为分析贝莱斯芽孢杆菌HN-2活性成分功能以及*C. fructicol*a作用新机制提供理论依据。

关键词：贝莱斯芽孢杆菌；正丁醇提取物；果生刺盘孢菌；黑色素；膨大

---

* 基金项目：海南省基础与应用基础研究计划（自然科学领域）高层次人才项目（322RC591）；国家自然科学基金地区科学基金项目（31960552，32260698）

** 第一作者：褚凌龙，博士研究生，研究方向为生物学；E-mail：ChulinglongHN@163.com
*** 通信作者：靳鹏飞，副教授，研究方向为芽孢杆菌活性探究；E-mail：jinpengfei@hainu.edu.cn

烷基多胺类杀菌剂辛菌胺通过影响菌体 ATP 合成发挥抑菌作用的机制研究*

金　玲**，杨俊鹏，王　坤，李　慧，庞超越，刘　雨，孙　扬，陈　星，陈　雨***
（安徽农业大学植物保护学院，合肥　230036）

摘　要：植物细菌性病害是我国农业生产中的主要病害之一，几乎每种作物都有发生。化学防治是控制植物病害的一个重要方法。阐明杀菌剂的抑菌机制对开发新的杀菌剂和连续控制植物病害具有重要意义。辛菌胺化学结构新颖，是我国为数不多具有自主知识产权的杀菌剂，具有高效、广谱和低毒等活性。本研究通过体外抑菌活性测定，发现辛菌胺可以抑制多种植物病原细菌的生长，尤其是对黄单胞属细菌的抑制效果最强。为了进一步研究辛菌胺抑菌作用的分子机制，以受辛菌胺抑制效果最强的水稻白叶枯病菌（*Xanthomonas oryzae* pv. *oryzae*，PXO99A）作为模式菌。通过转录组测序，发现 PXO99A 经辛菌胺处理后，其细胞内 TCA 循环和氧化磷酸化途径的基因表达水平显著下调。酶活试验结果显示，辛菌胺会降低 TCA 循环中柠檬酸合酶、异柠檬酸脱氢酶、α-酮戊二酸脱氢酶、琥珀酸脱氢酶和苹果酸脱氢酶的活性，并进一步导致氧化磷酸化途径前体物质 NADH 含量减少，影响了氧化磷酸化途径的效率，抑制 ATP 的合成，最终导致细胞因缺乏正常生长的能量而死亡。而体外适当补充 ATP 可以缓解该现象。为了进一步验证辛菌胺的抑菌机制，该研究还检测了辛菌胺处理对其他属病原细菌 ATP 含量的影响，发现辛菌胺同样能够抑制其他病原细菌 ATP 的产生，如黄单胞菌属水稻细菌性条斑病菌（*X. oryzae* pv. *oryzicola*）和十字花科黑腐病菌（*X. campestris* pv. *campestris*），嗜酸菌属西瓜细菌性果斑病菌（*Acidovorax citrulli*），假单胞菌属丁香假单胞番茄致病变种（*Pseudomonas syringae* pv. *tomato*），棒形杆菌属番茄细菌性溃疡病菌（*Clavibacter michiganensis*）。本研究首次报道了辛菌胺通过影响细菌的氧化磷酸化和 TCA 循环途径抑制 ATP 合成的机制，为合理利用辛菌胺，高效、安全、可持续防治植物病害提供理论基础。

关键词：辛菌胺；植物病原细菌；RNA-seq；作用方式；ATP 合成

* 基金项目：国家自然科学基金（32272587，32202342，31872003）；安徽农业大学人才发展基金（rc342006）
** 第一作者：金玲，博士研究生；E-mail：1102246363@ qq. com
*** 通信作者：陈雨，教授，从事植物病害化学防治、杀菌剂毒理与抗药性方面研究；E-mail：chenyu66891@ sina. com

基于 Tn-seq 和 SPR 对新型杀菌剂在水稻黄单胞菌中作用靶点筛选与鉴定的体系建立*

庞超越**，杨家伟，刘新燕，孙家智，金　玲，孙　扬，陈　星***，陈　雨***
（安徽农业大学植物保护学院，合肥　230036）

摘　要：黄单胞菌是一类重要的植物病原细菌，可引起严重的植物病害，造成巨大的经济损失。化学防治是防治该类病害的最经济有效的措施，但田间生产中又缺乏高效杀菌剂有效降低此类病害的发生。因此，探究黄单胞菌基因组特征、鉴定新型药剂靶点对选择和合理使用杀菌剂是十分必要的。在本研究中，以引起水稻白叶枯病的病原菌稻黄单胞菌稻致病变种（*Xanthomonas oryzae* pv. *oryzae*，*Xoo*）为代表，成功构建了 *Xoo* 的转座子插入文库。转座子测序（Transposon sequencing，Tn-seq）数据显示，491 个基因是 *Xoo* 生长所必需的。与其他已报道细菌的必需基因相比，*Xoo* 的一些必需基因功能未知，与其他已报道细菌的必需基因相比，Xoo 的一些必需基因功能未知，推测其中 25 个基因仅为黄单胞属类群生长所必需的，且其中 3 个是黄单胞属细菌所特有的基因。这些研究结果可为开发广谱型、黄单胞特异型、环境友好型的杀菌剂提供候选靶点。辛菌胺是一种对水稻黄单胞菌具有良好抑制效果的新型杀菌剂，本研究利用表面等离子体共振（Surface Plasmon Resonance，SPR）与高效液相色谱-质谱（High Performance Liquid Chromatography-Mass Spectrometry，HPLC-MS）相结合的方法，鉴定得到了其在 *Xoo* 中的可能作用靶点，Tn-seq 联合分析表明辛菌胺的作用靶点为 *Xoo* 的必需基因。这些靶点也可为后期开发抑制黄单胞属细菌的杀菌剂提供依据。本研究构建的转座子插入文库也将为 *Xoo* 在寄主植物中的生存策略以及识别与 *Xoo* 适应度相关的未知基因等研究提供参考。综上所述，本研究促进了对黄单胞菌的认识，为防治水稻白叶枯病等由黄单胞菌引起的病害提供了新的视角，为今后对黄单胞菌中杀菌剂新靶标的鉴定与挖掘奠定了基础。

关键词：水稻白叶枯病；黄单胞属；转座子测序；辛菌胺；表面等离子体共振

---

* 基金项目：国家自然科学基金（32272587，32202342）；安徽农业大学人才发展基金（rc342006）

** 第一作者：庞超越，硕士研究生，植物病理学；E-mail：954076937@ qq. com
*** 通信作者：陈星，讲师，主要从事杀菌剂生物学研究；E-mail：chenxing2028@ 163. com
陈雨，教授，主要从事植物病害化学防治与抗药性方面研究；E-mail：chenyu66891@ sina. com

球毛壳菌 12XP1-2-3 发酵液对小麦根部病害的生防效果评价及代谢组分析*

冯超红**，李丽娟，张姣姣，王俊美，杨共强，
李亚红，刘露露，韩自行，石瑞杰，万鑫茹，徐　飞***，宋玉立
（河南省农业科学院植物保护研究所，农业农村部华北南部作物有害生物综合治理重点实验室，郑州　450002）

摘　要：球毛壳菌产生的抑菌活性物质在生物防治中发挥着重要作用。本研究比较了球毛壳菌 12XP1-2-3 不同发酵时间的滤液对小麦纹枯病菌和全蚀病菌菌丝生长的抑制作用，结果表明培养 27 d 的发酵滤液抑菌效果最强，对禾谷丝核菌的抑菌率为 56.2%，对禾顶囊壳小麦变种的抑菌率为 89.4%。对室内苗期小麦生防效果达 32.4%～53.0%。用发酵滤液（0.2 mL/株、0.4 mL/株和 0.8 mL/株）灌根处理并接种全蚀病菌后，随着处理浓度的增加病害逐渐减轻，其中用 0.8 mL/株发酵滤液处理后，株高、根长和鲜重显著高于对照，防治效果最好，达 32.4%。接种纹枯病菌后，3 个浓度的发酵滤液处理对株高、根长、鲜重和干重均没有显著影响，但是不同程度地降低了病情指数，其中发酵滤液 0.4 mL/株处理的病情指数最低（24.9），防效最高，达 53.0%。对培养不同时期的发酵滤液进行代谢组测定，差异分析表明排在前面的正调控差异表达代谢物有球毛壳菌素 Fex（Chaetoglobosin Fex）、球毛壳菌素 Z（Chaetoglobosin Z）、藜芦酸、Chaetomugilin M、痂囊腔菌素 A 和竹红菌丁素等，分析球毛壳菌素 Fex、球毛壳菌素 Z 和 Chaetomugilin M 可能为重要的抑菌活性物质，后续将进行进一步的分析验证。该研究为球毛壳菌 12XP1-2-3 代谢产物的生物活性与开发应用奠定了理论基础。

关键词：球毛壳菌；发酵液；小麦纹枯病；全蚀病；代谢物

---

* 基金项目：河南省中央引导地方科技发展资金项目（Z20221343041）；河南省重大科技专项项目（221100110100）；河南省科技攻关（222102110170）；河南省小麦产业技术体系（HARS-22-01-G6）

** 第一作者：冯超红，助理研究员，主要从事小麦病害研究；E-mail：fengchaohong166@163.com

*** 通信作者：徐飞，副研究员，主要从事小麦病害研究；E-mail：xufei198409@163.com

枸杞根腐病抗感品种根际微生物群落结构研究*

黄大野**，姚经武，何　嘉***，曹春霞***
（1. 湖北省生物农药工程研究中心，武汉　430064；
2. 宁夏农林科学院植物保护研究所，银川　750011）

摘　要：通过比较根腐病抗（R）感（H）枸杞品种根际微生物群落结构与多样性差异，分析根际微生物群落与枸杞根腐病抗性的相关性。以抗性品种宁杞 1 号和感病品种宁杞 7 号为研究对象，采用 Illumina Miseq 高通量测序技术进行扩增测序，并分析抗感品种微生物群落结构和多样性。结果表明，抗性品种真菌群落多样性指数（Shannon 和 Simpson）增加，丰富度指数（Chao1）降低，Fusarium（R 4.95%，H 18.39%）和 *Alternaria*（R 31.26%，H 1.42%）为优势属。抗性品种细菌群落多样性指数（Shannon 和 Simpson）和丰富度指数（Chao1）增加，*Pseudomonas*（R 2.74%，H 28.91%）、*Streptomyces*（R 7.16%，H 1.92%）、*Lysobacter*（R 1.6%，H 2.97%）和 *Sphingomonas*（R 2.17%，H 2%）为优势属。抗性和敏感品种 *Fusarium*、*Pseudomonas* 和 *Streptomyces* 丰度具有显著差异，*Streptomyces* 是广泛应用的生防菌，可能与抗性相关，*Pseudomonas* 也属于有益生防菌，可能是感病品种自救机制招募的有益微生物。枸杞根腐病致病菌属于 *Fusarium*，在抗病品种中丰度较低可能与抗病性有关。该研究结果为宁夏枸杞拮抗生防菌的筛选与防控技术的研究奠定了基础。

关键词：枸杞根腐病；抗感品种；根际微生物；丰度

---

* 基金项目：宁夏农业科技创新引导项目（NKYG-20-03）；农业农村部重点实验室建设项目（2018ZTSJJ4）；湖北省农业科技创新资金（2021-620-000-001-027）

** 第一作者：黄大野，副研究员，主要从事微生物杀菌剂研究；E-mail：xiaohuangdaye@126.com

*** 通信作者：何嘉，副研究员，主要枸杞植保研究；E-mail：hejiayc@126.com

曹春霞，研究员，主要从事农药剂型研究；E-mail：Caochunxia@163.com

黄瓜黑斑病生防菌的筛选与生防效果评价

李雨欣*，李二峰**
（天津农学院植物病理学实验室，天津　300392）

摘　要：黄瓜黑斑病是一种由瓜链格孢（*Alternaria cucumerina*）引起的重要病害，易导致黄瓜品质及产量的下降，在中国河南、山西、广西、吉林等各地均有发生，每年因病可减产20%~30%，严重时可达80%~100%。生物防治作为绿色健康、可持续的防治方法具有重要意义，本研究旨在筛选出高效稳定、对瓜链格孢菌具有良好拮抗作用的菌株。笔者采集了海南和天津多个地区黄瓜、甜瓜、豇豆、青花菜、茄子等常见蔬菜的根际土，通过土壤稀释法分离到283株菌株，经平板对峙初筛与复筛，发现了3株对包括瓜链格孢菌在内的多种病原菌有优良稳定防效的生防菌HG-32、G3和B4，抑菌率均在60%以上，其中B4效果最佳，对瓜链格孢的抑制率可达68%。显微观察结果显示，生防菌与瓜链格孢在平板上共培养时，HG-32能够使瓜链格孢菌丝产生明显扭曲、相互缠绕，G3使其更密集，分枝增加，B4使其产生弯曲变形。离体试验结果表明，3株生防菌对草莓灰霉病防效显著，在离体草莓果实上能够明显抑制灰葡萄孢菌（*Botrytis cinerea*）菌丝生长，抑制率均为70%以上。此外，HG-32具有溶磷作用，HG-32、G3和B4均能分泌吲哚乙酸（IAA），能够显著促进番茄、甘蓝、黄瓜种子的生长，当菌液浓度为10^6~10^7 CFU/mL时，胚轴长度和主根长度均达到最大值。经形态学、生理生化和16S分子生物学鉴定，3株菌分别为铜绿假单胞菌（*Pseudomonas aeruginosa*）HG-32、棘孢木霉（*Trichoderma asperellum*）G3和藤黄轮丝链霉菌（*Streptomyces luteoverticillatus*）B4，显示出良好的开发前景和生防潜力。本研究结果拓宽了瓜链格孢菌生防菌的资源库，可为黄瓜黑斑病的绿色防控提供支持。

关键词：黄瓜黑斑病；瓜链格孢；生防潜力

* 第一作者：李雨欣，硕士研究生，主要从事植物病害防治方面研究；E-mail：liyuxin0525@126.com
** 通信作者：李二峰，讲师，硕士生导师，主要从事植物病原菌致病机理及病害生物防治研究；E-mail：lef143@126.com

硅对核盘菌的抑菌作用研究

胡雨欣*，令狐焱霞，钱 伟，梅家琴**
（西南大学农学与生物科技学院，重庆 400715）

摘　要：病原真菌核盘菌（*Sclerotinia sclerotiorum*）引起多种蔬菜及经济作物发生菌核病，目前生产上尚无特效防治约剂。本研究的目的是探究硅对核盘菌的作用及机制，为作物菌核病的绿色防控提供思路。通过喷施实验分析硅酸钾（K_2SiO_3，无机硅盐）、正硅酸乙酯（$C_8H_{20}O_4Si$，有机硅）和纳米硅（Nano-SiO_2）对核盘菌的抑菌效果；通过培养基添加实验分析有效硅剂对核盘菌的浓度效应以及对 3 种菌株抑菌作用的普遍性；通过生理生化测定和转录组测序调查有效硅剂对核盘菌的主要作用机制。喷施实验发现 K_2SiO_3 对核盘菌的生长有显著抑制作用，而有机硅和纳米硅的作用不明显；培养基中添加 12.5 mmol/L 及以上浓度的 K_2SiO_3 可完全阻止菌丝的产生，添加 4~10 mmol/L 的 K_2SiO_3 亦可有效抑制菌丝生长并抑制菌核形成，导致核盘菌菌丝 ROS 积累，产生细胞损伤；K_2SiO_3 对 3 种不同的核盘菌菌株均表现显著的抑菌作用；K_2SiO_3 处理菌丝导致菌丝的氧化还原过程剧烈变化，糖类代谢和氮代谢加剧。K_2SiO_3 对核盘菌具有显著的抑菌作用，主要作用机制是 K_2SiO_3 干扰了菌丝的能量代谢和营养物质代谢，并引起菌丝 ROS 过量积累，产生细胞损伤。

关键词：核盘菌；硅；抑菌作用；绿色防控

* 第一作者：胡雨欣，硕士研究生，研究方向为油菜菌核病抗病研究
** 通信作者：梅家琴，教授，研究方向为油菜抗病育种

椰子水碳点纳米材料负载 ds*Tri-miR*29 调控灰霉菌 *CHS*7 防治番茄灰霉病的研究[*]

刘　震[1**]，张雪薇[2]，邬伊萍[1]，侯巨梅[1]，刘　铜[1***]

（1. 海南大学植物保护学院，热带农林生物灾害绿色防控教育部重点实验室，海口　570228；
2. 海南大学材料科学与工程学院，海口　570228）

摘　要：体外施用双链 RNA 分子（dsRNA）可有效防治植物病害，但是体外 dsRNA 出现了时效期短、易降解、吸收效率低等问题，限制其应用效果。因此，解决体外 dsRNA 在防治植物病害面临的问题，将为 dsRNA 的应用提供技术支撑。本试验利用椰子水制备的碳点纳米材料为基础，通过添加支链聚乙烯亚胺（PEI）改型成正电荷的纳米材料（CWCD-BP）。利用前期研究发现 *Trichoderma breve* FJ069 的穿梭 microRNA：*Tri-miR*29 与 CWCD-BP 制作成 CWCD-BP-ds*Tri-miR*29 纳米材料，通过 Zeta 电位和电泳检测明确了 CWCD-BP 可以实现对 ds*Tri-miR*29 的高效负载。通过带有 FAM 荧光基团的 ds*Tri-miR*29 与 CWCD-BP 负载之后发现灰霉菌中的荧光强度更强，暗示 ds*Tri-miR*29 被带入灰霉菌的量更多。进一步的抑菌试验发现，ds*Tri-miR*29 与 CWCD-BP 负载之后灰霉菌的菌丝生长被显著抑制，并且灰霉菌的几丁质合成酶（*CHS*7）基因的表达量显著降低。目前关于 CWCD-BP 负载 ds*Tri-miR*29 防治灰霉菌试验正在研究中。

关键词：dsRNA；番茄灰霉菌；碳点纳米材料；病害防治

---

* 基金项目：木霉 FJ069 重寄生番茄灰霉病菌跨界 miRNA 鉴定及其与靶基因互作关系的研究（320RC484）

** 第一作者：刘震，博士研究生，主要从事分子植物病理学研究；E-mail：liuzhenhenan@163.com

*** 通信作者：刘铜，教授，博士生导师，主要从事植物病理学与生物防治研究；E-mail：liutongamy@sina.com

Toxicity and Control Effect of Tetrafluoroetherazole against *Golovinomyces tabaci*[*]

LI Tianjie[**], XU Jianqiang, KANG Yebin, ZHENG Wei[***]
(*College of Horticulture and Plant Protection*, *Henan University of Science and Technology*, *Luoyang* 471000, *China*)

Abstract: Powdery mildew was a common disease that affects tobacco in planting areas. The leaves that were infected by this disease become thin as paper after baking, and their color turned into a dark rusty brown. This rendered them unsuitable for use in normal tobacco production, causeing economic losses. Tetrafluoroetherazole, a second-generation triazole fungicide developed by Italia Isagro Company, had been registered for use in crops such an strawberry, cucumber and melon. However, there had been no report on its application in tobacco. In this study, we evaluated the potential use of tetrafluoroetherazole in tobacco powdery mildew control, We used the spread plate method to test the toxicity of tetrafluoroetherazole on spore germination of *Golovinomyces tabaci*, and its effect on the morphology of conidia and germ tube. We also conducted pot experiments to text the control effect of tetrafluoroetherazole on tobacco powdery mildew in the greenhouse, and its effect on tobacco leaf growth. The results showed that tetrafluoroetherazole had a strong inhibitory effect on the germination of conidia of *Golovinomyces tabaci*. Its EC_{50} was 0. 342 2 μg/mL, comparable to that of triadimefon; microscopic observation experiments indicated that tetrafluoroetherazole had no teratogenic effect on conidia, but it could make the primary hyphae thickened and bifurcated. 4% tetrafluoroetherazole water emulsion showed significant preventive and therapeutic effects on tobacco powdery milde. The control effect reached more than 90% when treated with 5. 36 g/L. The field control effect of tetrafluoroetherazole on tobacco powdery mildew needs further study.

Key words: Tobacco; *Golovinomyces tabaci*; Tetrafluoroetherazole; Toxicity text; Preventive effects

---

* 基金项目：河南省烟草公司洛阳市公司科技项目“洛阳烟区烟叶白粉病流行规律及防治技术研究”（LYKJ202109）
** 第一作者：李天杰，硕士研究生，主要从事植物病害及其防控研究；E-mail：2226827694@ qq. com
*** 通信作者：郑伟，主要从事植物病害及其防控研究；E-mail：zhengwei@ haust. edu. cn

复合生防菌对松苗立枯病的防治及机制

王海霞，周常博，张馨露，付　琳，朱春玉
（辽宁大学生命科学学院，沈阳　110036）

摘　要：松苗立枯病在我国各地都有发生，其发病率为20%~50%不等，严重时可致80%的幼苗死亡，急需找到环保高效的方法防治病害，提高松苗的出芽率和成活率，减少经济损失。本研究以红松立枯病病原菌尖孢镰孢菌（*Fusarium oxysporum*）和瓜果腐霉（*Pythium aphanidermatum*）为靶标菌，筛选具有拮抗作用的生防菌株，并通过检测拮抗菌株之间的相容性、各菌株资源利用能力和对病害的防治效果得到最佳的复合菌株。结果表明，筛选出的拮抗菌F12和W20相容性良好，无资源竞争，两者复合接种对松苗立枯病的防治效果为59.20%，显著高于单独接种组（F12防效为39.50%，W20为36.69%）。基于形态特征、生理生化、16S rDNA和全基因组测序分析对这两株菌进行分类鉴定，确定F12为共附生海洋链霉菌（*Streptomyces ardesiacus*），W20为耐盐芽孢杆菌（*Bacillus halodurans*）。进一步探究F12、W20对松苗立枯病的复合防治机制，结果表明F12和W20共培养时，F12能够促进W20生物膜的形成，W20可携带F12的孢子向植物根际运动。平板计数和实时荧光定量PCR实验结果表明，与单独接种F12、W20组相比，F12和W20复合接种组松苗根际F12和W20的菌群丰度显著增加，说明W20可以带动F12运动到植物根际，F12可以促进W20的生长，共同发挥作用。综上，共附生海洋链霉菌F12和耐盐芽孢杆菌W20互相促进，共同防治松苗立枯病，为未来应用生物复合菌剂防治红松立枯病提供理论依据和技术支持。

关键词：松苗立枯病；复合菌；生物防治；根际定殖

基于卷积神经网络和迁移学习的小麦叶部病害图像识别

文骁杰[1,2]，木再帕尔·买买提[1,2]，文智伟[1,2]，陈　晶[1,2]，刘　琦[1,2]

［1. 新疆农业大学农学院，农林有害生物监测与安全防控重点实验室，乌鲁木齐　830052；
2. 农业农村部西北荒漠绿洲农林外来入侵生物防控重点实验室（部省共建），乌鲁木齐　830052］

摘　要：条锈病和白粉病是小麦生产中常见的重要病害。传统小麦病害识别算法存在训练耗时长、识别模型大等问题，本研究提出一种优化的 MobileNetV3 小麦叶部病害识别模型。通过田间实地拍摄和网络获取构建小麦叶部病害数据集，采用迁移学习在病害数据集上进行训练和模型优化。分别设置不同大小的学习率，在学习率固定和学习率衰减 2 种条件下训练模型，并与 VGG-16、AlexNet、ResNet50 模型进行对比分析。结果表明，初始学习率为 0.001，调整学习率每 10 轮变为原来的 0.5 时，对 2 种小麦病害图像的平均识别准确率达到 98.96%，与经典模型的识别精度仅相差 1%，但训练时间和模型损失函数值降低速度更快，模型识别效率提高。因此，基于 MobileNeV3 构建的小麦叶部病害识别模型识别率高，鲁棒性强，能快速收敛，为实现移动端小麦叶部病害图像识别应用提供科学依据。

关键词：卷积神经网络；迁移学习；病害识别；小麦白粉病；小麦条锈病

贝莱斯芽孢杆菌 w176 对柑橘采后青霉病的防治*

田中欢**，杜玉杰，卢永清，纪思蓉，龙超安***
（华中农业大学园艺林学学院，国家柑橘保鲜技术研发专业中心，
果蔬园艺作物种质创新与利用全国重点实验室，武汉　430070）

摘　要：由意大利青霉（*Penicillium italicum*）侵染引发的柑橘果实青霉病，严重限制了柑橘产业的发展。生物防治被认为是一种可有效防控柑橘青霉病的方法。本研究通过基因组测序对生防菌 w176 进行精确鉴定，并初步分析了菌株 w176 对意大利青霉的潜在抑菌机制。结果表明，生防菌 w176 基因组全长 3 929 790 bp，共编码 12 个次级代谢产物合成基因簇，为贝莱斯芽孢杆菌。生防菌 w176 与意大利青霉共培养 12 h 时，病原菌的孢子萌发和菌丝伸长被显著抑制，同时还观察到生防菌 w176 能够与意大利青霉竞争生长空间。柑橘果实接种生防菌 w176 的 2~3 d 后，果实的过氧化氢酶和几丁质酶活性受到明显诱导。生防菌 w176 的 PDB 发酵液（PBC）和无菌发酵滤液都显著减弱了意大利青霉在柑橘果实上的扩散，病斑直径分别减少了 85.22%和 30.32%，PBC 处理组的发病率显著降低。以上表明菌株 w176 对意大利青霉的防治具有一定的应用前景，研究结果为柑橘果实的生物防治提供了一定的理论依据。

关键词：柑橘；意大利青霉；生物防治；贝莱斯芽孢杆菌

---

* 基金项目：国家自然科学基金（32202130，32172255）
** 第一作者：田中欢，博士研究生，研究方向为柑橘采后贮藏与保鲜；E-mail：zhtian@mail.hzau.edu.cn
*** 通信作者：龙超安，教授，研究方向为园艺产品采后生物学与技术；E-mail：calong@mail.hzau.edu.cn

内生真菌 DS1 生防机制初探

陆　凡，陈　汉，高汉峰，张欣杰，董莎萌*

（南京农业大学植物保护学院，南京　210095）

摘　要：由致病疫霉（*Phytophthora infestans*）引起的晚疫病是马铃薯生产中的毁灭性病害。近年来，有益微生物因其在病害防治方面表现出生态友好和广谱持久的特点，引起了广泛的关注。因此，筛选新的生防资源并解析其生防机制是增强田间晚疫病防控的重要途径。本研究首先采用组织分离法从马铃薯叶片和块茎中分离获得 176 株内生真菌，随后通过盆栽实验筛选出了多株具有生防潜力的内生真菌，其中 *Didymella* 属内生真菌 DS1 防效最佳，达 52.34%。通过活性氧染色和荧光定量 PCR 检测，发现 DS1 接种可以显著增加马铃薯活性氧含量和 *StNPR*1、*StPOX* 等抗病基因的表达水平。随后，笔者收集了 DS1 培养滤液，发现培养滤液处理烟草叶片能够引起烟草叶片细胞死亡，而将培养滤液煮沸和蛋白酶 K 处理后则丧失了诱导细胞死亡的能力。这些结果表明内生真菌 DS1 可能通过分泌外泌蛋白增强马铃薯对致病疫霉的抗性。后续研究将结合质谱和基因组测序技术筛选并鉴定诱导马铃薯抗性的外泌蛋白，结合转录组测序等技术解析其诱抗机制。

关键词：致病疫霉；生物防治；内生真菌；诱导抗性

* 通信作者：董莎萌；E-mail：smdong@ njau. edu. cn

复合微生物菌剂对香蕉枯萎病和根际土壤细菌群落的影响*

杜婵娟**，杨　迪，蒋尚伯，潘连富，张　晋，付　岗***
（广西壮族自治区农业科学院植物保护研究所，
农业农村部华南果蔬绿色防控重点实验室，广西作物病虫害生物学重点实验室，南宁　530007）

摘　要：由尖孢镰孢菌古巴专化型（*Fusarium oxysporum* f. sp. *cubense*）侵染引起的香蕉枯萎病是香蕉生产上的毁灭性病害，生物防治是抑制该病害的有效手段。在前期研究中，项目组构建了一种对香蕉枯萎病具有良好盆栽防效的复合微生物菌剂。为评价其对香蕉枯萎病的田间防治效果，揭示其抑制枯萎病的微生物学机制。本研究以复合微生物菌剂（CM）、多粘类芽孢杆菌（PP）、哈茨木霉（TH）和多菌灵（CA）为处理组，以清水为对照（CK），测定其对香蕉枯萎病的田间防治效果，并利用高通量测序技术对香蕉根际土壤细菌的16S rRNA基因的V3-V4区进行测序分析。结果表明，CM可显著降低香蕉枯萎病的发病率，其对香蕉枯萎病的田间防效为60.53%。33份土壤样品共获得3 812个OTUs，分属于20门、53纲、101目、124科、152属。Alpha多样性分析结果表明，在同一生育期内，不同制剂处理的Chao指数、ACE指数、Simpson和Shannon指数无显著差异，表明这4种处理对香蕉根际土壤中细菌的总丰度和多样性的影响并不显著。基于weighted-unifrac距离矩阵的主坐标分析（PCoA）表明，CM与CK处理的香蕉根际土壤细菌群落结构存在显著差异。放线菌门（*Actinobacteria*）、变形杆菌门（*Proteobacteria*）、绿弯菌门（*Chloroflexi*）和酸杆菌门（*Acidobacteria*）是香蕉根际土壤的优势菌门，而鞘氨醇单胞菌属（*Sphingomonas*）、芽单胞菌属（*Gemmatimonas*）、布氏杆菌属（*Bryobacter*）和纤线杆菌属（*Ktedonobacter*）是香蕉根际土壤的优势菌属。与其他处理相比，CM处理在营养生长期可富集放线菌门、绿弯菌门、髌骨细菌门（*Patescibacteria*）、布氏杆菌属、热酸菌属（*Acidothermus*）和朱氏杆菌属（*Chujaibacter*）的丰度，并降低酸杆菌门、芽单胞菌门（*Gemmatimonadetes*）、拟杆菌门（*Bacteroidetes*），鞘氨醇单胞菌属、芽单胞菌属和*Gaiella*属的丰度；其在坐果期可富集放线菌门、绿弯菌门和热酸菌属的丰度，并降低变形杆菌门、拟杆菌门和芽单胞菌属的丰度。LEfSe分析表明，营养生长期的*Bryobacter*属、*Jatrophihabitans*属、芽孢杆菌属（*Bacillus*）、假单胞菌属（*Pseudomonas*）和*Chujaibacter*属，坐果期的球菌属（*Occallatibacter*）、*Catenulispora*属、*Jatrophihabitans*属、*Pseudonocardiaceae*属和1921-3，是接种复合菌剂后香蕉根际土壤中最具潜在功能和活性的土壤微生物类群。由此可见，复合菌剂可能通过改变香蕉根际土壤的细菌群落，重塑土壤微生物结构和功能，从而有效降低田间香蕉枯萎病的发病率。研究结果为复合菌剂在田间的应用提供了理论依据。

关键词：香蕉枯萎病；复合微生物菌剂；生物防治；土壤微生物群落

* 基金项目：广西自然科学基金项目（2022GXNSFAA035480）；广西农业科学院成果转化项目（NCZ202306）
** 第一作者：杜婵娟，副研究员，主要从事香蕉病害生物防治研究；E-mail：78960987@qq.com
*** 通信作者：付岗，研究员，主要从事热作病害综合防治研究；E-mail：fug110@gxaas.net；

生防放线菌 ML27 的分离鉴定及其挥发性化合物成分分析*

赖家豪**，刘　冰***
（江西农业大学农学院，南昌　330045）

摘　要：放线菌能够产生丰富的天然生物活性化合物，是一类重要的生物防治资源。近几十年来，对放线菌的研究主要集中在从其发酵液中分离出的次级代谢产物，但对其挥发性有机化合物的研究很少。本研究从土壤中分离到 22 株放线菌，只有菌株 ML27 对柑橘炭疽病菌和溃疡病菌均表现出较强的抑制活性。此外，菌株 ML27 对 10 种植物病原真菌均有显著的抑菌活性，对离体脐橙枝条炭疽病的防治效果可达 73.33%。通过结合菌株形态特征、生理生化特征及多基因（16S rRNA、atpD、recA 和 rpoB 基因）系统发育分析，将菌株 ML27 鉴定为白黄链霉菌（*Streptomyces albidoflavus*）。采用固相微萃取法（SPME）收集菌株 ML27 的挥发性有机化合物（VOCs），并采用气相色谱-质谱联用（GC/MS）对其进行初步鉴定，发现其 VOCs 主要包括醇类、酮类、酯类、烯烃、烷烃、苯类和二硫化物等。这些结果可为今后进一步挖掘菌株 ML27 的生防潜力和新型生物农药的开发应用提供理论依据和试验基础。

关键词：放线菌；分离；鉴定；挥发性化合物

---

* 基金项目：国家自然科学基金（31460139）；江西省自然科学基金（20161BAB204184）；江西省科技支撑计划项目（20121BBF60024）

** 第一作者：赖家豪，博士研究生，主要从事植物病理学研究；E-mail：ljhgdd0907@163.com

*** 通信作者：刘冰，副教授，主要从事植物病害生物防治方面的研究；E-mail：lbzjm0418@126.com

抗 TMV 活性物质 fTDP 对烟草根际微生物群落结构和多样性的影响*

张文钰**，彭月琪**，赵　微，高朝明，张瑜晗，张亚红，吴丽萍***
（南昌大学生命科学学院，南昌　330031）

摘　要：原核表达产物 fTDP 蛋白能诱导植物产生系统获得抗性（Systemic acquired resistance，SAR），并抑制烟草花叶病毒（tobacco mosaic virus，TMV）的侵染。但 fTDP 的使用是否会影响植物根际微生物群落结构，是否会招募有益微生物共同抵御 TMV 的侵染均尚未知。本研究在江西省抚州市黎川县潭溪乡采集 3 个区域（种植烟草多年）的不同土质土壤，测定理化性质后种植烟草，其后设置 3 个不同的处理组：对照组喷施清水 24 h 后摩擦接种 TMV；实验组喷施 fTDP 蛋白（200 μg/mL）24 h 后摩擦接种 TMV；空白组为喷施清水的健康烟草植株，每个处理组 9 棵盆栽，每 3 盆为一组设置 3 组。第 20 天收集根际土壤，利用 16S rRNA 测序结合 Barplot 分析，在属水平上比较 3 种不同土质中不同处理组根际微生物，结果表明在不同的土壤类型中，fTDP 的应用确实可改变土壤根际微生物的丰度，且不同土质中均发现链霉菌属和伯克霍尔德菌属等丰度的增加。对样本进行 Alpha 多样性分析后发现，3 种不同土质喷施 fTDP 的烟草根际微生物与感染 TMV 的对照组相比，Shannon 指数与 Simpson 指数值小于对照组，说明喷施 fTDP 的微生物群落物种丰富度及均匀度低于对照组，而多样性高于对照组，fTDP 的喷施可以招募更多的微生物。收集实验组根际土壤进行优势菌种分离纯化，经 16S rDNA 测序分析后在 3 个不同的农田土壤中共筛选出 42 种根际优势菌。包括多种有益菌，如 *Microbacterium azadirachtae* 具有根际促生作用，*Bacillus altitudinis* 作为生防菌可防治细菌性软腐病。优势菌发酵液喷施普通烟 K326 后摩擦接种 TMV，分别在不同时间测定了植株中 TMV 的浓度，供试的菌液均能抑制 TMV 在烟草中的增殖。向土壤中穴施分离的优势菌 *Bacillus altitudinis*，烟草 K326 的 TMV 发病率及病情指数较对照分别降低 22.0%～33.5%及 25.3%～41.7%。实验结果为 fTDP 的田间安全使用提供了依据，同时为开发药-菌混合生物农药奠定了基础。

关键词：生物农药；烟草花叶病毒；16S rRNA；根际微生物

* 基金项目：国家自然科学基金（31860525）；江西省自然科学基金（20212BAB205028）
** 第一作者：张文钰，硕士研究生，研究方向为微生物学；E-mail：1480886913@qq.com
彭月琪，硕士研究生，研究方向为微生物学；E-mail：1162121766@qq.com
*** 通信作者：吴丽萍，教授，主要从事植物病毒学研究；E-mail：lpwu000@ncu.edu.cn

吉林省延边地区大籽蒿挥发油化学成分分析*

郑体彦**，吴知昱，党 玥，付 玉***
（中国延边大学化学系，延吉 133002）

摘 要：大籽蒿（*Artemisia sieversiana*）是菊科、蒿属草本植物，其在中国吉林省延边地区分布广泛且常见。本研究利用水蒸气蒸馏法提取大籽蒿挥发油，并以气-质联用法（GC-MS）对大籽蒿挥发油化学成分进行定性及定量分析（图 1）。结果表明，大籽蒿挥发油共含有 52 种化学成分，占挥发油总量 95.58%。大籽蒿挥发油 5 种主要成分为桉叶油醇（*Eucalyptol*，20.26%）、1,7,7-三甲基双环［2.2.1］庚-2-醇｛1,7,7-*Trimethylbicyclo*［2.2.1］*heptan-2-ol*，8.72%｝、竹石烯（*Caryophyllene*，5.47%）、西松烯（*Cembrenea*，4.21%）和樟脑［（+）-2-*Bornanone*，3.91%］，占挥发油全部成分的 42.57%。本文首次对延边地区大籽蒿挥发油化学成分进行其分析，为大籽蒿挥发油后续的开发利用提供科学依据。

关键词：大籽蒿；挥发油；水蒸气蒸馏法；成分鉴定

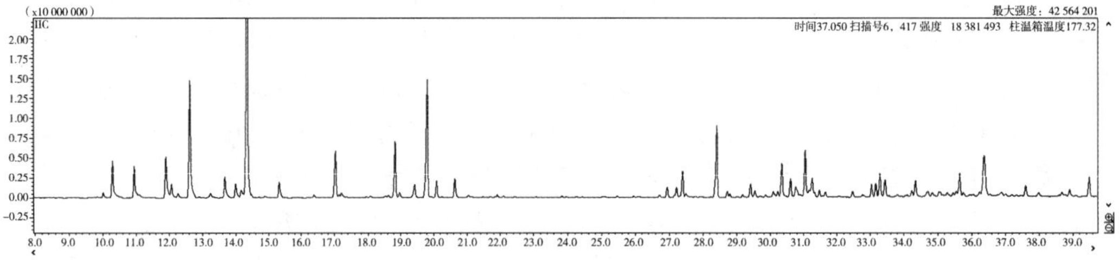

图 1 大籽蒿精油的 GC-MS 总离子图

* 基金项目：吉林省科技厅科学技术研究规划项目（JJKH20230628KJ）
** 第一作者：郑体彦，硕士研究生，研究方向为植物病原真菌及真菌病害；E-mail：1242297036@qq.com
*** 通信作者：付玉，讲师，研究方向为植物病原真菌及真菌病害；E-mail：fuyu@ybu.edu.cn

苹果真菌病害生防菌贝莱斯芽孢杆菌 TA-5 的鉴定及其防效*

李　绅**，孙翠翠，高立勇，李保华，王彩霞***
（青岛农业大学植物医学学院，山东省植物病虫害绿色防控工程研究中心，
山东省应用真菌重点实验室，青岛　266109）

摘　要：苹果轮纹病（*Botyosphaeria dothidea*）、苹果树腐烂病（*Vasal mali*）在我国主要苹果产区均有大规模发生，造成大量经济损失，严重制约我国苹果产业高质量发展，目前单一的化学防治存在污染环境和病菌产生抗药性等问题，为有效防治苹果真菌病害，课题组以健康苹果枝条表面上筛选的贝莱斯芽孢杆菌 *Bacillus velezensis* TA-5 菌株为研究对象，基于形态学特征、生理生化特性及测序后平均遗传相似度（ANI）比较对生防菌株进行鉴定，通过菌体发酵液防效试验、孢子萌发抑制试验和定殖试验，研究该菌株对苹果轮纹病、苹果树腐烂病的防治作用，通过紫外线、温度和各酸碱度处理研究菌株 TA-5 上清抑菌效果的稳定性，同时将 TA-5 菌体和超细高岭土混合后高温喷雾干燥制成生防菌剂，通过苹果果实防效实验研究其生防菌剂的有效性。

菌株 TA-5 与贝莱斯芽孢杆菌菌株 B1、B2、B3 的 ANI 值均大于 94%，可鉴定 TA-5 为贝莱斯芽孢杆菌。结果显示，TA-5 菌体和发酵液均能显著抑制苹果轮纹病菌、苹果树腐烂病菌的孢子萌发。TA-5 上清能显著抑制苹果轮纹病菌在果实伤口的病斑扩展，在添加了 4% 上清的 PDA 培养基上，苹果树腐烂病菌的生长被完全抑制，苹果轮纹病菌的生长速度也显著低于对照组，上清浸泡处理的苹果轮纹病菌、苹果树腐烂病菌的菌丝部分溶解，浸泡 12 h 的菌丝丧失活性，紫外线处理 24 h、100℃高温处理 30 min 和 pH 值为 5~13 的环境对菌株 TA-5 上清抑菌活性均无明显影响。TA-5 菌体能在苹果果实伤口和表面定殖，TA-5 的高岭土菌剂能有效降低苹果果实上轮纹病菌病斑大小扩展，与商品生防菌剂具有相同的防护效果，表明菌株 TA-5 具有研发成为高效生物农药的潜力。

关键词：贝莱斯芽孢杆菌；苹果轮纹病；苹果树腐烂病；生物防治

---

* 基金项目：山东省自然科学基金（ZR2020MC116）；国家自然科学基金（32072367）；研究生科研训练项目（QNYCX22025）

** 第一作者：李绅，硕士研究生，研究方向为果树病理学

*** 通信作者：王彩霞，教授，硕士生导师，研究方向为果树病理学

黄海烟区烤烟漂浮育苗系统有害藻类鉴定*

李建华[1**]，王颢杰[2]，徐 敏[3]，何 雷[3]，李洪亮[1]，王 典[1]，崔江宽[2***]

（1. 河南省烟草公司许昌市公司，许昌 461000；2. 河南农业大学植物保护学院，郑州 450002；3. 河南省烟草专卖局，郑州 450018）

摘 要：烟草漂浮育苗系统中繁殖的藻类覆盖基质表面，消耗养分以及产生有毒物质，影响烟草生长。为探究漂浮育苗系统中的优势藻类及其对烟草萌发的影响，笔者对 2020—2022 年采自河南烟草育苗基地的多份藻类样品进行稀释分离、培养、观察。通过形态学鉴定，结果表明漂浮育苗系统中的优势藻种类分别为：绿藻门（Chlorophyta）的小球藻（*Chlorella vulgaris*）、蹄形藻（*Kirchneriella lunaris*）和针丝藻（*Raphidonema nivale*）；蓝藻门（Cyanophyta）的颤藻（*Oscillatoria*）、小颤藻（*Oscillatoria tenuis*）和细鞘丝藻（*Leptolyngbya*）。通过测定发芽势、发芽率和简化活力指数分析这 6 种藻类对两种烟草（K326 和 NC71）萌发的影响。结果表明，藻类对发芽势影响不显著，对烟草的发芽率和简化活力指数均呈现抑制效果。综上所述，绿藻门和蓝藻门为烟草漂浮育苗中的优势有害藻类。

关键词：烟草；漂浮育苗；有害藻类；种子萌发

* 基金项目：中国烟草总公司河南省公司重点项目（2023410000240023）；河南省烟草公司许昌市公司重点科研项目（2020411000240074）

** 第一作者：李建华，高级农艺师，主要从事烟叶生产科研与技术推广应用研究；E-mail：xcwdqljh@ sina. com

*** 通信作者：崔江宽，副教授，主要从事植物与线虫互作机制研究；E-mail：jk_cui@ 163. com

烟苗育苗方式对其田间抗病抗逆性的影响*

李俊营[1**]，王颢杰[2]，李文扬[2]，常　栋[1]，许跃奇[1]，
何晓冰[1]，闫海涛[1]，何　雷[3]，徐　敏[3]，崔江宽[2***]
［1. 河南省烟草公司平顶山市公司，平顶山　467002；2. 河南农业大学植物保护学院，
郑州　450002；3. 河南省烟草专卖局（公司），郑州　450018］

摘　要：为探究育苗方式对烟草旺长期抗病抗逆性的影响。笔者以中烟100为试验材料，2020—2022年在平顶山多地试验田开展托盘育苗、无纺布育苗、干湿交替育苗、浅水育苗和漂浮育苗等育苗方式应用效果试验。对比分析不同育苗方式对烟草旺长期根系CAT酶活性、POD酶活性、SOD酶活性、MDA含量和根活力的影响。结果表明，浅水育苗相比漂浮育苗显著提高SOD酶活性、根活力、POD酶活性，增幅分别达到74.48%、86.42%和74.60%；无纺布育苗相比漂浮育苗显著提高SOD酶活性、POD酶活性和根活力，增幅分别达到85.00%、35.85%和35.20%。以上两种育苗方式的MDA含量均显著低于漂浮育苗，下降幅度达24.26%和29.1%。由此表明：无纺布育苗和浅水育苗能有效提升烟草旺长期的抗病抗逆性，适宜于实际田间生产应用推广。

关键词：旺长期；浅水育苗；无纺布育苗；抗病抗逆性

---

* 基金项目：河南省烟草公司平顶山市公司重点科研项目（PYKJ202102）；中国烟草总公司河南省公司重点项目（2023410000240023）；河南农业大学教学改革研究与实践项目（2022XJGLX140）

** 第一作者：李俊营，农艺师，主要从事烟叶生产科研与技术推广应用研究；E-mail：Ljy66266@163.com

*** 通信作者：崔江宽，副教授，主要从事植物与线虫互作机制研究；E-mail：jk_cui@163.com

16 种药剂对吉林省水稻恶苗病菌的室内毒力测定*

欧玉苹[1,2**]，朱　峰[2]，王继春[2***]，王东元[1]

(1. 吉林农业大学植物保护学院，长春　130118；

2. 吉林省农业科学院植物保护研究所，长春　136100)

摘　要：近年来，水稻恶苗病在吉林省时有发生，对水稻安全生产造成危害。为明确吉林省水稻恶苗病病原菌的种类，采用组织分离法分离菌株，通过形态学特征、TEF1-α 基因序列测序以及致病性分析鉴定菌株。结果表明：当地水稻恶苗病菌优势种为藤仓镰孢菌 *Fusarium fujikuroi*。

为筛选出高效防治药剂，本研究采用菌丝生长速率法，对市售的 16 种防治水稻恶苗病的杀菌剂分别开展了室内毒力测定。结果显示：16 种药剂对水稻恶苗病菌均有不同的抑制作用，其中 450 g/L 咪鲜胺 EW、2.5%咪鲜·吡虫啉 SC、50%咪鲜胺锰盐 WP 和 16%咪鲜·杀螟丹 WP 对水稻恶苗病菌抑制效果明显，EC_{50} 值分别为 0.049 μg/mL、0.060 μg/mL、0.066 μg/mL 和 0.073 μg/mL；而 12%氟啶·戊·杀螟 WP、27% 苯醚·咯·噻虫 SC、4.23%甲霜·种菌唑 ME、11% 精甲·咯·嘧菌 SC、25 g/L 咯菌腈 SC、10%噁霉灵·精甲霜·氰烯酯 SC 和 32%戊唑·吡虫啉 SC 7 种药剂，对水稻恶苗病菌也有较好的抑制效果，其 EC_{50} 值均低于 10 μg/mL；25%氰烯菌酯 SC、12%甲·嘧·甲霜灵 SC、400 g/L 萎锈·福美双 SC 和 17%杀螟·乙蒜素 WP 4 种药剂对恶苗病菌的抑制效果较差，其 EC_{50} 值为 11.385～63.659 μg/mL，是 450 g/L 咪鲜胺 EW 的 220～1 300倍；而 20%溴硝醇 WP 对恶苗病菌的抑制效果最差，EC_{50} 值高达 193.095 μg/mL，为抑制效果最突出药剂的近 4 000 倍。试验结果显示，含咪鲜胺的杀菌剂相比氰烯菌酯的抑制效果明显，可进一步应用于当地水稻恶苗病的防治工作。

关键词：水稻恶苗病；藤仓镰孢菌；毒力测定；杀菌剂

---

* 基金项目：吉林省农业科技创新工程项目（CXGC2021TD002）

** 第一作者：欧玉苹；E-mail：1962507676@ qq. com

*** 通信作者：王继春，主要从事水稻病害综合防控研究；E-mail：wangjichun@ cjaas. com

靶向稻瘟菌海藻糖-6-磷酸合成酶——具有新颖杀菌机制的含异丙醇胺片段化合物的筛选与发现*

蒋志洋[1**]，师东梅[1]，陈怡彤[2]，李慧琳[1]，
王金娥[1]，吕鑫瑞[1]，资云江[1]，王冬立[1]，
黄家兴[1]，刘俊峰[2]，段红霞[1***]
（1. 中国农业大学理学院应用化学系 农药创新中心，北京　100193；
2. 中国农业大学植物保护学院植物病理学系，北京　100193）

摘　要：稻瘟病是由稻瘟菌（*Maganaporthe oryzae*）侵染水稻引起的毁灭性病害。当前，杀菌剂的抗性问题和生态安全问题严重阻碍了稻瘟病的有效防控。基于全新靶标筛选和发现具有新颖作用机制的杀菌剂候选物可有力解决上述问题。海藻糖-6-磷酸合成酶不仅是稻瘟菌体内海藻糖生物合成的关键酶，还是调控稻瘟菌侵染的重要功能蛋白，加之该酶不存在于脊椎动物体内。因此，稻瘟菌海藻糖-6-磷酸合成酶（*Mo*TPS1）可作为开发新型杀菌剂的潜在靶标。为更加精准和直接地筛选抑制剂，本研究首先建立了一种使用离子对色谱的方法用于本研究测定 *Mo*TPS1 的活性。随后，本研究以 *Mo*TPS1 为靶标，通过虚拟筛选、表面等离子共振（SPR）技术和新建立的酶活测试方法，发现了一个含异丙醇胺片段的化合物 VS-10，该化合物不仅对 *Mo*TPS1 的亲和力高于底物尿苷二磷酸葡萄糖（UDPG）的亲和力（VS-10 和 UDPG 的 K_D 值分别为 0.026 mmol/L 和 0.326 mmol/L），还对 *Mo*TPS1 具有一定抑制活性（IC_{50} 值为 0.245 mmol/L），表明 VS-10 可作为先导化合物值得深入研究。因此，对 VS-10 的结构进行初步优化，设计并合成 38 个含有异丙醇胺片段的类似物。通过酶活实验和叶片接种实验，发现上述类似物中化合物 IA-07 不仅对 *Mo*TPS1 表现出最佳的抑制活性，而且可在 10 mg/L 浓度下显著抑制稻瘟菌的致病力。进一步通过分子对接、分子动力学模拟和 MM-GBSA 揭示了异丙醇胺桥链部分是化合物 VS-10 和 IA-07 结构中最重要的药效片段，该部分与 *Mo*TPS1 中 UDPG 结合腔附近的 Glu396 残基形成的氢键和离子键等极性相互作用对二者结合自由能的贡献最大。本研究还通过多种表型实验初步表明化合物 IA-07 具有不同于三环唑等其他商品化杀菌剂的新颖作用机制，即化合物 IA-07 可通过使部分分生孢子直接死亡、降低产孢量和附着胞内的膨压以阻碍稻瘟菌侵染寄主。这一研究将为基于 *Mo*TPS1 筛选、设计和发现用于防治稻瘟菌的具有新颖作用机制的杀菌剂候选物奠定基础。

关键词：稻瘟病菌；海藻糖-6-磷酸合成酶；虚拟筛选；作用机制；杀菌剂候选物

---

* 基金项目：国家重点研发计划项目（2022YFD1700200）
** 第一作者：蒋志洋，博士研究生，研究方向为新农药分子设计与创制；E-mail：joel_jiangzhiyang@hotmail.com
*** 通信作者：段红霞，教授，研究方向为新农药分子设计与创制；E-mail：hxduan@cau.edu.cn

简单芽孢杆菌 Sneb545 诱导大豆的 *GmCAD* 抗 SCN 的机理研究[*]

刘 婷[**]，杨晓文，朱晓峰，范海燕，
刘晓宇，玄元虎，刘晓宇，王媛媛，杨 宁，陈立杰，段玉玺[***]
（沈阳农业大学，北方线虫研究所，植物保护学院，植物生命科学学院，
植物生命理学院，沈阳 110866）

摘 要：大豆孢囊线虫病是一种能严重危害大豆生产的病害，传统的病害防治方式对大豆孢囊线虫病有一定的效果，但也有其局限性，生物防治在其病害防治过程中的作用越来越大。生物防治不仅能有效抑制病害的侵染，还是一种绿色环保的防治方法。本研究证明简单芽孢杆菌 Sneb545 可以诱导被线虫侵染大豆中的木质素含量增加，使大豆植株的细胞壁硬度增强，形成一层机械屏障，从而抵抗大豆孢囊线虫的侵染，但是 Sneb545 诱导大豆中木质素含量增加的作用机理尚不清楚，所以对 Sneb545 诱导丰产感病的大豆品种提高对大豆孢囊线虫的抗性机理做进一步研究，研究结果如下。

通过简单芽孢杆菌 Sneb545 包衣处理感病品种辽豆 15 验证木质素含量增加。在接种二龄线虫幼虫后的 5 d、10 d、15 d 这 3 个时间点进行木质素含量测定。发现使用 Sneb545 包衣处理的辽豆 15 内部的木质素含量较无菌水对照组均有上升。通过荧光定量 PCR 检测技术对接种大豆孢囊线虫 5 d、10 d、15 d 后的木质素合成基因表达量进行检测。发现在接种线虫 5 d 后，经 Sneb545 处理的大豆中，*Glyma. 20G128600* 的表达量上升；在接种线虫 10 d 后，经 Sneb545 处理的大豆中，*Glyma. 01G021000*、*Glyma. 18G177000*、*Glyma. 09G201200* 三个基因的相对表达量均上升；在接种线虫 15 d 后，经 Sneb545 处理的大豆中，*Glyma. 01G021000* 和 *Glyma. 18G177000* 的表达量上升。说明 *Glyma. 01G021000*、*Glyma. 18G177000*、*Glyma. 09G201200*、*Glyma. 20G128600* 这 4 个基因经 Sneb545 诱导后，可能会响应大豆孢囊线虫侵入和发育的信号，提高木质素含量，从而抑制大豆孢囊线虫的侵入和发育。

关键词：大豆孢囊线虫；细菌 Sneb545；生物防治；木质素；诱导抗性

---

* 基金项目：财政部和农业农村部国家现代农业产业技术体系资助（CARS-04-PS13）；国家自然科学基金（31330063，31171569，31571985）；国家寄生虫资源库（NPRC-2019-194-30）

** 第一作者：刘婷，博士研究生，从事植物线虫病害研究；E-mail：20212@stu.syau.edu.cn

*** 通信作者：段玉玺，教授，博士生导师，主要从事植物线虫学的教学和科研工作；E-mail：duanyx6407@163.com

解淀粉芽孢杆菌 Sneb709 生物膜形成能力相关基因的鉴定及功能研究*

马　瑞[1]**，毛宇航[1]，陈立杰[1]，朱晓峰[1]，王媛媛[2]，刘晓宇[3]，段玉玺[1]，范海燕[1]***
（1. 沈阳农业大学北方线虫研究所，沈阳　110866；2. 沈阳农业大学生物科学技术学院，沈阳　110866；3. 沈阳农业大学理学院，沈阳　110866）

摘　要： 生防菌发挥生防作用的前提是在寄主植物以及其他生境稳定定殖，而定殖能力与其生物膜形成能力、运动能力等密切相关。研究生物膜形成能力相关基因并明确其在定殖中的功能，有助于明确生防菌的作用机理。解淀粉芽孢杆菌（*Bacillus amyloliquefaciens*）Sneb709 是本实验室从番茄上分离获得的一株有效防治根结线虫病的有益芽孢杆菌，能在番茄植株上稳定定殖，应用前景广阔。为了深入研究影响该菌株生物膜形成能力的基因，明确其生防机制，本实验室前期已成功构建了 *B. amyloliquefaciens* Sneb709 Tn*YLB*-1 转座子随机插入突变体库。本研究利用分子生物学技术结合表型检测，鉴定 *B. amyloliquefaciens* Sneb709 中影响生物膜形成能力基因，探究其在番茄叶内部和根内部定殖能力、对番茄促生长和防治南方根结线虫效果的影响。本研究以已筛选获得的 364 株生物膜形成能力显著降低突变体为基础材料，通过随机插入突变体的验证、反向 PCR 和测序分析，确定转座子分别插入 32 个基因，其中参与抗生素生物合成的基因 3 个、参与细菌细胞代谢的基因 8 个、合成运输蛋白的基因 10 个、调控因子 5 个、未知功能基因 6 个。其中，转座子分别插入 *narI* 和 *rspA* 后，生物膜形成能力显著下降。而且，目前尚未见 *narI* 和 *rspA* 与生防解淀粉芽孢杆菌定殖相关性的报道。因此，本研究以 *narI* 和 *rspA* 为研究对象，成功构建了 *narI* 和 *rspA* 缺失突变体 Δ*narI*（pBE2）、Δ*rspA*（pBE2）和互补菌株 Δ*narI*（pBE2I）、Δ*rspA*（pBE2A）。与 Sneb709（pBE2）相比，缺失突变体 Δ*narI*（pBE2）、Δ*rspA*（pBE2）的生物膜形成能力和 swarming 能力显著下降，互补菌株 Δ*narI*（pBE2I）、Δ*rspA*（pBE2A）可恢复到野生型水平，表明 *narI* 和 *rspA* 促进 *B. amyloliquefaciens* Sneb709 生物膜的形成和 swarming 运动能力。在温室条件下，与 Sneb709（pBE2）相比，缺失突变体 Δ*narI*（pBE2）、Δ*rspA*（pBE2）在番茄叶内部和根内部的定殖和促番茄生长能力显著下降，防治根结线虫病效果显著降低，互补菌株 Δ*narI*（pBE2I）、Δ*rspA*（pBE2A）与 Sneb709（pBE2）无差异，表明 *narI* 和 *rspA* 影响 *B. amyloliquefaciens* Sneb709 的定殖能力、对番茄的促生长作用及对南方根结线虫的防治效果。本研究结果有助于解析 *B. amyloliquefaciens* Sneb709 生物膜形成途径，为深入研究该菌株的定殖和生防机制奠定基础。

关键词： 解淀粉芽孢杆菌；生物膜；定殖能力；*narI*；*rspA*

---

* 基金项目：国家自然科学基金青年基金项目（31901927）；中国博士后科学基金面上项目（2021M692234）；中国博士后科学基金特别资助（站中）项目（2022T150442）

** 第一作者：马瑞，硕士研究生，植物病理学专业；E-mail：1176646348@ qq. com
*** 通信作者：范海燕，副教授，主要研究方向为植物病害生物防治与微生态学；E-mail：fanhaiyan2017@ syau. edu. cn

甜瓜枯萎病菌生防细菌的筛选及鉴定*

吴 际[1**]，陈立杰[1]，朱晓峰[1]，王媛媛[2]，刘晓宇[3]，段玉玺[1]，范海燕[1***]
（1. 沈阳农业大学植物保护学院，沈阳 110866；2. 沈阳农业大学生物技术学院，沈阳 110866；3. 沈阳农业大学理学院，沈阳 110866）

摘 要：甜瓜是我国广泛种植的设施经济作物之一。近年来，土壤连作导致甜瓜枯萎病发生严重。甜瓜枯萎病是由尖孢镰孢菌甜瓜专化型（*Fusarium oxyporum* f. sp. *melonis* W. C. Snyder&H. N. Hans）引起的土传真菌病害，全生育期均可发生。传统的农业、化学防治方法具有局限性，基于绿色环保的发展需求，寻求一种高效、无公害的方法防治甜瓜枯萎病迫在眉睫。目前，防治甜瓜枯萎病的生防微生物资源有限，关于该病害生防研究报道尚少。本研究以甜瓜枯萎病菌为靶标，采用平板对峙法筛选了 732 株细菌，其中 40 株细菌对甜瓜枯萎病菌均有抑制作用；对初筛得到菌株进行复筛，获得了 6 株对甜瓜枯萎病菌有显著拮抗作用的细菌。6 株细菌发酵液对甜瓜枯萎病菌孢子萌发和菌丝生长均具有显著抑制作用。通过扫描电子显微镜（scanning electronic micrographs，SEM）观察发现，6 株细菌分别处理后，抑制区域的甜瓜枯萎病菌菌丝均出现干瘪、皱缩、不规则突起及断裂等畸形现象。通过产酶活性检测发现 6 株细菌均能够产生蛋白酶，蛋白酶可能会破坏病原菌的细胞壁。而且，6 株细菌均能促进甜瓜种子萌发和幼苗生长。此外，6 株细菌对苹果轮纹病、葡萄溃疡病、苹果腐烂病、棉花枯萎病、棉花黄萎病、苹果霉心病、番茄早疫病、辣椒炭疽病、棉花红腐病、葡萄蔓枯病、黄瓜靶斑病、苹果斑点落叶病的病原菌均有不同程度的抑制作用。通过形态学、生理生化特性结合分子生物学方法对筛选获得的 6 株细菌进行鉴定，其中 2 株细菌为解淀粉芽孢杆菌（*Bacillus amyloliquefaciens*），4 株细菌为绿针假单胞菌（*Pseudomonas chlororaphis*）。上述菌株对甜瓜枯萎病的防治效果还需盆栽试验和田间试验进一步验证。本研究结果为甜瓜枯萎病的生物防治提供潜在的生防资源。

关键词：甜瓜枯萎病；生物防治；筛选；鉴定

---

* 基金项目：国家自然科学基金青年基金项目（31901927）；中国博士后科学基金面上项目（2021M692234）；中国博士后科学基金特别资助（站中）项目（2022T150442）

** 第一作者：吴际，硕士研究生，资源利用与植物保护；E-mail：1244341193@ qq. com
*** 通信作者：范海燕，副教授，主要研究方向为植物病害生物防治与微生态学；E-mail：fanhaiyan2017@ syau. edu. cn

哈萨克斯坦酵母 FJY-3 菌株对草莓灰霉病的生防效果*

孔德婷[1**]，张树竹[1]，何飞飞[1]，索玉凯[2]，秦世雯[1***]

（1. 云南大学农学院，资源植物研究院，昆明 650500；2. 云南民族大学民族医药学院民族药资源化学国家民委-教育部重点实验室，昆明 650500）

摘 要：拮抗酵母菌是果实采后病害的优势生防菌株，该类真菌营养需求简单，并且在发酵过程不易产生毒素和抗生素，对人体安全。目前拮抗酵母菌主要应用在灰霉病和青霉病的生物防治中，其生防效果可达60%以上。灰霉病是由灰葡萄孢（*Botrytis cinerea*）引起的一种气传采后病害，寄主范围广泛，造成多种经济和园艺作物损失。本研究利用 16S rRNA 扩增子测序技术，发现云南咖啡果内生真菌中富含多种酵母菌，优势属包括哈萨克斯坦酵母（*Kazachstania*）、维希尼克氏酵母（*Vishniacozyma*）、毕赤酵母（*Pichia*）、隐球酵母（*Cryptococcus*）、汉纳酵母（*Hannaella*）、白冬孢酵母（*Leucosporidium*）和威克汉姆酵母（*Wickerhamomyces*）。通过组织分离法、平板对峙法和双皿倒扣法筛选发现，采集自普洱市小粒咖啡果实的内生哈萨克斯坦酵母 *Kazachstania humilis* FJY-3 菌株及其挥发性物质对灰霉病菌的菌丝生长抑制率分别为 83.61% 和 57.89%。以上结果说明 FJY-3 菌株及其抗菌物质对灰霉病菌具有良好的抑菌效果。通过生防效果测定发现，不同浓度的 FJY-3 菌株（$10^4 \sim 10^7$ cells/mL）浸泡后草莓果实病斑大小分别为 5 mm、1.5 mm、1 mm、1 mm，而对照病斑大小为 16 mm，说明 FJY-3 菌株对草莓灰霉病具有显著生防效果（68.75%、90.63%、93.75%和 93.75%）。其中，浓度范围在 $10^5 \sim 10^7$ cells/mL 的 FJY-3 菌株对草莓灰霉病的生防效果达 90%以上。通过对草莓果实品质检测发现，FJY-3 菌株对草莓果实的硬度、可滴定酸含量、可溶性固形物含量、维生素 C 含量等指标没有造成显著影响。本研究后续将开展哈萨克斯坦酵母 FJY-3 菌株对草莓灰霉病的生防机制研究，明确其抗菌物质，为其生防制剂的开发奠定理论基础。

关键词：咖啡内生酵母；哈萨克斯坦酵母；草莓灰霉病；生物防治

---

* 基金项目：云南省科技计划项目生物种业和农产品精深加工专项（202202AE090002）；云南大学新一轮“双一流”建设项目（CZ22634404）；云南大学研究生科研创新项目（ZC-22222674）

** 第一作者：孔德婷，硕士研究生，研究方向为咖啡绿色加工；E-mail：kdt7798@163.com

*** 通信作者：秦世雯，讲师，研究方向为植物病原物与寄主互作机理；E-mail：shiwenqin@ynu.edu.cn

云南大理洱海流域古生片区水稻病害发生情况及防治建议*

谭　丹[1**]，杜雪丽[1]，康锁倩[2]，张顺涛[3]，秦世雯[1***]，徐玖亮[2***]
（1. 云南大学农学院，资源植物研究院，昆明　650500；2. 中国农业大学资源与环境学院，北京 100083；3. 华中农业大学资源与环境学院，武汉　430070）

摘　要：水稻（*Oryza sativa*）是云南省大理白族自治州洱海流域古生片区最重要的粮食作物之一，也是当地农民的重要经济来源。该片区为一季稻种植区，水稻种植面积达 7 398 亩以上，主要分布在甸中村、古生村、向阳溪村、和乐村和河矣江村。由于种植技术参差不齐、栽培管理粗放等问题，导致该地水稻病害多发，水稻产量损失较重。为制定适宜当地水稻病害防治的方案，2021—2022 年笔者对古生片区水稻病害进行了调查，并提出了符合洱海保护政策和绿色水稻生产的病害管理建议。经调查发现，胡麻叶斑病、白叶枯病、稻瘟病为该片区的主要病害，干尖线虫为次要病害。胡麻叶斑病始发期为 5 月下旬，盛发期为 6—7 月，发病率为 32.01%。白叶枯病始发于 7 月下旬，盛发期在抽穗期至蜡熟期，最高发病率达 19.77%。稻瘟病和白叶枯在齐穗期后混合发生，稻瘟病盛发于乳熟期，发病率为 22.22%。干尖线虫病始发于 6 月中旬，盛发于 6 月下旬，发病率为 6.21%。另外，7 月下旬，抽穗期间恰逢雨季，约有 10.08%的谷粒出现褐色病变，导致褐粒。结合以上调查结果，提出了古生村水稻整个生育期的病害防治方案，具体如下：育苗期使用 5%阿维菌素浸种，避免干尖线虫病的种传；移栽时间需提前或者延迟 10 d，避免抽穗期与夏季雨季相遇；苗期需根据秧苗素质合理追施钾肥，加快植株的健壮挺拔，预防胡麻叶斑病；抽穗期前施用 40%稻瘟灵和 40%噻唑锌进行稻瘟病和白叶枯病的防治，随后视病情在抽穗至灌浆期进行多轮补药。另外根据水稻植株生长情况，适当少施氮肥，避免白叶枯病情的加重。本防治方案旨在协调古生片区水稻生产“产量-质量-洱海保护”三者的关系，为当地水稻生产效益的提高提供参考。

关键词：水稻；洱海流域；病情调查；防治建议

* 基金项目：国家自然科学基金（32060593）；云南省科技厅基础研究计划项目（202101AT070021）；云南大学研究生科研创新项目（ZC-22222674，KC-22223012）

** 第一作者：谭丹，硕士研究生，研究方向为植物病害绿色防控；E-mail：tandan0628@ 163. com
*** 通信作者：秦世雯，讲师，研究方向为植物病原物与寄主互作；E-mail：shiwenqin@ ynu. edu. cn
徐玖亮，副教授，研究方向为农业绿色发展、功能性食品研发、作物代谢组学；E-mail：jlxu9@ cau. edu. cn

嘧菌酯对葡萄白腐病菌的抑制活性及对病害的防治效果*

尹向田**，李廷刚，刘其宝，蒋锡龙，魏彦锋，袁丽芳***

（山东省农业科学院，山东省葡萄研究院，济南　250100）

摘　要：葡萄白腐病是世界范围内葡萄种植区的重要病害，在我国，其病原主要为 *Coniella vitis*。为研究不同杀菌剂对葡萄白腐病菌的室内抑菌活性，采用菌丝生长速率法，测定了嘧菌酯、抑菌脲、嘧霉胺等 11 种生产中常用的杀菌剂对葡萄白腐病菌的室内毒力。结果表明，11 种杀菌剂均能较好的抑制葡萄白腐病菌 GP1 的生长，其中嘧菌酯的抑制效果最好，EC_{50}值为 0. 5 mg/L；为进一步了解葡萄白腐病菌对嘧菌酯的抗药性情况，明确山东省各地区葡萄白腐病菌的抗药性水平，测定了葡萄白腐病菌对嘧菌酯的敏感性，建立其敏感基线，结果表明，100 株供试菌株对嘧菌酯的 EC_{50} 为 0. 15～56. 23 μg/mL，平均值为 8. 91 μg/mL，最高值与最低值相差 374. 87 倍，其中，EC_{50}在 0～8 μg/mL 的菌株数量占 60%，EC_{50}在 8～16 μg/mL 的菌株数量占 20%。经嘧菌酯处理后，白腐病菌的菌丝生长出现畸形，菌丝变粗、弯曲、分枝变多，分生孢子和子实体数量明显变少，分生孢子结构发生了改变，盆栽实验表明，施用 50 μg/mL 嘧菌酯可以有效防治葡萄白腐病，防治效果大于 90%。

关键词：葡萄白腐病菌；嘧菌酯；敏感基线；防治

---

* 基金项目：山东省自然科学基金（ZR2021QC131）；山东省农业科学院创新工程（CXGC2023A41，CXGC2023A47，CXGC2022E15）

** 第一作者：尹向田，农艺师，主要从事葡萄病害的生物防治；E-mail：yxt1985@ 163. com

*** 通信作者：袁丽芳，助理研究员，研究方向为植物病理；E-mail：ylifang1225@ 126. com

一种芽孢杆菌对葡萄灰霉病的防病促生作用研究*

尹向田**，李廷刚，蒋锡龙，刘其宝，汤小宁，袁丽芳***，魏彦锋***

（山东省农业科学院，山东省葡萄研究院，济南 250100）

摘　要：本研究采集健康葡萄根际土壤，通过平板对峙方法获得了一株对葡萄灰霉病菌具有较强抑制作用的芽孢杆菌 ZBSF0204。分析了芽孢杆菌 ZBSF0204 的抑菌活性及生物学特性，研究了菌株对葡萄的防病促生作用。结果表明，该菌株对葡萄灰霉病菌（*Botrytis cinerea*）、葡萄白腐病菌（*Coniella vitis*）、葡萄炭疽病菌（*Gloeosporium fructigrum*）等 11 种植物病原菌具有良好的拮抗作用。通过形态观察、生理生化鉴定以及 16S rDNA 序列分析，确定该菌株为蜡样芽孢杆菌（*Bacillus cereus*）；该菌株可以在 pH 值 4~10 的培养基中生长，NaCl 最大耐受为 8%，超过该浓度则无法生长。该菌株可产生蛋白酶、纤维素酶、嗜铁素等物质，盆栽试验表明，菌株 ZBSF0204 能有效促进葡萄的生长，同对照相比，地上部分和地下部分鲜重分别提高了 65.61%、86.86%，地上部分和地下部分干重分别提高了 52.41%、41.11%。菌株灌根后，葡萄叶片中过氧化物酶（POD）、多酚氧化酶（PPO）和苯丙氨酸解氨酶（PAL）活性均有明显提高。并且在离体果实、叶片和盆栽试验中，菌株 ZBSF0204 发酵液对葡萄灰霉病的防治效果均可达 80%以上。该研究为进一步研究生防菌剂的制备奠定坚实基础，为葡萄病害的生物防治提供新策略。

关键词：葡萄灰霉病菌；蜡样芽孢杆菌；抑菌活性；促生

---

* 基金项目：山东省自然科学基金（ZR2021QC131）；山东省农业科学院创新工程（CXGC2023A41，CXGC2023A47，CXGC2022E15）

** 第一作者：尹向田，农艺师，主要从事葡萄病害的生物防治；E-mail：yxt1985@163.com

*** 通信作者：袁丽芳，助理研究员，研究方向为植物病理；E-mail：ylifang1225@126.com

魏彦锋，研究员，主要从事葡萄栽培及病虫害防控研究；E-mail：weiyanfeng2022@163.com

百香果球黑孢菌叶枯病的发生与生物防治初探

王俊容[1*]，秦 顺[1]，樊瑞冬[1]，刘增亮[2]，杨 柳[2]，陈孝玉龙[1**]
(1. 贵州大学农学院，生命科学学院，贵阳 550025；
2. 广西壮族自治区农业科学研究院，南宁 530000)

摘 要：百香果（*Passiflora edulis* Sims）是属于双子叶植物西番莲科的热带/亚热带水果，具有较高的食用价值、药用价值和经济价值，球黑孢菌（*Nigrospora sphaerica*）引起的叶枯病是近年来在贵州、广西等地百香果上发现的叶部新型病害，严重威胁百香果的健康与价值。为探索百香果叶部内生境中有益类群种类及其对球黑孢菌叶枯病的生物防治潜力，本实验从百香果叶片分离出内生细菌44株，经鉴定，将其中42株分离物归入芽孢杆菌（*Bacillus* spp.）物种。通过对 *N. sphaerica* WYR007 的抑制活性进行对峙试验，有11个菌株对 *N. sphaerica* WYR007 的抑制率>65%。随后，盆栽试验研究了11株内生芽孢杆菌对百香果幼苗生长及生理的影响。结果发现 *B. subtilis* GUCC4 和 *B. cereus* GUCC3 明显增加了百香果的茎粗、株高、叶长、叶面积、叶鲜重和干重，此外，*B. subtilis* GUCC4 降低了幼苗脯氨酸的含量。通过盆栽试验 *B. subtilis* GUCC4 和 *B. cereus* GUCC3 对 *N. sphaerica* WYR007 的生防潜力，结果表明 *B. subtilis* GUCC4 和 *B. cereus* GUCC3 均可以显著降低叶枯病的发病率，分别降低了32.69%、36.16%。通过扫描电镜（SEM）探究 *B. subtilis* GUCC4 和 *B. cereus* GUCC3 在百香果叶内的定殖情况，发现 *B. subtilis* GUCC4 和 *B. cereus* GUCC3 在接种24 h后可进入百香果叶片内，并稳定定殖。通过实时荧光定量PCR分析，发现百香果中编码脂氧合酶基因和（+）-新戊二醇脱氢酶基因的表达在 *B. subtilis* GUCC4 和 *B. cereus* GUCC3 处理28 d后均上调；编码抗病基因RPM1、编码内切素酶的基因、编码硬脂酰-ACP去饱和酶基因、编码Harpin诱导的家族蛋白基因在 *B. cereus* GUCC3 处理28 d后表达量增加；MKK2基因的表达在 *B. subtilis* GUCC4 处理28 d后增加了7.6倍。基于全基因组测序与GO功能数据库分析，预测 *B. subtilis* GUCC4 基因组中编码13 686个基因，其中与生物学途径相关的基因有7 075个，与细胞学组件相关的基因有2 703个，与分子功能相关的基因有3 908个；预测 *B. cereus* GUCC3 基因组中编码16 403个基因，其中与生物学途径相关的基因有8 343个，与细胞学组件相关的基因有3 378个，与分子功能相关的基因有4 682个。综上所述，本研究从健康百香果中筛选获得两株具有促生作用和具有生防潜力的 *B. subtilis* GUCC4 和 *B. cereus* GUCC3，其可快速进入百香果叶内定殖，并诱导部分抗病基因的表达，并有效降低百香果球黑孢菌叶枯病的发病率。本研究为百香果球黑孢菌叶枯病的生物防治提供了候选菌株，亦为其他植物上不同黑孢菌（*N. sphaerica* spp.）所引起叶枯病的生物防治提供了重要参考。

关键词：百香果；叶内生细菌；促生作用；生物防治效率；生防细菌作用机制

* 第一作者：王俊容，硕士研究生，从事植物微生态与病害生物防治研究；E-mail：2982081756@qq.com
** 通信作者：陈孝玉龙，教授，从事植物微生态与植物病害生物防治研究；E-mail：chenxiaoyulong@sina.cn

Investigation of the Mechanisms Involved in the Biocontrol Activities of Natural Products from a Marine Bacterium against Rice Blast

FEI Liwang[1,2], FU Shiquan[1], ZHANG Junliang[1], XU Ying[1], HAO Lingyun[1]

(1. *Shenzhen Key Laboratory of Marine Bioresource & Eco-Environmental Science, Shenzhen Engineering Laboratory for Marine Algal Biotechnology, College of Life Sciences and Oceanography, Shenzhen University, Shenzhen* 518060, *China*;
2. *College of Physics and Optoelectronic Engineering, Shenzhen University, Shenzhen* 518060, *China*)

Abstract: Rice blast, caused by *Pyricularia oryzae*, is one of the most destructive fungal diseases threatening rice production worldwide. Natural products from marine bacteria have many advantages such as superior bioactivity and relatively low environmental toxicity, and thus have the potential to be developed into environmentally compatible pesticides. This study aimed to investigate the mechanisms involved in the biocontrol activity of natural products from a marine bacterium against rice blast. A strain R64, isolated from the rhizosphere of mangrove plants in the Mai Po nature reserve, was identified as *Pseudomonas aeruginosa* based on phylogenetic analysis of the 16S rDNA sequence and morphological characterization. R64 showed broad-spectrum antimicrobial activities against multiple plant pathogens, including *Xanthomonas oryzae*, *Colletotrichum fructicola*, and *P. oryzae*. Phenotypic characterization and virulence assays revealed that the fermentation cultural extract of R64 (RFE) inhibited mycelial growth, conidial germination, and appressorial formation in *P. oryzae*, and significantly reduced the virulence of *P. oryzae* due to the inhibitory effects on appressorial penetration and invasive growth in host cells. Additionally, microscopic and PI staining assays on treated *P. oryzae* showed that RFE treatments could make the mycelia deformation and induce cytoplasmic membrane rupture. Furthermore, RT-PCR revealed that RFE treatments affected the expression of cAMP signaling pathway-related genes in *P. oryzae* and induced the expression of several pathogenesis-related genes in rice leaves. In pot experiments, RFE treatments protected rice seedlings from infection in both co-inoculation and preventive treatments in a dose-dependent manner. Finally, phenazine and quinoline were identified as the main bioactive components of RFE by high-performance liquid chromatography and high-resolution mass spectrometry analysis, and the presence of the corresponding biosynthesis genes was verified by PCR analysis. These findings suggest that R64 is a potential biocontrol agent for managing rice blast disease.

Key words: Rice blast; *Pyricularia oryzae*; *Pseudomonas aeruginosa*; biological control; induced systemic resistance; antagonistic activity

河北省番茄灰霉病菌对氯氟醚菌唑的敏感基线及与其他不同杀菌剂的交互抗性*

杨可心**，毕秋艳，路　粉，吴　杰，韩秀英，王文桥，赵建江***
（河北省农林科学院植物保护研究所，河北省农业有害生物综合防治工程技术研究中心，农业农村部华北北部作物有害生物综合治理重点实验室，保定　071000）

摘　要：由灰葡萄孢（*Botrytis cinerea*）引起的灰霉病是设施番茄上的重要病害，严重影响番茄的产量和品质。氯氟醚菌唑（mefentrifluconazole）是巴斯夫公司研发的新型异丙醇三唑类杀菌剂，具有内吸传导性，兼具保护、治疗和铲除作用。为明确河北省设施番茄灰霉病菌对氯氟醚菌唑的敏感性及其与不同杀菌剂的交互抗性，本研究采用菌丝生长速率法测定了166株采自河北省设施番茄主产区的灰霉病菌对氯氟醚菌唑的敏感性。结果表明，氯氟醚菌唑对灰霉病菌菌丝生长具有较强抑制效果，其有效抑制中浓度（EC_{50}）值的范围为0.015~0.264 mg/L，呈近似正态分布，平均EC_{50}值为（0.086 ± 0.047）mg/L。因此，该数据可作为河北省番茄灰霉病菌对氯氟醚菌唑的敏感基线。选取27株对氯氟醚菌唑敏感性不同的灰霉菌株，测定了其对嘧霉胺、氟吡菌酰胺、氟唑菌酰羟胺和己唑醇的敏感性，结果表明，氯氟醚菌唑与嘧霉胺、氟吡菌酰胺、氟唑菌酰羟胺和己唑醇之间，不存在交互抗性（$P>0.05$）。本研究可为监测河北省番茄灰霉病菌对氯氟醚菌唑敏感性变异及灰霉病菌抗药性治理提供依据。

关键词：番茄灰霉病菌；氯氟醚菌唑；敏感基线；交互抗性

---

* 基金项目：河北省重点研发计划（21326510D）
** 第一作者：杨可心，农艺师，主要从事果蔬重要病原菌抗药性研究；E-mail：kexinyang2022@163.com
*** 通信作者：赵建江，研究员，主要从事农作物主要病原菌抗药性风险评估及杀菌剂应用技术研究；E-mail：chillgess@163.com

禾谷镰孢效应子 Cos1 促进小麦感病的分子机制*

田晓霖[1]，李箐文[1]，杨　洋[1]，李帆[1]，姜佳琦[1]，林　杰[1]，许　云[1]，
田　凯[1]，孙逸坤[1]，康建刚[1]，江　聪[1]，刘慧泉[1]，许金荣[2]，王秦虎[1]**
（1. 西北农林科技大学植物保护学院，杨凌　712100；
2. 普渡大学植物与植物病理学系，法叶　47907）

摘　要： 由禾谷镰孢（*Fusarium graminearum*）等真菌引起的赤霉病是小麦的主要病害之一。由于赤霉病直接危害穗部，因此其不仅影响小麦的产量，也可导致籽粒中真菌毒素超标，对食品安全造成极大的威胁。合理利用和布局抗性小麦品种是防治赤霉病最经济最持久的方法。然而，由于赤霉病抗性资源极度匮乏，加之小麦与禾谷镰孢互作机制研究不深，严重制约了赤霉病抗性小麦的培育。在探索禾谷镰孢与小麦互作关键基因的过程中，我们发现一个侵染诱导表达的分泌蛋白基因 *COS*1，其敲除后禾谷镰孢的致病力大幅下降。与野生型相比，敲除突变体接种小麦穗部后有大量的胞内 ROS 累积，表明 Cos1 在侵染早期抑制了寄主的胞内防卫反应。与之一致，侵染时期亚细胞定位分析表明 Cos1 是一个胞内效应子。酵母双杂交筛选、免疫共沉淀等实验均表明 Cos1 与小麦 TaCIP1 互作。为了明确 TaCIP1 在小麦抗赤霉病中的作用，我们构建了其沉默和过表达植株，接种结果表明 *TaCIP*1 负调控小麦对赤霉病的抗性。有意思的是，*TaCIP*1 并不影响小麦的主要农艺性状。进一步的分子机制研究表明，Cos1 可在线粒体上稳定小麦抗赤霉病负调控子 TaCIP1。综上所述，我们发现禾谷镰孢 Cos1 可通过稳定小麦线粒体蛋白 TaCIP1 抑制胞内活性氧的产生以促进植物感病，为小麦赤霉病抗性改良提供了新思路。

关键词： 禾谷镰孢；胞内效应子；活性氧；线粒体

* 基金项目：国家自然科学基金面上项目（32072505）
** 通信作者：王秦虎；E-mail：wangqinhu@ nwafu. edu. cn

一株烟草生防菌的鉴定及防病促生作用分析*

刘小雪**，黄美壬，唐晓琳，祝一鸣，李淮源，舒灿伟***
（华南农业大学植物保护学院植物病理学系，广东省微生物
信号与作物病害重点实验室，广州 510642）

摘 要： 烟草是我国最重要的经济作物之一。然而，烟草上真菌病害发生严重，严重制约了我国烟草产业的健康和可持续发展，造成了重大的经济损失。近年来，由于化学农药滥用导致的环境问题日益严重，因此，对烟草病害进行安全、无污染的绿色防控迫在眉睫。利用有益微生物及其次生代谢产物进行病害防治是绿色防控的重要措施之一。本研究从烟草根际土壤及叶片分离获得大量细菌分离物，通过抑菌试验，筛选获得一株对众多烟草病害具有拮抗作用的细菌，命名为 BX1。通过形态学和分子生物学鉴定，该菌为吡咯伯克霍尔德氏菌（*Burkholderia pyrrocinia*）。吡咯伯克霍尔德氏菌 *Bp*BX1 菌株，对烟草立枯病菌（*Rhizoctonia solani* Kühn）、烟草白绢病菌（*Sclerotium rolfsii* Sacc）、烟草赤星病菌（*Alternaria alternata*）、烟草根腐病菌（*Fusarium oxysporum*）、烟草黑胫病菌（*Phytophthora parasitica*）在内的多种病原真菌具有显著的抑菌作用，抑菌率分别为 53.8%、29.9%、59%、46.7%和 65.2%。利用 PDA 平板和 LB 平板对扣进行病原真菌与生防菌共培养发现，*Bp*BX1 菌株挥发物会抑制烟草赤星病菌（*A. alternata*）、烟草黑胫病菌（*P. parasitica*）气生菌丝的生长。进一步通过 GC-MS 检测 *Bp*BX1 的挥发物成分发现，其中含量较多的组分 N-（2-三氟甲基苯）-3-吡啶甲酰胺肟及 1-二十七烷醇均被报道具有抑菌作用。最后，对 *Bp*BX1 菌株进行生理生化试验发现，该菌具有解磷固氮作用，并能分泌蛋白酶和嗜铁素，且对烟草具有促生作用。综上研究表明，吡咯伯克霍尔德氏菌 *Bp*BX1 为潜在的烟草生防菌株，为进一步的烟草大田防病试验及抑菌机制的研究奠定了基础。

关键词： 吡咯伯克霍尔德氏菌；生物防治；烟草病害

* 基金项目：提高烟叶耐熟性的微生物制剂研究（H221061）
** 第一作者：刘小雪，硕士研究生，研究方向为植物病理学；E-mail：2533912213@qq.com
*** 通信作者：舒灿伟，讲师，硕士生导师，研究方向为分子植物病理学；E-mail：shucanwei@scau.edu.cn

30%噻唑膦微囊悬浮剂对南方根结线虫的室内毒力和田间药效效果评价*

赵恭文[1,2]**，张悦丽[1]，张　博[1]，祁　凯[1]***，齐军山[1]***

（1. 山东省农业科学院植物保护研究所，山东省植物病毒学重点实验室，济南　250100；2. 山东中农联合生物科技股份有限公司，济南　250100）

摘　要：噻唑膦是国内外广泛使用的非熏蒸型杀线虫剂。由于噻唑膦具有较强的光解性和水解性，在土壤中容易降解，为了达到理想的防治效果，种植户往往加大用量，而这又带来了环境污染、农药残留和作物药害等风险。本研究采用浸虫法室内测定了噻唑膦对山东省内不同地区蔬菜大棚内南方根结线虫（*Meloidogyne incongnita*）的毒力，发现噻唑膦对南方根结线虫的 LC_{50} 为 4.18~5.86 mg/L，说明噻唑膦对根结线虫仍然具有较高活性。田间采用单株灌根法比较了 30%噻唑膦微囊悬浮剂与 5%噻唑膦微乳剂两种剂型对根结线虫的效果，发现施药 30 d 后，两种药剂的田间防效相差不大，均在 80%以上；施药 60 d 和 90 d 后，30%噻唑膦微囊悬浮剂的防效均显著优于 5%噻唑膦微乳剂的防效。这说明，30%噻唑膦微囊悬浮剂能够有效延长噻唑膦的持效期，可以减少施药次数，减少用药量，从而保障农产品的安全供应。

关键词：噻唑膦；微囊悬浮剂；南方根结线虫；毒力；持效期

* 基金项目：国家重点研发计划课题项目（2018YFD0200810）；山东省农业科学院科技创新工程（CXGC2022D06）

** 第一作者：赵恭文，农艺师，主要从事杀线剂研究与开发；E-mail：jhfor724@163.com

*** 通信作者：祁凯，助理研究员，从事植物病害和杀菌剂研究；E-mail：186148295@qq.com

齐军山，研究员，主要从事作物病害研究；E-mail：qi999@163.com

芒果细菌性坏死病病原菌鉴定及其对药剂敏感性*

陈小林**，孙秋玲，黄穗萍，唐利华，郭堂勋，李其利***
（广西农业科学院植物保护研究所，广西作物病虫害生物学重点实验室，
农业农村部华南果蔬绿色防控重点实验室，南宁　530007）

摘　要：芒果 *Mangifera indica* 是著名的热带果树，主要种植于印度、中国和泰国等热带和亚热带国家。2020 年广西芒果种植面积 11.2 万 hm^2，产量近 95 万 t，为我国第一大芒果产区。2020—2021 年对广西芒果主产地百色田东县、田阳区、右江区和田林县不同果园的病害进行调查，发现芒果上发生一种类似于细菌性黑斑病的坏死病，两者常混合发生，总发病株率 30%～60%，严重时可达 90%以上。为明确该病害的病原菌，先后从该地区不同芒果坏死病组织中分离得到泛菌属的 21 株细菌。根据形态学、生理生化特性、16S rDNA 多基因系统发育分析、致病性测定等方法将 21 个菌株分别鉴定为 *Pantoea vagans*、*P. anthophila*、*P. dispersa* 和 *P. cypripedii*。这是中国首次报道由 *P. vagans*、*P. anthophila*、*P. dispersa* 和 *P. cypripedii* 引起芒果坏死病。此外，采用琼脂糖扩散法将芒果细菌性坏死病菌对 12 种杀菌剂的敏感性进行测定。结果表明，4 种芒果病原细菌对 12 种杀菌剂的药剂敏感性存在显著差异。其中，4 种病原菌对丙硫唑和四霉素的敏感性最强，平均 EC_{50}分别为 0.029 5 mg/L 和 1.089 0 mg/L；对中生菌素、噻霉酮、辛菌胺醋酸盐和乙蒜素的敏感性次之，平均 EC_{50}分别为 176.662 2 mg/L、276.511 3 mg/L、321.188 6 mg/L 和 418.647 1mg/L；而对氢氧化铜、琥胶肥酸铜、王铜、噻唑锌、春雷霉素和氯溴异氰尿酸的敏感性较差，EC_{50}均大于 4 000 mg/L。

关键词：芒果；细菌性坏死病；泛菌属

---

*　基金项目：广西自然科学基金（2022GXNSFAA035438）
**　第一作者：陈小林，副研究员，主要研究方向为植物细菌性病害；E-mail：56297244@ qq. com
***　通信作者：李其利，研究员，主要研究方向为果树病害及其防治；E-mail：65615384@ qq. com

新型杀菌剂氟苯醚酰胺对小麦条锈菌的作用机理研究

纪 凡，张俊甜，陈贤明，刘博凡，周爱红，
冯耀漩，赵 鋆，黄丽丽，詹刚明，康振生
（西北农林科技大学植物保护学院，旱区作物逆境生物学国家重点实验室，杨凌 712100）

摘 要：由条形柄锈菌小麦专化型（*Puccinia striiformis* f. sp. *tritici*）引起的小麦条锈病严重威胁小麦生产安全，施用化学杀菌剂是防治该病害最为有效的措施之一。

为明确新型琥珀酸脱氢酶抑制剂（succinate dehydrogenase inhibitor，SDHI）氟苯醚酰胺对小麦条锈菌的作用方式，本研究采用室内外测定相结合的方法，首先对氟苯醚酰胺对小麦条锈菌的防治效果进行了评估；随后采用透射电镜和荧光显微镜技术系统研究了该杀菌剂对条锈菌的作用方式；同时初步探究了其诱导小麦产生抵御病原菌侵染的病程相关基因上调表达的作用机制。本研究主要取得了以下结果：①试验证实氟苯醚酰胺能有效地防治小麦条锈病，可作为目前生产上普遍使用的三唑类杀菌剂的替代药剂。酶活检测结果也表明该杀菌剂对条锈菌琥珀酸脱氢酶的活性有显著抑制作用。在此基础上建立了采自中国 13 个省份的 173 株小麦条锈菌对氟苯醚酰胺的敏感基线，该敏感基线可用于后续氟苯醚酰胺敏感性监测使用。②从细胞学和分子细胞学水平阐明了氟苯醚酰胺对小麦条锈菌的作用方式。该杀菌剂可直接作用于小麦条锈菌，使其形态和结构发生明显的改变，这些变化包括菌丝细胞壁和吸器壁的不规则加厚；细胞中液泡数量增加、原生质解体、坏死；吸器外间质增厚，并累积有大量染色较深的物质；吸器畸形坏死。③首次证实氟苯醚酰胺也可间接地通过诱导寄主胼胝质合成相关基因上调表达进而产生更多胼胝质沉积来抵御条锈菌侵染。④首次证实该新型杀菌剂可通过上调病程相关基因（*PR*1 and *PR*2）的表达使得小麦产生水杨酸诱导的防御反应。综上所述，本研究首次提供了氟苯醚酰胺可以诱导小麦产生抗锈性的证据，可作为防治小麦条锈病的新型高效杀菌剂。

关键词：小麦条锈病；氟苯醚酰胺；超微结构；组织学；诱导系统抗性

Screening of Biocontrol Bacteria Against *Meloidogyne enterolobii* and Evaluation of Their Growth-promoting Characteristics*

SHANG Jiawei[1**], CHEN Men[2,3], WANG Jun[2], LONG Haibo[2], GUO Lijia[2], ZHOU You[2], LIANG Changcong[2], YANG Yang[2], HUANG Junsheng[2], YANG Laying[2***]

(1. *School of Life Science*, *Hainan University*, *Haikou* 570228, *China*; 2. *Environment and Plant Protection Institute*, *CATAS*; *Key Laboratory of Integrated Pest Management of Tropical Crops*, *Ministry of Agriculture*; *Hainan Key Laboratory for Monitoring and Control of Tropical Agricultural Pests*, *Haikou* 571101, *China*; 3. *College of Plant Science and technology*, *Huazhong Agricultural University*, *Wuhan* 430070, *China*)

Abstract: Crop root-knot nematode disease caused by *Meloidogyne enterolobii* is a soil-borne disease that seriously endangers crop production in hot areas. The annual agricultural losses caused by it are incalculable. Due to the limitations of traditional physical and chemical control methods, the biological control of root-knot nematodes has become the focus of current research. In this study, three strains BWLYIPSB-1, BWLY2X-4 and BWLY3X-11 with strong nematicidal activity were screened from a series of bacteria isolated from tropical rainforest soil. They were identified as *Staphylococcus pasteurii*, *Bacillus subtilis* and *Bacillus velezensis*, respectively. The optimal treatment time of each strain for nematodes was 24 h, the optimal medium was LB medium, and the peak of nematicidal activity was reached after 5 days of culture. The effects of siderophores and indole acetic acid on plant growth-promoting characteristics of three strains were studied. The results showed that BWLYIPSB-1 had the ability to produce siderophores and indole acetic acid, BWLY2X-4 and BWLY3X-11 had protease and cellulase activities and siderophore production. The study preliminarily screened out excellent strains with both efficient prevention and control of plant root-knot nematodes and growth-promoting characteristics, which enriched the microbial resources for biological control of plant root-knot nematodes.

Key words: *Meloidogyne enterolobii*; *Staphylococcus pasteurii*; *Bacillus* sp.; siderophore; protease; cellulase

---

* 基金项目：中央级公益性科研院所基本科研业务费专项（1630042022008，1630042022010）；2022 年农业种质资源保护项目（琼农计财〔2022〕29 号）；海南省自然科学基金高层次人才项目（321RC618）

** 第一作者：尚嘉伟，本科生；E-mail：283098669@ qq. com

*** 通信作者：杨腊英，研究员；E-mail：layingyang@ catas. cn

Interaction Between the Ginger Soft Rot Pathogen *Pythium myriotylum* and the Biocontrol Agent *Pythium oligandrum* *

Paul Daly[1**], Taha Majid Mahmood Sheikh[1], ZHOU Dongmei[1], ZHANG Jinfeng[1], CHEN Siqiao[1,2], DENG Sheng[1], Irina Druzhinina[3], WEI Lihui[1,4***]

(1. *Key Lab of Food Quality and Safety of Jiangsu Province–State Key Laboratory Breeding Base*, *Institute of Plant Protection*, *Jiangsu Academy of Agricultural Sciences*, *Nanjing* 210014, *China*; 2. *Jiangsu Provincial Key Lab of Organic Solid Waste Utilization*, *Fungal Genomics Group*, *Nanjing Agricultural University*, *Nanjing* 210014, *China*; 3. *Department of Accelerated Taxonomy*, *The Royal Botanic Gardens Kew*, *London*, *UK*; 4. *School of Environment and Safety Engineering*, *Jiangsu University*, *Zhenjiang* 212028, *China*)

Abstract: The use of natural antagonistic microorganisms, such as*Pythium oligandrum*, is a promising environmentally friendly approach to biologically control Pythium soft – rot disease of ginger (*Zingiber officinale*) caused by *Pythium myriotylum.* A critical part to improve the efficiency of biocontrol applications is to understand both the mechanisms of action of *P. oligandrum*, and the mechanisms by which *P. myriotylum* responds.

P. oligandrum antagonism involves hydrolytic enzymes such as cellulases and proteases, and recently we uncovered a role for *P. oligandrum* – produced volatile organic compounds in antagonism of *P. myriotylum.* The effects of these mechanisms are obvious from major morphological and cytological damage to *P. myriotylum.* Part of the response of *P. myriotylum* to *P. oligandrum* proteases appears to involve upregulation of protease inhibitors. Also, in response to *P. oligandrum* volatile compounds, *P. myriotylum* initially showed a strong upregulation of putative detoxification–related genes that was not maintained at later stages.

Overall, the responses of*P. myriotylum* to *P. oligandrum* suggest ways to reduce the ability of *P. myriotylum* to defend against and counter–antagonise *P. oligandrum* (e. g., by targeting *P. myriotylum* protease inhibitors or detoxification genes), and thus improve the efficiency of *P. oligandrum*–mediated ginger disease control.

* Funding: National Natural Science Foundation of China (32050410305); China Agriculture Research System (CARS–24–C–01); Jiangsu Agricultural Science and Technology Innovation Fund [CX (18) 2005]

** First author: Paul Daly, mainly engaged in the study of oomycete plant pathogens and the control of diseases caused by these pathogens; E-mail: paul.daly@jaas.ac.cn

*** Corresponding author: WEI Lihui, engaged in the study of a broad range of plant pathogens and the control of diseases caused by these pathogens; E-mail: weilihui@jaas.ac.cn

木霉对 AHL 信号介导的果胶杆菌群体效应的抑制机制研究

战　鑫*，王　睿，张漫漫，刘　铜**
（海南大学植物保护学院，热带农林生物灾害绿色防控教育部重点实验室，海口　570228）

摘　要：群体感应抑制剂（QSI）是一种新兴的细菌抑制化合物，在控制细菌性病害中起着取代抗生素的作用。本研究发现棘孢木霉 LN004 发酵次生代谢产物能显著降低胡萝卜果胶杆菌（*Pectobacterium carotovorum* subsp. *carotovorum*）胞外多糖和生物膜的形成，推测 *T. asperellum* LN004 代谢产物中可能存在抑制细菌群体感应的化合物。为了进一步明确其代谢物中具有何种有群体效应抑制剂功能的化合物，利用 LC/GC-MS 从 *T. asperellum* LN004 代谢物中发现了大黄素可以有效抑制果胶杆菌生物膜、胞外多糖以及 AHL 信号的形成。通过离体接种及对果胶杆菌的毒力（PCWDEs）检测，表明大黄素可以干扰胡萝卜果胶杆菌的群体效应和毒力。为探究大黄素对群体效应的具体的淬灭机制，利用分子对接技术预测出大黄素是一种潜在的 N-酰基高丝氨酸内酯合成酶（expI）和反应调节因子（expR）配体。随后将 expI 和 expR 分别在大肠杆菌 BL21 中表达，并使用不同浓度的大黄素处理 BL21-expI/expR。研究发现，大黄素与 SAM 竞争 expI，导致 N-酰基高丝氨酸内酯（AHL）产量降低；同时，大黄素还减轻了 N-酰基高丝氨酸内酯（AHL）对 expR 的降解，进而维持了 PCWDEs 降解基因的高表达。

关键词：木霉；果胶杆菌；群体效应抑制剂；大黄素

* 第一作者：战鑫，硕士研究生，主要从事植物病原菌的生物防治；E-mail：zx1323834999@163.com
** 通信作者：刘铜，教授，博士生导师，主要从事植物病理学与生物防治研究；E-mail：liutongamy@sina.com

Design, Synthesis, and Bioactivity of Novel Pyrimidine Sulfonate Esters Containing Thioether Moiety*

LI Changkun**, LIU Youhua, Wang Fali, REN Xiaoli, JIN Linhong***, ZHOU Xia***

(*State Key Laboratory Breeding Base of Green Pesticide and Agricultural Bioengineering, Key Laboratory of Green Pesticide and Agricultural Bioengineering, Ministry of Education, Guizhou University, Guiyang 550025, China*)

Abstract: Pesticides play an important role in crop disease and pest control. However, their irrational use leads to the emergence of drug resistance. Therefore, it is necessary to search for new pesticide lead compounds with new structures. We designed and synthesized 33 novel pyrimidine derivatives containing sulfonate groups and evaluated their antibacterial and insecticidal activities. Most of the synthesized compounds showed good antibacterial activity against *Xanthomonas oryzae* pv. *Oryzae* (*Xoo*), *Xanthomonas axonopodis* pv. *Citri* (*Xac*), *Pseudomonas syringae* pv. *actinidiae* (*Psa*) and *Ralstonia solanacearum* (*Rs*), and certain insecticidal activity. A_5, A_{31} and A_{33} showed strong antibacterial activity against *Xoo*, with EC_{50} values of 4.24, 6.77 and 9.35 μg/mL, respectively. Compounds A_1, A_3, A_5 and A_{33} showed the remarkable activity against *Xac* (EC_{50} was 79.02, 82.28, 70.80 and 44.11 μg/mL, respectively). In addition, A_5 could significantly improve the defense enzyme (SOD, CAT, POD and PAL) activity of plants against pathogens, and thus improve the disease resistance of plants. Moreover, a few compounds also showed good insecticidal activity against *Plutella xylostella* and *Myzus persicae*. The results of this study provide insight for the development of new broad-spectrum pesticides.

Key words: Pyrimidine; Sulfonate; Synthesis; antibacterial activity; defense enzyme

---

* 基金项目：国家自然科学基金（21967006）

** 第一作者：李昌鲲，硕士研究生，研究方向为植物保护；E-mail：gs.lick20@gzu.edu.cn

*** 通信作者：金林红，研究员，研究方向为植物病虫害研究和防控；E-mail：lhjin@gzu.edu.cn

周霞，讲师，研究方向为天然产物修饰改造；E-mail：xzhou@gzu.edu.cn

10种杀菌剂对梨火疫病的田间药效评价

吕振豪[1,2]，陈晓晓[1,2]，伟力·肉孜[3]，刘 琦[1,2]，陈 晶[1,2]

（1. 新疆农业大学农学院，农林有害生物监测与安全防控重点实验室，乌鲁木齐 830052；
2. 农业农村部西北荒漠绿洲农林外来入侵生物防控重点实验室（部省共建），乌鲁木齐 830052；
3. 新疆巴音郭楞蒙古自治州和静县乃门莫敦镇农牧业发展服务中心，和静县 841301）

摘 要：为科学防控梨火疫病，筛选低毒、高效的防治药剂。依据田间药效试验准则，选用4%春雷霉素SL、40%春雷·噻唑锌SC、20%噻菌铜SC、12%噻霉酮WG、30%噻森铜SC、6%中生菌素SL、2%春雷霉素AS、3%噻霉酮ME、20%噻唑锌SC和0.3%四霉素AS，采用喷雾法进行田间药效试验。结果表明，供试的10种杀菌剂在田间对梨火疫病均产生防治效果。4%春雷霉素SL的田间防效最优，药后30 d时防效可达85.34%，且在试验浓度范围内对梨树安全无药害，推荐在实际生产中进行推广应用。

关键词：梨火疫病；杀菌剂；田间药效；防治效果

水稻纹枯病拮抗内生菌的筛选与定殖*

张亚婷**，王海宁，苏　心，田永恒，王　妍，魏松红***
（沈阳农业大学植物保护学院，沈阳　110866）

摘　要：水稻纹枯病（*Rhizoctonia solani*）是水稻全生育期病害，由于病原菌菌核抗逆性强以及缺乏高效抗原水稻材料，导致病害防治困难。生物防治具有对非靶标生物安全，对生态环境影响小等优点，符合我国绿色农业的发展趋势。本研究对稻田植物样本的内生菌进行分离，从中综合筛选水稻纹枯病生防菌，进而基于 *gfp* 基因标记菌株在水稻及其根际土中的定殖动态研究，为水稻纹枯病的生物防治提供理论依据。

从辽宁省 8 个市采集稻田植物样本 118 份，分离获得内生菌株 155 株。其中 SNZC-48、SNZC-59 和 LZZC-84 菌株对水稻纹枯病菌具有较高的抑制效果，抑菌圈直径分别为 28.33 mm、28.33 mm 和 21.68 mm；诱导水稻对水稻纹枯病的防治效果分别为 41.00%、48.33%和 35.40%；3 株生防菌株 30%发酵液的菌丝生长抑制率分别为 98.86%、64.47%和 40.75%。田间防效试验中，在日本晴和北粳 1705 上，3 株生防菌的保护作用均高于治疗作用，其中 SNZC-48 的防治效果与戊唑醇相当。SNZC-48 和 LZZC-84 具有一定广谱性。经形态学、生理生化特征、16S rDNA 和 gyrB 序列鉴定，SNZC-48 为贝莱斯芽孢杆菌（*Bacillus velezensis*），SNZC-59 为同温层芽孢杆菌（*Bacillus stratosphericus*），LZZC-84 为孟氏假单胞菌（*Pseudomonas mandelii*）。

其中菌株 SNZC-48 具有较强的生物膜形成能力，OD_{570} 值为 1.47。将含 *gfp* 基因供试质粒 pGFP78 通过电转的方式成功转化至 SNZC-48。标记菌株 SNZC-48-gfp 能够成功在水稻不同器官上定殖，根部和茎部的标记菌体分别于第 1 天与第 3 天分离获得，随后均呈现先上升最后趋于平稳的趋势，第 20 天根与茎中定殖数量达到高峰点，分别为 3.50×10^3 CFU/g、3.52×10^3 CFU/g。第 9 天叶中分离到了标记菌株，其定殖菌量为 3.37×10^3 CFU/g，随后呈先下降后上升而后趋于稳定的趋势。接种后的 30 d 内根际土中 SNZC-48-gfp 的浓度在 3.63×10^3～3.90×10^3 CFU/g 的范围内波动，说明标记菌株能够很快适应土壤环境，并长期定殖在水稻根际土壤中，其作用机制有待进一步研究。

关键词：水稻纹枯病菌；内生菌；生物防治；定殖

* 基金项目：现代农业产业技术体系（CARS—01）

** 第一作者：张亚婷，硕士研究生，研究方向为植物病原真菌学

*** 通信作者：魏松红，教授，研究方向为植物病原真菌学与水稻病害

防病枯草芽孢杆菌 GLB191 的全基因组测序与比较基因组分析*

赵　羽**，王　冰，李　燕***
（中国农业大学植物保护学院，北京　100193）

摘　要：芽孢杆菌作为重要的生防制剂已被广泛应用于农业生产。枯草芽孢杆菌 GLB191（*Bacillus subtilis* GLB191，简称为 GLB191）是一株分离自野生葡萄叶片并对葡萄霜霉病具有良好防治效果的内生细菌，研究发现其代谢产物丰原素（fengycin）和表面活性素（surfactin）可以有效抑制葡萄霜霉病病原菌的孢子萌发并诱导植物产生抗病性，除此外还有其他活性物质。为明确 GLB191 的基因组特性和防病相关基因，本研究通过系统发生学和比较基因组学方法系统分析了 GLB191 参与调控生防性状的功能基因组。通过 PacBio 测序和拼接获得了全长 4.14 Mb、GC 含量为 43.88%的 GLB191 完整基因组序列。GLB191 共编码 4 282个基因，其中包含 4 160个 CDS 序列，122 个编码 RNA 序列，94 伪基因序列。CDS 平均长度和平均 GC 含量分别为 880 bp 和 43.63%。为了进一步准确鉴定 GLB191 的分类，通过基于全基因组单拷贝同源基因的系统发育树重构分析发现 GLB191 被聚类在枯草芽孢杆菌亚种 168 和 NCIB 3610 菌株（分别简称为 168、NCIB 3610）分支中，同时分别计算 GLB191 与 168、NCIB 3610 的 ANI（Average Nucleotide Identity）值为 98.81% 和 98.78%，表明 GLB191 属于枯草芽孢杆菌。共线性分析结果显示 GLB191 与模式菌株 168 和 NCIB 3610 具有良好的共线性关系，但 GLB191 基因组中有较多插入突变。将插入序列与 NR、UniProtKB 和 SubtiWiki 数据库进行比对注释，结果显示插入序列多为噬菌体基因片段、部分为次生代谢物合成相关基因片段，以及编码由 VII 型分泌系统分泌的效应蛋白序列。通过 antiSMASH 预测发现 GLB191 有 4 个非核糖体多肽（bacillibactin、bacilysin、fengycin 和 surfactin）、1 个聚酮类化合物（bacillaene）、2 个核糖体合成和翻译后修饰肽（subtilosin A 和 subtilin）和其他 6 个未知次生代谢物编码基因簇。泛基因组分析表明枯草芽孢杆菌共有 1 937 个核心基因，COG、GO 和 KEGG 注释后显示核心基因主要为参与调控生长发育的重要基因以及信号转导通路基因，KEGG 富集分析发现环二鸟苷酸（cyclic diguanosine monophosphate，c-di-GMP）代谢通路基因显著富集且在所有菌株中并且高度保守。C-di-GMP 是一类细菌内普遍存在的核苷类第二信使，广泛参与调控细菌多种重要生理活动，包括与生防相关的性状如生物被膜形成、游动性、抗菌物质产生等。利用 InterPro 数据库对 GLB191 基因组进行注释并筛选 c-di-GMP 代谢酶基因，结果显示 GLB191 基因组上具有编码所有已知的枯草芽孢杆菌中 c-di-GMP 合成酶（Diguanylate cyclase，DGC）编码基因（*dgcK*、*dgcP*、*dgcW*）和磷酸二酯酶（Phosphodiesterases，PDE）编码基因（*pdeH*）。分别重构 DGC 和 PDE 在枯草芽孢杆菌组分类里的系统发生树并进行选择压力分析，结果表明 *dgcK*、*dgcP*、*pdeH* 和 *ykuI* 存在于所有枯草芽孢杆菌组的物种中但没有受到选择压力作用。而 *dgcW* 存在于除地衣芽孢杆菌和萎缩芽孢杆菌外的枯

* 基金项目：国家自然科学基金（31972982）

** 第一作者：赵羽，博士研究生；E-mail：zhao_sy@ cau. edu. cn
*** 通信作者：李燕，副教授；E-mail：liyancau@ cau. edu. cn

草芽孢杆菌组的物种中同时受到正选择压力作用。地衣芽孢杆菌和萎缩芽孢杆菌虽然没有 *dgcW*，但分别有两个拷贝的 *dgcK* 和 *dgcP*。本研究通过初步比较基因组和系统发生学分析了 GLB191 的基因组特性，为今后该菌株改良及应用提供了依据。

关键词：枯草芽孢杆菌；比较基因组；泛基因组；次生代谢物；环二鸟苷酸

生防假单胞菌在植物根际的适应性进化

李嘉慧，姜文君，张力群
（中国农业大学植物病理学系，农业农村部有害生物监测与绿色防控重点实验室，北京　100193）

摘　要：生防菌在植物根际的定殖能力对其环境适应性及生防效果具有重要意义。为研究生防菌在植物根际定殖的分子机制，本研究以荧光假单胞菌（*Pseudomonas fluorescens*）2P24 为例，在实验室中建立了该菌在小麦根际适应性进化系统，以模拟自然的进化过程，并追踪其基因组的变化情况。经过对 4 条独立进化线中 8 个生长周期的根际细菌群落进行的全基因组测序及单核苷酸多态性分析（SNP-calling），共发现 28 个单核苷酸突变，其中 8 个基因在至少 2 条不同的进化线中出现突变，且随着生长周期延长，突变比例逐渐升高，猜测其可能与该菌在小麦根际的竞争性定殖能力相关。在上述候选基因中，鞭毛数目相关基因 *fleN* 在 4 条进化线的后期均发生了突变，且部分突变频率高达 50%。实验结果显示上述 *fleN* 突变菌株相较于 2P24 祖先菌鞭毛数目略有增多，运动性及产生物被膜能力显著提高，同时在小麦根围的竞争性定殖能力提升了 2~5 倍。已有研究报道 FleN 蛋白是鞭毛转录调节因子 FleQ 的抗激活剂（Antiactivator），FleN 通过与 FleQ 互作降低其 ATPase 活性，从而调控细菌鞭毛基因的表达。本研究实验结果显示，FleN 蛋白突变体的结构发生改变，与 FleQ 的互作下降，对 FleQ 的 ATPase 活性抑制程度降低。综上所述，生防菌假单胞菌 2P24 在适应小麦根际环境的过程中，快速进化出定殖能力更强的多鞭毛突变体菌株，*fleN* 基因负责上述鞭毛数量的精细调控。本研究建立的适应性进化系统可为多种环境下的竞争性定殖提供参考，同时为筛选和改造更高效的生防菌株提供新思路和新方法。

关键词：适应性进化；根际定殖；单核苷酸多态性（SNP）；鞭毛数目基因 *fleN*

南方葡萄病害调查及绿色防控试验与炭疽病生防菌的筛选

卯明成*，赵　羽，付学池，李　燕，王　琦**
（中国农业大学植物保护学院，北京　100193）

摘　要：葡萄生产中化肥、农药的不合理施用，给安全和生态问题带来了巨大挑战，导致产量和品质下降，病原菌产生抗药性、病害猖獗、有益微生物群落失衡。因此，笔者在南方地区开展了葡萄病害调查、病原菌分离鉴定、葡萄炭疽病生防菌筛选以及开展绿色防控试验。本研究围绕病原菌的分离鉴定、绿色防控试验、葡萄病害调查和炭疽病生防菌的筛选展开论述，具体内容分为：采集云南、福建、广西和贵州的葡萄病样，进行病害病原菌的分离鉴定；分离葡萄果实内生菌，筛选葡萄炭疽病生防菌，为葡萄炭疽病生防菌剂的研发与应用提供高效生防菌株；针对葡萄产业化肥农药不规范使用的问题，在云南、福建、广西和贵州开展微生态制剂的减肥减药绿色防控试验，为南方葡萄病害绿色防治提供科学依据。

2022 年在云南、广西、贵州、福建、广东葡萄果实上共分离纯化和鉴定 237 株病原菌。依据 ITS（ITS1/ITS4）鉴定为：炭疽菌属（*Colletotrichum* spp.）、葡萄孢属（*Botrytis* spp.）、垫壳孢属（*Coniella* spp.）、葡萄座腔菌属（*Botryosphaeria* spp.）、链格孢属（*Alternaria* spp.）、黑色组曲霉（*Aspergillus* spp.）、拟盘多毛孢属（*Pestalotiopsis* spp.）、溃疡病菌属（*Lasiodiplodia*）等病原菌。

对南方地区采集的 67 株 *Colletotrichum* spp. 真菌进行形态学和通过 ITS、ACT、CHS 和 GAPDH 多基因系统发育分析。首次在云南葡萄主产区的红提、阳光玫瑰和深红无核葡萄上鉴定到 *C. fructicola* 和 *C. hebeiense*；首次在广西葡萄瑞都红玉葡萄上鉴定到 *C. viniferum*；首次在福建福安阳光玫瑰和巨峰葡萄上鉴定到 *C. fructicola*。在云南、福建、广西和贵州主产区葡萄炭疽菌的优势种是 *C. viniferum*。

采集发病严重的葡萄园的健康葡萄果实进行分离，纯化培养到 214 株内生菌。通过离体果实的初筛和多次离体果实的复筛，共得到 12 株具有高效生防潜力的葡萄果实内生菌。通过菌落形态学和基于 16S rDNA 和 *gyrA* 基因序列的分子生物学分析，对 5 株生防菌进行鉴定，均属于 *Bacillus velezensis*（贝莱斯芽孢杆菌）。进行生防机制的初探发现，5 株生防菌均有明显的抑菌活性，生防菌对强致病性的靶标真菌炭疽病菌的拮抗效果显著。

2022 年在云南、广西、贵州、福建进行葡萄果实病害调查研究，明确了葡萄果实病害发生及危害情况。云南葡萄果实病害有炭疽病、灰霉病、白粉病、气灼病、冷害、日灼病，其中日灼病在云南葡萄主产区的危害最大；广西葡萄果实病害有炭疽病、灰霉病、酸腐病、白腐病、黑曲病；贵州葡萄果实病害有锈病、炭疽病、灰霉病、霜霉病、黑痘病，其中炭疽病危害最重，很多葡萄园几乎绝产绝收；福建葡萄果实病害有炭疽病、灰霉病、酸腐病、白腐病、黑曲病，以及高温和光照导致的缩果和日灼病。

关键词：病原菌的分离鉴定；葡萄病害绿色防控；生防菌筛选；葡萄果实病害调查

* 第一作者：卯明成，硕士研究生；E-mail：2895174178@qq.com
** 通信作者：王琦，教授；E-mail：wangqi@cau.edu.cn

小麦叶锈菌对戊唑醇敏感性测定*

王　苹[1**]，梁苍娟[1]，王玉芹[2]，张宝立[3]，孟庆芳[1***]，闫红飞[1***]，刘大群[1***]

（1. 河北农业大学植物保护学院，国家北方山区农业工程技术研究中心，河北省农作物病虫害生物防治工程技术研究中心，保定　071000；2. 河北省科学技术普及和信息中心，石家庄　050011；3. 河北省乡村振兴促进中心，石家庄　050011）

摘　要：小麦叶锈病是由小麦叶锈菌（*Puccinia triticina*）引起的真菌气传病害，该病害会造成感病小麦品种穗粒数减少，品质下降，导致减产。化学防治具有快速、稳定的特点，生产上常使用三唑类药物进行防治，但此类杀菌剂有中等或者高抗药性的风险。建立病原菌对杀菌剂的敏感基线是抗药性鉴别和监测的基础。本研究以采自河北、河南、山东、山西和四川的 90 株小麦叶锈菌菌株为材料，采用孢子萌发法测定其对戊唑醇的敏感性。供试小麦叶锈菌对戊唑醇的 EC_{50}值为 6. 963~18. 192mg/L，EC_{50}平均值为（11. 291 3±0. 227 6）mg/L，EC_{50}最高值与最低值相差 2. 61 倍，供试小麦叶锈菌对戊唑醇的敏感性频率分布呈单峰曲线，符合正态分布，平均 EC_{50}值可作为小麦叶锈菌的敏感基线，SPSS26. 0 软件聚类结果显示，5 个省份的小麦叶锈菌菌株对戊唑醇的敏感性差异较大，与菌株来源无明显相关性。本试验结果表明小麦叶锈菌对戊唑醇尚未有抗药性产生，可以应用到小麦叶锈病的综合防治中。

关键词：小麦叶锈菌；戊唑醇；敏感性

---

* 基金项目：河北省重点研发计划项目（21326508D）；河北省现代农业产业技术体系创新团队项目（HBCT 2018010204）

** 第一作者：王苹，硕士研究生，主要从事分子植物病理学相关研究；E-mail：1004713790@ qq. com

*** 通信作者：孟庆芳，副教授，硕士生导师，从事植物病害防治与分子植物病理学研究；E-mail：qingfangmeng500@ 126. com

闫红飞，教授，硕士生导师，从事植物病害防治与分子植物病理学研究；E-mail：hongfeiyan2006@ 163. com

刘大群，教授，博士生导师，从事植物病害防治与分子植物病理学研究；E-mail：ldq@ hebau. edu. cn

辣椒细菌性软腐病拮抗乳酸菌的筛选及其对 *Pectobacterium* 的抑菌作用研究

唐冀韬[1]，易兰花[1,2]，邓丽莉[1,2]，曾凯芳[1,2,3]
（1. 西南大学食品科学学院，重庆 400715；2. 川渝共建特色食品重庆市重点实验室，重庆 400715；3. 国家柑桔工程技术研究中心，重庆 400715）

摘 要：辣椒在贮运过程中易发生细菌性腐烂，主要是由 *Pectobacterium* 引起的软腐病造成。但是，针对辣椒采后软腐病，目前尚无安全、有效的防腐剂。乳酸菌是公认安全的食品级微生物，拮抗效果较好，能生产多种抗菌化合物（有机酸、过氧化氢、细菌素等）。为了筛选出能有效抑制辣椒采后细菌性软腐病的乳酸菌，本试验挑选发酵和腌制食品（如泡菜、腊肉、香肠等）为最初分菌对象，共分离菌株 320 株，离体条件下探究分离得到的乳酸菌对辣椒细菌性软腐病病原菌 *Pectobacterium* 的抑菌效果，筛选出 29 株具备拮抗能力的乳酸菌并鉴定，鉴定为肠膜明串珠菌（*Leuconostoc mesenteroides*）、沙克乳酸杆菌（*Lactobacillus sakei*）、植物乳杆菌（*Lactobacillus plantarum*）、清酒乳杆菌（*Latilactobacillus sakei*）、柠檬明串珠菌（*Leuconostoc citreum*）、食品乳酸杆菌（*Companilactobacillus alimentarius*）、粪肠球菌（*Enterococcus faecium*）、海氏肠球菌（*Enterococcus hirae*）、腐生葡萄球菌（*Staphylococcus saprophyticus*）、土壤葡萄球菌（*Staphylococcus edaphicus*）。以辣椒为试材，探究离体条件下筛选出的 29 株拮抗乳酸菌对辣椒细菌性软腐病的防治效果，最终选出了一株肠膜明串珠菌（*Leuconostoc mesenteroides*），肠膜明串珠菌的细菌素粗提物在体外对 *Pectobacterium* 有显著的抑制效果。Illumina 二代测序后，经数据库比对，肠膜明串珠菌基因簇上含有一种新型细菌素。随后与商业化防治细菌性病害的枯草芽孢杆菌 R31 在辣椒上进行控制软腐病效果对比，发现肠膜明串珠菌控制效果显著好于枯草芽孢杆菌 R31。

关键词：乳酸菌；细菌素；细菌性软腐病；抑菌活性

土壤中甲基磺草酮残留对烟草的药害评价*

常　栋[1**]，李　豪[2]，陈少峰[2]，李俊营[1]，
王　博[2]，许跃奇[1]，崔江宽[2]，蒋士君[2]，孟颢光[2***]
（1. 河南省烟草公司平顶山公司，平顶山　467000；
2. 河南农业大学植物保护学院，郑州　450002）

摘　要：甲基磺草酮是一种新三酮类广谱选择性触杀型除草剂，具有用量少、安全性高、效果好等特点，在田间被广泛用于防治禾本科杂草。为了明确除草剂甲基磺草酮土壤残留对烟草生长的影响，配制药土含量 25 μg/kg、50 μg/kg、100 μg/kg、200 μg/kg、400 μg/kg、800 μg/kg、1 600 μg/kg 的甲基磺草酮进行盆栽试验，以清水为对照，测定其对烟草的药害作用。结果表明：施药后 7d，25μg/kg 的药剂处理对于烟草的生长没有明显影响，50μg/kg 的药剂处理使烟草的心叶轻微褪绿黄化；100μg/kg 药剂处理使烟草的心叶完全褪绿黄化；200μg/kg 药剂处理使烟草的心叶部分褪绿白化；400μg/kg 药剂处理使烟草的心叶部分褪绿白化；800μg/kg 和 1 600μg/kg 的药剂处理使烟草的心叶部分及部分叶片褪绿白化。

关键词：甲基磺草酮；残留；烟草；药害评价

* 基金项目：烟田除草剂残害预警及治理技术（PYKJ202209）
** 第一作者：常栋，农艺师，主要从事烟草栽培及土壤保育研究；E-mail：cd411@ outlook. com
*** 通信作者：孟颢光，副教授，主要从事病害绿色防控研究；E-mail：menghaoguang@ henau. edu. cn

土壤中烟嘧磺隆残留对白菜的药害评价*

李　豪[1**]，陈少峰[1]，李俊营[2]，王　博[1]，
许跃奇[2]，崔江宽[1]，蒋士君[1]，孟颢光[1***]，常　栋[2***]
（1. 河南农业大学植物保护学院，郑州　450002；
2. 河南省烟草公司平顶山公司，平顶山　467000）

摘　要：烟嘧磺隆属于磺酰脲类内吸传导型除草剂，具有用量少、安全性高、效果好等特点，在田间被广泛用于防治杂草，其可以抑制乙酰乳酸合成酶的合成进而影响植物的分生组织，造成植物组织褪绿坏死。对白菜的药害症状主要表现为植株矮小，叶片小，整株或心叶黄化，根系发育受阻。为了明确除草剂烟嘧磺隆土壤残留对白菜生长的影响，以清水为对照，配制 6.25 μg/L、12.5 μg/L、25 μg/L、50 μg/L、100 μg/L、200 μg/L、400 μg/L 的烟嘧磺隆进行盆栽试验，测定了烟嘧磺隆对白菜的药害作用。通过研究发现，施药 7 d 后，白菜的根长分别为 3.34 cm、3.34 cm、2.98 cm、1.85 cm、0.82 cm、0.40 cm、0.40 cm、0.40 cm，即除 6.25μg/L 的烟嘧磺隆对白菜的根长没有抑制效果外，其余浓度的药剂对白菜根的生长均具有显著的抑制作用，12.5 μg/L 浓度的药剂处理是对白菜萌发生长发育的最低抑制浓度。

关键词：烟嘧磺隆；残留；白菜；药害评价

---

* 基金项目：烟田除草剂残害预警及治理技术（PYKJ202209）

** 第一作者：李豪，科研助理，主要从事烟草病害防治研究；E-mail：Li_ Hao_ zZ@ 163. com
*** 通信作者：孟颢光，副教授，主要从事病害绿色防控研究；E-mail：menghaoguang@ henau. edu. cn
常栋，农艺师，主要从事烟草栽培及土壤保育研究；E-mail：cd411@ outlook. com

农药信息学平台及其在分子设计方面的应用

郝格非[1,2]

（1. 贵州大学精细化工研究开发中心，绿色农药全国重点实验室，贵阳　550000；
2. 华中师范大学化学学院，绿色农药全国重点实验室，武汉　430079）

摘　要：高效、低风险的绿色农药已成为农业绿色发展的必然选择。但成功创制一个绿色农药新品种需要合成筛选约 16 万个化合物，耗资 2.86 亿美元，从首次合成到正式上市平均历时 11.3 年。因此，创制绿色农药是挑战性极高的科学难题。围绕绿色农药创制中“分子靶标与先导结构之间的相互作用关系”这一关键科学问题，相关研究人员通过农药信息学研究，建立了较系统的农药信息学平台，为蛋白可靶性和分子成药性分析提供工具。进一步运用自主发展的农药信息学方法，先后发现了 1 种“准”新杀菌剂、1 种全新作用机制的 ABA 拮抗剂、1 种除草剂候选化合物及 3 种 PPO 抗性突变基因。研究还发现了迄今为止分子靶标水平上结合力最高（皮摩尔，K_i = 43 pmol/L）的细胞色素 bc1 复合物抑制剂和选择性高达 1 276 倍的单胺氧化酶抑制剂等高活性先导化合物。目前，该平台已经有来自 100 多个国家的近 8 000 名用户在使用。

关键词：农药创制；靶标确证；分子设计；农药信息学

大蒜酵素对烟草黑胫病的防治效果*

闫学成**，于成明，田叶韩，高克祥***
（山东农业大学植物保护学院，泰安 271018）

摘　要：烟草黑胫病是由烟草疫霉菌（*Phytophthora nicotianae*）引起的土传病害，是烟草栽培中常见的病害之一，给烟草生产造成了严重的经济损失，因此迫切需要研发烟草黑胫病的绿色防控技术。本研究采用大蒜切片废液为原料制备大蒜酵素，经 3 个月厌氧发酵，大蒜酵素 pH 值由 6.80 下降到 3.16。在烟草盆栽防病试验中，在烟草移栽过程时，采用稀释 300 倍酵素结合定根水进行浇灌处理，以商品杀菌剂为阳性对照。研究结果表明：大蒜酵素对烟草黑胫病具有一定的防治效果，不同大蒜切片废液比例的制备的大蒜酵素（0%、25%、50%、75%和 100%）处理下烟草黑胫病发病率分别为 61.1%、55.5%、50.0%、38.9%和 30.6%。相比于阳性对照烟草黑胫病发病率 75.0%，不同大蒜切片废液比例制备的大蒜酵素（0%、25%、50%、75%和 100%）对烟草黑胫病防治效果分别为 18.5%、26.0%、33.3%、48.1%和 59.2%。同时，100%大蒜切片废液制备的大蒜酵素处理的烟草株高、叶长和叶宽分别达到 14.41 cm、13.13 cm 和 6.68 cm，相对于 0%大蒜切片废液制备的酵素处理（株高、叶长和叶宽分别达到 11.50 cm、10.39 cm 和 5.78 cm）均有明显提高。本试验结果表明，大蒜酵素可促进盆栽烟草的生长和降低烟草黑胫病的发病率，大蒜酵素在大田条件下是否对烟草生长和防治烟草黑胫病有同样效果，还有待于进一步试验。

关键词：烟草黑胫病；烟草疫霉菌；大蒜酵素；绿色防控

---

* 基金项目：烟草行业烟草病虫害监测与综合治理重点实验室开放课题（KLTPMIMT2022-16）
** 第一作者：闫学成，硕士研究生，研究方向为植物病害生物防治；E-mail：yanxuecheng97@163.com
*** 通信作者：高克祥，教授，研究方向为植物病害生物防治；E-mail：kxgao63@163.com

抑制类拟盘多毛孢菌的益智内生生防细菌的筛选与鉴定*

崔秀芬**，郝志刚，王旭东，楚文清，陈梦淮，罗来鑫，李健强***
（中国农业大学植物病理学系，种子病害检验与防控北京市重点实验室，北京 100193）

摘 要：益智（*Alpinia oxyphylla*）是姜科（Zingiberaceae）山姜属（*Alpinia*）多年生草本半阴生植物，主要分布于海南、广东、广西等温暖湿润的地区。益智是我国著名的“四大南药”之一，在中医药领域中应用比较广泛，医学价值较高。类拟盘多毛孢（*Pestalotiopsis*-like）引起的益智轮纹叶枯病为益智生长过程中的主要病害，在适宜条件下，发病率可达50%以上，病斑面积可达叶面积的1/3~1/2，重病株上的病叶全部变褐枯死，给生产造成严重损失。生物防治是药用植物病害绿色防治的重要措施之一，高效生防菌的筛选利用已成为近年来植物病害防治研究的重要方向。因此，挖掘益智内生生防细菌，可为益智病害的绿色防控提供新选择。

本研究从海南省6个县市10个乡镇中采集的益智叶片及根茎中分离得到57株内生细菌，通过对峙培养，发现其中7株细菌对引起益智轮纹叶枯病的新拟盘多毛孢（*Neopestalotiopsis* sp.）有明显的抑制作用，其中分离物NM7的抑制率可达60%以上。通用引物27F/1492R扩增测序及特异性引物GLA、PG及Bgla/toxA的PCR检测，将NM7初步鉴定为唐菖蒲伯克霍尔德氏菌（*Burkholderia gladioli*），其在LB平板上菌落呈现不规则圆形、乳白色、不透明、表面粗糙有褶皱。刺伤接种NM7，益智叶片不表现坏死、变色等病变症状，表明NM7对益智安全。此外，在PDA平板上，NM7对拟盘多毛孢（*Pestalotiopsis* sp.）、假拟盘多毛孢（*Pseudopestalotiopsis* sp.）的抑制率均可达到60%以上。综上所述，益智内生细菌NM7可作为潜在的生防因子，用于益智轮纹叶枯病等病害的绿色防控。

关键词：益智；轮纹叶枯病；类拟盘多毛孢；唐菖蒲伯克霍尔德氏菌

---

* 基金项目：云南省重大科技专项计划（202102AE090042-02）；中国农业大学三亚研究院引导资金项目（SYND-2022-11）
** 第一作者：崔秀芬，硕士研究生，主要从事中药材病害及其绿色防控研究；E-mail：cuixiufencoco@163.com
*** 通信作者：李健强，博士生导师，主要从事种子病理学及植物病原细菌抗逆机制研究；E-mail：lijq231@cau.edu.cn

鸟苷四磷酸对番茄溃疡病菌致病力的影响

许晓丽*，石　佳，王旭东，李健强，罗来鑫**
（中国农业大学植物病理学系，种子病害检验与防控北京市重点实验室，北京　100193）

摘　要： 番茄溃疡病是番茄生产中一种极具毁灭性的种传细菌病害，在世界范围内广泛分布，其病原菌为密执安棒状杆菌（*Clavibacter michiganensis*，简称 Cm），是我国重要的检疫性有害生物。鸟苷四磷酸（ppGpp）是细菌在面临各种严酷环境（如营养匮乏）时产生的一种重要生理信号分子，本实验室前期研究发现，*rel* 是控制 Cm 中 ppGpp 合成和水解的唯一基因，ppGpp 的缺失影响菌株的生长、菌落形态、胞外多糖分泌和抗逆能力，在 Cm 的生存过程中发挥了至关重要的作用。

为探明 ppGpp 对番茄溃疡病菌致病力的影响，本研究以 Cm 野生型和鸟苷四磷酸缺失突变体 $ppGpp^0$菌株为材料，分别对其致病力、胞外酶分泌、生物膜产量等相关表型进行了测定。结果显示，针刺法接种 3~5 叶期的番茄 21d 后，野生型导致的病斑面积显著大于 $ppGpp^0$；在接种后 7d 内，不同菌株在接种点附近的定殖菌量没有显著差异，同时，茎秆中不同位置在 5 dpi、10 dpi、15 dpi 的可培养菌量水平也没有差异。与野生型相比，$ppGpp^0$菌株在固体培养基上的木聚糖酶、胞外淀粉酶分泌量下降，生物膜形成和蹭行能力减弱。上述结果表明，ppGpp 缺失导致番茄溃疡病菌的致病力下降，但是不影响菌株定殖和在茎秆中的迁移能力。目前正在对 ppGpp 调控番茄溃疡病菌致病力的机制进行探究。

关键词： 番茄溃疡病菌；鸟苷四磷酸；致病力；表型测定

* 第一作者：许晓丽，博士研究生，主要从事植物病原细菌抗逆机制研究；E-mail：xuxl1123@ 126. com
** 通信作者：罗来鑫，博士生导师，主要从事种子病理学及植物病原细菌抗逆机制研究；E-mail：luolaixin@ cau. edu. cn

丁香假单胞菌 B-1 对苹果采后灰霉病的防治效果*

郝柏慧**，付凯文，李世昱，许宇昕，李晓鹏，赵润欣，王彩霞***
（青岛农业大学植物医学学院，青岛　266109）

摘　要：灰霉病是苹果贮藏期间的主要病害之一，在苹果采后的运输、贮藏等过程中均可造成损失，因此有效控制灰霉病对于苹果采后贮藏保鲜具有重要意义。目前，苹果采后灰霉病的主要防治方法为药剂处理结合低温冷藏，但灰霉病菌 *Botrytis cinerea* 耐低温能力较强，即使 0℃冷藏也可造成果实腐烂。而化学杀菌剂的大量使用导致药剂残留和病原菌抗药性问题日趋严重，部分杀菌剂已被有些国家限制或禁止使用。因此，寻找可替代化学杀菌剂、安全有效防治苹果采后灰霉病的方法具有重要的现实意义。

课题组前期在苹果果实表面筛选获得一株高效生防菌株丁香假单胞菌 *Pseudomonas syringae* B-1，其对苹果采后灰霉病防效达 78%以上，菌株 B-1 最佳使用浓度为 10^9 CFU/mL。研究发现，菌株 B-1 发酵上清液对灰霉病菌菌丝生长和孢子萌发的抑制作用均不足 20%，但可显著提高苹果果实内防御相关酶活性，减轻灰霉病菌侵染对果实造成的氧化损伤，同时，菌株 B-1 处理可快速积累果实内抗病物质如水杨酸、木质素、总酚等，保护果实不受灰霉病菌侵染。

关键词：丁香假单胞菌；采后灰霉病；生物防治

* 基金项目：现代苹果产业技术体系（CAR-27）；大学生创新创业训练计划项目
** 第一作者：郝柏慧，本科生，植物保护专业
*** 通信作者：王彩霞，教授，主要从事果树病害研究；E-mail：cxwang@ qau. edu. cn

抗生姜青枯病菌拮抗菌的筛选、鉴定及抑菌活性检测*

何朋杰**，罗喜燕，吴小云，张佳佳，崔文艳***
（贵州中医药大学基础医学院，贵阳 550025）

摘 要：为了筛选获得对生姜青枯病病原菌具有拮抗作用的菌株，并对其抑菌活性进行检测，进而为生姜青枯病生物防治提供菌种资源，拟通过平板对峙法筛选对生姜青枯病原菌具有拮抗作用的菌株；采用共培养实验测定拮抗菌株对青枯病原菌的竞争作用；通过形态学、生理生化及分子生物学鉴定拮抗菌株的分类地位；利用酶联免疫吸附法测定拮抗菌株产生 IAA 的能力；利用平板对峙法评估 2 种代表性拮抗细菌对 6 种常见病原真菌的抑菌效果。研究结果表明：从 137 株生姜根际促生菌中筛选出 10 株对青枯病原菌具有良好拮抗效果的菌株，其抑菌率为 21.14%~42.21%。在共培养试验中，10 株拮抗菌菌显著抑制病原菌的生长。结合菌落形态特征、生理生化测定和 16S rDNA 序列分析结果，将 10 株拮抗菌株均鉴定为贝莱斯芽孢杆菌。10 株拮抗菌均能产生 IAA，其中菌株 L3 产 IAA 能力最强，其发酵液 IAA 含量为 3.60 μmol/L。代表性菌株 L57、F18 对 6 种常见植物病原真菌的抑菌活性为 54.2%~64.2%，具有广谱的抑菌效果。从生姜根际促生菌种筛选得到 10 株能高效抑制青枯病原菌的拮抗菌株，其兼具良好的防病和促生潜力，可作为研制生姜青枯病生物防治菌剂的备选菌株。

关键词：生姜；青枯病；青枯劳尔氏菌；拮抗；IAA；抑菌谱

---

* 基金项目：贵州省科技支撑计划（黔科合支撑〔2020〕4Y109）；贵州省基础研究计划项目（黔科合基础 ZK〔2021〕一般 147）

** 第一作者：何朋杰，主要从事农作物和中药材病害生物防治研究；E-mail：gzhepj2006@163.com

*** 通信作者：崔文艳，主要从事农作物和中药材病害生物防治研究；E-mail：2276612334@qq.com

利用合成生物学实现抗菌活性物质 myxin 在绿针假单胞菌中的表达*

徐高歌**，承心怡，赵杨扬，刘凤权***
（江苏省农业科学院植物保护研究所，南京　210014）

摘　要：Myxin（1-羟基-6-甲氧基-5，10-二氧吩嗪）是生防细菌抗生素溶杆菌（*Lysobacter antibioticus*）OH13 产生的一种吩嗪类次级代谢产物，对多种植物病原细菌具有良好拮抗活性。罗氏公司曾将 myxin 的铜螯合物 cuprimyxin 开发为兽用抗生素，表明 myxin 对环境友好，具有被开发为微生物源农药的潜力。但 OH13 在发酵过程中极易发生机制复杂的自溶现象，导致 myxin 不能持续合成和累积（原始产量仅约 8 μg/mL），远不能满足产业化需求；而化学合成难度大且污染环境，也不是提高 myxin 产量的较好途径。因此，更换更适宜 myxin 表达的底盘菌株并通过合成生物学对合成元件进行改良，是提高 myxin 产量的突破口。

在前期工作中，笔者分离了一株绿针假单胞菌（*Pseudomonas chlororaphis*）TC3，其对 myxin 具有一定的耐受能力，且由于本身也产生吩嗪类化合物，推测与 OH13 有相似的外排泵系统，可作为 myxin 异源表达的底盘菌株。笔者通过基因改造首先使得 TC3 能够产生 myxin 的合成前体 PDC（吩嗪-1，6-二羧酸），后续只需 myxin 的合成基因簇上的 3 个酶（PhzS、PhzNO1、PhzM）依次工作，即能合成 myxin。但将上述基因导入底盘菌株后，笔者发现 PDC 经 PhzS 羟基化生成 DHP（1，6-二羟基吩嗪）后，总是先与 PhzM 反应再与 PhzNO1 反应，最终生成活性较低的副产物，即使通过启动子、核糖体结合位点进行调整也无法改变 PhzM 与 PhzNO1 的工作顺序。因此，笔者采用了相分离技术，使 PhzS 和 PhzNO1 通过液-液相分离形成“无膜细胞器”，实现细胞内部区室化，以此减少 PhzM 对 DHP 的竞争，提高了 PhzNO1 对 DHP 的催化效率，从而实现了 myxin 在绿针假单胞中的异源合成，为后续优化和构建 myxin 高产工程菌株奠定了基础。

关键词：溶杆菌；次生代谢产物；底盘菌株；异源表达；相分离

---

* 基金项目：江苏省自主创新资金［CX（20）3136］

** 第一作者：徐高歌，副研究员，主要从事植物病害的生物防治研究；E-mail：gg880712@163.com

*** 通信作者：刘凤权，研究员，主要从事病原细菌-寄主植物互作、植物病害生物防治以及农药、重金属快速检测方面的研发和应用工作；E-mail：fqliu20011@sina.com

基于 RPA/Cas12 系统的桃疮痂病菌抗 MBCs 杀菌剂一步法快速检测*

胡加杰[1,2**]，刘　铎[1,2]，蔡民政[1,2]，周　扬[3]，阴伟晓[2]，罗朝喜[1,2***]
（1. 华中农业大学，果蔬园艺作物种质创新与利用全国重点实验室，武汉　430070；
2. 华中农业大学植物科技学院，湖北省作物病害监测及安全控制重点实验室，武汉　430070；
3. 中国农业科学院油料作物研究所，武汉　430062）

摘　要：桃疮痂病菌（*Venturia carpophila*）对苯并咪唑类杀菌剂（MBCs）的高抗性是由 β 微管蛋白（TUB2）基因的 E198K 点突变引起的。传统的杀菌剂抗性检测方法费时费力，通常基于繁琐的操作、依赖昂贵的设备和受过专业培训的人员。因此，建立高效的 *V. carpophila* 对苯并咪唑类杀菌剂抗性田间检测方法，对制定适宜的防治策略和保障食品安全具有重要意义。基于重组酶聚合酶扩增（RPA）结合 CRISPR/Cas12a 技术，研究人员建立了检测 *V. carpophila* 对苯并咪唑类杀菌剂抗性的快速一步法 ORCas12aBRVc（一步法 RPA-CRISPR/Cas12 平台）。ORCas12a-BRVc 通过在管底和管壁分别添加成分，实现了一步法检测，解决了 Cas12a 切割和 RPA 扩增之间竞争 DNA 底物导致的灵敏度降低及气溶胶污染的问题。ORCas12a-BRVc 检测方法可在 37 ℃、45 min 内完成低至 7.82×10^3 fg/μL *V. carpophila* 基因组 DNA 的检测。同时，由于 Cas12a-crRNA 复合物的特异性识别能力，该方法表现出良好的特异性。此外，研究人员将一种能够在 2 min 内快速提取 *V. carpophila* DNA 的方法与 ORCas12a - BRVc 相结合，可以快速和简便检测田间具有苯并咪唑杀菌剂抗性的 *V. carpophila*。ORCas12a-BRVc 检测具有简单、快速、高灵敏度、高特异性和易于操作等优点，不需要精密仪器，也不需要分离和培养病原菌。本研究是基于 RPA 和 CRISPR / Cas12a 结合的一步法在杀菌剂抗性检测中的首次应用，可用于田间抗性种群监测，为制定适宜的桃疮痂病防治策略提供指导。

关键词：杀菌剂抗性；一步法检测；MBC 杀菌剂；桃疮痂病菌；RPA；CRISPR / Cas12a

---

* 基金项目：国家桃产业技术体系（CARS-30）
** 第一作者：胡加杰
*** 通信作者：罗朝喜，教授；E-mail：cxluo@ mail. hazu. edu. cn

基于跨界 RNAi 防治水稻稻曲病的研究*

章宇婕**，阴伟晓***，罗朝喜***
（华中农业大学植物科学技术学院，武汉　430070）

摘　要：由 *Ustilaginoidea virens* 引起的水稻稻曲病已成为全球水稻种植区最具破坏性的病害。目前，对于稻曲病的防治主要是采用化学药剂，抗稻曲病品种选育也未有突破性进展。近来研究表明，体外合成的 dsRNA 直接喷施于植物表面可以显著提高植物的抗病性，即喷雾诱导基因沉默（Spray-induced gene silencing，SIGS）。本课题组将相关病原菌靶基因的双链 RNA（double-stranded RNA，dsRNA）作用于稻曲病菌孢子，测定靶基因的表达量，以探究稻曲病菌对外源 RNA 的吸收能力。为了提高 dsRNA 的吸收效率以及 dsRNA 在环境中的稳定性，筛选纳米材料负载 RNA。本研究采用单凝聚法制备 CS-dsRNA 和离子交联法制备 CS-TPP-dsRNA，对比二者进入孢子的效率，为后续利用纳米材料在 RNAi 防治水稻稻曲病的应用奠定了基础。除此之外，针对选取的靶基因开发了利用 HIGS（Host-induced gene silencing）技术的新型抗病品种。该研究有利于进一步建立和完善绿色水稻稻曲病的防控技术体系。

关键词：水稻稻曲病；SIGS；双链 RNA；HIGS；病害防治

* 基金项目：国家重点研发计划-南方双季稻区主要病虫害的绿色防控技术（2016YFD0300700）；湖北省重点研发计划项目-水稻稻曲病综合防控关键技术研究与应用（2021BBA236）

** 第一作者：章宇婕，硕士研究生，主要从事作物病害综合治理研究；E-mail：1031844983@ qq. com

*** 通信作者：阴伟晓，副教授，主要从事水稻病害及果树病害研究；E-mail：wxyin@ mail. hzau. edu. cn

罗朝喜，教授，主要从事水稻病害及果树病害研究；E-mail：cxluo@ mail. hzau. edu. cn

芒孢腐霉引发水稻立枯病病原物鉴定及防治策略的研究*

刘金鑫**，李永刚***
（东北农业大学植物保护学院植物病理学系，哈尔滨 150030）

摘 要：黑龙江省是中国最大的粳稻种植基地，常年种植面积约 6 000 万亩，占全国粳稻种植面积的 45%左右。作为我国东北地区水稻重要产区，黑龙江省由于特殊的寒地冷凉条件导致水稻立枯病成为水稻苗期最严重的病害。本课题组从黑龙江省绥化市水稻立枯病原菌种群中共分离获得 45 株水稻立枯病菌，通过形态学和分子生物学鉴定为 5 种病原菌：尖镰孢（*Fusarium oxysporum*）23 株，占比 51.1%；芒孢腐霉（*Pythium aristosporum*）10 株，占比 22.2%；芳香镰孢（*F. redolens*）6 株，占比 13.3%；腐皮镰孢（*F. solani*）3 株，占比 6.7%；立枯丝核菌（*Rhizoctonia solani*）3 株，占比 6.7%。其中，芒孢腐霉作为水稻立枯病的病原菌在中国东北地区首次被报道。针对黑龙江省水稻立枯病的新病菌——芒孢腐霉，开展了生物学特性、寄主范围及对常用化学药剂（甲霜·恶霉灵、三乙膦酸铝和甲霜·霜霉威）的室内敏感性和温室盆栽药效测定，结果表明芒孢腐霉最适生长条件为温度 25℃、pH 值=6、24 h 光照培养；芒孢腐霉可侵染小麦、玉米、高粱、紫花苜蓿、燕麦和白三叶草并引发根腐病，但不侵染大豆、黑豆和黄瓜；芒孢腐霉对甲霜·霜霉威高度敏感，EC_{50}平均值为 0.013 8 μg/mL，其次是甲霜·恶霉灵；在温室盆栽试验中，313 μg/mL 甲霜·霜霉威防治水稻立枯病的效果为 84.1%，且还能增强水稻幼苗的质量。综上所述，中国东北地区的环境有利于芒孢腐霉生长发育，水稻与大豆、黑豆、黄瓜轮作或使用化学药剂甲霜·霜霉威可有效控制水稻立枯病的发生。本研究首次报道了芒孢腐霉为水稻立枯病的致病菌，并明确了芒孢腐霉的寄主范围和化学防治药剂，为制定有效的防治策略和水稻抗病品种的筛选培育提供理论依据。

关键词：芒孢腐霉；鉴定；生物学特性；寄主范围；药效

* 基金项目：中国科学院战略性先导科技专项（XDA28100000）；黑龙江省重点研发计划项目（GA22B014）
** 第一作者：刘金鑫，讲师，研究方向为土传真菌病害
*** 通信作者：李永刚，教授，研究方向为真菌病害

Control of Fusarium Head Blight of Wheat with *Bacillus velezensis* E2 and Potential Mechanisms of Action

WANG Chengang, XU Xingang, ZHAO Tianyuan, MA Jianing, SUN Weihong*

(*School of Agricultural Engineering*, *Jiangsu University*, *Zhenjiang* 212013, *China*)

Abstract: Wheat growth is easily inhibited by Fusarium head blight (FHB) infection, which poses a huge threat to wheat storage and food safety. A promising method for controlling the FHB pathogen is by using the antagonistic bacteria. In this study, a fungal strain was isolated from diseased wheat and identified as *Fusarium asiaticum*. *Bacillus velezensis* E2 isolated from a previous investigation in our laboratory, showed a notable inhibitory effect on *F. asiaticum* growth and deoxynivalenol (DON) formation in grains. Spore germination was significantly reduced when being treated with *B. velezensis*, and they appeared to have vesicular structures when examined under the microscope. Observations using the scanning electron microscopy (SEM) showed that the hyphae of *F. asiaticum* were shrunken and broken, and growth and DON production were suppressed when treated with *B. velezensis*. The RNA-seq results of hyphae treated with *B. velezensis* showed that differentially expressed genes (DEGs) which were involved in multiple metabolic pathways such as toxin synthesis, autophagy process, and glycan synthesis, especially the genes associated with DON synthesis were significantly downregulated. In summary, this study provides new insights and antagonistic mechanisms for the biological control of FHB.

Key words: Wheat; *Fusarium asiaticum*; *Bacillus velezensis*; Fusarium head blight

* Corresponding author: SUN Weihong; E-mail: weihongsun2009@163.com

川芎根腐病生防细菌的筛选与鉴定*

孙小芳**，曾华兰***，刘　勇，华丽霞，何　炼，蒋秋平，叶鹏盛
（四川省农业科学院经济作物研究所，成都　610300）

摘　要：伞形科植物川芎（*Ligusticum chuanxiong* Hort.）的干燥根茎具有活血行气、祛风止痛的功效，是著名的川产道地药材。由镰孢菌（*Fusarium* spp.）引起的根腐病是川芎栽培中的重要病害，田间发病率可达30%以上，给川芎生产造成严重损失。为探索对该病有效的生物防治途径，笔者于2021—2022年从四川省彭州市川芎主产区采集12份川芎根际土壤样品，采用稀释平板法分离得到根际细菌200株。以川芎根腐病菌 *F. solani*（CXGF-1）和 *F. oxysporum*（CXGF-2）为靶标，通过PDA平板对峙培养，筛选出菌丝抑菌率在60%以上的菌株18株，经形态学及16S rDNA序列测定，鉴定结果表明：芽孢杆菌属（*Bacillus* spp.），6株；链霉菌属（*Streptomyces* spp.），5株；假单孢菌属（*Pseudomonas* spp.），3株；金黄杆菌属（*Chryseobacterium* spp.），2株；伯克氏菌属（*Burkholderia* spp.），2株。进一步测定了18株细菌对川芎核盘菌 *Sclerotinia sclerotiorum*（CXJH）、麦冬根腐病菌 *F. oxysporum*（MDGF-1）、附子根腐病菌 *F. verticillioides*（FZGF-1）、黄精炭疽病菌 *Colletotrichum gloeosporioides*（HJTJ）的抑制作用。结果表明，3株芽孢杆菌（J-3-4、B-1-7、B-4-5）、3株链霉菌（J-2-11、J-6-3、B-1-4）和1株伯克氏菌（J-3-1）对4种病原菌的菌丝生长抑制率均大于60%。伯克氏菌（J-3-1）对 *C. gloeosporioides* 的抑菌效果最好，达到77.25%；金黄杆菌（J-3-2）对 *S. sclerotiorum* 的抑菌效果最好，达到77.78%。本研究通过筛选高效生防细菌为川芎根腐病的生物防治提供理论基础，为广谱生防菌剂的研发奠定基础。

关键词：川芎根腐病；镰孢菌；生物防治；根际微生物

---

* 基金项目：国家现代农业产业技术体系四川道地中药材创新团队专项资金（SCCXTD-2020-19）；国家中药材产业技术体系成都综合试验站（CARS-21-21）；四川省财政自主创新专项（2022ZZCX078）

** 第一作者：孙小芳，助理研究员，主要从事中药材病虫害生物防治技术研究；E-mail：sunxiaofang207@163.com
*** 通信作者：曾华兰，研究员，主要从事中药材等经济作物植物保护研究；E-mail：zhl0529@126.com

苯嘧吗啉胍 GLY-15 对寄主植物的作用靶点研究*

于　森**，刘　鹤，王　妍，李兴海，安梦楠，吴元华***
（沈阳农业大学植物保护学院，沈阳　110000）

摘　要：嘧啶杂环和吗啉胍是已被广泛用作医药和农药领域的活性药效团。嘧啶的许多取代衍生物可以抑制肿瘤和炎症的发生，吗啉胍作为一种广谱抗病毒药物，能够有效抑制流感病毒、副流感病毒、冠状病毒以及腺病毒。因此，我们以嘧啶杂环和吗啉胍为药效团设计合成了新化合物，其中，苯嘧吗啉胍 GLY-15 展示出了良好的抗植物病毒活性，但其作用于寄主植物的靶点仍有待进一步研究。

抗病毒农药分子靶标除了直接靶向病毒外，还可以靶向宿主植物中的关键蛋白，从而达到抑制病毒繁殖的目的。然而，现有的抗病毒靶点非常有限，寻找更多的靶点具有重要意义。基于活性的蛋白质分析（activity-based protein profiling，ABPP）是用于化合物靶点发现的最通用的化学蛋白质组方法之一，能够利用化学探针特异性结合靶标蛋白。探针分子由活性基团、报告基团和连接基团三部分组成。本研究通过构建生物素的活性探针，经生物活性测定，确认探针与 GLY-15 具有相同的抗烟草花叶病毒活性。接着利用生物素与亲和素之间的相互作用，通过亲和素包被的固相载体富集并纯化得到与 GLY-15 相结合的蛋白质，并且通过 SDS-PAGE 凝胶分离后，确认探针孵育后富集的蛋白在 35~40 kDa 处检测到特异性条带。将特异性条带进行 LC-MS/MS 质谱分析，结果共鉴定出 571 个烟草蛋白，其中探针鉴定出 257 个烟草蛋白，KEGG 分析结果表明，这些蛋白质在光合作用、光合生物固碳和氨基酸生物合成的途径富集。此外，质谱鉴定出了潜在靶标蛋白，包括甘油醛-3-磷酸脱氢酶（GAPDH）、果糖二磷酸脱氢酶（FBA）、苹果酸脱氢酶（MDH）、甘露糖结合凝集素（MBL1）、半胱氨酸合成酶（CS）。对筛选到的潜在靶标蛋白功能验证正在进行中。采用 CRISPR/Cas9 技术敲除药剂潜在作用靶标基因的烟草作为研究材料，GLY-15 喷施后接种 TMV，通过表型以及病毒积累量差异阐明药物作用的关键寄主靶点蛋白质，并在后续研究中对其功能进行解析。

关键词：嘧啶吗啉胍类化合物；ABPP；化学小分子探针；LC-MS/MS

---

* 基金项目：国家自然科学基金面上项目（32172454）

** 第一作者：于森，博士研究生，专业方向为植物病毒学；E-mail：932280266@ qq. com

*** 通信作者：吴元华，博士，教授，研究方向为植物病毒学；E-mail：wuyh09@ syau. edu. cn

微生物代谢产物 ε-PL 调控烟草 miRNA 抗烟草花叶病毒病研究*

刘　鹤**，于　森，王　妍，安梦楠，夏子豪，王志平，吴元华***
（沈阳农业大学植物保护学院，沈阳　110866）

摘　要：MicroRNA（miRNA）作为一类天然存在的小分子非编码 RNA，可参与各种生物过程，包括动植物生长发育、防御反应以及抗病性相关反应等。目前关于药剂调控宿主 miRNA 进而影响抗病性的研究多见于医学，在植物科学中却鲜有报道。基于此，本研究利用微生物代谢产物 ε-PL（ε-聚赖氨酸）处理烟草，通过多组学联合分析，鉴定了烟草响应 ε-PL 处理的 miRNA、靶基因以及抗病相关 mRNA，并对其抗病毒功能进行研究。高通量 RNA-seq 结果表明，ε-PL 显著改变了包括 *GAMYB*、*NAC* 和 *RGA*3 等 996 个 mRNAs，以及 miR6146、miR319 和 miR164 等 330 个 miRNAs 的表达水平。通过 RT-qPCR 对转录组及 miRNA 表达结果进行验证，两者分别显示出良好的同趋势性，证明了测序结果真实可靠。对 miRNAs、对应靶基因和富集的 GO/KEGG 通路进行联合分析，表明响应 ε-PL 调控的基因主要在植物与病原体相互作用、自噬调节和生物素代谢等通路中显著富集；同时差异表达的 miRNAs 参与了植物激素信号的关键通路转导、宿主防御反应和植物病原体相互作用等。为确定响应 ε-PL 处理的差异表达的基因、miRNA 及其靶基因的抗病毒功能，利用基于烟草脆裂病毒（TRV）的病毒诱导基因沉默（VIGS）方法，结合短串联靶标模拟技术（STTM）进行研究。结果显示，VIGS 对所选基因的沉默效率为 30%～75%，STTM 对 miRNA 的沉默效率范围为 34%～72%。TMV 接种后，*GAMYB*、*NAC* 和 *RGA*3 基因被沉默的本氏烟顶部叶片表现出比未沉默植物更严重的感病症状。Northern blot 结果证实，TMV 在这些基因沉默植物中的积累高于 pTRV-GFP 浸润的对照植物，特别是在 pTRV-*RGA*3 表达植物中，TMV 的积累量与对照组相比增加了约 2.3 倍。同时，*CERK*1 的沉默使 TMV 的积累减少了约 70%。此外，TRV-STTM 对 miR6146 的沉默加剧了病毒症状，并增加了本氏烟中 TMV 的积累。相反，接种 pTRV-STTM172、pTRV-STTM164 和 pTRV-STTM319 的植物中 TMV 积累量显著减少。结果表明，以上筛选的 miRNA 及其靶基因在 ε-PL 介导的抗病毒反应中具有重要作用，可作为植物抗病育种的潜在靶标。同时本研究首次证明微生物代谢产物可有效调控植物 miRNAs 和靶基因的表达，从而抑制病毒感染，为新型抗病毒药物的开发提供了新思路，同时研究结果也为进一步阐明 ε-PL 的抗病毒模式和应用前景提供了理论基础。

关键词：ε-PL；烟草花叶病毒病；microRNA；抗病机制

---

* 基金项目：国家自然科学基金（32072391）
** 第一作者：刘鹤，博士研究生，从事植物病理学研究；E-mail：2363598334@qq.com
*** 通信作者：吴元华，教授，从事植物病理学研究；E-mail：wuyh09@syau.edu.cn